ENTWICKLUNGSGESCHICHTE DER MODERNEN PHYSIK

ZUGLEICH EINE ÜBERSICHT IHRER TATSACHEN GESETZE UND THEORIEN

VON

FELIX AUERBACH

MIT 115 ABBILDUNGEN

BERLIN
VERLAG VON JULIUS SPRINGER
1923

ISBN 978-3-642-50641-3 ISBN 978-3-642-50951-3 (eBook)
DOI 10.1007/978-3-642-50951-3

Softcover reprint of the hardcover 1st edition 1923

Vorwort.

Dieses Buch ist aus Vorlesungen hervorgegangen, die ich seit vielen Jahren in regelmäßigen Zwischenräumen an der Universität gehalten habe. Die ursprüngliche Absicht, den Inhalt jener Vorlesungen einfach zu übernehmen, konnte jedoch nicht durchgeführt werden, weil sich im Laufe der Niederschrift zeigte, daß gerade bei einem Thema, wie dem vorliegenden, die Ansprüche, die man in dem einen und andern Falle an Stil, Behandlung, Auswahl des Stoffes usw. zu stellen berechtigt und verpflichtet ist, weit auseinandergehen. Infolgedessen darf ich das Buch nunmehr als ein beinahe neu entstandenes, selbständiges Ganze bezeichnen.

Nach reiflichen Überlegungen habe ich das Buch (wie übrigens seit einiger Zeit auch die Vorlesung) in zwei Teile zerlegt, die sich in mehr als einer Hinsicht unterscheiden. Der erste, allgemeine Teil, behandelt einige der bedeutsamsten Probleme der Physik von einem höheren Standpunkte aus, derart, daß hier immer, soweit als möglich, alle für das Problem in Betracht kommenden Einzelgebiete der Physik gleichzeitig oder in unmittelbarer Folge verarbeitet werden; gerade durch die systematische Anwendung des Prinzips der Vergleichung wird die Betrachtung zu einer besonders fruchtbaren und lehrreichen gestaltet. Die Reihenfolge, in der diese Probleme behandelt werden, erscheint zunächst vielleicht paradox, ist aber gleichwohl nicht bloß aus äußeren, sondern auch aus inneren Gründen, die hier nicht dargelegt werden sollen, gewählt worden. Was dann den zweiten, speziellen Teil betrifft, so war es hier erst recht ausgeschlossen, irgendwelche Vollständigkeit anzustreben; es konnte sich nur darum handeln, aus jedem Gebiete der Physik einige Kapitel auszuwählen, und zwar solche, die für den Gesamtzweck des Buches in Betracht kamen.

Was nun diesen Gesamtzweck angeht, so wird er durch den Titel des Buches im Zusammenhange mit seinem Untertitel hinreichend gekennzeichnet. Und zwar in der zwiefachen Weise, daß es sich hier zunächst um eine historische Darstellung handelt, ohne daß doch hierbei auch nur von fern an eine »Geschichte der Physik« oder etwas Ähnliches gedacht wäre; der Nachdruck liegt vielmehr auf der Idee der Entwickelung, und zwar immer im Hinblick auf den gegenwärtigen Stand der

Wissenschaft. Auf diese Weise wurde denn das Buch ganz von ungefähr auch zu einer innerlich verknüpften Übersicht über die Tatsachen, Gesetze und Theorien.

Die Zweiteilung des Stoffes hat zur Folge, daß stellenweise Wiederholungen vorkommen; der Leser wird sie nachsichtig hinnehmen und zum Teil sogar Nutzen daraus ziehen.

Die erwähnten Vorlesungen haben, wie ich festzustellen immer wieder Gelegenheit hatte, den Hörern einen willkommenen Einblick in den Sinn und die Bedeutung der Forschung und des Fortschritts auf dem Gebiete der Physik gewährt; möge das aus ihnen, wenn auch auf Umwegen, hervorgegangene Buch für alle diejenigen, welche sich, sei es aus der Nähe, sei es aus der Ferne, für Physik interessieren, ähnliches leisten!

Jena, Februar 1923.

Der Verfasser.

Inhaltsverzeichnis.

Allgemeiner Teil.

Seite

I. Allgemeines und Historisches. Methode und Gegenstand der Physik. Raum und Zeit, Stoff, Kraft und Energie. Thermodynamik.

1. Einleitung 1
2. Historisches 2
3. Methoden. Induktion und Deduktion. Beschreibung und Erklärung . 3
4. Gegenstand und Gliederung der Physik 5
5. Raum und Zeit 7
6. Messung von Raum und Zeit 7
7. Der Stoff und seine Trägheit 9
8. Gravitation. Erhaltungs- und Äquivalenzprinzip 10
9. Die Energie und ihre Erhaltung. Wärmeäquivalent 11
10. Zerstreuungsprinzip. Entropie und Etropie. NERNST-Theorem 14

II. Konstitution der Materie.

11. Stetigkeitstheorie 17
12. Molekulartheorie und Atomistik. Kinetische Theorie 19
13. Statistische Physik. Wirbelatome 20
14. Aggregatzustände. Kristalle 21
15. Periodisches System der Elemente 24
16. Molekeln und Atome. Lösungen 28
17. Osmose und Elektrolyse 29
18. Dissoziation. Die Ionen und ihre Wanderung 30
19. Emulsionen, Suspensionen, BROWNsche Bewegung 32
20. Grenzen des Entropiesatzes 35
21. Disperse Systeme. Kolloidale Lösungen 36
22. Ladung und Masse Ionen und Elektronen 37
23. Kinetische Masse 39
24. Universelle Naturkonstanten 40
25. LOSCHMIDTsche und AVOGADROsche Zahl. Ladung und Masse . . . 41
26. Verteilungsgesetz und MAXWELLsche Kurven 43

III. Bewegung, insbesondere Schwingungsbewegung.

27. Kinematik und Mechanik 45
28. Schwingungen 46
29. Schwingungstypen; FOURIER-Problem 46
30. Wärmeschwingungen. Ebbe und Flut 50
31. Elektrische Schwingungen 51
32. LISSAJOUS-Schwingungen 53
33. Dämpfung 54
34. Gekoppelte Schwingungen 56
35. Interferenz und Schwebungen 59
36. Interferenz bei Schall und Licht 62

IV. Wellenbewegung. Fernwirkung und Feldtheorie. Seite
37. Wellentypen . . . 63
38. Geschichtliches. Erd-, Wasser- und Schallwellen . . . 68
39. Wellengleichung, Schallgeschwindigkeit . . . 71
40. Wellengeschwindigkeit in festen Medien . . . 74
41. Wellengeschwindigkeit in Flüssigkeiten . . . 75
42. Lichtausbreitung und Lichtgeschwindigkeit . . . 77
43. Fortpflanzungsgeschwindigkeit der Elektrizität . . . 79
44a. Entfernungsgesetz. NEWTONsches Gesetz . . . 81
44b. COULOMBsches und WEBERsches Gesetz . . . 82
45. Feldtheorie . . . 84
46. Entfernungsgesetze für Schall und Licht . . . 85
47. Ausbreitung in heterotropen Medien; Kristalloptik . . . 86

V. Leitung.
48. Mitführung. Leitung. Strahlung . . . 89
49. Schalleitung . . . 90
50. Erkaltung . . . 91
51. Wärmeleitung . . . 92
52. Elektrizitätsleitung im allgemeinen . . . 95
53. Elektrizitätsleitung in festen Stoffen . . . 97
54. Elektrizitätsleitung in Flüssigkeiten . . . 99
55. Elektrizitätsleitung in Gasen . . . 101
56. Magnetischer Kreis . . . 104

VI. Strahlung.
57. Strahlentypen. Flüssigkeitsstrahlen . . . 105
58. Kathoden und Kanalstrahlen; α- und β-Strahlen . . . 107
59. Weiteres über Konvektionsstrahlen . . . 111
60. Undulationsstrahlen; HUYGENsches Prinzip; Beugung . . . 113
61. Äthertheorie . . . 116
62. Langwellige Ätherstrahlen . . . 117
63. Kurzwellige Ätherstrahlen . . . 118
64. Röntgenstrahlen; γ-Strahlen; Strahlungsdruck . . . 119

VII. Strahlungsgesetze.
65. LAMBERTsches Gesetz . . . 121
66. Emission und Absorption; KIRCHHOFFsches Gesetz . . . 122
67. STEFANsches Gesetz . . . 125
68. Qualität der Strahlung; WIENsches Gesetz . . . 127
69. PLANCKsches Gesetz. Quantentheorie . . . 129

VIII. Spektrum und Materie.
70. Spektrum . . . 132
71. Emissions- und Absorptionsspektrum . . . 133
72. Linienserien, BALMERsche Formel . . . 135
73. Radioaktivität; Heliumstrahlen. Umwandlung der Elemente . . . 137
74. Zerfallsreihen. Isotopen . . . 138
75. Atommodell und Atommechanik . . . 140
76. Röntgenspektren . . . 141
77. BOHRsche Atomtheorie . . . 144
78. Neueste Atomprobleme . . . 145
79. FARADAY- und KERR-Effekte . . . 149
80. ZEEMAN-Effekt . . . 150

IX. Zustandslehre.
81. Zustandsgrößen und Zustandsgleichung . . . 153
82. Ideale Gase; BOYLEsches Gesetz . . . 153

Seite
83. Ideale Gase; Verallgemeinerung 155
84. Wirkliche Gase. Kritischer Zustand 157
85. Theorie von VAN DER WAALS 160
86. Flüssigkeiten 161
87. Feste Körper. Elastizität 163
88. Elastische und magnetische Nachwirkung 164
89. Gesättigte Dämpfe 165
90. Phasenlehre 168
91. Temperatur 171

X. Relativitätstheorie.
92. Raum, Zeit, Bewegung 174
93. Klassische Mechanik 177
94. Beschleunigte und rotierende Bewegung 179
95. Optische Erscheinungen 180
96. Elektrische Erscheinungen 183
97. MICHELSON-Versuch; LORENTZ-Kontraktion 184
98. Spezielle moderne Relativitätstheorie 186
99. Rechnerische und zeichnerische Ausgestaltung 187
100. Allgemeine Relativitätstheorie 190
101. Bestätigung durch Erfahrung; Zusammenfassung 192

Spezieller Teil.

I. Starre Körper.
1. Prinzipien der Mechanik 195
2. Fall der Körper 198
3. Wurf; Ballistik 199
4. Pendel 201
5. Kreiselbewegung 202
6. Erddichte und Gravitationskonstante 204

II. Elastisch-feste Körper.
7. Elastizitätskonstanten 206
8. Berührungsproblem und exakte Härtemessung 207
9. Elastischer Stoß 208
10. Druckverhältnisse und Gleichgewichtsfiguren pulverförmiger Massen . 210
11. Elastizität der Kristalle 212

III. Flüssigkeiten und Gase.
12. Schwimmgleichgewicht 213
13. Gleichgewichtsfiguren gravitierender und rotierender Flüssigkeiten . 214
14. Wirbelbewegung 215
15. Luftschiffahrt 217
16. Kapillarität 219

IV. Schall.
17. Tonhöhe und Tonleiter 221
18. Tonstärke 223
19. Feste Tonkörper 224
20. Offene Pfeifen 228
20a. Hieb-, Lamellen-, Spalt- und Schneidentöne 229
21. Schwebungen, Kombinationstöne, Harmonie 230

V. Wärme.
22. Temperaturmessung 231
23. Spezifische Wärme 233

Seite
24. Thermische Ausdehnung 237
25. Schmelzen und Verdampfen 239

VI. Elektrizität und Magnetismus.

26. Tatsachen, Gesetze, Theorien 241
27. Elektrizitätsquellen 244
28. Strommessung 247
29. Dielektrizität 250
30. Stationäre elektrische Ströme 253
31. Elektrothermik und Thermoelektrizität 256
32. Elektrooptik 259
33. Magnetische Induktion 265
34. Magnetische Messungen 269
35. Panmagnetismus 271
36. Elektromagnetismus 275

VII. Licht.

37. Optische Abbildung 278
38. Optische Instrumente 281
39. Lichtmaße und Photometrie 283
40. Reflexion und Brechung des Lichts 285
41. Polarisation des Lichts 288
42. Interferenz des Lichts 290
43. Beugung des Lichts 293
44. Kristalloptik 295
45. Photographie 298
46. Lumineszenz 301
47. Farbenlehre 303

Schlußbetrachtung 307

1. **Auswahl wichtiger Fortschritte, ihrer Urheber und ihrer Jahreszahlen** 311
2. **Auswahl hervorragender verstorbener Physiker mit Geburts- und Todesjahr** 324

Sachverzeichnis 328
Namenverzeichnis 338

Allgemeiner Teil.

I. Allgemeines und Historisches. Methode und Gegenstand der Physik. Raum und Zeit, Stoff, Kraft und Energie. Thermodynamik.

1. Einleitung. Der Gegenstand unserer Betrachtungen ist, wie der Titel besagt, die Entwicklungsgeschichte der modernen Physik. Aber diese Angabe bedarf in mehreren Richtungen der näheren Erläuterung. Erstens legen wir die Betonung nicht auf die Geschichte, sondern auf die Entwicklung; das will sagen, daß wir die historischen Dinge nicht um ihrer selbst willen, sondern immer im Hinblick auf die heutige Physik, als ein systematisches Ganze genommen, betrachten, und daß wir deshalb auf historische Einzelheiten, Streitfragen, Jahreszahlen und dergleichen kein allzugroßes Gewicht legen. Die historische Darstellung soll im wesentlichen didaktischen und erkenntnistheoretischen Zwecken dienen, sie soll die heutige Wissenschaft von dem Hintergrunde der früheren Stadien abheben. Zweitens (und das hängt mit dem ersten Punkte offenbar eng zusammen) wollen wir uns in der Hauptsache auf die wirksam werdenden und gewordenen Dinge beschränken, also die Entwicklung nach oben in den Vordergrund rücken, Abwege und Irrtümer aber nur insoweit beachten, als sie Kontrast- und Reaktionswert besitzen. Und damit hängt es dann drittens zusammen, wenn wir unsere Darstellung zeitlich beschränken, und zwar auf die Zeit seit dem Ausgange des 18. Jahrhunderts; nicht, daß wir die früheren Jahrhunderte ignorieren wollen: aber sie werden nur da herangezogen werden, wo in ihnen das Wissen der Gegenwart noch in Wahrheit wurzelt. Endlich wollen wir viertens nicht in *einer* Linie vorwärts schreiten, das heißt das gesamte Material historisch aneinander reihen; im Gegenteil, wir wollen die großen Gebiete der physikalischen Wissenschaft in geschlossener Form, jedes für sich, ins Auge fassen und uns dabei die Freiheit nehmen, das eine ausführlicher als das andre zu behandeln, entsprechend der Bedeutung, die diesem Gebiete für die Gesamterkenntnis zukommt. Auch werden wir hierbei von der üblichen Gliederung wenigstens im ersten Teile unserer Betrachtung insofern abweichen, als wir hier nicht nach schematischen, ohnehin mehr oder weniger überlebten Abschnitten, sondern nach dem Grundcharakter der Begriffe und Phänomene ordnen und erst später, nachdem die großen Richtlinien festgelegt sind, zur Mechanik, Akustik, Kalorik, Elektrik, Magnetik und Optik im einzelnen übergehen wollen. In jenem ersten Teile werden wir dabei den Vorteil haben, nach dem Prinzip der vergleichenden Wissenschaft zu arbeiten und dadurch ungleich tiefer in das Wesen der Dinge einzudringen.

2. Historisches. Vorauszuschicken ist eine allgemeine Betrachtung über Wesen und Charakter, Umfang und Aufgabe, Methodik und Gliederung der Physik; alles das im geschichtlichen Flusse und im allgemeinen Zusammenhange betrachtet.

Im Altertum und noch lange nachher war die Physik die Naturwissenschaft überhaupt, sie stand der Geisteswissenschaft als der andre Zweig menschlicher Erkenntnis gegenüber. In der Folgezeit hat sich dann ein Prozeß sehr interessanter Art abgespielt: das Gebiet der Physik hat sich nach und nach durch Abspaltung einzelner Teile mehr und mehr eingeengt, aber es hat sich dann wieder mehr und mehr erweitert, nun jedoch in einem ganz andern Sinne. Die Abspaltung betraf der Reihe nach die Biologie, die Chemie, die Astronomie, die Mineralogie und die Geologie; alle diese schon im Laufe der älteren Jahrhunderte der Neuzeit. Aber dieser Prozeß vollzog sich sehr langsam, und in einem kaum ein Jahrhundert alten Standardwerke, in GEHLERS Physikalischem Wörterbuche, ist ungefähr die Hälfte des Riesenumfanges astronomischen, chemischen, kristallographischen und andern, nicht mehr im heutigen Sinne physikalischen Kapiteln gewidmet. Und noch in den beiden letztvergangenen Menschenaltern haben sich Tochterwissenschaften gebildet: die Meteorologie, Geophysik und kosmische Physik; dann die physikalische Chemie, die freilich neben dem Stammvater Physik noch die Chemie als Stammmutter anzuerkennen hat. Darf man sich diese Losreißungen mit einer gewissen sympathischen Zustimmung gefallen lassen, so wird man gegen andre um so lebhafter protestieren, so gegen die von den Mathematikern immer wieder angestrebte Losreißung der allgemeinen Mechanik; denn sie würde den Organismus der Physik verstümmeln, und das, gleichviel, ob man die Mechanik als Basis, oder, der neusten Entwicklungsphase gemäß, als die Spitze der Physik ansieht.

Soweit die Einengung des Umfangs der Physik. Und wie steht es mit der zweiten angedeuteten Phase, der Wiederausdehnung? Da darf man nun nicht etwa meinen, daß es sich jetzt darum handle, das Geschehene rückgängig zu machen, also die abgespalteten Gebiete einfach wieder aufzunehmen. Nein, das, was sich jetzt vollzieht, ist etwas weitaus Höheres und zugleich Tieferes: die Physik beginnt nämlich nach und nach alle Naturwissenschaften mit ihrem Geiste zu durchdringen; diese Disziplinen können nicht mehr umhin, allmählich und, je nach ihrem Charakter, in verschiedenem Tempo, physikalisch zu werden und sich dadurch erst recht eigentlich auf die Höhe wahrer Wissenschaft im exakten Sinne zu erheben. Das gilt von der Chemie, deren neuster Zweig, die schon genannte physikalische Chemie, weit stärker nach der physikalischen als nach der chemischen Seite gravitiert; es gilt aber auch von der Mineralogie, Geologie und Biologie; und es kann leicht dahin kommen, daß in einer, wenn auch wahrscheinlich noch fernen Zukunft die Physik wieder ihren einstigen Umfang, zugleich aber eine unvergleichlich größere Tiefe gewinnen wird wie in alten Zeiten.

3. Methoden. Induktion und Deduktion. Beschreibung und Erklärung. Was ist es nun, was der Physik diese siegreiche Kraft verleiht? Dazu müssen wir ihre Methode und ihre Aufgabe zugleich betrachten. Was nun die Methode betrifft, so kann man der historischen Entwicklung nach drei Arten unterscheiden: die spekulative, die empirische und die theoretische. Die spekulative Methode geht von der Idee aus und ordnet dieser alles unter, unbekümmert um die Tatsachen, die sich dann eben der Idee zu fügen haben. Diese Methode, die die Physik als ein Glied der Philosophie hinstellt, hat mehrere Jahrtausende, wenn auch nicht uneingeschränkt, geherrscht. Dann kam die große Reaktion, besser gesagt: Revolution im Übergange vom Mittelalter zur Neuzeit und im ersten Jahrhundert der letzteren. Die Beobachtung, die Erfahrung kam zu ihrem Rechte und trat in den Vordergrund; das ist das Zeitalter der vorherrschenden Experimentalphysik. Aber, wo viel Licht ist, ist auch viel Schatten. Das Zeitalter, von dem wir sprechen, hat großes geleistet, und manches besonders wertvolle vielleicht gerade durch die naive Art des Experimentierens, unbekümmert um den theoretischen Zusammenhang und Sinn. Aber andrerseits entstand eine ungeheure Menge experimentellen Spezialmaterials, das heute wertlos ist, entweder, weil unter Bedingungen experimentiert wurde, die keinen Anschluß an die Theorie erlauben, oder aber, auch wenn das der Fall war, deshalb, weil gerade die eine oder andre, für die Theorie entscheidende Größe nicht mitbestimmt wurde. In ersterer Hinsicht kann als Beispiel die Lehre von der Magnetisierung angeführt werden: fast alle älteren Messungen sind an zylindrischen Stäben angestellt, und gerade auf diese Körperform läßt sich die Theorie nicht in erfolgreicher Weise anwenden; man hätte, wenn die Theorie schon vorhanden gewesen wäre, eben nicht mit Zylindern, sondern mit Kugeln, Ellipsoiden oder Ringen gearbeitet. Und in Bezug auf den andern Punkt braucht nur bemerkt zu werden, daß sehr oft Angaben über die Druck- und Temperaturverhältnisse fehlen, und daß man deshalb mit den Ergebnissen nichts anfangen kann.

Das wurde erst anders, als man immer bewußter erkannte, daß die Ansammlung von Tatsachen nicht das letzte und würdigste Ziel der Wissenschaft sei; es wurde erst anders, als die Physik sich auf ihre dritte Methode einstellte, und das ist die moderne theoretische Physik, seit einem Jahrhundert vorbereitet, aber jetzt erst in voller Selbständigkeit erblühend. Die theoretische Physik nimmt insofern eine Mittelstellung zwischen der rein spekulativen und der rein experimentellen Physik ein, als sie beides: Erfahrung und Denkarbeit gelten läßt; und zwar geht sie entweder von der Erfahrung aus, bringt aber deren Ergebnisse in einen organischen Zusammenhang und stellt ein System auf, das es dann erlaubt, aus möglichst wenigen Erfahrungstatsachen alle übrigen als notwendige, rein logische

Konsequenzen zu erweisen; oder sie geht, wie die alte spekulative Physik, vom reinen Gedanken aus, d. h. sie stellt Hypothesen auf, errichtet darauf ihr System und prüft es dann an der Erfahrung; und erst wenn diese Prüfung zufriedenstellend ausfällt, sieht sie ihr System als gültig an. Erst seitdem die Physik in dieser innigen wechselseitigen Verschmelzung von Theorie und Erfahrung betrieben wird, ist sie eine wahre Wissenschaft geworden.

Man kann diesen Sachverhalt noch in etwas andrer Weise formulieren, und das führt uns zur Frage nach der Aufgabe der Physik (und der Naturwissenschaft überhaupt). Hier spielt nun durch die Jahrhunderte hindurch der Gegensatz zwischen zwei Richtungen hinein, der durch die Schlagworte »Beschreibung« und »Erklärung« gekennzeichnet wird; und es gab und gibt demgemäß zwei Arten von Naturwissenschaft: beschreibende und erklärende. Aber dieser Gegensatz verliert ganz wesentlich an Schärfe für den, der sich einerseits mit einer bloßen Aneinanderreihung der beobachteten Tatsachen nicht genügen läßt, und der andrerseits von der Einsicht durchdrungen ist, daß es dem Menschen nicht beschieden ist, auf den Urgrund alles Geschehens zu gelangen. Erklärung ist dann in Wahrheit die Herstellung eines innern, logischen Zusammenhanges zwischen den zahllosen Einzelerscheinungen; und es kommt darauf an, die Erscheinungen so darzustellen, daß eben dieser Zusammenhang klar zutage tritt. Am deutlichsten hat das im Jahre 1875 KIRCHHOFF ausgesprochen, indem er es als die Aufgabe der Mechanik (und der Naturforschung überhaupt) bezeichnete, die Erscheinungen vollständig und auf die einfachste Weise zu beschreiben. In diesem Sinne ist z. B. das NEWTONsche Gravitationsgesetz (oder war es wenigstens einige Jahrhunderte lang) die einfachste und vollständigste Beschreibung der im Weltall auftretenden Gravitationserscheinungen, also der Bewegungen der Himmelskörper und der irdischen Körper an der Erdoberfläche; es ist Beschreibung und Erklärung zugleich, nur eben nicht Erklärung in dem Sinne, daß es den letzten Schleier von dem großen Geheimnis lüftet.

Und im Zusammenhange hiermit steht die Frage nach der Methode der Physik: sie ist eine doppelte, Erfahrung und Denken, Induktion und Deduktion, nur daß diese letztere erst da einsetzt, wo durch die Erfahrung bereits der feste Boden für ihre Arbeit geschaffen ist. Über jede der beiden Methoden aber ist hier noch etwas Wichtiges zu sagen. Die Experimentalphysik bedient sich, wie schon ihr Name besagt, nicht wie die meisten andern Naturwissenschaften der Beobachtung in der Natur, sondern des künstlichen Experiments, des eigens zu dem betreffenden Zwecke angestellten Versuchs. In diesem Sinne ist die Physik der Methode (nicht dem Ziele) nach streng genommen überhaupt keine Naturwissenschaft, wie es die Astronomie, die Geologie, die Botanik usw. sind; sie behandelt gar keine Naturerscheinungen, sondern künstlich und nach Willkür des Forschers hergestellte Phänomene; und in diesem Sinne kann man sie geradezu als eine technische Wissenschaft bezeichnen. Wohlverstanden: der Methode nach;

denn dem Ziele nach ist und bleibt sie eine reine Naturwissenschaft, insofern sie nicht (oder doch nicht in erster Linie) auf technische Anwendungen ausgeht, sondern der reinen Erkenntnis dient. Man muß sich über diesen Punkt ganz klar werden, wenn man eine reinliche Scheidung durchführen will: der Blitz ist eine meteorologische, das Meerleuchten eine biologische Erscheinung, unbeschadet des Umstandes, daß bei beiden physikalische Phänomene auftreten; wirklich physikalisch sind nur Erscheinungen, die der Physiker selbst herstellt, also u. a. auch der künstliche Blitz, den man im Laboratorium erzeugen kann. Man denke doch an das glänzendste Beispiel dieser Art, an die Röntgenstrahlen: Röntgenstrahlen sind gar keine »Naturerscheinung«, es hat ja bis auf RÖNTGEN gar keine gegeben, sie sind erst von ihm »erfunden« worden (dieser Ausdruck ist treffender als der übliche »entdeckt«); und wenn sich vielleicht herausstellt, daß es auch in der Natur solche Strahlen gibt, so ändert das an dem grundsätzlichen der Frage gar nichts.

Was andrerseits die theoretische Physik betrifft, so kann man hier drei Arten, die zugleich geschichtliche Perioden darstellen, unterscheiden: die Methode der Wortsprache, die der elementaren und die der höheren Mathematik; jede folgende dieser Stufen ist der vorhergehenden an Klarheit, Strenge und Sicherheit, an Fruchtbarkeit und Allgemeinheit bedeutend überlegen; und seit längerer Zeit spielt für die Physik als Wissenschaft nur noch die letzte Methode eine entscheidende Rolle, gleichviel ob sie in der Form der Infinitesimalrechnung oder als statistische Methode oder in sonst einer Form angewandt wird. Allerdings macht sich vielfach neben der mathematisch-rechnerischen auch die geometrische Methode nützlich, aber sie kann jene niemals völlig ersetzen.

4. Gegenstand und Gliederung der Physik. Bei alledem bleibt noch die Hauptfrage unerledigt: was ist denn eigentlich der Gegenstand der Physik? Denn wir wollen uns doch nicht darauf beschränken zu sagen, sie sei die Lehre von den Erscheinungen (gleichviel ob Natur- oder Laboratoriumserscheinungen), wir wollen doch eine Einheit in der Mannigfaltigkeit erkennen und auf dieser Einheit ein System aufbauen. So hat z. B. die Chemie als Gegenstand ihrer Forschung den Stoff in seiner Mannigfaltigkeit und Einheitlichkeit; was, so fragen wir, ist für die Physik das entsprechende? Da hat sich nun ebenfalls im Laufe der Zeiten, und zwar hier etwa um die Mitte des vorigen Jahrhunderts, ein Wandel vollzogen, und zwar ein Wandel, der einen ganz wesentlichen Fortschritt im Sinne der Klärung bedeutet. Bis dahin sagte man: die Physik ist die Lehre von den Kräften in der Natur. Aber diese Formulierung ist irreführend, sie kann und muß zu dem Glauben führen, es sei die Aufgabe der Physik, die Kräfte zu ermitteln, die die Erscheinungen hervorrufen. Und das ist deshalb sinnlos, weil die physikalischen Kräfte zwar nach dem Vorbilde einer realen, in unserm Bewußtsein lebenden Kraft, der Muskelkraft, gebildet, ihrerseits selbst aber Erfindungen des forschenden Menschen sind, gemacht zu dem Zwecke, das uns innewohnende Kausalitätsbedürfnis wenigstens äußerlich zu befriedigen und zugleich die Darstellung auf die größte Höhe der Einfachheit und Anschaulichkeit zu bringen. Die wahre Aufgabe der Physik muß aber die sein, die Vorgänge abzuleiten aus den gegenwärtigen Zuständen (evtl. unter Hinzunahme der vorangegangenen) ohne Einführung eines hypothetischen Zwischengliedes. Es ist nur die Frage, ob es möglich ist, einen Zustand von Dingen, die so zahlreich, so zusammengesetzt sind und zueinander in so verwickelten Beziehungen stehen wie wir das kennen, ob es möglich ist, einen solchen Zustand exakt und doch einfach genug zu definieren, um darauf weiter bauen zu können. Es müßte das geschehen durch eine einzige und mathematische Größe, die diesem Zustande eindeutig entspricht, sich mit ihm, und zwar in bestimmtem Sinne und nach bestimmten Gesetzen, ändert, und die doch niemals ins ungewisse zerfließt, sondern bei genügend weiter und vollständiger Zusammenfassung der Erscheinungen sich als ebenso dauerhaft erweist wie der Stoff und damit als ebenso real. Diese Fundamentalidee hat man in der Energie gefunden, in dem Arbeitsinhalt der Systeme, in der Größe, die abnimmt, wenn Arbeit geleistet, die zunimmt, wenn Arbeit aufgenommen, und die, alle zusammenwirkenden Systeme berücksichtigt, das Prinzip der quantitativen Konstanz erfüllt. Man kann daher mit realerer und klarerer Bedeutung sagen: die Physik ist die Lehre von den Energien, von ihrer qualitativen Umwandlung unter Wahrung ihrer Quantität im ganzen. Gegen diese Definition der Physik können auch diejenigen nichts Erhebliches einwenden, die es ablehnen, als Energetiker im engeren Sinne, worüber noch zu sprechen sein wird, zu gelten.

Und nun verstehen wir auch, was es heißen soll, daß der Geist der Physik nach und nach alle übrigen Naturwissenschaften durchdringt: sie müssen energetisch werden.

Zuletzt noch ein Wort über die Gliederung der Physik. Je weiter die Erkenntnis fortschreitet, je tiefer sie eindringt, je inniger sie die verschiedenen Erscheinungen miteinander verknüpft, desto schwieriger wird es, das betreffende Wissensgebiet zu gliedern. Lange Zeit hindurch zerfiel die Physik in fünf Kapitel: Mechanik, Akustik, Kalorik, Optik, Elektromagnetik. Aber die Akustik gehört, von ihrer Beziehung zu einem unserer Sinnesorgane abgesehen, durchaus zur Mechanik; und auch die Kalorik ist als Thermodynamik mehr und mehr mit der Mechanik verschmolzen, von der sie sich nur durch Hinzufügung einer weiteren Mannigfaltigkeit (der Temperatur) unterscheidet. Andrerseits haben sich diejenigen Erscheinungen, die wir mit dem Auge wahrnehmen, als eine besondere Klasse elektromagnetischer Schwingungs- und Wellenphänomene erwiesen. So blieben noch die beiden großen Teile übrig: Physik der Materie und Physik des Äthers. Aber auch diese beiden Teile drohen im Zusammenhange mit der Relativitätstheorie ihre Selbständigkeit einzubüßen, die bisherige Gliederung ist dann völlig in sich zusammengebrochen, und es bleibt nur übrig sich zu entscheiden, ob man aus äußeren, praktischen und historischen Gründen die alte Gliederung formal beibehalten oder eine neue aufstellen will, die mehr dem innern Zusammenhange gerecht wird. Hier wollen wir einen Mittelweg einschlagen: wir werden, wie schon gesagt, zunächst einige große Fragen in allgemeiner und vergleichender Weise behandeln, die Spezialfragen aber ruhig nach dem uns wohlvertrauten, alten Schema gliedern.

5. Raum und Zeit. Wir beginnen naturgemäß mit den Grundbegriffen, die allen übrigen Begriffen und damit auch den Prinzipien und weiteren Feststellungen zugrunde liegen; und zwar mit denjenigen beiden, die uns übrig bleiben, wenn wir aus der Welt alles in Gedanken beseitigen, was wir überhaupt wegdenken können: Raum und Zeit. Nach KANT sind das unsere beiden Anschauungsformen, der Raum die äußere, die Zeit die innere; und dieser KANTschen Fassung hat sich die Physik ein Jahrhundert lang mit gutem Erfolge bedient. Aber in diesen friedlichen Zustand sind zweimal Wetter eingeschlagen, ein vergleichsweise harmloses um die Mitte des neunzehnten, ein gewaltiges, verheerendes, aber auch reinigendes zu Beginn des zwanzigsten Jahrhunderts; dort durch die Aufrollung der Frage, ob uns denn jene beiden Formen der Anschauung a priori gegeben oder ob sie durch die Erfahrung gestaltet werden, womit die andre Frage zusammenhängt, ob es nur diese eine Form gebe oder etwa noch andre, ebensogut denkbare; hier durch die Frage nach dem absoluten oder relativen Charakter von Raum und Zeit und zugleich die weitere, ob Raum und Zeit letzten Endes wesensverschieden oder wesensgleich seien. Indessen würde uns die Beantwortung dieser Fragen schnurstraks zur Relativitätstheorie führen; und wenn wir auch entschlossen sind, uns nicht sklavisch an die Reihenfolge des wissenschaftlichen Geschehens zu halten, so wollen wir doch nicht so weit gehen, die Historie von hinten anzufangen, also das Pferd beim Schwanze aufzuzäumen. Haben wir doch ohnehin eine lange Folge von nicht eben leicht verdaulichen Genüssen zu bewältigen, und dehalb ist es gut, wenn wir uns den schwarzen und starken Kaffee bis zum Schlusse aufheben.

Auch über die Frage des Raumes an sich wollen wir rasch hinweggehen. Es gibt freilich hier eine ganze Reihe interessanter Probleme, z. B. die Übereinstimmung oder Verschiedenheit des Tastraumes und des Sehraumes und für diesen wiederum die Frage seiner scheinbaren Gestalt, d. h. der Gestalt des Himmelsgewölbes, womit dann die bekannte Frage zusammenhängt, warum denn der Mond am Horizonte größer aussieht als im Zenit. Über diese Dinge ist immer wieder, und ganz besonders lebhaft in neuester Zeit (STERNECK, WITTE u. a.) gearbeitet und diskutiert worden, ohne daß sich dabei etwas endgültig Befriedigendes ergeben hätte.

6. Messung von Raum und Zeit. Dagegen müssen wir nun dasjenige, auf Raum und Zeit bezügliche Problem, welches den Physiker am stärksten angeht, wenigstens kurz ins Auge fassen: die Messung von Raum- und Zeitgrößen. Als Grundlage dafür aber dient die Feststellung von Maßeinheiten. Während nun in früherer Zeit (und hier und da leider noch jetzt) in dieser Hinsicht große Willkür herrschte, hat die neuere Wissenschaft sich auf ein bestimmtes Maßsystem geeinigt; und zwar für die Länge (woraus dann ganz von selbst die Flächen- und die Raumeinheit gebildet wird) das cm, in Worten: Zentimeter, d. h. der 100. Teil des Normalmeters, eines Platin-Iridiumstabes, der an verschiedenen Orten sorgfältig aufbewahrt wird; er war ursprünglich definiert als der zehnmillionte Teil des Erdquadranten, hat aber diese Bedeutung infolge des veränderten Wertes, der sich für den letzteren ergeben hat, verloren. Überhaupt haftet dieser Längeneinheit das mißliche an, daß sie sich mit der Zeit verändern, daß der Träger beschädigt werden oder verloren gehen kann usw. Man ist daher übereingekommen (zwar nicht für die Praxis, aber doch als letzte Grundlage) die Lichtwelleneinheit festzusetzen, d. h. die Länge der in Luft stattfindenden Wellen einer bestimmten Lichtart, wozu sich besonders die Kadmiumlinien (MICHELSON 1887, Vorläufer KOCH 1883) eignen; sie sind unveränderlich und stets reproduzierbar; z. B. gilt für die rote Kadmiumlinie der Wert (λ Wellenlänge, μ ein Mikron, d. h. 1/1000 mm): $\lambda = 0{,}643847\ \mu$ oder umgekehrt: 1 cm = 15531,641 λ.

Dem cm als Längenmaß stellt sich dann die sek, ausgeschrieben: Sekunde, als Zeitmaß zur Seite, praktisch genommen der 86400. Teil eines Sonnentages, in Wahrheit aber, weil dieser schwankend ist, aus dem immer gleichen Sterntage abzuleiten. Ob der Sterntag wirklich auch im Laufe der Jahrtausende immer derselbe bleibe, ist freilich wegen der verschiedenen Einflüsse (Meteorfälle, Zusammenziehung des Erdkörpers, Flutreibung usw.) zweifelhaft; aber die Unsicherheit bleibt jedenfalls unter jeder für physikalische Messungen in Betracht kommenden Grenze.

Dies vorangeschickt, sei nun kurz angeführt, daß die exakte Messung von Raum- und Zeitgrößen immer weitere Fortschritte gemacht hat, insbesondere dank der Führung, die hier die eigens zu diesem Zwecke eingerichteten Institute (Physikalisch-technische Reichsanstalt in Charlottenburg, Bureau international des poids et mesures in Breteuil bei Paris usw.) übernommen haben. Indessen ist die Methodik, je nach der Natur der zu messenden Größe, so mannigfach, daß es unmöglich ist, hier näher darauf einzugehen. Für Strecken dient, außer Maßstab und Zirkel, das Kathetometer und der Komparator, für Entfernungen das Telemeter in seinen wichtigsten Typen (Koinzidenz-, steoroskopisches Telemeter von Zeiß u. a.), für Dicken die verschiedenen Dickenmesser und das Sphärometer, für kleine Strecken das Mikrometer. Flächen lassen sich am bequemsten mit Planimetern (AMSLER, PRYTZ), Volumina mit Volumetern, Pyknometern oder Stereometern ausmessen. Zur Winkelmessung dienen Goniometer, Theodolit und Spiegelablesung in ihren verschiedenen Ausgestaltungen. Was endlich die Zeitmessung betrifft, so kommt zu den Uhren und Chronometern als feinste und vollkommenste Methode die graphische hinzu, die in Gestalt von Chronographen mannigfacher Art bis zum äußersten durchgebildet worden ist; für sehr kurze Zeiten dient das elektrische Pendel, dessen Spitze in eine Quecksilberrinne mehr oder weniger lange eintaucht und dadurch in einem mit dem Stromkreise verbundenen

Galvanometer einen bestimmten Ausschlag hervorruft, so daß man sich durch Eichung eine Zeittabelle anfertigen kann; das findet z. B. Anwendung auf die Zeitdauer des elastischen Stoßes, die oft nur nach hundertstel- oder tausendstel Sekunden zählt, auf die Dauer elektrischer Kontakte und manches andre; natürlich kann man das Pendel auch durch einen andern geeigneten Apparat ersetzen. Zu den genannten Messungen kommt dann noch die der Geschwindigkeit hinzu, für die es, je nach den besonderen Zwecken, sehr verschiedene Apparate (Tachometer, Log, ballistisches Pendel, elektrische Einrichtungen, Turenzähler usw.) gibt.

7. Der Stoff und seine Trägheit. Das durch Raum und Zeit gegebene Weltbild läßt uns nun durchaus unbefriedigt, es erscheint uns leer, es zwingt uns unwiderstehlich, es mit irgendeinem lebendigen Etwas zu erfüllen. Dazu bieten sich nun insofern sehr verschiedene Möglichkeiten, als es sich hier schließlich doch nur um eine Objektivierung dessen handelt, was für uns als Subjekt der Weltbetrachtung unsere Empfindungen sind. Was man als Gegenstand dieser Empfindungen einführt, ist bis zu einem gewissen Grade willkürlich und großenteils Geschmackssache. Insbesondere gibt es hier drei Möglichkeiten: entweder man führt den Stoff ein, in all seiner sinnlichen (und zum Teil vielleicht auch unsinnlichen) Mannigfaltigkeit; oder man zieht die Kraft vor, nicht minder vielgestaltig; oder endlich — und das ist die neuste Entscheidung (aber nun auch schon Jahrzehnte lang herrschend) — man wählt die Energie, die überall und jederzeit tätige Energie, die für alle Zustände und alle Geschehnisse maßgebende Energie; man erinnere sich an das schon bei der Betrachtung des Gegenstandes der Physik Gesagte. Man kann, um kurze Ausdrücke zu haben, diese drei Weltbilder als das materialistische, das dynamische und das energetische bezeichnen: jedes von ihnen hat im Laufe der Zeiten hervorragende Vertreter und Verfechter gehabt. Wir unsrerseits dürfen und wollen hier nicht einseitig verfahren, wir wollen alle diese Begriffe bzw. Ideen des näheren untersuchen und werden dabei vermutlich finden, ob und inwieweit sie sich zu einer Grundlegung und einheitlichen Ausgestaltung des Weltbildes eignen.

Was zunächst den Stoff, die Materie, angeht, so ist man bis etwa in das Zeitalter Newtons hinein an der Hauptfrage vorbeigegangen, oder vielleicht richtiger, um sie herumgegangen: Was ist denn das allgemeine Charakteristikum der Materie? Da stellt sich nun sofort ein Dualismus heraus, der uns nötigt, die Materie von zwei entgegengesetzten Seiten, nämlich in ihrem passiven und aktiven Verhalten zu betrachten. Die Materie kennzeichnet sich einerseits durch ihre Trägheit, d. h. durch ihren Widerstand gegen Bewegung, und zwar, um es deutlicher zu sagen, gegen die Änderung der Geschwindigkeit, sei es nun der Größe oder der Richtung nach; denn geradlinig-gleichförmige Bewegung besteht widerstandslos fort, die Materie vollzieht sie »von selbst«; eben das ist ihr Beharrungsvermögen, ihre Trägheit. Damit haben wir einen fundamentalen Satz, den Trägheitssatz, kennen gelernt, den ersten jener Sätze, die man ihrer überragenden Bedeutung wegen als Prinzipe oder Axiome bezeichnet, ohne daß damit ein einheitlicher erkenntnistheoretischer Sinn verbunden und ohne daß es möglich wäre, zwischen Lehrsätzen und Prinzipien (Axiomen) eine scharfe Grenze zu ziehen. Der Trägheitssatz ist zwar schon von GALILEI und NEWTON aufgestellt und in seiner Bedeutung erkannt worden; er ist aber bis in die neuste Zeit niemals für längere Zeit zur Ruhe gekommen, weil sich immer neue und erneute Zweifel, nicht an seiner Gültigkeit als solcher, sondern an der Art, wie man diese aufzufassen habe, erhoben; auch darauf gehen wir zunächst nicht ein, sondern nehmen den Trägheitssatz als das erste Gesetz der Bewegung hin. Um einen bequemen Ausdruck für diese Eigenschaft der Materie zu haben, hat man sie als Masse bezeichnet und schreibt somit jedem Körper eine bestimmte Masse zu; und zwar gemessen in g (Grammen), ursprünglich definiert als die Masse eines ccm Wasser bei 0^0 Celsius, in Wahrheit aber als der tausendste Teil eines an verschiedenen Orten aufbewahrten Normalkörpers, des kg (Kilogramm).

8. Gravitation. Erhaltungs- und Äquivalenzprinzip. Aber der Trägheit der Materie steht eine andre Eigenschaft derselben gegenüber, nämlich ihre Schwere oder, um es gleich allgemeiner auszudrücken: ihre Gravitation; und sie findet ihrerseits ihr Maß in einem für jeden Körper charakteristischen Faktor, der gravitierenden oder schweren Masse; daß man für die Einheit dieser Größe, für ihr Bezugsmaß, auch wieder das Zeichen g (Gramm) gewählt hat, ist wegen der dadurch erzeugten Verwirrung bedauerlich, aber nicht mehr zu ändern; man tut gut, beide auch äußerlich irgendwie voneinander zu unterscheiden, etwa so, daß man die Grammasse mit g, das Grammgewicht mit g* bezeichnet.

In bezug auf die Masse gelten nun zwei wichtige Grundgesetze, deren Erkenntnis sich erst im Laufe der Jahrhunderte ganz allmählich durchgerungen und erst in neuester Zeit endgültig festgesetzt hat. Das eine von ihnen ist das Gesetz von der Konstanz der Masse, gewöhnlich als das Gesetz von der Erhaltung des Stoffes bezeichnet, und aussagend, daß in einem, von der Umgebung materiell abgeschlossenen System, was auch in seinem Innern vorgehen möge (physikalische oder chemische Veränderungen), die Masse ungeändert bleibt; und daß, wenn zwei Systeme in materiellem Austausch miteinander stehen, das eine immer genau soviel an Masse gewinnt wie das andre verliert. Dieses Gesetz ist, wie man weiß, die Grundlage einer ganzen Wissenschaft, der Chemie, geworden, und auch in der Physik spielt es eine wichtige Rolle. Und wenn gewisse Versuche von LANDOLT, HEYDWEILLER u. a. zwar im allgemeinen eine äußerst weitgehende Bestätigung des Satzes, in einzelnen Fällen chemischer Umsetzungen aber winzige Änderungen ergeben haben, so ist das seitdem nicht bestätigt worden und daher beweisunkräftig geblieben. Immerhin ist die Frage offen zu halten, ob das Gesetz unbegrenzt gilt, und es wird sich zeigen, wie sehr diese Vorsicht am Platze war. Das zweite Gesetz ist das von der Gleichheit der trägen und der schweren Masse eines und desselben Körpers; er ist bisher immer als mehr oder weniger selbstverständlich hingenommen, in neuerer Zeit verschiedentlich, besonders durch sehr feine Versuche von Eötvös (1890), bestätigt, aber erst durch die Relativitätstheorie zu einer wirklichen Erkenntnisforderung erhoben worden. Einen sehr deutlichen Ausdruck findet der Satz in der Tatsache, daß alle Körper im leeren Raume gleich schnell fallen, aus dem einfachen Grunde, weil sie zwar verschiedene aktive, aber in demselben Verhältnis auch verschiedene passive Massen haben, so daß sich diese im Zähler und Nenner des maßgebenden Bruches stehenden Größen glatt wegheben. Es gibt einen einfachen Apparat, die Fallmaschine von Atwood (1784), dessen Bedeutung im Zusammenhange mit dieser Grundfrage nicht hoch genug angeschlagen werden kann. Hier hängt der Fallkörper M an einer Schnur, die hoch oben um eine Rolle geführt ist und auf ihrer andern herabhängenden Seite ein Gegengewicht von der Masse m trägt; somit ist hier die treibende Kraft gleich $(M-m)\,g$, die mitzuschleppende Last dagegen $(M+m)$, die Gleichheit von aktiver und passiver Masse ist gestört, und deshalb die Beschleunigung nicht g, sondern nur $g' = [(M-m)/(M+m)] \cdot g$.

Wenn hier von der schweren Masse der Materie gesprochen wurde, so ist damit eigentlich schon auf das zweite Bild, das wir uns von der Außenwelt machen können, übergegriffen worden, auf das dynamische. Denn die Schwere, allgemeiner die Gravitation, ist eine Kraft, und zwar die allgemeinste, im Universum tätige Kraft; nur noch eine einzige weitere Kraft darf ihr neuerdings an die Seite gestellt werden: die elektromagnetische Kraft. Von diesen beiden Kräften also haben wir uns das Weltall durchsetzt zu denken, es ist zugleich ein Gravitationsfeld und ein elektromagnetisches Feld; und auch hier ist es der Relativitätstheorie vorbehalten geblieben, diesen Dualismus zu beseitigen, wovon noch die Rede sein wird. Auch hier aber müssen wir die allgemeine Einheit festlegen, und zwar ist es die Dyne, d. h. diejenige Kraft, welche einem Gramm-Masse in der Sekunde die Beschleunigung eines Zentimeters erteilt.

Damit haben wir zwei Fundamentalsysteme gewonnen, beide mit Strecke und Zeit als den beiden ersten, aber jede mit einem andern Grundbegriffe als dem dritten: im Raum-Zeit-Masse-System hat man als Einheiten cm, sec, g, im Raum-Zeit-Gewichts-System dagegen cm, sec, g*; jenes ist unter dem Namen des C-G-S-System in der Wissenschaft zur Zeit das allgemein herrschende, während in der Technik noch überwiegend das andre benutzt wird; der Übergang von dem einen zum andern erfolgt durch Multiplikation bzw. Division mit der Beschleunigung durch die Schwere, also mit rund 981.

9. Die Energie und ihre Erhaltung. Wärmeäquivalent. Gehen wir jetzt zum dritten Bilde über, so ist hier der herrschende Begriff die Energie, d. h. der Vorrat eines Körpers an Arbeitsfähigkeit; obgleich dieser Begriff historisch auf dem mühsamen Wege über Masse, Kraft, Potential und Arbeit gewonnen worden ist, tut man doch gut, sich jetzt von diesem Werdegang frei zu machen und die Energie als etwas Unmittelbares und

Reales, als ein den Weltraum erfüllendes selbständiges Agens zu nehmen. Und daß dies möglich ist, geht aus der Existenz eines Satzes hervor, der sich dem Satze von der Erhaltung des Stoffes zur Seite stellt, aber ungleich größere Bedeutung besitzt: der Satz von der Erhaltung der Energie. Der Begriff der Energie wird schon von THOMAS YOUNG 1807 eingeführt, aber erst RANKINE hat ihm 1853 die jetzt gültige klare Bedeutung gegeben, und erst durch die Arbeiten von ROBERT MAYER, JOULE und HELMHOLTZ hat das Erhaltungsprinzip seine Begründung und allgemeine Geltung erreicht. Im 18. Jahrhundert, als das Wort »Energie« noch nicht gefunden war, stellte man doch bereits, wenn auch nur im engeren Rahmen der mechanischen Vorgänge, einen Satz auf, den man jetzt als Prinzip von der Erhaltung der mechanischen Energie ansprechen würde. Ein Körper oder ein System von Körpern ist nämlich in jedem Augenblicke durch zwei Dinge gekennzeichnet: durch die Orte seiner einzelnen Punkte und durch die Geschwindigkeit ihrer Bewegung. Jene wurde zusammengefaßt in dem Potential des Systems, diese in seiner lebendigen Kraft, wie man damals sagte, oder wie man heute sagt, um zum Ausdruck zu bringen, daß beide Größen Teile einer allgemeineren Größe sind: jene durch die potentielle oder statische oder konfigurative Energie, diese durch die aktuelle oder kinetische Energie; und der Satz der klassischen Mechanik sagt eben aus, daß die Summe beider Teile, wie sich auch die Orte und die Geschwindigkeiten der Körper bzw. ihrer Teile ändern mögen, ungeändert bleibt. Aber dieser Satz gilt nur für Systeme, bei denen ausschließlich grobmechanische Geschehnisse stattfinden, nicht aber, wenn Wärme usw. ins Spiel tritt; mit andern Worten: er gilt nur für konservative, nicht aber für dissipative Systeme; denn dann findet Zerstreuung der Energie, findet Umwandlung von mechanischer Energie, die man häufig kurzweg Arbeit nennt, in Wärme usw. statt. Aber auch dann gilt der Satz noch, wenn er gehörig erweitert wird; denn es läßt sich zeigen, daß auch Wärme eine Form der Energie ist, und daß die Umwandlung von Arbeit in Wärme oder umgekehrt stets nach einem bestimmten Äquivalenzverhältnisse erfolgt. Daß dem so sein muß, hat MAYER 1839 erkannt, hat JOULE 1842 ff. experimentell erwiesen, und HELMHOLTZ hat 1847 die Wahrheit auf alle andern Energieformen, also elektrische, magnetische, chemische usw. ausgedehnt. Bleiben noch die Vorgänge im lebendigen Organismus übrig; aber auch diese ordnen sich, wie später RUBNER, ATWATER u. a. gezeigt haben, dem Gesetze bis aufs minutiöseste unter.

Das Arbeitsäquivalent der Wärme, also die Zahl der Arbeitseinheiten, die gerade eine Wärmeeinheit liefern, hängt zahlenmäßig natürlich davon ab, wie man die Einheiten für Arbeit und Wärme wählt; in der Wissenschaft sind das dies Erg (Leistung einer cm-Strecke durch eine Dyne) und die Grammkalorie (Wärmeverbrauch beim Erhitzen eines g Wasser um 1° C); das Wärmeäquivalent ist alsdann $j = 42$ Millionen Erg oder, wie man auch sagen kann, gleich 42 Megaerg; in der Praxis wird noch überwiegend vom Gewicht, und zwar vom kg* einerseits, und von der kg-Kalorie andrerseits ausgegangen, und es wird dann $j' = 427$. In der Abb. 1 ist eine graphische Darstellung der für j' von ROBERT MAYER bis auf JÄGER und STEINWEHR gefundenen Werte gegeben, aus der man ersieht, wie die Übereinstimmung und damit die Sicherheit des Endwerts immer weiter gestiegen ist.

In den zwei seit ROBERT MAYER verflossenen Menschenaltern ist das Prinzip der Erhaltung der Energie die Grundlage aller exakten Naturerkenntnis und Naturforschung geworden; und seine Alleinherrschaft wurde nur noch nach beiden Seiten, richtiger gesagt: nach unten und nach oben deutlicher bestimmt. Um zunächst den ersteren Punkt zu erledigen, so handelt es sich hier um den Dualismus, der darin besteht, daß es zwei Erhaltungsprinzipe gibt, das für den Stoff und das für die Energie; man braucht durchaus nicht eingefleischter Monist zu sein, um diesen Dualismus als etwas Störendes zu empfinden. Und auch hier wiederum

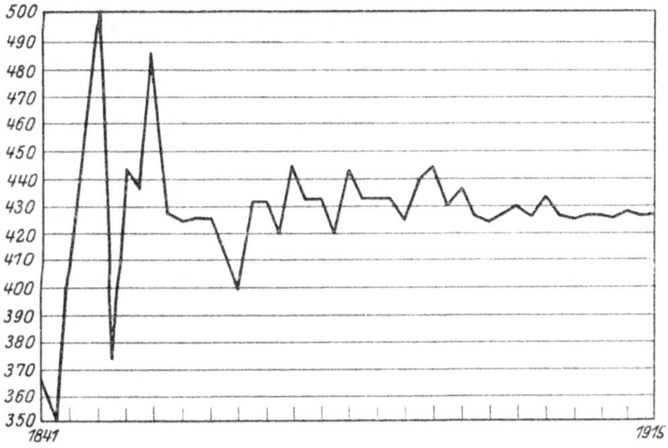

Abb. 1. Das Wärmeäquivalent in historisch-graphischer Darstellung.

war es der Relativitätstheorie vorbehalten, das, was in unbestimmter Form als Idee und Wunsch in Kopf und Herz der Physiker arbeitete, streng wissenschaftlich zu erfüllen und zu formulieren: die Einbeziehung des Stoffes in die Energie und damit die Gewinnung eines einheitlichen, Stoff und Energie umspannenden Erhaltungsprinzips; wie das möglich wurde, kann an dieser Stelle noch nicht gesagt werden. Hier genüge es, festzustellen, daß nunmehr das einzige, was im Weltall ungeändert bleibt, die Energie ist (während die Stoffmenge sich ändern kann, z. B. durch radioaktive Umwandlungen von Stoff in eine andre Energieform, nämlich in Strahlung); und die Energie ist somit das einzig Reale in der Natur. Sie hat in jedem Falle einen bestimmten Sitz im Raume (Lokalisierung der Energie) und eine bestimmte Tendenz, diesen Ort zu ändern (Wanderung der Energie, POYNTING 1884, WILLI Wien 1891); und somit ist die Physik tatsächlich eine Energetik geworden, wenn auch nicht alle ihre Vertreter in didaktischer und methodischer Hinsicht so weit gehen wie OSTWALD (1890). Schließlich wäre noch die neueste Vorstellung vom Wesen der Energie zu nennen; aber das verschieben wir besser so lange, bis wir über die Konstitution der Materie gesprochen haben. Und ebenso wollen wir die Frage noch zurückstellen, ob es denn außer den drei Fundamentalsystemen, die man als das materielle, das dynamische und das energetische bezeichnen kann, nicht noch andre gibt; in der Tat ist sowohl im 19. wie im 20. Jahrhundert (GAUSS, PLANCK, EINSTEIN) je ein solches herausgearbeitet worden.

10. Zerstreuungsprinzip. Entropie und Ektropie. Nernst-Theorem. Vorher haben wir indessen noch die andre Frage zu behandeln, die sich auf die Einengung, besser gesagt, auf die Ergänzung des Erhaltungsprinzips nach oben hin bezieht. Dieses Prinzip fordert, daß man bei einem Kreisprozeß, der in der Umwandlung von Wärme in Arbeit besteht, also z. B. bei der Dampfmaschine, die gesamte, dem Kessel entnommene Wärme als Arbeit im Schwungrad wiederfinde; das ist aber durchaus nicht der Fall, man findet selbst bei einer sehr günstig gebauten Maschine höchstens 30 Prozent davon. Das besagt nun durchaus nicht etwa, daß das Erhaltungsprinzip nicht gelte, es besagt lediglich, daß nur dieser Teil der Wärme in Nutzarbeit verwandelt worden ist, der Rest dagegen im Wärmezustande verblieben oder in nutzlose Arbeit verwandelt worden ist, und zwar teils in Form von Erwärmung, Reibung, Abnutzung der Maschinenteile, teils in Form der lauen Wärme, die sich im Kühler der Maschine wiederfindet (oder, wenn kein solcher vorhanden ist, in die Luft hinaus pufft). Sieht man von dem ersten Teile ab, betrachtet man also den Prozeß als reversibel (denn die genannten Vorgänge sind irreversibel), so kann man sogar genau angeben, welcher Bruchteil der Kesselenergie in laue Wärme verwandelt, also »zerstreut« wird, nämlich, wie Lord KELVIN 1851 gezeigt hat, der Teil, der sich zur ganzen Kesselwärme verhält wie die absolute Temperatur des Kühlers zu der des Kessels: $W_2 : W_1 = T_2 : T_1$; T_2/T_1 ist also der Zerstreuungsgrad, und der Rest, nämlich $(T_1 - T_2)/T_1$ ist der Wirkungsgrad des Prozesses, also die geleistete Arbeit $A = W_1 \frac{T_1 - T_2}{T_1}$ oder, wenn man nur einen infinitesimalen Prozeß betrachtet: $dA = W \cdot (dT/T)$. Der große Vorläufer auf diesem Gebiete, CARNOT, hatte sich die Sache noch viel einfacher vorgestellt; er nahm an, daß die Wärme, die er (wie damals alle Physiker) für einen Stoff ansah (wie das Wasser), Arbeit leiste und dann ungemindert abfließe (wie das Wasser, nachdem es ein Mühlrad in Gang gesetzt hat). Das ist nun allerdings nicht der Fall und kann, wegen der energetischen und nicht stofflichen Natur der Wärme, nicht der Fall sein; aber immerhin bleibt ein gewisser Rest, eben W_2, als Wärme übrig. Übrigens hat CARNOT selbst sich zuletzt noch zu der neuen Anschauung durchgerungen.

Dem ganzen Gedankengange liegt ein Prinzip zugrunde, das von CLAUSIUS 1850 zuerst ausgesprochen wurde und besagt, daß Wärme »von selbst«, d. h. ohne Aufwand fremder Arbeit, immer nur von Stellen höherer zu

Stellen niederer Temperatur fließen könne, also nicht bloß bei der Leitung und Strahlung (da ist es nun beinahe selbstverständlich), sondern auch bei irgend einem natürlichen oder maschinellen Umwandlungsprozesse der obigen Art. Und weiter, sie kann nicht bloß nach unten abfließen, sie tut es auch wirklich und unerbittlich, auch dann, wenn der Zweck des Prozesses (gleichviel ob die Natur oder der Mensch diesen Zweck verfolgt) lediglich Gewinnung von Arbeit ist. Bei einem Kreisprozeß und damit auch bei einer Folge solcher kann immer nur ein Teil der Wärme in Arbeit verwandelt werden (während es umgekehrt sehr wohl möglich ist, Arbeit vollständig in Wärme zu verwandeln); der Rest, und oft ein sehr erheblicher, wird zerstreut. Man kann dieses Prinzip hiernach dem Erhaltungsprinzip als Zerstreuungsprinzip zur Seite stellen; und es hat eine, wenn möglich, noch größere Bedeutung als jenes. Es beherrscht alles Weltgeschehen, und es beherrscht nicht minder die Technik; ist doch in neuerer und neuester Zeit der größte Teil aller Bemühungen in der Technik darauf gerichtet gewesen, den Zerstreuungsgrad möglichst herabzumindern und damit den Wirkungsgrad zu steigern. Bei den kalorischen Maschinen hat diese Bemühung eine sehr enge Grenze in dem Umstande, daß wir auf der Erde auf einem sehr hohen Temperaturniveau (durchschnittlich etwa 300 Grad absolut) leben, daß man also die Größe T_2 nicht hinreichend klein machen kann; dagegen leben wir auf einem sehr niedrigen elektrischen Niveau, und deshalb leisten die elektrischen Maschinen bis nahe an 100 Prozent der aufgewandten Energie.

Die obige Gleichung kann man nun auch in veränderter Form schreiben: $W_1/T_1 = W_2/T_2$, oder wenn man beide Wärmemengen als von dem System aufgenommene rechnet: $(W_1/T_1) + (W_2/T_2) = 0$. Geht man nun zu stetigen Prozessen über, bei denen sich die Temperaturen von »Kessel« und »Kühler« (im verallgemeinerten und übertragenen Sinne) nur unendlich wenig unterscheiden und infolgedessen auch nur eine unendlich kleine Wärmemenge dW umgesetzt wird, so erhält man für eine endliche Aneinanderreihung derartiger differentieller Kreisprozesse: $\int (dW/T) = 0$. Wohlverstanden: für einen umkehrbaren Kreisprozeß. Für einen ebenfalls umkehrbaren, aber offenen Prozeß (bei dem sich also das System am Schlusse in einem anderen Zustande befindet wie am Beginn) ist dann die Größe $\int (dW/T) = S$ zwar nicht gleich null, aber sie hat einen bestimmten, nur vom Anfangs- und Endzustande abhängigen, vom Prozeßwege aber unabhängigen Wert. Diese Größe heißt nach CLAUSIUS (1865) die Entropie des Systems. Sie existiert, wie man sieht, nur für reversible Prozesse; bei irreversiblen ist sie, weil vom Wege abhängig, vieldeutig. Aber über ihre Tendenz kann man ganz allgemein eine Aussage machen mit Rücksicht auf den Umstand, daß die irreversiblen Prozeßkomponenten stets eine Zerstreuung von Energie bedingen: die Entropie kann immer nur wachsen, höchstens aber (bei isentropischen, d. h. adiabatischen Prozessen) ungeändert bleiben. Und schließlich, auf das Ganze ausgedehnt: die Entropie des Weltalls strebt einem Maximum zu. Bald nach CLAUSIUS (1867) hat dann BOLTZMANN die Entropie weiter analysiert und 1877 gezeigt, daß sie eine einfache Bedeutung hat: sie ist der (negative) Logarithmus der Wahrscheinlichkeit des Zustandes des Systems (diese Wahrscheinlichkeit als echter Bruch genommen); da nun, dem Begriffe der Wahrscheinlichkeit gemäß, jeder folgende Zustand immer wahrscheinlicher ist als der vorhergehende, so muß eben die Entropie wachsen. Aber zugleich erkennt man hier die Grenzen der Gültigkeit des Satzes; denn unter Umständen kann eben, wiederum gemäß dem Wesen der Wahrscheinlichkeit, auch einmal ein unwahrscheinlicher Zustand eintreten; besonders bei Systemen, deren Komplikation sehr groß ist. Solche Systeme kann man als ektropisch bezeichnen (Auerbach 1900); und schon Helmholtz scheint dabei in erster Linie an die lebendige Substanz gedacht zu haben. Denn während in der anorganischen Welt der »Ablauf« das normale ist, wird die lebendige Substanz durch die Tendenz der »Entwicklung« gekennzeichnet; und es haben sich in neuester Zeit die Anzeichen dafür gemehrt, daß man es hier in der Tat mit einem Einfluß unwahrscheinlicher Zustände und Prozesse, also mit ektropischer Tendenz zu tun hat. Aber auch aus der anorganischen Welt werden wir Fälle kennen lernen, die in dieser Hinsicht nachdenklich machen. Schließlich sei noch kurz auf die wichtigen, mit der Entropie in nahem Zusammenhange stehenden Begriffe der freien und gebundenen Energie (Helmholtz 1882) und des thermodynamischen Potentials (Duhem 1883) hingewiesen. Was die erstere betrifft, so erhält man die in gewissen Fällen exakte, in andern durchschnittlich geltende Gleichung $E = F + G$, d. h. die Energie zerfällt in freie und gebundene, oder durch Division mit der absoluten Temperatur: $R = Q + S$, d. h. die »Tropie« zerfällt in Ektropie und Entropie. Über das thermodynamische Potential etwas Näheres zu sagen, müssen wir unterlassen, da das ohne umfangreiche Vorbereitung nicht durchführbar ist.

Man kann den zweiten Hauptsatz noch in eine andre Form kleiden, indem man die Energie nicht in zwei Summanden, sondern in zwei Faktoren zerlegt, deren einer, wie man sagen kann, ihre Quantität oder Extensität, deren andrer ihre Intensität kennzeichnet; dann wird also $E = Q \cdot J$. Nach dem ersten Hauptsatze ist dann dieses Produkt konstant, in einem geschlossenen Systeme können zwar beide sich ändern, immer aber so, daß, wenn der eine zunimmt, der andre in demselben Verhältnisse abnimmt; welcher von beiden zu-, welcher abnimmt, bleibt unbestimmt. Nach dem zweiten Hauptsatze wird indessen auch diese Tendenz bestimmt, und zwar so, daß, ohne Hilfe von außen, immer der Quantitätsfaktor auf Kosten des Intensitätsfaktors zunimmt, die Energie wird ausgedehnter, zerstreuter und damit zugleich spezifisch schwächer. Bei der Wärme z. B. ist die Stoffmenge der Quantitäts-, die Temperatur der Intensitätsfaktor, und beim Vergleich zweier Wassermengen, einer großen und kühlen und einer kleinen und heißen, die beide denselben Energieinhalt haben, ist die letztere weitaus die wirksamere, weil sie den größeren Intensitätsfaktor hat. Entsprechend ist bei der elektrischen Stromenergie die Stromstärke der Quantitäts-, die Spannung der Intensitätsfaktor; und ähnlich in allen andern Fällen.

In neuester Zeit ist den beiden Hauptsätzen der Thermodynamik ein dritter angefügt worden (NERNSTsches Wärmetheorem 1908), der, da seine tiefere Erfassung den Rahmen dieser Darstellung weit überschreiten würde, hier nur kurz angeführt werden kann. Aus den beiden Hauptsätzen und gewissen, an sich einleuchtenden oder durch die Erfahrung nahegelegten Annahmen über das thermische Verhalten der Körper, insbesondere über die Stetigkeit der spezifischen Wärme, läßt sich die Gleichung ableiten: $\lim(dA/dT) = 0$, und es läßt sich zeigen, daß mit ihr mehrere andre teils äquivalent teils nahe zusammenhängend sind, so die Gleichung (E die Energie): $\lim(dE/dT) = 0$ und die Gleichung $\lim(S_2 - S_1) = 0$, sämtlich gültig für $\lim T = 0$. Sie sagen also sämtlich etwas aus über das Verhalten der Systeme bei der Annäherung an den absoluten Nullpunkt, nämlich, daß alsdann der Temperaturkoeffizient der Arbeit und der Energie sowie die Entropie sich der Null nähert, daß der Unterschied zwischen freier und innerer Energie verschwindet und die spezifische Wärme ebenfalls bis auf null herabsinkt. Aber wohlverstanden: es sind sämtlich Grenzgleichungen; und es ist ausdrücklich zu betonen, daß der absolute Nullpunkt niemals ganz zu erreichen ist. (Prinzip der Unerreichbarkeit des absoluten Nullpunkts).

II. Konstitution der Materie.

11. Stetigkeitstheorie. Unsere bisherigen Betrachtungen waren allgemeinen, begrifflichen und mehr oder weniger abstrakten Charakters. Nunmehr wollen wir uns ein anschauliches Bild von den Dingen der Welt machen. Derartige Bilder sind immer bis zu einem gewissen Grade willkürlich, aber sie bringen uns durch Anschauung in der Erkenntnis weiter und erweisen sich selbst dann noch als nützlich, wenn sie schließlich wieder aufgegeben und durch andre, seien es verwickeltere oder einfachere, ersetzt werden.

Raum und Zeit haben vor allem andern die Signatur der Stetigkeit; wir werden also, und das ist das nächstliegende Bild, auch der dritten Grundidee, sei es nun der Stoff oder die Kraft oder die Energie, dieses Attribut beilegen. Was also die Materie betrifft, so werden wir annehmen, daß sie den Raum stetig erfüllt; überall, an allen Stellen eines Körpers, ist Materie, zwei Teile desselben grenzen immer unmittelbar aneinander, und zwar entweder, wie bei einem einheitlichen Körper, gleichartige Teile oder, wie bei einem heterogenen Körper oder zwei verschiedenen Körpern, verschiedenartige Teile, z. B. feste, flüssige, gasige. Will man das Stetigkeitsbild bis zum äußersten durchführen, so muß man freilich annehmen, daß auch in solchen Fällen der Übergang nicht plötzlich, sondern allmählich erfolge, z. B. zwischen einer Wasser- oder Glasoberfläche und der angrenzenden Luft. Solche »Grenzschichten« sind in der Tat vielfach eingeführt worden, und sie haben sich für das tiefere Verständnis ganzer Erscheinungsgruppen, z. B. in der Kapillarität, in der Berührungselektrizität und in der Optik ausgezeichnet bewährt. Solange man von derartigen Vorstellungen absieht, muß man sich klar sein, daß die Stetigkeitshypothese in diesen Fällen durchbrochen wird, daß es einzelne Raumstellen, namentlich Flächen gibt, die den Charakter von Unstetigkeitsstellen haben und deshalb besonderen Gesetzen unterliegen. Das zeigt sich sehr deutlich bei der mathematischen Behandlung der Naturerscheinungen. Diese Behandlung zeichnet sich nämlich gerade bei Zugrundelegung der Stetigkeitstheorie durch große Einfachheit und Eleganz aus, es ist die Domäne der Infinitesimalrechnung, insbesondere der Differentialgleichungen: und man weiß, welche Triumphe sie gefeiert hat, indem sie uns im Laufe von anderthalb Jahrhunderten eine erstaunlich große Zahl von Erscheinungen in exakter Weise darzustellen lehrte. Aber aus dem vorher Gesagten folgt, daß es nicht genügt, ein Problem dadurch zu formulieren, daß man seine Differentialgleichungen aufstellt und diese alsdann integriert; man muß vielmehr die allgemein gültigen Gleichungen ergänzen durch besondere, nur an den singulären Raum- und Zeitstellen gültige Grenzbedingungen; und gerade deren Aufstellung sowie die Anpassung der Lösung der Gleichungen an sie bildet meist die größte Schwierigkeit des Problems; immerhin sind auf diese Weise zahlreiche typische Fälle aus allen Gebieten der Physik teils direkt, teils auf Umwegen oder durch Kunstgriffe erfolgreich behandelt worden. Wir werden hierauf teils noch im allgemeinen, teils im speziellen Teil unserer Betrachtungen näher eingehen.

In der Stetigkeitstheorie der Materie gibt es, außer der Masse, drei maßgebende Begriffe, die als erkenntnistheoretisch gegeben, aber als variabel anzusehen sind: Volumen, Druck und Temperatur. Ist also eine bestimmte Menge Substanz vorhanden, und zwar ein für allemal, so wird der Gleichgewichtszustand des Körpers durch das spezifische Volumen, den Druck und die Temperatur, gekennzeichnet; und die gesetzmäßige Verbindung, in der diese drei Größen miteinander stehen, heißt die Zustandsgleichung des Körpers. Wir werden später auf sie näher eingehen; hier sei nur bemerkt, daß sie für ideale Gase am einfachsten, für wirkliche Gase schon verwickelter, für flüssige oder gar feste Körper am verwickeltsten wird, und daß man alsdann auch zu den kombinierten Systemen, in denen zwei oder drei Aggregatzustände vertreten sind, übergehen kann. Auch auf diesem Gebiete hat die Stetigkeitstheorie ausgezeichnetes geleistet, und noch heute ist ihre reine Entwicklungslinie nicht völlig abgebrochen.

Auch über die Mannigfaltigkeiten kristallischen Aufbaues der Materie gibt die formale Theorie reichen Aufschluß. Kristalle verhalten sich zwar in verschiedenen Richtungen verschieden (Heterotropie), zeichnen sich aber doch durch bestimmte Symmetrieverhältnisse aus, die sich an die drei Symmetrieelemente: Symmetriezentrum, Symmetrieachse und Symmetrieebene anlehnen. Dank den grundlegenden Untersuchungen von HESSEL (1829), BRAVAIS (1848), GADOLIN (1867), SCHÖNFLIES (1891) u. a. sind uns heute die Symmetriemöglichkeiten der Materie vollständig bekannt, insbesondere die Existenz von 32 Kristallklassen und 7 Kristallsystemen.

Auf die hieraus folgenden elastischen Eigenschaften der Kristalle wird im speziellen Teile eingegangen werden.

12. Molekulartheorie und Atomistik. Kinetische Theorie. Indessen sind der Stetigkeitstheorie denn doch allenthalben Grenzen gesteckt. Das Bild ist zu einfach, um uns zu erlauben. bis zu der gewünschten Tiefe in das Wesen der Dinge einzudringen. Zuerst hat sich das in der Chemie gezeigt, wo das Gesetz der festen Verbindungsverhältnisse sich zwar formal durch Äquivalentzahlen ohne sinnliche Bedeutung darstellen läßt, aber doch geradezu zur Molekulartheorie bzw. Atomistik hindrängt. Tatsächlich ist diese Theorie uralt; schon DEMOKRIT hat im Jahre 420 v. Chr. ein atomistisches Weltbild gezeichnet; und schon LUCREZ hat 55 v. Chr. zwischen Molekeln und Atomen unterschieden. In der Neuzeit hat dann zuerst GASSEND (1624) diese Idee wieder aufgenommen, und BOSCOVICH (1759) hat die Natur und die Eigenschaften der kleinsten Bausteine der Materie des näheren untersucht. Auf dieser Grundlage sind dann zwei hervorragende Männer die Begründer der modernen Molekulartheorie geworden, nämlich DALTON (1803) für die chemischen und MOSOTTI (1836) für die physikalischen Erscheinungen; und auf dem von ihnen eingeschlagenen Wege sind dann Andre weitergeschritten.

Inzwischen aber hatte sich eine Erkenntnis durchgerungen, die die Sachlage wesentlich veränderte und das Problem ganz außerordentlich verwickelte. Die bisher genannten Theorien haben nämlich in der Hauptsache statischen Charakter, die Teilchen werden als ruhend angesehen, sie wirken lediglich durch ihre Existenz. Für die große Masse der chemischen Vorgänge mochte das ausreichen, nicht aber für die physikalischen. Denn hier genügen schon zwei fundamentale Tatsachen, um uns zu einem entscheidenden Schritte, zum Übergange von der Statik zur Kinetik der Teilchen zu zwingen: die Tatsachen des Drucks und der Temperatur. Allerdings, man könnte, um die statische Natur der Vorstellung zu retten, an potentielle Energie, also an Spannungen, an Kräfte zwischen den Teilchen denken; aber bei dem Versuche, das durchzuführen, scheitert man gleich zu Anfang. Am meisten Aussicht, zu einfachen Ergebnissen zu gelangen, bietet nämlich eine bestimmte Klasse von Stoffen, die Gase; und gerade bei diesen spielt die potentielle Energie jedenfalls eine sehr untergeordnete Rolle. Da nun auch die Gase, und diese sogar in ganz besonders auffallendem Maße, die Eigenschaften des Drucks und der Temperatur haben, wird der Schritt zur inneren Kinetik unabweisbar. In der Tat hat schon DANIEL BERNOULLI (1738) den Grundgedanken der kinetischen Gastheorie ausgesprochen, ohne daß er sich damals schon als fruchtbar erwiesen hätte. Er geriet in Vergessenheit, und erst mehr als ein Jahrhundert später wurde der Grundstein gelegt, diesmal aber gleich von zwei, unabhängig voneinander arbeitenden Forschern: KRÖNIG (1856) und CLAUSIUS (1857). An der Fortentwicklung der Theorie haben sich dann, außer CLAUSIUS, namentlich MAXWELL, LOSCHMIDT, O. E. MEYER und BOLTZMANN beteiligt; und seitdem steht die Theorie als ein Musterbeispiel einer eleganten, erfolgreichen und in sich geschlossenen Lehre da. Nach dieser Theorie bestehen die Gase aus sehr kleinen Teilchen, die, auch in einem als Ganzes ruhenden Gase, in allen Raumrichtungen hin und her schwirren, und zwar mit den verschiedensten und von Zeit zu Zeit sich ändernden Geschwindigkeiten; die Bahnen sind, wegen der Abwesenheit aller Kräfte, Trägheitsbahnen, also geradlinig, und nur dann ändern sie ihre Richtung, wenn ein Zusammenstoß erfolgt oder, wie man besser annimmt (denn ein wirklicher Zusammenstoß würde verwickelte Hypothesen über dessen Natur bedingen), wenn zwei Teilchen einander so nahe kommen, daß nun doch Kräfte zwischen ihnen zur Wirkung gelangen, derart, daß das eine Teilchen um das andre eine Bahn beschreibt etwa wie ein Komet um die Sonne, in deren Nähe er gelangt ist. Auf dieser Grundlage erhebt sich nun das ganze, überaus stattliche Gebäude: die Begriffe des Drucks und der Temperatur werden analysiert, stellen also keine selbständigen Geheimnisse mehr dar; die Gasgesetze ergeben sich in mehr oder weniger einfacher Weise, die spezifische Wärme wird abgeleitet, die Erscheinungen der inneren Reibung und der Wärmeleitung, der Diffusion und Verdampfung werden für sich ergründet und alsdann in einen inneren Zusammenhang miteinander gebracht; und schließlich gelingt es sogar, die Verhältnisse der Teilchen selbst, ihre Anzahl, Größe, Masse usw. abzuleiten.

13. Statistische Physik. Wirbelatome. Aber diese Theorie ist nicht nur physikalisch, sondern auch methodisch von besonderem Interesse, weil sie sich zur bisherigen Physik in einen grundsätzlichen Gegensatz stellt. Denn das leuchtet doch ein, daß man hier mit der Infinitesimalrechnung, zunächst wenigstens, nichts ausrichten kann; denn diese setzt stetige Raumerfüllung voraus, und eben diese ist doch jetzt aufgehoben. Nun könnte man einwenden: die Astromomie hat es doch auch mit diskreten Körpern zu tun, die den Himmelsraum durchaus nicht stetig erfüllen, sondern im Gegenteil sehr vereinzelte Stellen einnehmen; es handelt sich also dort wie hier um die Aufstellung der Bewegungsgleichungen jedes einzelnen Körpers bzw. Teilchens und um die Auflösung dieser Gleichungen. Aber dieses Problem wird schon bei drei Körpern, wie man weiß, so kompliziert, daß noch bis auf den heutigen Tag das Dreikörperproblem nicht allgemein gelöst ist; geschweige denn in unserm Falle, wo es sich nicht um drei, sondern um Millionen solcher Körper handelt. Glücklicherweise ist nun aber die ganze Fragestellung mißverständlich, es interessiert uns gar nicht, wie sich die einzelnen Gasteilchen bewegen, es interessiert uns nur das Gesamtergebnis aller dieser Bewegungen für das Gas als Ganzes. Wie man sieht, hat man es hier mit einem Problem der Statistik zu tun, gerade wie z. B. im Versicherungswesen; und die Statistik beruht auf der Wahrscheinlichkeitsrechnung. Demgemäß werden also auch die Ergebnisse nicht absoluten, sondern nur Wahrscheinlichkeitscharakter haben, aber um so höheren, je größer die Zahl der Teilchen ist; und eben, weil diese so ungeheuer groß ist, wird man die Resultate im allgemeinen mit vollkommenem Vertrauen aufnehmen — im allgemeinen, denn es können ja außergewöhnliche Umstände eintreten, und gerade davon ist ja bereits im Zusammenhange mit Entropie und Ektropie die Rede gewesen. Die statistische Methode tritt seitdem in der Physik immer mehr in den Vordergrund, sie erobert sich immer neue Gebiete, sie wird zur statistischen Mechanik aller Körper (GIBBS 1902, ZERMELO, BOLTZMANN, EHRENFEST, HERZ u. a.); wir kommen darauf am Schlusse dieses Abschnittes noch zurück. Daß es übrigens schließlich doch noch möglich wird, eine Brücke zur infinitesimalen Methodik zu schlagen, hat schon vor langer Zeit KIRCHHOFF gezeigt, indem er die Differentialgleichungen eines aus diskreten Teilchen bestehenden Gases aufstellte (die sich natürlich auf die Mittelwerte der Einzelgrößen und ihre mittleren Fehler beziehen); und später ist dann die Verschmelzung beider Methoden immer weiter durchgeführt worden.

Hier ist auch der Ort, um eine Theorie der Materie zu erwähnen, die zwar inzwischen der Vergessenheit anheimgefallen ist, die aber doch zu geistvoll und grundsätzlich bedeutsam ist, als daß eine historische Betrachtung über sie hinweggehen dürfte; die (nach mancherlei vorangegangenen Versuchen, wie dem von SECCHI) im Jahre 1867 von WILLIAM THOMSON (später Lord KELVIN) aufgestellte Theorie der Wirbelatome. Nicht lange vorher (1858) hatte HELMHOLTZ seine Theorie der Wirbelbewegungen in idealen (nicht reibenden) Flüssigkeiten veröffentlicht, d. h. derjenigen Klasse von Bewegungen, bei denen jedes Teilchen um seine Achse rotiert. Der allgemeine Satz, der uns hier interessiert, besagt nun, daß ein Komplex von Teilchen, die einen Wirbelring bilden, eine dauernde Zusammengehörigkeit bildet; es können weder Teilchen aus dem Komplex aus- noch neue in ihn eintreten, er kann sich wohl im Raume bewegen und dabei seine Form ändern, aber als Ganzes bleibt er, was auch für Eingriffe erfolgen mögen, dauernd erhalten (man kann das durch Experimente, soweit hier die Reibung nicht störend eingreift, annähernd bestätigen). Es gilt also das Gesetz von der Erhaltung der Wirbelkomplexe, gerade wie das Gesetz von der Erhaltung der Materie. Nimmt man hinzu, daß die Wirbelringe eine beliebige Mannigfaltigkeit aufweisen können (große und kleine, dicke und schlanke, die Nachbarringe getrennt oder miteinander verkettet usw.), so hat man eine weitere Analogie mit dem Mannigfaltigkeitsreichtum des Stoffes. Kurzum, THOMSON stellte die Hypothese auf, die Materie bestehe aus lauter solchen Wirbelringen, die den Raum stetig erfüllen. Wie man sieht, leistet die Theorie etwas, was man kaum für möglich gehalten hätte: sie schafft Individuen im wahrsten Sinne des Wortes, und sie läßt trotzdem eine in gewissem Sinne stetige Raumerfüllung zu. Daß die Theorie nach schönen Anfangserfolgen sich nicht weiter entwickelt hat und schließlich beiseite gelegt worden ist, liegt teils daran, daß die rechnerische Durchführung und Anwendung auf bestimmte (selbst einfache) Fälle über alles Maß verwickelt wird, teils daran, daß die Atomistik inzwischen, wie wir bald sehen werden, ganz andre Wege einschlug.

14. Aggregatzustände. Kristalle. Wenn die Molekulartheorie der Gase einen hohen Grad von Vollkommenheit und Durcharbeitung erfahren hat, so schritt die entsprechende Auffassung der flüssigen und festen Körper nur mühsam und langsam vorwärts. Soviel ist freilich klar, daß man es hier, was die Kinetik betrifft, mit einem scharfen Gegensatz zu tun hat: während die Gasteilchen Schwirrbewegungen ausführen und damit an immer neue Stellen des Raumes gelangen, muß man bei den flüssigen und festen Körpern annehmen, daß hier die Teilchen feste Sitze haben, um die sie nur mehr oder weniger geringfügige Exkursionen ausführen können, um immer wieder zu ihnen zurückzukehren. Es handelt sich, um ein Bild zu gebrauchen, um den Gegensatz von nomadischen und seßhaften Teilchen; und wenn der Aggregatzustand gewechselt wird, geht eben der eine Typus in den andern über, z. B. geht bei der Verdampfung der seßhafte Charakter der Teilchen verloren und es tritt der nomadische dafür ein. Und was dann weiter den Unterschied zwischen flüssigen und festen Stoffen angeht, so liegt dieser darin, daß und inwieweit die einzelnen Teilchen oder Komplexe solcher voneinander unabhängig oder abhängig sind; bei Flüssigkeiten sind die Elemente frei gegeneinander beweglich, bei festen Körpern stehen sie in einem gewissen Zusammenhange, beides in einer Weise, die freilich noch der näheren, in die betreffenden Spezialkapitel der Mechanik gehörigen Untersuchung bedarf. Was aber als grundsätzliche Frage hierher gehört, das ist die Frage nach der Struktur der festen und flüssigen Körper.

In älterer Zeit hat man nun hier den Unterschied zwischen zwei Klassen von Körpern gemacht, den isotropen und den heterotropen; jene verhalten sich nach allen Richtungen gleich, diese nach jeder Richtung anders (näheres über die Heterotropie der Kristalle im speziellen Teil). Bei den Flüssigkeiten sollte es lediglich Vertreter der einen Klasse geben, alle Flüssigkeiten, so sagte man, sind isotrop; dagegen sollte es bei den festen Körpern sowohl isotrope wie heterotrope geben. Beide Annahmen haben sich als unrichtig oder, besser ausgedrückt, als schief und irreführend erwiesen. Es gibt, wie OTTO LEHMANN (1889) gezeigt hat, auch flüssige Körper heterotropen Charakters, die sogenannten *flüssigen Kristalle*; und wenn anfangs die Meinungen hierüber scharf aufeinander platzten, so hat sich später eine Klärung vollzogen, für die hier ganz besonders auf die Darstellung und Theorie von BORN hingewiesen sei, die dem Phänomen das in ihm liegende Paradoxe nimmt. Andrerseits hat sich immer mehr die Erkenntnis Bahn gebrochen, daß die festen Körper grundsätzlich heterotrop sind, und TAMMANN (1897) kam schließlich zu dem Satze: Feste Körper sind Kristalle. Wie steht es denn nun mit denjenigen festen Körpern, welche doch, wie z. B. Glas oder Gold, anscheinend isotrop sind? Darauf lautet die grundsätzliche Antwort im Sinne der neuen Anschauung: sie sind nicht isotrop, sondern *quasiisotrop*, sie sind aus kristallischen Komplexen aufgebaut und erscheinen nur deshalb isotrop, weil die verschiedenen Komplexe alle möglichen Orientierungen aufweisen; und diese Auffassung wird durch die mikroskopische Untersuchung glänzend bestätigt. Was aber hieraus weiter folgt, ist etwas prinzipiell und methodisch überaus Wichtiges: die Kristalle sind nicht besonders komplizierte, sondern im Gegenteil besonders einfache

Körper, sie verhalten sich zu den quasiisotropen Körpern, wie VOIGT sagt, wie Musik zu einem Tongewirr.

Was nun die *Struktur der Kristalle* selbst betrifft, so ist die erste, aber inzwischen aufgegebene Theorie die von HAUY (1784); diejenige aber, auf der noch jetzt alles weitere aufgebaut ist, rührt von FRANKENHEIM (1835) und BRAVAIS (1848) her. Das ist die Raumgittertheorie der Kristalle, wonach ein Kristall aus gleichen und gleich orientierten Elementen besteht, die in den Knoten des Raumgitters angeordnet sind und teils eigene Symmetrie, teils solche des Raumgitters haben. Bei der Durchführung dieser Idee erwies sich eine gewisse Komplikation als erforderlich, insbesondere mußten zwei Arten von Elementen eingeführt werden, die im spiegelbildlichen Verhältnis zueinander stehen, und es mußte die ganze mögliche Mannigfaltigkeit der Strukturen erschöpfend ermittelt werden. Diese Arbeit ist der Reihe nach von SOHNCKE (1879), FEDOROW (1884) und SCHÖNFLIES (1891) geleistet worden; und damit wurde das Problem zu einem gewissen, aber durchaus nicht endgültigen Abschluß gebracht.

Die Fortentwicklung aber kam von einer ganz andern Seite und auf ganz unerwartete Weise. Als sich nämlich LAUE (1912) daran machte, die Wellennatur der Röntgenstrahlen (s. w. u.) zu erweisen, und zwar, was ja nahelag, durch Nachweis von Beugung beim Durchgange durch ein Gitter, kam er auf den genialen Gedanken, als Gitter kein künstlich hergestelltes, sondern einen Kristall zu benutzen, der doch nach der herrschenden Theorie Gitterstruktur besitzt, und zwar eine viel feinere als sie künstlich herzustellen ist, eine so feine, daß man selbst bei der zu vermutenden außerordentlich geringen Länge der Röntgenwellen Aussicht auf Erfolg hatte. Und der Erfolg blieb nicht aus, es ergaben sich Beugungsfiguren, und zwar solche, welche bestimmte Rückschlüsse auf die Struktur der betreffenden Kristalle zuließen. FRIEDRICH und KNIPPING, BRAGG und WULFF haben dann den experimentellen und theoretischen Teil der Arbeit fortgesetzt, und heute hat man bereits ein reiches Material von Kristallstrukturen. In der Abb. 2 ist als Beispiel die Struktur des Steinsalzes wiedergegeben; die schwarzen Punkte bezeichnen die Natrium-, die weißen die Chloratome, der Abstand AB beträgt $2{,}8 \cdot 10^{-8}$ cm. Daß aber die Struktur im allgemeinen nicht so einfach ist, und das selbst nicht bei Körpern, die chemisch und kristallographisch so einfach wie möglich sind, beweist der Fall des Diamanten, der doch in chemischer Hinsicht reiner Kohlenstoff und in kristallographischer regulär ist, dessen Strukturbild (Abb. 3) aber schon sehr verwickelt ist; man muß nämlich zwei Klassen von Kohlenstoffatomen annehmen, die einen liegen in den Ecken, die andern in den Mitten der Elementarwürfel, und durch die sie verbindenden Diagonalen werden die Atome zu Ringen von

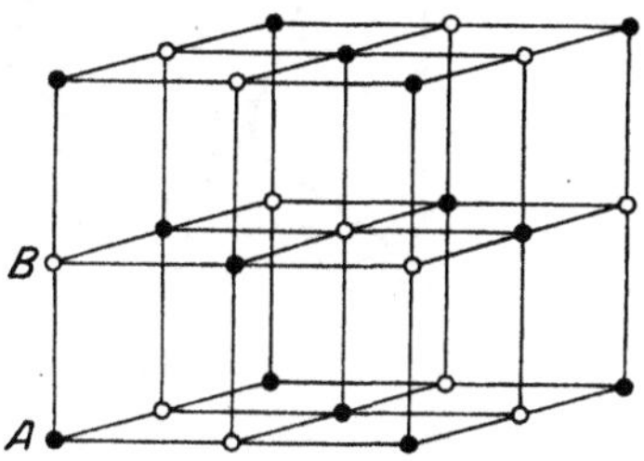

Abb. 2. Struktur des Steinsalzes.

je sechs verbunden. Das ist übrigens nicht die einzige Strukturmöglichkeit reinen Kohlenstoffs; eine andre, in wesentlichen Zügen abweichende stellt der Graphit dar; und wie man aus jenem Typus die aliphatischen, so kann man aus diesem die aromatischen Verbindungen des Kohlenstoffs systematisch ableiten.

Man sieht, wie die Strukturchemie von der physikalischen Forschung befruchtet worden ist, und zwar von zwei ganz getrennten Seiten aus: von

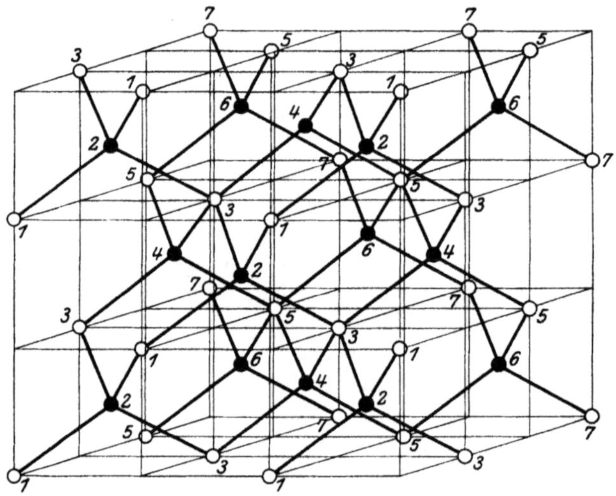

Abb. 3. **Struktur des Diamanten.**

der kinetischen Gastheorie aus, die von den Zahlenkonstanten der Atome und Molekeln auf deren räumliche Anordnung zu schließen erlaubt (s. w. u.), und nunmehr auch von der Röntgenologie der Kristalle aus, von der eben die Rede war. Es sei hier der Hinweis darauf gegeben, daß sich neuestens noch weitere Gebiete auf diesem Wege erschlossen haben, so namentlich die Lehre von der Faserstruktur der Körper, und zwar auch solcher, bei denen man an dergleichen früher nicht entfernt gedacht hatte, insbesondere Metalle (Ettisch, Polanyi und Weissenberg 1920).

15. Periodisches System der Elemente. Wir müssen nun einen Ausflug nach dem Grenzgebiete der Physik und Chemie unternehmen und die Materie in ihrer Mannigfaltigkeit betrachten. Im Altertum und noch ein Jahrtausend nachher spielte das, was man die »Vier Elemente« nannte, eine bedeutsame Rolle; es waren das vier Dinge, die man jetzt längst als so verschieden erkannt hat, daß man sich hüten würde, sie zu koordinieren (höchstens könnte man bei Erde, Wasser und Luft an die Aggregatzustände denken); sie sind in das Reich der Dichtung entflohen. In der Wissenschaft hat man nun den dadurch frei gewordenen Namen für etwas ganz andres in Anspruch genommen, nämlich für solche Stoffe, die sich auf keine

Weise in andre Stoffe zerlegen oder überführen lassen. Die Zahl dieser Elemente hat sich im Laufe des 19. Jahrhunderts durch Neuentdeckungen immer weiter vergrößert, und gegenwärtig kennt man deren nahezu hundert. Aber, je mehr es wurden, desto stärker wurde auch der alte Wunsch, ein System in diese Mannigfaltigkeit zu bringen, und so entstand schließlich das von MENDELEJEW und LOTHAR MEYER 1869 begründete *Periodische System der Elemente.* Es ordnet die Elemente nach derjenigen Zahl, die für sie charakteristisch ist; nach einer Zahl, die man entweder rein phänomenologisch als Äquivalentzahl oder molekulartheoretisch als Atomgewicht auffassen kann. Rein äußerlich kann die Anordung in sehr verschiedenen Formen, nämlich linear, flächenhaft (und hier wieder rechteckig oder spiralig) oder räumlich erfolgen, und jede dieser Anordnungen hat gewisse Vorzüge. Bei der linearen Anordnung (Abb. 4) stellt man den Atomgewichten

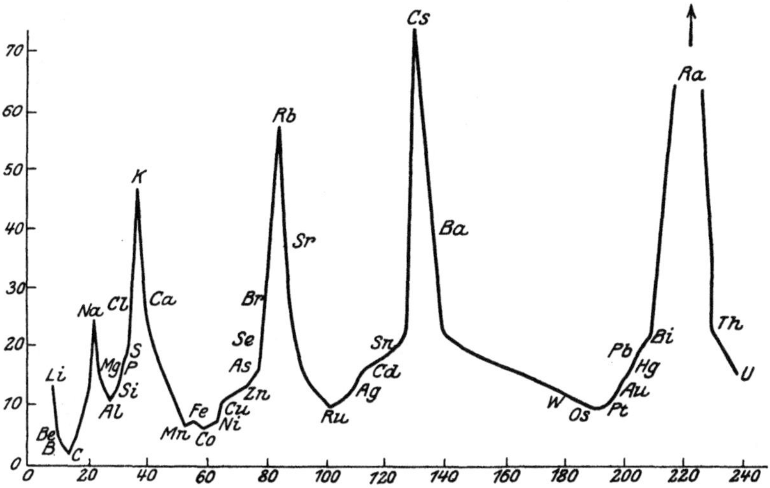

Abb. 4. Periodisches System der Elemente.

als Abzissen die Atomvolumina als Ordinaten zur Seite und erhält dann eine Kurve mit sieben Gipfeln und sechs dazwischenliegenden Buchten; und es zeigt sich sofort, daß auch viele andre Eigenschaften, so die Wertigkeit, die Leitfähigkeit, die Elastizität und die Schmelzbarkeit durch bestimmte Lagen, z. B. in den Buchten oder auf den Gipfeln, auf den auf- oder absteigenden Hängen gekennzeichnet sind. Bildet man eine rechtwinklige Tafel (deren Berechtigung freilich erst später klar werden wird), so erhält man acht Vertikalgruppen und zehn Horizontalreihen; die Elemente jeder Gruppe bilden eine natürliche Familie, die Wertigkeit steigt von der ersten zur achten Gruppe von 1 auf 8 usw. Dabei ergeben sich nun freilich mancherlei Schwierigkeiten und Abweichungen. In der ersten Reihe stehen nämlich nur zwei Elemente, Wasserstoff und Helium, dann folgen zwei Achterperioden, dann sogar zwei Reihen mit je 18 Elementen, die man in den acht Feldern nur da-

	I	II	III	IV	V	VI	VII	VIII			
1	1 H 1,008										2 He 4,00
2	3 Li 6,94	4 Be 9,01	5 B 11,0	6 C 12,0	7 N 14,0	8 O 16,0	9 F 19,0				10 Ne 20,2
3	11 Na 23,0	12 Mg 24,32	13 Al 27,1	14 Si 28,3	15 P 31,04	16 S 32,06	17 Cl 35,46				18 A 39,88 ←
→ 4	19 K 39,1 29 Cu 63,57	20 Ca 40,07 30 Zn 65,37	21 Sc 45,1 31 Ga 69,9	22 Ti 48,1 32 Ge 72,5	23 V 51,0 33 As 74,96	24 Cr 52,0 34 Se 79,2	25 Mn 54,93 35 Br 79,92	26 Fe 55,84	27 Co 58,97 ⟷	28 Ni 58,68	36 Kr 82,92
5	37 Rb 85,45 47 Ag 107,88	38 Sr 87,63 48 Cd 112,4	39 Y 88,7 49 Jn 114,8	40 Zr 90,6 50 Sn 118,7	41 Nb 93,5 51 Sb 120,2	42 Mo 96,0 52 T 127,5	43* ⟷ 53 J 126,92	44 Ru 101,7	45 Rh 102,9	46 Pd 106,7	54 X 130,2
6	55 Cs 132,81 79 Au 197,2	56 Ba 137,37 80 Hg 200,6	Seltene Erden 81 Tl 204,0	82 Pb 207,20	73 Ta 181,5 83 Bi 209,0	74 W 184,0 84 Po 210,0	75* 85*	76 Os 190,9	77 Jr 193,1	78 Pt 195,2	86 Em 222,0
7	87*	88 Ra 226,0	89 Ac (226)	90 Th 232,15 ⟷	91 Pa (230)	92 U 238,2					

57 La 139,0	58 Ce 140,25	59 Pr 140,9	60 Nd 144,3	61*	62 Sm 150,4	63 Eu 152,0	64 Gd 157.3
65 Tb 159,2	66 Ds 162,5	67 Ho 163,5	68 Er 167,7	69 Tu I 168,5	70 Ad 173,5	71 Cp 175,0	72 Tu II (178)

durch unterbringen kann, daß man die ersten sieben Felder nochmals halbiert und das achte sogar vierteilt; die sechste Reihe enthält sogar 32 Elemente, so daß man wegen des zu knappen Raumes ein Spezialkärtchen der seltenen Erden beifügen muß; die unterste Reihe endlich ist wieder einfachen Charakters, sie enthält nur sechs oder, wenn man sie in Gedanken fortsetzt, acht Glieder, von denen die beiden letzten ihres zu hohen Atomgewichtes halber offenbar nicht bestehen können. Auch sonst fehlten damals, als das System aufgestellt wurde, noch manche Glieder im Innern, erst nach und nach wurden diese Lücken durch die Spektralanalyse ausgefüllt (Caesium, Rubidium, Germanium, Gallium, Polonium, Scandium), und noch jetzt bestehen einige, durch Sterne bezeichnete Lücken.

Wenn man sich nun die einzelnen Glieder der Reihe und ihre Atomzahlen (unter den Formeln stehend) ansieht, so bemerkt man, daß diese letzteren zwar nach einem gewissen Durchschnittsgesetz wachsen, nämlich immer etwa um zwei, daß aber doch erhebliche Abweichungen vorkommen. Man hat deshalb das Atomgewicht als unabhängige Variable, als Abszisse ersetzt durch die »Ordnungszahl«, die einfach nach dem Gesetz der ganzen Zahlen zunimmt (vor der Formel). Nach dem Gesagten ist sie in erster Näherung gleich dem halben Atomgewicht; aber während diese Näherung anfangs recht genau ist, wird sie immer schlechter, die halben Atomgewichte eilen den Ordnungszahlen mehr und mehr voraus; und wenn man die Ordnungszahlen durch eine (der Raumersparnis halber zickzackförmige) ansteigende Linie darstellt, die halben Atomgewichte aber durch Punkte, so erhält man (Abb. 5) das beistehende Bild (nach SOMMERFELD). Überhaupt bleibt bei dieser Systematisierung noch viel Willkürliches und Geheimnisvolles übrig, insbesondere die Gliederzahl der einzelnen Horizontalreihen, die man wohl durch die Formeln

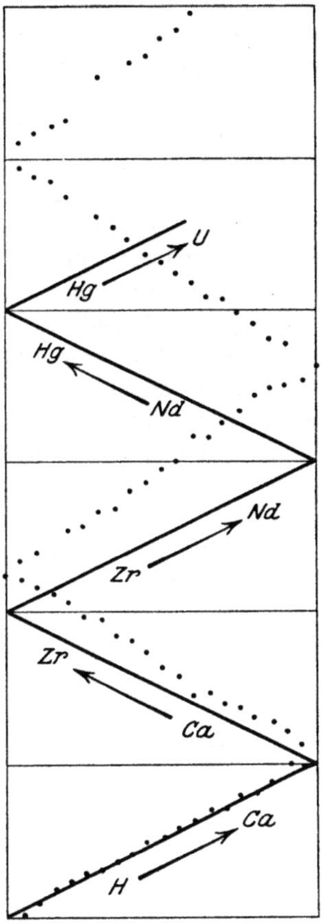

Abb. 5. Atomgewichte und Ordnungszahlen.

$$2 = 2 \cdot 1^2 \qquad 8 = 2 \cdot 2^2 \qquad 18 = 2 \cdot 3^2 \qquad 32 = 2 \cdot 4^2$$

darstellen kann, ohne sich dabei indessen etwas sachlich Verständliches denken zu können. Weitere Aufklärung wird man daher erst von besonderen Erscheinungsgruppen erwarten dürfen, und wir werden insbesondere bei der Radioaktivität auf diese Fragen noch zurückkommen.

16. Molekeln und Atome. Lösungen. Wir haben bisher meist von den »Teilchen« schlechthin gesprochen, aus denen wir uns die Körper aufgebaut vorstellen. Aber in dieser Einfachheit hat sich das Bild als nicht ausreichend erwiesen. Schon zu der Zeit, wo die wissenschaftliche Chemie entstand, machte sich die Unterscheidung zwischen Molekeln und Atomen nötig; und diese Unterscheidung, wonach die Molekeln selbst wieder aus diskreten Elementen bestehen, eben den Atomen, beschränkt sich nicht auf die chemischen Verbindungen, sie erstreckt sich auch auf die große Mehrzahl der chemischen Elemente. Nur wenige von ihnen, z. B. das Quecksilber, lassen sich als aus einatomigen Molekeln bestehend behandeln, dagegen setzt sich die Sauerstoffmolekel aus zwei Atomen zusammen, sie unterscheidet sich also von der Kochsalzmolekel nur dadurch, daß die beiden Atome, aus denen diese besteht, ungleichartig (nämlich ein Chloratom und ein Natriumatom), die beiden Atome der Sauerstoffmolekel aber gleichartig sind. Die Atomzahl innerhalb der Molekel spielt in den verschiedensten Kapiteln der Physik eine mehr oder weniger entscheidende Rolle, z. B. bei dem Werte des Verhältnisses der beiden spezifischen Wärmen (der bei konstantem Druck und der bei konstantem Volumen), worauf wir an geeigneter Stelle zurückkommen werden.

In welchem Zustande befinden sich nun die Atome, die zu einer Molekel gehören? Sie sind offenbar durch eine Kraft miteinander verbunden, denn sie bilden ja eine chemische Verbindung (und in diesem Sinne ist der Sauerstoff genau so gut eine Verbindung wie das Kochsalz). Man kann diese Kraft zunächst als etwas Neues, als eine rein chemische Kraft ansehen; aber völlig befriedigend ist das nicht, und man wird versuchen, eine Brücke zu andern Erscheinungen und andern Kräften zu schlagen, um zu einer einheitlichen Anschauung zu gelangen. Es ist nun wirklich gelungen, diese Brücke zu schlagen, und das Ergebnis ist nicht bloß an sich befriedigend, es ist über alle Erwartungen umfassend; und es genügt darauf hinzuweisen, daß es gerade die hier in Rede stehenden Untersuchungen gewesen sind, die eine ganz neue Wissenschaft, die physikalische Chemie, begründet haben, also eben jene Wissenschaft, die zwischen den beiden exakten Naturwissenschaften die Verbindung herstellt.

Das Material für diese Untersuchungen aber bildet eine bestimmte Klasse von Körpern, dem flüssigen Aggregatzustande angehörig, aber von den gewöhnlichen Flüssigkeiten doch wiederum ganz wesentlich unterschieden. Das sind die Lösungen, also Flüssigkeiten, die aus einem Lösungsmittel (Wasser, Alkohol usw.) und einem gelösten Stoffe (Kochsalz, Zucker, Schwefelsäure usw.) bestehen, so jedoch, daß daraus eine völlig homogene Substanz (wenn auch keine chemische Verbindung) geworden ist.

An solchen Lösungen nun hatte man schon frühzeitig merwürdige Erscheinungen beobachtet. Zwei davon sind miteinander nahe verwandt und stehen doch auch wieder in einem scharfen Gegensatze zueinander: die Gefrierpunktserniedrigung und die Siedepunktserhöhung. Eine Lösung hat einen tiefer liegenden Gefrierpunkt und einen höher liegenden Siedepunkt, sie hat also eine größere Beständigkeit als das reine Lösungsmittel, sie hat einen größeren Umfang der flüssigen Existenz. Die Gefrierpunktserniedrigung wurde schon 1788 von BLAGDEN, dann, nach einem langen Zwischenraum, 1861 von RÜDORFF und 1871 von COPPET näher studiert. Was andrerseits die Siedepunktserhöhung betrifft, so kann man diese Erscheinung auch noch anders ausdrücken, nämlich als Dampfdruckerniedrigung; denn wenn eine wäßrige Lösung bei 100 Grad noch nicht siedet, so heißt das offenbar, daß sie noch nicht Atmosphärendruck hat. Diese Erscheinung ist 1870 von GULDBERG und dann von vielen andern Forschern eingehend untersucht worden, unter denen namentlich WÜLLNER hervorzuheben ist. Aber erst RAOULT (1884) gelang es, die Gesamtheit der Erscheinungen in Gesetze zusammenzufassen. Ganz allgemein gefaßt lautet das Grundgesetz: Für die Stärke der Erscheinungen, die Lösungen (was für welche, werden wir gleich näher festlegen) darbieten, kommt es weder auf die Natur der gelösten Substanz noch auf die des Lösungsmittels an, sondern lediglich auf die molekulare Konzentration, d. h. auf die Anzahl der in der Volumeneinheit enthaltenen Grammolekeln. Auf die Dampfdruckerniedrigung, und zwar auf die relative: $(p - p')/p$ angewandt, besagt das: dieser Bruch ist proportional mit dem Bruch n/N, wo n die Zahl der gelösten, N die Zahl sämtlicher Grammolekeln ist; ja, man kann tatsächlich noch einen Schritt weiter gehen und aus der Proportionalität eine Gleichung machen: $(p - p')/p = n/N$. Indessen gilt dieses Gesetz mit Genauigkeit nur für sehr verdünnte Lösungen, mit wachsender Konzentration gilt es immer ungenauer, und für gesättigte Lösungen sind die Abweichungen sehr erheblich. Und dann noch eins: das Gesetz gilt zwar für sehr zahlreiche gelöste Stoffe, aber für sehr zahlreiche andre gilt es nicht; als typische Vertreter der beiden Klassen kann man Zucker und Kochsalz wählen. Zuckerlösungen also erfüllen das Gesetz sehr genau (desto genauer, je verdünnter sie sind), Kochsalzlösungen dagegen geben Abweichungen, und zwar nicht etwa nach der Seite der starken Konzentrationen hin, sondern gerade nach der Seite der starken Verdünnungen hin, wo doch das Gesetz immer strenger gelten sollte; und zwar besteht die Abweichung darin, daß die Wirkung in beiden in Rede stehenden Phänomenen den theoretischen Wert immer mehr überholt, bis sie zuletzt, bei äußerster Verdünnung, genau doppelt so groß ist als sie nach dem RAOULTschen Gesetze sein sollte.

17. **Osmose und Elektrolyse.** Und nun wieder etwas sehr Merkwürdiges! Genau die gleiche Gesetzmäßigkeit, aber auch der gleiche Widerspruch ergibt sich bei einer andern Erscheinung, die zunächst ganz für sich zu betrachten ist, dann aber sofort in eine innige Verknüpfung mit den soeben betrachteten Phänomenen tritt. Diese Erscheinung tritt auf, wenn man eine Lösung auf die eine, eine Menge des reinen Lösungsmittels auf die andre Seite einer Membran bringt, die die Eigenschaft hat, zwar die Teilchen des Lösungsmittels, nicht aber die Teilchen des gelösten Stoffes hindurchzulassen; also z. B. auf der einen Seite Zucker in Wasser gelöst, auf der andern Seite reines Wasser. Derartige halbdurchlässige oder semiper-

meable Membranen hat zuerst (1867) TRAUBE, dann in allgemein verwendbarer und dauerhafter Form (poröse, mit einer Haut von Kupriferrozyanid imprägnierte hohle Tonzylinder) PFEFFER (1877) hergestellt. Im Innern des Zylinders ist die Zuckerlösung, das Ganze ist von Wasser umgeben. Dadurch nun, daß fortwährend Wasser ins Innere eintritt, aber kein Zucker austritt, erhöht sich der innere Druck und erreicht schließlich einen Grenzwert, den man den osmotischen Druck nennt; um anzudeuten, wie beträchtlich er ist, sei bemerkt, daß er für eine sechsprozentige Zuckerlösung vier Atmosphären beträgt. Dieser osmotische Druck nun befolgt, wie VAN 'T HOFF (1884) gezeigt hat, ganz das entsprechende Gesetz wie die Gefrierpunktserniedrigung und die Siedepunktserhöhung; und auch hier verhalten sich Lösungen der ersten Klasse (z. B. Zucker) normal, solche der zweiten (z. B. Kochsalz) abnorm, indem hier der osmotische Druck den theoretischen immer stärker übertrifft und schließlich doppelt so groß wird. Es ist auch leicht einzusehen, daß alle drei Erscheinungen in engstem Zusammenhange miteinander stehen, und VAN 'T HOFF hat dafür eine allgemeine Theorie geliefert.

VAN 'T HOFF ist aber noch einen Schritt weiter gegangen und hat damit die Lösungen in vollkommene Parallele gestellt mit den Gasen. Die Zuckerteilchen entsprechen hiernach den Sauerstoffteilchen, das Wasser entspricht dem leeren Raume oder, wenn man lieber will, dem Äther, und der osmotische Druck entspricht dem Gasdruck, derart, daß für ihn die gleichen Gesetze gelten (BOYLEsches Gesetz usw.), aber auch insoweit, daß der osmotische Druck bei gleicher molekularer Konzentration gerade gleich dem Gasdruck ist. Verdünnte Lösungen verhalten sich wie normale oder ideale Gase, konzentrierte und schließlich gesättigte Lösungen wie Gase, die dem Verflüssigungspunkte nahe kommen, die Gesetze gelten dann immer ungenauer und zuletzt gar nicht mehr.

Was aber hat es mit der zweiten Klasse von Lösungen auf sich? Warum nimmt hier, bei im übrigen wie dort gültigen Gesetzen, der Zahlenfaktor bei fortschreitender Verdünnung nach und nach von 1 auf 2 zu, so daß schließlich eine einzige Kochsalzmolekel ebenso stark wirkt wie zwei Zuckermolekeln? Diese Frage ist lange Zeit hindurch ohne befriedigende Antwort geblieben, und erst ARRHENIUS hat das Rätsel im Jahre 1887 auf eine ebenso kühne wie erfolgreiche Weise gelöst; und diese Lösung hat zugleich auf einem, scheinbar ganz abseits liegenden Gebiete eine vollständige Umwälzung der Anschauungen hervorgerufen, nämlich auf dem Gebiete der Elektrolyse und des Stromdurchganges durch Flüssigkeiten.

18. Dissoziation. Die Ionen und ihre Wanderung. Der Grundgedanke der neuen Theorie ist eigentlich für uns Rückblickende so einfach und naheliegend, daß man sich wundern muß, wie neu und verblüffend er damals wirkte; aber so verhält es sich ja oft mit umwälzenden Ideen. Wenn eine verdünnte Kochsalzlösung eine doppelt so starke Wirkung ausübt als man nach der Anzahl der in ihr enthaltenen Kochsalzmolekeln annehmen sollte, so kann das doch nur daran liegen, daß es für die Wirkung eben nicht auf die Molekeln, sondern auf die Atome ankommt (deren Anzahl doch doppelt so groß ist); und es muß somit geschlossen werden, daß diese Atome selbständige Wesen mit Wirksamkeit nach außen sind, die Chloratome für sich und die Natriumatome für sich; daß also die beiden zu einer Molekel gehörigen Atome zwar räumlich nebeneinander befindlich sind, aber nicht mehr durch Zwang, sondern, sozusagen, freiwillig, richtiger ausgedrückt: sie könnten sich trennen und, jedes auf eigne Faust, sich ihren Platz im Lösungsmittel suchen, wenn hierzu ein positiver Anlaß vorhanden wäre. Man nennt diese Erscheinung Dissozation (SAINT-CLAIRE-DEVILLE 1855); und es gibt für sie ein treffliches Bild aus der menschlichen Gesellschaft, das zugleich die Aufhebung des Zwanges und das freiwillige Zusammenbleiben wiedergibt: nach der Aufhebung der Sklaverei in den Vereinigten Staaten von Nordamerika blieben die meisten Sklaven freiwillig bei ihren bisherigen Herren. Je verdünnter die Lösung ist, desto größer ist die Zahl der dissoziierten Molekeln, und ihr Verhältnis zur Gesamtzahl heißt der Dissoziationsgrad der Lösung. Mit den zahlenmäßigen Ergebnissen der Gefrierpunkts-, Siedepunkts- und osmotischen Druckmessungen stimmt das ausgezeichnet überein; aber die vollständige Aufklärung kam doch erst von andrer Seite, und damit kommen wir auf das angedeutete, zunächst ganz abseits liegende Gebiet.

Die Elektrolyse gehört zu den Phänomenen, die gleichzeitig von verschiedenen, unabhängig voneinander arbeitenden Forschern entdeckt worden sind, und zwar im Jahre 1800 von RITTER in Deutschland, von CARLISLE und NICHOLSON in England. Es ist das die Erscheinung, die auftritt, wenn der elektrische Strom durch eine leitende Flüssigkeit (von flüssigen Metallen natürlich abgesehen) geschickt wird. Am nächsten läge es ja, den Versuch mit Wasser anzustellen; und wenn hiergegen die Tatsache spricht, daß reines Wasser den Strom nicht leitet, so ist es doch praktisch ausreichend, dem Wasser eine Spur leitenden Stoffes, z. B. Schwefelsäure, beizugeben und zu sehen, was sich alsdann mit dem Wasser selbst (die Spur Schwefelsäure kann, wenigstens für die groben Züge des Phänomens, außer Acht bleiben) ereignet: die Sauerstoffteilchen wandern nach der einen, die Wasserstoffteilchen nach der andern Seite. Für die Zwecke unserer Betrachtung ist es näher liegend, wieder eine Kochsalzlösung zu wählen: hier beobachtet man, daß die Chlorteilchen nach der einen, die Natriumteilchen nach der andern Seite wandern und sich an den betreffenden Polen ansammeln. Um diese Wanderung verständlich zu machen, schrieb und schreibt man den Atomen elektrische Ladungen zu, und zwar der einen Art von Atomen positive, der andern negative; Ladungen, die sich, solange die Molekel als einheitliches Ganze besteht, neutralisieren, die aber beim Freiwerden der Atome in Wirksamkeit treten, und zwar eben dadurch, daß, wenn eine elektrische Spannung angesetzt wird, Abstoßungen bzw. Anziehungen ins Spiel treten und damit die Träger der Ladungen auch ihrerseits in Bewegung gesetzt werden. Man nannte diese Erscheinung elektrolytische Dissoziation, die geladenen und in Bewegung gesetzten Atome Ionen und die Bewegung selbst die Wanderung der Ionen. Indessen mußte diese Auffassung später modifiziert werden. Wenn es nämlich wirklich der elektrische Strom wäre, der die Molekeln zersetzt, so müßte doch seine Kraft erst eine gewisse Stärke erreicht haben, ehe er imstande wäre, den Zusammenhang der Atome in der Molekel zu überwinden; tatsächlich tritt aber die Wanderung der Ionen schon bei den kleinsten Stromstärken auf, und sie wächst alsdann, bei Steigerung des Stromes, genau im gleichen Verhältnis.

Alles das stimmt nun vortrefflich zu der Theorie von ARRHENIUS: der Strom kann und braucht die Teilchen nicht zu dissoziieren, weil sie ohnehin bereits dissoziiert sind; was er wirklich leistet, ist vielmehr die Einleitung und Aufrechterhaltung der Wanderung der Ionen.

An das Gesagte ließe sich nun eine Fülle von Betrachtungen schließen, die das Wesen der elektolytischen Stromleitung, ihre Beziehung zur Osmose und zum osmotischen Druck usw. zum Gegenstande haben, und deren Ergebnis eine in sich geschlossene und einheitliche Theorie der Lösungen ist, wie sie sich im Laufe der letzten Jahrzehnte herausgebildet hat; wir müssen hier, um den Faden unserer allgemeinen Entwickelungen nicht zu unterbrechen, davon absehen, kommen aber auf einzelne dahin gehörige Punkte teils im allgemeinen, teils im speziellen Teile noch zurück.

19. Emulsionen, Suspensionen, Brownsche Bewegung. Aber noch nach einer ganz andern Richtung hin haben uns die Lösungen unerwarteten, aber höchst erwünschten Aufschluß gegeben, und zwar über die innere Konstitution der Gase, wie wir sie uns nach der kinetischen Theorie vorstellen. Denn, so geschlossen diese Theorie in sich ist und so glänzend sie sich auch für die Darstellung und Analyse der Erscheinungen bewährt hat, so bleibt doch der Wunsch lebendig, sie irgendwie als etwas Reales zu erweisen. Nicht auf direktem Wege; denn daß wir jemals dahin kommen könnten, die Gasteilchen zu sehen und ihre Schwirrbewegungen zu verfolgen, ist aus räumlichen und zeitlichen Gründen ausgeschlossen, die Bewegungen sind viel zu winzig und spielen sich viel zu rasch ab, als daß dies möglich sein könnte. Aber so manche, an sich unzugängliche Vorgänge hat man im Laufe der Zeiten verstehen gelernt durch ihre Analogie mit entsprechenden, aber unsern Sinnen zugänglichen Vorgängen, und so auch auf unserm Gebiete.

Wenn hierbei von Lösungen gesprochen wurde, so ist das nicht ganz richtig; wir müssen vielmehr vom feineren zum gröberen fortschreiten und statt der Lösungen die Emulsionen oder Suspensionen betrachten, bei denen die in dem Medium verteilten Körperchen nicht Molekeln bzw. Atome, sondern gröbere Aggregate von solchen, wenn auch immer noch sehr kleine Körperchen sind, wie man sie mit den modernen Hilfsmitteln der Optik noch beobachten kann. Solche Emulsionen kann man sich leicht herstellen, sie kommen aber auch in der Natur vor, und gerade von diesen letzteren ist die hier in Betracht kommende Entdeckung ausgegangen. Im Jahre 1827 beobachtete der englische Botaniker BROWN [1]) unter dem

[1]) In neuester Zeit wird zuweilen behauptet, daß BROWN nichts beobachtet habe, was nicht schon bekannt gewesen wäre, und daß er selbst die Frage nicht gefördert

Mikroskop an den in einem wäßrigen Präparat enthaltenen kleinen Körperchen eine regellose, ununterbrochene Schwirrbewegung, und die Beobachtung ist dann später von WIENER, GOUY u. a. bestätigt und näher untersucht worden. Aber mit der Erklärung war man auf falscher Fährte; man führte die Bewegung auf äußere Kräfte (Sonnenstrahlung, Luftbewegung usw.) zurück, und damit verlor das Phänomen sein Interesse und geriet in Vergessenheit. Erst gegen Ende des vorigen Jahrhunderts nahm man die Beobachtungen wieder auf und stellte fest, daß die Schwirrbewegung von äußeren Einflüssen völlig unabhängig ist und daß insbesondere die Bewegungen benachbarter Teilchen nicht gleichartig oder ähnlich, sondern ebenso verschieden wie die zweier entfernter Teilchen sind. Es zeigte sich ferner, daß die Bewegung in allen Medien und bei Teilchen der verschiedensten Art auftritt, daß sie desto lebhafter ist, je weniger zäh das Medium und je geringer die Größe der Teilchen ist, und daß sie mit steigender Temperatur zunimmt. Alles das brachte schon WIENER auf die Vermutung, daß es sich hier um eine innere, für den Gleichgewichtszustand des Systems charakteristische Erscheinung handelt, daß also das, was wir Ruhe eines Systems nennen, in Wahrheit ein äußerst verwickelter Bewegungszustand, aber ohne Bevorzugung irgend einer Richtung ist. Es lag nunmehr nahe, in der BROWNschen Bewegung ein, wenn auch immer noch grobes Abbild derjenigen Bewegung zu sehen, die man den Gasteilchen und den in den Lösungen atomistisch verteilten Teilchen zuschreibt. Um aber aus dieser Hypothese eine wissenschaftliche Theorie zu machen, bedurfte es noch zweier Leistungen: es mußte eine quantitative Theorie der BROWNschen Bewegung ausgearbeitet werden, und es mußte andrerseits durch quantitative Beobachtungen gezeigt werden, daß diese Theorie stimmt, und daß die Verhältnisse bei Emulsionen zu denen bei Gasen sich wirklich quantitativ so verhalten, wie man nach dem Verhältnis der Teilchengröße usw. erwarten durfte. Diese Arbeit ist nun in unserm Jahrhundert mit glänzendem Erfolge geleistet worden; die Theorie ist fast gleichzeitig und in etwas verschiedenen, aber im Ergebnis übereinstimmenden Formen von SMOLUCHOWSKI und EINSTEIN (1905) entwickelt worden, und die Versuche sind von PERRIN auf zahlreichen, sich gegenseitig kontrollierenden und stützenden Wegen durchgeführt worden. Zwei von diesen Methoden seien kurz angeführt, eine statische und eine kinetische. Bei der statischen wird die Anordnung der Teilchen in einer vertikalen Säule der Emulsion beobachtet, wobei sich natürlich, gerade wie bei einer Gassäule, ergibt, daß nach oben hin die Zahl der Teilchen in der Raumeinheit immer kleiner wird; aber der Grad dieser Abnahme und damit der Kontrast der Anordnung muß desto stärker sein, je schwerer die Teilchen sind; die Abb. 6 zeigt, wie sich die Verhältnisse in drei verschiedenen Gasen (Wasserstoff, am leichtesten, links; Helium in der Mitte,

habe; das ist bis zu einem gewissen Grade richtig, ändert aber nichts an der Tatsache, daß alle folgenden Forscher an ihn und nur an ihn angeknüpft haben, nicht aber an seine Vorläufer (LEUWENHOOK 1670 u. a.).

Sauerstoff, am schwersten, rechts) gestalten. In einer Emulsion wird nun die Abnahme noch sehr viel rascher sein, man muß hier ganz dünne Schichten nehmen und sie mikroskopisch beobachten; aber dann findet man auch wirklich die von der Theorie geforderte Abnahme. Bei der kinetischen Methode werden die Orte eines und desselben Teilchens in gleichen Zeitintervallen festgestellt und auf Koordinatenpapier verzeichnet; man erhält dann ein Bild, wie es die Abb. 7 (unter Fortlassung des Koordinatennetzes) wiedergibt; ein Bild, das natürlich noch lange nicht die einzelnen Bahnen des Teilchens, sondern nur größere Zusammenfassungen solcher darstellt. Und auch hier zeigt sich quantitativ eine vollkommene Parallele zu den Gasteilchen.

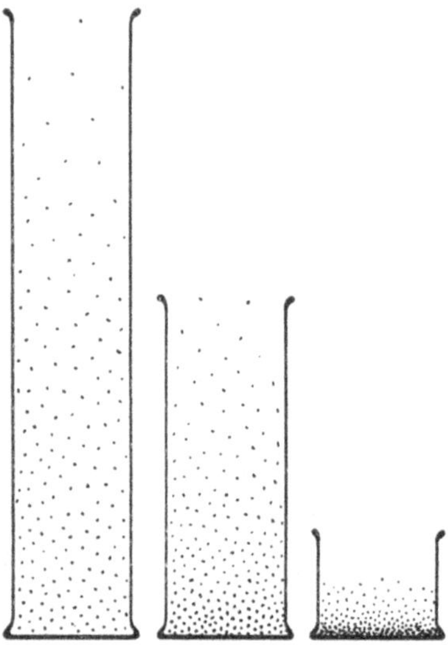

Abb. 6. Verteilung der Molekeln.

Es kann hiernach keinem Zweifel unterliegen, daß wir es hier mit einem sinnlichen Beweise für die kinetische Theorie zu tun haben; nur daß wir natürlich nicht die Atome selbst sich bewegen sehen, wohl aber die, durch die Schwirrbewegung der molekularen Teilchen angeregte Bewegung der gröberen Emulsionsteilchen. Für die homogene Materie der Gase und Lösungen bleibt die kinetische Theorie natürlich eine Hypothese, weil wir ihre Homogenität mit unsern Hilfsmitteln nicht in eine Heterogenität auflösen können, wie das bei den Emulsionen möglich ist; wenn man aber die beiden jetzt festgestellten Tatsachen zusammenhält: die Übereinstimmung der kinetischen Theorie mit dem beobachtbaren Verhalten der Gase (und Lösungen) und die bis ins einzelne gehende Analogie mit den Erscheinungen an Emulsionen, so muß man sagen, daß es selten in der Wissenschaft eine so fest gestützte und so weitgehend sich bewährende Theorie gegeben hat.

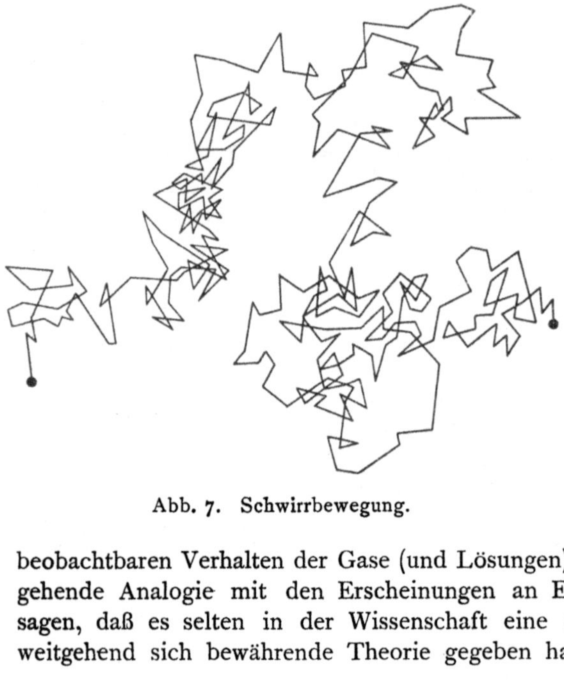

Abb. 7. Schwirrbewegung.

20. Grenzen des Entropiesatzes. Aber *ein* Punkt bleibt noch zu erledigen, und damit knüpfen wir an früher Gesagtes an. Sowohl die Schwirrbewegung der Gasmolekeln wie diejenige der gröberen Emulsionsteilchen erfolgt in einer Weise, die dem Zerstreuungsprinzip zwar nicht zu widersprechen braucht, aber doch widersprechen kann; d. h. die Gesamtheit der Bewegung ordnet sich dem Prinzip unter, aber die einzelnen Fälle können aus ihm herausfallen; denn eine derart ungeordnete Bewegung setzt sich nicht bloß aus wahrscheinlichen, sondern auch aus einzelnen unwahrscheinlichen Individualfällen zusammen; und wo das Unwahrscheinliche eintritt, kann, wie wir wissen, Energie (statt zerstreut) konzentriert werden, kann die Entropie (statt zu wachsen) abnehmen. Schon auf Grund der kinetischen Gastheorie hat man sich solche Fälle ausgedacht (MAXWELL, TAIT), z. B. den Fall, daß von zwei, durch ein Rohr miteinander kommunizierenden Behältern, von denen der eine heißes, der andre kaltes Gas enthält, durch den Austausch der heißere noch heißer, der kalte noch kälter wird (entgegen dem Satze von CLAUSIUS); und zwar dadurch, daß aus dem kalten Behälter gerade die am raschesten schwirrenden Teilchen in den heißen, aus dem heißen gerade die am langsamsten schwirrenden in den kalten Behälter gelangen; ein Fall, der sich natürlich mit unsern Mitteln nicht verwirklichen läßt, weil wir in diesen Mikrokosmos nicht eingreifen können, und der deshalb auch tatsächlich nichts gegen das Zerstreuungsprinzip besagt. Und dieselben Betrachtungen lassen sich nun in verstärktem Maße und schon etwas weniger wirklichkeitsfremd auf die Emulsionen anwenden, z. B. indem man sich vorstellt, daß man die nach oben schwirrenden Teilchen dort oben festhält, also Hebung ohne Hubarbeit leistet — natürlich auch hier schließlich ohne jede Aussicht auf Realisierung des Gedankens. Immerhin wird durch derartige Betrachtungen die Grenze festgelegt, an der das Zerstreuungsprinzip sein Recht verliert: überall da, wo es sich um ein System aus unzähligen Einzelindividuen von unzugänglicher Kleinheit handelt. Es ist deshalb notwendig, immer wieder das Verhältnis der beiden Hauptsätze (des Erhaltungs- und Zerstreuungsprinzips) zueinander und zur Gesamtheit unserer Erkenntnis sowie den historischen Gang der bezüglichen Anschauungen klar herauszuschälen. Als um die Mitte des vorigen Jahrhunderts das Erhaltnngsprinzip aufgestellt und in den Fachkreisen verbreitet wurde, mußte es sich die Anerkennung und Wertschätzung erst mühselig erkämpfen; aber es setzte sich durch, und das mit so elementarer Gewalt, daß, nach Analogie mechanischer Vorgänge, über das Ziel hinausgeschossen und das Erhaltungsprinzip für *das* die Welt beherrschende Prinzip erklärt wurde. Erst nach längerer Zeit trat die Besinnung und damit die Reaktion ein, und es wurde dem ersten der zweite Hauptsatz, dem Energieprinzip das Entropieprinzip, dem Erhaltungsprinzip das Zerstreuungsprinzip zur Seite gestellt. Ja, es wurde mit Recht betont, daß der zweite Hauptsatz dem ersten insofern weit überlegen sei, als er nicht bloß, wie jener, regulativen, sondern produktiven Charakters ist; weil er nicht bloß, wie jener, aussagt, daß, wenn

überhaupt etwas geschieht, es doch so geschehen muß, daß die Energie erhalten bleibt, sondern wirklich besagt, ob und unter welchen Umständen etwas geschieht und in welcher Richtung, mit welcher Tendenz sich das Geschehnis vollzieht. In der Tat braucht man nur die Literatur der letzten Jahrzehnte durchzublättern, um zu sehen, in welchem Maße der Entropiesatz im Vordergrunde des Interesses steht. Indessen würde man einseitig verfahren, wenn man nun nicht auch diejenigen Punkte hervorkehren wollte, in denen der Entropiesatz dem Energiesatze an Bedeutung nachsteht; und bei tieferem Eindringen in die Frage kommt man zu dem Schluß, daß das drei Punkte sind, die sich aber in Wahrheit zu einem einzigen vereinigen: der Umstand, daß das Entropieprinzip in quantitativer Strenge nur für umkehrbare Prozesse gilt, der zweite, daß es nur eine statistische, keine absolute Wahrheit in sich schließt, und der dritte, daß es da seine Grenze hat, wo die individuellen Einzelfälle trotz ihrer Unwahrscheinlichkeit von mitbestimmendem Einfluß auf das Gesamtergebnis werden. Es muß dem Leser überlassen bleiben, hieran die naheliegenden, aber weittragenden erkenntnistheoretischen Schlüsse zu knüpfen.

21. Disperse Systeme. Kolloidale Lösungen. Wir müssen hier einen kleinen Abstecher machen auf ein Gebiet, das wir im Zusammenhange erst später durchmessen werden, dessen Kenntnis aber, wenigstens für einen ganz bestimmten Komplex, doch schon hier vorangeschickt werden muß. Den homogenen Körpern stehen die heterogenen gegenüber; jene erfüllen (von der atomistischen Struktur abgesehen) den Raum stetig und mit stetiger Änderung aller Eigenschaften (soweit diese überhaupt veränderlich sind ; diese (wovon ja schon die Rede war) mit Unstetigkeits- oder Grenzflächen. Die Zahl dieser Grenzflächen kann sehr klein sein, z. B. eine einzige, etwa zwischen Eis und Wasser; oder sie kann sehr groß sein, und gerade diesen letzteren Fall wollen wir hier ins Auge fassen. Wir stellen uns also ein System vor mit sehr vielen Grenzflächen, von denen allerdings jede einzelne sehr klein sein wird; derartige Systeme nennt man neuerdings disperse Systeme und unterscheidet bei ihnen, wie bei den Lösungen zwischen Lösungsmittel und gelöstem Stoff, zwischen Dispergens und Dispersum (ohne daß die Zuweisung immer eine durchaus zwingende wäre). Und je nach dem Aggregatzustande, in dem sich einerseits das Dispergens, andrerseits das Dispersum befindet, kann man dreimal drei, also neun Arten unterscheiden, für die als Typen z. B. Nebel, Staub, Schaum usw. dienen können. Am wichtigsten ist der Fall des flüssigen Dispergens mit festem oder flüssigem Dispersum, also der Fall der Suspensionen und Emulsionen, von deren Bedeutung ja schon die Rede war. Was uns aber hier interessiert, ist die Frage, wie sich eine solche Emulsion zu einer echten Lösung verhält. Da darf man nun nicht etwa sagen, daß das doch beides grundsätzlich verschiedene Systeme seien, das eine heterogen, das andre homogen; denn die Emulsion ist für das bloße Auge, bei hinreichend feiner Verteilung, ebenfalls homogen, und die Lösung würde sich doch ihrerseits, wenn das Auge die Molekeln sehen könnte,

als heterogen erweisen; der Unterschied ist also nur graduell. Daß es aber geradezu eine Zwischenstufe gibt, die man ebensogut hierhin wie dorhin einordnen kann, hat man erst ziemlich spät erkannt, und erst in der neueren Zeit hat die betreffende Lehre einen, ihrer Bedeutung entsprechenden Aufschwung genommen. Wie langsam die anfängliche Entwicklung dieser Lehre war, geht am besten daraus hervor, daß ihr Begründer, THOMAS GRAHAM zwar schon 1830 eine Methode angab, um die beiden von ihm unterschiedenen Klassen löslicher Stoffe zu trennen, daß er aber erst 1861 darauf zurückkam, um die entscheidenden Feststellungen zu machen. Der Gegensatz zwischen den beiden Klassen besteht in der Hauptsache darin, daß die Körper der einen, die Kristalloide, sich aus der Lösung in kristallischem, die der andern, die Kolloide, dagegen in amorpher, meist gallertartiger Form abscheiden; jene Lösungen heißen kristalloidale, diese kolloidale Lösungen; und sie unterscheiden sich, außer im genannten Hauptpunkte, noch in mancher Hinsicht, z. B. durch das große oder geringe Diffussionsvermögen. Was uns hier aber am meisten interessiert, ist ihr innerer Zustand. Eine echte Lösung kann man als ein molekulardisperses System charakterisieren, in einer kolloidalen Lösung dagegen erweisen sich die Teilchen zwar als sehr klein, aber doch immer noch als große Komplexe molekularer Einheiten; durch die ultramikroskopische Beobachtungsmethode (Dunkelfeldbeleuchtung) von ZSIGMONDY und SIEDENTOPF (1903) lassen sich alle diese Fragen eingehend studieren, z. B. an kolloidalen Goldlösungen, und es stellt sich dabei heraus, daß es sich um eine stetige Reihe von den gröbsten bis zu den feinsten, der molekularen schon sehr nahe kommenden Verteilungen, jede mit ihren besonderen Eigenschaften, handelt. Dank den Arbeiten zahlreicher Forscher, unter denen FREUNDLICH, WO. OSTWALD, ZSIGMONDY und LOTTERMOSER genannt seien, hat sich dann die Kolloidchemie in neuester Zeit glänzend entwickelt; aber das gehört nicht mehr hierher.

22. Ladung und Masse; Ionen und Elektronen. Nach unsern bisherigen Betrachtungen über die sogenannten homogenen Körper, zu denen wir nunmehr zurückkehren, stellen die Atome oder, vollständiger gesagt, die geladenen Atome, also die Ionen, die letzten Bausteine der Materie dar. Aber auch dieses Bild, das der Physik von 1840 bis 1880 das Gepräge gab, erwies sich neuentdeckten Tatsachen gegenüber als unzureichend, als zu einfach, es erwies sich als notwendig, noch tiefer in den Mikrokosmos hinabzusteigen. Um das einzusehen, müssen wir das Ion seiner wesentlichen Natur nach betrachten. Ein Ion ist durch zwei Größen charakterisiert, durch seine Masse und durch seine Ladung; die Masse m ist sozusagen sein Passivum, die Ladung e sein Aktivum; und die Erscheinungen hängen im wesentlichen von dem Verhältnis beider Größen zueinander, also von dem Bruche e/m ab. Es ist das ungefähr dasselbe Verhältnis wie in der Mechanik das Verhältnis der aktiven (schweren) zur passiven (trägen) Masse; die Masse m ist sogar geradezu mit der trägen Masse der Mechanik identisch, die Ladung e aber ist hier etwas spezifisches, eben etwas elektrisches; und es ist deshalb auch einer erneuten Untersuchung zu unterziehen, ob hier wieder wie dort das Äquivalenzprinzip gilt, oder was an die Stelle dieses Satzes tritt. Nun ergibt sich durch Messung der Elektrolyse ein ganz bestimmter Wert von e/m; es fragt sich, ob diesem Werte allgemeinere Bedeutung auch auf ganz andern Gebieten zukommt. Ein in dieser Hinsicht aussichtsreiches Erfahrungsgebiet bilden nun die Erscheinungen bei dem Durchgange der Elektrizität durch Gase; und zwar weniger diejenigen in normalen oder nur mäßig verdünnten Gasen, in denen jener Durchgang in der Form elektrischer Strömung erfolgt, sondern die Erscheinungen in stark verdünnten Gasen, und diese haben nicht mehr den Charakter einer Strömung, sondern den einer Strahlung. Da hiervon später ausführlich die Rede sein wird, sei hier nur das uns zunächst angehende gesagt. Die beiden wichtigsten Strahlenarten, die hier in Betracht kommen, sind die Kanalstrahlen und die Kathodenstrahlen, von denen später eingehender die Rede sein wird. Hier interessiert uns zunächst nur folgendes: beide Strahlenarten sind, wie sich gezeigt hat, als Konvektionsstrahlen aufzufassen, d. h. sie bestehen aus fortgeschleuderten Teilchen, und es ist nur die Frage, wie diese Teilchen beschaffen seien. Nun kann man diese Strahlen mannigfachen Einwirkungen unterwerfen, insbesondere kann man ein magnetisches oder ein elektrisches Querfeld auf sie wirken lassen; und aus der Stärke der dabei beobachteten seitlichen Ablenkung kann man das Verhältnis e/m berechnen. Da kommt man denn zu einem sehr merkwürdigen Ergebnis: bei den Kanalstrahlen erhält man den von der Elektrolyse her bekannten Wert, bei den Kathodenstrahlen aber einen ungeheuerlich viel größeren, der Bruch e/m ist hier etwa 1830 mal so groß wie dort (näheres hierüber w. u.). Und derselbe Gegensatz wiederholt sich bei zwei andern Strahlenarten, bei den von den radioaktiven Körpern ausgesandten Alpha- und Betastrahlen. Wie soll man sich mit diesem Widerspruche abfinden? Offenbar gibt es zwei Möglichkeiten: entweder ist bei den Kathodenstrahlen (und den Betastrahlen) der Zähler e in dem genannten Verhältnis größer, oder der Nenner m ist in demselben Maße kleiner (denn die dritte Möglichkeit, daß beide, Zähler und Nenner, abweichende Werte haben, wird man als unnötig kompliziert außer Acht lassen). Nun liegt durchaus kein Grund zu der Annahme vor, das e der Gasteilchen sei unter sonst ganz gleichen Umständen ein anderes wie das e der elektrolytischen Ionen; und es ist auch noch besonders festgestellt worden, daß es wirklich immer denselben Wert hat; es bleibt also nur die Annahme übrig, daß die Masse der Teilchen in beiden Fällen verschieden sei, daß es sich also bei den Kanal- und Kathodenstrahlen um ganz verschiedene Träger des Konvektionsvorgangs handelt. Als Träger der Kanalstrahlen dürfen ohne weiteres die Ionen angesehen werden, mit andern Worten, die geladenen Atome; die Träger der Kathodenstrahlen aber müssen außerordentlich viel feinere Elemente sein, von denen 1830 auf ein Atom kommen. Diese Urbestandteile der Materie hat man Elektronen (Stoney 1881) genannt, und man tut gut, gegenüber der etwas schwankenden Fassung dieses Begriffs seitens der verschiedenen Autoren bei dieser einfachen und klaren Definition zu verbleiben.

Es sei hier eine kurze Einschaltung gemacht. Die Elektrizitätslehre hat, wie wir später noch ausführlich betrachten werden, die verschiedensten Stadien durchgemacht, bis sie in der Lehre von den Elektronen mündete. Nun steht, wie man weiß, der Elektrizität ein andres Agens zur Seite, der Magnetismus, nicht minder geheimnisvoll und deshalb auch seinerseits von den verschiedensten Theorien aus beleuchtet. Und auch hier hat sich in neuester Zeit, als Endglied der Theorie von Pierre Weiss, ein besonderer Begriff herausgeschält, der Begriff der Magnetonen. Das Magneton ist nach Weiss das gemeinsame Maß aller Atommomente, es ist eine universelle Naturkonstante, und die Magnetonen sind die Bausteine, aus denen sich die Magnete aufbauen. Indessen erheben sich doch bei der experimentellen Prüfung dieser Vorstellung mancherlei Schwierigkeiten, und insbesondere bleibt es ganz unklar, wie sich die Magnetonen zu den Elektronen verhalten, und ob neben letzteren auch noch für erstere Platz ist in der Theorie der Materie. Kehren wir also zum Hauptthema: Materie, Ionen, Elektronen zurück!

Indessen würde man nun einen nur halbrichtigen Schluß ziehen, wenn man jetzt erklären wollte: die Molekel besteht aus Atomen, und die Atome ihrerseits aus Elektronen. Die vorhin angeführten Beobachtungen im transversalen Felde haben nämlich noch etwas andres nicht minder merkwürdiges ergeben: die Ablenkung ist bei den Kathodenstrahlen nicht nur sehr viel kräftiger als bei den Kanalstrahlen (wegen der sehr viel geringeren widerstehenden Masse jener), sie hat auch den entgegengesetzten Richtungssinn; und zwar ist dieser derartig, daß man aus den Richtungsregeln des Elektromagnetismus den Schluß ziehen muß: die Kanalstrahlteilchen sind positiv, die Kathodenstrahlteilchen sind negativ geladen; und entsprechend die Alphastrahlteilchen positiv, die Betastrahlteilchen negativ. Dadurch kommt nun offenbar in den Aufbau des Teilchens eine Unsymmetrie hinein, insofern der positiv geladene Teil groben, der negative feinen Charakters ist; jener, den man jetzt gewöhnlich als Kern bezeichnet, wäre somit nach wie vor vom Ionentyp, dieser hingegen aus Elektronen gebildet. Daß auch dieses Bild noch nicht das richtige ist, daß es gegenüber den Tatsachen nicht standhält, werden wir später sehen. Für jetzt brechen wir die Betrachtung ab und halten nur das allgemeine Ergebnis derselben fest, daß das Atom eine Welt für sich ist, und zwar eine Welt, die zwar natürlich sehr viel einfacher aufgebaut ist als die große Welt, aber immerhin noch sehr viel kompliziertere Struktur aufweist, als man erwartet hätte und wünschen müßte.

23. Kinetische Masse. Aber einen, für das System der physikalischen Grundbegriffe entscheidenden Tatbestand müssen wir doch schon hier erwähnen und an ihn die unmittelbaren Folgerungen knüpfen. Das erste Grundgesetz der Materie ist, wie wir sahen, das Gesetz von der Konstanz der Masse; es muß daher in allen Fällen gültig sein, d. h. nicht bloß für die makroskopischen Körper und Systeme, sondern auch für ihre Bausteine, also für die Atome, Ionen, Kerne einerseits, für die Elektronen andrerseits. Das erstere ist nun wirklich der Fall (von einer gewissen, scheinbaren Abweichung wird noch die Rede sein); dagegen zeigen die Elektronen ein mit dem Grundgesetz unvereinbares Verhalten. Aus Versuchen, die KAUFMANN in den Jahren 1901 bis 1906 an Betastrahlen anstellte, sowie aus analogen Versuchen mit Kathodenstrahlen hat sich nämlich ergeben, daß das Verhältnis e/m keinen einheitlichen Wert hat, sondern desto kleiner ist, je größer die Geschwindigkeit der Teilchen gewählt wird; und es kann keinem Zweifel unterliegen, daß daran nicht der Zähler e, sondern der Nenner m die Schuld trägt; die Masse des Elektrons ist zwar für Geschwindigkeiten, die klein gegen die Lichtgeschwindigkeit sind, annähernd konstant; aber je mehr sich jene dieser nähert, desto größer wird die Masse. Man muß somit zwischen statischer und kinetischer Masse unterscheiden; jene wäre sozusagen mechanischer, diese elektromagnetischer Natur; sie ist, wie man in der ersten Zeit nach der Entdeckung der Tatsache sagte, durch die Bewegung vorgetäuscht. Indessen trifft man hiermit nicht den Kern der Sache; man mußte sich vielmehr dazu entschließen, das Dogma von der Konstanz der Masse fallen zu lassen. Der erste, von ABRAHAM herrührende Versuch, dies auf dem Boden der bisherigen Anschauungen der Elektrodynamik zu tun, stellte zwar die KAUFMANNschen Versuche leidlich gut dar und ergab sogar das Resultat, daß nicht bloß ein Teil, sondern die gesamte Masse der Elektronen kinetischen Charakters sei; aber späteren, genaueren Messungen hat diese Theorie doch nicht standgehalten, und es blieb der Relativitätstheorie vorbehalten, das Phänomen restlos aufzuklären, ja noch mehr, es auf eine ganz allgemeine Basis zu stellen durch die Aufstellung des Prinzips, daß überhaupt jede Masse von der Geschwindigkeit abhängt und mit Erreichung der Lichtgeschwindigkeit unendlich groß wird. Damit hört aber die Masse auf, eine charakteristische Größe des Universums zu werden, und sie muß diese Rolle an die andre hier auftretende Größe, die elektrische Ladung, abgeben. In der Tat ist hiernach die Elektrizität das einzige Agens, das wegen seiner Konstanz den Namen einer Substanz im wahrsten Sinne verdient. Wie man sieht, tritt hier wie bei andern Fragen im Laufe der Entwicklung unsrer Kenntnisse die Notwendigkeit ein, die Verhältnisse geradezu auf den Kopf zu stellen.

24. Universelle Naturkonstanten. Gravitationskonstante. Zum Schlusse dieses Abschnittes müssen wir ein Versäumnis nachholen. Wir haben uns bisher in voller Absicht an die großen Tatsachen und Gesetze, an die allgemeinen Theorien und Ergebnisse gehalten; auf zahlenmäßige Feststellungen sind wir mit wenigen Ausnahmen nicht eingegangen. Aber gerade die immer genauere Feststellung von Zahlenwerten stellt einen sehr wesentlichen Teil des Fortschritts der wissenschaftlichen Erkenntnis dar, und so wollen wir auch hier kurz darauf eingehen.

Es gibt, wie man weiß, zwei Klassen von Konstanten in der Natur, individuelle und universelle; von jenen gibt es zahllose, von diesen nur einige wenige Vertreter. Was nun die Materie angeht, so hat sie, wie wir wissen, zwei Attribute, Trägheit und Schwere, jene durch die Masse, dieses durch das Gewicht gekennzeichnet; oder, wenn man auf die einfachsten Verhältnisse, also auf die Volumeneinheit zurückgeht, dort die Dichte oder spezifische Masse, hier das spezifische Gewicht. Da haben wir also gleich zwei Reihen individueller Konstanten. Aber diese beiden Reihen reduzieren sich, wenigstens für einen bestimmten Ort, auf eine einzige, weil zwischen den Zahlen der beiden Reihen ein universelles Verhältnis besteht: die Beschleunigung durch die Schwere. Dies ist also die erste universelle Konstante; universell freilich nur insofern, als sie für alle Arten von Materie gilt, während sie von Ort zu Ort sich ändert und im Weltraum schließlich völlig andre Werte annimmt. Um dem gerecht zu werden, muß man von der Konstante der irdischen Schwere zu der durch GAUSS eingeführten Gravitationskonstante übergehen. Die Beschleunigung durch die irdische Schwere ist durch Fall-, Pendel- und andre Messungen immer genauer bestimmt worden und im Mittel

$$g = 981 \text{ cm/sek.}$$

Die Gravitationskonstante ergibt sich aus Messungen geophysischer Art (s. w. u.), ihr zur Zeit schon recht genau bekannter Wert ist

$$\gamma = 66{,}8 \cdot 10^{-9},$$

d. h. zwei Grammassen üben in 1 cm Abstand voneinander eine Kraft aufeinander aus gleich 66,8 Milliardentel Dynen oder zwei Tonnenmassen in 1 m Abstand eine Kraft von 66,8 Dynen. Daß zwischen den Massen und den Gewichten der genannte Parallelismus besteht (was sich z. B. darin zeigt, daß alle Körper gleich schnell fallen), ist jahrhundertelang als eine selbstverständliche Tatsache hingenommen worden, und auch hier blieb es der Relativitätstheorie vorbehalten, tiefer in das Problem einzudringen. Die Reihe der Dichten beginnt mit dem Wasserstoff ($d = 0{,}00009$) und endet mit Osmium ($d = 22{,}5$); diese letztere Grenze läßt sich durch Kompression nicht erheblich hinausschieben, dagegen hat man es durch Vervollkommnung der Pumpen dahin gebracht, die untere Grenze für die Raumerfüllung der Materie immer weiter zurückzuschieben; und da es heutzutage keine Schwierigkeiten macht, auf den hundertmillionten Teil der Dichte zu verdünnen, so kommt man zu einer Dichte von rund 10^{-12}, d. h. in einem Kubikmeter befindet sich nur noch ein milliontel Gramm Materie.

25. Loschmidtsche und Avogadrosche Zahl. Ladung und Masse. Gehen wir nun zur Molekulartheorie über, nach der die soeben besprochene Raumerfüllung nicht stetigen, sondern diskreten Charakters ist, so haben wir, um in der historischen und erkenntnistheoretischen Linie zu bleiben, mit der Schwirrungsgeschwindigkeit der Gasteilchen anzufangen; sie ist eine individuelle Konstante und z. B. für normale Luft gleich 485 m/sec, ändert sich aber stark mit der Temperatur. Die zweite, hier interessierende

Größe ist die molekulare Weglänge; sie ist in $\mu\mu$ (milliontel Millimeter) auszudrücken und z. B. für Luft gleich 95. Drittens die Anzahl der Teilchen in einem bestimmten Komplex; je nachdem man für letzteren die Volumeneinheit (cbcm) oder das Mol (Grammolekel, d. h. soviel g wie die Äquivalentzahl angibt) wählt, erhält man die LOSCHMIDTsche, von LOSCHMIDT 1865 eingeführte oder die AVOGADROsche Zahl, die sich später als charakteristischer eingebürgert hat; übrigens sind beide, gemäß dem AVOGADROschen Gesetze, universelle Konstanten und voneinander nur durch einen Zahlenfaktor verschieden. Nach dem Mittel der neuesten Messungen ist die LOSCHMIDTsche Zahl

$$(N) = 28 \text{ Trillionen},$$

die AVOGADROsche Zahl

$$N = 0{,}616 \text{ Quadrillionen} = 6{,}16 \cdot 10^{23}.$$

Schließlich ergibt sich der Durchmesser des Teilchens (richtiger der seiner Wirkungssphäre) zu 0,1 bis 1 $\mu\mu$, sein Gewicht zu einem Bruchteil von 10^{-23}, seine Dichte zu einigen Einheiten, z. B. für Luft zu rund 4.

Der nächste Schritt, den wir zu machen haben, ist der zu den elektrisch geladenen Atomen, also zu den Ionen. Sie haben, wie wir wissen, zwei Attribute, Ladung und Masse; und das, was sich aus den Beobachtungen im elektrischen und magnetischen Felde direkt ergibt, ist das Verhältnis beider, der Bruch e/m. Aber dieser Bruch setzt sich aus zwei Größen verschiedenen Charakters zusammen, der Zähler nämlich ist eine universelle, der Nenner hingegen eine individuelle Konstante; wählen wir für letztere den Wasserstoff, so erhalten wir die spezifische Ladung des Wasserstoffions

$$e/m = 96540 \text{ Cb/g},$$

eine Zahl, die man sich am bequemsten aus der international festgesetzten Stromeinheit, dem Ampère, ableiten kann, indem man mit der von 1 A. in der sec abgeschiedenen Menge Silber, 0,001118 g, in die Äquivalentzahl des Silbers, 107,93, hineindividiert; statt in Coulomb, kann man auch in absolutem elektromagnetischem Maße rechnen und erhält dann den 10. Teil, also 9654. Für einen andern Stoff muß man mit der Äquivalentzahl dividieren und mit der Valenzzahl multiplizieren und erhält dann z. B. für das einwertige Chlor 272, für das zweiwertige Kupfer 303.

Soweit der Bruch als Ganzes. Was zweitens den Nenner m_H betrifft, so ist er offenbar das Reziproke der AVOGADROschen Zahl, also $1{,}62 \cdot 10^{-24}$; und indem man hiermit die spezifische Ladung multipliziert, erhält man die wirkliche Ladung, also das Elementarquantum der Elektrizität:

$$e = 1{,}564 \cdot 10^{-20} \text{ (e. m.)} = 1{,}564 \cdot 10^{-19} \text{ (Cb)} = 4{,}69 \cdot 10^{-10} \text{ (e. s.)}.$$

Das ist also neben der Gravitationskonstante die einzige, wirklich universelle, nämlich nicht bloß von Stoff zu Stoff, sondern auch von Ort zu Ort und von Zeit zu Zeit unveränderliche Konstante der Natur.

Der letzte Schritt ist alsdann der vom Ion zum Elektron, also von den Trägern der Kanalstrahlen zu denen der Kathodenstrahlen, oder von den

Alphastrahlen zu den Betastrahlen der radioaktiven Körper. Hier ergibt sich das Verhältnis e/m, und zwar (denn es handelt sich um freie Elektronen) unabhängig vom Stoff

$$e/m = 1{,}76 \cdot 107 \text{ (e. m.)} = 1{,}76 \cdot 10^8 \text{ (Cb)} = 5{,}28 \cdot 10^{17} \text{ (e. s.)};$$

(näheres hierüber s. w. u.) Das Verhältnis dieser spezifischen Elektronenladung zur spezifischen Ionenladung (letztere für Wasserstoff) ist 1830; und schließlich ergibt sich als Masse des Elektrons durch Division von e mit e/m der Wert $0{,}89 \cdot 10^{-27}$. Dabei ist aber von neuem zu betonen, daß der Bruch e/m von der Geschwindigkeit der Elektronen abhängt, und daß er auf null sinkt, wenn diese gleich der Lichtgeschwindigkeit wird. Damit bleibt als dritte universelle Konstante, deren Bedeutung freilich erst später vollkommen klar werden wird, die Lichtgeschwindigkeit (s. w. u.):

$$c = 2{,}999 \cdot 10^{10}$$

oder rund 300000 km. Von dieser und weiteren universellen Konstanten kann erst im weiteren Verlaufe unserer Betrachtungen die Rede sein.

26. Verteilungsgesetz und Maxwellsche Kurven. Die im vorigen Paragraphen zusammengestellten Zahlen sind teils exakte und allgemein gültige Werte, teils aber nur Mittelwerte einer statistischen Mannigfaltigkeit; über diese letzteren müssen wir demgemäß noch ergänzende Betrachtungen anstellen. Das Gebiet, wo man in der Physik zuerst mit derartigen statistischen Größen zu tun bekam, war, wie schon bemerkt, das Gebiet der kinetischen Gastheorie; und hier wiederum war die erste statistisch dargestellte Größe die Schwirrgeschwindigkeit der Molekeln. Und zwar durfte man sich hier nicht mit der Auffindung des Mittelwertes begnügen, man mußte auch ein Bild gewinnen von den einzelnen, jedem Teilchen zukommenden Werten und ihrer Verteilung über den ganzen Bereich. Diese Aufgabe hat MAXWELL im Jahre 1860 gelöst, und nach ihm heißt das betreffende Gesetz das MAXWELLsche Verteilungsgesetz und seine graphische Darstellung die MAXWELLsche Verteilungskurve. Dabei ist zu unterscheiden zwischen zwei ganz verschiedenen Gesetzen, dem der Häufigkeit des Vorkommens einer Geschwindigkeit von bestimmter Größe und Richtung, z. B. der Richtung x und der Größe zwischen u und $u + du$:

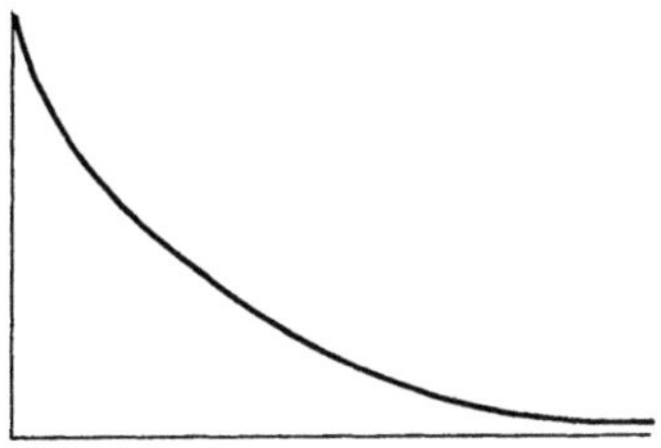

Abb. 8a. Erste MAXWELLsche Verteilungskurve.

$$W = c \cdot e^{-ku^2}\, du,$$

(wo c und k von der Temperatur abhängige Konstanten sind), sie nimmt, wie Abb. 8a zeigt, mit wachsendem u exponentiell ab; und andrerseits der Häufigkeit des Vorkommens einer Geschwindigkeit von bestimmter Größe, zwischen g und $g + dg$, aber beliebiger Richtung:

$$W = C \cdot g^2 \cdot e^{-kg^2}\, dg,$$

diese Wahrscheinlichkeit ist sowohl für kleine wie für große Werte der Geschwindigkeit klein, dazwischen aber hat sie ein Maximum; die entsprechende Kurve hat also die in Abb. 8 b angedeutete Form, sie besteht, wie man sieht, aus zwei ungleichen Zweigen, und infolgedessen ist der wahrscheinlichste Wert G_w mit dem Mittelwert G_m nicht identisch, sondern kleiner. Übrigens stellt diese MAXWELLsche Kurve nur einen speziellen Fall dessen dar, was man allgemein als Variationskurve einer statistischen Größe bezeichnen kann; und diese spielt nicht bloß in der Gastheorie, sondern auch in andern Gebieten der Physik und, darüber hinaus, in der Biologie und in der Gesellschaftswissenschaft eine wichtige Rolle. Nur muß man in jedem Falle auch wirklich die richtige Variationskurve bilden und insbesondere zwischen der symmetrischen und der unsymmetrischen unterscheiden, was nicht immer geschehen ist.

Ein statistischer Mittelwert hat den Sinn, daß er sich desto genauer ergibt, je größer die Zahl der Einzelfälle ist; ist sie genügend groß, so hat er eine beinahe exakte Bedeutung; ist sie viel zu klein, so hat er keine irgendwie in Betracht kommende Bedeutung; dazwischen aber werden Fälle liegen, wo er zwar eine wichtige Rolle spielt, aber nicht die einer festen, sondern die einer schwankenden Größe. Mit diesen Schwankungserscheinungen in der Physik haben sich ganz neuerdings (1912 ff.) mehrere Theoretiker und Praktiker befaßt; unter den ersteren sind namentlich SMOLUCHOWSKI, SCHWEIDLER, FÜRTH und SCHRÖDINGER (interessanterweise sämtlich Österreicher) zu nennen. Zu unterscheiden sind in der Hauptsache drei Größen: die Schwankungsgröße, die Schwankungsgeschwindigkeit und die Wiederkehrzeit. Wenn ferner zwei Klassen von Vorgängen einander gegenübergestellt werden, solche ohne und solche mit Wahrscheinlichkeitsnachwirkung, so bedeutet das in gewissem Sinne eine Erweiterung des alten Wahrscheinlichkeitsbegriffs; denn hier ist einer der ersten Grundsätze durchbrochen, der Grundsatz, daß bereits Geschehenes auf die Wahrscheinlichkeit dessen, was noch geschehen soll, gar keinen Einfluß ausübt, einfach deshalb nicht, weil es als bereits geschehen gar kein Gegenstand der Wahrscheinlichkeitsrechnung mehr ist. Unter den Anwendungen der Lehre seien, in der Reihe wachsender mikrokosmischer Komplikation, angeführt: die Kolloidstatistik, die thermodynamische Statistik, die Schwankungen der elektrischen und magnetischen Ladungsdichte, sodann chemische und radioaktive Schwankungen, endlich die Statistik der Strahlungsschwankungen.

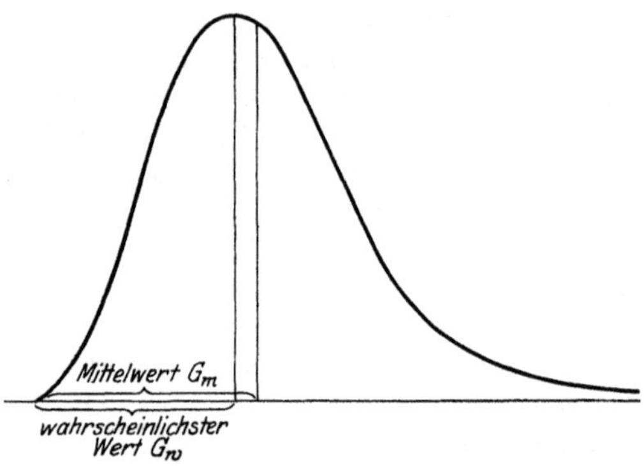

Abb. 8 b. Zweite MAXWELLsche Verteilungskurve.

III. Bewegung, insbesondere Schwingungsbewegung.

27. Kinematik und Mechanik. Wir gehen nun nochmals auf die Grundbegriffe zurück, und zwar auf das, was zu Anfang über Raum und Zeit gesagt wurde, und woran wir das folgende gleich hätten anschließen können, wenn wir nicht aus andern Gründen eine Umstellung vorgezogen hätten.

Aus Raum und Zeit ergibt sich durch Kombination die Idee und der Begriff der Bewegung, als der Änderung des Ortes im Raume mit der Zeit. Die Lehre von der Bewegung hat eine sehr lange Geschichte, und ihre Fäden erstrecken sich auf die meisten Gebiete der Physik und der ihr nahestehenden Naturwissenschaften. Die rein formale Bewegungslehre heißt Kinematik, bei ihr bleibt es völlig dahingestellt, was sich bewegt, der Charakter dieser Lehre ist durchaus geometrisch, nur daß zu den Ortsgrößen hier noch die Zeit hinzutritt. Was diese Lehre in neuerer Zeit wieder in den Vordergrund gerückt hat, das ist die Klärung der in ihr auftretenden Begriffe, insbesondere der Skalare, Vektoren, Tensoren usw. Es hat sich eine spezifische Vektor- und Tensorkinematik herausgebildet, und in der WEYLschen Raumtheorie hat diese Auffassung und Darstellung sich als überaus geeignet erwiesen für den Aufbau des Raumes der EINSTEINschen Relativitätstheorie (s. w. u.).

Gehen wir von der formalen gleich zur physikalischen Bewegungslehre über, so haben wir es hier nach einer hergebrachten Nomenklatur mit der Kinetik zu tun. Da wir hier aber uns nähere Vorstellungen bilden über das, was sich bewegt, und über die Kräfte, durch die es sich bewegt, so können wir hier auch von Dynamik sprechen, und dieser Name hat sich tatsächlich allgemein eingebürgert. Indessen macht man häufig noch die weitere Unterscheidung, daß man der Statik die Kinetik gegenüberstellt und beides dann als Mechanik oder Dynamik zusammenfaßt.

Gerade die Mechanik nun hat im Laufe der letzten hundert Jahre starke Wandlungen durchgemacht und Erschütterungen erfahren. Das 18. Jahrhundert übernahm aus dem vorangegangenen die klassische Mechanik der GALILEI und NEWTON, D'ALEMBERT und EULER, LAGRANGE und LAPLACE; eine Lehre, in der außer von Massen, noch von Kräften und Bedingungen die Rede war. Dann trat, wie schon an andrer Stelle erwähnt, KIRCHHOFF auf in der Absicht, den Kraftbegriff zu klären und damit die Mechanik von unklaren Vorstellungen zu befreien; nach ihm ist Kraft nur ein zur Vereinfachung dienender Hilfsbegriff zum Ersatz der Beschleunigung; und andrerseits hat die Masse keine andre Bedeutung als die eines LAGRANGEschen Multiplikators. Das war 1876. Dann trat etwa 20 Jahre später die Mechanik in zwei neuen Gewändern auf, oder richtiger in einem neuen und einem alten; jenes von HERTZ (1894) herrührend, die Kräfte zunächst ganz ignorierend und dafür mit verborgenen Massen (in Ergänzung der sichtbaren) operierend, als Ganzes sehr klar und scharfsinnig und geistvoll, aber, wie sich gezeigt hat, doch ohne eigentliche Fruchtbarkeit; dieses von BOLTZMANN dargestellt (1897) und in besonderem Maße geeignet zur Fortführung in die Thermodynamik, Gastheorie und Elektrodynamik hinein. Endlich, in neuester Zeit, zwei ganz moderne Lehren, die eine, die Relativitätsmechanik, für die allgemeine, die andre, die statistische Mechanik, für die spezielle Fundierung und Ausgestaltung.

28. **Schwingungen.** Aber kehren wir zum Ausgangspunkt, zu dem Phänomen der Bewegung zurück. Jede Bewegung ist, wenn sie nicht in die Unendlichkeit läuft oder in der Endlichkeit ein vorzeitiges Ende findet, in irgendeinem Sinne periodisch; und unter allen periodischen Bewegungen ist die streng periodische, bei der alle Perioden gleich lang sind und in jeder von ihnen die gleiche Bahn beschrieben wird, die einfachste und zugleich die wichtigste. Eine derartige Bewegung hat zunächst zwei Charakteristika: erstens die Dauer einer Periode oder, wie man statt dessen auch sagen kann, indem man das reziproke bildet, die Frequenz; und zweitens die Größe und Gestalt der Bahn. Dieses zweite Merkmal läßt sich im allgemeinen Falle natürlich nicht auf eine einfache Form bringen, wohl aber in dem besonderen Falle, daß es sich um eine geradlinige Schwingung handelt: hier ist die Amplitude das gewünschte Charakteristikum; bei einer Kreisschwingung tritt an ihre Stelle der Radius, bei der elliptischen sind es die beiden Halbachsen usw. Die Lehre von den Schwingungen ist deshalb so wichtig geworden, weil auf ihr große Gebiete der Mechanik, Akustik und Thermik einerseits, der Elektrik und Optik andrerseits sich aufbauen, und weil sich an sie die Lehre von den Wellen und zuletzt die Lehre von der Strahlung unmittelbar anschließt.

Mit Schwingungen hat man sich schon im Altertum wiederholt befaßt, und in der Neuzeit haben zuerst LEONARDO DA VINCI (1510), GALILEI (1596) und MERSENNE (1636) die Gesetze des Schwingens studiert, wobei sich GALILEI an Pendelschwingungen, MERSENNE an Saitenschwingungen hielt. Die eingehendere Betrachtung der Pendelschwingungen wollen wir uns für den speziellen Teil aufheben, hier sei nur kurz bemerkt, daß nach GALILEI sich HUYGENS und BESSEL in grundlegender Weise auf diesem Gebiete hervortaten. Daß die Töne auf Schwingungen und insbesondere, daß die Tonhöhe auf der Frequenz oder Schwingungszahl beruht, hat übrigens schon ARCHYTAS (390 v. Chr.) gewußt; und auch die Erkenntnis, daß mit der Amplitude die Tonstärke zusammenhängt, wird sich frühzeitig Bahn gebrochen haben. Sehr viel späteren Datums sind die entsprechenden Errungenschaften für das Licht. Denn erst HOOKE (1665) und HUYGENS (1678) haben die Undulationstheorie des Lichts aufgestellt, und erst bei EULER findet man es (1745) klar ausgesprochen, daß auf der Frequenz die Farbe beruht, daß sie also beim Licht das Analogon dessen ist, was beim Ton die Höhe ist. Übrigens hat sich, wie man weiß, die Undulationstheorie des Lichts erst nach anderthalb Jahrhunderten durchgesetzt; doch davon später.

29. **Schwingungstypen; Fourierproblem.** Eine geradlinige Schwingung hat indessen, außer Frequenz und Amplitude, noch ein drittes Charakteristikum, nämlich das Gesetz, nach dem sich während jeder einzelnen

Periode der Ort bzw. die Geschwindigkeit mit der Zeit ändert. Dieses Gesetz findet seinen Ausdruck in der Aufstellung einer Funktionalbeziehung zwischen Ort bzw. Geschwindigkeit und Zeit, also in den Formeln $y = f(t)$ bzw. $v = f'(t)$; je nachdem man hier für f bzw. f' eine bestimmte spezielle Funktion wählt, erhält man eine andre Schwingung, auch wenn man dafür sorgt, daß Frequenz und Amplitude in allen Fällen dieselben werden. Die Unterscheidung dieser verschiedenen Typen gewann erst Anschaulichkeit, als man die Methode der chronographischen Auflösung heranzog, bei der man die, etwa von oben nach unten erfolgende geradlinige Schwingung auf einem von rechts nach links gleichförmig vorbeigleitenden Blatte aufzeichnet, wodurch man eine von links nach rechts sich entwickelnde Kurve erhält; diese Kurve kann aus Wellen der verschiedensten Form, aus Zacken, Schleifen usw. bestehen. Um die Mitte des 18. Jahrhunderts hat man sich mit diesen Typen zu beschäftigen angefangen, und sehr bald hat sich dabei die Frage herausgeschält, ob es denn einen unter diesen Typen gibt, auf den sich alle andern zurückführen lassen. Dieses Problem ist durch die geniale Arbeit von Mathematikern wie DANIEL BERNOULLI (1732), EULER (1734), D'ALEMBERT (1747), nochmals BERNOULLI (1753) vorbereitet und schließlich von FOURIER (1807 bis 1822) gelöst worden.

Hiernach gibt es eine, aber auch nur eine Grundfunktion, von der man ausgehen muß, nämlich den Sinus (oder, was nur eine Abart darstellt, den Kosinus): wählt man ihn als Ort, so wird der Kosinus die Geschwindigkeit (und umgekehrt). Indem man nun aus diesem Element eine harmonische Reihe, die Sinusreihe oder FOURIERsche Reihe

$$y = a_1 \sin t + a_2 \sin 2t + \cdots = \Sigma a_m \sin mt$$

aufbaut, kann man jede beliebige Funktion $f(t)$, allerdings nur innerhalb des Bereichs zwischen o und π, darstellen; und zwar auch dann, wenn die Funktion an einzelnen Stellen dem Werte oder dem Differentialquotienten nach unstetig ist. Den Beweis, daß das möglich ist, und die Methode, wie es zu geschehen hat und wie sich insbesondere die Koeffizienten a bequem ermitteln lassen, hat schon FOURIER geliefert; später ist dann durch DIRICHLET u. A. das, was an Exaktheit der Beweisführung und Vollständigkeit der Erfassung noch fehlte, nachgeholt worden. In Abb. 9 ist als Beispiel das bei den Schwingungen der gestrichenen Saite vorkommende symmetrische Dach aufgebaut gemäß den hier sich ergebenden Werten: $a_1 = 1$, $a_2 = -{}^1/_9$, $a_3 = +{}^1/_{25}$, $a_4 = -{}^1/_{49}$; schon diese 4 Glieder geben eine recht gute Darstellung.

Was nun die Anwendungen auf physikalische Erscheinungen betrifft, so waren es zuerst die Saitenschwingungen, die in Betracht kamen und die überhaupt die Anregung zu den vorstehenden allgemeinen Untersuchungen gegeben hatten. D'ALEMBERT und EULER stellten als Lösung der Differentialgleichung der Saitenschwingung

$$\frac{\partial^2 y}{\partial t^2} = c^2 \frac{\partial^2 y}{\partial x^2}$$

die allgemeine Funktion $y = f(x \pm ct)$

auf, die ihr in der Tat genügt und zugleich die Eigenschaft hat, beliebig viele willkürliche Konstanten zu enthalten, so daß den Grenzbedingungen örtlicher und zeitlicher Art genügt werden kann. BERNOULLI stellte dieser Lösung eine andre, eben die trigonometrische Reihe gegenüber, und er behauptete, daß sie ebenso allgemein sei; der lange andauernde Streit hat schließlich für BERNOULLI entschieden. Inzwischen war CLAIRAUT (1757) bei einer ganz andern Frage, nämlich den astronomischen Störungen, auf dasselbe Problem gestoßen, und es war ihm, und dann in vollkommener Weise EULER gelungen, die Koeffizienten der trigonometrischen Reihe in befriedigender Weise darzustellen. Als drittes Problem endlich kam das der Wärmeausbreitung in Betracht, und hier war es FOURIER, der die Angelegenheit zu einem glänzenden Abschluß brachte. Auf das Mathematische

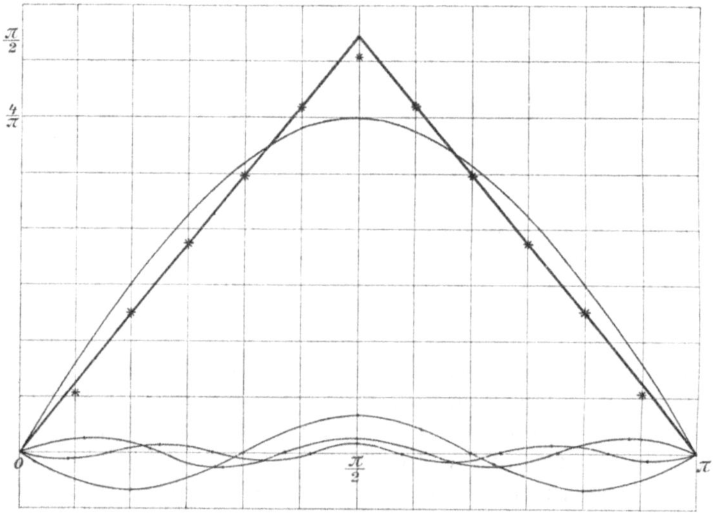

Abb. 9. Aufbau eines Daches durch Sinuslinien.

an dieser Entwicklung einzugehen haben wir hier nicht Anlaß; aber gerade die physikalische Seite der Frage wird klar machen, wie interessant die ganze Fragestellung gewesen ist und welche Bedeutung die darauf gefundene Antwort besitzt.

Es war im Jahre 1843, als die Frage, worauf denn der Klang der Töne beruhe, gleichzeitig von zwei hervorragenden Physikern angeschnitten und untersucht wurde; aber die Antworten, die sie gaben, waren durchaus verschiedenartig, und auf den ersten Anschein hin unvereinbar. Der eine von ihnen, AUGUST SEEBECK, stellte die Theorie auf, daß das Ohr jede beliebige streng periodische Luftschwingung als Ton empfinde, und daß es ihm, je nach dem (oben näher erörterten) Funktionalgesetz dieser Schwingungen einen andern Klang beilege, also etwa der Sinusschwingung einen sanften, der Zackenschwingung einen scharfen usw. Dagegen behauptete Georg Simon Ohm (und diese seine Leistung steht dem Gesetz der Stromstärke, das seinen Namen berühmt gemacht hat, an Scharfsinn kaum nach), das Ohr könne überhaupt nur Sinusschwingungen als Töne wahrnehmen, und der Klang eines Tones beruhe auf der Stärke der dem sinusförmigen Haupttone beigesellten ebenfalls sinusförmigen und außerdem zum Hauptttone harmonischen Nebentöne, d. h. auf Tönen, die die doppelte, dreifache usw. Frequenz haben. In der Tat sind diese Obertöne, wenn man die Aufmerksamkeit des Ohrs auf sie richtet, wenn man das Ohr sozusagen analytisch einstellt, deutlich hörbar (und auch Seebeck mußte das zugeben); und es ließ sich auch der Zusammenhang ihrer Stärke mit der Art des Klanges feststellen. Welche Theorie hat nun recht? Von unserm heutigen Erkenntnisniveau aus kommt es uns recht eigentümlich vor, daß man diese Frage aufgeworfen und sich lange um ihre Beantwortung abgemüht hat; denn wir wissen jetzt, daß beide Erklärungen identisch sind, nur daß die eine sich an die Ausdrucksweise der allgemeinen d'Alembertschen Funktion hält, die andre aber an die aufgelöste Form der Bernoullischen oder Fourierschen Reihe; je nachdem sich das Ohr synthetisch oder analytisch einstellt, hört es einen einheitlichen Klang oder eine Anzahl von Tönen, und es ist besonders beweisend, daß diese einzelnen Töne sozusagen keinen spezifischen Klang mehr haben, sondern leer und dünn klingen, eben wie es Sinusschwingungen entspricht. Besonders interessant aber ist die Feststellung, daß hier das Ohr und der denkende Geist ganz parallel miteinander arbeiten, daß das Ergebnis der mathematischen Untersuchung durch das Ohr bestätigt und die Beobachtung des Ohrs durch die mathematische Analyse begründet wird.

Wie sich dann die Angelegenheit weiter entwickelt hat, sei hier nur kurz angeführt. Kein andrer als der große Helmholtz war es, der aus der Fourier-Ohmschen Lehre die Konsequenzen nach allen Richtungen zog, und ihm und seinen Schülern, insbesondere Raps, Krigar-Menzel, Kaufmann und Klinkert (1889 bis 1898) verdankt man es, wenn man jetzt, namentlich durch die Leistungsfähigkeit der photographischen Methode, die Gesetze des Klanges der Pfeifen einerseits, der gezupften und geschlagenen, gestrichenen und elektromagnetisch erregten Saiten andrerseits recht vollständig kennt. Nicht so einfach liegen die Verhältnisse bei dem menschlichen Stimmorgan; aber es würde hier zu weit führen, die Komplikationen, die hier auftreten, zu erörtern; es sei daher nur bemerkt, daß auch hier von Helmholtz die grundlegende Vokaltheorie aufgestellt und von Auerbach u. a. ausgebildet, daß ihr von Grassmann und namentlich von Hermann andre gegenüber gestellt wurden, und daß die Entscheidung bzw. Versöhnung dieser Auffassungen noch nicht völlig gelungen ist. Schließlich sei aus der großen Anzahl grundsätzlicher Untersuchungen zum Fourier-Problem wenigstens ein besonders wichtiges Beispiel herausgehoben, der von Stokes (1849) aufgestellte Satz, betreffend die Größenordnung der Koeffizienten der Fourierschen Reihe im Zusammenhange mit den Unstetigkeitsverhältnissen der durch sie dargestellten Funktion; er hat sich durchaus bewährt und gibt u. a. über den typischen Unterschied des Klanges gehämmerter und gezupfter Saiten den entscheidenden Aufschluß.

30. Wärmeschwingungen. Ebbe und Flut. Kürzer müssen wir uns hinsichtlich der Anwendungen auf andern Gebieten fassen, obgleich auch hier höchst interessante Ergebnisse festzustellen wären. In der Wärmelehre hat man es mit Schwingungen (periodischen Schwankungen) hauptsächlich in ihrem meteorologischen Teile zu tun. Hierher gehören die täglichen und die jährlichen Schwankungen der Temperatur, um deren formelmäßige Darstellung und Analyse es sich handelt. In erster Annäherung ist die Temperatur sowohl in ihrem täglichen wie in ihrem jährlichen Verlaufe eine Sinusfunktion der Zeit; nur muß man die Phase berücksichtigen, und zwar am einfachsten dadurch, daß man den Tag bzw. das Jahr zu einer Zeit beginnt, wo die Temperatur durch ihren Mittelwert hindurchgeht, also um 9 Uhr Vormittags bzw. am 1. Mai; und als Nullpunkt der Temperatur Θ gilt eben jener Mittelwert, da es sich ja doch nur um die Schwankungen um ihn herum handeln soll; es wird alsdann $\Theta = A \cdot \sin(2\pi t/T)$, und hierin ist T die Periode (Tag bzw. Jahr) und A die Amplitude (also $2A$ die Gesamtschwankung). Indessen zeigt sich, daß diese Darstellung nur für wenige Orte annähernd mit den Beobachtungen stimmt; für die meisten weicht die beobachtete Kurve in bestimmtem Sinne von der Sinuskurve ab, etwa wie die in Abb. 10 stark gezeichnete von der schwachen, der Anstieg ist sanfter, der Abstieg steiler; und nach Fourier kann man das zur Darstellung bringen, indem man eine Schwingung von halber Periode (und geeigneter Amplitude) hinzufügt, und zwar so, daß sie mit dem Tal (nach unten) beginnt, also etwa wie die punktierte Kurve. Was für eine Bedeutung dieser halbtäglichen Temperaturperiode zukomme, kann hier nicht erörtert werden. Besonders interessant wird dieses Thema, wenn man die Schwankungen ins Erdinnere verfolgt; aber diese Betrachtung müssen wir noch ein wenig verschieben.

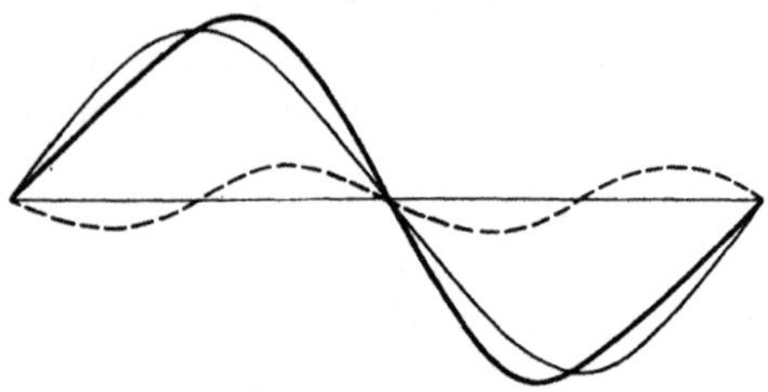

Abb. 10. Abweichung von der Sinusschwingung.

Eine andre, hierher gehörige periodische Erscheinung, ebenfalls geophysikalischen Charakters, ist die Ebbe und Flut. Hier ist die zusammengesetzte Natur der Schwingung (Niveauschwankung) von vornherein einleuchtend, da es je nach dem verursachenden Körper (Sonne oder Mond) und je nach dem in Frage kommenden Bewegungselement dieses Körpers sehr verschiedene Fluten gibt, nämlich eine halbtägliche, eine ganztägliche, eine halbmonatliche, eine halbjährliche usw. (s. Abb. 11). Es entstehen daher drei sich aneinander schließende Aufgaben: die Aufzeichnung der tatsächlichen Wasserstandskurve, ihre Auflösung in die Glieder der Fourierschen Reihe und die auf diese Analyse zu gründende Fortsetzung der Kurve in die Zukunft hinein, eine Extrapolation, die hier den Umständen entsprechend, nicht so unerlaubt ist wie in vielen andern Fällen. Alle drei Aufgaben sind in den siebziger und achtziger Jahren des vorigen Jahrhunderts, in der Hauptsache durch Lord Kelvin und seine Mitarbeiter, gelöst worden in Form des Flutschreibers, des harmonischen Analysators und des Flutankündigers; und namentlich der harmonische Analysator ist seitdem nicht nur auf diesem Gebiete, sondern überall, wo es sich um die Auflösung verwickelter Periodizitäten handelt, ein sehr willkommenes und

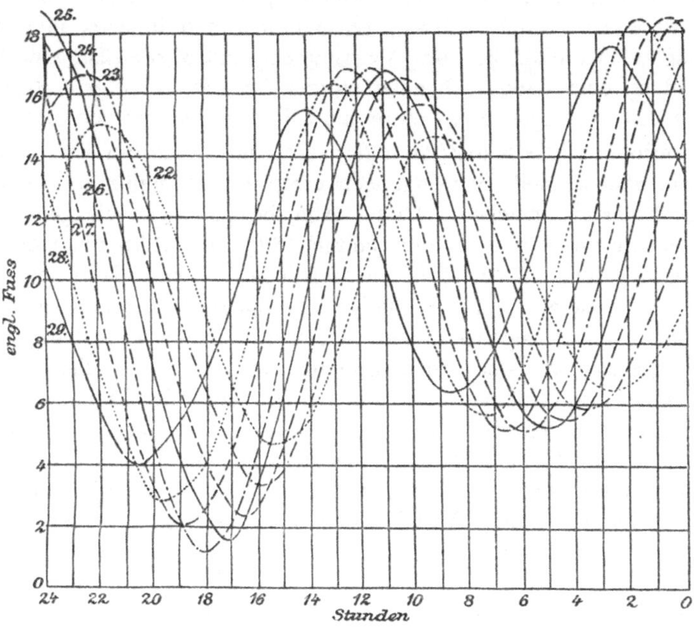

Abb. 11. Wasserstandskurven.

viel Arbeit sparendes Hilfsmittel geworden, so ganz besonders bei der Analyse der Vokal- und Instrumentalklänge, bei denen die rechnerische Analyse (Hermann u. a.) außergewöhnlich mühsam ist. Man sieht hier sehr deutlich, wie ein Gebiet der Forschung durch ein andres ganz fernliegendes durch die Gemeinsamkeit der Methodik gefördert wird. Eine andre geophysikalische Schwingungserscheinung sind die von Duilliers (1731) am Genfer See entdeckten und neuerdings besonders von Forel (1886) studierten Seiches, d. h. periodische Seespiegelschwankungen, die mit dem Luftdruck (und Windcharakter) zusammenhängen.

31. Elektrische Schwingungen. Was dann weiter die elektrischen Schwingungen betrifft, so spielen diese erst seit verhältnismäßig kurzer Zeit eine Rolle, nun aber auch eine wissenschaftlich und praktisch gleich bedeutungsvolle; es kann sich dabei um oszillierende Ladungen und Entladung von Kondensatoren, also um Schwingungen in offenen, andrerseits aber um solche in geschlossenen Stromkreisen (Drähten und Spulen) handeln. Methodisch war es eine der Hauptaufgaben, Schwingungen von verschiedener Frequenz zu erzeugen, und eine weitere, diese Frequenz zu messen. Die Schwingungen offener Induktionskreise haben (HELMHOLTZ 1851) eine Frequenz von der Größenordnung 10^4, etwa hundertmal so schnell erfolgen die Entladungsschwingungen Leidener Flaschen, wie sie FEDDERSEN im Jahre 1858 beobachtete, hier ist also die Größenordnung 10^6; wie aber kann man noch weiter kommen? Darauf gibt eine Theorie Antwort, die von Lord KELVIN im Jahre 1853 veröffentlicht und in eine, in erster Annäherung höchst einfache Formel zusammengefaßt worden ist, eine Formel, die wohl seitdem häufiger benutzt worden ist und wichtigere Fortschritte gezeitigt hat als irgendeine andre auf diesem Gebiete; sie lautet, wenn T die Periode, c die Kapazität und p die Selbstinduktion ist: $T = \sqrt{cp}$. Will man also schnelle Schwingungen erzeugen, so muß man sowohl c wie p möglichst klein machen. Dieser Aufgabe hat sich mit genialem Geschick HEINRICH HERTZ in den Jahren 1887 und 1888 unterzogen, und es ist ihm gelungen, zuerst Frequenzen von 10^8 und dann sogar solche von 10^9 zu erzielen; seine Nachfolger, besonders RIGHI und DRUDE, sind dann noch weiter gegangen, und gegenwärtig macht es keine Schwierigkeit, Frequenzen von der Größenordnung 10^{11} zu erzielen, also solche, die schon keinen ganz kleinen Bruchteil der Frequenz der Lichtschwingungen mehr darstellen. Den ersten Versuch, die Kurve eines Wechselstroms aufzuzeichnen, scheint COLLEY (1885) gemacht zu haben. In den Oszillographen (besonders durch DUDDELL 1897 ausgebildet) und den photographischen Methoden hat man dann Mittel gefunden, um solche Frequenzen zu demonstrieren und auszumessen, dabei läßt sich dann auch die Frage studieren, welchen »Klang«, d. h. welches zeitliche Gesetz die elektrischen Schwingungen haben, und es hat sich gezeigt, daß auch hier, je nach der Art der Erzeugung, eine große Mannigfaltigkeit zustande kommt, die man dann wieder nach FOURIER analysieren bzw. synthetisieren kann.

Neben den elektrischen spielen auch die magnetischen Schwingungen eine bedeutsame Rolle, d. h. die periodische Magnetisierung und Entmagnetisierung von Eisenmassen, wie sie in der Elektrotechnik im allergrößten Maßstabe betrieben wird. Es ist geradezu erstaunlich, bis zu welchem Tempo sich Eisen ummagnetisieren läßt; und selbst so weitblickende Geister wie HELMHOLTZ und HERTZ hegten in dieser Hinsicht Zweifel, die dann durch die Tatsachen widerlegt worden sind; in der Tat ist es kaum zu fassen, daß sich hundert Millionen Ummagnetisierungen in der Sekunde bewerkstelligen lassen.

Schließlich noch die Lichtschwingungen. Von ihnen wird im Zusammenhange mit der Strahlung noch ausführlich die Rede sein. Hier sei nur angeführt, daß man auf indirektem Wege, nämlich aus Wellenlänge und

Fortpflanzungsgeschwindigkeit, zur Kenntnis der Frequenz gelangt ist, und daß diese sich im Bereiche von 10^{14} nach beiden Seiten hin bewegt, jedoch nur so, daß die Extreme sich etwa wie 1 : 2 verhalten. Der Frequenz entspricht, wie man weiß, hier die Farbe, und zwar bei den Sinusschwingungen die reine Spektralfarbe, während sich durch Überlagerung harmonischer Schwingungen hier das Problem der Mischfarben und der Farbenlehre überhaupt aufrollt, auf das wir an dieser Stelle noch nicht eingehen können.

Überblickt man jetzt das ganze Gebiet der periodischen Bewegungen in Natur und Technik, so erhält man eine Vorstellung von den kolossalen Kontrasten, die sich hier darbieten. Während der Neptun um die Sonne mit einer Periode von 165 Jahren rotiert, also von rund $6 \cdot 10^9$ Sekunden, rotiert ein Elektron, als Träger der Strahlung mit einer Periode von im äußersten Falle $6 \cdot 10^{-17}$ Sekunden, und das Verhältnis dieser beiden Zahlen ist rund 10^{26}, d. h. hundert Quadrillionen!

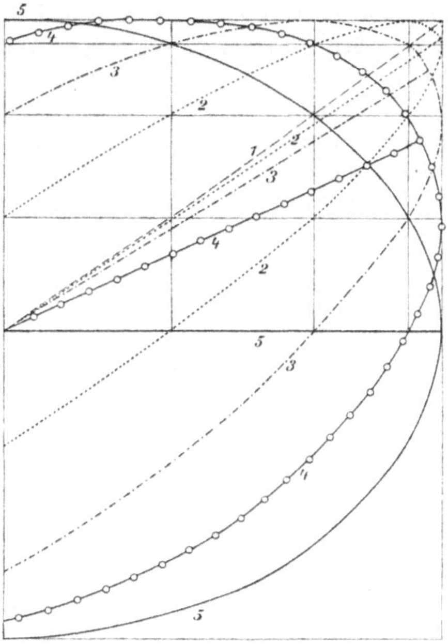

Abb. 12. Lissajous-Schwingungen 1 : 1.

32. Lissajous-Schwingungen. Bisher war von der Übereinanderlagerung von Schwingungen die Rede, die sämtlich in derselben Richtung erfolgen; wir betrachten nunmehr die Zusammensetzung von Schwingungen, die aufeinander senkrecht stehen, und zwar zunächst zweier solcher. Das Problem bietet natürlich mathematisch keinerlei Schwierigkeiten, es sind lediglich die Formeln der klassischen Kinematik sinngemäß anzuwenden. Was aber die Durchführung betrifft, so verdankt man diese sowie die ersten Methoden zu ihrer Darstellung Lissajous (von 1855 ab); später haben Melde u. a. das Gebiet durchgearbeitet. Die Schwingungskurven der in Rede stehenden Art heißen seitdem Lissajous-Kurven, und die Schwingungen, die sie darstellen, kann man als Lissajous-Schwingungen bezeichnen. Die hier auftretenden Gestalten sind äußerst mannigfaltig; kommt es doch auf eine ganze Reihe bestimmender Faktoren an: das Verhältnis der beiden Frequenzen, das Verhältnis der beiden Amplituden, die Phasendifferenz zwischen den beiden Komponenten und der Sinus- oder verwickeltere Charakter der beiden Schwingungen. Als Beispiele mögen die Abb. 12 und 13 dienen; die erstere bezieht sich auf das Frequenzverhältnis 1 : 1, die Ellipsen, um die es sich hier handelt, sind nur zur Hälfte gezeichnet, hinzugefügt sind die mit gleichen Nummern versehenen großen Achsen; die Nummern beziehen sich auf die Phasendifferenzen 0, 1/16, 1/8, 3/16 und 1/4 der Periode; in Abb. 12, die sich auf das Frequenzverhältnis 2 : 3 bezieht, sind die dargestellten Phasendifferenzen 0, 1/8, 1/4, 3/8 und 1/2 der Periode; die Fortsetzung ist in beiden Fällen leicht zu ergänzen. Viele Einzelheiten haben später W. BRAUN (1875), HIMSTEDT (1884), EKAMA (1888) und STROUHAL (1902) studiert. Zum Zeichnen der Kurven sind besondere Hilfsmittel angegeben worden, und sehr interessant ist die perspektivische Darstellung der Kurven durch aufzeichnen gewisser einfacher Kurven auf der Oberfläche eines Glaszylinders. Mechanisch kann man die Kurven auf sehr verschiedene Weise gewinnen, und es seien aus der großen Zahl der einschlägigen Apparate wenigstens einige, das BLACKBURNE-Pendel, das MACHsche Pendel, das TISLEYsche Compoundpendel und der TISLEYsche Harmonograph, erwähnt. Am einfachsten und zur Demonstration ausreichend ist das mit Hilfe von zwei Aufhängepunkten und zwei Fäden, die an irgendeiner Stelle durch eine Schlinge vereinigt werden, in ein Doppelpendel mit zwei aufeinander senkrechten Schwingungsebenen verwandelte Pendel mit Sand, der aus einem Trichter ausläuft.

Abb. 13 LISSAJOUS-Schwingungen 2 : 3.

Was nun die bei den Fourierschwingungen so wichtige chronographische Auflösung betrifft, so ist diese hier natürlich nicht erforderlich; sie führt aber doch zu sehr interessanten Schwingungsbildern, die namentlich ZAMBIASI (1903) in großer Zahl und feinster Ausführung geliefert hat. Verallgemeinerungen betreffen die Kombination zweier schiefwinkliger Komponenten (MELDE), dreier, in einer Ebene verlaufender Schwingungen (ZAMBIASI), und endlich die Zusammensetzung dreier im Raume, etwa senkrecht zueinander verlaufender Komponenten (RIGHI 1873); hier ergeben sich natürlich im allgemeinen Raumkurven, die man mit Hilfe stereoskopischer Betrachtung mit geeigneter Tiefenplastik studieren kann.

33. Dämpfung. Eine streng periodische Bewegung ist vom energetischen Gesichtspunkte aus ein konservativer Vorgang; in Wahrheit sind alle Vorgänge in der Natur jedoch mehr oder weniger dissipativ, d. h. mit Zerstreuung von Energie verknüpft, und bei den Schwingungen zeigt sich das in dem Phänomen der Dämpfung; die Amplitude einer geradlinigen Schwingung nimmt allmählich ab, und der Radius einer Drehbewegung tut dasselbe, so daß sich eine Spiralbewegung ergibt. Die Gesetze der Dämpfung und die Mannigfaltigkeiten der Erscheinungen, die sie darbietet, haben sich so allmählich entwickelt, daß es schwer sein würde, hier an bestimmte Namen anzuknüpfen. Am wichtigsten ist das Gesetz von der Konstanz der Dämpfung, d. h. das Dämpfungsverhältnis ($A_n : A_{n+1}$) oder, wie man es rechnerisch bequemer ausdrückt, das logarithmische Dekrement ($\log A_n - \log A_{n+1}$) behält während des Abschwingens seinen Wert bei; übrigens hat sich doch herausgestellt, daß das Gesetz nicht immer genau und in gewissen Fällen sogar nur sehr ungefähr stimmt. An sich kann die Dämpfung, je nach der Stärke der dissipativen Kräfte, jeden beliebigen Grad annehmen; bei der Rotation der Planeten macht sie sich noch in Jahrtausenden nicht geltend, bei einer Stimmgabel in Luft hat sie einen mittleren, bei einer solchen in Wasser einen sehr großen Wert. Das äußerste Extrem führt zum Typ der aperiodischen Bewegung, bei der (Abb. 14) überhaupt kein Übertritt auf die andre Seite mehr erfolgt; dieser Fall, der für die Konstruktion aperiodischer Instrumente (Elektrometer, Galvanometer, Magnetometer usw.) sehr wichtig ist, ist zuerst von du Bois-Reymond (1869) systematisch untersucht worden.

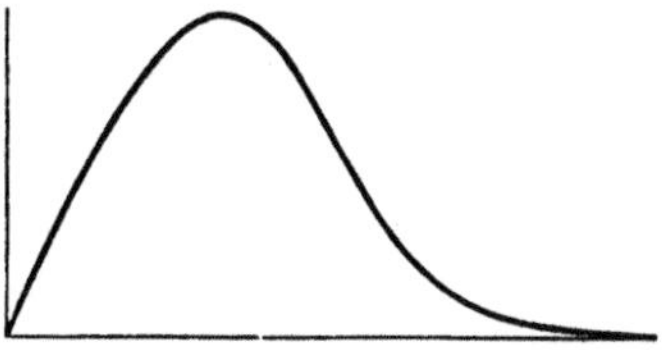

Abb. 14. Aperiodische Bewegung.

Besonders eingehend ist die Dämpfung der Stimmgabelschwingungen durchgearbeitet worden, und zwar in vollkommenster Weise von Hartmann-Kempf (1903); hier ist die Abweichung vom Konstanzgesetz nicht unerheblich, und es zeigen sich auch sonst interessante Erscheinungen, z. B. nimmt die Frequenz mit abnehmender Amplitude automatisch zu, der Ton wird zugleich schwächer und höher (Lissajous 1870). Bei Fourier-Schwingungen ist ferner die Dämpfung im allgemeinen nicht gleich groß für alle Partialschwingungen, und folglich ändert sich beim abklingen auch der Klang, und zwar, da die Dämpfung der höheren Glieder stärker zu sein pflegt, im Sinne einer Vereinfachung der Kurve (Verarmung des Klanges). Bei Lissajous-Schwingungen läßt sich die Dämpfung schon mit dem Sandpendel, besser aber mit Stimmgabeln demonstrieren, und namentlich hat Melde eine große Zahl schöner Dämpfungskurven hergestellt, von denen Abb. 15 ein Beispiel (Frequenzverhältnis 2 : 3, Dämpfung von mittlerer Stärke) gibt. Sehr wichtig ist die Dämpfung auf dem Gebiete der elektrischen Schwingungen geworden; die dissipative Kraft ist hier nicht mechanischen, sondern elektromagnetischen bzw. induktiven Charakters, und es ist im Laufe der Zeit gelungen, auch hier den gesetzmäßigen Zusammenhang im großen ganzen festzustellen und die Nutzanwendung auf die drahtlose Telegraphie zu ziehen. Einen sehr instruktiven Pendelapparat mit fast aperiodischer Dämpfung hat Waltenhofen (1880) angegeben; der Pendelkörper ist hier ein Kupfersektor, der zwischen den Polen eines kräftigen Magneten schwingt, und die dämpfende Wirkung geht hier von den in dem Kupfer induzierten Wirbelströmen aus. Übrigens ist auch der umgekehrte Fall, nämlich die Schwingung mit wachsender Amplitude, von Bedeutung, wovon sogleich noch die Rede sein wird; insbesondere tritt, wenn der Prozeß immer weiter geht, zuletzt eine Katastrophe ein, das System kann die starken Amplituden nicht mehr vertragen und gibt den Zusammenhang seiner Teile

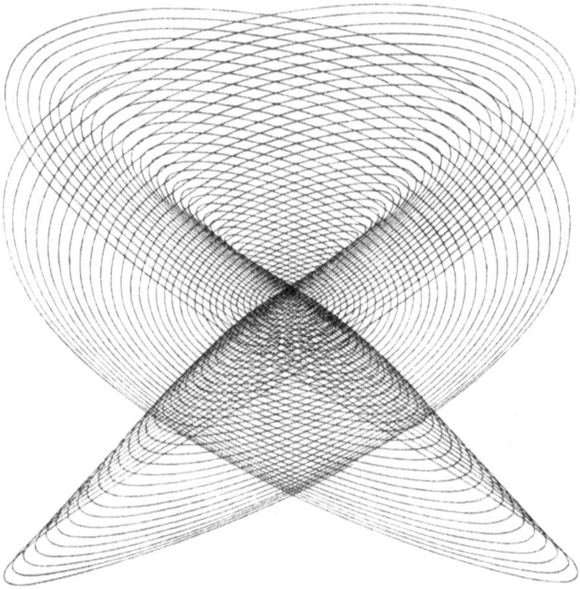

Abb. 15. Gedämpfte LISSAJOUS-Schwingung.

auf. Schließlich käme noch der Fall in Betracht, wo die Amplitude selbst periodisch schwankt; aber hiervon wird bald in anderm Zusammenhange die Rede sein.

34. Gekoppelte Schwingungen. Die ganze Lehre von der Dämpfung läßt sich, wie sich gezeigt hat, nicht gründlich erledigen ohne Verknüpfung mit einer andern Erscheinung, die wir nun zunächst für sich betrachten wollen, um dann erst auf jenen Zusammenhang einzugehen. Es handelt sich um den Gegensatz zwischen freien und erzwungenen Schwingungen; bei jenen findet nur eine einmalige, anfängliche Erregung des Schwingers von außen statt, bei diesen eine dauernde; als Beispiele können die gezupfte und die gestrichene Saite dienen. Die freien Schwingungen haben die dem Körper gemäß seinen eignen Verhältnissen (Form, Größe, Elastizität bzw. elektrischer Widerstand, Kapazität, Selbstinduktion) entsprechende Frequenz. Bei den erzwungenen Schwingungen ist zunächst die Frequenz des Erregers maßgebend, aber es zeigt sich, daß sofort auch die Eigenfrequenz des Schwingers zur Mitwirkung gelangt, und daß sie einen wesentlichen Einfluß zwar nicht auf die Frequenz selbst (diese bleibt die aufgezwungene), wohl aber auf die Amplitude nimmt: je näher die fremde Frequenz der eigenen liegt, um so stärker wird das Mitschwingen oder, wie man jetzt allgemein (auch für elektrische Schwingungen) sagt, die Resonanz; den Fall, wo beide Frequenzen übereinstimmen, also den Fall maximaler Resonanz bezeichnet man häufig auch schlechthin als den Resonanzfall. Es sei gleich hier bemerkt, daß es HUYGENS (1673) gewesen ist, der das Problem des Mitschwingens zuerst in den Grundzügen gelöst hat, und zwar am zusammengesetzten Pendel.

Was nun die Amplitude *a* der erzwungenen Schwingung betrifft, so ist sie mit der erregenden *A* direkt, dagegen mit einem Faktor umgekehrt proportional, der von der Reibung, also Dämpfung, und von der Frequenz abhängt und desto kleiner (also *a* desto größer) wird, je mehr sich die erregende Frequenz der Eigenfrequenz nähert; man erhält also eine Resonanzkurve mit einem von einem Gipfel nach beiden Seiten abfallenden Verlauf. Wie die Kurve im einzelnen aussieht, das hat zuerst HELMHOLTZ (1863) untersucht und gefunden, daß sie, also auch die Resonanz, desto breiter ist, je stärker die Dämpfung ist, und desto schmäler, also die Resonanz desto schärfer, je kleiner die Dämpfung ist; in der Abb. 16 bezieht sich die starke Kurve auf ein fast ungedämpftes System, die schwache auf ein mäßig, die unterbrochene auf ein stark gedämpftes System; der Bereich, in dem die Resonanz noch mindestens die Hälfte der maximalen ist, ist für jede der drei Kurven angegeben. Am breitesten wird die Resonanz natürlich bei aperiodisierten Systemen (CHRISTIANI 1878), hier wird die Resonanzkurve symmetrisch, der Resonanzbereich, wenn man 10% noch gelten läßt, 5 Oktaven.

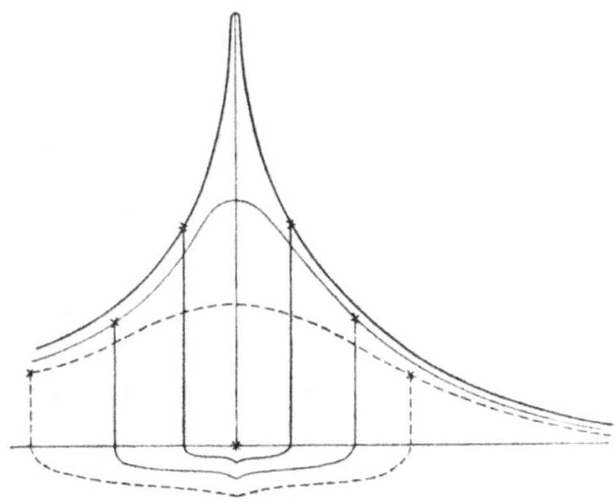

Abb. 16. Resonanz und Dämpfung.

Bis zu dieser Zeit hatte man indessen das Problem insofern einseitig behandelt, als man zwar die Einwirkung des Erregers auf den Empfänger untersucht, die Rückwirkung des letzteren auf den ersteren aber ganz außer acht gelassen hatte. Eine wirkliche Wechselwirkungstheorie hat zuerst Lord RAYLEIGH (1877) ausgearbeitet; aber erst MAX WIEN (1896) hat das Problem nach allen Richtungen systematisch behandelt und gezeigt, daß es insbesondere die Dämpfung ist, die hier die entscheidende Rolle spielt; er ist damit der Begründer der Lehre von den gekoppelten Schwingungssystemen geworden, einer Lehre, die sich in gleichem Maße als wissenschaftlich interessant und als praktisch bedeutsam erwiesen hat. Auf die Theorie in ihrer Allgemeinheit können wir hier nicht eingehen; aber das Grundphänomen, zu dem sie führt, und in dem sie durch die Erfahrung glänzend bestätigt wird, muß doch besprochen werden. Es besteht darin, daß, wenn ein System I ein System II zum mitschwingen anregt, das System I in demselben Maße an Amplitude einbüßt, wie das System II an solcher gewinnt (daß dem so sein muß, folgt ja schon aus dem Energieprinzip); und es kann unter Umständen dahin kommen, daß das System II in voller Schwingung begriffen, das System I aber gänzlich zur Ruhe gekommen ist, worauf sich dann das Spiel mit vertauschten Rollen wiederholt; die Energie

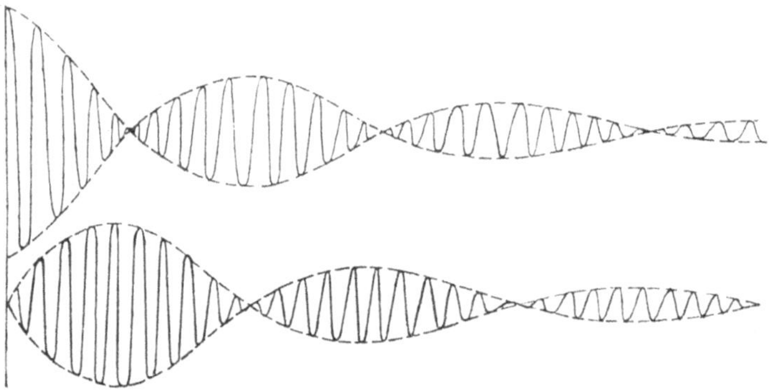

Abb. 17. Gekoppelte Schwingungen.

pendelt, wie man sagen kann, zwischen den beiden Systemen periodisch hin und her, und immer, wenn I im Maximum ist, ist II im Minimum und umgekehrt (Abb. 17). Die erste derartige Beobachtung, und zwar an den Schalen einer Waage, scheint Daniel Bernoulli (1715) gemacht zu haben; einen zur Demonstration sehr geeigneten Apparat, bestehend aus zwei gekoppelten Pendeln, hat Oberbeck (1888) gebaut und M. Wien verbessert; die Koppelung wird hier durch die zwischen den Pendelstangen ausgespannte Spiralfeder (Abb. 18), die sich beliebig einstellen läßt, dargestellt, die Schwingungen erfolgen in der Rahmenebene. Noch vollkommenere, aber auch kompliziertere Apparate für den vorliegenden Zweck haben Mandelstam und Aufinger angegeben. Bei Tonschwingungen hat zuerst Warburg (1869) Koppelungserscheinungen beobachtet, und seitdem hat man mehrfach daran weiter gearbeitet; besonders aber ist es M. Wien und Vogel (1920) gelungen, auf Grund der Koppelungstheorie die merkwürdigen Erscheinungen aufzuklären, die bei Zungenpfeifen (Überschlagen usw.) auftreten, und die für die ältere Theorie große Schwierigkeiten boten. Auch bei Glocken hat man es mit einem hierher gehörigen Fall zu tun (Glocke und Klöppel), und Lorenz zeigte, daß es auf die Art der Koppelung ankommt, wenn die Glocke richtig funktionieren soll.

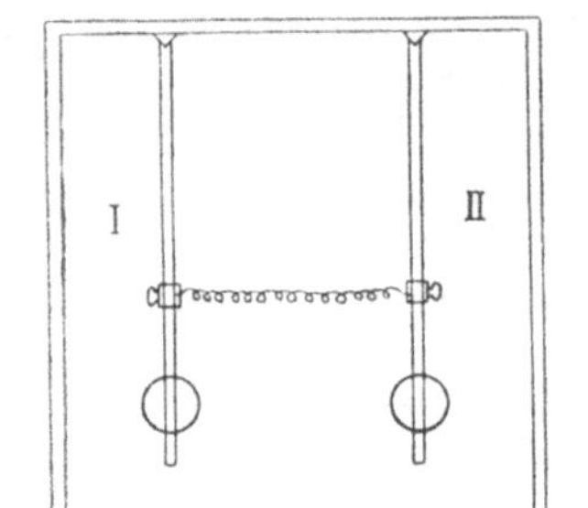

Abb. 18. Gekoppelte Pendel.

Am wichtigsten aber wurde die Koppelungstheorie in ihrer Anwendung auf elektrische Schwingungen, zuerst im Anschluß an die von HERTZ in Aufnahme gebrachte Resonanzmethode zur Untersuchung der Schwingungen, worüber insbesondere BJERKNES (1885), M. WIEN, TROWBRIDGE, GEITLER u. a. eingehende Studien anstellten; ganz besonders aber im Anschluß an die Einführung der gekoppelten Sender in die drahtlose Telegraphie, die man F. BRAUN (1898) verdankt, und die bekanntlich einen der größten Fortschritte dieser Technik bedeutet. Das eine System ist hier der geschlossene, aus Kapazität, Selbstinduktion und Funkenstrecke bestehende Kreis, der andere der offene Antennenkreis. Leider ergab sich hier sofort eine entscheidende Schwierigkeit, und zwar eben in der im Falle günstigster Resonanz besonders störend auftretenden Pendelung der Energie, die ein gleichmäßiges Arbeiten mit dem Antennenkreise unmöglich machte. Bei den gekoppelten Pendeln der Abb. 18 kann man das zweite Pendel in gleichmäßigen Schwingungen erhalten, indem man das erste in dem Augenblicke, wo es zur Ruhe gelangt ist, mit der Hand festhält, also die Rückwirkung aufhebt. Ein ganz entsprechendes, aber natürlich spezifisch elektrisches Verfahren besteht nun darin, daß man den ersten Kreis im geeigneten Momente öffnet, ihn also überhaupt nur ganz kurz auf den Antennenkreis wirken läßt. Diese, von M. WIEN herrührende Methode der Stoßerregung (1906), und zwar mit Hilfe von »Löschfunken«, hat die BRAUNsche Schaltung eigentlich erst lebensfähig gemacht; ein graphisches Bild von dem Verlaufe der Schwingungen in den beiden Systemen gibt die Abb. 19, die man mit der obigen Abb. 17 in Vergleich ziehen muß. Schließlich sei auf die zahlreichen Versuche hingewiesen, durch die man die Resonanzerscheinungen bei den elektrischen Schwingungen demonstrieren und weiter verfolgen kann; am vielseitigsten ist die Anordnung von SEIBT (1902), die denn auch am weitesten verbreitet ist.

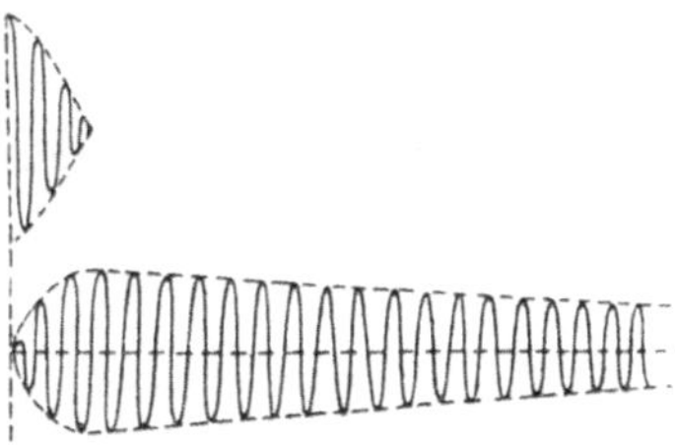

Abb. 19. Entkoppelte Schwingungen.

35. Interferenz und Schwebungen. Eine der bedeutsamsten Erscheinungen und eine, die in fast alle Gebiete physikalischer Vorgänge eingreift, ist die Interferenz. Es ist das, ganz allgemein gefaßt, das Ergebnis der Zusammenwirkung zweier oder mehrerer, im Prinzip gleichartiger, im einzelnen aber verschiedener Erregungen in demselben Punkte. Wenn man will, gehört also hierher die ganze Lehre von den Komponenten und Resultanten der Kräfte und insbesondere, wenn man den als Interferenz im engeren Sinne bezeichneten Fall, wo die verschiedenen Wirkungen sich gerade aufheben, herausgreift, die ganze Lehre vom Gleichgewicht, eben als Folge der sich gegenseitig aufhebenden Kräfte. Indessen wird der Ausdruck »Interferenz« mit Recht auf den Kreis der Schwingungsvorgänge beschränkt, also auf die Lehre von der Übereinanderlagerung verschiedener

Schwingungen am gleichen Orte; die Fourier- und Lissajous-Schwingungen, die ja auch hierher gehören, haben wir bereits erledigt, fügen aber

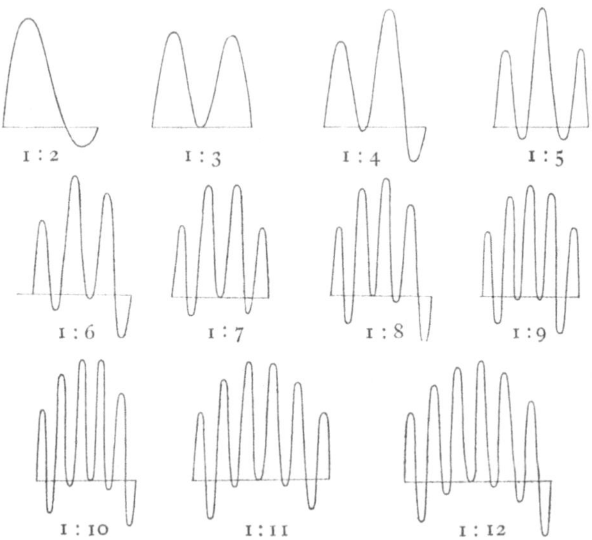

Abb. 20. Superposition von Schwingungen nach Schaefer.

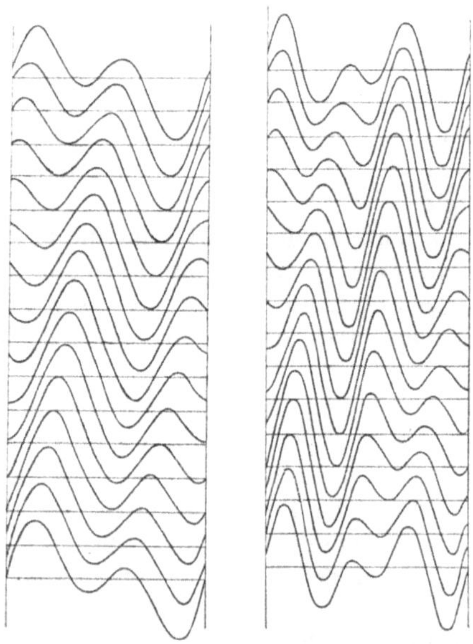

Abb. 21. Superposition von Schwingungen nach Thomson.

hier die für das folgende wichtige Bemerkung hinzu, daß sich die beiden Klassen wesentlich unterscheiden: eine Interferenz im engeren Sinne findet nur bei den Fourier-Schwingungen statt, nicht aber bei den Lissajous-Schwingungen, d. h. nur gleichgerichtete Schwingungen liefern ein Ergebnis, das in seiner Stärke von den Verhältnissen der Komponenten zueinander abhängt, zwei aufeinander senkrechte Komponenten dagegen liefern stets die volle, natürlich geometrisch gebildete Gesamtwirkung. Wir dürfen uns hier also, wenigstens zunächst, auf gleichgerichtete Schwingungen beschränken, hier aber auf ganz beliebige, nicht gerade solche, wie sie dem Charakter der Fourier-Reihe entsprechen.

Der einfachste Fall ist offenbar der, daß nur zwei Komponenten vorhanden sind, und schon dieser Fall führt zu sehr mannigfaltigen Varianten, je nach dem Verhältnis der beiden Frequenzen, Amplituden und Phasen. Im Laufe der Zeiten hat man alle diese Fälle eingehend studiert und großenteils bildlich festgelegt; als Beispiele seien angeführt die Zeichnungen von K. L. Schaefer, Thomson und Tait sowie, für mehr als zwei Komponenten, von Auerbach. Aus dem reichen Material Schaefers stammen die Bilder der Abb. 20 (nur die erste Hälfte der chronographischen Welle ist verzeichnet, die zweite ergibt sich durch doppelte Spiegelung), von Thomson rührt Abb. 21 her (zwei Schwingungen im Frequenzverhältnis von 1 : 2, also Oktave, bzw. 2 : 3, also Quinte, und mit einer Phasendifferenz, die von null bis zu 15/16 der Periode ansteigt), sie läßt den Phaseneinfluß ins einzelne verfolgen; endlich von Auerbach die Abb. 22 (vier Komponenten, Perioden und Amplituden wie 1 : 1/2 : 1/3 : 1/4), die schon den Übergang zu einer Fourier-Darstellung erkennen läßt. Der einfachste Fall von

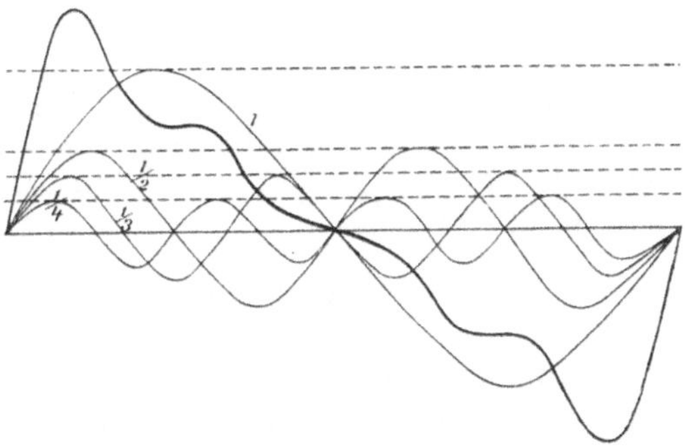

Abb. 22. Superposition von Schwingungen nach Auerbach.

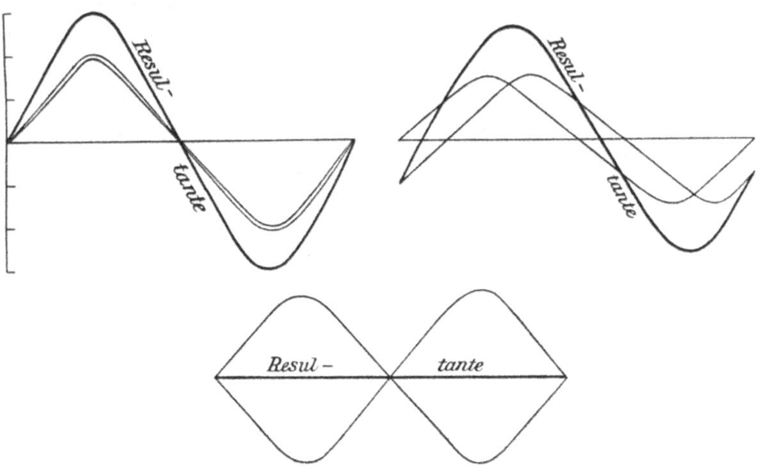

Abb. 23. Superposition bei drei verschiedenen Phasendifferenzen.

allen, aber auch einer der wichtigsten, ist natürlich der zweier Komponenten von gleicher Frequenz und Amplitude; bei gleicher Phase ist dann die Wirkung die doppelte, bei wachsender Phasendifferenz wird sie immer kleiner und bei einer Phasendifferenz gleich der halben Periode wird sie null (Abb. 23), es tritt vollständige Vernichtung ein.

Zu einem neuen und besonders interessanten Phänomen gelangt man, wenn man den zuletzt betrachteten Fall dahin variiert, daß die beiden Frequenzen nicht genau gleich, sondern um ein weniges verschieden sind; die verschiedenen, soeben angegebenen Fälle werden sich alsdann in einem und demselben Falle nacheinander abspielen, d. h. die Wirkung wird periodisch ab- und zunehmen, es treten Schwebungen auf, und zwar, wenn n und n' die beiden Frequenzen sind, von der Schwebungsfrequenz $n - n'$; in Abb. 24 ist das in leicht verständlicher Weise versinnbildlicht.

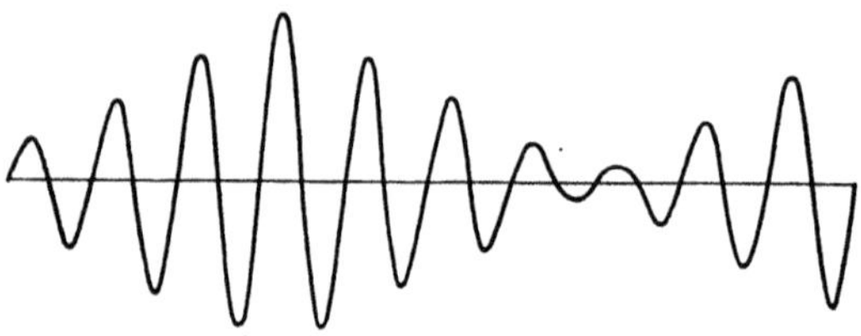

Abb. 24. Schwebungen.

36. Interferenz bei Schall und Licht. Die Lehre von der Interferenz findet nun überall da Anwendung, wo es sich um Schwingungen handelt, also zunächst in der Akustik; ein Punkt, der von zwei Erregern zum tönen veranlaßt wird, tönt durchaus nicht immer mit der additiven Stärke, sondern im allgemeinen schwächer und unter Umständen gar nicht. Wann das zunächst beobachtet worden ist, wird sich wohl kaum feststellen lassen; KIRCHER im 17. Jahrhundert weiß schon davon; CHLADNI (1825) beschrieb und erklärte die Interferenzen bei rotierenden Stimmgabeln, und LISSAJOUS (1855) behandelte ganz entsprechend die Interferenzen bei den Sektoren einer tönenden Platte. Systematisch kann man die Interferenzen bei verschiedenen Phasendifferenzen mit Hilfe des zweiwegigen Interferenzrohrs studieren, das (nach einer Idee HERSCHELS) von NÖRREMBERG (1856) angegeben und von QUINCKE (1866) wesentlich verbessert worden ist; auch die mannigfaltigen Beobachtungen von Lord RAYLEIGH (1877 f.) seien genannt. Was dann die Schwebungen betrifft, so scheinen sie zuerst von SAUVEUR (1700) wissenschaftlich behandelt worden zu sein. YOUNG (1800) hat die Schwebungen gestörter Konsonanzen untersucht, und SCHEIBLER hat die Schwebungen zur Bestimmung der Tonhöhe benutzt; die eingehendsten Arbeiten aber verdankt man dem deutschen, in Paris wohnenden Instrumentenmacher RUDOLF KOENIG (1875 ff.). Von den verschiedenen Theorien seien hier als die vollkommensten die von HELMHOLTZ (1861) und Lord KELVIN (1877) hervorgehoben, wozu dann noch mehrere theoretische Untersuchungen von Lord RAYLEIGH kommen. HELMHOLTZ ist es dann auch gewesen, welcher auf die Schwebungen (und zwar nicht nur die der Grund-, sondern auch der Obertöne) seine berühmte Theorie der Harmonie (Konsonanz und Dissonanz) gegründet hat, die bis auf den heutigen Tag einzige Theorie physikalischen Charakters; Konsonanz ist hiernach Schwebungsfreiheit, Dissonanz Störung durch Schwebungen, die so schnell verlaufen, daß wir den Intensitätswechsel nicht mehr verfolgen können, sondern nur sein Ergebnis, eben die Dissonanz, empfinden. Wenn die Schwebungen schneller und schneller werden, tritt übrigens wiederum ein neues Phänomen auf: die Schwebungen werden ihrerseits als Töne wahrgenommen; diese als Kombinationstöne bezeichneten Töne spielen seither eine wichtige Rolle. Die ersten Beobachtungen rühren von dem Organisten SORGE (1745) und dem Tondichter TARTINI (1754) her, nach dem sie auch TARTINIsche Töne heißen; indessen handelt es sich hier nur um die eine der beiden Hauptarten solcher Töne, um die Differenztöne, deren Frequenz gleich der Differenz der Frequenzen der Primärtöne ist, die also tiefer als diese liegen. Erst HELMHOLTZ (1856) zeigte auf Grund seiner allgemeinen Theorie, daß es noch eine andre Hauptart gibt, die Summationstöne; und seitdem ist durch zahlreiche Forscher festgestellt worden, daß es hier eine in genetischer und qualitativer Hinsicht große Mannigfaltigkeit gibt (Intensitäts-, Asymmetrie-, Variations- und Deformationstöne). Schließlich hat sich (wie schon zuvor bei den Schwebungen) eine Diskussion darüber entwickelt, ob die Kombinationstöne erst im Ohre entstehen oder ob ihnen objektive Existenz zukommt; die Frage ist, namentlich durch die Arbeiten von LUMMER (1886), RÜCKER und EDSER (1895), K. L. SCHÄFER (1900ff.) und WAETZMANN (1906), im Sinne der objektiven Existenz entschieden.

Zu alledem ist indessen folgendes zu bemerken. Die Interferenz ist, für sich genommen, eine örtliche Erscheinung; um sie aber in den Bedingungen ihres Zustandekommens zu erfassen, und um sie in den Zusammenhang der maßgebenden Umstände zu stellen, muß man sie von Ort zu Ort, also als räumliche Erscheinung betrachten; und dazu ist die geeignete Stelle noch nicht hier, bei den Schwingungen, sondern erst in dem folgenden, den Wellen gewidmeten Kapitel. Gilt das schon für die akustischen Interferenzen, auf die wir deshalb bald nochmals zurückkommen werden, so gilt es in viel höherem Maße für die optischen Interferenzen. Es mögen daher hier einige vorläufige Andeutungen genügen. Wenn ein Punkt gleichzeitig zu zwei oder mehr Lichtschwingungen angeregt wird, so führt er die resultierende Schwingung aus, und diese kann im Effekt stärker aber auch schwächer sein als die Komponenten, und unter Umständen kann vollkommene Interferenz, d. h. Dunkelheit eintreten; und die Gesetze hierfür sind genau die gleichen wie bei Tonschwingungen, nur daß es eben hier kaum tunlich ist, die örtliche Erscheinung von ihrem räumlichen Entstehungsprozeß loszulösen. Und ähnliches gilt von den Interferenzen elektrischer Schwingungen, auf die wir deshalb hier ebenfalls nicht eingehen.

IV. Wellenbewegung. Fernwirkung und Feldtheorie.

37. Wellentypen. An das Kapitel über die Schwingungen knüpfen wir naturgemäß das über die Wellenbewegung an; denn eine Welle ist nichts andres wie die räumliche Ausbreitung einer Schwingungsbewegung. Zu den dort vorhandenen Mannigfaltigkeiten, die sich natürlich auf die Charakteristik der Wellen übertragen, kommen hier noch weitere hinzu, und es folgt daraus, daß das Problem der Wellenbewegung außerordentlich reich und verwickelt sein muß. Am einfachsten ist der Fall, wo die Erregung von einem einzelnen schwingenden Punkte ausgeht und nach und nach die übrigen Punkte des Mediums ergreift; je nach der Beziehung zwischen der Schwingungsrichtung und der Fortpflanzungsrichtung sind dann sehr verschiedene Typen möglich, und von diesen wiederum ergeben sich die einfachsten dann, wenn die erregende Schwingung geradlinig ist. Die beiden typischen Fälle sind alsdann die, wo die Fortpflanzungsrichtung in die Schwingungsrichtung fällt oder auf ihr senkrecht steht; in jenem Falle ist die Welle eine longitudinale, in diesem eine transversale; und während die Richtung jener eindeutig bestimmt ist, kann sich diese in jeder beliebigen, auf der Schwingungsrichtung senkrechten Richtung erstrecken. Zwischen beiden Typen liegen die Fälle schiefer Wellen, die aber, wie die Erfahrung lehrt, im allgemeinen keine Bedeutung haben, eine Wellenbewegung ist fast immer streng longitudinal oder streng transversal. Wenn die erregende Schwingung kreisförmig oder elliptisch (oder von irgend welchem

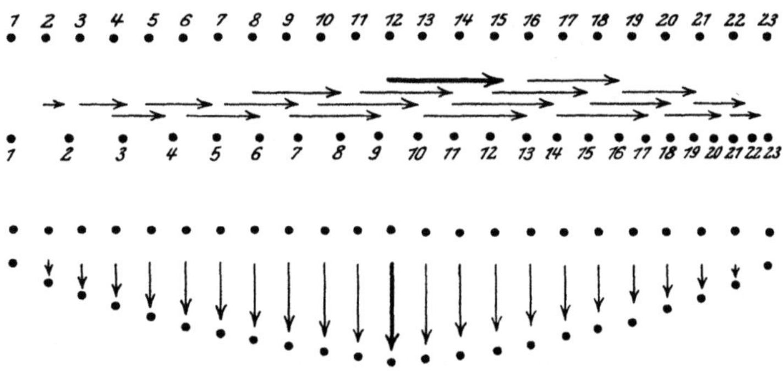

Abb. 25. Schwingende Punktreihe.

andern Typ) ist, treten dieselben beiden Wellentypen auf, nämlich der longitudinale, wenn die Fortpflanzung in der Schwingungsebene, der transversale, wenn sie senkrecht zu ihr erfolgt; nur liegt hier die Sache in gewisser Hinsicht umgekehrt: es gibt unendlich viele Richtungen für die longitudinale Welle, aber nur eine einzige für die transversale. Zu der ganzen Frage ist aber noch eine Bemerkung von grundsätzlicher und allgemeiner Bedeutung zu machen; eine Bemerkung, die sich übrigens auch auf gewöhnliche (unperiodische) Bewegungen bezieht und hier nur auf den Fall der Schwingungs- und Wellenbewegung angewandt wird, und zwar am besten in Anknüpfung an stehende Schwingungen (s. w. u.). Betrachten wir eine Punktreihe (Abb. 25) und unterwerfen wir sie einmal longitudinalen, das andre Mal transversalen Schwingungen, so sehen wir, daß dort die Gestalt (nämlich die Geradlinigkeit) erhalten bleibt, daß dagegen die Homogenität gestört wird, indem Verdichtungen und Verdünnungen auftreten; daß dagegen hier gerade umgekehrt die Dichte (in erster Annäherung) erhalten bleibt, dagegen die Gestalt geändert wird. Aber dieser Gegensatz läßt sich noch allgemeiner und schärfer fassen, wenn berücksichtigt wird, daß die longitudinale Schwingung zwar im obigen Sinne eindeutig charakterisiert ist, daß dagegen die transversale insofern eine große Mannigfaltigkeit aufweist, als die Querbewegung der einzelnen Punkte nicht geradlinig zu sein braucht, sondern von beliebigem LISSAJOUS-Typ sein darf; nehmen wir etwa Kreisbewegung an, so erhalten wir im Gegensatz zu der axialen Bewegung dort eine periphere hier oder, anders ausgedrückt, dort eine Translation, hier eine Rotation. Erst in neuerer Zeit hat man hierfür die allgemeinen Kriterien bzw. Formulierungen gefunden, und zwar nicht beschränkt auf den hier nur als einfaches Beispiel gewählten Fall der Punktreihe, sondern ganz allgemein. Die Änderung der Dichte, also die kubische Dilatation, wird, wenn u v w die Komponenten der Verrückung $\mathfrak{S}$ sind, durch die Größe $(\partial u/\partial x) + (\partial v/\partial y) + (\partial w/\partial z)$ oder, symbolisch geschrieben in Vektorform mit Hilfe des Ausdrucks div (Divergenz): div $\mathfrak{S}$ dargestellt. Andrerseits wird die Rotation um eine Achse durch die Komponenten $(\partial v/\partial z - \partial w/\partial y)$, $(\partial w/\partial x - \partial u/\partial z)$, $(\partial u/\partial y - \partial v/\partial x)$, die sogenannten Quirlkomponenten, oder auch in Vektorform durch den Ausdruck $q\,(\mathfrak{S})$ oder rot $(\mathfrak{S})$ dargestellt. Man erhält somit als charakteristische Gleichungen:

für die longitudinale Schwingungsbewegung: $q\,(\mathfrak{S}) = 0$

» » transversale » : $\text{div}\,(\mathfrak{S}) = 0$;

und das kann man in Worten so aussprechen: der longitudinale Typus ist quirlfrei, der transversale ist divergenzfrei. Erst durch diese allgemeine und präzise Charakterisierung ist es möglich geworden, den periodischen Erscheinungen auf den verschiedensten Gebieten, namentlich in der Elektrik und Optik, durchaus gerecht zu werden. Das wäre also die erste Mannigfaltigkeit.

Eine zweite ergibt sich auf folgende Weise. Nehmen wir an, die Erregung gehe von einer Ebene von Punkten aus (gleichviel ob die Punkte in dieser Ebene schwingen oder senkrecht zu ihr) und die Fortpflanzung erfolge senkrecht zu der Ebene; dann sind die Achsen aller Wellenzüge parallele gerade Linien oder, anders ausgedrückt, die Flächen gleicher Phase, also das, was man die Wellenflächen nennt, sind alle auf jenen Achsen senkrechte, also untereinander parallele Ebenen; derartige Wellen nennt man daher ebene Wellen. Ist dagegen der Erreger eine mit Punkten besetzte gerade Linie und schwingen die Punkte entweder in dieser Linie oder in allen möglichen, auf ihr senkrechten Richtungen, so sind die Achsen der Wellenzüge sämtliche auf der Erregungslinie senkrechten Geraden, und die Wellenflächen sind sämtliche Zylinderflächen, die die Linie zur Achse haben; solche Wellen heißen Zylinderwellen. Wenn endlich die Erregung von einem einzigen Punkte ausgeht, der in allen möglichen Raumrichtungen schwingt, so erhält man Wellen nach allen Raumrichtungen, und die Wellenflächen sind die konzentrischen Kugelflächen um den erregenden Punkt; solche Wellen heißen sphärische oder Kugelwellen. Natürlich kann es auch hier Zwischentypen geben, und so spielen z. B. die verzerrten Zylinder- und Kugelwellen in der Optik eine gewisse Rolle.

Drittens aber kommt es darauf an, wie sich der Vorgang zeitlich entwickelt; hier ist zu unterscheiden zwischen der Einzelwelle, dem begrenzten und dem unbegrenzten Wellenzug, wovon gleich noch die Rede sein wird.

Endlich ist noch eine vierte Unterscheidung zu machen, die freilich zugleich eine Erweiterung des Begriffs der Wellenbewegung in sich schließt. Woran wir bisher stillschweigend gedacht haben, das sind fortschreitende Wellen, also solche, bei denen jeder berührte Punkt alle Zustände durchmacht, aber jeder entferntere mit verspäteter Phase; die Strecke, um die sich die Bewegung fortpflanzt in der Zeit, in der der Erregungspunkt eine ganze Schwingung durchmacht, heißt Wellenlänge. Ihnen stehen gegenüber die stehenden Wellen, bei denen alle Punkte dieselbe Phase besitzen, sich aber dadurch unterscheiden, daß sie die Schwingungsbewegung nur mehr oder weniger mitmachen; die am stärksten schwingenden heißen Bäuche, die gar nicht schwingenden heißen Knoten, die Strecke von einem Knoten zum nächsten Bauch, zum zweiten Knoten, zweiten Bauch bis zum dritten Knoten ist eine ganze Wellenlänge. Die wichtigste Art der Entstehung einer stehenden Welle ist die aus der Übereinanderlagerung zweier sonst gleicher, aber in entgegengesetzter Richtung fortschreitender Wellen. Rein anschaulich kann man das schon aus der Abb. 26 entnehmen, wo oben die beiden fortschreitenden, unten die resultierende stehende Welle skizziert ist. Besser noch analytisch; denn die fortschreitende Welle hat im einfachsten Falle die Formel

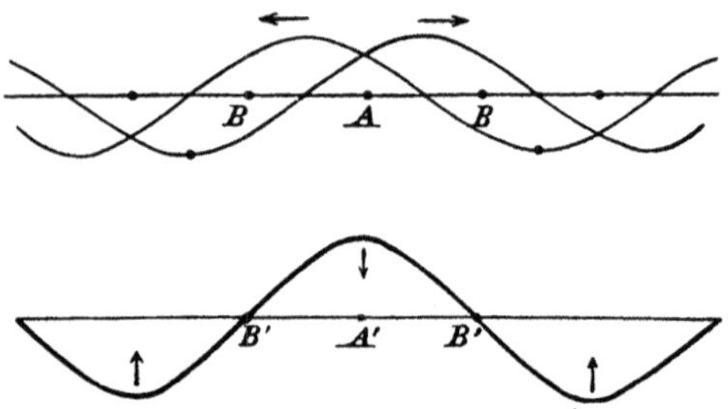

Abb. 26. Entstehung einer stehenden Welle aus fortschreitenden.

$$u = a \sin 2\pi \left(\frac{t}{T} \mp \frac{x}{\lambda}\right),$$

wo x die Koordinate, t die Zeit, λ die Wellenlänge, T die Periode, u die Verrückung und a die Amplitude ist; mit dem Minuszeichen erhält man eine in der positiven, mit dem Pluszeichen eine in der negativen x-Achse fortschreitende Welle. Die beiden Größen λ und T stehen zu einer dritten in Beziehung, nämlich zur Fortpflanzungsgeschwindigkeit c; es ist nämlich, wenn f die Frequenz oder Schwingungszahl ist:

$$c = \frac{\lambda}{T} = \lambda \cdot f.$$

Wenn man nun zwei solche Wellen, eine mit dem Plus-, die andre mit dem Minuszeichen, übereinander lagert, so erhält man durch Addition und nach Auflösung der trigonometrischen Funktionen:

$$u = 2a \sin 2\pi \frac{t}{T} \cos 2\pi \frac{x}{\lambda},$$

und das ist eine stehende Welle von doppelter Amplitude, mit Bäuchen in den Punkten, in denen x ein gerades, mit Knoten in den Punkten, in denen x ein ungerades Vielfache der Viertelwellenlänge ist. Auch umgekehrt kann man eine fortschreitende Welle aus zwei stehenden ableiten; aber darauf möge hier nicht näher eingegangen, sondern auf die für sich selbst sprechende Abb. 27 verwiesen werden.

Stehende Wellen spielen in allen Gebieten der Physik eine wichtige Rolle. Auf einer Wasserfläche kann man, außer fortschreitenden, auch stehende Wellen beobachten, bei denen die Wasserteilchen einfach auf- und abtanzen oder einfache Bahnen, z. B. Kreisbahnen beschreiben, und zwar alle Teilchen in gleichem Takt und Tempo, aber mit verschiedener Amplitude. Stehende Wellen spielen sich ferner im Innern tönender Pfeifen ab; und wenn diese auch an sich unsichtbar sind, so kann man sie doch auf verschiedene Weise sichtbar machen (Schlierenmethode von Töpler 1864, Kundtsche Staubfiguren 1865, Königs manometrische Flammen 1872, Flammenrohr von Rubens 1905 usw.) und in den Einzelheiten studieren. Was ferner die elektrischen Wellen betrifft, so ist es erst Hertz (1888) gelungen, die die Wellen erzeugenden Schwingungen mit so hoher Frequenz auszustatten, daß man, durch Reflexion am Ende des die Wellen fortleitenden Metalldrahtes, also durch Überlagerung einer hin- und einer zurückschreitenden Welle, stehende Wellen von so mäßiger Wellenlänge erhält, daß man sie (mit Hilfe eines kleinen Funkenkreises), im Raume eines

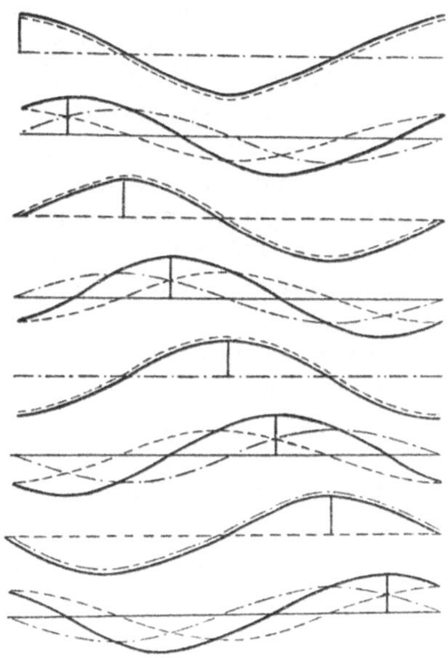

Abb. 27. Entstehung einer fortschreitenden Welle aus stehenden.

Abb. 28. Beobachtung stehender Lichtwellen.

Zimmers mit ihren Knoten und Bäuchen beobachten kann. Endlich hat bald darauf (1890) Wiener auch stehende Lichtwellen der Untersuchung zugänglich gemacht, und zwar mit Hilfe der Photographie, indem er ein Lichtbündel an einem Spiegel (Abb. 28) reflektierte, so daß sich die reflektierte Welle mit der hinlaufenden zu stehenden Wellen kombinierte; und indem er ein äußerst dünnes lichtempfindliches Häutchen quer hineinbrachte (Stellung 1); je nachdem es in einem Bauch oder in einem Knoten steht, muß die Wirkung die entgegengesetzte sein; oder besser, da eine so feine Einstellung doch nicht möglich ist, mit Hilfe eines schräg eingebrachten Häutchens (Stellung 2, in der freilich die Schrägstellung stark übertrieben ist), so daß sich jetzt helle und dunkle Streifen auf der Schicht bilden müssen und auch tatsächlich bilden. Schließlich ist es dann NEUHAUS (1898) gelungen, in einem Feinschnitt durch einen gewöhnlichen photographischen Film diese Streifen tatsächlich zu beobachten.

38. **Geschichtliches. Erd-, Wasser- und Schallwellen.** Was nun die historische Entwicklung der Wellenlehre betrifft, so hat sie schon so frühzeitig eingesetzt und sich dann so allmählich vollzogen, daß es, wenigstens für das Problem in seiner Allgemeinheit, kaum möglich ist, Namen und Jahreszahlen zu nennen. Übrigens hat hier insofern sehr bald eine starke Differenzierung stattgefunden, als sich die Lehre für die drei Aggregatzustände in beinahe selbständigen Linien entwickelt hat, und zwar fast durchweg im Hinblick auf die in jedem dieser drei Fälle wichtigsten physikalischen Anwendungen: bei den festen Körpern einerseits die stehenden Wellen in tönenden Systemen, andrerseits die fortschreitenden Wellen, wie sie namentlich von den Erdbeben ausgehen und sich im Erdkörper verbreiten; bei den Flüssigkeiten die Wellen des Meeres, der Teiche und der Flüssigkeiten in Gefäßen; bei den Gasen die stehenden Luftwellen in den Pfeifen und die fortschreitenden Wellen, die die Ausbreitung des Schalles bis zu unserm Ohre vermitteln. Zu diesen drei Fällen kommt dann als vierter und bedeutsamster der hinzu, wo der Träger des Vorganges weder fest noch flüssig noch gasig im gewöhnlichen Sinne ist, sondern von hypothetischem, geheimnisvollem Charakter: der Weltäther als Träger der elektrischen und Lichtwellen. Wie man sieht, gibt es kaum ein Gebiet der Physik, wo die Wellenbewegung nicht in entscheidendem Sinne hineinspielte; und wenn man auf den ersten Blick etwa die Wärmelehre ausnehmen wollte, so denke man daran, daß auch unter den Arten, wie sich die Wärme im Raume verbreiten kann, die wichtigste die Strahlung ist, und daß sich diese, wovon sehr bald die Rede sein wird, auf Wellenbewegung zurückführen läßt.

Die älteste Theorie, die man vergleichsweise als wissenschaftlich bezeichnen kann, bezieht sich auf den Fall der Luft als Medium und somit auf die akustische Anwendung; sie rührt, nachdem schon ARISTOTELES mit gewissen Andeutungen vorangegangen war, von dem römischen Ingenieur und Architekten VITRUV (12 n. Chr.) her und stellt eine erste Wellentheorie des Schalls dar, die immerhin schon so weit ausgebildet war, daß es möglich wurde, gewisse Gesetze und Anhaltspunkte für die architekturelle Akustik aufzustellen. Diesem Anfange sind dann, in weiten Zeitabständen und in aufsteigender Wissenschaftlichkeit, die systematischen Darstellungen hervorragender Männer gefolgt, von denen hier ATHANASIUS KIRCHER (um 1650), LAPLACE, der Autodidakt CHLADNI, POISSON und Lord RAYLEIGH genannt seien.

Für die Wasserwellen muß als erster wissenschaftlicher Bearbeiter der geniale und vielseitige Leonardo da Vinci (1510) angesehen werden; in weitem Abstande folgen dann Lagrange (1781), Gerstner (1804), der den ersten reinen Wellentyp herausarbeitete, die Brüder Weber (1825, experimentell), Kelland (1840), Stokes (1847), Rankine (1863) und wiederum Lord Rayleigh (1876), womit natürlich nicht gesagt sein soll, daß nicht auch andre Forscher wichtige Beiträge geliefert hätten, wovon zum Teil noch die Rede sein wird. Nur auf einige der durch diese Theorien herausgearbeiteten Typen kann hier kurz eingegangen werden. Lagrange (1781) ging von den nach ihm benannten Bewegungsgleichungen aus und entwickelte Formeln, die dann von Kelland (1839) und Lord Rayleigh (1876) verallgemeinert und in neue Form gebracht wurden; alles das unter der Annahme geringer Wassertiefe. Für beliebige Wassertiefen werden die Formeln sehr viel komplizierter, und man muß gewisse erleichternde Annahmen machen, um zu einer Lösung zu gelangen. Eine dieser Lösungen führt zur Ellipsen- und Sinustheorie: jedes Teilchen beschreibt (Abb. 29) eine ellipsenartige Bahn in der Vertikalebene, die große, horizontale Achse der Ellipse ist in allen Tiefen die gleiche, aber die vertikale, kleine Achse wird nach unten zu immer kleiner und am Boden null, so daß hier nur eine horizontale Hin- und Herbewegung übrig bleibt. Die Welle selbst, d. h. der Ort der gleichzeitigen Lagen der Nachbarpunkte, hat im einfachsten Falle Sinusform, im allgemeinen aber Fourierform. Dieser Theorie steht eine andre, die Kreisbahn- und Trochoidentheorie von Gerstner (1804) und Rankine (1863) gegenüber; hier beschreibt jedes Teilchen einen vertikalen Kreis, dessen Radius nach unten hin immer kleiner und schließlich null wird, und die Welle hat die Form einer Trochoide, speziell die sichtbare Oberflächenwelle die

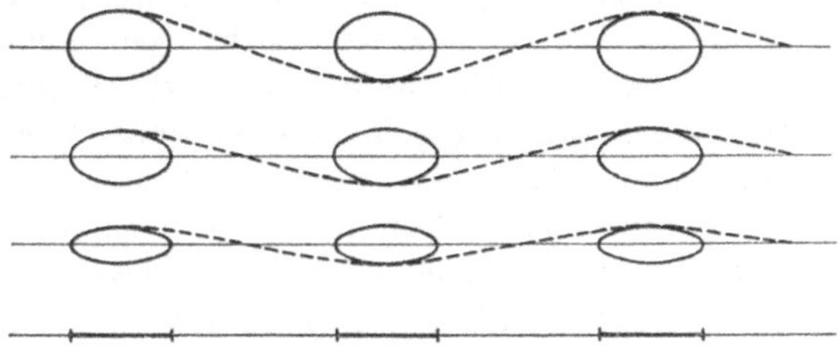

Abb. 29. Elliptische Wasserschwingungen.

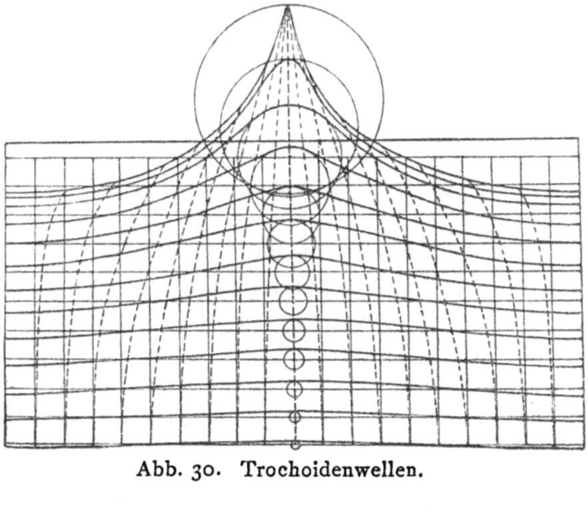

Abb. 30. Trochoidenwellen.

einer Zykloide mit Spitzen (Abb. 30). Übrigens braucht die Serie der Wellenformen von unten nach oben nicht bis zur Zykloide zu gedeihen, sie kann mit einer bestimmten Trochoidenrundung aufhören; und andrerseits kann sie noch weiter gehen, so daß man zur Schleifenform (Abb. 31 a) gelangt, die natürlich in dieser Form nur theoretisches Interesse hat, in der Wirklichkeit aber zu einem labilen Zustande führt, der sich in dem Phänomen der Schaumköpfe (in der Abbildung angedeutet) offenbart; nach der Küste hin wird die Wellenform infolge der abnehmenden Tiefe unsymmetrisch, nämlich nach vorn überhängend, und das führt zu der Erscheinung der Brandung (Abb. 31 b). Eine andre an der Küste auftretende Erscheinung, die (mehr oder weniger vollkommene) Parallelisierung der Wellenkämme mit der Küste (Eindrehung in deren Verlauf), ist von Helmholtz (1890) in entsprechender Weise aufgeklärt worden. Sehr interessante Untersuchungen über Wellenformen sowohl bei Wellenzügen wie bei der Einzelwelle haben ferner Lord Kelvin, Helmholtz und W. Wien angestellt; es muß aber an diesem Hinweise genügen. Nur sei noch auf einen wesentlichen Unterschied in den skizzierten Wellentypen hingewiesen: sie sind teils wirbelfrei, teils mit Wirbelung (elementaren Rotationen) verbunden; für jene existiert ein Geschwindigkeitspotential, für diese nicht. Die großartigste Wellenerscheinung in der Natur ist die Flutwelle, also die Fortpflanzung der periodischen Schwankung des Meeresspiegels bei der Achsendrehung der Erde. Die ersten systematischen Wellenexperimente haben W. und E. H. Weber (1825) angestellt; in neuerer und neuester Zeit folgen dann zahlreiche Beobachtungen und Versuche, die verschiedenen Wellentypen betreffend (insbesondere mit Hilfe der Photographie), von den kleinsten, im Laboratorium herzustellenden, bis zu den riesigen Ozeanwellen. Die Wellen, von denen bisher im wesentlichen die Rede war, sind Schwerewellen, d. h. die maßgebende Größe ist die Schwerebeschleunigung; ihnen stehen die Kapillarwellen gegenüber, bei denen die Oberflächenspannung des Wassers in Betracht kommt; sie sind meist von geringen Ausmaßen und werden auch treffend als Kräuselwellen bezeichnet (Theorien von Matthiessen u. a); man kann sie leicht als Detailerscheinung der großen Schwerewellen beobachten und im Laboratorium eingehende Versuche über sie anstellen. Am spätesten entwickelt hat sich, wenn man von den stehenden Wellen der tönenden Körper absieht (die ja doch nichts andres wie Schwingungen sind), die Theorie der Wellenausbreitung in festen Medien, und zwar einerseits im Ganzen ihrer Masse (Fresnel, Neumann, s. w. u.), andrerseits, worauf es z. B. bei den Erdbebenwellen hauptsächlich ankommt, in ihren oberflächlichen Schichten

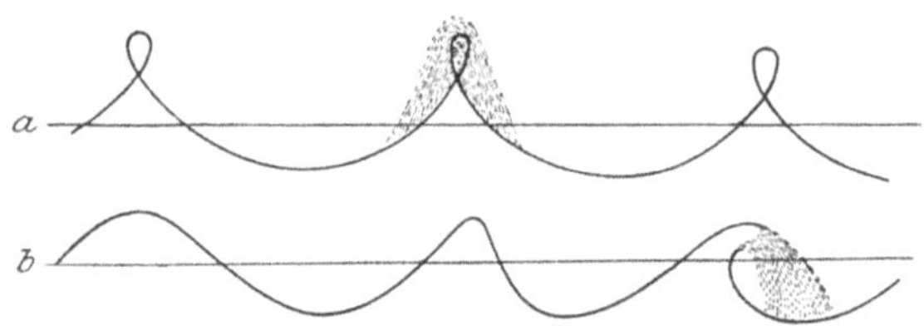

Abb. 31. Schaumköpfe und Brandung.

(LAMB, Lord RAYLEIGH u. a.). Auf die optischen und elektrischen Fragen, die unser Thema berühren, sei hier noch nicht eingegangen, nur sei kurz angeführt, daß die soeben erwähnten Theorien von FRESNEL und NEUMANN sich auf den Weltäther als ein zwar äußerst dünnes, aber doch dem festen Aggregatzustande angehöriges Medium beziehen.

39. Wellengleichung. Schallgeschwindigkeit. Die Grundlage einer jeden Wellenbewegung ist die Wellengleichung, d. h. die Gleichung, die das räumliche Verhalten der Schwingung mit ihrem zeitlichen in Vergleich setzt. Nennt man die charakteristische Größe (Verrückung oder dgl.) u, und benutzt man das Symbol Δ für die Summe der zweiten Differentialquotienten nach x, y, z, so lautet die Gleichung in der großen Mehrzahl der typischen Fälle:

$$\frac{\partial^2 u}{\partial t^2} = c^2 \Delta u,$$

z. B. für ebene Wellen:

$$\frac{\partial^2 u}{\partial t^2} = c^2 \frac{\partial^2 u}{\partial x^2},$$

und zwar ist das eine longitudinale oder transversale Welle, je nachdem u in die Richtung von x fällt oder auf ihr senkrecht steht; ein Beispiel, gültig für Saitenschwingungen, ist schon früher angeführt und dort auch sofort die allgemeine Lösung $u = f(x \pm ct)$ hingeschrieben worden, deren nähere Untersuchung dann auf das Problem der FOURIERschen Reihen führte. Was uns hier aber interessiert, ist die allgemeine Bedeutung der Konstanten c in der Gleichung; sie ist die charakteristische universelle Konstante der Wellenbewegung, die Fortpflanzungsgeschwindigkeit, und mit ihr wollen wir uns zunächst befassen. Um hier einigermaßen historisch vorzugehen, müssen wir mit den Gasen beginnen und können uns dabei auf Longitudinalwellen beschränken, da sich Transversalwellen in Gasen wegen ihrer seitlichen Widerstandslosigkeit nicht ausbreiten können; das wichtigste, hierin enthaltene Problem ist die Schallgeschwindigkeit in Luft. Theoretisch hat hierfür zuerst NEWTON (1686) eine Formel aufgestellt, nämlich die Formel $c = \sqrt{p/\varrho}$, wo p der Druck und ϱ die Dichte ist; nach dem BOYLEschen Gesetze laufen p und ϱ miteinander parallel, man erhält also wirklich nach der Formel c als Konstante, aber, wie die Beobachtung gelehrt hat, mit falschem Zahlenwert. Und erst 130 Jahre später hat LAPLACE (1816) die Formel durch die neue

$$c = \sqrt{\frac{p}{\varrho}\varkappa}$$

ersetzt, wo $\varkappa$ das Verhältnis der spezifischen Wärmen der Luft ist, gemessen einmal bei konstantem Druck, das andre Mal bei konstantem Volumen ($\varkappa = s_p/s_v$); da für Luft $\varkappa = 1{,}4$ ist, erhält man jetzt einen um knapp 20% größeren Wert als nach NEWTON und damit Übereinstimmung mit der Beobachtung. In gewissem Sinne sind beide Formeln richtig, jede für einen bestimmten Grenzfall, nämlich die NEWTONsche für isotherme, die LAPLACEsche für adiabatische Zustandsänderungen; dort wird angenommen, daß die bei der periodischen Verdichtung und Verdünnung erfolgende Erwärmung und Abkühlung der Luft sich in die Umgebung hinein ausgleichen, so daß die Luft stets die gleiche Temperatur behält; hier wird angenommen, daß dies nicht der Fall sei, daß die Erwärmung und Abkühlung voll zum Ausdruck komme. Nun ist ja zunächst nicht ersichtlich, warum jener Ausgleich nach der Umgebung hin nicht stattfinden solle, da doch die den Schall vermittelnde Luft von der Nachbarluft in keiner Weise abgeschlossen ist, die Vorbedingung des adiabatischen Zustands also nicht erfüllt ist; indessen tritt hier an die Stelle der adiabatischen Abgeschlossenheit ein andrer Umstand gleichwertig ein, nämlich die Schnelligkeit des Vorgangs, die zu jenem Ausgleich keine Zeit läßt. Und daß dieser adiabatische Grenzfall streng verwirklicht ist, folgt nicht bloß aus der Übereinstimmung der theoretischen und experimentellen Zahlen, sondern auch noch aus besonderen Untersuchungen, von denen hier wenigstens eine angeführt sein möge: STOKES (1851) hat nämlich gezeigt, daß nur die beiden Grenzfälle (streng isothermisch und streng adiabatisch) konservativ sind, d. h. ohne Verlust von mechanischer Energie ablaufen, während in jedem Zwischenfalle eine mehr oder weniger starke Dämpfung eintreten müßte; eine solche wird aber bei reinen Versuchsbedingungen niemals beobachtet.

Was nun die experimentelle Ermittlung der Schallgeschwindigkeit betrifft, so sind zwei Klassen von Methoden zu unterscheiden, je nachdem man fortschreitende oder stehende Wellen benutzt. Die erste dieser beiden Methoden setzt schon im Jahre 1640 mit Versuchen von MERSENNE nach der Signalmethode (Vergleichung von Schall und Lichtblitz beim Abfeuern eines entfernten Geschützes) ein, das erste leidlich genaue Resultat erhielten 1738 CASSINI und MARALDI, und unter den vielen Nachfolgern ist noch BENZENBERG (1809 bis 1811) mit den besten Ergebnissen zu nennen. Varianten dieser Methode sind diejenigen, bei denen die Zeitbestimmung nicht dem Beobachter überlassen, sondern auf mechanischem oder elektrischem Wege vollzogen wird; hierher gehören die Objektivmethode von REGNAULT (1868) und die Koinzidenzmethode von BOSSCHA (1853f.). Bei der zweiten Hauptmethode erzeugt man stehende Wellen und bestimmt die Frequenz der betreffenden Schwingungen durch Vergleichung mit bekannten Tönen, außerdem aber die Wellenlänge mit Hilfe eines feinen Pulvers, das sich in den Knoten anordnet oder doch Figuren bildet, aus denen man die Lage der Knoten und Bäuche entnehmen kann (KUNDT 1865); die Methode hat den Vorteil, daß man sie, da man hier Röhren zum Einschluß benutzt, auf beliebige Gase erstrecken kann. Weitere Methoden sind die Interferenz- und Reonanzmethoden von QUINCKE (1866 bis 1897), die Methode der spezifischen Wärmen (aus $\varkappa$ in der LAPLACEschen Formel, wird aber besser zur Bestimmung von $\varkappa$ aus c benutzt), und die Resonanzmethode von THIESEN (1908).

Das Endergebnis im Mittel aus allen zuverlässigen Bestimmungen ist für trockne Luft von 0° C: $c = 33180$ cm $= 331{,}8$ m. Indessen ändert sich diese Zahl mit der Temperatur, und zwar ist sie, sowohl nach der

Forderung der Theorie wie nach den Ergebnissen der Messungen mit der Quadratwurzel aus der absoluten Temperatur direkt proportional. Ferner macht es einen nicht unwesentlichen Unterschied, ob die Fortpflanzung des Schalls im Freien oder in einer Röhre vor sich geht; eine erste auf die Reibung gegründete Theorie hierfür hat Helmholtz (1863) aufgestellt. Kirchhoff (1868) hat sie mit Berücksichtigung auch der Wärmeleitung vervollständigt, und zahlreiche Experimentatoren haben dann die verschiedenen Beziehungen (Röhrenweite, Temperatur, Röhrenmaterial usw.) klargestellt. Eine sehr interessante Erscheinung ist ferner die erhöhte Schallgeschwindigkeit beim scharfen Schuß. Seitdem man nämlich über Geschosse verfügt, deren Anfangsgeschwindigkeit wesentlich größer als die normale Schallgeschwindigkeit ist, haben sich bei der Berechnung der Entfernung eines Geschützes vom Orte der Schallbeobachtung mit Hilfe der Laplaceschen Formel Unstimmigkeiten erster Ordnung ergeben, die zu einer näheren Untersuchung zwangen; sie ist ziemlich gleichzeitig von Mach und Salcher in Österreich (1887) und von Journée in Frankreich (1888) durchgeführt worden, und Mach hat auf Grund seiner (durch photographische Aufnahmen ergänzten) Versuche die Erklärung in der Kopfwelle gefunden, die sich vor

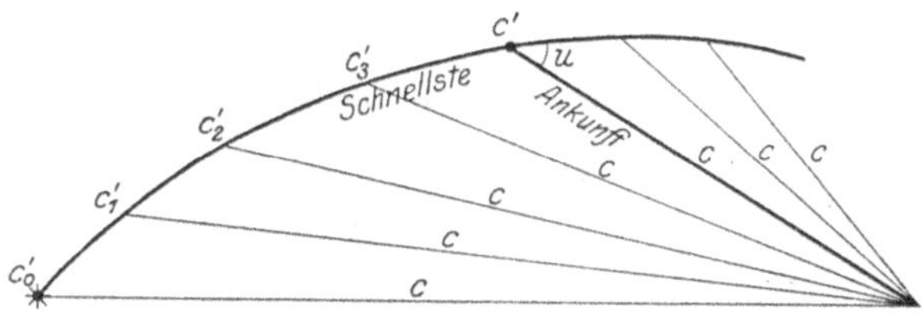

Abb. 32. Schallwege beim scharfen Schuß.

dem Geschoß bildet und den Schall mitnimmt, solange die Geschwindigkeit noch größer als 331 m ist; sobald sie unter diesen Wert sinkt, eilt dann der Schall dem Geschosse selbständig voran. Sehr verwickelt werden die Verhältnisse bei der seitlichen Wahrnehmung, bei der meist mehrere Töne auftreten, die auf verschiedenen, geknickten Wegen (Abb. 32) ans Ziel gelangen, unter Umständen sogar ein kontinuierliches Rollen; erst im Verlaufe des Weltkrieges sind diese Verhältnisse, namentlich durch Crantz und seine Mitarbeiter, aufgeklärt worden, und erst daraufhin konnten die sogenannten Schallmeßtruppen zufriedenstellend arbeiten. Schließlich ist noch zu erwähnen, daß bei Explosionswellen ganz abnorme Werte der Fortpflanzungsgeschwindigkeit und auch sonst sehr merkwürdige Anomalien auftreten; vieles davon ist durch die Arbeiten von Bunsen (1867), Oettingen (1888), W. Wolff (1899), Crantz und Koch (1900) u. a. aufgeklärt worden.

In andern Gasen muß die Schallgeschwindigkeit nach der Theorie offenbar mit den Wurzeln aus den Dichten umgekehrt proportional, also z. B. am größten für Wasserstoff sein. Die zahlreichen experimentellen Bestimmungen (meist nach der Kundtschen Methode) haben das durchaus bestätigt. Schließlich sei noch auf die kinetische Theorie hingewiesen, nach der zwischen der Molekulargeschwindigkeit und der Schallgeschwindigkeit eine einfache Beziehung bestehen muß, in dem Sinne, daß die letztere ein Bruchteil der ersteren ist; die Höhe dieses Bruchteils hängt von dem Werte von $\varkappa$ ab, also letzten Endes von der Atomzahl der Molekel; für Quecksilberdampf z. B. wird der Bruch $^4/_5$, für Luft und ähnliche Gase knapp $^3/_4$, für mehratomige Gase noch kleiner. Hiermit haben sich die anfänglichen Differenzen zwischen den Berechnungen von MAXWELL, ROITI, HOORWEG u. a. im wesentlichen erledigt.

40. Wellengeschwindigkeit in festen Medien. In festen Medien, zu denen wir uns nunmehr wenden, ist das Problem insofern noch verwickelter, als es hier beide Typen gibt, den quirlfreien und den divergenzfreien; und für jeden gilt eine andre Formel für die Fortpflanzungsgeschwindigkeit. Auch hängt diese hier nicht, wie bei den Gasen, außer von der Dichte, noch vom äußeren Druck ab, sondern von den inneren elastischen Eigenschaften des Stoffes, wie sie ihren Ausdruck in den beiden Elastizitätskonstanten: Modul E und Elastizitätszahl μ (Verhältnis der Querkontraktion zur Längsdilatation) finden. Für quirlfreie, speziell für longitudinale Wellen ist

$$c = \sqrt{\frac{E}{\varrho}\,\frac{1-\mu}{1-\mu-2\mu^2}},$$

für divergenzfreie, speziell für transversale Wellen dagegen ist

$$c' = \sqrt{\frac{E}{\varrho}\,\frac{1}{2(1+\mu)}}.$$

Unter den am meisten vorkommenden Verhältnissen (μ zwischen 0,25 und 0,4) pflanzen sich hiernach Longitudinalwellen etwa doppelt so rasch fort wie Transversalwellen. Aber diese Formeln gelten nur für allseitig ausgedehnte Medien und auch für sie nur dann, wenn es sich um Wellen handelt, die das ganze Innere durchdringen. Nun ist aber, wie sich gezeigt hat, gerade auch der Fall der Oberflächenwellen in festen Medien von Interesse, und erst durch Lord RAYLEIGH (1885) und LAMB (1904) ist dieser Fall wissenschaftlich durchgearbeitet worden. Die Fortpflanzungsgeschwindigkeit solcher Oberflächenwellen ist, wie sich dabei herausgestellt hat, nicht unwesentlich kleiner als c', und zwar, je nach dem Wert von μ, um fünf bis zehn Prozent, wobei hinzuzufügen ist, daß diese Wellen nicht vom reinen Typus der einen oder andern Art, sondern gemischten Typs sind. Auch in stabförmigen Körpern liegen die Verhältnisse wesentlich anders. Und zwar ist hier

$$c = \sqrt{\frac{E}{\varrho}};$$

c' aber hat überhaupt keinen bestimmten Wert, es ist vielmehr eine mit den Umständen, besonders mit der durchlaufenen Strecke variable Größe, ein (wenn man nicht die Geschwindigkeit beim freien Fall als allererstes heranziehen will) erstes Beispiel dafür, daß nicht immer bei der Fortpflanzung von Erscheinungen Strecke und Zeit parallel gehen; ein zweites

Beispiel, dieses elektrischen Charakters, werden wir bald kennen lernen. Man sieht, wie scharf man hier zwischen den verschiedenen Fällen unterscheiden muß; und erst in neuerer Zeit ist durch Betrachtungen der angedeuteten Art die frühere Unklarheit der Theorien beseitigt worden.

Die Anwendung betrifft nun zwei ganz verschiedene Erscheinungen: die Erdbebenwellen im Erdkörper und die Schallfortpflanzung in festen Medien. Die Lehre von den Erdbebenwellen hat sich in theoretischer wie experimenteller Hinsicht erst im Laufe der letzten dreißig Jahre herausgebildet, insbesondere dank den vortrefflichen Arbeiten von REBEUR-PASCHWITZ, WIECHERT, GALITZIN, OHMORI, ODDONE, MATTEUCCI usw. Eine bestimmte Zahl für die Fortpflanzungsgeschwindigkeit läßt sich hier deshalb nicht angeben, weil es sich um die Übereinanderlagerung von Wellen handelt, die vom Ursprungsorte zum Beobachtungsorte teils durch das Erdinnere, teils längs der Erdoberfläche gelangt sind, und weil es nicht reine Wellen des einen oder andern Typs sind. Für die Hauptwelle wird gegenwärtig rund 4 km in der Sekunde als Normalwert angenommen, aber die Vorläufer usw. gehen unter Umständen bis zu 15 km hinauf. In ähnlichem Bereiche halten sich die Werte der Schallgeschwindigkeit in festen Körpern, die im Laufe der letzten 50 Jahre von zahlreichen Forschern nach den verschiedensten Methoden ziemlich genau und einwandfrei bestimmt worden ist; am größten (rund 5 km/sec) ist sie für Stahl, annähernd so groß in manchen Hölzern und Gläsern, sehr klein (wenig über 1 km) in Blei und ganz klein (50 bis 100 m) im Kautschuk (hier also noch viel kleiner als in Luft). Schließlich sei auf interessante Arbeiten von ABT (1877, Transversalwellen) und SMOLUCHOWSKI (1894, Torsionswellen) hingewiesen.

41. Wellengeschwindigkeit in Flüssigkeiten. Von den drei Aggregatzuständen bleibt nur noch der flüssige übrig. Hier gilt die Formel

$$c = \sqrt{\frac{1}{C\varrho}},$$

wo C die Kompressibilität der Flüssigkeit ist; da diese, wie man weiß, überaus klein ist, wird also die Schallgeschwindigkeit sehr groß. Die erste exakte Bestimmung für das Wasser, und zwar für das des Genfer Sees, haben COLLADON und STURM (1827) durchgeführt und 1441 m/sec gefunden; die meisten späteren Untersuchungen, auch für andre Flüssigkeiten, sind dann nicht in allseitig ausgedehnten Massen, sondern in mit der Flüssigkeit gefüllten Röhren angestellt worden, und zwar fast durchweg nach der KUNDTschen Methode der Staubfiguren in entsprechender Umgestaltung (KUNDT und LEHMANN 1874, DVOŘAK 1875, DÖRSING 1907); die Unterschiede zwischen den Flüssigkeiten sind relativ gering, die Zahlen bewegen sich alle zwischen 1000 und 2000, die weitaus meisten aber liegen um 1500 herum.

Was uns aber hier, bei den Flüssigkeitswellen, weit mehr interessiert, das sind die Oberflächenwellen nicht-akustischen Charakters. Dieses Problem hat sich als viel verwickelter erwiesen als man zuerst meinte und noch heute als Außenstehender zu meinen geneigt sein wird. Es liegt das daran, daß die Umstände, unter denen die Wellen zustande kommen, die Kräfte, durch die sie erzeugt werden, und die Formen und Dimensionen, die sie annehmen, außerordentlich mannigfaltig sind; und jedem dieser Fälle entspricht auch ein andres Gesetz der Fortpflanzungsgeschwindigkeit. Die älteste, überaus einfache, aber auch nur für lange flache Wellen gültige Formel rührt von LAGRANGE (1781) her und lautet: $c = \sqrt{gh}$, wo g die Beschleunigung durch die Schwere und h die Wassertiefe bedeutet; für 1 m tiefes Wasser wird $c = 3$ m, für 10 km tiefes Wasser wird $c = 300$ m/sec. Allgemeiner ist die von Lord RAYLEIGH u. a. angegebene Formel

$$c = \sqrt{\frac{g}{k}}\sqrt{\frac{e^{kh} - e^{-kh}}{e^{kh} + e^{-kh}}}$$

($k = 2\pi/\lambda$, λ die Wellenlänge); die Grenzfälle für ganz seichtes und ganz tiefes Wasser sind

$$c_1 = \sqrt{gh} \text{ (wie oben)} \qquad c_2 = \sqrt{\frac{g\lambda}{2\pi}};$$

in jenem Falle ist also c nur von der Wassertiefe, in diesem nur von der Wellenlänge abhängig; statt der Wellenlänge kann man auch die Schwingungsdauer eines Teilchen T einführen und erhält dann $c_2 = gT/2\pi$, also in m und sec:

$T =$	1	3	10	30	100
$\lambda =$	1,6	14,0	156	1400	15600
$c_2 =$	1,6	4,7	15,6	46,8	156.

Wenn endlich die Oberflächenspannung α mit in Rücksicht zu nehmen ist (Kapillarwellen, s. o.), erhält man für mäßige Wellenlänge (ϱ die Dichte):

$$c = \sqrt{\frac{g\lambda}{2\pi} + \frac{2\pi\alpha}{\varrho\lambda}},$$

also ein mit λ direkt, ein zweites mit λ umgekehrt proportionales Glied; daraus folgt, daß es eine bestimmte Wellenlänge gibt, für die c ein Minimum wird, nämlich

$$\lambda_0 = 2\pi\sqrt{\frac{\alpha}{g\varrho}} \qquad c_0 = \sqrt{2}\sqrt[4]{\frac{g\alpha}{\varrho}};$$

für Wasser ($\varrho = 1$, $\alpha = 80$) erhält man folgende zusammengehörige Werte:

$\lambda =$	$\pi/16$	$\pi/4$	**1,78**	π	3π	cm
$c =$	50,2	27,5	**23,5**	25,4	39,0	cm/sec.

Schließlich ist noch auf eine schärfere Fassung des Begriffs der Wellengeschwindigkeit hinzuweisen, die sich erst durch die Arbeiten von REYNOLDS, Lord RAYLEIGH u. A. durchgesetzt hat, und die sich auf einen begrenzten Wellenzug bezieht. Hier ist nämlich zu unterscheiden zwischen der Phasengeschwindigkeit (Fortpflanzung von einer Stelle zu einer andern gleicher Phase), der Frontgeschwindigkeit (Fortschreiten der Wellenfront), die man wegen der bei Lichtwellensignalen gemachten praktischen Anwendung auch

Signalgeschwindigkeit nennt, und der Gruppengeschwindigkeit; alle drei sind verschieden wegen der Abhängigkeit der Geschwindigkeit von der Wellenlänge (Dispersion) und der Veränderlichkeit der Wellenform; zwischen der Gruppengeschwindigkeit und der Phasengeschwindigkeit besteht z. B. die RAYLEIGHsche Formel

$$c_g = c - \frac{dc}{d\lambda}$$

und das kann, je nach dem Vorzeichen von $dc/d\lambda$ größer oder kleiner als c (und unter Umständen sogar negativ) werden.

Wir wollen hier ganz kurz noch eine Bemerkung anschließen, die sich nicht auf elastische, sondern auf Wärmewellen bezieht, und die an früher besprochenes anknüpft. Es handelt sich um die Frage, wie sich die periodischen Temperaturschwankungen, die wir an der Erdoberfläche beobachten, ins Erdinnere fortpflanzen — eine Frage, um die sich zuerst QUETELET (1855 ff.) durch mustergültige systematische Untersuchungen verdient gemacht hat. Es ergibt sich aus der Theorie (und die Beobachtungen bestätigen das aufs schönste), daß die Wärmewelle mit einer bestimmten Geschwindigkeit fortschreitet, und zwar begreiflicherweise die Jahresschwankung mit einer andern wie die Tagesschwankung; dort wie hier gibt es eine bestimmte Tiefe, in der das Maximum und das Minimum ihre Lagen vertauscht haben, und eine doppelte, in der wieder alles wie oben ist. Allerdings nicht alles; denn mit der Phasenverzögerung geht noch etwas anderes Hand in Hand: eine Abnahme der Amplitude, und zwar in geometrischer Reihe, wenn die Tiefe arithmetisch wächst; und in einer gewissen Tiefe hört die tägliche Schwankung, in einer gewissen andern, natürlich sehr viel größeren, hört auch die jährliche Schwankung auf, bemerkbar zu sein. In der Abb. 33 sind diese Verhältnisse in leicht verständlicher Weise schematisch skizziert (Oberfläche und drei Tiefenstufen, • Maxima, ○ Minima der Temperatur, Abszissen: Zeiten).

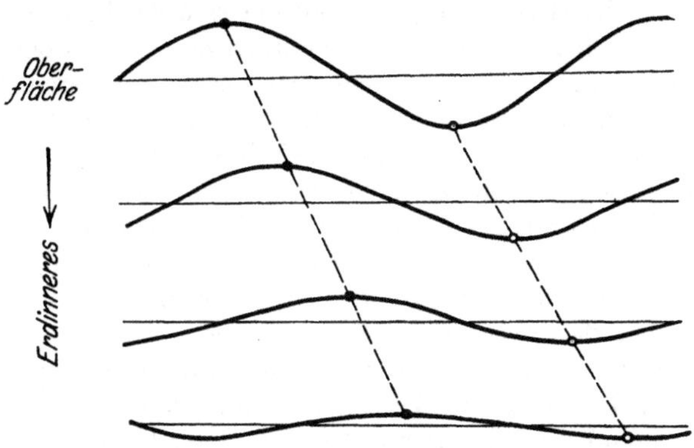

Abb. 33. Fortpflanzung von Wärmewellen ins Erdinnere.

42. Lichtausbreitung und Lichtgeschwindigkeit. Mit den drei Aggregatzuständen ist indessen unser Thema noch durchaus nicht erledigt. Es hat sich gezeigt, daß man Wellenbewegung auch in Räumen annehmen muß, in denen nachweislich überhaupt keine Materie sich befindet, genauer gesagt: keine ponderable Materie. Die älteste und wichtigste, hierher gehörige Frage ist die nach dem Prozeß der Lichtausbreitung. Hierfür stehen sich seit dem Erwachen der Naturwissenschaften zwei Theorien gegenüber: die von DESCARTES (1637), HOOKE (1665) und namentlich HUYGENS (1678) aufgestellte und ausgearbeitete Undulationstheorie, wonach die in den leuchtenden Körpern vor sich gehenden Schwingungen als Wellen durch den Raum gesandt werden und insbesondere nach dem Auge gelangen; und die von NEWTON (1669) aufgestellte Emanations-, Emissions- oder Konvektionstheorie, wonach substantielle Teilchen der leuchtenden Körper durch den Raum sausen und so auch ins Auge kommen; übrigens ließ NEWTON anfangs beide Theorien gelten, wandte sich dann aber mehr und mehr der Emissionstheorie als der für seine Zwecke einfacheren zu. Und sie hat dann, im Glanze ihres berühmten Begründers, länger als ein Jahrhundert fast unumschränkt geherrscht. Aber um die Wende des 18. und 19. Jahrhunderts mehrten sich die Schwierigkeiten (s. w. u.), und so errang die Undulationstheorie nunmehr einen späten, aber dafür dauerhaften Sieg. Hier interessiert uns die Frage nach der Geschwindigkeit, mit der sich das Licht fortpflanzt. Da der Träger der Wellenbewegung, der hypothetische Welt- oder Lichtäther, jedenfalls so fein gedacht werden muß, daß er sich materiell in keiner Weise äußert, wird man, nach den Erfahrungen bei den ponderablen Stoffen, von vornherein vermuten, jene Geschwindigkeit möchte sehr groß sein; und aus alltäglichen Wahrnehmungen ergibt sich ja auch zur Genüge, daß sie jedenfalls viel größer ist, als daß man sie durch Beobachtungen auf der Erde mit den gewöhnlichen Hilfsmitteln konstatieren, geschweige denn messen könnte. In der Tat sind es astronomische Beobachtungen gewesen, die zuerst die Tatsache, daß das Licht Zeit zu seiner Fortpflanzung braucht, sicher stellten und dann sofort auch den Zahlenwert der Geschwindigkeit lieferten. ROEMER (1675) benutzte die Verzögerungen in den Verfinsterungen der Jupitermonde, während BRADLEY das Phänomen der Aberration des Lichtes der Fixsterne zugrunde legte; im Mittel aus beiden Methoden ergibt sich, wenn die inzwischen verbesserten Daten benutzt werden: $c = 299700$ km/sec. Will man die Lichtgeschwindigkeit durch Beobachtungen auf der Erde ermitteln, so muß man einerseits möglichst große Strecken anwenden und andrerseits die allerfeinsten Hilfsmittel der Beobachtung heranziehen, und zwar nicht etwa der Zeitmessung, sondern andrer, im Zusammenhange mit dem zeitlichen Charakter des Phänomens stehenden, örtlichen oder räumlichen Äußerungen. Beides ist, und zwar nahezu gleichzeitig (1849, bzw. 1854) den französischen Physikern FIZEAU und FOUCAULT gelungen; jenem mit Hilfe eines so rasch rotierenden Zahnrads, daß der auf dem Hinwege durch eine Zahnlücke hindurchgegangene Lichtstrahl nach seiner Reflexion an einem möglichst weit entfernten Spiegel und Rückkehr in sich selbst nunmehr den Weg durch einen Zahn versperrt findet; diesem mit Hilfe eines äußerst rasch rotierenden Spiegels, der den reflektierten Strahl in eine, wenn auch nur um einen winzigen Winkel abweichende Richtung zurückwirft und folglich in der Beobachtungsebene eine kleine, aber sehr exakt meßbare Verschiebung hervorruft. Die FIZEAUsche Methode ist von YOUNG und FORBES (1881) sowie von

PERROTIN (1900), die FOUCAULTsche von MICHELSON (1878) und NEWCOMB (1885) vervollkommnet worden, und MICHELSON hat schließlich das rotierende Zahnrad FIZEAUS durch ein ruhendes Gitter ersetzt (1902). Das Gesamtergebnis aller Messungen ist

$$c = 299900 \text{ km/sec} = \text{rund } 3 \cdot 10^{10} (CGS).$$

FOUCAULT und FIZEAU (1850) haben übrigens auch die Geschwindigkeit in Wasser bestimmt und im Verhältnis 3:4 kleiner gefunden, womit der Sieg der Undulationstheorie endgültig wurde, da die Emissionstheorie das entgegengesetzte Resultat erfordert hätte. Von der Lichtstärke hängt die Geschwindigkeit gar nicht, von der Wellenlänge (Farbe) nur in sehr geringem Grade und speziell für Luft ebenfalls gar nicht ab. Wie sich die Frage in bewegten Medien gestaltet, wollen wir hier noch nicht erörtern; wir stellen vorläufig nur fest, daß die Lichtgeschwindigkeit eine universelle Konstante der Natur und die größte uns überhaupt bekannte Geschwindigkeit ist.

43. **Fortpflanzungsgeschwindigkeit der Elektrizität.** Als letztes Gebiet, in dem eine Wellenfortpflanzung in Betracht kommt, interessiert uns die Elektrizität. Wenn man in eine Leitung einen kurzen Stromstoß einbringt, so pflanzt sich in ihr eine elektrische Einzelwelle fort, und es fragt sich: mit welcher Geschwindigkeit tut sie das? Hierauf geben die älteren Versuche keine übereinstimmende und zum Teil überhaupt keine klare Antwort; es zeigt sich vielmehr, daß die gesuchte Größe in hohem Maße von den Umständen abhängt, namentlich von der Länge der Strecke sowie von dem Widerstande und der Kapazität der Leitung. Der erste, der die Idee zu derartigen Bestimmungen faßte und sie, wenn auch in unvollkommener Weise zur Ausführung brachte, war WHEATSTONE (1834); von seinen Nachfolgern seien hier GUILLEMIN (1860), PLANTAMOUR und HIRSCH (1864), FRÖHLICH (1879), HAGENBACH (1886) und BLONDLOT (1896) angeführt. Das Ergebnis geht dahin, daß sich im allgemeinen für lange Strecken eine sehr viel geringere Geschwindigkeit herausstellt als für kurze, und für Kabel eine sehr viel geringere als für Freileitungen. Die Aufklärung dieser Widersprüche liegt in der Erkenntnis, daß hier zwei Vorgänge sich überlagern, die Leitung und die Ladung, und daß die letztere nicht mit der Strecke, sondern mit ihrem Quadrat proportional ist; sobald also Widerstand und Kapazität einigermaßen groß sind, gibt es überhaupt nicht den Begriff der einheitlichen Fortpflanzungsgeschwindigkeit — ein Fall, für den ja früher schon ein Beispiel beigebracht worden ist. Um also zu einem brauchbaren Werte von c zu gelangen, muß man die Ladungswirkung möglichst vollständig ausschalten; und dann ergibt sich für c ein Wert, der mit der Lichtgeschwindigkeit bis auf die unvermeidlichen Fehlerquellen vollständig übereinstimmt. Allerdings ist das ganze Problem sehr verwickelt, und es ist gewiß merkwürdig, daß ein anscheinend so einfaches und dabei praktisch so wichtiges Problem wie die Fortpflanzung elektrischer Impulse und Wellen erst in der allerneuesten Zeit durch allgemeine Lösung der sogenannten Telegraphengleichung (WAGNER 1915) wenigstens in der Hauptsache klargestellt worden ist.

Unter diesen Umständen ist es ein günstiges Moment, daß es noch einen andern Weg gibt, um die Fortpflanzungsgeschwindigkeit der Elektrizität zu messen, nämlich mit Hilfe von Wellen, die nicht fortschreitenden, sondern stehenden Typs sind; es handelt sich also um die Leistung, die auf unserm Gebiete das Analogon darstellt zu dem, was für Tonwellen KUNDT und für Lichtwellen WIENER geleistet hat; und zeitlich fällt die neue Errungenschaft zwischen diese beiden Entdeckungen bzw. Erfindungen. An sich macht es keine Schwierigkeiten, stehende elektrische Wellen zu erzeugen; man braucht sich nur an die Tatsache zu halten, daß bei der Erregung einer Saite, z. B. durch Zupfen, zwar anfänglich Wellen entstehen, die nach beiden Seiten fortschreiten, daß diese aber an den Enden reflektiert werden, und daß sich nunmehr die hin- und rückschreitenden Wellen zu stehenden überlagern. Bei dem Metalldraht, den man als Leiter der elektrischen Wellen benutzt, genügt sogar ein besonders einfaches Verfahren, man braucht ihn lediglich in der Luft frei enden lassen, um die Rückkehr der Wellen auf demselben Wege zu erzwingen, also stehende Wellen zu erhalten. Die Schwierigkeiten liegen vielmehr an zwei besonderen Stellen. Erstens kann man hier zur Feststellung der Knoten und Bäuche nicht, wie bei den Saiten, Reiterchen, oder, wie bei den Luftsäulen, feines Pulver benutzen; indessen hat HERTZ hier einen ganz entsprechenden Detektor hergestellt, der aus einem bis auf eine kurze Luftstrecke zusammengebogenen kurzen Draht besteht und durch Fünkchen zwischen den Enden erkennen läßt, ob er sich dicht an einem Bauche oder dicht an einem Knoten befindet (Induktionswirkung). Die entscheidende Tat von HERTZ (1888) war aber die Beseitigung der andern Schwierigkeit. Bei den stehenden Wellen errechnet man die Fortpflanzungsgeschwindigkeit als das Verhältnis der Wellenlänge zur Periode der erregenden Schwingungen oder, anders ausgedrückt, als das Produkt aus Wellenlänge und Frequenz. Da man nun mit einem Werte von c von der Größenordnung 10^{10} zu rechnen hatte, und da die Frequenz der schnellsten damals bekannten elektrischen Schwingungen (oszillierende Entladungen einer Leidener Flasche oder eines Induktoriums) sich höchstens bis zur Größenordnung 10^6 erstrecken, mußte man im günstigsten Falle Wellen von 10^4 Länge, also von 100 m erwarten, womit man im Laboratorium nichts hätte anfangen können. Nun war die Theorie derartiger elektrischer Schwingungen schon gut ausgearbeitet, und sie gipfelte in der bereits früher besprochenen Formel von Lord KELVIN, die zeigt, daß die Frequenz desto größer wird, je kleiner Kapazität und Selbstinduktion gewählt werden, während bei den Leidener Flaschen die eine, bei den Induktorien die andre dieser Größen gerade umgekehrt sehr groß ist. HERTZ baute also geeignete Oszillatoren und drückte dadurch die Wellenlänge auf ein für Laboratoriumszwecke geeignetes Maß, nämlich ein bis einige Meter, herab; so konnte er die Knoten und Bäuche wirklich feststellen. Seine Nachfolger, unter denen RIGHI und DRUDE, LECHER und BLONDLOT genannt seien, haben dann das Verfahren nach zwei Richtungen vervollkommnet: einmal, indem sie die Frequenz weiter erhöhten und damit die Wellenlänge weiter herabdrückten (bis auf einige mm), und dann, indem sie die Methoden zur Feststellung der Knoten und Bäuche ausbauten. Das schließliche Ergebnis ist nun wirklich die Identität des hier geltenden c mit der Lichtgeschwindigkeit; und dieses Ergebnis wird selbstverständlich, wenn man sich nunmehr auf den Boden der elektromagnetischen Lichttheorie stellt, d. h. annimmt, daß es sich bei den hier angenommenen Ätherschwingungen nicht um elastische Kräfte, wie beim Schall, sondern um elektromagnetische handelt, daß das Licht also nichts anderes ist als eine, in seinen Frequenzverhältnissen den Fähigkeiten des Auges angepaßte elektromagnetische Wellenbewegung.

Von noch andern Geschwindigkeiten auf dem Gebiete der feineren Physik, wie denen der Kathodenstrahlen, der Röntgenstrahlen usw., kann erst weiterhin die Rede sein.

44a. Entfernungsgesetz. Newtonsches Gesetz. Wenn Schwingungen sich als Wellen durch den Raum fortpflanzen, so tritt weiter die Frage auf, wie sich dabei ihre Intensität, also formal ausgedrückt ihre Amplitude verhält. Hier sind nun zwei ganz verschiedene Probleme zu unterscheiden, und wir behandeln zunächst das eine, das sich auf die rein geometrische Seite der Frage bezieht. Da haben wir nun schon früher eine Unterscheidung von Typen vorgenommen, nämlich die Kugel-, Zylinder- und ebenen Wellen. Bei den Kugelwellen findet eine Ausbreitung über Kugelflächen statt, also, da Kugelflächen sich wie die Quadrate ihrer Radien verhalten, nach dem Gesetz des umgekehrten Quadrats der Entfernung. Dieses Gesetz ist denn auch im Laufe der Zeiten als Grundgesetz jeder Art von Ausbreitung von einem Zentrum aus erkannt worden, und zwar ganz unabhängig vom Prozeß der Ausbreitung selbst, so daß hier auf den Wellencharakter des Phänomens zunächst gar keine Rücksicht genommen zu werden braucht. Ehe wir diese Untersuchung anstellen, wollen wir aber gleich noch die beiden andern Typen erledigen, und wir können uns dabei mit Rücksicht auf die anschauliche Selbstverständlichkeit der Sache kurz fassen: Bei der Ausbreitung von einer unbegrenzten Geraden aus erhält man als Ausbreitungsflächen Zylinderflächen, und folglich gilt hier das Gesetz der umgekehrten Entfernung selbst; und bei der Ausbreitung von einer unbegrenzten Ebene aus sind die entsprechenden Flächen die zur Ursprungsebene parallelen Ebenen, eine wirkliche »Ausbreitung« findet also gar nicht statt, und die Intensität der Erscheinung ist von der Entfernung überhaupt unabhängig, der Vorgang pflanzt sich ungeschwächt durch den Raum fort. Aber kehren wir zu den Kugelwellen, allgemeiner zur Ausbreitung von einem punktförmigen (oder selbst kugelförmigen) Zentrum als Ursprung zurück!

Der erste Fall, der wissenschaftlich behandelt worden ist, ist der der allgemeinen Gravitation. Auf Grund des kopernikanischen Systems (1543) hatte Kepler (1609 bzw. 1618) seine drei Gesetze der Planetenbewegung aufgestellt, und aus ihnen und zugleich aus den Erscheinungen der Mondbewegung sowie der Bewegung irdischer Körper (freier Fall usw.) ist dann Newton (1687) zu seinem berühmten und durch seine Einfachheit merkwürdigen Gravitationsgesetz gelangt, wonach die Kraft zwischen zwei Massen m_1 und m_2 in der Entfernung r voneinander durch die Formel

$$K = k \frac{m_1 m_2}{r^2}$$

dargestellt wird, wo k eine Konstante, die sogenannte Gravitationskonstante ist. Das Gesetz gewinnt sofort eine anschauliche Bedeutung, wenn man die Gravitation als ein sich über immer größere Kugelflächen zerstreuendes Agens auffaßt, es wird dann rein geometrisch ohne weiteres verständlich. Was aber mechanisch an ihm so merkwürdig ist und was ihm seine einfache Form verleiht, das ist der Umstand, daß die Kraft in jedem Augenblicke nur bestimmt sein soll durch die augenblickliche Konfiguration; für ruhende Massen ist das selbstverständlich, für bewegte aber (also für die Himmelskörper usw.) enthält es die Annahme, daß der Bewegungszustand gar keinen Einfluß auf die Kraft ausübe; an dieser Annahme ist erst in allerneuester Zeit gerüttelt worden (s. w. u.). Was die Größe der Kraft in absolutem Maße betrifft, also den Faktor k, so ist er (und damit auch Masse und Dichte der Erde) im Laufe der Zeit nach den verschiedensten Methoden und immer genauer bestimmt worden, zuerst aus Lotabweichungen (Bouguer 1749, Maskelyne 1775, Berget 1893), dann mit der Dreh- oder Torsionswaage (Cavendish 1798, Reich 1838 bis 1852, Baily 1840, Cornu und Baille 1873 bis 1878), ferner nach der Pendelmethode (Airy 1856, Sterneck 1882ff., Wilsing 1885), endlich und am vollkommensten nach der Wägungsmethode, d. h. durch Bestimmung des Einflusses, den auf die Schale einer Wage eine unmittelbar unter oder über ihr angebrachte erhebliche Masse (Bleiklotz) im Vergleich mit der Gesamtwirkung der Erde ausübt (Jolly 1881, Poynting 1891, Richarz, König und Krigar-Menzel 1884—1889). Das Gesamtergebnis ist

$$k = 6{,}682 \cdot 10^{-8}$$

in absolutem Maße, d. h. zwei Gramm-Massen üben in 1 cm Abstand voneinander eine Kraft von 66,8 milliardstel Dynen, oder zwei Tonnen-Massen in 1 m Abstand eine Kraft von 6,68 Dynen aufeinander aus. Man muß sich ganz besonders eindringlich vergegenwärtigen, daß es sich hier um eine universelle Naturkonstante handelt, deren es überhaupt nur eine sehr kleine Anzahl gibt.

44b. Coulombsches und Webersches Gesetz. Das Newtonsche Gesetz ist ein rein formales; physikalisch kann man es als ein Fernwirkungsgesetz bezeichnen, weil das Medium, in dem die Wirkung stattfindet, mit seiner besonderen Natur, sowie das Detail des Prozesses selbst gar keinen Einfluß ausübt. Entsprechende Fernwirkungsgesetze mit genau derselben Grundformel und nur andern Werten der Konstanten k sind dann später auch für die Wirkung zwischen zwei elektrischen oder magnetischen Polen aufgestellt worden (Tobias Mayer 1760, Cavendish 1771, Coulomb 1784) und werden gewöhnlich als Coulombsches Gesetz zusammengefaßt; der erste Nachweis mittelst der Coulombschen Drehwage war übrigens nur sehr angenähert, der genaue ergibt sich für die elektrische Wirkung aus der Tatsache, daß zwei konzentrische, gleich stark, aber entgegengesetzt geladene Kugelflächen nach außen nicht wirken, daß also die Wirkung einer gegebenen Gesamtladung unabhängig ist von dem Radius der Kugelfläche, auf der sie ausgebreitet ist (HELMHOLTZ), und entsprechend für die magnetische Wirkung aus der Tatsache, daß die Kraft in der sogenannten zweiten Hauptlage genau halb so stark ist wie in der ersten (GAUSS 1833). Für den Magnetismus gestaltet sich übrigens die Frage in ihrem weiteren Ausbau auch grundsätzlich so interessant, daß sie kurz behandelt zu werden verdient. Das tatsächliche Elementargebilde ist nämlich im Gebiete des Magnetismus nicht, wie bei der Gravitation und der Elektrizität, der punktförmige Pol, sondern das Polpaar, d. h. zwei nahe beieinander gelegene, gleich stark, aber entgegengesetzt geladene Pole; ein solches Polpaar aber wirkt in die Ferne nur mit der Differenz der beiden Einzelwirkungen, und die Folge davon ist die, daß die Kraft nicht mit dem Quadrat, sondern mit dem Kubus der Entfernung umgekehrt proportional ist. Das ist also auch das Gesetz der ablenkenden Wirkung eines Polpaars auf ein zweites, während bei der verschiebenden Wirkung auch noch für das zweite Polpaar die Differenzbildung vorzunehmen ist und infolgedessen die vierte Potenz der reziproken Entfernung eintritt. Außerdem aber ist mit Rücksicht auf die durch die Achse des Polpaares festgelegte Richtung die Kraftwirkung hier nicht in allen Richtungen die gleiche, sie hängt vielmehr nach einem bestimmten Gesetze auch von der Richtung ab. Ähnliche Betrachtungen sind für die elektromagnetische Kraft zwischen einem Stromgebilde und einem magnetischen Gebilde anzustellen; das Elementargesetz enthält natürlich auch hier das reziproke Quadrat der Entfernung; aber bei der Ausgestaltung für die Wirkung eines endlich langen Stromes tritt infolge der Integration die reziproke Entfernung selbst auf (BIOT-SAVARTsches Gesetz 1822); und ganz entsprechendes gilt für die elektrodynamische Wirkung zwischen zwei elektrischen Stromgebilden (AMPÈREsches Gesetz 1821). Schließlich hat WILHELM WEBER ein Gesetz aufgestellt, das seinerzeit berechtigtes Aufsehen erregte, dann, als Fernwirkungsgesetz, in Vergessenheit geriet, neuerdings aber wieder eine bedeutsame Rolle zu spielen anfängt; es wird vielfach als elektrisches Grundgesetz bezeichnet und stellt die Wirkung zwischen ruhenden oder bewegten elektrischen Ladungen als Funktion der Ladungen e_1 e_2, ihrer Geschwindigkeit g gegeneinander und ihrer Beschleunigung b gegeneinander dar und lautet (c die Fortpflanzungsgeschwindigkeit der Wirkung):

$$k = \frac{e_1\, e_2}{r^2}\left(1 - \frac{g^2}{2c^2} + \frac{rb}{c^2}\right).$$

Hier kommen also wirklich, im Gegensatz zum NEWTONschen Gravitationsgesetz, die Bewegungsverhältnisse der wirksamen Körper in Betracht, und insofern stellt das Gesetz eine weitgehende Verallgemeinerung dar. Übrigens ist das WEBERsche Gesetz nicht das einzige seiner Art geblieben;

Clausius, Grassmann, Budde u. a. haben andre Formeln aufgestellt, gegen die freilich noch ernstere Einwände sich erheben lassen als gegen das Webersche.

45. Feldtheorie. Auch die Feldtheorie ist, wie gleich hier angegliedert sei, imstande, die Wirkung im Raume durch allgemeine, für alle Hauptfälle gültige Gleichungen darzustellen; schon Maxwell (1864—1873) hat sie abgeleitet, Lorentz (1904) hat sie in neue Form gebracht, und seitdem spielen sie in verschiedenen Ausgestaltungen die führende Rolle nicht nur in der Wissenschaft, sondern auch in der Praxis, für die sie sich als sehr bequem erwiesen haben. Zu unterscheiden ist dabei die Differential- und die Integralform; beginnen wir mit der letzteren, so lauten die beiden Gleichungen:

$$\int_l \mathfrak{H}_l \, dl = \frac{1}{c}\left(\mathfrak{i}_n \, d\sigma + \varepsilon \frac{\partial}{\partial t}\int_\sigma \mathfrak{E}_n \, d\sigma\right)$$

$$\int_l \mathfrak{E}_l \, dl = -\frac{\mu}{c}\frac{\partial}{\partial t}\int_\sigma \mathfrak{H}_n \, d\sigma,$$

wo $d\sigma$ ein Element der durchströmten Fläche, dl ein Element ihrer Randlinie, $\mathfrak{E}$ der elektrische, $\mathfrak{H}$ der magnetische Kraftvektor, $\mathfrak{i}$ die Dichte des elektrischen Leitungsstroms (einen magnetischen gibt es nicht, s. w. u.), n die Richtung der Normale der Fläche ist, ε und μ die beiden charakteristischen Stoffkonstanten für elektrische und magnetische Erregbarkeit (Dielektrizitätskonstante bzw. Permeabilität) sind und c die Fortpflanzungsgeschwindigkeit der Wirkung, also tatsächlich die Lichtgeschwindigkeit ist. Andrerseits lauten die Differentialgleichungen (für isotrope Medien), die gewöhnlich als Maxwellsche Feldgleichungen bezeichnet werden und zu dem durch Einfachheit und Eleganz schönsten gehören, was die gesamte Physik aufweist:

$$\mathfrak{i} + \varepsilon \frac{\partial \mathfrak{E}}{\partial t} = c\, q\,(\mathfrak{H}) \qquad \mu \frac{\partial \mathfrak{H}}{\partial t} = -c\, q\,(\mathfrak{E}),$$

wo das Symbol q (oder das gleichbedeutende Symbol rot) den Quirl um den Vektor bedeutet. Auf Nichtleiter angewandt ($\mathfrak{i} = 0$) erhält man also:

$$\varepsilon \frac{\partial \mathfrak{E}}{\partial t} = c\, q\,(\mathfrak{H}) \qquad \mu \frac{\partial \mathfrak{H}}{\partial t} = -c\, q\,(\mathfrak{E})$$

oder in Komponentenform geschrieben:

$$\varepsilon \frac{\partial E_x}{\partial t} = c\left(\frac{\partial H_y}{\partial z} - \frac{\partial H_z}{\partial y}\right) \qquad \mu \frac{\partial H_x}{\partial t} = c\left(\frac{\partial H_z}{\partial y} - \frac{\partial H_y}{\partial z}\right)$$

$$\varepsilon \frac{\partial E_y}{\partial t} = c\left(\frac{\partial H_z}{\partial x} - \frac{\partial H_x}{\partial z}\right) \qquad \mu \frac{\partial H_y}{\partial t} = c\left(\frac{\partial H_x}{\partial z} - \frac{\partial H_z}{\partial x}\right)$$

$$\varepsilon \frac{\partial E_z}{\partial t} = c\left(\frac{\partial H_x}{\partial y} - \frac{\partial H_y}{\partial x}\right) \qquad \mu \frac{\partial H_z}{\partial t} = c\left(\frac{\partial H_y}{\partial x} - \frac{\partial H_x}{\partial y}\right).$$

Diese miteinander verketteten Gleichungen stellen, so kann man sagen, das Wechselwirkungsprinzip in Anwendung auf Elektrizität und Magnetismus dar; man kann sie entketten, indem man (durch Differentiation und Einsetzung) entweder $\mathfrak{H}$ oder $\mathfrak{E}$ eliminiert, und man erhält alsdann etwas uns schon Bekanntes, nämlich die allgemeine Wellengleichung, hier aber in zwei gleichzeitig geltenden Formeln Δ die Summe der drei zweiten Differentialquotienten max der Koordinaten:

$$\frac{\partial^2 \mathfrak{E}}{\partial t^2} = \frac{c^2}{\varepsilon \mu} \Delta \mathfrak{E}, \qquad \frac{\partial^2 \mathfrak{H}}{\partial t^2} = \frac{c^2}{\varepsilon \mu} \Delta \mathfrak{H};$$

jede von ihnen stellt eine Welle dar, die eine eine elektrische, die andre eine magnetische; beide sind divergenzfrei, also transversal, aber die elektrischen und die magnetischen Schwingungen stehen nicht nur beide auf der Fortpflanzungsrichtung der Welle, sondern auch aufeinander senkrecht; die dritte Richtung, eben die der Wellenfortschreitung, also, wie man kurz sagen kann, des Strahls, ist die des Energievektors, d. h. die Richtung, in der sich die Energie bewegt (UMOW 1874, POYNTING 1884). Was endlich die Fortpflanzungsgeschwindigkeit betrifft, so ist sie im freien Raume ($\varepsilon = \mu = 1$) gleich c, in einem andern Medium dagegen im Verhältnis $\sqrt{\varepsilon \mu}$ kleiner (s. w. u.). Aus der Feldtheorie ergeben sich nun rückwärts alle sogenannten Fernwirkungsgesetze, jedoch mit der Modifikation, daß in sie die charakteristischen Konstanten ε und μ des Mediums in sinngemäßer Weise eingehen.

46. Entfernungsgesetze für Schall und Licht. Es bleiben noch die beiden Erscheinungen übrig, die sich vor allen bisher betrachteten dadurch auszeichnen, daß sie auf spezifische Sinnesorgane wirken: Schall und Licht. Daß auch hier das einfache Grundgesetz der geometrischen Schwächung bei der Ausbreitung das umgekehrte Quadrat der Entfernung von der Quelle sein muß, unterliegt erkenntnistheoretisch keinem Zweifel, und ebenso einleuchtend ist es, daß dieses Gesetz auf Kugelwellen beschränkt ist, daß dagegen bei Zylinderwellen die Schall- oder Lichtstärke nur mit der Entfernung selbst und bei ebenen Wellen überhaupt nicht abnimmt. Indessen ist die experimentelle Bestätigung gerade in dem anscheinend so einfachen Falle des Schalls nicht so einfach wie man denken möchte; sie leidet unter zahlreichen äußerlichen Schwierigkeiten, unter denen die störenden Reflexionen und Brechungen, Beugungen und Interferenzen, Absorption usw. genannt seien (s. w. u.). Dazu kommt dann noch, daß, wenn man subjektiv (mit dem Ohre) beobachtet, sich die Empfindungsstärken nicht wie die Reizstärken, sondern, gemäß dem psychophysischen Grundgesetz, eher logarithmisch verhalten. Trotzdem konnte nach den verschiedensten Methoden (VIERORDT 1883, M. WIEN 1889, K. L. SCHAEFER 1896, DUFF 1898 u. a.) festgestellt werden, daß das quadratische Gesetz jedenfalls desto annähernder gilt, je besser die Fehlerquellen ausgeschaltet werden. Bei Zylinderwellen, also z. B. annähernd in Wasser von gleichmäßiger, aber geringer Tiefe ist dagegen die Intensität mit der Entfernung selbst umgekehrt proportional; und bei ebenen Wellen bleibt sie sich während der Fortpflanzung im großen ganzen gleich; und dieses letztere Ergebnis tritt auch bei beliebigen Wellen dann ein, wenn, wie das ja in der Praxis beinahe der normale Fall ist, durch Reflexion usw. eine gewisse Gleichförmigkeit im ganzen Raume hergestellt wird.

Ganz entsprechend liegen die Verhältnisse beim Licht, nur mit denjenigen Unterschieden, die durch die in ungeheurem Maße verkleinerten Verhältnisse (Wellenlänge, Amplitude usw.) bedingt sind; in gewissem Sinne ist daher die experimentelle Untersuchung hier wesentlich einfacher als dort. Man hat es eben hier vielfach mit Strahlen zu tun, auf deren Bedeutung als Energievektoren der elektromagnetischen Wellen man keine Rücksicht zu nehmen braucht. Tatsächlich läßt sich zur Genüge feststellen, daß auch die Lichtstärke, insoweit es sich um Kugelwellen handelt, abnimmt wie das Quadrat der Entfernung zunimmt; und dieses Gesetz bildet sogar die Grundlage der gesamten Photometrie, die ohne diese Grundlage in der Luft schweben würde, weil das Auge zwar sehr befähigt ist, die Gleichheit zweier Lichtstärken festzustellen, dagegen völlig versagt gegenüber der Aufgabe, das Verhältnis der Stärken zweier verschiedener Lichter anzugeben; man muß also die beiden verschieden starken Lichter in solche Entfernungen vom Auge bringen, daß sie für dieses gleich erscheinen und dann auf Grund des quadratischen Gesetzes die Umrechnung vornehmen. Von großer Wichtigkeit ist schließlich noch die Frage, wie stark ein gegebenes Flächenstück f durch eine gegebene Lichtstärke I beleuchtet wird; die Antwort gibt das LAMBERTsche Gesetz (1760):

$$B = If\frac{\cos u}{r^2}$$

(r die Entfernung und u die Neigung der Flächennormale gegen die Beleuchtungsrichtung); später (1770) hat LAMBERT das Gesetz auch auf die strahlende Wärme ausgedehnt. Wie beim Magnetismus tritt übrigens auch hier, nämlich immer dann, wenn die Lichtquelle nicht einfach punkt- oder kugelförmig ist, die Erscheinung auf, daß die Ausbreitung in verschiedenen Raumrichtungen verschieden ist; man erhält in der Form der graphischen Darstellung sonach eine »Lichtrose«, und diese hat für jede Lichtquelle eine besondere für sie charakteristische Form.

47. Ausbreitung in heterotropen Medien; Kristalloptik. Das soeben Gesagte legt uns den Übergang zu dem nahe, wovon wir jetzt reden wollen. In isotropen Medien verhalten sich alle Richtungen gleich, und eine Bevorzugung einzelner Richtungen kommt nur dann zustande, wenn die Quelle selbst eine ausgezeichnete Richtung aufweist. Gehen wir nun aber zu heterotropen Medien, also (in der Hauptsache) zu Kristallen über, so haben wir es mit einer inneren Verschiedenwertigkeit verschiedener Richtungen zu tun, und die Folge davon ist die, daß auch von einer punktförmigen Quelle aus die Ausbreitung nicht in Kugelwellen, sondern in Wellen von andrer Form erfolgt. Natürlich ist das eine physikalische Eigenschaft des Mediums, die hier in Betracht kommt, und insoweit gehört das Thema nicht unmittelbar hierher; aber es hat sich gezeigt, daß man das physikalische, gewisse charakteristische Konstanten vorausgesetzt, sehr wohl durch das rein geometrische ersetzen kann; der Raum eines heterotropen Mediums wird dann eben selbst als heterotrop aufgefaßt, und es werden die Formeln der Elastizitätstheorie in dieser Richtung ausgebaut. Ganz allgemein hat dies erst CHRISTOFFLE (1877) getan, und insbesondere hat er die Beziehung zwischen den Hauptfortpflanzungsgeschwindigkeiten und den Elastizitätskonstanten des Mediums aufgestellt. Aber schon lange vorher hatte FRESNEL die Anwendung auf das Licht, das man damals auf elastische Wellen zurückführte, gemacht (1821); und auch nachdem man zur elektromagnetischen Theorie übergegangen ist, haben seine Grundformeln nichts von ihrer Bedeutung verloren. Seine grundlegende Formel für die Fortpflanzungsgeschwindigkeit v des Lichts in den verschiedenen, durch ihre Richtungswinkel gegen die Symmetrieachsen gekennzeichneten Richtungen lautet:

$$\frac{\cos^2\alpha}{v_1^2 - v^2} + \frac{\cos^2\beta}{v_2^2 - v^2} + \frac{\cos^2\gamma}{v_3^2 - v^2} = 0,$$

und hierin sind v_1, v_2, v_3 die drei Hauptlichtgeschwindigkeiten in den Symmetrieachsen; für die Kristalle des regulären Systems ist $v_1 = v_2 = v_3$; diese Kristalle verhalten sich also optisch wie isotrope Körper. Dann aber kommt der Fall, daß zwar zwei der drei Größen v einander gleich, die dritte aber verschieden ist; es sind das die optisch einachsigen Kristalle (tetragonale und hexagonale, einschließlich der trigonalen Kristalle), die ungleiche Lichtgeschwindigkeit entspricht der Symmetrieachse; da die obige Gleichung zwei Wurzeln hat, gibt es in jeder Richtung zwei Fortpflanzungsgeschwindigkeiten, und folglich, da von der Geschwindigkeit die Brechung, von dieser aber die Fortpflanzungsrichtung abhängt, auch zwei Strahlen, nur in der Achsenrichtung gibt es einen einzigen; der eine Strahl hat in allen Richtungen gleiche Geschwindigkeit und heißt ordentlicher, der andre hat in jeder Richtung eine andre Geschwindigkeit und heißt außerordentlicher Strahl; Kristalle, in denen sich die ordentliche Welle am langsamsten fortpflanzt, heißen positive, die andern negative. Endlich bei den übrigen Kristallen sind alle drei v verschieden, beide Strahlen sind außerordentlich, und es gibt zwei optische Achsen, die Kristalle heißen daher optisch zweiachsig. Was nun die Ausbreitung im Raume betrifft, so ist zu bedenken, daß die Wellenflächen hier nicht Kugeln sind, und daß daher eine neue Unterscheidung zu machen ist zwischen Strahlen und Wellennormalen; jene stehen auf der Wellenfläche im allgemeinen schief. Demgemäß ist hier auch zwischen Wellenflächen und Strahlenflächen zu unterscheiden, worauf an dieser Stelle nicht näher eingegangen werden kann. Die Strahlenfläche ist bei regulären Kristallen eine Kugel, bei allen andern besteht sie aus zwei Schalen, die sich bei den einachsigen berühren, bei den zweiachsigen aber durchdringen; die beiden Hauptschnitte für einachsige Kristalle geben die vier oberen Figuren der Abb. 34, und zwar für die beiden Fälle des positiven und negativen Typs; für zweiachsige Kristalle muß man, wie das in den drei unteren Figuren geschehen ist, alle drei

Hauptschnitte angeben, in dem einen liegt der Kreis innerhalb des Ovals, im zweiten außerhalb, im dritten schneiden sich beide, und durch die

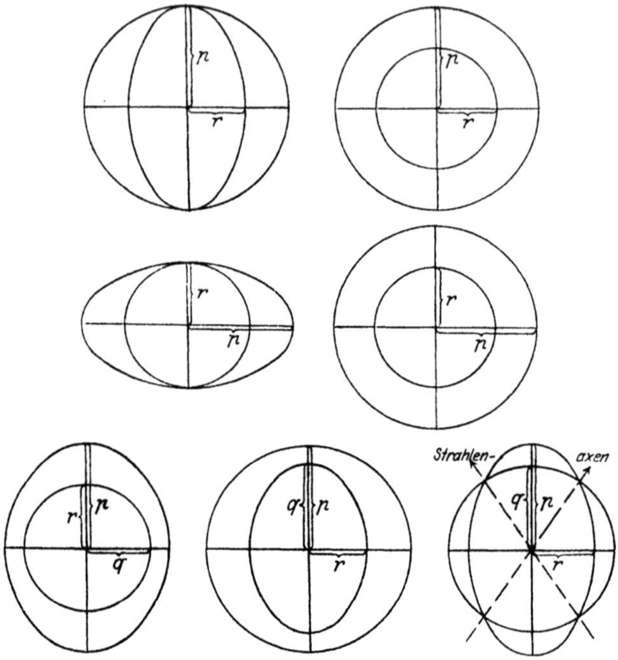

Abb. 34. Hauptschnitte der Strahlenfläche.

Schnittpunkte gehen die Strahlenachsen (entsprechend bei der Wellenfläche die optischen Achsen); in Abb. 35 ist das Verhältnis der Strahlenachsen zu den optischen Achsen ersichtlich; endlich gibt Abb. 36 eine Kombination der drei Hauptschnitte und somit eine Vorstellung von der

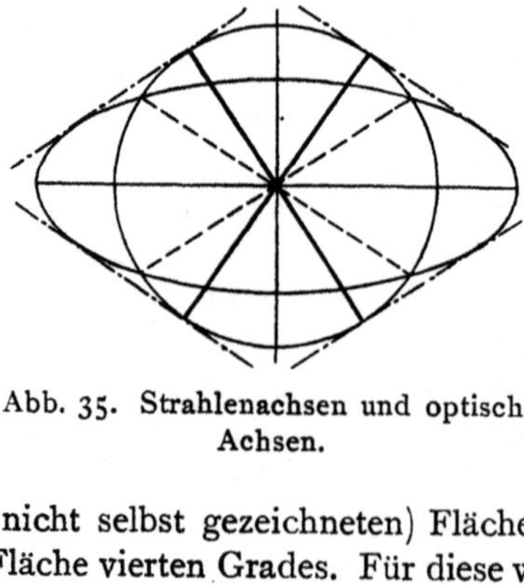

Abb. 35. Strahlenachsen und optische Achsen.

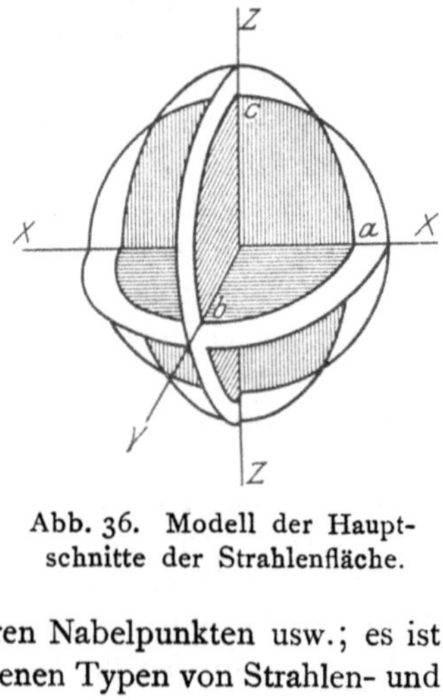

Abb. 36. Modell der Hauptschnitte der Strahlenfläche.

(hier nicht selbst gezeichneten) Fläche mit ihren Nabelpunkten usw.; es ist eine Fläche vierten Grades. Für diese verschiedenen Typen von Strahlen- und

Wellenflächen hat man einerseits Pappmodelle der Hauptschnitte nach dem obigen Muster, andrerseits Gypsmodelle der Flächen selbst (in Oktanten zerlegbar) hergestellt, an denen man die Einzelheiten studieren kann.

An alledem ändert sich nichts Wesentliches, wenn man die elastische durch die elektromagnetische Theorie des Lichts ersetzt; nur hat man jetzt den Vorteil, daß man die Konstanten v_1, v_2, v_3 nicht als elastische Konstanten eines hypothetischen Äthers zu deuten braucht, sondern auf tatsächlich bekannte Konstanten, nämlich auf die Hauptdielektrizitätskonstanten (die magnetischen kommen weniger in Betracht) zurückführen kann.

V. Leitung.

48. Mitführung, Leitung, Strahlung. Nachdem wir somit die rein geometrischen Veränderungen der Intensität einer Erscheinung untersucht haben, kommen wir jetzt zu der zweiten der beiden angedeuteten Fragen, und hier handelt es sich nicht mehr um geometrische, sondern um physische Verhältnisse, um die Art und Weise, wie die Stärke einer Erscheinung bei ihrer Ausbreitung im Raume beeinflußt wird. Indessen zeigt sich sehr bald, daß wir diese Vorgänge noch nicht behandeln können, solange wir nicht das physische Wesen der Ausbreitung selbst studiert haben; wir müssen also zunächst weiter ausholen und in gewissem Sinne wieder von vorn anfangen.

Ein irgendwo sich abspielender Vorgang kann auf drei verschiedene Arten an andre Orte des Raumes übertragen werden; die erste von ihnen können wir zunächst einmal rasch erledigen, werden aber freilich später darauf zurückkommen müssen. Es ist die Übertragung durch Konvektion, d. h. durch körperliche Mitnahme des Trägers des Vorganges. Wenn ich eine tönende Stimmgabel mit der Hand an einen andern Ort trage, so übertrage ich damit auch die Tonschwingungen; und wenn ich ein Glas heißen Wassers ebenso behandle, übertrage ich nicht bloß das Wasser, sondern auch seinen Wärmeinhalt an den neuen Ort; und so auf allen Gebieten. In gewissem Sinne gehört hierher auch die Emissionstheorie des Lichts; und wenn diese auch längst aufgegeben ist, so hat sie doch auf andern nahe verwandten Gebieten, insbesondere bei manchen unter den neu entdeckten Strahlen eine Wiedergeburt gefeiert; aber davon später. Übrigens gibt es ja auch im Bereiche der Sinneswahrnehmungen einen Fall dieser Art: die Geruchsempfindung kommt bekanntlich dadurch zustande, daß feine Teilchen der riechenden Substanz in das Riechorgan gelangen.

Hiervon abgesehen gibt es zwei Arten der Ausbreitung eines Vorgangs im Raume; und man pflegt sie mit charakteristischen Namen zu belegen, man bezeichnet die eine als Leitung, die andre als Strahlung. Ursprünglich war dieser Gegensatz in der Tat ein vollkommener, und er konnte mit sehr einfachen Worten ausgesprochen werden: Leitung ist eine Nahwirkung, Strahlung ist eine Fernwirkung; Leitung geht von Schicht zu Schicht des den Übertragungsraum erfüllenden Mediums vor sich, in jeder dieser Schichten Spuren des Phänomens hinterlassend; Strahlung wirkt unmittelbar von der Quelle auf das Objekt der Bestrahlung, das Zwischenmedium bleibt unberührt; Leitung geht nur durch stoffliche Medien hindurch, Strahlung auch durch den »leeren« Raum; endlich, und nicht am unwichtigsten: Leitung braucht Zeit, Strahlung erfolgt augenblicklich. Indessen hat sich im Laufe der Zeiten herausgestellt, daß keiner dieser Gegensätze in dieser kategorischen Form haltbar ist; auch Strahlung erfordert ein Medium, und sei es der hypothetische Äther; auch Strahlung erfordert Zeit (und wir haben ja die hier auftretende Fortpflanzungsgeschwindigkeit zur Genüge kennen gelernt); auch Strahlung beeinflußt das Zwischenmedium in einem gewissen Grade, wenn auch naturgemäß desto schwächer, je weniger stofflich es ist, wie denn z. B. durch die Sonnenstrahlung die Atmosphäre der Erde nur sehr wenig, der Weltraum aber so gut wie gar nicht erwärmt wird. Auch sonst hat sich vielfach gezeigt, daß Leitung und Strahlung einander nicht immer schroff gegenüberstehen, daß es vielmehr zahlreiche Fälle gibt, wo die Entscheidung zugunsten der einen oder andern schwer wird und schließlich nur eine Art vom Kompromiß übrig bleibt. Ein gewisser, mehr tatsächlicher als grundsätzlicher Unterschied besteht in dieser Hinsicht für die verschiedenen Aggregatzustände, insofern bei den festen und flüssigen Körpern die Leitung, bei den Gasen die Strahlung an der Spitze steht; aber auch dort kommt Strahlung und auch hier Leitung vor. Behalten wir also diese Schwierigkeit im Auge und betrachten wir die beiden Prozesse nacheinander im einzelnen!

49. Schalleitung. Fangen wir mit einem mechanischen Falle an, mit der Fortpflanzung des Schalls; da haben wir gleich ein Beispiel für die zweifelhafte Scheidung zwischen Leitung und Strahlung. Da der Schall eine Wellenbewegung ist, und da man von Schallstrahlen spricht, wird man zunächst an Strahlung denken, und der ganze Habitus dessen, wovon wir jetzt reden werden, entspricht dem auch wirklich; trotzdem hat es sich eingebürgert, von Schalleitung zu sprechen und jedem Stoffe ein bestimmtes Schalleitungsvermögen zuzuschreiben. Man kann sich übrigens die Entscheidung sparen (oder sie umgehen), wenn man einen neuen Begriff einführt, und zwar von reziproker Bedeutung: das Absorptionsvermögen; damit kommen wir also zu den Absorptionserscheinungen, die uns noch wiederholt beschäftigen werden. Je größer der Absorptionskoeffizient, desto kleiner das Leitvermögen, und umgekehrt. Nun haben wir ja schon früher den Einfluß von Reibung und Wärmeleitung auf die Fortpflanzung des Schalls in Röhren betrachtet; zu den dort erwähnten Theorien von Helmholtz und Kirchhoff können hier allgemeinere von Stokes (1851) und Lord Rayleigh (1897—99) gefügt und schließlich bemerkt werden, daß die allgemeinste Theorie dieser Frage von Boussinesq (1891) ausgearbeitet worden, aber so verwickelt ist, daß hier nicht näher darauf eingegangen werden kann. Die Grundformel der Absorption, die übrigens im wesentlichen für alle Gebiete gilt (nicht bloß für den Schall), ist schon sehr alt; sie lautet:

$$J = J_0 \cdot e^{-ar},$$

stellt also eine Abnahme der Intensität in geometrischer Reihe auf, wenn die Entfernung, also die durchmessene Strecke, in arithmetischer Reihe wächst; und die für jedes Medium charakteristische Konstante α ist der Absorptionskoeffizient. Übrigens sind die meisten experimentellen, hierher gehörigen Arbeiten ohne engeren Zusammenhang mit der Theorie und mehr im Hinblick auf die praktische Wichtigkeit des Schalleitungsvermögens (oder reziprok der Schallabsorption) ausgeführt worden; es muß genügen, hier als Beispiel die Arbeiten von ALLARD (1882) für freie Luft und von VIOLLE und VAUTIER (1886) für Luft in Röhren anzuführen. Besonders interessant ist die Frage für feste Medien; hier ist (wie bei Kabeln auf elektrischem Gebiete) zwischen Schallkapazität und Schalleitung zu unterscheiden; und um die letztere einigermaßen genau zu ermitteln, muß man die erstere so groß wählen, daß sie nicht störend eingreift. Im ganzen ist die Schalleitung bei den festen Körpern am größten, bei den Flüssigkeiten steht sie in der Mitte, am kleinsten ist sie bei den Gasen sowie bei den lockeren (porösen) Massen, worauf in der Praxis die Bevorzugung der beiden ersten Klassen von Medien, z. B. beim Fadentelephon und bei den Unterwassersignalen beruht. Auf die Einzelheiten dieser Versuche, so interessant sie vielfach sein mögen, z. B. WHEATSTONES Pianoforteversuch (1832), muß hier verzichtet werden; nur sei noch auf die Fälle von schlechter Schallleitung, also starker Schallabsorption (schallsichere Wände, Wirkung der Schneedecke) hingewiesen.

50. Erkaltung. Indem wir uns nun zur Wärme wenden, beginnen wir mit einem Phänomen, das wir mit beinahe demselben Recht auch schon im Anschluß an früheres hätten behandeln können: das Phänomen der Erkaltung eines über die Temperatur seiner Umgebung erhitzten Körpers. An sich ist nämlich diese Erscheinung gar keine Fortpflanzungs-, sondern eine zeitliche Lokalerscheinung, die Temperatur des Körpers nimmt ab etwa wie die Tonstärke einer Stimmgabel, es handelt sich also, wenn man den Wärmezustand auf Schwingungen zurückführt, auch hier um einen Dämpfungsvorgang. Andrerseits aber zwingt die Erscheinung unmittelbar auch zu einer räumlichen Analyse, nämlich zur Betrachtung der Abgabe von Wärme an die Umgebung und ihrer Ausbreitung in dieser, wobei wiederum zweifelhaft bleibt, ob diese Ausbreitung mehr als Leitung oder als Strahlung anzusprechen ist. Hiervon abgesehen ist die Theorie der Erscheinung schon von dem großen NEWTON (1701) behandelt worden, und das von ihm aufgestellte Erkaltungsgesetz hat noch heute, wenigstens in der Hauptsache, völlige Gültigkeit. Es kann in zwei verschiedenen Formen ausgesprochen werden, in der theoretisch ursprünglicheren, die eine Aussage über die von der Oberfläche s in der Zeit t abgegebene Wärmemenge w macht, und in einer der Beobachtung unmittelbar nahestehenden, die den Verlauf der Temperatur bestimmt. Die erste lautet, wenn θ die Temperatur des Körpers und θ' die der Umgebung ist:

$$w = hst(\theta - \theta'),$$

in Worten: die abgegebene Wärmemenge ist mit der Oberfläche, mit der Zeit und mit dem augenblicklichen Temperaturüberschuß proportional, und der Faktor h kann als Erkaltungskoeffizient (oder als »äußere Wärmeleitfähigkeit«) bezeichnet werden. Da nun mit fortschreitender Zeit θ immer kleiner wird, wird auch w immer kleiner, und deshalb wiederum ist die Abnahme von θ nicht gleichmäßig, sondern vom Charakter einer geometrischen Reihe, wenn t arithmetisch wächst, genau wie früher beim Schall. Setzt man noch fest, daß der Körper die Anfangstemperatur θ_0, nach sehr langer Zeit aber die Temperatur θ' der Umgebung habe, so erhält man als zweite Ausspruchsweise des Gesetzes die Formel:

$$\theta = \theta' + (\theta_0 - \theta') \cdot e^{-\frac{hs}{c}t},$$

wo c die Wärmekapazität des Körpers ist. Später (1817) haben dann DULONG und PETIT auch noch das Gesetz der Erkaltungsgeschwindigkeit aufgestellt, das ziemlich verwickelt ist und, wie sich nachmals gezeigt hat, sich über die Bedeutung einer empirischen Formel kaum erhebt; und auch die zahlenmäßige Bestimmung der Konstanten h hat zwar zu einer Fülle von Einzelwerten, aber nicht zu einem Gesamtergebnis von tieferer Bedeutung geführt. Schließlich ist die ganze Art der Behandlung des Problems in den Hintergrund getreten gegenüber der Entwicklung der modernen Strahlungsgesetze (s. w. u.).

51. Wärmeleitung. Das, was wir aber nunmehr betrachten wollen, ist zweifellos von typischem Leitungscharakter; es ist die Lehre von der Wärmeleitung in theoretischer und experimenteller Richtung. Hier stehen wir nun vor einer der Großtaten mathematischen Erfindungsgeistes, wie er uns in der FOURIERschen Theorie der Wärmeleitung entgegentritt; sie ist, nach langjährigen Vorbereitungen, im Jahre 1822 in systematischer Form (Théorie analytique de la Chaleur) veröffentlicht worden und bildet noch heute die Grundlage der ganzen Lehre. Sie ist auch allgemein erkenntnistheoretisch von hohem Interesse, insofern sie die Gesamtheit der hier auftretenden Phänomene als Ausfluß rein geometrischer Verhältnisse hinstellt, ohne daß es irgendwie darauf ankäme, eine bestimmte Vorstellung über das Wesen der Wärme zugrunde zu legen; sie könnte ein Stoff, eine Energieform oder sonst etwas sein, hier kommt es nur darauf an, daß sie eine mathematisch zu fassende Größe ist. Es handelt sich also um eine befreiende Tat ähnlichen Schlages, wie sie etwa ABBE auf dem Gebiete der optischen Abbildung zu danken ist; auch hier ist die Gesamtheit der Grundgesetze rein geometrischen Charakters und völlig unabhängig von der Art ihrer physischen Realisierung.

Für homogene, isotrope Körper gilt die Grundgleichung

$$\frac{\partial \theta}{\partial t} = a^2 \Delta \theta,$$

wo Δ die Summe der drei zweiten Differentialquotienten nach den Koordinaten x, y, z und a^2 die »Temperaturleitfähigkeit« ist; sie setzt sich aus Dichte ϱ, spezifischer Wärme s und Wärmeleitfähigkeit k nach der Formel $a^2 = k/(\varrho s)$ zusammen. Teils schon FOURIER selbst, teils seine Nachfolger haben nun diese Gleichung auf die verschiedensten Fälle angewandt und, mit Rücksicht auf die jedesmal auftretenden Grenzbedingungen, gelöst; insbesondere für ein-, zwei- und dreidimensionale Medien, für den stationären und den veränderlichen Zustand usw. Einen derartigen Fall, nämlich die Fortpflanzung periodischer Temperaturschwankungen in das Erdinnere hinein haben wir schon als Anwendung der FOURIERschen Reihen kennen gelernt (S. 77). Eine andre, ebenfalls geophysikalische Anwendung bezieht sich auf die Zunahme der Temperatur beim Fortschreiten in das Erdinnere, auf das, was man in Bohrlöchern oder Tunneln den Temperaturgradienten nennt; gegenwärtig beträgt diese Zunnahme im Mittel 1 Grad auf 35 m. Sie ist indessen nicht immer die gleiche gewesen; aus der FOURIERschen Theorie hat Lord KELVIN (1858) den zeitlichen Verlauf des Gradienten während der vergangenen Jahrtausende berechnet und schließlich daraus gefolgert, daß mindestens 20 und höchstens 150 Millionen Jahre vergangen sind, seit die Erde erstarrt ist, eine Folgerung, die neuerdings mit Rücksicht auf die radioaktive Tätigkeit der Erde angegriffen worden ist, aber trotzdem im wesentlichen aufrecht erhalten werden darf, weil die auf die Erdkruste beschränkten radioaktiven Vorgänge nur in sehr bescheidenem Maße jenes Zahlenergebnis abändern können.

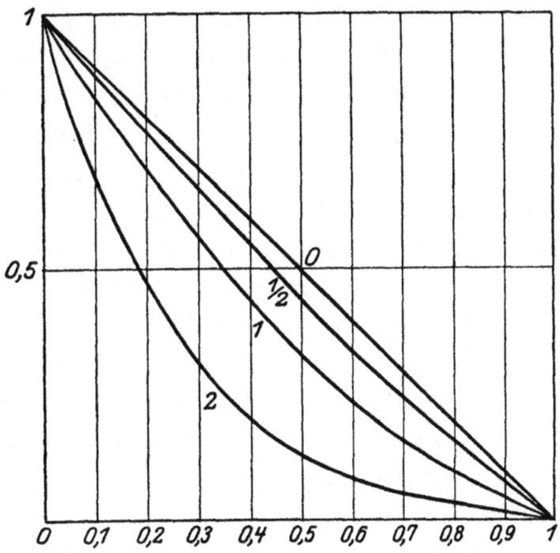

Abb. 37. Temperaturen in einem Stabe.

Ein andrer typischer Fall ist die Wärmeleitung in einem Stabe, die dadurch stationär gestaltet wird, daß die beiden Stabenden dauernd auf konstanter Temperatur erhalten werden, z. B. das eine auf 100°, das andre auf 0°; die Temperatur nimmt dann von dem heißen nach dem kalten Ende nicht gleichförmig, sondern in der in der Abb. 37 dargestellten Weise ab, also anfangs schnell, nach und nach immer langsamer; und zwar ist die Kurve desto gekrümmter, je schlechter, desto annähernder geradlinig, je besser der Stoff leitet. Dieser Fall wird häufig mit dem entsprechenden der Elektrizitätsleitung in einem zylindrischen Leiter (Draht, Stab) in Parallele gestellt und der Umstand, daß hier der Abfall des Potentials oder der Spannung (das ist hier die der Temperatur entsprechende Größe) geradlinig erfolgt, als ein charakteristischer Unterschied zwischen den beiden Agentien hingestellt; ganz zu Unrecht, denn unter gleichen Voraussetzungen verhalten sich beide völlig gleich. Und zwar spielt hier eine neue Erscheinung hinein, nämlich die Abgabe von Wärme bzw. Elektrizität nach außen (Ausstrahlung, äußere Leitfähigkeit); je größer die innere Leitfähigkeit ist, eine desto geringere Rolle spielt die Abgabe nach außen; und wenn man den elektrischen Strom durch relativ schlechte Leiter hindurchgehen läßt oder bei guten Leitern die Spannung besonders hoch wählt, dann erhält man auch im elektrischen Falle ähnliche Kurven (GAUGAINS Versuche und Messungen 1860).

Kehren wir zur Wärmeleitung zurück, so müssen wir aus der Fülle der an FOURIER sich anschließenden theoretischen und experimentellen Arbeiten wenigstens die grundsätzlich oder praktisch wichtigsten herausgreifen; dabei spielt eine Hauptrolle die Bestimmung der Leitfähigkeit selbst nach möglichst einwandfreiem und genauem Verfahren, und zwar teils nur in relativem, vergleichendem, teils aber in absolutem Maße. Der erste, der hier in Frage kommt, ist INGENHOUSS (1789), der die Wärmeleitung in Stäben miteinander verglich; BIOT (1816) stellte das Gesetz der exponentiellen Abnahme der Temperatur in einem Stabe fest (diese beiden also schon vor dem Erscheinen des FOURIERschen Werkes); dann folgen DESPRETZ (1828, Stäbe), PÉCLET (1842, Platten), FORBES (1852, Stäbe in stationärem Zustande), WIEDEMANN und FRANZ (1853, ebenso), F. NEUMANN (1862, veränderlicher Zustand, auch mit Anwendung auf den zum Ringe geschlossenen Stab), KIRCHHOFF und HANSEMANN (1880, Würfel, absolute Werte) und viele Andere. Von besonderem Interesse ist auch hier eine vergleichende Feststellung, nämlich der Parallelismus zwischen thermischer und elektrischer Leitfähigkeit; er wurde zuerst von FORBES (1850) bemerkt und dann von WIEDEMANN und FRANZ (1853) näher untersucht; aber erst H. F. WEBER und LORENTZ (1881) haben ihn in seiner, doch nicht so ganz einfachen Gesetzmäßigkeit erkannt; die eine Größe ist nämlich eine lineare Funktion der andern, und das sogenannte Leitverhältnis (Verhältnis der elektrischen zur thermischen Leitfähigkeit) ist nicht durchaus eine Konstante, sondern von Stufe zu Stufe (und mit der Temperatur) verschieden (KOHLRAUSCH 1899, JÄGER und DIESSELHORST 1900).

Soweit die festen Körper. Für Flüssigkeiten (erste Messung von DESPRETZ 1838) und Gase (erster Nachweis durch MAGNUS 1860, erste durchgeführte Versuche von STEFAN 1872, Feststellung der tatsächlichen Gesetze durch KUNDT und WARBURG 1875, Messung mit Rücksicht auf die Temperatur durch WINKELMANN 1876, GRÄTZ 1881 u. a.) gilt zwar die Theorie unverändert, aber die experimentelle Bestimmung ist hier viel schwieriger, weil zwei Fehlerquellen auftreten: die Konvektion und die Strahlung. Bei festen Körpern lassen sie sich immerhin ziemlich restlos beseitigen, bei flüssigen und gasigen aber tritt die Erscheinung durchaus störend auf, daß, eben infolge der einseitigen Erwärmungen sich Strömungen bilden, die die Wärme konvektiv mitnehmen; und bei den Gasen, deren Wärmeleitfähigkeit ohnehin klein ist, spielt dann auch noch die Strahlung eine große Rolle, und es ist kaum völlig möglich, die beiden Vorgänge der Leitung und Strahlung voneinander zu trennen; die Ereignisse sind daher nicht allzu exakt. Übrigens hängt bei allen Stoffen die Wärmeleitfähigkeit von der mittleren Temperatur des Körpers ab; aber während dieser Einfluß bei festen und flüssigen Stoffen nur gering und nicht einheitlich ist, findet bei Gasen eine erhebliche Zunahme der Leitfähigkeit mit steigender Temperatur statt, eine Tatsache, die sich durch die kinetische Theorie der Gase leicht erklären läßt; nur herrscht hier zahlenmäßig insofern keine Übereinstimmung zwischen Theorie und Erfahrung, als nach der ersteren die Leitfähigkeit, je nach den besonderen Annahmen (MAXWELL bzw. CLAUSIUS) mit der absoluten Temperatur bzw. mit ihrer Wurzel proportional sein soll, während die beobachteten Koeffizienten teils zwischen beiden Grenzen, teils sogar außerhalb liegen; immerhin lassen sich auch diese Abweichungen in der Hauptsache kinetisch darstellen (BOLTZMANN 1872). Die kinetische Theorie leistet aber noch etwas andres: sie setzt die Wärmeleitung zu einer andern Erscheinung, und zwar aus dem Gebiete der Mechanik, zur innern Reibung, in Beziehung, und eine solche Überbrückung bedeutet stets einen wesentlichen Fortschritt auf dem Wege zur Vereinheitlichung unserer Erkenntnis. Allerdings ist in der betreffenden Formel der eine oder andre Faktor etwas unsicher; am einwandfreiesten ist die Formel

$$k = 3{,}75\,(\varkappa - 1)\,\eta s\,,$$

wo k die Leitfähigkeit, η der Reibungskoeffizient, s die spezifische Wärme und $\varkappa$ das Verhältnis der beiden spezifischen Wärmen (bei konstantem Druck und bei konstantem Volumen, für Luft usw. rund 0,4) ist. Schließlich sei bemerkt, daß bei Gasen auch noch eine Abhängigkeit der Wärmeleitfähigkeit vom Druck in Frage käme und sogar von vornherein recht wahrscheinlich ist; indessen hat sich gezeigt (und das stimmt mit den Forderungen der kinetischen Theorie überein), daß der Druck keinen Einfluß ausübt mit Ausnahme der Fälle, in denen der Druck besonders stark herabgemindert ist (bis unter 1 mm *Hg*); indessen kann man diese Erscheinung, statt auf veränderte Leitfähigkeit, auf einen Temperatursprung an der Grenze von Gas und Wand zurückführen, und ein solcher ist von SMOLUCHOWSKI (1898) tatsächlich nachgewiesen worden, eine Erscheinung, die völlig in Parallele steht mit der Gleitung, d. h. mit der Unstetigkeit der Geschwindigkeit am innern Mantel von Röhren, durch die Flüssigkeit oder Gas strömt.

Um auch über die Werte der Leitfähigkeit etwas zu sagen, so stehen die Metalle, insbesondere Gold, Silber und Kupfer an der Spitze; dann folgen andre feste und flüssige Stoffe, am tiefsten stehen die Gase; und eine für die Praxis (ebenso wie beim Schalleitungsvermögen) wichtige Klasse von Körpern sind die lockern oder porösen Massen, die zum Schutz gegen Wärme- oder Kälteübertragung vielfach von Bedeutung sind (Eisschrank, Schneedecke auf Äckern); der überhaupt schlechteste Wärmeleiter ist indessen begreiflicherweise das Vakuum (DEWARsche Gefäße, Thermosflasche).

52. Elektrizitätsleitung im allgemeinen. Indem wir jetzt zur Elektrizitätsleitung übergehen, nehmen wir trotzdem von der Wärmeleitung nicht gänzlich Abschied, werden vielmehr sofort Gelegenheit haben, das in vielen Fällen für die Erkenntnis dienliche Vergleichungsprinzip von neuem anzuwenden. Der Wärmestrom in einer Leitung kann, so wurde ja, wenn auch flüchtig, bemerkt, stationär oder veränderlich sein, und im letzteren Falle ist von besonderem Interesse, namentlich bei einem zum Ringe geschlossenen Stabe (F. NEUMANN) die periodische Veränderung; es laufen dann Wärmewellen durch den Leiter. Ganz ähnliche elektrische Wellen haben wir nun ebenfalls schon gelegentlich betrachtet, und wir werden auch noch darauf zurückkommen; für jetzt aber wollen wir die stationären Strömungen betrachten, und zwar in einer ringförmig geschlossenen Leitung, die sich aus den verschiedensten Gliedern zusammensetzen darf. Die Frage lautet: unter welchen Umständen entsteht in diesem geschlossenen Kreise eine Strömung und unter welchen kommt sie nicht zustande? Im Falle der Wärme ist die Antwort recht einfach; die Glieder müssen hier natürlich verschiedene Temperaturen haben, also, wenn nur zwei vorhanden sind, muß das eine heiß, das andre kalt sein, und es wird dann allerdings von jenem zu diesem ein Wärmestrom fließen, aber nicht nur einer, sondern zwei, nämlich links und rechts herum; und da diese Ströme aus Symmetriegründen gleich stark sind, ist das Endergebnis null, es kommt überhaupt kein Strom zustande; und wenn man statt zweier beliebig viele, beliebig temperierte Glieder nimmt, so lehrt doch eine einfache Überlegung, daß das Ergebnis dasselbe sein muß, daß sich Strömung und Gegenströmung aufheben, also Wärmegleichgewicht eintritt. Es liegt das daran, daß die Temperaturdifferenz eine additive Größe ist, d. h., daß man die Temperaturdifferenz $(1,2)$ zwischen zwei Körpern durch die Differenz zweier Größen $(1)-(2)$ ausdrücken kann, von denen jede dem einen der Körper zugeordnet ist, für diesen aber allgemein gilt, auch in Berührung mit irgendeinem dritten Körper; die Addition $(1,2)-(2,3)-\cdots(n,l)$ läßt sich daher in der Form $(1)-(2)+(2)-(3)+\cdots+(n)-(1)$ schreiben, und das gibt null. Genau ebenso nun verhält sich die Sache, nur mit Einsetzung der Potentiale statt der Temperaturen, beim elektrischen Kreise; aber, und das ist das interessante und entscheidende, nicht allgemein, sondern nur dann, wenn sämtliche Glieder des Kreises sog. Leiter erster Klasse sind (Metalle und einige Nichtmetalle), nicht aber, wenn auch nur ein einziger Leiter zweiter Klasse (Säuren, Salzlösungen usw.) darunter ist; in jenem Falle tritt elektrisches Gleichgewicht ein, in diesem dagegen entsteht ein stationärer elektrischer oder, wie man in diesem Falle auch sagt, galvanischer Strom. Es würde zu weit führen, Gedanken wiederzugeben, die man sich darüber machen kann, ob es nicht auch Wärmeglieder zweiter Klasse gibt, und wie sich alsdann das Phänomen gestaltet. Jede Stelle im Kreise, wo eine nichtadditive Pontentialdifferenz auftritt, heißt eine elektromotorische Kraft, diese ist also als »Ursache« des elektrischen Stroms anzusehen. Und wie in der Mechanik die Beschleunigung außer von der Kraft auch vom Bewegungswiderstande des Körpers, von seiner Masse, abhängt, so hier die Stromstärke, außer von der elektromotorischen Kraft auch vom galvanischen

Widerstande; und die Formeln sind völlig entsprechend, dort $b = k/m$, hier $i = e/w$. Diese ganze Lehre ist von GEORG SIMON OHM (1827) begründet, aber erst von KIRCHHOFF (1849) einwandfrei und im Zusammenhang mit der allgemeinen Grundlegung der Elektrizitätslehre ausgebaut worden. Bekanntlich ist diese Theorie, die Strömungstheorie, später durch die Feldtheorie (MAXWELL, HERTZ, COHN, LORENTZ u. a.) verdrängt worden, die den Vorgang in der Hauptsache nicht in den Leiter, sondern in das ihn umgebende Feld verlegt; wenn sich diese beiden Theorien anscheinend widersprechen, so liegt das im Grunde nur daran, daß man verschweigt, was denn fortgeleitet wird; die Metalle sind Leiter der Elektrizität, aber sie sind Nichtleiter der elektrischen Energie (HERTZ 1890). Noch später hat sich dann eine dritte, gegenwärtig herrschende, wieder mehr an die erste anknüpfende Theorie ausgebildet, die Wanderungstheorie, und zwar in den beiden verschiedenen Formen der Ionen- und Elektronentheorie (für die erstere: FARADAY 1833, CLAUSIUS 1857, HITTORF 1853, ARRHENIUS 1884, KOHLRAUSCH 1887 usw., für die letztere: LORENTZ 1892, RIECKE 1898, DRUDE 1900 usw.); daß auch diese Vorstellung der Feldtheorie nicht widerspricht, sondern sich sehr wohl mit ihr verknüpfen läßt, hat namentlich RICHARZ (1909) gezeigt.

Es ist von großem Interesse zu sehen, wie parallel zwei Erscheinungsgebiete — hier die Leitung der Wärme und der Elektrizität — miteinander laufen, um sich dann doch nach sehr verschiedenen Formulierungsrichtungen hin zu entwickeln. Das Grundgesetz lautet (für wesentlich lineare Leitung) in beiden Fällen: die Stromstärke ist gleich dem Gefälle (der Temperatur bzw. des Potentials), multipliziert mit dem Querschnitt und einer spezifischen Konstanten, der Leitfähigkeit. Bei der Elektrizitätsleitung bildet man nun einen neuen Begriff, den OHM als reduzierte Länge des Leiters bezeichnete, der aber jetzt allgemein der Widerstand heißt, und der im Zähler die Länge, im Nenner Querschnitt und Leitfähigkeit enthält, und der dann auch auf nichtlineare Leiter sinngemäß ausgedehnt wird. Ein ganz entsprechender Begriff, der des »Wärmewiderstandes«, wäre in dem andern Falle zu bilden, es ist das aber nicht geschehen oder doch nie von irgendwelcher Bedeutung geworden; und doch würde dieser Begriff manche Wärmevorgänge, namentlich auch bei verzweigten oder räumlichen Systemen, in sehr einfache und anschauliche Form bringen. Dagegen gesellt sich nun zu den beiden hier erörterten Gebieten ein drittes, das der Ausbreitung von Tonwellen: hier haben HELMHOLTZ und Lord RAYLEIGH, namentlich bei den Problemen tönender Luftmassen von zylindrischer oder kugliger Gestalt den Begriff des akustischen Widerstandes eingeführt und mit großem Vorteil benutzt; und es hat sich da manche sehr interessante Übereinstimmung zwischen sonst weit abliegenden Problemen herausgestellt, z. B. zwischen dem elektrischen Ausbreitungswiderstand und der bei offenen Pfeifen erforderlichen Längenkorrektion (s. w. u.).

53. Elektrizitätsleitung in festen Stoffen. Wie bei der Wärmeleitung, so wollen wir jetzt auch bei der Elektrizitätsleitung die quantitativen, den verschiedenen Stoffen eigenen Verhältnisse betrachten; aber diese Aufgabe ist hier nicht entfernt so einfach wie dort. Zwar können wir auch hier eine Rangordnung der Stoffklassen aufstellen: die Metalle sind die besten Leiter, die Säuren und Salzlösungen nehmen eine Mittelstellung ein, die übrigen festen, flüssigen und gasigen Stoffe sind in ihrer großen Mehrzahl schlechte Leiter. Aber damit ist die Sache nicht erledigt, und insbesondere zeigt der Einfluß der Temperatur hier ein widerspruchsvolles Verhalten; bei den Metallen nämlich nimmt der Widerstand mit steigender Temperatur zu, bei den Säuren und Lösungen nimmt er ab, woraus zu schließen ist, daß der Vorgang der Leitung in beiden Fällen von Grund aus verschieden ist. Bei den Metallen ist man insofern in mißlicher Lage, als man durch keinerlei beobachtbare Tatsachen unterstützt wird; auch die sorgfältigsten, über lange Zeiten erstreckten Versuche (RIECKE 1901 und später Andere) haben keinen Transport von Materie erkennen lassen, z. B. keine Diffusion des einen Metalls in das andere, wenn die Leitung aus zwei hintereinander geschalteten Metallen besteht; die einzige tatsächlich feststellbare Wirkung des Stromes ist und bleibt die Erwärmung. Man muß also zu Hypothesen greifen; und während man früher annahm, daß die beiden »Fluida«, das positive und das negative, in entgegengesetzten Richtungen strömen, legt man jetzt allgemein die Elektronentheorie zugrunde (RIECKE und DRUDE), nach der lediglich die Elektronen, also die negativen Ladungen, den Transport des Stromes besorgen; übrigens kann aus den Tatsachen heraus, wie gesagt, zwischen diesen Vorstellungen nicht entschieden werden, und es ist deshalb ziemlich gleichgültig, für welche man sich entscheidet.

Die erste Bestimmung metallischer Leitfähigkeit hat zwar schon DAVY (1821) unternommen, aber erst MATTHIESSEN (1860) hat einigermaßen zuverlässige Zahlen erhalten, und er war es auch, der zuerst systematisch die Temperaturkoeffizienten studiert hat; L. LORENZ (Vorläufer CLAUSIUS 1858) hat dann (1872) die theoretische Forderung erhoben und sie (1881) durch sorgfältige Messungen bestätigt, daß der Temperaturkoeffizient des Widerstandes für alle reinen Metalle gleich, und zwar gleich dem thermischen Ausdehnungskoeffizienten der idealen Gase, also 0,00367 sei, wofür man dann auch sagen kann: der elektrische Widerstand ist mit der absoluten Temperatur proportional. Hieraus würde dann folgen, daß im absoluten Nullpunkt der Widerstand gleich null ist, und das ist durch Messungen von DEWAR und FLEEMING (1892), die dabei zu sehr tiefen Temperaturen vorschritten, als tatsächlich höchst wahrscheinlich erwiesen worden. Der metallische Widerstand gegen den elektrischen Strom beruht also lediglich auf der Wärme, also, kinetisch gesprochen, auf der Schwirrbewegung (sei es der Teilchen selbst, sei es der Elektronen). Allerdings hat sich in neuester Zeit durch Untersuchungen von JÄGER und DIESSELHORST (1900), KAMERLINGH ONNES und seiner Schüler (1906ff.) u. A. gezeigt, daß die Proportionalität mit der absoluten Temperatur nicht genau besteht, und daß man verwickeltere Formeln (KAMERLINGH ONNES, LINDEMANN 1911

u. A.) aufstellen muß, um allen Beobachtungen und den individuellen Eigenheiten der Metallsorten zu genügen. Aber das hängt jedenfalls mit Komplikationen in der inneren Struktur der Metalle zusammen und hat mit der Hauptsache nichts zu tun. Das zeigt sich dann besonders deutlich und in den mannigfachsten Einzelheiten bei den Legierungen, deren Verhalten ganz davon abhängt, wie sie innerlich, physikalisch-chemisch, konstituiert sind, insbesondere, ob es sich bei ihnen um Mischungen oder feste Lösungen oder chemische Verbindungen handelt. Und was davon abhängt, ist zweierlei: erstens die Größenordnung des Widerstandes, die bei gewissen Legierungen der der reinen Metalle nahe steht, bei andern aber sehr viel größer ist; und zweitens der Temperaturkoeffizient, der bei jenen ebenfalls normal, bei diesen aber sehr klein, unter Umständen (Konstantan, Manganin und andre für praktische Zwecke hergestellte Legierungen) geradezu null ist. Natürlich darf man hieraus keine Schlüsse auf das Verhalten bei der Annäherung an den absoluten Nullpunkt ziehen, weil auf dem Wege dahin sicherlich innere Veränderungen eintreten und die Kurve abbiegen werden. Was die Zahlenangaben für das elektrische Verhalten der Leiter betrifft, so hat man früher gewöhnlich die Leitfähigkeit λ, bezogen auf Quecksilber, als Einheit angegeben; neuerdings zieht man den absoluten spezifischen Widerstand vor, d. h. den Widerstand w (in Ohm) eines Würfels von 1 cm Kante. An der Spitze steht Silber ($\lambda = 62{,}6$ und $w = 15 \cdot 10^{-7}$), zu unterst Wismut ($\lambda = 0{,}8$ und $w = 1180 \cdot 10^{-7}$); der Temperaturkoeffizient ist meist 0,0037 bis 0,0041, nur bei Wismut und Eisen ist er größer, und zwar im Zusammenhange mit der diamagnetischen bzw. ferromagnetischen Natur dieser Metalle. Besondere Erscheinungen treten auf bei Metallpulvern (Auerbach 1886), deren Widerstand mit der Verdichtung in steigendem Maße und nach bestimmtem Gesetze abnimmt, und bei gewissen Halbleitern, die sich in entgegengesetzten Richtungen und je nach der Behandlungsweise verschieden verhalten, sowohl dem Werte von λ wie dem Temperaturkoeffizienten nach (Bädeker 1907 u. v. a.). Ganz merkwürdig verhalten sich einige wenige Stoffe insofern, als ihre Leitfähigkeit in gewaltigem Maße durch die Belichtung gesteigert wird, so das Selen (W. Smith 1873, Siemens 1876, Anwendung auf die Fernphotographie durch Korn 1907), das Schwefelantimon (Jäger 1907, Martin 1911) und die Silberhaloide (Arrhenius 1888). Schließlich sei die Kohle erwähnt, die einen negativen Temperaturkoeffizienten (W. Siemens 1880) hat, wie denn überhaupt die Halbleiter in mancher Hinsicht bereits den Übergang zu den Flüssigkeiten vermitteln.

54. Elektrizitätsleitung in Flüssigkeiten. In der Tat bietet die Elektrizitätsleitung der Flüssigkeiten, zu der wir nunmehr übergehen, ein ganz andres Bild dar; dabei handelt es sich hier fast ausschließlich um drei Klassen von Flüssigkeiten: die Säuren, die Basen und die Salzlösungen; übrigens kann man auch die beiden erstgenannten Klassen als Lösungen auffassen. Andre Flüssigkeiten kommen kaum in Frage; denn von den beiden Stoffen, an die man hier denken wird, ist der eine, das Quecksilber, durchaus metallischen Charakters und verhält sich wie ein fester Körper; und der andre, das Wasser, ist, wie KOHLRAUSCH und seine Schüler gezeigt haben, im wirklich reinen Zustande ein fast vollkommener Isolator (1894).

Beim Stromdurchgange durch Flüssigkeiten tritt eine grob sichtbare Erscheinung, die Elektrolyse auf; in anderm Zusammenhange haben wir von ihr schon gesprochen. Die Träger der Stromleitung sind hier die durch spontane Dissoziation entstandenen Ionen; und da deren Zahl verhältnismäßig desto größer ist, je verdünnter die Lösung ist, so folgt, daß eine Lösung zwar desto besser leitet, je konzentrierter sie ist, aber nicht im Verhältnis der Konzentration, sondern in schwächerem Verhältnis; und bei starken Konzentrationen kann das Leitvermögen sogar ein Maximum erreichen und dann wieder abnehmen. Um das anschaulicher und einfacher auszudrücken, führt man drei neue Begriffe ein: das Grammäquivalent (soviel Gramm, wie die Äquivalentzahl angibt), die Äquivalentkonzentration η (Zahl der Grammäquivalente des gelösten Stoffes im Kubikzentimeter der Lösung) und das Äquivalentleitvermögen Λ (LENZ 1877, KOHLRAUSCH u. a.) gemäß der Formel $\Lambda = \lambda/\eta$. Man erhält dann den Satz, daß das Äquivalentleitvermögen von seinem Maximum bei äußerster Verdünnung nach und nach, und zwar immer schneller abnimmt, je stärker die Konzentration wird (ARRHENIUS 1884, Verdünnungsgesetz von OSTWALD 1888, unendlich verdünnte Lösungen BREDIG 1894). Als Einheit benutzt man auch hier meist den OHM-Würfel, dargestellt z. B. durch 30prozentige Schwefelsäure von Blutwärme; für Kochsalzlösungen erhält man dann z. B. die Werte (p Gewichtsprozente):

p	5	10	15	20	26,4
$\eta \cdot 10^5$	88	183	284	392	542
$\lambda \cdot 10^4$	672	1211	1642	1957	2156
Λ	76,0	66,2	57,9	49,9	39,8

für Schwefelsäure (wo λ ein Maximum erreicht und dann fällt):

p	5	15	30	60	80	99	100
$\eta \cdot 10^5$	105	338	747	1838	2825	3705	—
$\lambda \cdot 10^4$	2085	5432	7388	3726	1105	390	160
Λ	198,0	160,9	98,9	20,3	3,9	1,1	—

man sieht, wie gewaltig hier Λ abnimmt und daß es sich schließlich der Null nähert; reine Schwefelsäure ist eben ein Nichtleiter.

Nun ist aber Λ keine einfache Größe, es setzt sich vielmehr zusammen aus zwei entsprechenden Größen, deren eine sich auf das Kation, deren andre sich auf das Anion bezieht; es wird somit $\Lambda = \Lambda_k + \Lambda_a$, und die beiden Glieder lassen sich ermitteln durch Messung der Konzentrationsänderungen, die sich während des Vorganges von den Elektroden her in dem Leiter ausbreiten (HITTORF 1853). Hieraus ergibt sich zunächst das Verhältnis der Wanderungsgeschwindigkeiten des Anions und Kations, dieses Verhältnis ist identisch mit dem der beiden Λ; und wenn man den Bruch auf seine einfachste Form $n/(1-n)$ zurückführt, so kann man mit HITTORF n und $(1-n)$ als Überführungszahlen des Anions und des Kations oder auch als ihre relativen Wanderungsgeschwindigkeiten bezeichnen. Kombiniert man jetzt dieses Ergebnis mit der Summengleichung, so erhält man

$$\Lambda_a = n\Lambda \qquad \Lambda_k = (1-n)\Lambda$$

(KOHLRAUSCH 1875). Schließlich kann man mit Hilfe der quantitativen Grunddaten der elektrischen Ladung und des elektrischen Stroms von den relativen zu den absoluten Wanderungsgeschwindigkeiten übergehen und findet dann Werte, die sich um $^1/_{1000}$ cm/sec herum gruppieren (Maximum für das Wasserstoffion 3,3, Minimum für Chlor $^1/_{14}$ dieser Einheit). Die absolute Beweglichkeit der Ionen ist gleichzeitig (1875) von BUDDE und KOHLRAUSCH berechnet und in ihren Gesetzen näher verfolgt worden. Nimmt man nun diese Ergebnisse in den Kreis der ARRHENIUSschen Anschauungen hinüber, so erhält man eine in sich geschlossene Theorie der elektrolytischen Leitung; und es werden damit alle älteren Theorien, wie die von BERZELIUS (1802), GROTTHUS (1805), FARADAY u. A. mehr oder weniger gegenstandslos.

Im Zusammenhange mit der verwickelten Natur des elektrolytischen Leitungsprozesses wird nun auch die anfangs rätselhafte Tatsache verständlich, daß das Leitvermögen der Flüssigkeiten (mit wenigen, noch nicht ganz aufgeklärten Ausnahmen) mit steigender Temperatur nicht zu-, sondern abnimmt (KOHLRAUSCH und GROTRIAN 1875), und zwar meist um einige Hundertel seines Wertes pro Grad; für genauere Zwecke muß man allerdings eine quadratische Formel in Anwendung bringen, aber ihr zweiter Koeffizient läßt sich mit dem ersten in eine, sehr weitgehend gültige Beziehung setzen, so daß man letzten Endes doch wieder auf einen einzigen Temperaturkoeffizienten zurückkommt. Alles das ist durch zahlreiche Forscher, unter denen KOHLRAUSCH und ARRHENIUS voran stehen, nahezu restlos geklärt und auf die beiden maßgebenden Einflüsse, Dissoziation und Ionenbeweglichkeit, zurückgeführt worden. Außer der Temperatur übt übrigens auch der Druck einen Einfluß auf die Leitfähigkeit aus (TAMMANN 1895, in guter Übereinstimmung mit der schon 1887 von PLANCK aufgegestellten Theorie).

55. **Elektrizitätsleitung in Gasen.** Wenn hiernach schon feste und flüssige Leiter ein ganz verschiedenes, zum Teil geradezu entgegengesetztes Verhalten aufweisen, so werden die Verhältnisse bei den Gasen ganz besonders verwickelt; und es ist daher nicht zu verwundern, daß hier der geschichtliche Entwicklungsgang einen überaus langsamen, stockenden und umwegigen Charakter zeigt. Daß Luft die Elektrizität leitet, hat schon COULOMB (1785) bei seinen Versuchen über die Zerstreuung der elektrischen Ladung vermutet, aber nicht richtig gedeutet; etwas näher ist dann nach langer

Pause MATTEUCCI (1850) der Wahrheit gekommen, ohne daß indessen seine Beobachtungen irgendwie fruchtbar geworden wären. Und nicht anders erging es einer Beobachtung von E. BECQUEREL (1853), betreffend die unipolare Elektrizitätsleitung erhitzter Gase, sowie den Untersuchungen von GASSIOT (1854); die letzteren hatten aber wenigstens die eine wichtige Folge, daß auf Grund seiner (und der PLÜCKERschen) Arbeiten die Technik der Entladungsröhren durch GEISSLER (1854) begründet wurde; eine Technik, die dann durch CROOKES und viele Andre bis zu den Röntgenröhren der heutigen Zeit fortgeführt wurde. Dann folgten die Untersuchungen von DE LA RIVE (1867) und HITTORF (1869 ff.), von denen namentlich die letzteren in mancher Hinsicht von großer Bedeutung geworden sind; ferner solche von BLONDLOT (1881), GIESE (1882), ELSTER und GEITEL (1885), J. J. THOMSON (1890) u. A., wobei namentlich die BECQUERELsche Beobachtung der unipolaren Leitung erhitzter Gase wieder aufgenommen und weiter entwickelt wurde. Das alles darf aber nicht darüber hinwegtäuschen, daß ein entscheidender Fortschritt erst dann erzielt werden konnte, als man die mannigfachen Arten unsichtbarer Strahlen (Kathoden-, Kanal-, Radiumstrahlen) zu charakterisieren lernte, und als man andrerseits in der diesen Verhältnissen angepaßten Ionen- und Elektronentheorie einen sicheren Boden unter denen Füßen gewann.

Gase sind an sich nichtleitend; um leitend zu werden, müssen sie ionisiert werden. Die Ionisierung kann durch eine große Anzahl von Einwirkungen erfolgen: durch Erhitzung (die ersten, hierher gehörigen Beobachtungen stammen von ERMAN (1819), der freilich das Wesen der Sache nicht erkennen konnte), durch ultraviolettes Licht (ARRHENIUS 1888, BRANLY, LENARD u. a.), durch Röntgenstrahlen (RÖNTGEN 1895, RIGHI u. a.), durch Radiumstrahlen (BECQUEREL 1896, G. C. SCHMIDT 1898, RUTHERFORD 1899, ELSTER und GEITEL 1899, P. und S. CURIE 1900 u. a.), durch chemische Vorgänge (LE BON 1900) und endlich durch Ionenstoß (Stoß eines Ions auf ein neutrales Atom, das dadurch gespalten wird, J. J. THOMSON 1900, STARK 1901).

Sobald ein Gas ionisiert wird und damit leitend wird, entsteht die sogenannte unselbständige Strömung, die, wenn die ionisierende Ursache aufhört, auch ihrerseits wieder erlischt, weil sich die Ionen durch Rekombination wieder vereinigen. Dagegen entsteht selbständige Strömung (STARK 1901) durch die Wirkung der eigenen bewegten Ionen auf die von ihnen abgestoßenen, noch neutralen Gasteilchen. Übrigens verliert das bestrahlte Gas sein Leitvermögen beim Durchgange durch Baumwolle, teilweise auch beim Durchgange durch ein enges Metallrohr. Senkt man in die dauernd bestrahlte Luft zwei mit einer Elektrizitätsquelle verbundene Elektroden, so erhält man, weil immer neue Spaltungen eintreten, einen dauernden Strom. Da aber je nach der wirkenden elektromotorischen Kraft das Verhältnis der Neubildung zur Rekombination von Ionen sowie deren Geschwindigkeit verschieden ist, gilt hier nicht allgemein das OHMsche Gesetz, also gibt es auch keinen einheitlichen Widerstand bzw. Leitvermögen. Vielmehr steigt der Strom, bei wachsender Spannung, erst schnell, dann immer langsamer an, wird dann konstant und steigt schließlich von neuem (Abb. 38). Der konstante Strom im mittleren Teile heißt Sättigungsstrom, seine Stärke ist mit dem Elektrodenabstand nicht umgekehrt, sondern direkt proportional. Bei noch größerer Spannung erhalten die Ionen so große Energie, daß sie neutrale Gasteilchen (s. o.) durch Ionenstoß ionisieren, und dem entspricht der dritte Teil der Kurve. Schließlich kann man die Bestrahlung ganz weglassen und erhält dann selbständige Strömung. Die Spannung gehorcht ihrerseits nicht den Gesetzen stationärer Ströme, d. h. sie nimmt von der Anode zur Kathode nicht gleichförmig ab, sondern, bei unselbständiger Strömung, erst schnell, dann langsam und dann wieder schnell (Abb. 39). Hiernach hängt das spezifische Leitvermögen eines Gases ganz von den Umständen ab. Als Beispiel sei der Fall der positiven Lichtsäule gewählt, also des Glimmlichts, das bei etwas stärkerer Evakuierung nahe der Anode auftritt. Hier nimmt das Leitvermögen mit der Stromdichte zu, also sowohl bei Erhöhung der

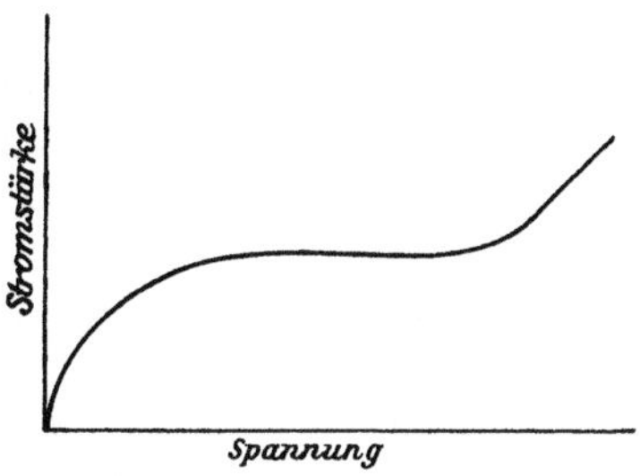

Abb. 38. Stromstärke in einem Gase.

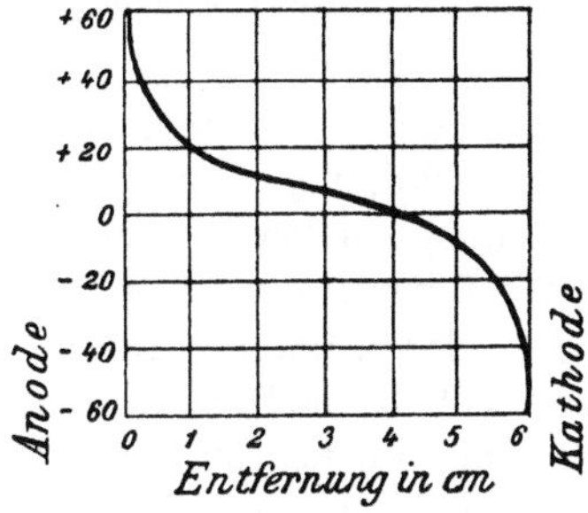

Abb. 39. Spannungsabfall in einem Gase.

Stromstärke wie bei Verringerung des Querschnitts; außerdem hängt es stark vom Druck ab, und zwar invers. Bei mittleren Werten von Stromdichte und Druck ist z. B. das spezifische Leitvermögen des Wasserstoffs $17{,}3 \cdot 10^{-6}$, das des Stickstoffs $11{,}3 \cdot 10^{-4}$ (auf reziproke Ohm und Zentimeter bezogen). Übrigens läßt sich die Stromstärke (ähnlich wie bei Flüssigkeiten) auf die Beweglichkeiten der beiden Ionen zurückführen gemäß der Formel

$$i = [n(u_1 + u_2)]\frac{pe}{l},$$

wo n die Ionenzahl, u die Beweglichkeiten, l der Elektrodenabstand, e die Spannung und p die Ladung ist; für Wasserstoff ergibt sich z. B. $u_1 = 6{,}74$ und $u_2 = 7{,}95$.

Übrigens sind die Gesetze, nach denen die Spannung in der Gassäule abnimmt, hier, im Gegensatz zu den festen und flüssigen Leitern, sehr verschiedenartig, und folglich erhält auch die Spannungskurve, die dort gradlinig (oder schwach krummlinig) abfällt (Abb. 37), hier eine sehr verschiedene und unter Umständen komplizierte Gestalt. Im Glimmstrome z. B. (Warren de la Rue 1878, Hittorf 1883, Graham 1898, Wilson 1900) erhält man bald steigende, bald fallende Kurven; und als Beispiel sei der Spannungsabfall im Glimmstrom durch Wasserstoff dargestellt (Abb. 40). Im einzelnen ist dann noch zwischen Anodenfall und Kathodenfall zu unterscheiden, es muß jedoch an dieser Andeutung genügen.

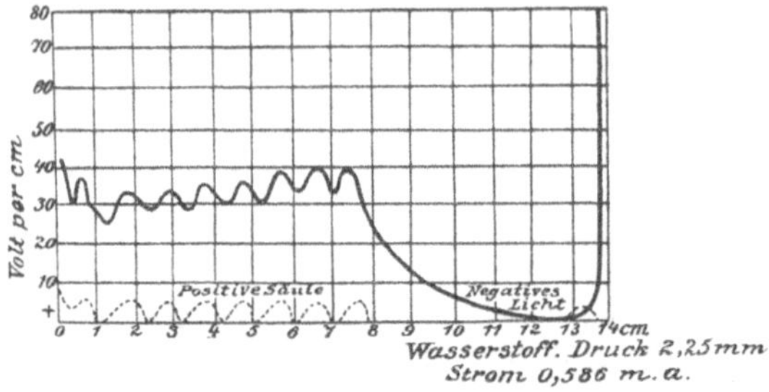

Abb. 40. Spannungsverlauf im Glimmstrom (Wasserstoff).

Wenn die Gasdichte in dem Rohr unter einen gewissen Wert heruntergedrückt wird, hören die Erscheinungen auf, den Charakter von Strömung und Leitung zu haben, und es tritt ein ganz neues Phänomen auf, die Strahlenbildung; von ihr wird sehr bald die Rede sein.

56. Magnetischer Kreis. Vorerst aber haben wir ein, wenn auch kurzes Schlußkapitel zu erledigen: die Leitung des Magnetismus. Da Elektrizität und Magnetismus in vieler Hinsicht ganz entsprechendes Verhalten zeigen, wird man geneigt sein, auch von einem magnetischen Kreise, einem magnetischen Strom, einer magnetomotorischen Kraft und einem magnetischen Widerstand bzw. dem reziproken hiervon, der magnetischen Leitfähigkeit, zu sprechen. Tatsächlich ist dieser Komplex von Begriffen und Beziehungen mit gutem Erfolg in die magnetische Praxis eingeführt worden, und es fragt sich nur, wie das Grundsätzliche daran zu bewerten sei. Die Idee selbst ist sehr alt, sie rührt schon von Leonhardt Euler (1780) her, und die Art, wie er sie (allerdings zum Zwecke der Popularisierung der Wissenschaft) in Worte kleidet, erinnert so auffallend an den heutigen Sprachgebrauch, daß man über die Vorahnung von Anschauungen, die erst mehr als hundert Jahre später zur Geltung kommen sollten, erstaunen muß. Die ersten Versuche über magnetische Leitfähigkeit stellte Cumming (1821) an, mit dem Begriff des magnetischen Widerstandes scheint sich zuerst Joule befaßt zu haben, aber erst Maxwell (1873) sprach die Analogie mit dem elektrischen Stromkreise aus und stellte Sätze auf, die den Kern der neueren Entwicklung der Frage bilden. Den Ausdruck »magnetomotorische Kraft« hat wohl zuerst Bosanquet (1883) geformt. In die Technik eingeführt wurden die Vorstellungen und die Formeln ziemlich gleichzeitig (1886) von den Brüdern Hopkinson und von Kapp; die Ausgestaltung des ganzen Ideenkomplexes erfolgte dann namentlich durch Ewing und du Bois.

Alles das zugegeben, kann man doch nicht laut genug betonen, daß es sich hier um etwas handelt, was, streng wissenschaftlich genommen, in der Luft schwebt. Was für ein Sinn steckt denn in dem OHMschen Gesetze? Doch im wesentlichen der, daß es eine Größe w (Widerstand) gibt, die von vorherein gegeben (nämlich durch Länge, Querschnitt und spezifische Leitfähigkeit bestimmt) ist, sich also bei allen Veränderungen der Spanung e und der Stromstärke i *nicht* ändert; in der Formel $i = e/w$ ist der Nenner w eine Konstante, gerade wie in der Grundformel der Mechanik $b = k/m$ (Beschleunigung gleich Kraft durch Masse) der Nenner m (Masse) eine Konstante ist. Beim magnetischen Kreise ist das aber durchaus nicht der Fall, in der entsprechenden Formel für Induktion $\mathfrak{B}$, Feldstärke $\mathfrak{H}$ und Widerstand s, nämlich $\mathfrak{B} = \mathfrak{H}/s$, hängt s, die reziproke Permeabilität μ, in hohem Maße von $\mathfrak{H}$ ab, der Nenner ist eine Funktion des Zählers, und das Gesetz sagt sachlich überhaupt nichts aus. Dazu kommen dann noch weitere Schwierigkeiten wegen der Gestalt der Eisenkörper, wegen der Streuung, der Sättigung usw. Am deutlichsten aber zeigt sich die Unklarheit des benutzten Bildes bei der Anwendung auf permanente Magnete (ein Analogon dazu auf elektrischem Gebiete gibt es nicht); hier hat in den Jahren 1903 bis 1908 eine lebhafte Diskussion zwischen Physikern und Technikern (GANS und WEBER, EMDE, EICHEL, KEMPKEN usw.) stattgefunden, die sich um die Frage drehte, was denn eigentlich bei einem permanenten Magneten konstant bleibt, wenn man ihn z. B. in einen magnetischen Kreis einschaltet und dessen Widerstand ändert; eine einfache Antwort läßt sich darauf gar nicht geben, man muß mehr oder weniger spitzfindige Ausflüchte machen, und das alles liegt eben an der wissenschaftlichen Unzulänglichkeit, wenn nicht Widersinnigkeit des Bildes. Nun haben wir ja schon hinsichtlich der Elektrizität die Feststellung von HERTZ kennen gelernt betreffend den Leitungscharakter der Metalle; hier kann man, aber mit noch radikalerer Bedeutung, einen ähnlichen Satz aufstellen: es gibt wohl eine Leitfähigkeit für magnetische Kraftlinien (sie findet ihren Ausdruck in der Permeabilität); aber es gibt keine Leitfähigkeit für Magnetismus, in Bezug auf Magnetismus sind alle Stoffe Isolatoren; und deshalb rechtfertigt es sich durchaus, wenn man (s. o.) in den MAXWELLschen Feldgleichungen zwar im elektrischen Teil ein Leitungsglied einfügt, im magnetischen aber vollständig wegläßt.

VI. Strahlung.

57. Strahlentypen. Flüssigkeitsstrahlen. Der Strömung oder Leitung steht als eine andre Art der Fortpflanzung im Raume die Strahlung zur Seite (wie man vorsichtig sagen wird) oder gegenüber (wie man gewöhnlich, und im großen Ganzen mit Recht, sagt). Aber das, was als Strahlung bezeichnet wird, ist selbst nichts Einfaches, es sind vielmehr zwei scharf geschiedene Arten von Strahlung festzustellen, die in groben Fällen kaum etwas miteinander gemein haben, in allen feineren Fällen aber, hypothetisch eingeführt, die beobachteten Tatsachen beide in so weitgehender Weise darstellen, daß der Kampf zwischen ihnen durch Jahrhunderte geht und, zeitweilig abgeflaut, immer wieder aufs neue entbrennt. Bei der Übertragung durch Strömung oder Leitung handelt es sich immer um ein substantielles Agens, mag das nun eine Flüssigkeit oder ein Gas in einem Rohr, mag es Wärme oder Elektrizität sein; und in dem letzteren Falle wiederum das Ion oder das Elektron. Auch bei der Strahlung gibt es einen derartigen Typ, gibt es also Strahlung, die dadurch zustande kommt, daß materielle oder (vorsichtiger gesagt) substantielle Teilchen die ganze Strecke vom Ausgangspunkt bis zum Endpunkt der Strahlung durchmessen; solche Strahlen nennt man Emanations-, Emissions- oder (am treffendsten, weil das Gesamtphänomen bezeichnend) Konvektionsstrahlen. Ihnen steht ein andrer Typ gegenüber (und zwar diesmal scharf gegenüber), bei dem zwar auch derartige Teilchen die tragende Rolle spielen, aber in der Weise, daß jedes Teilchen, abgesehen von Schwingungen, die es ausführt, am Orte bleibt, und die Übertragung erst dadurch zustande kommt, daß jedes Teilchen durch seine Schwingungen das nächste zu ganz entsprechenden anregt usw., kurz dadurch, daß eine Welle vom Ausgangspunkte zum Endpunkte läuft; solche Strahlen nennt man Wellenstrahlen oder Undulationsstrahlen. Als grobes Modell für die beiden Arten kann man den einfachen Botenlauf und, im Gegensatz dazu, den Staffettenlauf zur Übermittelung von Nachrichten heranziehen.

Betrachten wir nun zunächst die Konvektionsstrahlen, so beginnen wir naturgemäß mit den gröbsten unter ihnen, den im eigentlichen Sinne materiellen Strahlen, also mit den Strahlen fester, flüssiger und gasiger Stoffe. Eine Flüssigkeit oder ein Gas in einem Behälter, an den eine Rohrleitung angeschlossen ist, bewegt sich durch das Rohr in der Form der Strömung, und bei einer Flüssigkeit genügt es sogar (wie die Flüsse und die offenen Kanäle zeigen), nur einen Teil des Umfanges durch feste Wandung zu stützen. Wenn aber die Flüssigkeit oder das Gas in einen Raum gelangt, der von Wandungen (in hinreichender Nähe) frei ist, gleichviel ob er ein Vakuum oder mit ruhender Flüssigkeit bzw. ruhendem Gas erfüllt ist, entsteht ein Strahl, ein Flüssigkeitsstrahl bzw. ein Gasstrahl, z. B. ein Wasserstrahl im Vakuum oder in ruhender Luft oder in ruhendem Wasser; und gerade dieser letztere Fall ist besonders geeignet, das Wesen des Vorganges zu erfassen. Das ist nämlich jahrhundertelang in keiner irgendwie als wissenschaftlich zu bezeichnenden Weise geschehen; und es mutet eigentümlich an, daß die Entdeckung des Wesens einer anscheinend so groben und einfachen Erscheinung kein früheres Datum aufweist als das des Jahres 1868. In diesem Jahre veröffentlichte Helmholtz die Abhandlung, in der er zeigte, daß es sich hier um diskontinuierliche (unstetige) Flüssigkeitsbewegungen handelt, daß an der Grenze des Strahls die Geschwindigkeit von einem erheblichen Wert unvermittelt auf null herabsinkt (von der Reibung, die eine gewisse, aber nicht beträchtliche Vermittlung herbeiführt, abgesehen); und den Grund für diese Diskontinuität fand er in dem Umstande, daß bei Flüssigkeiten (und Gasen) mit zunehmender Geschwindigkeit v der Druck p mehr und mehr abnimmt gemäß der Formel $p - c\frac{1}{2}\varrho v^2$, wo c eine Konstante und ϱ die Dichte ist, und daß er somit bei Überschreitung einer gewissen Geschwindigkeit negativ wird. Damit hängt dann auch die Tatsache zusammen, daß eine Flüssigkeit oder ein Gas, wenn es in den freien Raum austritt, diesen nicht vollständig erfüllt, daß es sich nicht (wie die Wärme, das Licht und in normalen Fällen die Elektrizität) »ausbreitet«, sondern sich zusammenhält und damit eben einen Strahl bildet. Wird die Geschwindigkeit noch größer, so erstreckt sich die Diskontinuität sogar auch auf das Innere, der Strahl zerreißt und löst sich in Tropfen auf. Aber davon, von der Gestalt der Strahls, von der theoretischen Lösung des Problems durch komplexe Funktionen und konforme Abbildung (KIRCHHOFF, VOIGT, PLANCK u. A.) und von seinen Anwendungen wollen wir, um den Faden der allgemeinen Untersuchung nicht zu zerschneiden, nicht reden. Nur sei noch bemerkt, daß auch die festen Stoffe, insoweit sie Geschmeidigkeit besitzen, sich grundsätzlich ganz wie Flüssigkeiten verhalten; auch Lehm oder (bei hinreichendem Druck) Blei oder (bei hinreichender Temperatur) Glas fließen aus und bilden Strahlen. Die Strahlbildung ist also, so kann man sagen, eine allgemeine Eigenschaft der ponderablen Materie.

58. Kathoden- und Kanalstrahlen; α- und β-Strahlen. Von diesem Thema zu dem Thema der in der neueren Zeit entdeckten Konvektionsstrahlen (zuweilen auch Korpuskularstrahlen genannt) ist sachlich und geschichtlich ein ungeheurer Sprung. Sachlich kämen hier vielleicht, als einen gewissen Übergang darstellend, die Geruchsstrahlen in Betracht, die ebenfalls noch Massenteilchen zu Trägern haben, uns im übrigen aber hier nichts angehen. Und historisch bildet wohl die einzige Brücke die NEWTONsche Hypothese über die Ausbreitung des Lichts im Raume, die Emanations- oder Emissions-Theorie (1669), die mit ihrer Annahme, daß das Licht aus von der Quelle fortgeschleuderten und bis ins Auge dringenden Teilchen bestehe, anderthalb Jahrhunderte geherrscht hat, dann aber einer besseren Theorie weichen mußte. Und damit glaubte man im 18. Jahrhundert die Konvektionstheorie überhaupt für alle feineren Phänomene der Physik endgültig beseitigt — ein Beispiel dafür, wie vorsichtig man in solchen Dingen sein muß. Denn im letzten Viertel des Jahrhunderts hat sich dann herausgestellt, daß es mehrere Arten von Strahlen gibt, bei denen man zwar zunächst im Zweifel sein kann, welchem Typus sie angehören (und tatsächlich hat bei einigen von ihnen die Meinung mehrfach hin- und hergependelt), die sich aber doch mit der Gesamtheit der Erscheinungen und Gesetze, die sie darbieten, nur auf Grund der Konvektionshypothese in befriedigender Weise beschreiben lassen. Das sind einerseits eine Reihe von Strahlen, die durch elektrische Spannung in stark verdünnten Gasen ausgelöst werden: die Kathodenstrahlen, die Anodenstrahlen, die Kanalstrahlen, die Striktionsstrahlen, die K_1-Strahlen und die A_1-Strahlen; andrerseits die von radioaktiven Körpern ausgesandten Alphastrahlen, Betastrahlen und Deltastrahlen sowie die von glühenden festen Körpern ausgesandten Strahlen (ebenfalls zwei Unterarten); dazu dann noch mehrere Spezialtypen. Wie man sieht, eine schwer übersehbare Mannigfaltigkeit; man wird zunächst versuchen müssen, Ordnung in dieses Chaos zu bringen.

In der historischen Reihenfolge dieser Entdeckungen voran stehen die Kathodenstrahlen; sie sind zuerst (1858) von PLÜCKER beobachtet worden, haben aber erst durch GOLDSTEIN (1876) ihren jetzigen Namen erhalten. Sie entwickeln sich in einem Entladungsrohr bei fortschreitender Druckverminderung aus dem Glimmlicht, gehen von der Kathode aus, sind an sich nicht sichtbar, werden es aber durch Fluoreszenz beim Auftreffen auf eine feste Fläche. Die Hauptsache aber ist, daß es sich hier nicht um Strömung von der Kathode zur Anode handelt, es gehen vielmehr die Strahlen, unbekümmert um den Ort der Anode, senkrecht zur Kathodenfläche in den Raum hinaus, also, je nach der Form dieser Fläche, als paralleles, konvergentes oder divergentes Büschel; überhaupt sind sie in dieser Hinsicht den Lichtstrahlen sehr ähnlich, wie sie denn Schattenbilder von Hindernissen entwerfen usw. Während man die Strahlen nur im Vakuum erzeugen kann, kann man sie, einmal erzeugt, nach LENARD (1892, Vereinfachung der Apparatur von PAULI 1912) durch ein dünnes Aluminiumfenster in die freie Luft hinausgelangen lassen, wo sie allerdings auf sehr kurzer Strecke diffus zerstreut werden (LENARD-Strahlen 1894). Was nun die Natur der Kathodenstrahlen angeht, so stellte schon CROOKES (1878) die Hypothese auf, daß es sich hier um äußerst rasch bewegte Materie handelt, und zwar, wie er sich ausdrükte, um Materie in einem neuen »vierten« Aggregatzustande. Aber damals vermochte man sich mit dieser Annahme noch nicht zu befreunden, man hielt es für absurd, daß Materie derartige Geschwindigkeiten, wie sie hier erforderlich waren, annehmen könnte; und in bezug auf die Materie im eigentlichen Sinne hatte man ja mit diesen Zweifeln ganz recht. Es setzte also die Reaktion ein, und HERTZ z. B. war von der Wellen- oder Äthernatur der Strahlen überzeugt. Erst als SCHUSTER die Konvektionstheorie exakt formuliert hatte und die Forderungen dieser Theorie durch ihn selbst, KAUFMANN (1897) u. A. bestätigt worden waren, war sie gesichert und hat sich seitdem immer mehr befestigt. Ehe wir nun fragen, welches denn nun die Träger der Erscheinung sind (da es doch sicher nicht gewöhnliche materielle Teilchen sein werden), wollen wir die andern besonders wichtigen Strahlenarten betrachten.

Die Kanalstrahlen sind 1886 durch GOLDSTEIN entdeckt worden. Sie entstehen meist in der den Kathodendunkelraum begrenzenden Schicht und gehen auf die Kathode zu, die sie, wenn sie durchlöchert ist, durchsetzen (daher der Name); übrigens können sie auch an andern Stellen entstehen und entgegengesetzte Richtung nehmen; sie sind im allgemeinen unsichtbar, aber gerade der Spezialtyp der leuchtenden wurde zuerst entdeckt. Sie wurden anfangs als Wellenstrahlen aufgefaßt, aber auch hier drang sehr bald die Konvektionstheorie durch und hat sich dauernd erhalten.

Dazu kommen dann drittens (um hier nur die Haupttypen zu nehmen) die von den radioaktiven Körpern ausgesandten Strahlen. Sie wurden am

Uran und an Uransalzen von H. BECQUEREL (1896) entdeckt und werden seitdem vielfach BECQUEREL-Strahlen genannt; bald darauf (1898) wiesen P. und S. CURIE nach, daß der am stärksten wirksame Bestandteil der radioaktiven Substanzen ein bisher unbekanntes Element, das Radium, ist und als drittes gesellte sich das Thorium hinzu; später wurden dann noch zahlreiche derartige Stoffe aufgefunden, so das Polonium, das Aktinium, die Emanation (Gas) usw. (s. w. u.); der Kürze halber kann man die Strahlen, solange sie in ihrer Allgemeinheit in Betracht kommen, als Radiumstrahlen bezeichnen. Hier war nun der Nachweis der Konvektionsnatur der Strahlen viel leichter als bei den elektrisch erzeugten Strahlen; kann man doch hier in vollkommener Freiheit operieren, und zwar nach den verschiedensten Methoden, die sich gegenseitig ergänzen und stützen.

Jetzt sind wir so weit, daß wir die oben schon erwähnte Frage in Angriff nehmen können, wer denn bei diesen verschiedenen Strahlen Träger der Konvektion ist. Zur Beantwortung dieser Frage können verschiedene Feststellungen dienen; aber keine ist von so zwingender Gewalt, wie das Verhalten der Strahlen in einem magnetischen (oder auch, wenn auch in zweiter Linie, elektrischen) Querfelde. Wenn eine Strahlengattung in einem solchen Felde überhaupt keine Einwirkung, d. h. Ablenkung erfährt, so wird man den Schluß ziehen, daß die Träger neutrale Teilchen sind, die lediglich mechanische Masse besitzen und daher auf magnetische (oder elektrische) Kräfte nicht reagieren. Findet dagegen eine Ablenkung statt, so wird man auf Teilchen schließen, die außer ihrer trägen Masse m auch noch elektrische Ladung e besitzen; und je nach der Richtung der Ablenkung wird man auf ein positives oder negatives Vorzeichen des Bruches e/m, also, da m immer positiv ist, auf ein positives oder negatives Vorzeichen von e schließen. Nun zeigt sich bei den Kanalstrahlen, um mit diesen anzufangen: die Strahlung ist zwar keine einheitliche, es sind in ihr auch neutrale Strahlen (GOLDSTEIN) und sogar negative Strahlen (W. WIEN) enthalten; aber die Hauptmasse der Strahlen besteht doch entschieden aus positiv geladenen Teilchen. Dagegen zeigen die Kathodenstrahlen entgegengesetzte magnetische Ablenkung, sie haben also, und zwar fast einheitlich, negativ geladene Teilchen zu Trägern. Was endlich die Radiumstrahlen betrifft, so sind diese überhaupt nicht einheitlich, sie bestehen vielmehr (soweit es hier darauf ankommt) aus drei Strahlenarten, die sich ganz verschieden verhalten und von denen die beiden wichtigsten die Alphastrahlen und die Betastrahlen sind. Die Alphastrahlen werden durch ein Querfeld nach der einen Seite abgelenkt, die Betastrahlen nach der andern; die Alphastrahlen verhalten sich wie die Kanalstrahlen, die Betastrahlen wie die Kathodenstrahlen; jene haben also positiv, diese negativ geladene Teilchen zu Trägern.

Aber zu diesem Vorzeichengegensatz gesellt sich ein quantitativer: die Kanalstrahlen und die Alphastrahlen werden nur schwach, die Kathodenstrahlen stark abgelenkt (vgl. die schematische Abb. 41, in die auch die später zu erwähnenden Gammastrahlen eingezeichnet sind); bei jenen beiden muß also (da e ein für allemal gegeben ist) m relativ groß, bei diesen sehr klein sein. Aus den Messungen ergibt sich nun, daß bei den Alpha- und Kanalstrahlen der Wert von m genau übereinstimmt mit dem, der bei der Elektrolyse für die Ionenmasse herauskommt; es handelt sich also hier um Ionenstrahlen. Bei den Beta- und Kathodenstrahlen aber ergibt sich m als sehr viel kleiner, nämlich nur als der 1830. Teil der Masse des entsprechenden Ions; die Träger dieser Strahlen sind also keine Ionen, sondern sehr viel feinere Teilchen, die man zunächst einmal als Elektronen (STONEY, s. o.) bezeichnen kann. Des weiteren aber zeigt sich (KAUFMANN, ABRAHAM), daß die Masse zwar für relativ mäßige Geschwindigkeit der Teilchen einen festen Wert (eben den obigen Wert m) hat, dann aber mehr und mehr zunimmt; und eine genaue Rechnung läßt den Schluß zu, daß diese Masse überhaupt nicht statischen, sondern kinetischen Charakters ist. Damit sind wir aber in Betrachtungen eingemündet, die wir in ganz anderm Zusammenhange schon vorweggenommen haben, die aber hier in ein neues Licht treten. Wir können nämlich sagen, daß

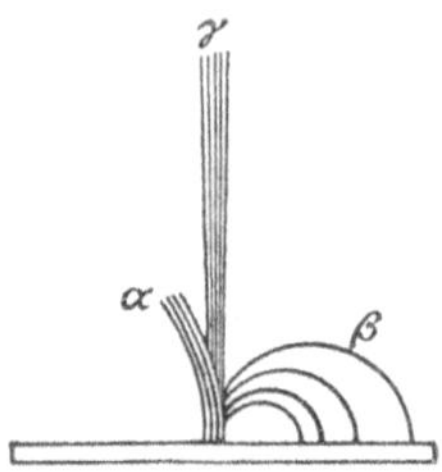

Abb. 41. Verhalten der α-, β- und γ-Strahlen im Magnetfelde.

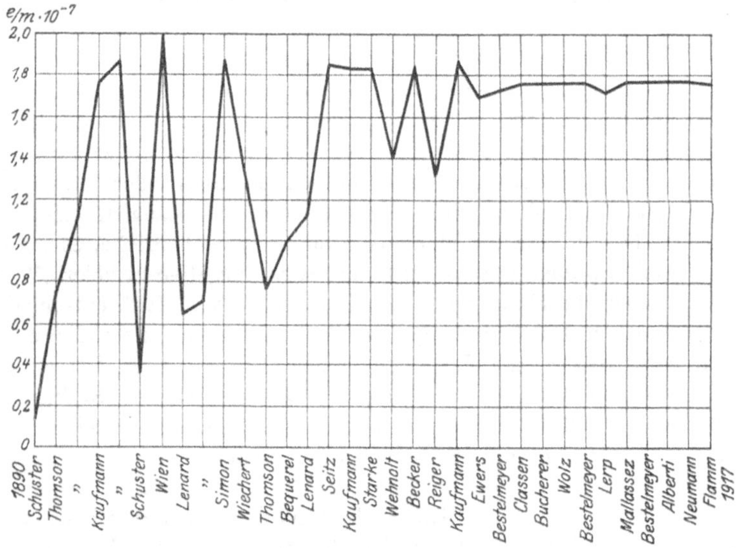

Abb. 42. Geschichte der Bestimmungen von e/m.

die Elektronen nicht äußerst feine, negativ geladene Masseteilchen sind, sondern überhaupt nur Ladungen, und zwar massefreie. Das gilt für die »äußeren« Elektronen restlos, für die »Kernelektronen« nur in dem Sinne, daß hier eine Verknüpfung mit den positiv geladenen, massebegabten Ionen, die wir eben als Kerne bezeichnen, statthat.

Das Verhältnis der Ladung zur Masse ist schon früher zu $1{,}76 \cdot 10^7$ angegeben worden; es sei hier eine interessante Ergänzung dazu gegeben, die erkennen läßt, wie schwer es auf einem so heiklen Gebiete anfangs ist, gute Zahlenergebnisse zu erhalten, wie aber nach und nach, mit der Vervollkommnung der Methoden, die Sicherheit immer größer wird. In der Abb. 42 ist (nach SEELIGER und GEHRCKE mit Hinzufügung einer neuesten Zahl) eine graphische Darstellung der seit 1890 gemachten Bestimmungen des obigen Verhältnisses gegeben, die zeigt, daß anfangs sehr verschiedene Werte gefunden wurden, daß die Differenzen dann immer kleiner geworden und zuletzt fast verschwunden sind; auch ist es interessant, daß früher viel häufiger zu kleine als zu große Werte ermittelt wurden, und endlich, daß eine der ältesten Messungen, die erste von KAUFMANN, schon nahezu genau war. Natürlich bezieht sich die Darstellung auf mäßige Geschwindigkeiten, bei denen eben m noch seinen normalen Wert hat. Ein letzter Wert, nach einer neuen Methode von BUSCH ermittelt, konnte in die Darstellung nicht mehr aufgenommen werden.

59. Weiteres über Konvektionsstrahlen. In Abb. 43 sind alle neueren Strahlenarten schematisch verzeichnet (die Ionenstrahlen ausgezogen,

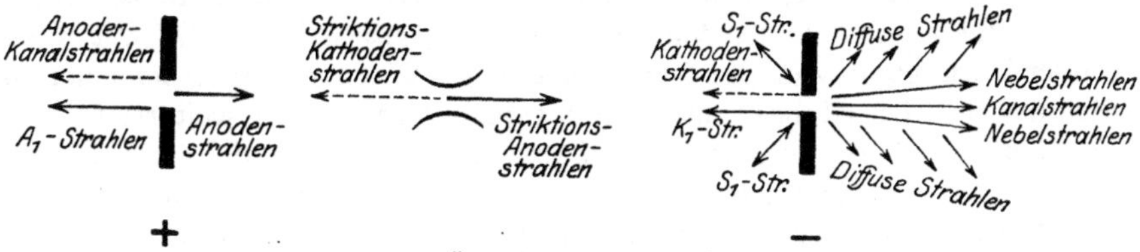

Abb. 43. Übersicht der Strahlenarten.

die Elektronenstrahlen punktiert), also außer den hier behandelten auch die weniger bedeutsamen, die hier nur kurz erwähnt werden können: die Anodenstrahlen (GEHRCKE und REICHENHEIM 1906) sind den Kanalstrahlen verwandt, sind also Ionenstrahlen, gehen aber von der Anode aus und in der Richtung nach der Kathode zu; dagegen laufen zwei andre, an der Anode unter Umständen entstehende Strahlen, die Anodenkanalstrahlen und die A_1-Strahlen nach rückwärts; jene sind Elektronenstrahlen, diese Ionenstrahlen. Von der Kathode gehen außer den Kathodenstrahlen (nach innen) und Kanalstrahlen (nach außen) noch folgende Strahlen aus: nach innen die aus Ionen bestehenden K_1-Strahlen sowie die durch starke Zerstreuung gekennzeichneten S_1-Strahlen, nach außen die Nebelstrahlen und die stark diffusen GOLDSTEIN-Strahlen (alle diese von GOLDSTEIN 1902 ff. aufgefunden). Endlich in einer in das Entladungsrohr eingeführten engen Röhre die Striktionsstrahlen, nach der Kathode hin als Ionenstrahlen, nach der Anode hin als Elektronenstrahlen. Damit sind freilich noch immer nicht alle Typen erschöpft, und auch bei weitem noch nicht alle bei ihrer Auffindung beteiligten Forscher genannt (THOMSON, v. DECHEND und HAMMER, WEHNELT usw.). Soweit die elektrisch erzeugten Strahlen.

Dann, von radioaktiven Körpern ausgehend, die Deltastrahlen (langsame Betastrahlen) und die von glühenden Körpern im Vakuum ausgehenden Glühstrahlen mit Elektronen als Trägern; unsere Kenntnis dieser Lehren hat sich ganz allmählich entwickelt, und es können daher nur beispielsweise einige Namen genannt werden (Wehnelt, Richardson, Langmuir, Haber und Just, alles zwischen 1903 und 1916). Schließlich muß noch auf eine der schönsten Theorien der neusten Zeit hingewiesen werden; auf die Erklärung des Polarlichts durch Störmer, und zwar durch Konvektionsstrahlen; die Berechnung der Bahnen der Teilchen und die Bestätigung der Theorie durch die Versuche von Birkeland mit künstlicher Erde (Terrella), Sonne und Magnetfeld (1904—1918); während man dabei anfangs an Kathodenstrahlen, dann an Betastrahlen dachte, neigt man ganz neuerdings mehr zu den positiven Alphastrahlen, weil sich dadurch die Einzelheiten der Erscheinung weit besser darstellen lassen.

Bleibt noch die Frage der Geschwindigkeit der Konvektionsstrahlen. Für die positiven Ionenstrahlen, also zunächst für die Kanal- und Anodenstrahlen fanden sich Werte zwischen 10^7 und $4 \cdot 10^8$ cm/sec (W. Wien 1898, Gehrcke und Reichenheim 1908, Hammer 1914); für Alphastrahlen dagegen sehr viel mehr, nämlich rund 1,4 bis $2{,}1 \cdot 10^9$ (Rutherford 1913), dieses allerdings nur als Anfangsgeschwindigkeit, während sie mit wachsender Entfernung von der Quelle erst langsam, dann immer schneller abnimmt. Bei den Alphastrahlen kommt dann übrigens als weiteres Charakteristikum noch die Reichweite in Betracht, sie liegt für die verschiedenen radioaktiven Substanzen (s. w. u.) zwischen 2 und 8 cm; und zwischen den drei Größen (Geschwindigkeit v, Reichweite r und Abstand x) besteht die sehr annähernd gültige Beziehung $v^3 = a\,(r - x)$, wo a eine Konstante ist, die, wenn man die Anfangsgeschwindigkeit gleich eins setzt, gleich 0,143 wird.

Was andrerseits die Elektronenstrahlen betrifft, so lassen sich hier noch weniger einheitliche Zahlen geben, weil die Geschwindigkeit von der Spannung und andern Umständen abhängt; man muß sich also mit Grenzwerten begnügen. Für Kathodenstrahlen bewegen sich die Zahlen zwischen $2 \cdot 10^9$ und 10^{10}, für Lenard-Strahlen zwischen $4 \cdot 10^9$ und 10^{10}, für Betastrahlen ist die Geschwindigkeit noch größer, nämlich $2 \cdot 10^{10}$ bis $2{,}9 \cdot 10^{10}$. Das ist nun insofern ein sehr merkwürdiges Resultat, als diese letztere Zahl dicht an die Lichtgeschwindigkeit ($3 \cdot 10^{10}$) heranreicht, also unter Umständen wohl auch mit ihr nahezu identisch werden kann, während doch die beiden Erscheinungen, von denen die eine vom Konvektions-, die andre vom Undulationscharakter ist, gar nichts miteinander zu tun haben. Es ist daher nicht zu verwundern, daß immer wieder Zweifel daran laut werden, ob denn mit dieser Charakterisierung der beiden Strahlengattungen das letzte Wort in der Angelegenheit gesprochen sei; und ein so hervorragender Denker wie Einstein z. B. war wenigstens eine zeitlang geneigt, auf einem Umwege (über die Quantentheorie, s. w. u.) zur Konvektionstheorie des Lichtes zurückzukehren.

60. Undulationsstrahlen; Huygenssches Prinzip; Beugung. Den Konvektionsstrahlen stehen die Undulationsstrahlen gegenüber. Zu ihnen gehören einerseits solche, bei denen der Träger der Wellenbewegung ein materielles Substrat ist, andrerseits solche, wo allem Anschein nach ein derartiger Träger fehlt, also, da er doch unentbehrlich ist (oder zu sein scheint), erfunden werden muß; bekanntlich hat man dieses hypothetische Substrat als Weltäther (oder Lichtäther, letzteres aber längst zu speziell geworden) bezeichnet. Es gibt also einerseits Masse-Undulationsstrahlen, andrerseits Äther-Undulationsstrahlen.

Was die ersteren betrifft, so könnten wir hier mit den Wellen beginnen, die sich in festen oder flüssigen Medien ausbreiten; aber zu dem Phänomen der Strahlen geben sie im allgemeinen keinen Anlaß, es sei denn, daß man z. B. bei den Erdbebenwellen etwa von Sehnenstrahlen und Bogenstrahlen (durchs Innere bzw. längs der Oberfläche der Erde) sprechen wollte. Bleiben also nur noch die Wellen in Gasen übrig; und da diese gerade dann am interessantesten sind, wenn sie das Ohr affizieren, wird man hier im wesentlichen von Schallstrahlen sprechen dürfen. Aber wir können bei diesen und überhaupt bei den Masse-Strahlen nicht stehen bleiben, um das Wesen der Strahlenbildung zu erfassen; wir müssen die Lichtstrahlen gleich mit hinzunehmen, um zu sehen, was beiden in dieser Hinsicht gemeinsam ist, und wodurch sie sich unterscheiden.

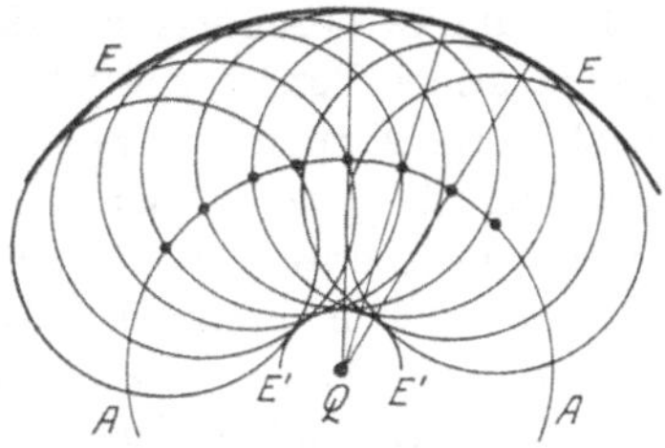

Abb. 44. Zum HUYGENSschen Prinzip.

HUYGENS, der Begründer der Undulationstheorie des Lichts, stellte in seinem 1690 erschienenen Werke »Traité de la Lumière« den Satz auf, der seitdem das HUYGENSsche Prinzip heißt. Wenn ein Punkt durch seine Schwingungen zu einer sphärischen Wellenausbreitung Anlaß gibt, so sollte man meinen, daß jeder Punkt, den diese Erregung trifft, nun selbst wieder das Zentrum einer neuen Kugelwelle werden müßte, wie das in Abb. 44 dargestellt ist. Q ist die Quelle, A ist die primäre Kugelwelle, die von ihren Oberflächenpunkten ausgehenden sind die sekundären. Wenn das so weiter geht, müßte der ganze Raum in verwickelter Weise von Licht erfüllt werden, und von einer Strahlenbildung könnte nicht die Rede sein. HUYGENS erklärte nun, daß lediglich die Enveloppe oder Einhüllende E (und eventuell noch die entsprechende innere Fläche E') erregt werde, also gerade diejenige Fläche, zu der man gelangt wäre, wenn man die primäre Welle einfach weiter verfolgt hätte. Warum aber gerade nur die Enveloppe erregt werden solle, darüber konnte HUYGENS keine Auskunft geben; und er konnte es nicht, weil die hier zugrunde liegende Erscheinung, die Interferenz des Lichts (von der in beschränktem Sinne und anderm Zusammenhange schon oben die Rede war), erst sehr viel später, nämlich erst 1801 von THOMAS YOUNG entdeckt bzw. in ihrer allgemeinen Bedeutung erkannt wurde; also die Lehre, daß sich Schwingungen gleicher Richtung je nach Umständen gegenseitig verstärken oder bis zur völligen Vernichtung schwächen. Daraufhin nun nahm FRESNEL (1819) das HUYGENSsche Prinzip wieder auf und gestaltete es zu seinem Zonenprinzip aus. Durch Einteilung der primären Kugelfläche in Zonen konnte er nachweisen, daß sich in der Tat alle weiteren Lichtbewegungen gegenseitig vernichten, mit Ausnahme derjenigen, die in der geradlinigen Verlängerung des Radius von der Quelle zu den betreffenden Punkten der primären Kugel laufen; und damit war die geradlinige Fortpflanzung des Lichts, also die Strahlenbildung, verständlich gemacht. Leider wies sein Ergebnis zwei ganz wesentliche Fehler auf, deren jeder genügt hätte, um die Lösung des Problems als unbrauchbar erscheinen zu lassen. Erstens ergibt sich auf diese Weise für die Erregung in dem zweiten Punkte eine falsche Phase, nämlich, wenn man von einer Sinusbewegung ausgeht, nicht diese, sondern eine Cosinusbewegung; und zweitens müßte nach seiner Betrachtung auch der auf der betreffenden Linie rückwärtig gelegene Punkt neu erregt werden, weil hier ebenfalls keine auslöschende Interferenz erfolgt; um es besonders drastisch auszudrücken: der freie Raum müßte in jedem seiner Punkte spiegeln, es müßte von jedem nicht bloß ein Strahl nach vorn, sondern ein zweiter nach rückwärts laufen, was natürlich nicht der Fall ist. Und wieder dauerte es mehrere Jahrzehnte, bis der entscheidende Fortschritt gemacht wurde, und wiederum bedurfte es dazu einer unentbehrlichen Vorarbeit. Diese Vorarbeit wurde von dem englischen Theoretiker GREEN (1828) geleistet; er wandte die Potentialtheorie auf Schwingungs- und Wellenfelder an, führte die nach ihm benannte GREENsche Funktion ein und stellte den berühmten GREENschen Satz auf, der die Vorgänge in jedem Punkte des Feldes darzustellen erlaubt durch die Vorgänge in irgendeiner, den Raum umschließenden, gedachten Fläche. Mit Hilfe dieses Satzes konnte dann KIRCHHOFF (1877 in der Vorlesung, 1882 veröffentlicht) einen strengen Beweis der Tatsache geben, daß die Lichterregung lediglich geradlinig nach vorwärts läuft, und daß überall die richtige Phase herauskommt; HELMHOLTZ, VOIGT, DRUDE, LARMOR u. A. haben dann die Theorie vereinfacht, geklärt und noch strenger gestaltet.

Wenn somit das Phänomen der Strahlen wissenschaftlich begründet ist, so folgt doch aus der Natur dieser Begründung sofort etwas Weiteres, nämlich, daß sich nicht unter allen Umständen Strahlen bilden, und daß nicht unter allen Umständen ein und derselbe Strahl aus einer einzigen, ungeknickten geraden Linie besteht. Dazu gehört vielmehr, daß die Lichtausbreitung völlig ungestört erfolgt; sobald ihr Hindernisse, wenn auch nur partielle, in den Weg gestellt werden, wird den Interferenzen die Gelegenheit genommen, sich überall und vollständig auszuwirken, und die Folge davon ist die, daß die Lichtbewegung nach außen oder innen (von dem Hindernis aus), also seitlich von dem normalen Verlauf abweicht, eine Erscheinung, die man als Beugung bezeichnet. Auf diese Beugungserscheinungen, die überaus mannigfaltig sind, soll hier noch nicht eingegangen werden; aber ein besonders eindringlicher Fall muß herausgehoben werden, weil er etwas Wesentliches über die Strahlenbildung aussagt. Wenn man nämlich den Versuch macht, aus einem Strahlenbüschel (Abb. 45) dadurch, daß man ihm ein Hindernis mit enger Öffnung in den Weg stellt, einen einzelnen Strahl herauszusieben, so scheitert man vollständig; von der Öffnung geht wieder, eben infolge der Beugung, letzten Grundes also infolge der Verhinderung aller Interferenzen, ein neues Strahlenbüschel aus.

Hieran sind nun noch einige Bemerkungen zu schließen, die sich freilich auf ganz verschiedene Fragen beziehen. Zunächst sei schon hier bemerkt, daß die Bedingung der Nichtverstümmelung der Lichtfläche, die hier als entscheidend für die Strahlenbildung auftritt, in ganz entsprechender Weise noch einmal auftritt, nämlich bei der epochemachenden ABBEschen Theorie der optischen Abbildung: hier handelt es sich darum, daß das Beugungsbild nicht verstümmelt werden darf, wenn das Bild des Objektes wahrheitsgetreu werden soll; Näheres hierüber im speziellen Teil. Zweitens gelten unsere Betrachtungen wie für die Lichtausbreitung auch für die Ausbreitung elektrischer Wellen, und die speziellen Anwendungen sind auch hier in gewissen Fällen von großer Bedeutung. Drittens aber, und dabei müssen wir ein wenig länger verweilen, müssen wir die Analogie zwischen Schall- und Lichtausbreitung ins Auge fassen, weil diese zwar grundsätzlich von ganz gleichem Charakter sind, tatsächlich aber, wegen der besonderen Verhältnisse auf jedem der beiden Gebiete, in ganz verschiedener Weise in die Erscheinung treten.

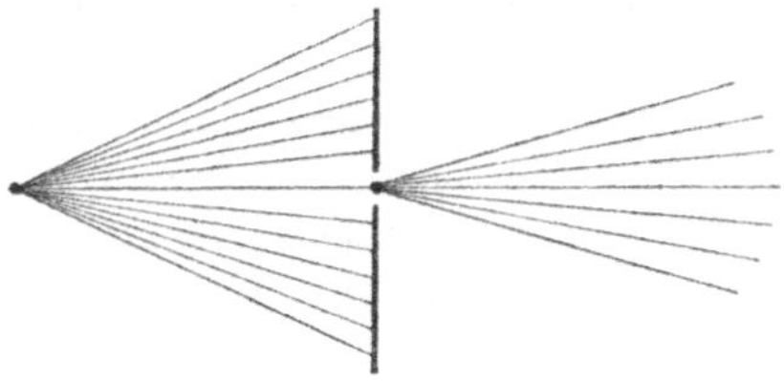

Abb. 45. Scheitern des Versuches, aus einem Büschel einen einzelnen Strahl herauszusieben.

Das hat nun seinen Grund darin, daß die Dimensionsverhältnisse von Lichtwellen ganz andre wie die von Schallwellen sind: die Wellenlänge ist tausend- bis hunderttausendmal kleiner, und auch der gewöhnlich in Frage kommende Querschnitt der wirksamen Büschel ist sehr viel geringer. Die Folge davon ist die, daß beim Licht die Beugung ein im ganzen seltenes Phänomen und die Strahlenbildung die Norm ist, daß dagegen beim Schall die Beugung so sehr in den Vordergrund rückt, daß von Schallstrahlen nur in sehr beschränktem Sinne die Rede sein kann. Am deutlichsten zeigt sich das an der Schattenbildung, die beim Licht scharf und durchgängig, beim Schall verschwommen und vergleichsweise selten ist; es gehört schon ein sehr breites Hindernis dazu, um dahinter einen Schallschatten zu erzeugen. In exakter Weise hat dies u. a. Lord RAYLEIGH (1904) für den Fall der Kugel als Hindernis ausgerechnet und die Verteilung der Schallstärke vor und hinter der Kugel ermittelt; sie sinkt vom Äquator aus nach hinten sehr schnell auf einen kleinen Bruchteil herab, wird aber im Gegenpol, also axial hinter der Kugel, wieder fast normal (analog zum hellen Fleck in der Optik); das gilt aber nur, wenn die Kugel hinreichend groß ist. Schließlich sei bemerkt, daß aus diesem Gegensatz auch für die Praxis etwas Wichtiges folgt: die Optik der Gebäude (günstige Verteilung der Beleuchtung) ist ein verhältnismäßig leicht, die Akustik (Hörsamkeit) der geschlossenen Räume ein sehr schwer zu lösendes Problem.

61. Äthertheorie. Auf die Ätherstrahlen müssen wir nun noch näher eingehen. Als ihr Träger dient ein hypothetisches Substrat, der Weltäther, der nun schon auf eine mehr als zweitausendjährige Geschichte zurückblicken kann. Von den älteren griechischen Denkern in mehr oder weniger unbestimmter und phantastischer Weise gebraucht, übernahm er bei ARISTOTELES bereits eine einigermaßen klar umschriebene Rolle, nämlich die eines feinen, nicht materiellen aber auch nicht rein geistigen Substrats, das den ganzen Himmelsraum erfüllt. So blieb es bis zum Neuerwachen der Naturwissenschaften. Und hier war es, da NEWTON sich trotz anfänglichen Schwankens ablehnend verhielt, HUYGENS (1678), der den Äther zum Träger seiner Wellentheorie des Lichts machte; ein Gedanke, der dann, wenn auch in ziemlich vager Form, von EULER auch auf elektrische und magnetische Fernwirkungen ausgedehnt wurde. Der Äther und die Theorie der auf elastischen Kräften beruhenden Ätherschwingungen herrschte dann lange Zeit in voller Kraft, bis ihre Lebensfähigkeit den ersten und gleich recht gefährlichen Stoß erhielt durch den von FRESNEL (1821) geführten Nachweis, daß die Lichtwellen wegen der Existenz der von MALUS (1808) entdeckten Polarisationserscheinungen nur vom transversalen Typ sein können; solche Transversalwellen können sich aber nur in festen Medien fortpflanzen (in Flüssigkeiten und Gasen müssen sie wegen der fehlenden Querelastizität sofort erlöschen); der Äther muß also, wenn man ihn überhaupt mit Eigenschaften analog denen der Materie ausstatten will, vom festen Aggregatzustande sein. Und das, obgleich er (Lord KELVIN 1854) eine so geringe Dichte haben muß, daß er die Bewegungen der Himmelskörper in keiner Weise beeinflußt. Aber weiter: es gibt doch unendlich viele Querrichtungen, in denen der Äther schwingen könnte; und wenn auch von ihnen der Symmetrie wegen nur zwei in Frage kommen, die aufeinander senkrecht stehen, so läßt sich doch auf keine Weise entscheiden, welche von beiden es sei, d. h. ob die Schwingungsebene auf der (rein geometrisch definierten) Polarisationsebene senkrecht stehe oder mit ihr zusammenfalle; FRESNEL nahm das eine, FRANZ NEUMANN das andre an. Das wurde erst anders, als die elastische Theorie zugunsten der von MAXWELL (1873) begründeten elektromagnetischen Theorie aufgegeben wurde; hier gibt es in jeder der gedachten Querrichtungen Schwingungen, nämlich in der einen die elektrischen, in der andern die magnetischen. Aber nun erhebt sich eine weitere Schwierigkeit: man muß doch annehmen, der Äther mit seinen elektromagnetischen Schwingungen erfülle nicht bloß den Weltraum, sondern auch die Atmosphäre, ja, auch alle festen und flüssigen Körper, zwischen deren Teilchen er eingebettet zu denken ist; und wenn man diese Vorstellung ausgestaltet, stößt man auf eine Schwierigkeit nach der andern. Den Todesstoß erhielt der Äther freilich erst durch die Frage, wie er sich denn in denjenigen Medien verhalte, die sich in einem Zustande der Bewegung befinden; aber davon soll hier noch nicht die Rede sein, wir halten also, wenn auch mit berechtigter Skepsis, zunächst an ihm als Träger der elektrischen, magnetischen und Lichtwellen fest.

Strahlung ist, das wissen wir, das unter bestimmten Umständen eintretende Ergebnis von Wellenbewegung; und diese ihrerseits wird hervorgerufen durch eine Schwingungsbewegung, in unserm Falle durch die des Äthers. Es fragt sich also, welche Werte die Frequenz dieser Schwingungsbewegung, welche Werte die Wellenlänge und, als Konsequenz davon, welche Werte die Fortpflanzungsgeschwindigkeit haben möge. Daß es sich um sehr große Frequenzen handeln wird, ist aus der Feinheit des schwingenden Substrats, des Äthers, unmittelbar zu schließen; die Werte selbst aber können nur aus den Beobachtungen gewonnen werden, und zwar am unmittelbarsten durch Beobachtungen, bei denen das Auge als Detektor dient; so kommen wir zu denjenigen Strahlen, welche wir als Lichtstrahlen bezeichnen, und es ist dringend zu empfehlen, diesen Ausdruck durchaus auf Strahlen zu beschränken, die man mit dem Auge unmittelbar wahrnimmt.

Die Schwingungszahlen oder Frequenzen f des Lichts und die entsprechenden Wellenlängen λ wurden bald nach der Entdeckung der Interferenz- und Beugungserscheinungen bestimmt, zuerst (in einigermaßen ungenauer Weise) von FRAUNHOFER mit Hilfe von Beugungsgittern (1817); später nach immer genaueren Methoden von vielen andern Forschern; und gegenwärtig gehören diese Größen zu den am genauesten bekannten Naturkonstanten, derart, daß KOCH (1883) und MICHELSON (1887) bestimmte Lichtwellen als unveränderliche und stets reproduzierbare Längeneinheiten vorschlagen konnten. Der Bereich der Lichtwellen erstreckt sich vom äußersten Rot bis zum äußersten Violett des Spektrums von $f = 400$ bis zu $f = 900$ Billionen pro Sekunde, oder von $\lambda = 750$ bis zu $\lambda = 330\ \mu\mu$ (milliontel Millimeter), er umspannt also reichlich eine Oktave; an den Grenzen ist aber die Empfindung schon sehr schwach. Das Produkt beider Größen, die Fortpflanzungsgeschwindigkeit des Lichts ist also $3 \cdot 10^{10}$ cm/sec (s. o.), und zwar für alle Wellenlängen die gleiche.

62. Langwellige Ätherstrahlen. Nun ist aber die Wirkung der Ätherstrahlen auf das Auge nicht ihre einzige Wirkung; und unter den andern gibt es eine, die ebenso lange bekannt ist wie jene: die Wärmewirkung; liefert uns doch z. B. die Sonnenstrahlung nicht bloß Licht, sondern auch Wärme. Die ersten einigermaßen wissenschaftlichen Untersuchungen hierüber scheint MARIOTTE (1681) angestellt zu haben; dann folgten NEWTON (1701, Erkaltungsprozeß, s. o.), LAMBERT (1777), LESLIE (1804), YOUNG (1807, erste Feststellung der Identität von Licht- und Wärmestrahlen), MELLONI (1831) und KNOBLAUCH (1845). Einen großen Aufschwung hat dann dieses Gebiet der Physik in neuester Zeit genommen, und zwar durch die bahnbrechenden Arbeiten von RUBENS und seinen Schülern (1889 ff.), insbesondere die Methode der Reststrahlen (1897), PASCHEN (1893 ff.), sowie LUMMER und PRINGSHEIM. Die Wärmewirkung der Strahlung hat, wie sich mit dem Thermometer oder dem Thermoelement, am besten aber mit dem Bolometer (LANGLEY 1881) und den von RUBENS ausgearbeiteten Selektionsmethoden (»Reststrahlen«) feststellen läßt, einen wesentlich größeren Bereich als die Lichtwirkung; zwar wird sie nach der Seite der kleinen Wellenlängen (großen Frequenzen) etwas früher unmerklich als diese, etwa bei 500 $\mu\mu$, dafür reicht sie aber über das äußerste Rot weit hinaus in einen Bezirk, den man als Ultrarot bezeichnet, und dessen Grenzen von Jahr zu Jahr weiter gesteckt worden sind, zuletzt bis zu rund 100000 $\mu\mu$ gleich 0,1 mm, also bis zu einer Wellenlänge, die durchaus nicht mehr mikroskopisch ist. Je nachdem die Wärmestrahlung sichtbar oder unsichtbar ist, spricht man von leuchtenden oder dunklen Wärmestrahlen.

Gehen wir von den längstwelligen Wärmestrahlen in derselben Richtung weiter, so kommen wir in das Gebiet der elektrischen Strahlen oder, wie HERTZ sie nannte, Strahlen elektrischer Kraft (HERTZ 1888); um aber historisch vorzugehen, müssen wir hier mit den langwelligsten Strahlen also denen von geringster Frequenz beginnen, weil sie am frühesten bekannt waren (s. o.): beim Induktorium ist f von der Größenordnung 10^4, bei der Flaschenentladung (nach Beobachtungen im rotierenden Spiegel, FEDDERSEN 1858) 10^6; und erst HERTZ gelang es, noch bis zur 10^8, seinen Nachfolgern (RIGHI, DRUDE u. A.) bis 10^{10} heraufzukommen; die entsprechenden Werte der Wellenlängen sind 30 km, 300 m, 3 m und schließlich 3 cm; wie man sieht, kommt man hiermit zwar den kürzesten Wärmewellen schon recht nahe, immerhin aber klafft noch eine nicht unbeträchtliche Lücke.

63. Kurzwellige Ätherstrahlen. Den langwelligen Strahlen auf der ultraroten Seite des Spektrums stehen die kurzwelligen auf der ultravioletten Seite gegenüber; die Wirkung, durch die sie sich bemerklich machen, ist von chemischem Charakter und nimmt in der Hauptsache zwei Formen an: die Fluoreszenzwirkung und die photographische. Die Erscheinung der Fluoreszenz wurde in wissenschaftlicher Form zuerst von BREWSTER (1837) und HERSCHEL (1845) bearbeitet; der Name rührt aber erst von STOKES (1852) her, und ihm verdankt man auch die Grundlegung der Gesetze. Was uns hier interessiert, ist die Tatsache, daß die Erscheinung in zahlreichen Fällen (nicht in allen) eine Verlängerung der Wellen, also eine Herabminderung der Frequenzen zur Folge hat, so daß, auch wenn die primäre Strahlung jenseits der Empfindlichkeitsgrenze des Auges liegt, die sekundäre, also die Fluoreszenzstrahlung in den Sehbereich hineinfällt, also beobachtbar wird. Die eigentlich chemische Wirkung des Lichts andrerseits ist schon sehr lange bekannt; hat doch bereits FABRICIUS (1556) die Schwärzung des Chlorsilbers durch Sonnenlicht beobachtet; diese Beobachtung wurde erst viel später (1728) durch I. H. SCHULZE wieder aufgenommen und auf die andern Silberverbindungen ausgedehnt. Hier handelt es sich also um die chemische Wirkung von Strahlen, die auf das Auge wirken; und es wurde sehr bald (SCHEELE 1777) festgestellt, daß die Wirkung der violetten Lichtstrahlen am stärksten ist. Aber erst RITTER (1801) zeigte, daß in dieser Hinsicht die ultravioletten Strahlen den violetten noch überlegen sind; die weitere Entwicklung der Photochemie gehört nicht an diese Stelle. Was uns hier interessiert, ist der Bereich dieser Strahlung. Im roten Teil des Spektrums noch sehr schwach, verliert sie sich im ultravioletten bald vollständig; andrerseits erstreckt sie sich über das violette Ende noch mindestens auf eine weitere Oktave, um dann ganz allmählich abzuklingen. Wie man sieht, greifen die drei Wirkungen: die kalorische, die optische und die chemische ineinander über, und zwar derart, daß selbst die beiden äußersten ein, wenn auch kurzes Stück gemeinsam haben; aber das Optimum der Wirkung liegt bei jeder von ihnen an einer andern Stelle, und man erhält somit das schematische Bild der Abb. 46 (1: chemische, 2: optische, 3: kalorische Wirkung). Zum Schlusse sei noch auf eine wichtige gemeinsame Eigenschaft aller drei Strahlenarten hingewiesen: sie werden in einem magnetischen Felde in keiner Weise abgelenkt; daß hier eine andre Wirkung auftritt, die Drehung der Polarisationsebene, gehört nicht hierher und soll an andrer Stelle besprochen werden.

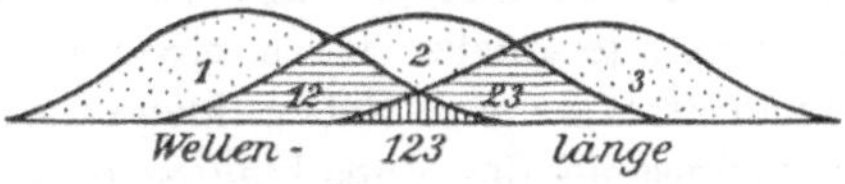

Abb. 46. Chemische, optische und kalorische Wirkung der Strahlen.

64. Röntgenstrahlen; γ-Strahlen; Strahlungsdruck. Aber damit sind wir noch nicht am Ende unserer Wanderung durch den Strahlenbereich, d. h. durch das Gesamtspektrum, es fehlt noch das äußerste und in gewissem Sinne interessanteste Gebiet, das der Röntgenstrahlen. Diese Strahlen wurden von RÖNTGEN 1895 entdeckt und zunächst als X-Strahlen bezeichnet; auch ihre wichtigsten Eigenschaften (Durchdringung der Stoffe im umgekehrten Verhältnis ihrer Dichte und in Abhängigkeit von Atomgewicht, Geschwindigkeit usw., Ionisierung der Gase, Nichtbrechbarkeit und Nichtablenkbarkeit im magnetischen Querfelde usw.) wurden schon vom Entdecker festgestellt. Sichtbar sind sie an sich nicht, werden es aber (wie die ultravioletten Strahlen) durch Fluoreszenz, z. B. auf einem mit Bariumplatinzyanür bestrichenen Schirm; endlich können die durch sie erzeugte Schattenbilder (keine optischen Bilder!) photographisch fixiert werden.

Was nun die Natur dieser Strahlen betrifft, so hat man zunächst zu beachten, daß sie aus Kathodenstrahlen entstehen, und zwar dann, wenn deren Träger in ihrem Fluge plötzlich gebremst werden, z. B. durch Aufprall auf die Wand des Entladungsrohrs oder auf ein in seinem Innern angebrachtes Platinblech. Es liegt also nahe anzunehmen, daß die Röntgenstrahlen sozusagen eine Fortsetzung der Kathodenstrahlen sein und ebenfalls Konvektionscharakter haben möchten. Dagegen sprechen aber alle ihre Eigenschaften, die sich vielmehr denen der ultravioletten Wellenstrahlen nähern, nur in viel extremerem Maße. Neigte man also sehr bald der Ansicht zu, daß es sich hier um Undulationsstrahlen handle, so wurde das doch erst durch LAUE (1911) einwandfrei nachgewiesen, worüber schon früher das Erforderliche angeführt worden ist. Es entsteht nun aber die Frage, welches denn die Frequenz und die Wellenlänge der Röntgenstrahlen sei. Darauf ist insofern keine kurze Antwort möglich, als es sich erstens auch hier wieder um einen weiten Bereich handelt, als es zweitens verschiedene Serien von Röntgenstrahlen gibt, und als es sich drittens höchstwahrscheinlich hier gar nicht um zusammenhängende Wellenzüge, sondern um eine Art von Stößen handelt, deren jeder aus zahlreichen Wellen besteht, die aber voneinander durch gewisse, mehr oder weniger unregelmäßige Unterbrechungen getrennt sind (etwa wie bei Windböen). So viel steht fest, daß die obere Grenze der Wellenlänge bei rund 0,1 μ liegt, also sich einigermaßen an die äußersten ultravioletten Strahlen anschließt, daß sie sich aber von hier aus ungeheuer weit nach der Seite der kleineren Werte erstreckt, jedenfalls bis zu 0,001 μ, vielleicht aber auch noch zehn- oder hundertmal weiter. Entscheidend dafür sind alle Begleitumstände, also der Vakuumsgrad des Entladungsrohrs, die Geschwindigkeit der erzeugenden Kathodenstrahlen, das, was man technisch die Härte oder Weichheit der Röntgenstrahlen (Durchdringungsfähigkeit) nennt und manches andre. Könnte man die Frequenz der Röntgenschwingungen für sich bestimmen, so würde man dann durch Multiplikation wieder die Geschwindigkeit erhalten; aber diese rechnerische Ermittlung würde doch höchst unsicher ausfallen. Nun war ja kaum zweifelhaft, daß die Geschwindigkeit der Röntgenstrahlen mit der aller andern Ätherwellenstrahlen übereinstimmen würde, also $3 \cdot 10^{10}$ betrüge; eine direkte experimentelle Bestimmung war aber immerhin durchaus wünschenswert. Diese Arbeit hat MARX (1905 bis 1911) unternommen und in der Tat den erwarteten Wert gefunden; die Methode der Messung ist zwar von andrer Seite nicht als beweiskräftig erklärt, dann aber von MARX modifiziert und gegenüber jenen Einwänden verteidigt worden.

Schließlich gehören hierher noch die von den radioaktiven Körpern ausgesandten Gammastrahlen. Sie werden im Magnetfelde ebenfalls nicht abgelenkt (s. o.), sind also als Undulationsstrahlen anzusprechen, und entstehen wahrscheinlich in ähnlicher Weise durch die Ausschleuderung von Betastrahlen, wie die Röntgenstrahlen aus den Kathodenstrahlen.

Zum Schlusse noch eine kurze, aber wichtige Bemerkung (auf die noch zurückzukommen sein wird). Die Strahlung ist eine Äthererscheinung, hat also nichts mit ponderabler Masse zu tun. Trotzdem kann man sehr wohl die Frage aufwerfen, ob denn die Strahlung nur kalorische, optische und chemische Wirkungen hervorbringt, ob sich hierzu nicht vielleicht auch mechanische gesellen; ob es nicht, deutlicher ausgedrückt, einen Strahlungsdruck gibt. Ein solcher ist schon von MAXWELL (1873) und POYNTING (1884) aus der MAXWELLschen Theorie als notwendig erwiesen worden. Und bald darauf ist dieser Strahlungsdruck experimentell von LEBEDEW (1890) sowie von NICHOLS und HULL (1901) bestätigt worden, wobei sich auch quantitativ eine gute Übereinstimmung mit der Theorie ergab. Einen ganz gleichen Gegendruck (wie das Geschütz beim Abfeuern eines Geschosses) erfährt übrigens der strahlende Körper selbst. Als eine Brücke zwischen mechanischer und Ätherphysik ist diese Feststellung von besonderem Interesse. Eine Anwendung auf die Kosmologie, nämlich auf die Theorie der

Kometen haben LEBEDEW, ARRHENIUS und SCHWARZSCHILD gemacht: bei diesen Weltkörpern kann, wenn sie in Sonnennähe sind, der Strahlungsdruck, der doch vom Charakter einer Abstoßung ist, die NEWTONsche Anziehungskraft um ein vielfaches übertreffen.

Wir wollen damit diese vergleichende Betrachtung der Strahlenarten vorläufig abschließen, kommen aber im nächsten Abschnitt wieder auf einige von ihnen zurück.

VII. Strahlungsgesetze.

65. Lambertsches Gesetz. Was aber zunächst dringend erscheint, ist die Untersuchung der allgemeinen Gesetze der Strahlung überhaupt, also der Frage, wie die Strahlung quantitativ und qualitativ von den Umständen, unter denen sie stattfindet, abhängt, also von der Gestalt, Größe und physikalischen Natur des strahlenden Körpers, von der Art des Zwischenmediums, von der Beschaffenheit des bestrahlten Körpers usw. Dabei beschränken wir uns hier auf die Undulationsstrahlung, da die Konvektionsstrahlung ganz außerhalb der hier zu erörternden Fragen steht. Diese Strahlung kann, wie wir sahen, sich in sehr verschiedener Weise äußern, nämlich elektrisch, kalorisch, optisch und chemisch. Wenn wir aber die gedachten Gesetze ermitteln wollen, müssen wir uns an diejenige Wirkung halten, welche sich unabhängig von direkt sinnlich subjektiver Empfindung am sichersten messen und in die sichersten und eindeutigen Beziehungen zur Energie der Strahlung setzen läßt: die Wärmewirkung. Deshalb sprechen wir hier von Wärmestrahlung, begreifen darunter aber natürlich auch alle andern Undulationsstrahlungen, entsprechend ihrer ebenfalls vorhandenen Wärmewirkung, mit ein.

Die Strahlung erfordert, um beobachtet zu werden, außer dem strahlenden Körper noch einen zweiten, auf den die Strahlung fällt und durch den sie aufgenommen oder, wie man sagt, absorbiert wird; man kann jenen den Sender, diesen den Empfänger nennen, muß aber sogleich hinzufügen, daß die Strahlung vom Charakter einer Wechselwirkung ist, daß also der Sender zugleich auch Empfänger, der Empfänger zugleich auch Sender ist. Was nun die Gesetze dieser Strahlung betrifft, so haben sie jetzt schon eine fast zweihundertjährige Geschichte; und die bedeutsamsten von ihnen tragen die Namen ihrer Entdecker: LAMBERT, DRAPER, KIRCHHOFF, STEFAN und BOLTZMANN, W. WIEN, JEANS und RAYLEIGH, und schließlich PLANCK. Sie betreffen freilich sehr verschiedene Fragen, und wir müssen hier schrittweise vorgehen.

Das LAMBERTsche Gesetz (1760, vgl. oben S. 86) stellt die geometrischen Verhältnisse der Strahlung S zwischen zwei Flächenelementen F und f fest und lautet in Formel, wenn r die Entfernung zwischen ihnen ist, U und u die Winkel sind, die die auf den Elementen errichteten Normalen mit r bilden, und i einen spezifischen Strahlungsfaktor bedeutet:

$$S = i \frac{Ff \cos U \cos u}{r^2},$$

d. h. die Strahlung ist mit dem Quadrat der Entfernung umgekehrt, mit den Größen und den Neigungskosinussen der Flächenelemente direkt proportional; statt dessen kann man auch sagen: sie wird durch die scheinbare Größe des einen Elements, vom andern aus gesehen, dargestellt. Das Kosinusgesetz, soweit es sich auf den Sender bezieht, findet seinen einfachsten sinnlichen Ausdruck in der Tatsache, daß eine leuchtende Kugel, z. B. Sonne oder Mond, aber auch eine glühende Metallkugel, als überall gleich helle Scheibe erscheint. Andrerseits besagt das Kosinusgesetz für den Empfänger, daß dieser am stärksten bestrahlt wird, wenn er auf der Strahlung senkrecht steht (Abhänge von Weinbergen usw.).

Was nun die Größe i betrifft, so kann sie von sehr verschiedenen Faktoren abhängen, so von der physischen Beschaffenheit der Körper, von ihrer Temperatur und von der Natur, also Wellenlänge (eventuell Wellenlängenbereich) der ausgesandten Strahlen; und diese letztere wird ihrerseits wieder von der Natur des Körpers abhängen. Die wichtigste dieser Größen ist zunächst die Temperatur; und erst, nachdem man in dieser Hinsicht eine grundsätzliche Unterscheidung in die Betrachtung eingeführt hatte, wurde das Problem soweit geklärt, daß man mit Erfolg weiter daran arbeiten konnte. Es ist dies die Unterscheidung zwischen normaler oder Temperaturstrahlung und anomaler oder Lumineszenzstrahlung (Rob. v. Helmholtz, E. Wiedemann 1888); auch die Namen thermaktin und allaktin sind vorgeschlagen worden. Die meisten natürlichen und künstlichen Strahlungsquellen gehören in die erste, die fluoreszierenden oder phosphoreszierenden Substanzen sowie die Leuchttiere in die zweite Klasse; bei jenen ist für die Intensität der Strahlung die Temperatur maßgebend, bei diesen nicht. Hier beschäftigen uns ausschließlich die Strahler erster Art.

66. Emission und Absorption; Kirchhoffsches Gesetz. Da kommt nun zunächst eine Tatsache in Betracht, die zweifellos erst nach und nach durch immer zahlreichere Einzelbeobachtungen festgestellt worden ist, an deren Kenntnis aber doch Draper (1847) den wesentlichsten Anteil hat: die Tatsache, daß alle Körper so ziemlich bei derselben Temperatur, nämlich rund 525° C, zu leuchten anfangen; eine Tatsache, die zwar, auch wenn man gewisse Sondererscheinungen von mehr allaktiner Art, wie die Grauglut, ausschließt, sich nicht als allgemein gültig erwiesen hat (wir werden bald sehen, warum), die aber doch eine durchaus brauchbare Norm darstellt. Und zwar besagt die Erscheinung offenbar, daß diejenige Frequenz bzw. Wellenlänge, bei welcher die Empfindlichkeit des Auges einsetzt, an eine im großen ganzen bestimmte Temperatur des Senders geknüpft ist. Es käme darauf an zu untersuchen, ob das eine nur für diesen Spezialfall gültige Beziehung ist, oder ob ihr eine allgemeinere Bedeutung zukommt. Dazu aber bedurfte es einer so tiefgründigen Fragestellung, Formulierung und Lösung des Problems, wie sie nur Denkern ersten Ranges möglich ist; und diese Leistung verdankt man Kirchhoff. Allerdings waren schon kurz vorher einige Forscher der Wahrheit mehr oder weniger nahe gekommen und sie sind daher, wie A. Ångström (1853), de la Provostaye und Desains

(1853), sowie BALFOUR STEWART (1858), als Vorläufer anzusehen; aber erst KIRCHHOFF fand die entscheidende Formulierung des Gesetzes (1859), das seitdem seinen Namen trägt.

Wenn auf einen Körper Strahlung auftrifft, so teilt sie sich in drei Teile: einen, der reflektiert, einen, der absorbiert, und einen, der hindurchgelassen wird; man hat also die Gleichung:

$$S = R + A + D$$

oder, wenn man die Teile in Bruchteilen des Ganzen mißt:

$$r + a + d = 1.$$

Die extremen Typen von Empfängern sind hiernach: erstens der vollkommen spiegelnde Körper, zweitens der vollkommen durchlässige Körper und drittens der vollkommen absorbierende Körper. Letzteren bezeichnet man nach dem Vorschlage von KIRCHHOFF als absolut oder vollkommen schwarzen Körper: er hat die Eigenschaft, keinen noch so kleinen Teil der Strahlung zu reflektieren oder durchzulassen; wir werden sehr bald über seine Verwirklichung zu sprechen haben.

Als sich nun KIRCHHOFF in Gemeinschaft mit dem Chemiker BUNSEN mit dem Sonnenspektrum und den Spektren der glühenden Dämpfe beschäftigte und insbesondere mit der damals ganz rätselhaften Tatsache, daß zahlreichen hellen Linien in den letzteren genau an der gleichen Stelle dunkle Linien in dem ersteren entsprachen (ein Zusammenhang, über den sich schon viele Denker den Kopf zerbrochen hatten), kam KIRCHHOFF auf den Gedanken, die FRAUNHOFERschen Linien möchten die Folge von Absorption sein, sie möchten also nicht so zu verstehen sein, daß die betreffenden Stoffe auf der Sonne fehlten (da müßten ja fast alle Stoffe auf ihr fehlen), sondern gerade umgekehrt, daß sie im heißen Sonneninnern vorhanden sind, daß aber ihre Strahlung durch kühlere Schichten in der Sonnenperipherie ausgelöscht, also auf dem Beobachtungsschirm die hellen Linien in dunkle verwandelt werden; und durch einen einfachen Versuch mit zwei Natriumflammen von verschiedener Temperatur- und Leuchtbeschaffenheit konnte er diese Vermutung bestätigen. Diese ganze Überlegung aber war an einen Satz als Voraussetzung geknüpft, der lautet: Jeder Körper absorbiert im kühlen Zustande, also als Empfänger, gerade diejenige Strahlung, d. h. denjenigen Wellenbereich, welchen er, wenn er heiß ist, also als Sender, selbst ausstrahlt. Dieser Satz kommt uns heute so selbstverständlich vor, nämlich als eine einfache Formulierung des Phänomens der Resonanz (also in Parallele mit der Erscheinung, daß von zwei Stimmgabeln die zweite auf die erste, angeschlagene, reagiert, wenn sie im Einklange mit ihr steht), daß man sich erst in die Kühnheit der damaligen Erkenntnis hineindenken muß. Von dieser speziellen Fassung zur allgemeineren und allgemeinsten war nun der Schritt nicht mehr allzu groß; und so lautet denn die nächst allgemeinere Fassung des Satzes so: Das Verhältnis der Emission zur Absorption ist bei gleicher Temperatur und gleicher Wellenlänge der Strahlung für alle Körper gleich groß, in Formel:

S/A = const; und schließlich die allgemeinste Fassung: das Verhältnis der Emission zur Absorption ist von der Natur der Körper unabhängig und lediglich eine Funktion der Wellenlänge λ und der Temperatur T:

$$\frac{S}{A} = f(\lambda, T).$$

Von dieser allgemeinsten Fassung aus kann man nun wieder einen Schritt ins Spezielle zurück machen, und zwar, um die Gleichung auf den vollkommen schwarzen Körper ($a = 1$) anzuwenden:

$$S_0 = f(\lambda, T).$$

Hiermit ist also die Strahlung aller Körper auf die des vollkommen schwarzen Körpers zurückgeführt und ausgesagt, daß man aus dem besonderen Werte S_0 den allgemeinen Wert S erhält, indem man mit dem Absorptionsvermögen des nicht vollkommen schwarzen Körpers, also mit einem stets echten Bruch, multipliziert. Das Kirchhoffsche Gesetz gehört zu denen in der Physik, von denen eine ungeahnte und ungeheure Wirkung im Sinne einer Befruchtung der nachfolgenden Forschung ausgegangen ist; die ganze neuere Entwicklung der Strahlungslehre ist ohne es nicht denkbar; von praktischen Anwendungen, namentlich auf die Spektralanalyse, ganz zu schweigen.

Der Ausdruck »vollkommen schwarzer Körper« hat zunächst insofern etwas Befremdendes und Verwirrendes, als er von dem Verhalten des Körpers, wenn er als Empfänger dient, hergenommen ist, dann aber auch auf sein Verhalten als Sender ausgedehnt wird; wie er am stärksten (nämlich vollkommen) absorbiert, so strahlt er auch am stärksten; aber natürlich ist er im letzteren Falle im allgemeinen weit davon entfernt, irgendwie als ein schwarzer Körper zu erscheinen. Überhaupt ist die Verwirklichung des von Kirchhoff zunächst nur abstrakt gedachten schwarzen Körpers nicht so leicht gewesen, wie man vielleicht denken möchte. Denn alle wirklichen Stoffe, aus denen man Körper bzw. Oberflächen herstellen kann, haben auch nicht annähernd diese Eigenschaft; schwarzer Samt und selbst schwarzer Ruß oder Platinmohr erscheinen zwar für das Auge einigermaßen schwarz, reflektieren aber Strahlen andrer Wellenlängen nicht unerheblich, und außerdem können sie nicht als Sender verwendet werden, weil sie keine hohen Temperaturen aushalten; man muß also ganz andre Wege einschlagen. Dabei kann man an eine sehr gewöhnliche Erfahrung anknüpfen: ein fensterloses Zimmer, in das man durch das Schlüsselloch hineinschaut, erscheint völlig schwarz, natürlich, ohne es in unserm Sinne schon zu sein; aber wenn man nun einen Hohlraum mit sehr kleiner Öffnung herstellt, der ganz gleichmäßig temperiert und außerdem auf seiner innern Oberfläche so schwarz wie möglich gemacht ist, hat man Aussicht, wirklich zum Ziele zu gelangen. Dieser Gedankengang hat dann, nach vorangegangenen Arbeiten von Christiansen (1884), Paschen (1893), Saint John und Reid (1895), endlich zur Lösung des Problems durch W. Wien und Lummer (1895), Rubens und Kurlbaum (1900) und Lummer und Pringsheim (1901) geführt. Es hat also ein Menschenalter gedauert, bis die von KIRCHHOFF schon ziemlich deutlich ausgesprochene Anweisung in brauchbarer Weise ausgeführt worden ist. Und dann haben die Messungen auch sehr bald zur Bestätigung des KIRCHHOFFschen Gesetzes in jeder von seinen Formen, besonders in der für den schwarzen Körper gültigen, geführt.

67. Stefansches Gesetz. Es kommt jetzt darauf an, die Funktion $f(\lambda, T)$ zu ermitteln. Das ist begreiflicherweise eine sehr verwickelte Aufgabe, da hier zwei selbständige Einflüsse ineinander greifen; und es ist daher ganz naturgemäß, daß man sich zunächst eine einfachere Aufgabe stellte, nämlich die, über alle Wellenlängen integrierte Gesamtstrahlung als Funktion der Temperatur festzustellen. Daß die Strahlung mit steigender Temperatur an Stärke zunimmt, und zwar allmählich immer schneller, ist gewiß schon lange bekannt gewesen und geht auch schon aus dem NEWTONschen Abkühlungsgesetz (s. o.) hervor, obgleich dieses wegen der Mitwirkung der Wärmeleitung keine sicheren Schlüsse zuläßt. Man versuchte dann, die Wärmeleitung auszuschalten, und KUNDT und WARBURG (1875) zeigten, daß sie durch äußerste Herabminderung des Druckes, also beim Arbeiten im annähernden Vakuum, zu erzielen wäre; indessen hat die Fortführung dieses Weges doch nicht zum Ziele geführt.

Dagegen kam STEFAN auf die Idee, einmal alle einigermaßen zuverlässigen Strahlungsmessungen, die bis dahin vorlagen, zusammenzustellen und aus ihnen das Temperaturgesetz der Strahlung, wenn möglich, abzulesen. Er hatte Erfolg und konnte (1879) das nach ihm benannte STEFANsche Gesetz aufstellen, wonach die Strahlungsintensität eines Senders mit der vierten Potenz seiner absoluten Temperatur proportional ist, in Formel:

$$S = \sigma \cdot T^4,$$

wo σ ein Strahlungskoeffizient ist, der offenbar besagt, daß, nachdem im absoluten Nullpunkte $S = 0$ geworden war, bei Wiederwärmung auf 1° K. (ein Kelvingrad, der Größe nach identisch mit einem Celsiusgrad) nunmehr $S = \sigma$ geworden ist. Man kann die Formel, um anzugeben, daß es sich um die gesamte Strahlung für alle Wellenlängen handelt, auch in der Form schreiben:

$$S = \int_0^\infty S_\lambda d\lambda = \sigma T^4.$$

Man muß sich (was nicht immer geschieht) klar machen, was das STEFANsche Gesetz bedeutet: formal eine sehr starke, in Wahrheit aber doch, in dem meist in Betracht kommenden Temperaturbereich, eine relativ mäßige Zunahme der Strahlung mit der Temperatur; denn wenn z. B. die Temperatur von 0° C auf 100° C steigt, d. h. von 273° K. auf 373° K., so ergibt sich eine Zunahme der Strahlung im Verhältnis von 1 : 3½, zwischen 100° und 200° nur noch wie 1 : 2½ und zwischen 900° und 1000° nur noch wie 3 : 4. Das nebenbei. Was aber die Hauptsache betrifft, so leuchtet ein, daß das Gesetz zwei Erläuterungen erfordert, die zugleich zu einer Abänderung seiner Formulierung und zu einer Einschränkung seiner Gültigkeit führen. Erstens wissen wir bereits, daß die Strahlung eine Wechselwirkung ist, und daß es somit auch auf die Temperatur des Empfängers ankommt; das Gesetz nimmt also jetzt die Form

$$S = \sigma (T^4 - t^4)$$

an; indessen wollen wir hiervon, zumal da in den meisten Fällen t^4 sehr klein, verglichen mit T^4, sein wird, an dieser Stelle absehen. Zweitens aber, und das ist von grundsätzlicher Bedeutung, werden wir doch von vornherhein Zweifel hegen, ob das Gesetz allgemein gelten möchte, unabhängig von dem Absorptionsvermögen, das der Sender, wenn er als Empfänger dient, geltend macht. Es ist doch klar, daß zwei, an sich zwar ganz selbständige, aber doch auf dasselbe Gasamtphänomen bezügliche Gesetze, wie das KIRCHHOFFsche und das STEFANsche, unmöglich bestehen können, ohne daß eine Brücke von dem einen zu dem andern hinüberführte. Und das hat sich auch als durchaus berechtigt erwiesen; ziemlich gleichzeitig (1883 bzw. 1884) haben BARTOLI und BOLTZMANN aus thermodynamischen Betrachtungen gefolgert, daß das STEFANsche Gesetz nur für den vollkommen schwarzen Körper gültig sein kann, für diesen aber auch exakt gültig sein muß; einen neueren Beweis hierfür hat dann PLANCK (1900) geliefert. Für jeden andern Körper gilt natürlich ebenfalls ein entsprechendes Gesetz; aber hier lautet es:

$$\frac{S}{A} = \sigma \cdot T^4,$$

wo A die als echter Bruch gemessene Absorption ist. Was nun den vollkommen schwarzen Körper betrifft, so ist, nach älteren, jetzt gegenstandslos gewordenen Beobachtungen, von LUMMER, PRINGSHEIM und KURLBAUM (1897 ff) nachgewiesen worden, daß das STEFANsche Gesetz sehr genau erfüllt ist; und diese Messungen sind dann in neuester Zeit auf immer weitere Temperaturbereiche ausgedehnt worden, zuletzt bis zu -80° C einerseits (KAMERLINGH ONNES u. A.) und $+1900^\circ$ C andrerseits. Wie stark andre Körper hiervon immerhin abweichen, zeigt das Beispiel des Platins, bei dem man, insoweit überhaupt eine derartige Formulierung möglich ist, mindestens die fünfte Potenz der Temperatur einsetzen muß (LUMMER und KURLBAUM 1898, PASCHEN, GOLDHAMMER u. A.).

Schließlich fragt es sich noch, welchen Wert der Koeffizient σ, natürlich für die Einheit der strahlenden Fläche genommen, besitzt. Er läßt sich thermoelektrisch oder bolometrisch ziemlich genau bestimmen (KURLBAUM, ÅNGSTRÖM, WESTPHAL u. a.) und zahlenmäßig entweder in Watt (10^7 erg/sec) oder in Sekundenkalorien angeben; im Mittel kann man setzen:

$$\sigma = 5{,}5 \cdot 10^{-12} \text{ Watt} = 1{,}3 \cdot 10^{-12} \text{ cal/sec}.$$

An das STEFANsche Gesetz ist noch eine wichtige Bemerkung anzuschließen. Sie betrifft die Möglichkeit, mit Hilfe der Strahlung eine neue Temperaturskala zu gewinnen; und zwar einfach dadurch, daß man jenes Gesetz als genau gültig annimmt und aus den kalorimetrisch gemessenen Strahlungsintensitäten rückwärts die zugehörigen Temperaturen berechnet.

Diese Skala ist natürlich für den täglichen Gebrauch nicht geeignet; aber sie ist frei von jeglichen Fehlern und deshalb grundsätzlich allen andern, nur auf der Volumen- oder Druckänderung beruhenden, der auf der Thermoelektrizität oder dem elektrischen Widerstande (Bolometer) aufgebauten und selbst der thermodynamischen, weil diese gewisse Bedingungen an die Natur der betreffenden Prozesse stellt, die nie streng erfüllt werden können, durchaus überlegen. Übrigens ist in neuester Zeit die Strahlungsmethode der Temperaturmessung auch in die wissenschaftliche (und selbst technische) Praxis eingeführt worden, so bei dem HOLBORN-KURLBAUMschen Pyrometer, bei den optischen Pyrometern von WANNER u. a. Wie man schon aus den Namen ersieht, handelt es sich hier in der Hauptsache um Messung sehr hoher Temperaturen, und zwar, entsprechend dem wissenschaftlichen Ausgangspunkt, von Hohlräumen, mit denen man die Heizöfen, eventuell in geeigneter Umgestaltung, sehr nahezu identifizieren kann (s. u.).

68. Qualität der Strahlung; Wiensches Gesetz. Das STEFANsche Gesetz bezieht sich auf die gesamte Strahlung in ihrer Abhängigkeit von der Temperatur; wir müssen nun noch die Wellenlänge, also die spezifische Art der in der Gesamtheit enthaltenen Strahlen in die Betrachtung einführen. Da knüpfen wir nun zweckmäßig noch einmal an die altbekannte Tatsache an, daß die Körper bei mäßigen Temperaturen zwar auch schon Strahlen aussenden, aber unsichtbare, also von einer Frequenz, die zu gering ist, um unser Auge zu erregen. Wenn wir jetzt die Temperatur steigern, so nehmen wir bei 525° den Beginn leuchtender Strahlung wahr, und zwar in Gestalt von Dunkelrotglut, also wiederum mit der geringsten aller sichtbaren Frequenzen. Was ist geschehen und was geschieht weiter, wenn wir die Temperatur immer mehr steigern? Das Nächstliegende wäre, zu sagen: die Frequenz wird immer größer, die Wellenlänge immer kleiner; aber diesen Gedanken müssen wir sofort wieder fallen lassen; denn dann müßte doch das Ende des Prozesses in Violettglut bestehen (soweit es sich um sichtbare Strahlung handelt), während wir doch wissen, das es ein ganz andres ist: Weißglut. Wir müssen also sagen: mit steigender Temperatur kommen zu den schon vorhandenen langwelligen Strahlen immer kürzerwellige hinzu (ohne daß jene ausschieden), und schließlich sind sämtliche Wellenlängen in der Strahlung vorhanden, also zunächst einmal alle sichtbaren vom Rot bis zum Violett (und diese ergeben eben durch Übereinanderlagerung weiß), dann aber auch alle ultraroten und ultravioletten Strahlen. In Wahrheit wird es sich sogar noch anders verhalten: bei jeder Temperatur sind alle Strahlenarten vorhanden, aber bei jeder in einem andern Verhältnis, derart, daß, je höher die Temperatur ist, desto mehr die kurzwelligen Strahlen überwiegen. Und damit kommen wir von der rein qualitativen zur quantitativen Erfassung des Prozesses. Wir müssen fragen: wie ändert sich mit steigender Temperatur der Anteil eines jeden Strahlenbereichs in seinem Intensitätsanteil, und insbesondere: welcher Strahlenbereich ist bei jeder einzelnen Temperatur der begünstigte, der am stärksten vertretene, der optimale; mit andern Worten: wie wandert, wie verschiebt sich dieses Optimum bei Veränderung der Temperatur? Da ist nun eines schon nach dem erörterten einleuchtend: mit steigender Temperatur rückt das Optimum mehr und mehr nach der Seite der kurzen Wellenlängen; und das bestätigen die Versuche und Messungen tatsächlich. In Abb. 47 ist nach Messungen von LUMMER und PRINGSHEIM (1900 ff.) die Strahlungskurve des schwarzen Körpers für verschiedene Temperaturen in einer willkürlichen Strahlungseinheit (Ordinaten) als Funktion der Wellenlänge (Abszissen) schematisch wiedergegeben; wie man sieht, wird die Kurve mit steigender Temperatur zwar immer steiler und höher (und zwar in beschleunigtem Tempo), aber zugleich rückt der Gipfel immer mehr nach links; es sei bemerkt, daß die ganze Zeichnung rechts vom sichtbaren Bereich liegt, weil die sichtbare Strahlung im ganzen zu schwach ist, um durch Strahlungsmessungen mit erfaßt zu werden. Und ein ähnliches Bild erhält man auch für den nichtschwarzen Körper, z. B. für blankes Platin.

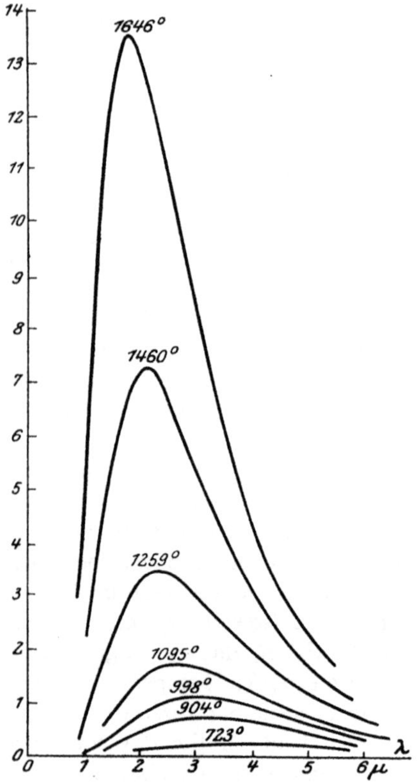

Abb. 47. Strahlungskurve des schwarzen Körpers für verschiedene Temperaturen.

Wenn man nun theoretisch, nämlich aus den Grundlagen der Thermodynamik, die Beziehung zwischen der optimalen Wellenlänge Λ und der absoluten Temperatur bestimmen will, so muß man einen geeigneten Gedankenprozeß durchführen, bei dem man die Strahlung des schwarzen Körpers in einen andern Hohlraum überführt und dann gewisse Variationen und Ausgleichungen vornimmt. Das hat W. WIEN, nach vorausgegangenen Arbeiten von H. F. WEBER und KÖVESLIGETHY (1888) im Jahre 1893 getan, und das Gesetz, das er daraus abgeleitet hat, hat den Namen »Verschiebungsgesetz« erhalten. Es hat die denkbar einfachste Form, es ist nämlich Λ mit T umgekehrt proportional, also $\Lambda T =$ const; und indem man dies auf jede andre, in der Gesamtstrahlung enthaltene Wellenlänge λ ausdehnt, erhält man das Gesetz in seiner allgemeinen Form: $\lambda T =$ const. Die eingehendste und strengste Begründung des Gesetzes hat neuerdings PLANCK geliefert, und dabei wird auch ersichtlich, an welche Voraussetzungen seine Gültigkeit geknüpft ist. Die

Geschichte der experimentellen Prüfung des Gesetzes zeigt nämlich ein eigentümliches Schwankungsbild; anfangs wurde das Gesetz allgemein bestätigt, später als in weiten Bereichen unrichtig befunden, dann wieder, wenigstens innerhalb gewisser Temperaturgrenzen und Wellengrenzen als sehr nahezu brauchbar erklärt, und noch jetzt stehen sich die Meinungen ziemlich schroff gegenüber (PASCHEN, LUMMER und PRINGSHEIM u. A.); auch die theoretische Beweiskraft ist angefochten worden (LUMMER und JAHNCKE). Immerhin bietet das Gesetz eine sehr brauchbare Norm dar für die zwischen den beiden maßgebenden Faktoren bestehende Beziehung. Gleichzeitig ergibt sich aber noch ein andrer Satz, der nun wiederum die Intensität der optimalen Strahlung (als Funktion der Temperatur) mit der fünften Potenz der absoluten Temperatur proportional setzt. Man erhält also die drei Formeln:

$$S = \sigma T^4 \qquad \lambda T = b \qquad S_0 = \sigma_0 \cdot T^5$$

und die Konstante b läßt sich ungefähr zu 0,3 angeben (LUMMER und PRINGSHEIM fanden 0,294), auf Zentimeter und Grade bezogen. Schließlich kann man diese Ergebnisse auf die Sonne anwenden und findet dann, daß hier das Optimum der Strahlung bei $\lambda = 0{,}5\,\mu$ (also im sichtbaren Gebiete) liegt, und daß die Temperatur der Sonne, hieraus rückwärts berechnet, rund 6000 Grad beträgt (wenigstens in den oberflächlichen Schichten).

69. Plancksches Gesetz; Quantentheorie. Wenn auch das WIENsche Gesetz einen wichtigen Schritt zum Ziele bedeutet, so ist dieses doch noch in weiter Ferne; denn noch immer haben wir keine allgemeine Beziehung zwischen Strahlung S, Frequenz f (bzw. Wellenlänge λ) und Temperatur T. Diese Beziehung hat zuerst Lord RAYLEIGH (1900) zu finden unternommen, und zwar auf Grund der Gesetze der statistischen Mechanik, und insbesondere auf Grund eines Satzes, der von vornherein einleuchtend erscheint und besagt: im Zustande des Wärmegleichgewichts ist keine einzige Schwirrbewegung der Molekeln vor den andern ausgezeichnet, vielmehr ist die Energie dieser Bewegung auf alle Richtungen oder, wie man sagt, auf alle Freiheitsgrade gleich verteilt, auf jeden Freiheitsgrad entfällt derselbe Energiebetrag wie auf jeden andern; dabei sind in unserm Falle die einzelnen möglichen Wellen die Elemente, die den Freiheitsgraden entsprechen. Unter Zugrundelegung dieses Satzes von der »Gleichverteilung der Energie« wird nun eine Untersuchung angestellt, die gleichzeitig thermodynamischen Charakters (wegen der Energie) und elektrodynamischen Charakters (wegen der elektromagnetischen Natur der Strahlung) ist; und das Ergebnis ist, wenn zunächst die Wellenlänge benutzt wird und C und C' zwei Konstanten bedeuten, die Formel:

$$S_\lambda = \frac{CT}{\lambda^4} \cdot e^{-\frac{C'}{\lambda T}};$$

später hat JEANS (1909) diese Formel auf breiterer Grundlage ebenfalls bestätigt. An dieser Formel kann man noch zwei Änderungen vornehmen: erstens kann man statt der Wellenlänge die Frequenz einführen und zweitens kann man die Konstanten C und C' durch zwei neue von entscheidender Bedeutung ersetzen: die Lichtgeschwindigkeit c und die Größe k, mit der es folgende Bewandtnis hat. Schon im Jahre 1877 hatte BOLTZMANN (s. o.) die Entropie als den (negativen) Logarithmus der Wahrscheinlichkeit des betreffenden Zustandes erkannt; und diese Formel hat viel später PLANCK mit der Modifikation aufgenommen, daß der Logarithmus der Wahrscheinlichkeit, um die Entropie zu ergeben, erst noch mit einem Faktor k multipliziert werden muß; das ist unser k. Nun ist aber ohne weiteres klar, daß das Gesetz (in der einen oder andern Form) gar nicht richtig sein kann; es genügt zwar dem WIENschen Verschiebungsgesetz, aber die Energieverteilung im Spektrum gibt es auch nicht entfernt wieder; müßte doch nach ihm die ganze Energie oder doch ihr größter Teil nach dem kurzwelligen Ende des Spektrums hinwandern, es könnte kaum eine Lichtstrahlung und noch viel weniger eine Wärmestrahlung auf die Dauer geben; die Formel hat eben den Fehler, vom Charakter einer sich einseitig verändernden Funktion zu sein, während wir hier notwendig eine Funktion brauchen, die derart zusammengesetzt ist, daß sie irgendwo ein Optimum aufweist. Und doch ist der ganze Gedankengang Lord RAYLEIGHS und JEANS unanfechtbar, er entspricht durchaus den Voraussetzungen und Gesetzen der klassischen Thermodynamik und Elektrodynamik; der Widerspruch muß also sehr tiefe Wurzeln haben, und man fragt unwillkürlich: welches sind diese Wurzeln?

Dieses Rätsel hat erst PLANCK (1899ff.) gelöst. Er sah ein, daß der Fehler nirgends anderwärts liegen konnte als in der Annahme der Gleichverteilung der Energie, und er gab diesen Satz deshalb auf; statt daß z. B. im einfachsten Falle auf jeden Freiheitsgrad der Betrag $\frac{1}{2} k T$ an Energie kommen sollte, wird er jetzt von der Frequenz f in Abhängigkeit gebracht und beträgt, wenn h eine universelle Konstante ist:

$$\frac{1}{2} h f \left(e^{\frac{hf}{kT}} - 1 \right),$$

ein Ausdruck, der zwar für hohe Temperaturen in den alten übergeht, für mäßige aber kleiner wird und für sehr tiefe ganz verschwindet. Führt man nun in die Untersuchung, die zum Strahlungsgesetz führen soll, diese neue Annahme ein, so erhält man das PLANCKsche Strahlungsgesetz, und zwar zunächst in der Form für die Strahlungsdichte

$$u = 8 \pi h \left(\frac{f}{c} \right)^3 \frac{1}{e^{\frac{hf}{kT}} - 1}$$

und dann für die Strahlungsintensität selbst, wenn statt f die Wellenlänge λ eingeführt wird und C eine neue Konstante ist:

$$S = \frac{C}{\lambda^5} \cdot \frac{1}{e^{\frac{c}{\lambda T}} - 1}.$$

Diese Formel hat nun die Probe glänzend bestanden; am vollkommensten auf Grund der neuesten Messungen von LUMMER und seinen Mitarbeitern. Aber wir müssen uns klar machen, was die neue Annahme für eine Umwälzung in unsern Anschauungen hervorruft. Denn, solange die Energie, ihre Abgabe und Aufnahme, als stetige Größen angesehen werden, bleibt das Gleichverteilungsgesetz unantastbar; gibt man es auf, so macht man damit zugleich die Annahme, daß die Energie nicht mehr stetigen, sondern unstetigen Charakters sei, gerade wie die Materie auf Grund der Atomistik und die Elektrizität auf Grund der Elektronentheorie mit ihrem Elementarquantum. Man muß jetzt annehmen, daß die Energie nicht in unendlich kleinen und stetig aneinander gereihten Mengen abgegeben und aufgenommen wird, sondern in endlichen (wenn auch über alle Vorstellungen kleinen und deshalb für alle groben Verhältnisse sich nicht geltend machenden) Quanten; oder, um mit einem Bilde zu reden, daß die Energie aus den Körpern nicht abfließt, sondern abtropft oder (vielleicht noch besser), daß sie nicht stetig ausströmt, sondern, wie der Dampf aus der Lokomotive, auspufft; und dieses Energiequantum ε läßt sich sofort angeben, aber nicht als eine ein für alle Mal gegebene Konstante, sondern als eine Funktion der Frequenz, und zwar als die denkbar einfachste; es ist $\varepsilon = h \cdot f$, und hier ist h das allgemeine Wirkungsquantum, also eine universelle Konstante, und zwar im absoluten Maße $h = 6{,}5 \cdot 10^{-27}$, also so klein, daß auch ε, selbst für die höchsten Frequenzen, die es gibt, immer noch eine sehr kleine Größe bleibt. Damit ist die Strahlungslehre auf ihren Höhepunkt gelangt, und man könnte höchstens bemängeln, daß sie dieses Ziel nur durch eine ad hoc gemachte Annahme erreicht hat, eben durch die Einführung des Quantenbegriffs und der Quantentheorie; aber diese Theorie hat sich auch auf ganz andern, weit abseits liegenden Gebieten physikalischer Forschung als sehr fruchtbar und erfolgreich erwiesen; und damit ist sie aus einer Spezialhypothese zu einer allgemeinen und gesicherten Theorie geworden.

Auf die Grundlagen der Theorie im besonderen sowie auf ihre Ausgestaltung im einzelnen kann hier nicht eingegangen werden; es seien aber doch noch einige wichtige Bemerkungen gemacht. Die erste bezieht sich auf die schwingenden Träger des ganzen Phänomens, und zwar auf den Charakter ihrer Schwingungen. Für den einfachsten Fall, nämlich den mit einem einzigen Freiheitsgrad, kommen hier zwei Möglichkeiten in Betracht: entweder nimmt man Oszillatoren, die geradlinig um bestimmte Gleichgewichtslagen schwingen; oder man nimmt Rotatoren, die sich um feste Achsen drehen; die Grundformeln werden dann natürlich in beiden Fällen verschieden, aber auf beiden Wegen kann man zum Ziele gelangen. Zweitens handelt es sich um die Frage, ob die Quantenvorstellung auf Emission und Absorption oder, wie man hier sagt, auf Ausstrahlung und Einstrahlung erstreckt werden solle oder nur auf die erstere. PLANCK hat sie anfänglich auf beide erstreckt (und EINSTEIN hat diese Annahme dann weiter verfolgt), hat aber dann (1916) eingesehen, daß man dabei gewisse Annahmen über die Energieverteilung machen muß, die nicht notwendig richtig zu sein brauchen; er hat deshalb in seiner Quantentheorie zweiter Fassung nur die Ausstrahlung quantentheoretisch, die Einstrahlung aber ganz nach der klassischen Theorie fundiert und gezeigt, daß man dabei zu den gleichen Ergebnissen kommt. Ferner ist hier noch eine allgemeine Bemerkung über die Quantentheorie zu machen: für offene Bewegungen läßt sich ein quantentheoretischer Ansatz zunächst nicht machen, sondern nur für periodische Bewegungen, also geschlossene Bahnen; indessen ist es nur der einfachste Fall, wo sich die Bahn nach *einem* Umlaufe schließt; sie kann es auch nach zwei oder mehr Umläufen tun (Abb 48), und dann kommt nicht das einfache, sondern das doppelte usw. Wirkungsquantum in Betracht (dagegen gibt es keine Bruchteile, also kommt z. B. ein anderthalbfacher Umlauf nicht in Frage). Endlich sei noch auf eine interessante Möglichkeit hingewiesen, von hier aus ein Grundsystem der physikalischen Einheiten aufzustellen, das alle andern an prinzipieller Allgemeinheit und Voraussetzungslosigkeit übertrifft: das System, in dem die drei Grundbegriffe (also zum Ersatz von Strecke, Zeit und Energie) die drei Größen Gravitationskonstante, Lichtgeschwindigkeit und Wirkungsquantum sind (s. w. u.).

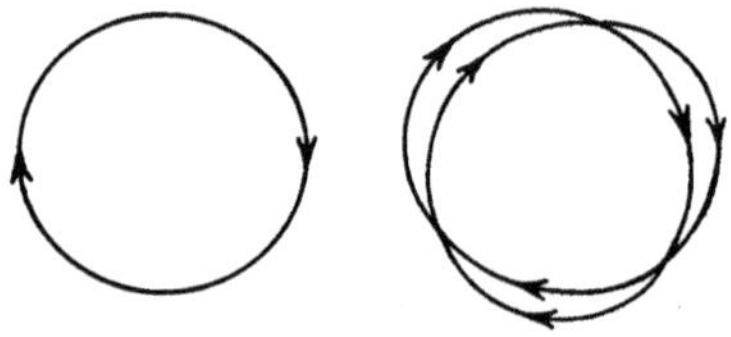

Abb. 48. Periodische Bewegung mit 1 bzw. 2 Umläufen.

Was uns hier grundsätzlich interessiert, ist der Umstand, daß nunmehr eine Brücke geschlagen ist zwischen zwei Gebieten, die bis dahin durch eine Kluft voneinander getrennt waren: die Konstitution der Materie einerseits und die universelle Strahlung andrerseits. Auf diese Brücke müssen wir nunmehr treten, und dann erst können wir den Versuch machen, ein einheitliches Bild von der Strahlungstätigkeit der Materie (oder, wenn man lieber will, der Energie) zu gewinnen; dieser Angelegenheit ist das nächste Kapitel gewidmet.

VIII. Spektrum und Materie.

70. **Spektrum.** Wir müssen hier wieder einmal weit ausholen und auf die Wurzeln der neusten Entwicklungsphase der Physik zurückgehen. In einem homogenen Medium breitet sich das Licht (wie wir der Kürze und Anschaulichkeit halber sagen wollen, während wir doch an die Strahlung, also auch an Schall-, Wärme-, chemische, elektrische Strahlung usw. denken) geradlinig aus. Gelangt es aber an die Grenze zweier Medien von verschiedener Dichte, so wird es teils gespiegelt, teils gebrochen. Das Gesetz der Spiegelung ist altbekannt, das der Brechung ist von Snellius (1626) und Descartes (1630) gefunden und von letzterem (1637) in die jetzt übliche Form gebracht worden. Auch beim Schall sind beide Erscheinungen altbekannt, aber noch in neuerer Zeit vielfach eingehend studiert worden (Akustik der Gebäude, Zone des Schweigens usw.). Das entsprechende Problem

für die Wärmestrahlen ist von Knoblauch, Tyndall, Ångström, Rubens u. A. behandelt worden. Endlich hat Hertz gezeigt, daß und wie die elektrischen Strahlen reflektiert und gebrochen werden. Am bedeutsamsten aber ist auf allen diesen Gebieten die Erzeugung von Brennpunkten durch Spiegelung und Brechung, und die betreffenden Demonstrationsversuche mit großen Parabolspiegeln bzw. großen Linsen ähneln einander vollkommen, gleichviel ob es sich um Schall (Ticken einer Uhr), Wärme (Entzündung eines Wattebauschs), Licht (Bild) oder elektrische Strahlen (Funkenbildung) handelt.

Aber mit der Brechung ist im allgemeinen (nämlich immer dann, wenn das auffallende Licht nicht homogen, d. h. von einer einzigen Wellenlänge ist) noch eine andre Erscheinung verknüpft, die Dispersion oder Farbenzerstreuung (Marcus Marci 1648, Newton 1666); jede Lichtart, d. h. Farbe geht in einer andern Richtung weiter, und auf einem entgegengehaltenen Schirm entsteht das Spektrum. Am vollständigsten ist dieses Spektrum, wenn das auffallende Licht weiß (z. B. Sonnenlicht) ist; hieraus ist umgekehrt zu schließen, daß das weiße Licht durch Kombination sämtlicher Spektralfarben entsteht (Newton 1667). Das Spektrum hängt übrigens in seiner Beschaffenheit nicht bloß von der Natur des auffallenden Lichtes ab, sondern auch von der Natur des brechenden Stoffes, die Gesamt- und Partialdispersionen sind für jeden Stoff andre (Boscovich 1770, Fraunhofer für verschiedene Glassorten 1814). Von dieser Komplikation macht man sich unabhängig, indem man das Spektrum, statt durch Brechung, durch einen andern Vorgang erzeugt, der ebenfalls von der Wellenlänge des auffallenden Lichts abhängt. Dieser Vorgang ist die Beugung oder Diffraktion des Lichts (s. o.), die auftritt, wenn Licht an scharfen Rändern vorüber oder durch Spalte oder Gitter hindurchgeht; sie ist schon Lionardo da Vinci (1500) bekannt gewesen, von Grimaldi (1660) eigentlich entdeckt und dann von Newton, Delisle, Young, Fraunhofer, Fresnel u. A. eingehend studiert worden. Auch hier entstehen aus den angeführten Gründen Spektren, die man, im Gegensatz zu den Brechungsspektren, als Beugungsspektren bezeichnet; auch spricht man dort vom prismatischen, hier vom Gitterspektrum. Dieses letztere ist nach dem Gesagten als das normale Spektrum anzusehen.

71. **Emissions- und Absorptionsspektrum.** Bisher haben wir von dem Spektrum des weißen Lichts gesprochen, also von dem Spektrum, in dem sämtliche reine Spektralfarben enthalten sind. Der umgekehrte Grenzfall ist der des Spektrums einer homogenen Lichtquelle; es besteht aus einer einzigen hellen Linie an derjenigen Stelle des Spektrums, die der betreffenden Wellenlänge entspricht. Indessen gibt es kaum einen Stoff, der wirklich homogenes Licht aussendet; am nächsten kommt ihm noch das Licht des Natriumdampfes (Kochsalzflamme); das Spektrum besteht hier, bei grober Beobachtung, aus einer Linie im hellen Gelb; aber schon bei einigermaßen feinerer Methodik löst sich diese Linie in zwei benachbarte auf, mit den Wellenlängen 589,6 und 589,0 $\mu\mu$ (oder 5896 und 5890 sogenannten Ångström-Einheiten); und bei noch feinerer Beobachtung zeigen sich noch zahlreiche schwächere Linien, teils dazwischen, teils weithin zu

beiden Seiten. Was aber allgemein sich sagen läßt, ist dies, daß hier ein Unterschied zwischen Gasen einerseits und festen und flüssigen Stoffen andrerseits besteht: jene haben ein diskontinuierliches Spektrum (d. h. eine Anzahl einzelner Linien), diese haben ein kontinuierliches Spektrum (wenn auch mehr oder weniger unvollständig ausgebildet); das haben KIRCHHOFF und BUNSEN (1860) behauptet, und es hat sich alsdann ausnamslos bestätigt. Bei Rotglut (520°) beschränkt sich das Spektrum der festen und flüssigen Stoffe auf den roten Teil und dehnt sich dann bei steigender Temperatur immer mehr aus; entsprechend werden bei den Gasen die einzelnen Linien mit steigender Temperatur immer zahlreicher und heller. Zwischen die Grenzfälle des kontinuierlichen und des Linienspektrums schieben sich dann noch zwei weitere Typen ein: das Streifenspektrum und das Bandenspektrum. Indessen hält diese ganze Unterscheidung nicht restlos Stand, weil sich ein Typ der einen Art meist bei feinerer Beobachtung in einen solchen der andern Art auflösen läßt.

Das Spektrum, von dem bisher gesprochen wurde, ist das Emissionsspektrum; ihm steht das Absorptionsspektrum gegenüber, das man erhält, wenn man weißes Licht durch ein Medium hindurchschickt; es werden dann einzelne Strahlenarten oder Komplexe solcher absorbiert, und es entstehen dunkle Linien oder Streifen auf dem hellen Grunde des Spektrums. Nach dem KIRCHHOFFschen Strahlungsgesetz (s. o.) ist das Absorptionsspektrum offenbar eine Umkehrung, ein »Negativ« des Emissionsspektrums; nur entstehen durch den Umstand, daß in den beiden verglichenen Fällen die Temperatur des Stoffes nicht die gleiche ist, oft erhebliche Abweichungen, und insbesondere sind die Absorptionsspektren unter den gewöhnlich herstellbaren Bedingungen viel linienreicher als die Emissionsspektra. Den großartigsten Fall einer solchen Umkehrung zeigt uns das Sonnenspektrum, das von den dunklen FRAUNHOFERschen Linien (WOLLASTON 1802, FRAUNHOFER 1817) durchsetzt ist, weil die von der Sonnenmasse ausgesandten Strahlen der betreffenden Arten in der Sonnenhülle absorbiert werden (KIRCHHOFF 1859, s. o.); jeder dunklen FRAUNHOFERschen Linie entspricht daher die helle Linie eines leuchtenden Dampfes, z. B. der *D*-Linie des Sonnenspektrums die Natriumlinie. Dies war der Ausgangspunkt für die von KIRCHHOFF und BUNSEN (1860) begründete Spektralanalyse, mit deren Hilfe bald darauf mehrere neue Elemente entdeckt wurden. Und zwar gilt für Elemente der Satz, daß jedem Element ein bestimmtes Spektrum und jedem Spektrum ein bestimmtes Element entspricht, also eine wechselseitig-eindeutige Beziehung; nur die Helligkeit und »Länge« der Linien ändert sich mit der Temperatur, der Ort bleibt immer genau derselbe. Bei Verbindungen liegen die Verhältnisse nicht so einfach; hier kommt es darauf an, ob alle in der Verbindung vorhandenen Elemente für das Spektrum maßgebend sind oder nur ein Teil von ihnen; und gerade der einfachste und häufigste Fall ist der, daß es nur ein einziger Bestandteil ist, der sich geltend macht. So geben z. B. alle Natriumverbindungen dasselbe Spektrum, nämlich die *D*-Linie, gleichviel ob es sich um Kochsalz oder Glaubersalz, Natriumsulfat oder Natriumnitrat handelt. Da nun das Natrium in der Molekel nur als Atom vorhanden ist, hat man es hier mit einem »Atomspektrum« zu tun, im Gegensatz zum »Molekelspektrum«, wohin wahrscheinlich alle Bandenspektren und zum Teil auch die Streifenspektren gehören.

72. Linienserien, Balmersche Formel. Wenn es sich nun bei den Linienspektren um Atomstrahlung handelt, so sollte man erwarten, daß jedem Atom, z. B. dem Wasserstoffatom, da es doch eine einzige, ganz bestimmte Schwingungsfrequenz besitzt, auch nur eine Strahlung von einer einzigen, ganz bestimmten Wellenlänge zukommt, also auch nur eine einzige Linie im Spektrum. Tatsächlich aber zeigt der Wasserstoff fünf starke (und viele schwache) Linien; und wenn bei einigen wenigen Stoffen, wie Natrium, das Bild einfacher ist, so ist es auf der andern Seite bei den meisten Stoffen noch viel verwickelter; es treten ganze »Serien« von Linien auf, und diese Serien zeigen kein willkürliches, sondern ein meist auf den ersten Blick gesetzmäßiges Bild: vom roten bis zum violetten Ende des Spektrums rücken sie immer näher aneinander und verschwimmen schließlich, an der Seriengrenze, derart, daß sie nicht mehr einzeln unterschieden werden hönnen; gleichzeitig nimmt die Intensität der Linien nach der violetten Seite entweder überhaupt oder von einer bestimmten Stelle regelmäßig ab. Als Beispiel diene das Spektrum des Wasserstoffs (Abb. 49); oben sind die Farben und Wellenlängen λ in $\mu\mu$, unten die Frequenzen f in Billionen angegeben.

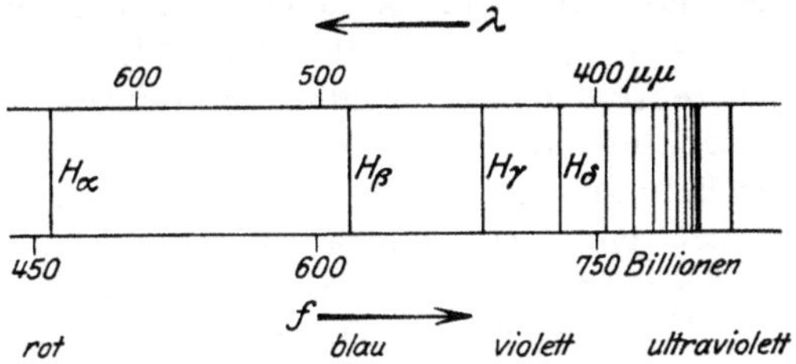

Abb. 49. Spektrum des Wasserstoffs.

Aber welches ist nun das Gesetz, nach dem diese Linien sich ordnen lassen? Diese Frage ist von dem schweizer Physiker BALMER (1885) beantwortet worden, das BALMERsche Gesetz bildet seitdem die Grundlage für alle weiteren Untersuchungen auf diesem Gebiete. BALMER gab dem Gesetze die Form:

$$\lambda = k \frac{m^2}{m^2 - 2^2},$$

wo k eine Konstante und m der Reihe nach gleich 3 bis 15 ist, so daß sich also die Wellenlängen der ersten vier Linien wie $9/5 : 16/12 : 25/21 : 36/32$ oder, ausgerechnet, wie $1{,}800 : 1{,}333 : 1{,}190 : 1{,}125$ verhalten. Diese und die weiteren aus der Formel berechneten Zahlen stimmen mit den wirklich beobachteten so genau überein (oft bis auf den 100000. Teil des Wertes), wie es kaum in irgend einem andern Falle sich wiederholt. Die neuere Schreibweise der Formel ist reziprok und lautet:

$$\frac{1}{\lambda} = \frac{f}{c} = \nu = N\left(\frac{1}{2^2} - \frac{1}{m^2}\right),$$

wo c die Lichtgeschwindigkeit, ν die reziproke Wellenlänge und $N = 109678$ die sogenannte RYDBERG-RITZsche Zahl ist, wobei offenbar die Beziehung $k = 4/N$ besteht. Und zwar sind es diese beiden Forscher (1910 ff.) gewesen, die diese Konstante von der Bedeutung einer individuellen zu der einer universellen Konstanten erhoben haben, indem sie zeigten, daß sie nicht bloß, wie BALMER meinte, für Wasserstoff, sondern bei den Serien aller Elemente auftritt. Nur muß man (und das auch schon für die extremen H-Linien) eine Verallgemeinerung dahin vornehmen, daß man an die Stelle von 2^2 jetzt n^2 setzt, wo n eine ganze Zahl ist, also

$$\nu = N\left(\frac{1}{n^2} - \frac{1}{m^2}\right),$$

schreibt. Nimmt man z. B. $n = 3$, $m = 4$, so erhält man

$$\nu = N\left(\frac{1}{3^2} - \frac{1}{4^2}\right),$$

und das kann man als die Differenz der beiden ersten Glieder obiger Reihe (mit $n = 2$) ansehen, also etwa als das, was man in der Akustik einen Differenzton nennt (Kombinationsprinzip). Und tatsächlich sind derartige Linien im ultrarot durch PASCHEN (1896) aufgefunden worden. Aber auch die BALMERsche Formel selbst in ihrer reziproken Form ist eine Differenzformel, und zwar enthält sie ein konstantes Glied, das der Seriengrenze (für $m = \infty$) entspricht, und ein variables Reihenglied. Die Schwingungszahl hier aufgefaßt als Differenz zweier Glieder, die, wie sich bald zeigen wird, als Energiestufen verschiedenen Niveaus zu deuten sind. Schließlich wird man fragen, ob nicht auch die Wahl $n = 1$ (statt 2 oder 3) eine reale Bedeutung hat; und auch das ist zu bejahen; nur kommt man hierbei in den ultravioletten Teil des Wasserstoffspektrums (LYMAN 1915). Die ganze Betrachtung legt, wie man sieht und wie ja schon in einem speziellen Falle erwähnt wurde, die Analogie mit den Tonschwingungen nahe, insbesondere mit den harmonischen Partialtönen; indessen sieht man doch, daß die Beziehungen hier von wesentlich andrer Art sind; und die weitere Verfolgung der Analogie hat, zunächst wenigstens, keine Aussicht auf Erfolg.

Während beim Wasserstoff eine einzige Serie zur Darstellung aller Linien restlos genügt, muß man bei den meisten Stoffen verschiedene Serien einführen, die man als Haupt- und Nebenserien bezeichnet, und zwar im ganzen bis zu vier oder fünf; als Beispiel mögen die Serien des Kaliums (Abb. 50) dienen (die schwächeren Dupletlinien punktiert und der Sichtbarkeit halber in zehnfachen Abstand gerückt). Für diese verschiedenen Serien, die Verteilung der Linien in ihnen und ihre Grenzen haben sich im Laufe der neuesten Zeit zahlreiche Gesetze aufstellen lassen, die einen schönen Einblick in die Verhältnisse erlauben, auf die aber hier nicht eingegangen werden kann. Verwickelt werden diese Gesetze besonders dadurch, daß man es nicht bloß mit einfachen, sondern mit doppelten und dreifachen Linien zu tun hat, die man als Duplets und Triplets bezeichnet, und daß man in diesen Fällen die Serien wieder in Teilserien zerlegen muß, für die dann besondere Beziehungen gelten.

Aus alledem läßt sich der Schluß ziehen, daß die Atome sicherlich keine einfachen, sondern immer noch sehr zusammengesetzte Gebilde sind, fähig, die verschiedensten, den einzelnen Bausteinen entsprechende Schwingungsfrequenzen zu liefern. Aber wie soll man hinter dieses Geheimnis kommen? Die gewöhnlichen Spektren, also die Lichtspektren mit ihren Fortsetzungen nach beiden Seiten haben sich hierzu als unfähig erwiesen; es bedurfte einer ganz neuartigen Klasse von Spektren, um den Schleier zu lüften; und um das zu verstehen, müssen wir noch einmal zurückgreifen und zunächst andre Fragen behandeln.

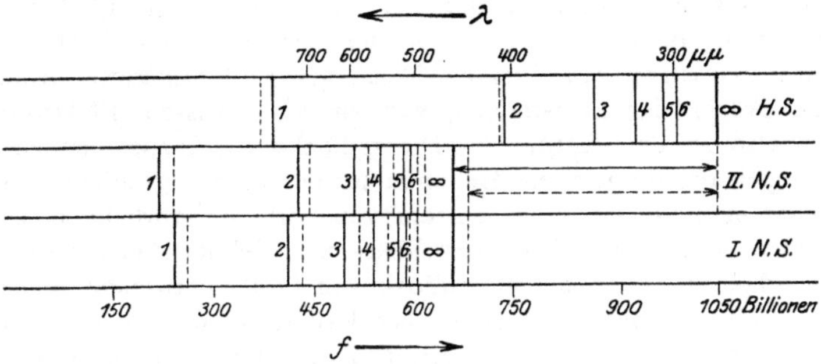

Abb. 50. Spektralserien des Kaliums.

73. Radioaktivität; Heliumstrahlen; Umwandlung der Elemente. Wir haben bereits wiederholt den künstlich erzeugten Konvektionsstrahlen, also den Kanal- und Kathodenstrahlen, die auf natürliche Weise entstehenden Radiumstrahlen zur Seite gestellt, und wir haben das gemeinsame und unterscheidende angedeutet. Jetzt müssen wir auf die Quellen dieser Strahlen, also auf die radioaktiven Elemente, näher eingehen. Da ist nun zunächst festzustellen, daß die vier wichtigsten Stoffe: Uran und Radium, Thorium und Aktinium, sämtliche sehr hohe Atomgewichte haben, die höchsten, die überhaupt vorkommen, nämlich zwischen 226 und 238. Man gewinnt also die Vorstellung, daß die Atome dieser Stoffe mit Masse derart behaftet sind, daß sie sich entlasten müssen, und zwar in der Form der Abgabe durch Strahlung. Daß diese Strahlung gemischten Charakters ist, nämlich in erster Linie aus positiven Alpha- und negativen Betastrahlen besteht, wissen wir bereits; und ebenso, daß jene Ionen, diese aber Elektronen zu Trägern haben. Dem ist nun noch hinzuzufügen, daß die Alphastrahlen zwar den bei weitem größten Teil der abgegebenen Energie enthalten, daß sie aber sehr rasch, und zwar ganz plötzlich, erlöschen, in Luft nach einigen Zentimetern; ihre Reichweite, wie man sagt, ist sehr gering. Die Plötzlichkeit des Aufhörens zeigt sich darin, daß ihre Wirkung, also die Ionisierung und die photographische Wirkung, bis zuletzt ungeschwächt andauern (also keine Absorption stattfindet), dann aber plötzlich restlos verschwunden sind.

Welches sind nun die Träger der Alphastrahlen? Zur Beantwortung dieser Frage können wir unsere frühere Feststellung benutzen, daß bei der

Elektrolyse die spezifische Ladung des Atoms gleich 96540 dividiert durch das Äquivalentgewicht ist, und diese Zahl mit einer zweiten vergleichen, die sich durch direkte Messung als spezifische Ladung der Alphastrahlteilchen ergibt: 48000. Daraus würde folgen, daß es sich um ein Element mit dem Äquivalentgewicht 2 handeln müßte — wenn es ein solches Element überhaupt gäbe, was nicht der Fall ist. Wasserstoff kann es nicht sein; denn der würde dann nur eine halbe Elementarladung haben, und das Elementarquantum soll doch eine unteilbare Einheit sein. Da bleibt nun nur noch eine einzige Möglichkeit übrig, die Annahme, daß es sich um Heliumatome handelt, und zwar, da hier das Äquivalentgewicht 4 ist, nicht mit der einfachen, sondern mit der doppelten Elementarladung. Diese Hypothese hat sich dann auf direktem Wege glänzend bestätigt. Andrerseits sind die Träger der Betastrahlen, wie wir schon wissen, Elektronen; wir kommen also zu dem Ergebnis: Die radioaktiven Körper senden gleichzeitig doppelt positiv geladene Heliumatome und negativ geladene Elektronen aus; beide müssen also in dem Atom von vorherein vorhanden sein. Bei den Elektronen ist das leicht vorstellbar, vom Helium aber müssen wir annehmen, daß es sich aus dem radioaktiven Stoffe entwickelt, und in der Tat gibt sich in einem abgeschlossenen Raume, in dem sich anfangs ausschließlich Radium befand, nach einiger Zeit auf spektroskopischem Wege die Anwesenheit von Helium kund. Zeigt sich schon an diesem Beispiele, daß das Dogma von der Unveränderlichkeit der Elemente, also der Atome, unhaltbar geworden ist, so hat sich seit Beginn des zwanzigsten Jahrhunderts hierfür eine fast unübersehbare Fülle weiteren Materials angesammelt, und es hat sich, dank den Arbeiten von Frau Curie, Rutherford, Soddy, Fajans und vielen Andern, eine ganz neue Lehre entwickelt, die Lehre von der Umwandlung der Elemente oder, wie man auch sagen kann, indem man tiefer in das Wesen der Sache eindringt, die Lehre vom Zerfall der Atome. Man konnte Umwandlungs- oder Zerfallsreihen bilden, man konnte radioaktive Familien, vom Urahn bis zum letzten Sprößling, aufstellen; und wenn auch noch nicht alles durchaus geklärt ist, so hat man doch gegenwärtig schon ein sehr in die Einzelheiten gehendes und im großen Ganzen zuverlässiges Bild dieser Verhältnisse. Dabei spielen verschiedene merkwürdige Tatsachen eine entscheidende Rolle, von denen hier wenigstens die eine erwähnt sei, daß es, außer dauernd, auch vorübergehend aktive Stoffe gibt, so die von Rutherford entdeckte, dem gasförmigen Zustande angehörige Emanation (besser »Emanium«).

74. Zerfallsreihen; Isotopen. Noch vor kurzem nahm man an, daß es drei getrennte Umwandlungs- oder Zerfallsreihen (oder Familien) gäbe: die Uran-Radiumreihe, die Aktiniumreihe und die Thoriumreihe. Es hat sich aber gezeigt, und zwar ganz deutlich nach der Entdeckung des Protaktiniums (Hahn und Meitner), daß die Aktiniumreihe von der Uranreihe abzweigt; man erhält also folgendes Bild der radioaktiven Elemente mit ihren neuesten (von den ursprünglichen zum Teil abweichenden) Namen, der Ursache der Umwandlung (Angabe von α-, β-, γ-Strahlen) und der mittleren

Lebensdauer (berechnet aus der sogenannten Halbwertszeit, d. h. aus der Zeit, in der die Aktivität auf die Hälfte sinkt), und zwar in Jahren (*a*), Tagen (*d*), Stunden (*h*), Minuten (*m*) und Sekunden (*s*):

Uranreihe				Aktiniumreihe				Thoriumreihe			
U I	$5 \cdot 10^9$	a						Th	$2,2 \cdot 10^{10}$	a	
U X_1	24	d	α					Ms Th 1	6,7	a	α
U X_2	1,15	m	β					Ms Th 2	6,2	h	(β)
U II	$2 \cdot 10^6$	a	$\beta\gamma$ →	U Y	25,5	h	α	Ra Th	1,9	a	$\beta\gamma$
Ionium	10^5	a	α	U Z	?			Th X	3,7	d	α
Ra	1750	a	α	Pa = Protaktinium	12000	a	β	Th Em	54	s	α
Ra Em	3,85	d	α					Th A	0,14	s	α
Ra A	3	m	α	Ac	30	a	α	Th B	10,6	h	α
Ra B	27	m	α	Ra Ac	19,5	d	β	Th C	60	m	$\beta\gamma$
Ra C	19,5	m	$\beta\gamma$	Ac X	11,5	d	α	Th C″	3,1	m	α
Ra C′	1,4	m	α	Ac Em	3,9	s	α	Th D = Thoriumblei	∞		$\beta\gamma$
Ra D	16	a	β	Ac B	36	m	α				
Ra E	5	d	$\beta\gamma$	Ac C	2,15	m	$\beta\gamma$				
Ra F = Polonium	136	d	$\beta\gamma$	Ac C″	4,7	m	α				
Ra G = Radiumblei	∞		α	Ac D = Aktiniumblei	∞		$\beta\gamma$				

Man sieht, wie gewaltig die Unterschiede in der Lebensdauer sind; neben ganz flüchtigen Stoffen stehen solche, die Jahre und Jahrtausende bestehen; das Endprodukt aller Reihen ist das Blei, und zwar in den drei Formen des Radiumbleis, Aktiniumbleis und Thoriumbleis. Die Radioaktivität hat sich ausgelebt, es ist ein neutraler und normaler Stoff entstanden. Ferner wird jetzt das System der Atomgewichte in den großen Zügen klar: Immer durch Abspaltung eines Heliumatoms (Alphateilchens) muß das Atomgewicht um vier sinken, so vom Uran bis zum Radium durch dreimalige Abspaltung von 238,5 bis auf 226,5, was genau stimmt; dann weiter noch fünf Abspaltungen, so daß man auf 206,5 kommt, was ziemlich gut mit dem Atomgewicht des Bleis stimmt. Ziemlich gut, aber doch nicht ganz; und das bringt uns auf eine neue Mannigfaltigkeit, die seit einigen Jahren eine große Rolle spielt (Soddy 1913, Fajans 1914). Zwei Elemente können nämlich verschiedenes Atomgewicht haben und doch in allen sonstigen physikalischen und chemischen Eigenschaften vollkommen identisch sein; da, wie wir bereits wissen, das Entscheidende gar nicht die Masse, sondern die Ladung ist, werden wir annehmen müssen, daß diese Elemente dieselbe Kernladung besitzen; man nennt solche Stoffe Isotopen, und gerade in dem angeführten Falle der verschiedenen Bleiarten hat man es mit solchen zu tun; es gibt eben Blei von 206,0 bis 207,9 Atomgewicht; alle zusammen nennt man eine Plejade. Damit wird es auch jetzt verständlich, warum viele Elemente nicht, wie man erst gehofft hatte, ganzzahlige Atomgewichte haben; sie sind eben gemischt aus verschiedenen Isotopen, und man kann geradezu den

Anteil derselben an dem Gemisch bis zu einem gewissen Grade der Sicherheit rückwärts berechnen. In neuester Zeit scheint dann auch bei den nichtradioaktiven Elementen, und zwar etwa bei der Hälfte, z. B. Chlor und Quecksilber, die Existenz von Isotopen festgestellt worden zu sein (Aston, Lorenz u. A., 1918ff.).

75. **Atommodell und Atommechanik.** Um nun aber von der, wie sich hier zeigt, entscheidenden Kernladung eine allgemeine Vorstellung zu gewinnen, müssen wir an Früheres, damals gerade an dieser Stelle Abgebrochenes, anknüpfen. Wir hatten gesehen, daß ein Atom nichts Einfaches ist, sondern aus einem positiven Kern und negativen Elektronen besteht. Diese letzteren nun, das sieht man sofort ein, würden unweigerlich in den Kern stürzen, wenn sie still stünden und somit der elektrischen Anziehungskraft widerstandslos preisgegeben wären; sie müssen also den Kern umkreisen, wie die Planeten die Sonne; und eben dadurch werden sie in bestimmten Abständen und Bahnen festgehalten. Und so kommt man hier, im innersten Mikrokosmos, zu einem wunderbar getreuen Abbild dessen, was uns im Makrokosmos, nämlich bei den Himmelskörpern, seit Jahrhunderten vertraut ist; der Himmelsmechanik tritt eine Atommechanik zur Seite. Der Kern ist eine Sonne, die Elektronen sind die Planeten; und die Bewegungsgesetze werden in beiden Fällen ganz analog sein. Aber jede Analogie hat ihre Grenze, und so auch hier. Der Kern eines Atoms kann ja im allgemeinen, und ganz besonders bei den schweren Atomen der radioaktiven Stoffe, gar nichts Einfaches sein, weil er, wie wir wissen, Helium enthält; wahrscheinlich enthält er auch noch andre Bestandteile. Und so löst sich die Einheit des Kerns in eine Vielheit, in ein Konglomerat von leichten Kernen auf. Aber auch hier ist nun ein weiterer Schluß zu ziehen: Dieses Konglomerat könnte, wegen der abstoßenden Kräfte zwischen den verschiedenen positiven Ladungen der Teile, nichts Beständiges sein, wenn nicht auch anziehende Kräfte vorhanden wären, die sich mit jenen ins Gleichgewicht setzen; und die Träger derselben können wiederum nichts anderes als negativ geladene Elektronen sein. Man hat also zwischen Kernelektronen und peripherischen Elektronen zu unterscheiden, erstere dicht in der Mitte zusammengedrängt, letztere in weiten Abständen kreisend.

Nun erinnern wir uns weiter daran, daß wir zur Fundierung des Systems der Elemente die Atomgewichte durch die Ordnungszahlen ersetzt haben, also durch Zahlen, die zunächst rein formale Bedeutung haben, aber durch die fast restlose Art, wie sie das System darstellen, schon die Vermutung nahe legen, daß sie über ihre formale Bedeutung hinaus auch eine physikalische besitzen. Und nach dem, was wir inzwischen gehört haben, kann es keinem Zweifel unterliegen, wo wir die Aufklärung erhalten werden: Denn das Entscheidende, das Charakteristische für einen elementaren Stoff, ist nicht seine Atommasse, sondern seine Atomladung, noch deutlicher gesagt, seine Kernladung. Die Ordnungszahl stellt also einfach die Kernladung dar. Dürften wir von den Kernelektronen absehen, so wäre hiermit die Sache sehr einfach; das Uran z. B. mit der Ordnungszahl 92 würde ebensoviele Kernladungen besitzen, also, wenn es aus lauter Heliumkernen, jeder mit einer Doppelladung ausgestattet, aufgebaut wäre, aus 46 Heliumkernen bestehen; für je zwei Elektronen, die wir dem Kern beigesellen, müssen wir, um ihre negativen Ladungen auszugleichen, ein Heliumatom hinzufügen; wie viel solche Ergänzungen man vornehmen muß, bleibt zunächst unbestimmt; aber eine Grenze ist durch die Atommasse des Urans und die des Heliums (238 bzw. 4) gegeben; es dürfen nämlich nicht mehr als 59 Heliumatome vorhanden sein, und zum Ausgleich müssen dann für die 13 hinzugefügten Atome 26 Elektronen dienen. Wie man sieht, ist ein so schweres Atom, wie das des Urans, schon in seinem Kern ein sehr verwickeltes Gebilde, wozu dann noch die kreisenden Peripherieelektronen kommen. Andrerseits liegen die Verhältnisse bei den leichtesten Stoffen vergleichsweise einfach.

Die vorstehende Lehre hat sich im Laufe der letzten fünfzehn Jahre Schlag auf Schlag entwickelt, ganz besonders dank den genialen experimentellen und theoretischen Arbeiten von THOMSON und RUTHERFORD, BOHR und SOMMERFELD, BRAGG, BARKLA und MOSELEY (1909 ff.); und noch gegenwärtig bringt jedes Jahr eine neue Sensation, die das bereits Bekannte ergänzt, modifiziert oder gar von neuem auf den Kopf stellt. Ehe wir die Schlüsse auf die Konstitution der Materie ziehen, wollen wir nun noch eine andre Erscheinung besprechen, die zu ihrem Teile sehr bedeutsam den Weg dahin gebahnt hat.

76. Röntgenspektren. Die Spektralanalyse hat, bei all ihrer ungeheuren Bedeutung für unsre Kenntnis der Materie, doch den Fehler, daß sie nicht tief genug in deren Inneres eindringt. Es hat sich gezeigt, daß es neben dem gewöhnlichen oder Lichtspektrum (einschließlich seiner Annexe zu beiden Seiten) eine andre Art von Spektren gibt, die in dieser Hinsicht ungleich mehr leisten, die Röntgenspektren. Wir haben schon früher von der Entdeckung LAUES gesprochen, die uns einerseits den Bau der Kristalle, andrerseits die Wellennatur der Röntgenstrahlen enthüllt hat. Auch in dem Kapitel über die Undulationsstrahlen ist von ihnen schon die Rede gewesen. Jetzt aber müssen wir noch etwas näher auf sie eingehen. Denkt man sich durch einen Kristall parallele Ebenen, sogenannte Netzebenen, gezogen, die die aufeinanderfolgenden Punktlagen enthalten, so hat man es hier mit Abständen zu tun, die sich in der Größenordnung 10^{-7} cm halten, also noch weit unter der Länge der Lichtwellen bis zum tausenten Teil davon liegen. Das ist der Grund, weshalb der Versuch, beim Durchgange von Röntgenstrahlen durch Kristalle, Beugungsfiguren zu erhalten, gelang. Beim Durchgange durch Zinkblende (Platte parallel der Würfelfläche geschnitten) z. B. erhält man das Bild der Abb. 51; man sieht in der Mitte das ungebeugte Bild als stark dunklen Fleck, und um ihn im Kranze herum, aber in bestimmter Anordnung, die Beugungsbilder. Diese Anordnung ist eben durch die Natur des Kristalls, durch die Art seiner Symmetrieverhältnisse, bestimmt. Das wichtigste Grundgesetz der Röntgenspektroskopie ist dieses: Fällt ein Strahl von der Wellenlänge λ mit dem

»Glanzwinkel« φ auf eine Kristallfläche, die zugleich eine Atomebene ist, so wird er dann und nur dann reflektiert, wenn $n\lambda = 2d\sin\varphi$ ist (n Ordnungszahl des Spektrums, d Abstand zwischen den Atomebenen; d hat etwa den Wert $2{,}8 \cdot 10^{-8}$ (BRAGG, E. WAGNER, MOSELEY, SIEGBAHN 1913 ff.). Wenn das auffallende Licht homogen ist, erhält man einfache Beugung; ist es aber zusammengesetzt, so erhält man Beugungsspektren; und diese Röntgenspektren sind es, die uns in der neuesten Zeit ungeahnte Aufschlüsse über die Natur der Materie und ihrer Strahlung gegeben haben. Da jeder in der Gesamtstrahlung enthaltene Teil von bestimmter Wellenlänge eine andre Beugungsrichtung erhält, kann man, gerade wie beim gewöhnlichen Spektrum, aus der Lage im Spektrum auf die Wellenlänge eindeutig schließen. Erzeugt man die Strahlen in der jetzt allgemein üblichen Weise, daß man die Kathodenstrahlen auf ein Metallblech, die sog. Antikathode, aufschlagen läßt, so erhält man, außer dem kontinuierlichen Spektrum der gemischten Strahlung, auf ihr als Hintergrund noch einzelne helle Linien, die für die Antikathode charakteristische Strahlung; und indem man dieselbe der Reihe nach aus allen möglichen Metallen herstellt, erhält man ein ganzes System charakteristischer Strahlungen. Es hat sich nun gezeigt, daß es verschiedene Spektralbereiche gibt, in deren jedem ein System offenbar gleichartiger und zusammengehöriger Linien auftritt; man hat diese Systeme als die K-, L- und M-Serie, oder als das K-, L- und M-System bezeichnet (BARKLA und SIEGBAHN). Das K-Spektrum hat die kleinsten Wellenlängen und besteht gewöhnlich aus fünf Linien: $K\alpha_1$, $K\alpha_2$, $K\beta_1$, $K\beta_2$, $K\gamma$; die beiden ersten und stärksten liegen nahe beisammen, ebenso die beiden nächstfolgenden, zuweilen ist auch die γ-Linie doppelt. Das L-Spektrum hat wesentlich größere Wellenlänge und enthält zehn bis fünfzehn Linien, das M-Spektrum noch größere, aber meist nur sechs bis acht Linien; bei den leichteren Elementen, vom Natrium bis etwa zum Neodym, tritt nur K auf, dann, vom Zink an, auch L, und schließlich, vom Gold bis zum Uran, auch noch M.

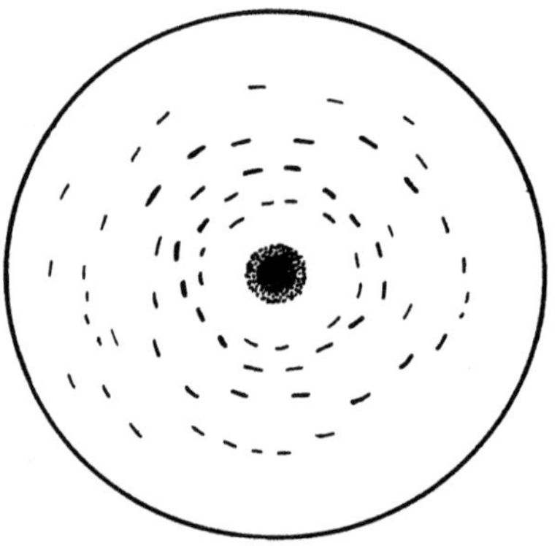

Abb. 51. Beugungsbild durch Röntgenstrahlen.

Man hat nun die Wellenlängen bzw. die Schwingungszahlen der verschiedenen Linien eingehend studiert und gemessen, und MOSELEY hat gezeigt, das ein einfacher gesetzmäßiger Zusammenhang zwischen der Schwingungszahl einer bestimmten Linie eines Elementes und seiner Ordnungszahl (also Kernladung) im periodischen System besteht. Es ist nämlich annähernd die Quadratwurzel aus der Schwingungszahl mit der Ordnungszahl proportional, jedenfalls aber ist sehr genau jene eine lineare Funktion dieser; für das Atomgewicht (an Stelle der Ordnungszahl) stimmt das zwar auch im großen Ganzen, aber im Einzelnen finden hier Schwankungen statt, und nach dem früher Gesagten kann ja das auch nicht anders sein; auch hier erweist sich also die Ordnungszahl als das Entscheidende; und das gilt ebenso für die *K*- wie für die *L*- und *M*-Serie. In Abb. 52 sind die drei Serien und ihre Beziehung zum periodischen System (Abszissen: Wellenlängen, Ordinaten: Ordnungszahlen) schematisch dargestellt. Hiernach ist für die Reihenfolge der Elemente nicht das Atomgewicht, sondern die Ordnungszahl maßgebend; und wenn das auch meist übereinstimmt, so kommen doch auch Widersprüche vor, die hiernach zugunsten der Ordnungszahl zu entscheiden sind; so muß das Kobalt vor das Nickel und das Argon vor das Kalium zu stehen kommen. Auch läßt sich jetzt die große Lücke, die in dem periodischen System zwischen Cer (140) und Tantal (181), also zwischen den Ordnungszahlen 58 und 73 klafft, zwanglos ausfüllen, und zwar mit vierzehn verschiedenen Elementen, von denen acht schon bekannt waren, vier inzwischen gefunden wurden und die beiden letzten der Entdeckung noch harren. Im ganzen gibt es also nicht mehr und nicht weniger als 92 Elemente, vom Wasserstoff bis zum Uran (abgesehen von den Isotopen, die sich mit andern Elementen in der Ordnungszahl decken). In dieser Hinsicht und in allen sonstigen Einzelheiten findet also jetzt die schon zu Anfang vorweggenommene Tafel der Elemente ihre Rechtfertigung. Ein besonders wichtiger Schluß aber ist aus diesen Erörterungen noch in Hinsicht auf das periodische System zu ziehen: Seine Periodizität kann lediglich von dem Elektronenkranz bedingt sein; der Kern selbst weist keine solche Periodizität auf, im Gegenteil, mit wachsender Ordnungszahl nimmt das Charakteristikum fortwährend zu. Die rechteckige Tafel der Elemente stellt somit ein tieferes Eindringen in das Wesen der Materie dar als die Kurve mit Bögen und Zacken. Es sei bemerkt, daß man die Ausbildung des neuen Systems der Elemente ganz besonders FAJANS verdankt.

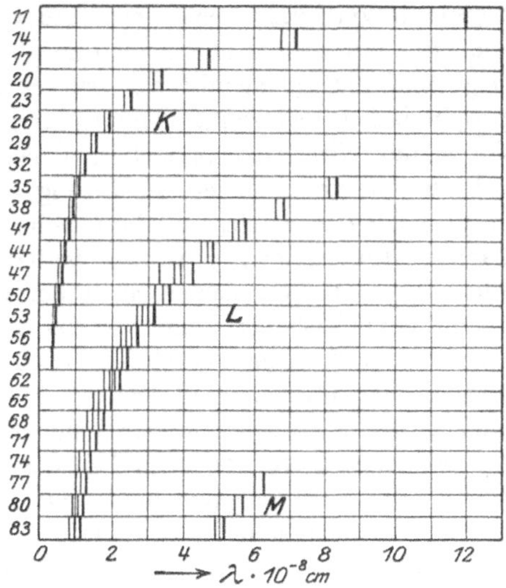

Abb. 52. Serien im Röntgenspektrum.

Im übrigen hat die Röntgenspektroskopie in den letzten zehn Jahren einen ungeheuren Umfang gewonnen; man kann das schon rein äußerlich aus den von SIEGBAHN (1916 und 1922) erstatteten Berichten (mit Literaturverzeichnissen) ersehen.

77. Bohrsche Atomtheorie. Wir sind jetzt so weit vorbereitet, daß wir die Ausgestaltung verstehen können, die der dänische Physiker BOHR (und Andre) der RUTHERFORDschen Atomtheorie in den letzten Jahren (etwa seit 1910) gegeben haben. Daß das Atom aus einem positiven Kern und einer Anzahl ihm unmittelbar beigesellter Kernelektronen einerseits sowie aus einem Kranze peripherischer Elektronen, die um den Kern kreisen, andrerseits besteht, wissen wir bereits. Aber es kommt jetzt darauf an, die Zahl, die Ladung, die Abstände und die Bahnen der verschiedenen Atombestandteile kennen zu lernen. Wenn wir nun die Analogie mit dem Planetensystem aufnehmen, so denken wir unwillkürlich an die KEPLERschen Gesetze, die diese Verhältnisse hier regeln, sowie an die TITIUSsche Regel, wonach die Abstände der Planeten in gewissen regelmäßigen Beziehungen zueinander stehen. Hier aber, bei den Atomen und Molekeln, liegen die Verhältnisse viel verwickelter, weil hier nicht bloß die Massen, sondern, und zwar in allererster Linie, die Ladungen maßgebend sind. Da zeigt nun die Quantentheorie, daß es nur ganz bestimmte Abstände der peripherischen Elektronen von den Kernen gibt, die mit Rücksicht auf die Größe des Wirkungsquantums stabil sein können: Die Radien der Kreisbahnen (die wir in erster Annäherung annehmen dürfen, statt auf Ellipsen einzugehen) müssen sich wie die Quadrate der aufeinander folgenden ganzen Zahlen, also wie $1:4:9:16$ usw. verhalten; und die Geschwindigkeit eines Elektrons muß (wie das ja auch bei den Planeten der Fall ist) mit zunehmendem Abstande immer kleiner werden, und zwar hier (abweichend vom dritten KEPLERschen Gesetz) nach dem Gesetz der reziproken Zahlen, also im Verhältnis von $1 : 1/2 : 1/3 : 1/4$ usw., woraus sich dann auch die Umlaufszeiten bzw. Frequenzen eindeutig ergeben.

Den einfachsten von allen Typen stellt das Wasserstoffatom dar. Hier besteht der Kern lediglich aus einem Massenteilchen mit der Einheit der positiven Ladung und die Peripherie lediglich aus einem einzigen kreisenden negativen Elektron; seine Bahn aber bestimmt sich aus dem Gleichgewicht zwischen elektrischer Anziehung und Zentrifugalkraft einerseits, und andrerseits aus der Forderung, daß die kinetische Energie des Elektrons mit der Umlaufszeit multipliziert gleich einem ganzzahligen Vielfachen des Wirkungsquantums sein muß. So erhält man für die »einquantige« Bahn den Radius $0{,}55 \cdot 10^{-8}$, für die zweiquantige $2{,}20 \cdot 10^{-8}$, für die dreiquantige $4{,}95 \cdot 10^{-8}$, für die vierquantige $8{,}80 \cdot 10^{-8}$ usw.

Nun gibt es ja mehrere Wasserstoffgrundtypen, die wir in aufsteigender Reihe ordnen wollen. Am einfachsten ist ein positives Wasserstoffion, wie es bei der Elektrolyse auftritt; es ist ein einfach positiv geladener Kern ohne jedes Beiwerk. Hieraus folgt zugleich, daß es unmöglich ist ein zwei- oder mehrfach geladenes Wasserstoffion zu denken; mit der etwaigen Auffindung eines solchen würde die ganze Theorie hinfällig werden; denn weniger als gar kein Elektron kann doch in einem Atom nicht enthalten sein. Zweitens das neutrale Wasserstoffatom: es besteht (Abb. 53a) aus dem einfachen Kern wie vorhin und einem ihn umkreisenden Elektron; der

Bahnradius ist in der stabilsten (einquantigen) Lage $0{,}55 \cdot 10^{-8}$, die Frequenz ist $6{,}2 \cdot 10^{15}$. Drittens das negative Wasserstoffion, bestehend aus einem Kern und zwei in der gleichen (aber im Verhältnis von 4 : 3 gegenüber der vorigen größeren) Bahn kreisenden Elektronen (Abb. 53 b) mit der Frequenz $3{,}5 \cdot 10^{15}$. Endlich viertens die Wasserstoffmolekel: sie besteht nach der BOHRschen Annahme aus zwei Kernen (Abb. 54), um deren Achse (und zwar um ihre Mitte) die beiden Elektronen (je eines für einen Kern)

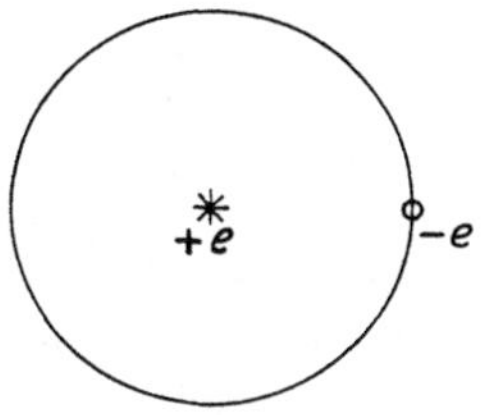

Abb. 53 a.
Neutrales Wasserstoffatom.

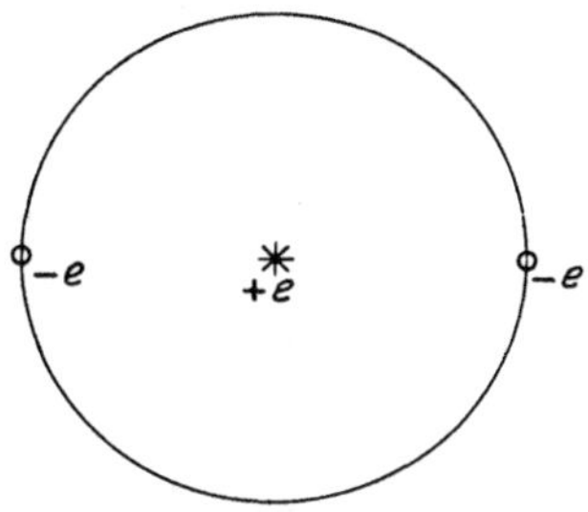

Abb. 53 b.
Negatives Wasserstoffion.

rotieren; und, damit dynamisches Gleichgewicht herrsche, muß der Radius der Bahn das $\sqrt{3}$fache des Abstandes eines der Kerne von der Bahnebene sein (die beiden Kerne bilden dann mit jedem Elektron ein gleichseitiges Dreieck). Daß dieses Modell des Wasserstoffs dem Verhalten desselben in mancher Hinsicht wirklich entspricht, hat DEBYE (1915) auf Grund der Lichtbrechung gezeigt; in neuester Zeit haben sich indessen Unstimmigkeiten ergeben, und es wird deshalb das Modell in Zukunft noch umgestaltet werden müssen.

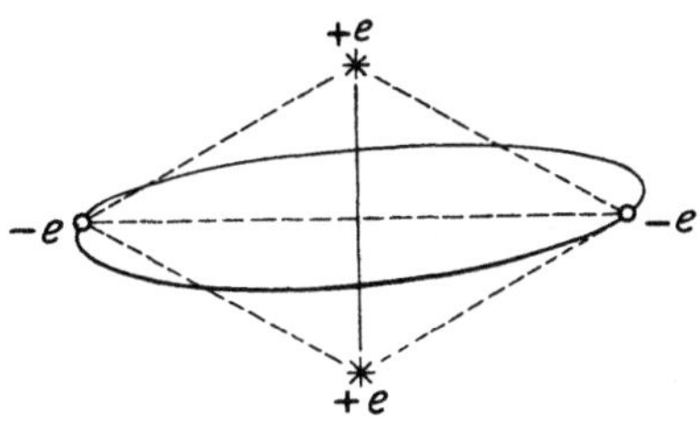

Abb. 54. Wasserstoffmolekel.

Nächst dem Wasserstoff muß das Helium offenbar die einfachste Konstitution haben, und zwar die allereinfachste als Ion: ein zweifach geladener Kern und ein Elektron, also identisch mit dem neutralen Wasserstoffatom. Nur ist der Bahnradius nur halb so groß wie dort, und die Geschwindigkeit viermal so groß. Beim neutralen Heliumatom wird man zunächst an einen Kern mit zwei auf der gleichen Bahn, aber einander diametral gegenüber rotierenden Elektronen denken (wie oben Abb. 53 b); indessen sprechen dagegen mehrere physikalische Eigenschaften des Heliums, insbesondere Befunde von RAU (1914) und LANDÉ (1919), die dann von SOMMERFELD bearbeitet wurden. Hiernach gibt es eine andre Form des Heliumatoms, die stabiler ist als die obige (wenn auch nicht beträchtlich); um den Kern kreist zunächst ein Elektron in engster Bahn, und um diesen »Doppelstern« das zweite Elektron in weiterer Bahn (Abb. 55). Was endlich die Heliummolekel betrifft, so kann sie, wie sich zeigt, nicht existieren, weil hier die Abstoßung die Anziehung überwiegt; und daraus erklärt sich die Einatomigkeit des Heliums. Und ebensowenig kann sich, wie eine einfache Betrachtung zeigt, eine Heliumwasserstoffmolekel bilden.

Für Lithium, Sauerstoff und Stickstoff hat man ebenfalls schon Modelle aufgebaut oder doch gute Grundlagen für ihren wahrscheinlichen Aufbau zur Verfügung; immerhin bleibt hier, wie man sieht, ein unabsehbares Feld für die weitere Arbeit bestehen; und zwar für eine Arbeit, die man sich nicht als eben leicht vorstellen wird, wenn man bedenkt, daß außer allem übrigen und der Quantenlehre hier auch noch die Relativitätstheorie und die elliptische (statt der kreisförmigen) Bahn eingreift.

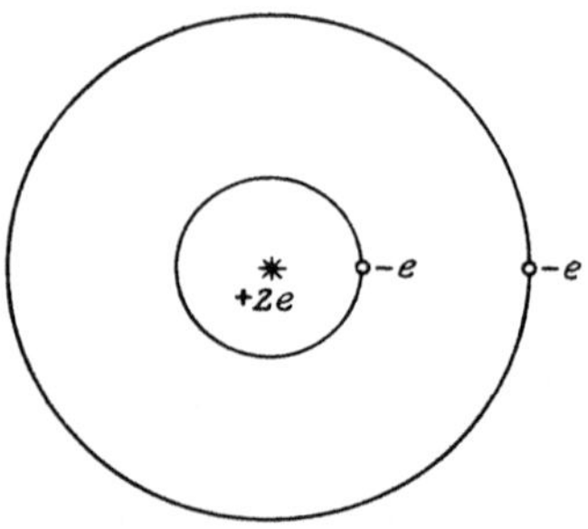

Abb. 55. Heliumatom.

Über die elliptischen Bahnen ist nun aber noch ganz kurz etwas zu sagen (SOMMERFELD 1916). Hier hat man nicht, wie bei der Kreisbahn, nur einen, sondern zwei Freiheitsgrade: den Radius der Bahn und das Azimut der großen Achse; dementsprechend greift hier die Quantentheorie aus der unendlichen Mannigfaltigkeit der an sich möglichen Bahnen ganz bestimmte heraus auf Grund zweier Bedingungen: der radialen und der azimutalen Quantenbedingung; anders ausgedrückt: die elliptische Bahn wird hierdurch nach Größe und Gestalt bestimmt, und zwar nicht eindeutig, sondern vieldeutig; die dritte Mannigfaltigkeit, die Lage der Ellipse im Raume, bleibt hier noch außer Betracht, wird uns aber sehr bald beschäftigen. Man kann nun auf Grund dieser Betrachtung sich Typen von gequantelten Ellipsenbahnen verschaffen und findet dann, und zwar nicht bloß für Wasserstoff und die ihm ähnlichen Elemente, sondern auch für verwickeltere Fälle, einen überraschend folgerichtigen Zusammenhang mit den Serien der Spektrallinien.

Wegen des Eingreifens der Relativitätstheorie endlich sei auf den letzten Abschnitt des allgemeinen Teils verwiesen.

78. Neueste Atomprobleme. Bei alledem aber haben wir zwei Grundfragen noch nicht genügend erledigt, die Frage nach der Natur des Strahlungsaktes und die Frage nach der innersten stofflichen Beschaffenheit des Atoms. Was die erstere betrifft, so ist zu bedenken, daß der stabile Zustand des Atoms in sich gesättigt ist, also zu Strahlung keinen Anlaß gibt. Wenn aber ein Elektron durch einen Stoß, den es erhält (und in einem endlichen Gaskomplex treten ja solche Stöße zu millionen Malen in kürzester Zeit auf), aus einer Bahn in eine andre geschleudert wird, ändert sich seine Energie; und zwar wird es Energie abgeben, wenn es aus der entfernteren in die nähere Bahn übergeht: Diese Energieabgabe ist es, welche die Strahlung hervorruft. Und da es sich nach der Quantenlehre immer nur um bestimmte Energieelemente handelt, die abgegeben werden, resultiert auch immer eine ganz bestimmte Schwingungszahl, und damit eine bestimmte Linie im Spektrum; beim Übergange vom dritten zum zweiten Kreise z. B. ist bei Wasserstoff die Schwingungszahl proportional mit $(1/2)^2 - (1/3)^2$ usw. Und hiermit stimmt das Spektrum des Wasserstoffs, seine BALMERserie und, wie hinzugefügt werden kann (unter Berücksichtigung des Wirkungsquantums) die RYDBERGsche Konstante in geradezu erstaunlicher Weise überein, so daß man diese ganze Theorie als in ihren Grundlagen und Grundzügen völlig gesichert bezeichnen kann. In Abb. 56 ist das Herabstürzen der Elektronen und die dadurch erzeugte Spektrallinie schematisch angedeutet. Unklar bleibt freilich der entscheidende Schlußakt: wie nämlich die Konvektionsbewegung des Elektrons sich in die Wellenbewegung des Äthers (oder des freien Raumes) umsetzt.

Die andre Ergänzung bezieht sich auf die Forschungen RUTHERFORDS aus der allerneuesten Zeit. Hier handelt es sich nun freilich um Dinge, die erst noch im Werden sind, die aber doch schon jetzt so merkwürdig erscheinen, daß man, selbst auf die Gefahr hin, daß sich noch manches daran ändert, nicht an ihnen vorüber gehen kann. RUTHERFORD ließ (1919) α-Teilchen in einem Rohr auf Wasserstoffatome fallen; das α-Teilchen hält den Stoß aus, ist also sehr stabil, und durch die erzeugte Beschleunigung entsteht eine H-Strahlung mit der beträchtlichen Reichweite von 28 cm. Auffallenderweise trat nun ganz dasselbe ein, wenn Stickstoff genommen wurde, das bedeutet also zum erstenmal eine Atomkernzerlegung eines nicht radioaktiven Elementes. Entweder war aus dem Stickstoffkern ein Wasserstoffkern fortgeschleudert worden, oder es lag die Möglichkeit vor, daß die entstandenen Strahlen unbekannte Teilchen vom Atomgewicht 2 zu Trägern hatten. Außerdem traten noch Strahlen mit 9 cm auf, die N-Strahlen (und entsprechend in Sauerstoff O-Strahlen). Die Entscheidung zwischen den beiden obigen Möglichkeiten ließ sich durch magnetische Ablenkungsversuche herbeiführen. Nach der Theorie ist nämlich diese Ablenkung im Verhältnis zu der eines normalen α-Teilchens die in der folgenden Tabelle (erste Zahl Masse, zweite Zahl Ladung, dritte Ablenkung) angegebene:

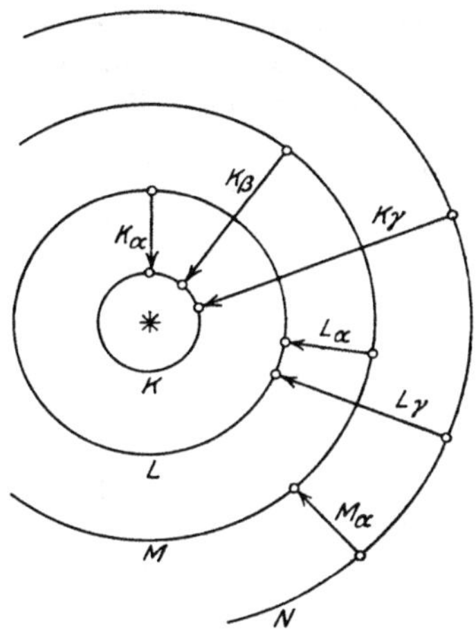

Abb. 56. Elektronen und Spektrallinien.

H	H	H	H	α	O	O
1	2	3	4	4	16	16
1	1	1	1	2	1	2
1,25	0,75	0,58	0,50	1	0,31	0,62

Nun ergibt sich die Ablenkung der *H*-Strahlen tatsächlich größer, als die der α-Strahlen von demselben Präparat (Ra C); also kann es sich nur um einen Wasserstoffkern 1 — 1 handelt, und damit ist zugleich die Abspaltung eines Wasserstoffkerns aus einem Stickstoffkern bewiesen. Was andrerseits die *N*- und *O*-Strahlen betrifft, so zeigt die Rechnung, daß es nur Teilchen mit der Masse 3 und der Ladung 2 sein können, also bisher gänzlich unbekannte X_3-Teilchen; sie sind Bestandteile sowohl des *N*- wie des *O*-Kerns. Ein solches Teilchen ist also ein Heliumisotop mit einer um 1 verringerten Masse; mit zwei äußeren Elektronen ausgestattet würde es ein neutrales X_3-Atom darstellen.

Hiernach würde es also drei elementare Bausteine der Atomkerne geben: *H*-Kerne, X_3-Kerne und *He*-Kerne, letzterer vermutlich wieder aus vier Wasserstoffkernen und zwei Elektronen zusammengesetzt, der X_3-Kern dagegen aus drei *H*-Kernen und einem Elektron; und damit wird jetzt auch die Formel $4n + 3$ für das Atomgewicht vieler Elemente verständlich. In Abb. 57 sind einige Kerne schematisch dargestellt. Wird vom *N*-Atom ein

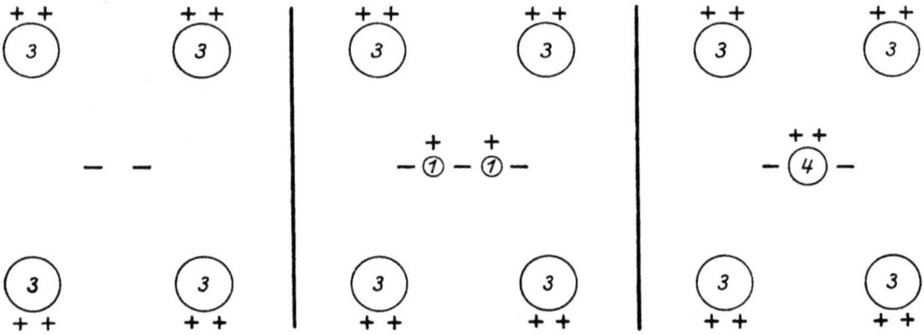

Abb. 57. Kerntypen.

H-Kern abgespaltet, so bleibt ein Kohlenstoffisotop von der Masse 13 und der Ladung 6 übrig; wird ein X_3-Kern und ein Elektron abgespaltet, so bleibt ein Kohlenstoffisotop mit 11 und 6 zurück; ähnlich beim *O*-Atom. (Andre, mehr ringförmige Modelle hat Gehrke 1921 aufgestellt.) Von etwa 300000 α-Teilchen leistet nur eines eine *H*-Abspaltung vom *N*-Kern, dagegen zwei bis drei Loslösungen von X_3-Kernen. Nach Smekal endlich hat X_3 das Atomgewicht 3, und der Kohlenstoff läßt sich auffassen als $C = 4X_3 = 12$.

Schließlich sei bemerkt, daß der der Abspaltung bzw. Zerlegung entgegengesetzte Prozeß der Zusammenschweißung von Atomkernen, wobei eine ungeheure Energiemenge frei werden würde (z. B. bei der Zusammenschweißung von 4 *H*-Kernen zu einem *He*-Kern, billionenmal sich abspielend, 50 Megaerg), wegen der dabei auftretenden abstoßenden Kräfte aussichtslos erscheint; derartige Zeitungsnachrichten sind also bis auf weiteres widersinnig.

Was dann noch die neueste Aufklärung über das periodische System betrifft, so muß wenigstens ganz kurz auf die Theorie von Bohr (1921) hingewiesen werden, durch die sich die oben angeführte geheimnisvolle Beziehung der Periodenzahlen 2, 8, 18, 32, einer physikalischen Deutung einordnet, und zwar nach dem Schema:

$$2 = 1 \cdot 2 \qquad 8 = 2 \cdot 4 \qquad 18 = 3 \cdot 6 \qquad 32 = 4 \cdot 8,$$

woraus sich dann weitere Schlüsse ziehen lassen. Allerdings bleibt dann noch die letzte, mit dem Uran abschließende Periode von nur 6 (statt 8) Gliedern übrig; man muß also annehmen, daß hier noch zwei Elemente fehlen, die wegen ihrer Schwere mit Rücksicht auf den radioaktiven Zerfall nicht existenzfähig sind.

79. Faraday- und Kerreffekte. Wir haben nun noch eine andre Klasse von Erscheinungen zu betrachten, die zwar zunächst in loserem Zusammenhange mit der Konstitution der Materie stehen, schließlich aber doch auch in diese große Frage einmünden. Es sind das die magnetooptischen und elektrooptischen Erscheinungen, also die Erscheinungen, welche eine Beziehung zwischen Licht, Elektrizität und Magnetismus darstellen. Um in historischer Folge vorzugehen, müssen wir hier ein Phänomen voranstellen, das zwar nicht direkt hierher gehört, aber zum Verständnis des dann folgenden erforderlich ist. Im Jahre 1811 entdeckte ARAGO die Drehung der Polarisationsebene des Lichts im Quarz, 1815 fand BIOT dieselbe Wirkung in einer Flüssigkeit (Terpentinöl), andre Kristalle und Flüssigkeiten, insbesondere Zuckerlösungen, folgten, das erste Saccharimeter wurde 1847 von SOLEIL konstruiert; und seitdem kennt man die Drehung der Polarisationsebene als eine allgemeine Eigenschaft aller im großen oder im innern Bau enantiomorphen Substanzen, d. h. solcher, welche in zwei verschiedenen, einander spiegelbildlich gleichen Formen vorkommen. Die erste Theorie stellte (1838) MAC CULLAGH, eine andre (1868) BOUSSINESQ, eine dritte DRUDE (1892) auf; die neueste Theorie ist die von OSEEN und BORN (1915). Man bezeichnet die Erscheinung als natürliche Drehung und stellt ihr eine andre gegenüber, die bei Substanzen auftritt, die gemäß ihrer Natur keine natürliche Drehung aufweisen, eine solche aber im Magnetfelde bekommen: magnetische Drehung der Polarisationsebene oder nach dem Entdecker (1845) FARADAY-Effekt genannt; er ist seinerseits eine allgemeine Eigenschaft der Materie und ist insbesondere auch für Gase von KUNDT und RÖNTGEN (1879) nachgewiesen worden. Besonders interessant gestaltet er sich begreiflicherweise im Eisen usw. (KUNDT 1884, DU BOIS 1887). Die erste Theorie rührt von AIRY (1846) her, später wurde die Theorie zu einer allgemeinen Theorie der magnetooptischen Erscheinungen erweitert (LORENTZ und VOIGT 1884, GOLDHAMMER 1892, VOIGT 1898 u. A.). Die beiden Erscheinungen laufen einander ganz parallel, ihr charakteristischer Unterschied ist nur der, daß bei der natürlichen die Drehung auf dem Hinwege des Lichtstrahls auf dem Rückwege (wenn er am Ende der Schicht gespiegelt wird), wieder aufgehoben wird, daß sich dagegen bei der magnetischen die beiden Wirkungen addieren, weil sich auch die Lagenbeziehung des Magnetfeldes zum Lichtstrahl umkehrt: außerdem tritt hier natürlich eine neue Mannigfaltigkeit auf, die Proportionalität der Wirkung (außer mit der Schichtdicke) auch noch mit der Stärke der Magnetisierung oder, wie man bei den schwach magnetischen Stoffen auch sagen kann, mit der Feldstärke (VERDETsches Gesetz und VERDETsche Konstante 1854, KUNDTsche Konstante usw.). Übrigens tritt in beiden Fällen noch eine weitere Nebenwirkung auf: die Rotationsdispersion, als Folge des Umstandes, daß die Drehung von der Wellenlänge, und zwar meist sehr erheblich, abhängt; die Theorie hierfür hat zuerst BOLTZMANN (1874) entwickelt. Die Dispersion ist meist normal, in einzelnen Fällen aber anomal (KUNDT, LOBACH, SCHMAUSS u. A.). Der Zusammenhang zwischen der Gesamtwirkung, der Dispersion und der Absorption ist dann von CORBINO und MACALUSO (1898) aufgeklärt worden. Die Beziehung der Drehung zur chemischen Konstitution haben gleichzeitig (1875) VAN 'T HOFF und LE BEL untersucht. Schließlich sei bemerkt, daß in ganz entsprechender Weise wie die Lichtstrahlen auch die Wärmestrahlen eine Drehung ihrer Polarisationsebene erfahren.

Ganz kurz müssen wir uns bei den beiden nächsten Effekten fassen, die, da sie beide von KERR entdeckt worden sind, als magnetischer und elektrischer KERR-Effekt (1876 bzw. 1875) bezeichnet werden. Der magnetische knüpft unmittelbar an den FARADAY-Effekt an und besagt, daß eine Drehung der Polarisationsebene nicht bloß beim Durchgange, sondern auch bei der Reflexion an einem magnetischen Körper erfolgt, z. B. an der Stirnfläche eines Magnetstabes; eine Erscheinung, die dann von KUNDT (1876), RIGHI (1885), SISSINGH u. A. weiter verfolgt worden ist. Der elektrische Effekt andrerseits besagt, daß im elektrostatischen Felde auch isotrope Körper optisch doppelbrechend werden; einen entsprechenden magnetischen Effekt hat RIGHI (1878) aufgefunden.

Sehr interessant ist auch die Einwirkung des Magnetismus auf die elektrischen Lichterscheinungen: die Ablenkung und dauernde Rotation des Lichtbogens (WALKER 1841, DE LA RIVE 1858), die Ablenkung der Kathodenstrahlen (PLÜCKER 1858), die schraubenförmige Windung des Glimmlichts (HITTORF 1869, Theorie von STOKES 1876) und schließlich der große Unterschied in der magnetischen (und elektrischen) Ablenkung, der den charakteristischen (schon früher besprochenen) Gegensatz zwischen Kathoden- und Kanalstrahlen sowie zwischen β- und α-Strahlen bedingt.

80. Zeeman-Effekt. So interessant und mannigfaltig aber auch diese Erscheinungen sein mögen, an Bedeutung für das physikalische Gesamtbild treten sie zurück hinter den von dem holländischen Physiker ZEEMAN 1896 entdeckten ZEEMAN-Effekt. Er betrifft die Veränderung der Spektrallinien im Magnetfeld, besteht in schwachen Feldern in einer Verbreiterung, in starken dagegen in einer Zerlegung derselben, und zwar im großen ganzen (aber mit vielen Ausnahmen und Komplikationen) in der Weise, daß in der Richtung der Kraftlinien des Feldes eine Zweiteilung erfolgt, also ein Duplet entsteht, senkrecht zu ihnen aber eine Dreiteilung erfolgt, also ein Triplet entsteht; bei jenen erweisen sich die beiden Linien als links- bzw. rechtszirkularpolarisiert, beim Triplet dagegen sind alle drei linear polarisiert, und zwar die mittlere parallel zum Kraftfelde, die beiden äußeren senkrecht zu ihm; diese mittlere hat die normale Stellung im Spektrum, die beiden andern (in beiden Fällen) sind nach links bzw. rechts verschoben. Ganz der entsprechende Effekt tritt auch bei den Absorptionslinien auf. Der Effekt ist sehr schwach; um ihn kräftig zu gestalten, muß man stärkste Felder, kräftigste Spektrometer und feinste Spektrallinien benutzen. Einige Beispiele komplizierter Typen zeigt die Abb. 58. Bald nach der Entdeckung des Phänomens wurde es auch theoretisch bearbeitet, und schließlich am befriedigendsten auf Grund der Elektronentheorie; hier ergibt sich das LORENTZsche Gesetz: Die Kraft eines Magnetfeldes auf ein bewegtes Elektron steht senkrecht auf der durch Feld und Bewegung bestimmten Ebene und ist gleich dem Produkt aus Ladung e, Feldstärke H und dem Sinus des Winkels zwischen beiden Richtungen. Daraus folgt sofort, daß, wenn m die träge Masse des Elektrons ist, aus der normalen Frequenz n die neue $n' = n \pm eH/2m$ wird, womit die Komponenten des Duplets dargestellt sind, während bei den Triplets noch n selbst hinzukommt; wie man sieht, hat man hier eine neue Methode, um das Verhältnis von Ladung zu Masse zu bestimmen und kommt dabei zu Werten, die sich in die auf andern Wegen gefundenen (s. o.) gut einfügen. Besonders wichtig ist die Beziehung des ZEEMAN-Effekts zur Lehre von den Serien; insbesondere zeigt sich, daß Linien einer und derselben Serie stets den gleichen ZEEMAN-Typus liefern. Für die komplizierteren Typen gilt ferner die RUNGEsche Regel (1902): $\Delta n = r \cdot \Delta n_0$, wo Δn die Änderung der Frequenz im allgemeinen, Δn_0 die besondere bei der Grundschwingung bedeutet und r (ganze Zahl) die RUNGEsche Zahl des Typus heißt. Die Linienverschiebungen sind also immer ganze Vielfache der Grundverschiebung; bei H z. B. ist $r = 2$, bei Natrium dagegen gleich 3; die RUNGEsche Zahl kann bis zu 15 hinaufgehen (POPOW 1914). Übrigens hat sich gezeigt, daß die komplizierteren Typen in starken und stärksten Feldern sich immer mehr vereinfachen (VOIGT 1913, SOMMERFELD 1914).

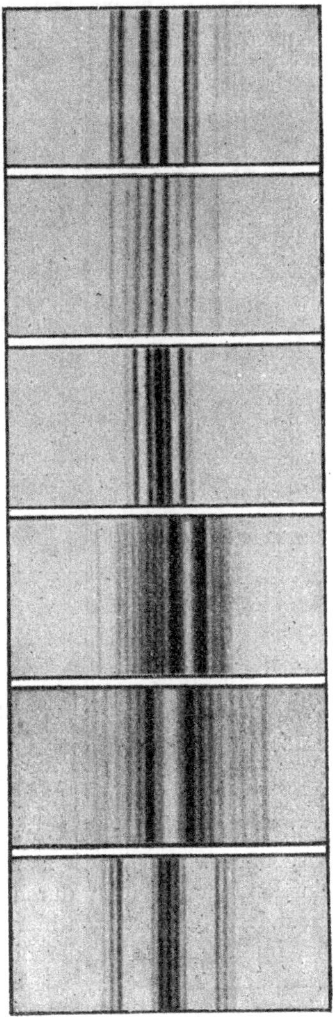

Abb. 58. ZEEMAN-Linien.

Fragen wir uns jetzt, welche Aufschlüsse uns der Zeeman-Effekt über die Konstitution des Atoms gibt, so haben wir zu bedenken, daß hier eine ausgezeichnete Richtung im Raume, eben die Richtung des Magnetfeldes, gegeben ist, und daß außerdem auf Grund des Wesens der elektromagnetischen Wirkung eine Drehkraft sich geltend macht. Daraufhin werden auch ohne Rechnung und nähere Erläuterungen die beiden folgenden Konsequenzen verständlich sein: 1) Die Elektronenbahnen haben ganz bestimmte Lagen im Raume, und diese Lage ist für jede Elektronenbahn eine andre (ebenso wie die Lage der Planetenbahnen; Ekliptik), und 2) (Larmorscher Satz 1910): Durch das Magnetfeld wird (bis zu einem gewissen Grade) die Größe und Gestalt der Bahn nicht geändert, aber es wird ihr eine gleichförmige Präzession um die Richtung der Feldachse erteilt mit der Geschwindigkeit $\frac{1}{2}(e/m)\,H/c$; mit andern Worten: die große Achse der Ellipse dreht sich mit dieser Geschwindigkeit vorwärts; oder, wie man relativistisch auch sagen kann: das Elektron beschreibt im Magnetfelde dieselbe Bahn wie ohne Feld, aber relativ zu einem mit der obigen Geschwindigkeit rotierenden Bezugssystem. Auf die Anwendung dieser Theorie auf die einzelnen Zeeman-Typen kann hier nicht eingegangen werden; es sei aber bemerkt, daß auch jetzt noch die verwickelteren Fälle unerklärt bleiben.

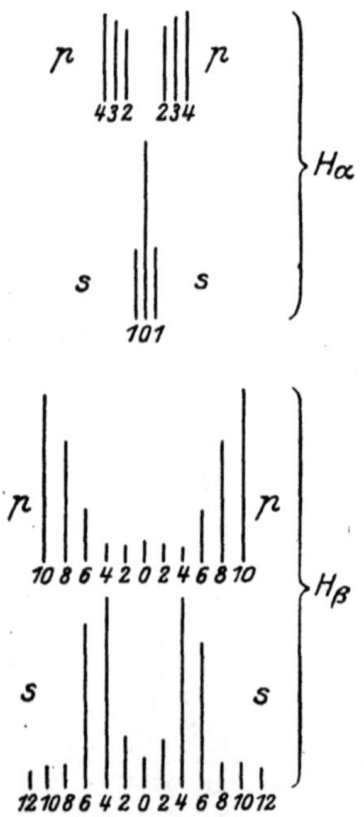

Abb. 59. Zeeman-Typen für Wasserstoff.

Das elektrische Analogon zum Zeeman-Effekt ist 1913 von Stark (mit Benutzung von Kanalstrahlen) aufgefunden und in den folgenden Jahren bis in die Feinstruktur der leichtesten Elemente verfolgt worden; es heißt seitdem Stark-Effekt. Die Theorie ist dann, im Anschluß an Bohr, gleichzeitig von Schwarzschild und Epstein (1916) ausgebaut worden, und zwar bis zu einem erstaunlichen Grade der Übereinstimmung mit den durch Beobachtung festgestellten Einzelheiten; insbesondere bewährt sich hier die Quantentheorie im höchsten Maße, indem sie, im Gegensatz zu der hier völlig versagenden klassischen Theorie, alle Besonderheiten richtig wiedergibt. Was insbesondere den Wasserstoff betrifft, so läßt sich, wie Sommerfeld gezeigt hat, eine Formel aufstellen, die die ganze Fülle der Aufspaltungen und Verschiebungen sowie der Polarisationszustände der Wasserstofflinien in sich einschließt; es muß hier genügen, wenigstens für zwei dieser Linien den Parallel- und Senkrechttypus schematisch nach Lage und Intensität wiederzugeben (Abb. 59).

IX. Zustandslehre.

81. Zustandsgrößen und Zustandsgleichung. Nachdem wir so tief, als zur Zeit überhaupt denkbar ist, in den Mikrokosmos eingedrungen sind, kehren wir nun zum Makrokosmos und damit zu verhältnismäßig einfachen Betrachtungen zurück, die sich aber doch im Laufe der Zeit einer immer noch wachsenden Komplikation haben unterwerfen müssen. Es handelt sich hier um allgemeine Probleme, die wir ebensogut (und im systematischen Sinne sogar noch besser) schon viel früher hätten behandeln können, die wir aber aus guten Gründen bis jetzt aufgeschoben haben. Es handelt sich um die Anknüpfung an eine Bemerkung, die im § 12 gemacht, damals aber kurz abgebrochen worden ist; nämlich um die Frage, wodurch der Zustand, insbesondere der Gleichgewichtszustand eines Körpers oder Systems, charakterisiert und bestimmt ist. Das ist nun natürlich eine sehr weitbegrenzte Frage, und eine klare Antwort läßt sich auf sie nur geben, wenn man die Grenzen enger steckt; insbesondere, wenn man Spezialitäten wie den elektrischen und magnetischen Zustand des Körpers beiseite läßt, das Problem also rein thermodynamisch angreift. Wenn man das tut, bleiben für den Gleichgewichtszustand drei charakteristische Größen übrig, das Volumen, der Druck und die Temperatur. Dabei ist es vorteilhaft, eine weitere Einschränkung (die übrigens das Wesen der Sache nicht berührt) dahin vorzunehmen, daß man eine bestimmte Menge Stoffes, also eine bestimmte Masse des Körpers, etwa 1 Gramm (oder ein Kilogramm) gegeben sein läßt, wodurch dann an die Stelle des Volumens das spezifische Volumen tritt. Diese drei Größen v, p, Θ heißen die drei Zustandsgrößen des Systems. Wenn alle diese drei Größen völlig willkürlich wären, würde man offenbar zu gar keiner gesetzmäßigen Charakterisierung des Zustandes bzw. des Systems gelangen; und das ist auch wirklich nicht der Fall, vielmehr bestehen zwischen den Größen eine oder mehrere Beziehungen, und gerade die Anzahl dieser Beziehungen ist es, welche das Wesen des Systems bestimmt, welche also den charakteristischen Unterschied zwischen den verschiedenen Typen von Systemen ausmacht. Wir wollen der Reihe nach diese Typen betrachten, das Verhalten ihrer Zustandsgrößen verfolgen und daraufhin die für sie maßgebenden Zustandsgleichungen aufstellen.

82. Ideale Gase; Boylesches Gesetz. Hier gibt es nun eine Klasse von Körpern, die sich weitaus am einfachsten verhält: die sogenannten idealen Gase. Ein ideales Gas hat zunächst einmal keine der beiden Selbständigkeiten, die ein Körper aufweisen kann, es hat weder ein selbständiges Volumen noch eine selbständige Gestalt; das Volumen hängt, wenn zunächst die Temperatur als konstant angesehen wird, lediglich vom Druck ab oder, wie man auch sagen kann, von seiner, diesem Drucke gleichen, aber dem Sinne nach entgegengesetzten inneren Spannung, eben einer Folge jenes Druckes; und die Gestalt tritt überhaupt nicht in die Erscheinung, das Gas nimmt jeden ihm dargebotenen Raum ein und schmiegt sich an dessen Wandungen restlos an. Die eine der beiden Wurzeln dieses Verhaltens führt nun allerdings zu einer sehr merkwürdigen, weil einseitigen Eigenschaft der Gase: Sie verhalten sich ganz verschieden gegenüber Druck und Zug; einem Druck setzen sie einen bestimmten, oft recht erheblichen Widerstand entgegen, einem Zuge folgen sie willenlos, ja, ein solcher Zug ist ganz überflüssig, da sie sich, wie gesagt, ganz von selbst beliebig ausdehnen und verteilen; es ist das die einzige Klasse von Körpern, die ein derart unsymmetrisches Verhalten zeigt. Die andre Wurzel der Gestaltlosigkeit liegt in dem Umstande, daß ein ideales Gas (und dieses Verhalten teilt es mit einer idealen Flüssigkeit) gar keinen seitlichen Widerstand darbietet, daß also nur Kräfte in der normalen Richtung auftreten. So bleibt also zunächst lediglich die Beziehung zwischen Druck und Volumen oder (in inverser Funktionalabhängigkeit) zwischen Volumen und innerer Spannung übrig, und diese befolgt das einfache, von BOYLE 1660 entdeckte (und 1676 von MARIOTTE, wie es scheint, unabhängig wiedergefundene) und daher nach ihm zubenannte BOYLEsche Gesetz: Das Volumen eines idealen Gases ist mit dem äußeren Druck umgekehrt proportional, oder die innere Spannung ist mit dem Volumen umgekehrt proportional; oder endlich: das Produkt aus Volumen und Druck ist konstant. Führt man statt des spezifischen Volumens die Dichte ϱ ein, so nimmt das Gesetz die Form an: zwischen Druck und Dichte besteht direkte Proportionalität. In Formel, wenn p_0, v_0, Θ_0 Normalwerte der betreffenden Größen sind (also praktisch die Werte für eine Atmosphäre Druck) und a (nämlich $\sqrt{p/\varrho}$) eine Konstante ist:

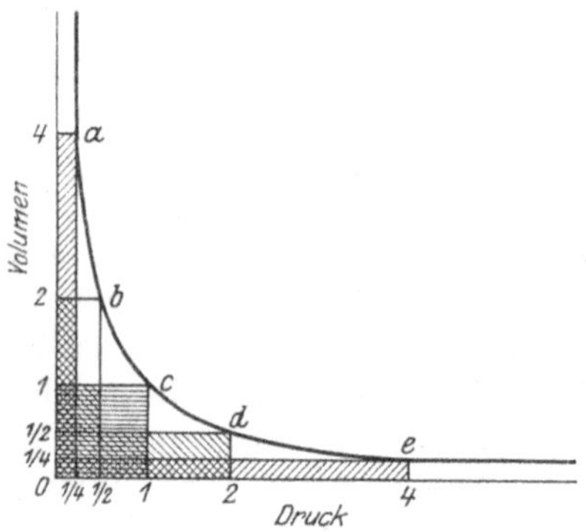

Abb. 60. BOYLEsches Gesetz.

$$\frac{v}{v_0} = \frac{p_0}{p}, \quad \frac{\varrho}{\varrho_0} = \frac{p}{p_0}, \quad p = a^2 \varrho.$$

Kommt es nur auf das allgemeine Verhalten an, so kann man am einfachsten schreiben:

$$pv = \text{const},$$

und das ist nun die einfachste, überhaupt mögliche Zustandsgleichung. Aber sie gilt nur für konstante Temperatur, das Zustandsdiagramm, d. h. das graphische Sinnbild der Zustandsgleichung, stellt also eine Isotherme dar; sie ist eine gleichseitige Hyperbel (auf die Asymptoten bezogen), und die von ihren verschiedenen Punkten aus gebildeten Rechtecke mit den Achsen sind flächengleich (Abb. 60). Die Konstante läßt sich in sehr verschiedener Weise ausdrücken. Bezieht man ϱ auf die Dichte der Luft als Einheit, so wird

$$vp = (1013670/0{,}001293) \cdot (1/\varrho_0) = 786 \cdot 10^6/\varrho_0;$$

oder, in praktischen Einheiten, wenn s_0 das spezifische Gewicht ist: $vp = 7987/s_0$. Wählt man nicht ein Gramm, sondern ein Mol des Gases, so erhält man sogar die für alle Gase identische absolute Formel:

$vp = 227 \cdot 10^8$. Wählt man statt v die Dichte ϱ als zweite Variable, so erhält man als Zustandsdiagramm eine ansteigende gerade Linie.

83. Ideale Gase; Verallgemeinerung. Der isothermischen Zustandsänderung stehen nun offenbar zwei andre zur Seite, bei deren einer sich Temperatur und Volumen ändern, aber der Druck konstant bleibt, bei deren anderer Temperatur und Druck sich ändern, aber das Volumen konstant bleibt; jene heißt isobarische, diese isochorische Zustandsänderung. Für diese beiden Vorgänge ist nun das Grundgesetz sehr viel später aufgestellt worden als für die Isotherme, und zwar 1802 von GAYLUSSAC; es umfaßt in sich eigentlich vier verschiedene Gesetze: 1. Das Volumen eines idealen Gases ist mit der Temperatur (bei gleichbleibendem Druck) durch die Formel $v = v_0 (1 + \alpha \Theta)$ verknüpft, wo α eine Konstante ist, d. h. die thermische Ausdehnung ist gleichförmig. 2. Alle Gase dehnen sich gleich stark aus, d. h. α hat für alle Gase den gleichen Wert, nämlich 0,00367 oder 1/273 pro Celsiusgrad. 3. Ganz das entsprechende Gesetz gilt für die Spannung (bei gleichbleibendem Volumen): $p = p_0 (1 + \alpha \Theta)$. 4. Hierin hat α denselben Wert wie vorhin, d. h. Ausdehnungs- und Spannungskoeffizient sind identisch. Ändern sich v und p gleichzeitig, so tritt ihr Produkt an die Stelle jedes einzelnen, und es ist jetzt $vp = v_0 p_0 (1 + \alpha \Theta)$ oder, wenn man an Stelle der Celsiustemperatur eine neue T einführt, deren Nullpunkt um 273° tiefer liegt, deren Grade jedoch dieselben sind: $vp = v_0 p_0 \cdot \alpha T = RT$, wo R eine Konstante, die Gaskonstante ist; im absoluten Maße ist sie $R = 2871000/\varrho_0$, im praktischen $29{,}27/s_0$. Die Gleichung

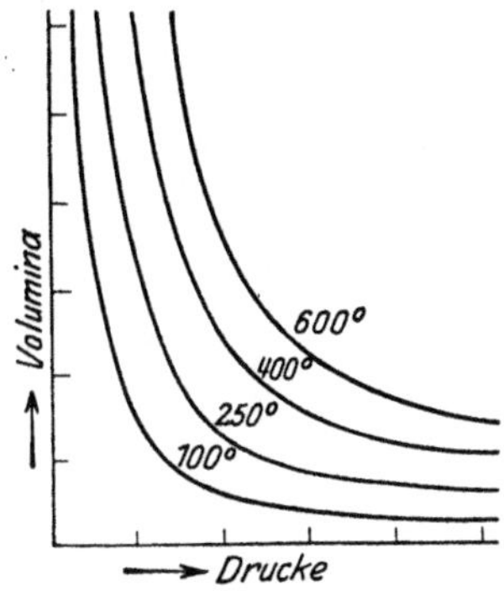

Abb. 61. Isothermen eines idealen Gases.

$$vp = RT$$

ist also die allgemeine Zustandsgleichung idealer Gase; anschaulich kann sie natürlich in ihrer Allgemeinheit nicht durch eine Kurve, sondern, da es sich um drei Variable handelt, nur durch eine Fläche dargestellt werden, z. B. durch ein Gipsmodell; oder man muß sich darauf beschränken, die Isothermen für verschiedene Temperaturen, die Isobaren für verschiedene Drucke oder die Isochoren für verschiedene Volumina zu zeichnen; die erste von diesen drei Spezialdarstellungen zeigt Abb. 61, ein in geeigneter Weise abgegrenztes Gipsmodell der Zustandsfläche Abb. 62.

Es sei hier im Hinblick auf späteres eine Bemerkung eingeschaltet. Das Verhalten der Körper bei mechanischer Beanspruchung heißt ihre Elastizität; auch die Gase gehören zu den elastischen Systemen. Zur quantitativen Kennzeichnung dieses Verhaltens dient der Elastizitätsmodul, d. h. das Verhältnis der Beanspruchung zur erzielten Veränderung; und da es sehr verschiedene Arten von Beanspruchung gibt, gibt es auch sehr verschiedene Moduln. Die beiden grundsätzlich bedeutsamsten unter ihnen sind der Volumenmodul k_1 und der Gestaltmodul k_2; letzterer ist bei Gasen gleich null, eben weil sie keine Gestaltselastizität haben; wie groß aber ist der erstere? Da zeigt sich nun auf Grund der Zustandsgleichung, daß er nicht, wie bei festen und flüssigen Stoffen, einen bestimmten Wert hat, daß er vielmehr vom Druck in einer Abhängigkeit erster Ordnung steht; und zwar ist einfach $k_1 = p$, der Volumenmodul ist stets gleich dem augenblicklich herrschenden Druck. Das ist unter allen Charakterisierungen des gasigen Zustandes vielleicht die kürzeste und zugleich bezeichnendste.

Die drei speziellen Zustandsgleichungen, die wir kennen gelernt haben, die isothermische, isobarische und isochorische, sind übrigens nicht die einzigen, die es gibt; noch andre sind von kaum geringerer Bedeutung. Da würde es sich zunächst um die isoenergetische Gleichung handeln, also um die Beziehung zwischen v, p und Θ, die gilt, wenn der Energiegehalt des Systems ungeändert bleibt. Aber bei idealen Gasen kommt man auf diese Weise nicht zu einer neuen Gleichung, weil, wie zuerst JOULE und THOMSON (1854) durch Versuche über die Ausströmung eines Gases ins Vakuum nachgewiesen haben, die Energie vom Volumen unabhängig ist, d. h. weil die idealen Gase keine besondere Volumenenergie haben; die Energie ist hier vielmehr eine reine Funktion der Temperatur, und zwar ist sie mit der absoluten Temperatur direkt proportional, und der Faktor ist die spezifische Wärme bei konstantem Volumen; in Formel: $E = c_v T$.

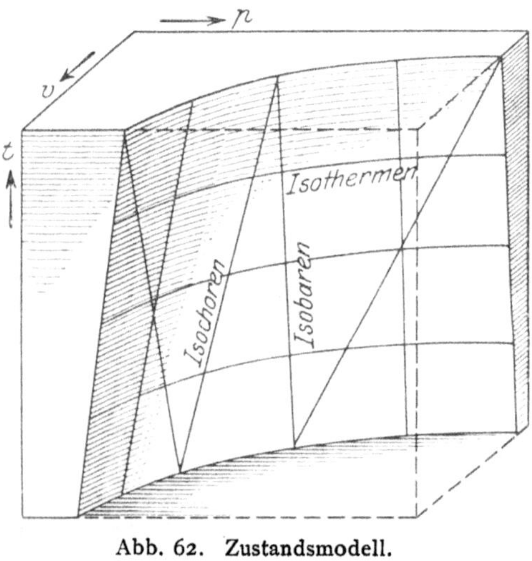

Abb. 62. Zustandsmodell.

Sehr wichtig dagegen ist die isokalorische oder adiabatische Zustandsgleichung, d. h. die Gleichung, die gilt, wenn während des Prozesses Wärme weder ein- noch austritt. Sie ist schon von LAPLACE erkannt und auf die richtige Formulierung der Schallgeschwindigkeit (s. o.) angewandt worden; und seit den Arbeiten von CLAUSIUS u. A. spielt sie in Wissenschaft und Technik eine entscheidende Rolle. Sie läßt sich ihrerseits in drei Formen hinschreiben, je nach der Wahl der unabhängigen Variabeln, aber wohlverstanden in dem Sinne, daß die dritte sich entsprechend mitändert; und zwar, wenn $\varkappa = c_p/c_v$ das Verhältnis der spezifischen Wärmen bei konstantem Druck und bei konstanter Temperatur ist:

$$p\, v^{\varkappa} = \text{const}, \quad p\, T^{-\varkappa/(\varkappa-1)} = \text{const}, \quad v\, T^{1/(\varkappa-1)} = \text{const};$$

in Worten: 1. Das Volumen ist zwar auch hier invers mit dem Druck, aber nicht in dem Maße wie bei isothermischer Veränderung, sondern nur wie die $\varkappa$-te Wurzel. 2. Der Druck ändert sich zwar auch hier direkt mit der Temperatur, aber stärker als proportional. 3. Das Volumen ändert sich hier nicht direkt, sondern invers mit der Temperatur, und zwar stärker als proportional. Statt dessen kann man auch sagen: bei adiabatischer Ausdehnung sinkt, bei adiabatischer Drucksteigerung steigt die Temperatur.

84. Wirkliche Gase; kritischer Zustand. Indessen stellt das kombinierte Boyle-Gaylussacsche Gesetz nur eine erste Annäherung, eben gültig für ideale Gase dar. Für wirkliche Gase stellt das Gesetz die Verhältnisse zwar auch noch in einem gewissen und häufig in einem sehr erheblichen Bereiche gut dar; aber kleine Abweichungen finden doch statt, und sie werden desto größer, je extremer die Werte der Zustandsgrößen gewählt werden und je mehr man sich dabei insbesondere dem Punkte nähert, wo das Gas droht in den flüssigen Zustand überzugehen. Unter den vielen Experimentatoren, die diese Abweichungen untersucht und in einem reichen Tabellenmaterial festgelegt haben, verdienen Regnault (von 1841 ab) und Amagat (von 1873 ab) hervorgehoben zu werden. Hiernach bleibt bei isothermischer Behandlung und Steigerung des Drucks das Verhältnis vp/v_0p_0 nicht konstant, sondern wird immer kleiner (nur bei Wasserstoff größer), und zwar bei Sauerstoff bis zu einem, bei Kohlensäure sogar bis zu zehn Prozent. Andrerseits ist auch die thermische Ausdehnung nicht gleichförmig, die Größe α ist nicht konstant, sondern steigt schon bei 10 Atmosphären auf 0,0046 und dann weiter, und zwischen dem Ausdehnungs- und den Spannungskoeffizienten stellen sich merkliche und allmählich immer größere Differenzen heraus. Graphisch drückt sich all das in der Weise aus, daß die Isobaren und Isochoren aufhören geradlinig zu sein, und daß die Isothermen, also die Hyperbeln, Ausbuchtungen erhalten, etwa wie man es in der Abb. 63 (Kohlensäure) sieht, wo die oberste Kurve noch hyperbolisch ist, die nächste, für eine tiefere Temperatur gültige, aber schon ganz anders aussieht; die vierte hat sogar schon ein, wenn auch unendlich kurzes horizontales Stück; und bei weiterer Senkung der Temperatur erhält man Kurven, die nun einen ganz andern Vorgang darstellen, nämlich die bei Kompression erfolgende Verflüssigung: AB ist das gasförmige Stück,

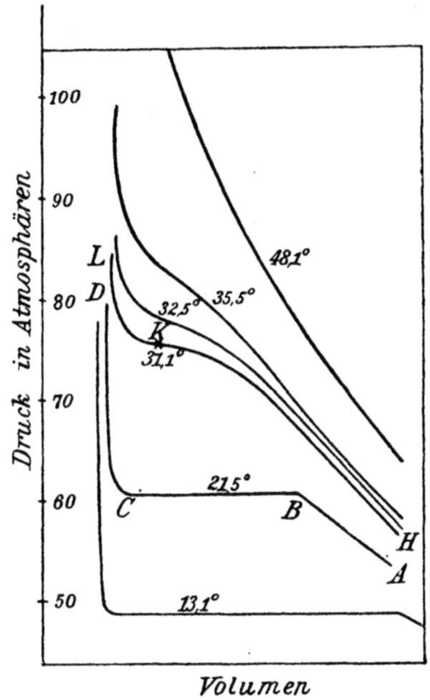

Abb. 63. Isothermen von Dampf und Flüssigkeit.

BC stellt die Verflüssigung dar, bei der das Volumen auf einen kleinen Bruchteil sinkt, während der Druck (und die Temperatur) konstant bleibt, und dann setzt ein steil nach oben laufendes Stück *CD* an, das dem flüssigen Zustande entspricht. Und weiter: während bei den idealen Gasen die Isochoren und die Isobaren gleichartig, die Isothermen aber von wesentlich andrer Gestalt sind, ordnet sich das Verhältnis hier ganz anders. Die Isobaren zeigen hier ein ähnliches Verhalten wie die Isothermen, sie bestehen ebenfalls aus geradlinigen und krummen Stücken; dagegen sind die Isochoren hier ganz eigentümlich: es ist das eine Schar von Kurven mit gemeinsamem Stamm, aus dem nach und nach die einzelnen Kurven sich

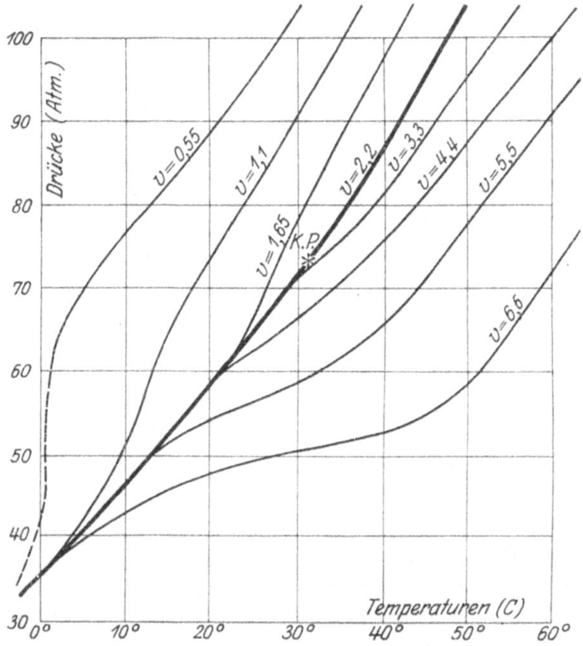

Abb. 64. Isochoren von Dampf und Flüssigkeit (Kohlensäure).

nach links und rechts abzweigen (Abb. 64); der gemeinsame Stamm entspricht offenbar dem Verflüssigungs- (oder Verdampfungs-)Prozeß; und seine Fortsetzung, auf der unmittelbar nach der letzten Abzweigung der kritische Punkt liegt, darf als kritische Kurve bezeichnet werden.

Ehe wir hieran weiter anknüpfen, müssen wir ganz kurz eine andre Frage und Entwicklungsreihe betrachten: die Frage nach der Verflüssigung der Gase überhaupt. Man unterschied früher zwischen Dämpfen und Gasen, erstere leicht und alltäglich in den flüssigen Zustand überführbar, wie etwa der Wasserdampf, letztere überhaupt nicht kondensierbar und darum als permanente Gase bezeichnet. Dann kam die Erkenntnis, daß dies doch wohl kein Gegensatz, sondern nur ein gradueller Unterschied sein dürfte, daß man jedes Gas müsse verflüssigen können, wenn man nur entweder bei gegebenem Druck die Temperatur immer mehr herunterdrücke oder, bei gegebener Temperatur, den Druck immer mehr steigere. Aber keiner dieser beiden Wege führte für sich allein in allen Fällen zum Ziele. Man sah schließlich ein, daß man wohl beide Zustandsgrößen variieren, also zugleich tiefe Temperaturen und hohen Druck anwenden müsse, um die Verflüssigung zu erzwingen; aber ein richtiges Verständnis dafür, ob und wie das möglich sei, konnte man nicht gewinnen. Da war es nun eine entscheidende Entdeckung, die CAGNIARD DE LA TOUR 1822 machte, daß nämlich die Kohlensäure, die man ja bereits zu verflüssigen gelernt hatte, in einen Zustand zu bringen ist, in dem die Verflüssigung (oder die Verdampfung) kein plötzlicher, unstetiger Vorgang ist, sondern sich ganz unmerklich und stetig vollzieht, so daß zwischen flüssigem und gasigem Zustande eigentlich kein Unterschied mehr ist. Aber es verging dann noch fast ein halbes Jahrhundert, bis diese Beobachtung von ANDREWS 1869 wiederholt und nunmehr richtig gedeutet wurde. Diese Deutung ist ja schon in dem Diagramm der Abb. 63 enthalten; in der untersten Kurve ist die Verflüssigung mit einer starken Volumenverminderung verknüpft, in der nächsten immer noch mit einer recht erheblichen, aber in der dritten (von unten) ist sie auf ein unendlich kleines Kurvenstück zusammengeschrumpft, d. h. bei der Verflüssigung findet überhaupt keine Volumenverminderung, also keine Kondensation im eigentlichen Wortsinne statt; und darüber hinaus gibt es einen derartigen Vorgang gar nicht mehr, in diesem Bereiche ist das betreffende Gas (hier die Kohlensäure) nicht mehr zu verflüssigen. Der Punkt K der kritischen Kurve heißt seitdem der kritische Punkt des Gases, die hier herrschende Temperatur, also die höchste, bei der überhaupt noch Verflüssigung möglich ist, heißt kritische Temperatur, der zugehörige Druck heißt kritischer Druck und das zugehörige Volumen kritisches Volumen oder, wenn reziprok gefaßt, kritische Dichte. Bezeichnet man diese Größen mit großen deutschen Buchstaben, so hat man z. B. für Kohlensäure $\mathfrak{T} = 30{,}9^{\circ}$, $\mathfrak{P} = 74$ Atmosphären und $\mathfrak{D} = 0{,}46$. Die Kohlensäure nimmt in dieser Hinsicht eine mittlere Stellung ein, bei andern Gasen liegt die kritische Temperatur entweder sehr hoch (bei Wasser $\mathfrak{T} = 364^{\circ}$), bei noch andern sehr tief (bei Sauerstoff $\mathfrak{T} = -118^{\circ}$); jene sind alltäglich, diese nur schwer zu verflüssigen. Seither ist es auf der gewonnenen theoretischen Grundlage gelungen, nach und nach die verschiedenen Gase zu verflüssigen; den Anfang hatte schon vorher das Chlor gemacht (FARADAY 1823), dann wurde von NATTERER (1844) der geeignete Apparat erfunden; aber erst in den neunziger Jahren wurden, zuerst in Leiden dank den Bemühungen von KAMERLINGH ONNES, eigene Kältelaboratorien errichtet und in diesen dann die Methoden zur Verflüssigung der Luft, des Sauerstoffs, des Wasserstoffs usw. immer weiter vervollkommnet; ja, auch die Überführung in den festen Zustand gelang beinahe restlos. Der Übergang aus dem Laboratorium in die Großtechnik hat sich schließlich hauptsächlich auf dem Wege des LINDEschen Rückströmungsverfahrens vollzogen.

85. Theorie von Van der Waals. Damit nun war das Material gegeben für die Aufstellung einer Zustandsgleichung wirklicher Gase, also für eine Gleichung, die nunmehr an die Stelle der BOYLE-GAYLUSSACschen zu treten hat. Freilich genügen die Daten nicht, um die Gleichung in einer betimmten, zwingenden Form aufzustellen, und tatsächlich sind mehrere aufgestellt worden, die sich in gewissen Hinsichten nicht unwesentlich unterscheiden. Die historisch älteste ist die von RANKINE (1854), dann folgte (1863) eine von THOMSON und JOULE; aber beide wurden überholt und gegenstandslos durch die Formel von VAN DER WAALS (1873); und diese letztere steht auch heute noch in erster Reihe, selbst nachdem es CLAUSIUS (1880) gelang, sie durch eine noch genauere, aber freilich unbequem verwickelte zu ersetzen. Die Gleichung von VAN DER WAALS nimmt an der für ideale Gase gültigen zwei Korrekturen vor: zu dem Druck p wird eine zweite Größe additiv hinzugefügt, von dem Volumen wird eine andre subtrahiert; man würde also die Gleichung $(p + c) \cdot (v - b) = R\,T$ erhalten, wenn es sich nicht sehr bald zeigte, daß man c nicht als Konstante, sondern als abhängig vom Volumen, und zwar stark invers, einführen müßte; und so lautet die neue Zustandsgleichung in Wahrheit:

$$\left(p + \frac{a}{v^2}\right) \cdot (v - b) = R\,T,$$

wo a und b die beiden VAN DER WAALSschen Konstanten heißen. Nur die eine von ihnen, a, läßt sich rein thermodynamisch deuten, nämlich als der Zusatzdruck, der als eine Folge der inneren Kohäsionskräfte zu dem Hauptdruck hinzukommt, aber nur bei starker Zusammendrückung (daher v^2 im Nenner) in Betracht kommt; die andre, b, erhält nur molekulartheoretisch einen bestimmten Sinn, nämlich als das (für die Druckkräfte, d. h. für die Zusammenstöße der Teilchen nicht mit in Betracht kommende) Volumen der Teilchen selbst. Bei manchen Gasen spielt nur a, bei andern nur b, bei noch andern spielen beide Größen eine merkliche Rolle.

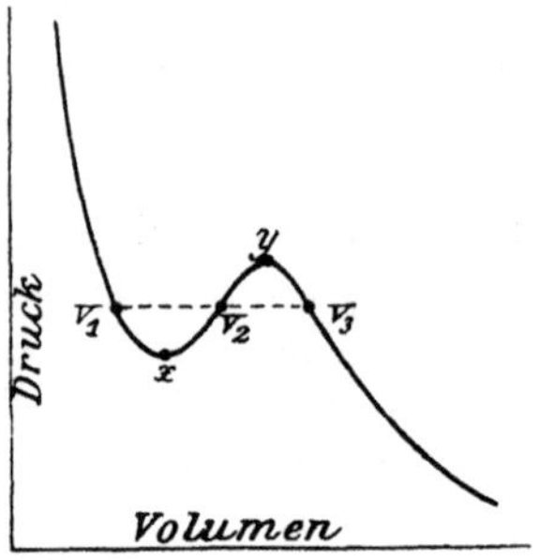

Abb. 65. Theoretische und wirkliche Verflüssigungskurve.

Die Gleichung von VAN DER WAALS ist, wie man sofort sieht, kubisch in bezug auf v; je nach den Umständen hat sie also nur eine oder aber drei reelle Wurzeln; jener Fall entspricht dem dauernden Gaszustande (also oberhalb des kritischen Punktes), diese dem Verflüssigungsvorgange; freilich nicht dem in der Wirklichkeit sich abspielenden, in Abb. 63 durch das horizontale Kurvenstück dargestellt, sondern einem theoretischen, der in Abb. 65 wiedergegeben ist; v_3 ist das Gasvolumen bei Beginn, v_1 das Flüssigkeitsvolumen bei Beendigung der Verflüssigung, die mittlere Wurzel v_2 hat keine realisierbare Bedeutung (indessen lassen sich wenigstens die beiden

Kurvenstücke $v_3 y$ und $v_1 x$ durch vorsichtige Handhabung des Prozesses erzielen). Im kritischen Punkt selbst wird offenbar $v_1 = v_2 = v_3 = \mathfrak{V}$ (kritisches Volumen); und man erhält alsdann aus der Gleichung die Werte:

$$\mathfrak{T} = \frac{8}{27}\frac{a}{bR}, \quad \mathfrak{P} = \frac{1}{27}\frac{a}{b}, \quad \mathfrak{V} = 3b.$$

Wie man sieht, liegen die Verhältnisse bei wirklichen Gasen viel verwickelter als bei idealen; während diese letzteren nur eine einzige charakteristische Konstante, eben die Gaskonstante haben (die sich noch dazu auf die Dichte als maßgebend reduziert), ist jedes wirkliche Gas außerdem noch durch zwei spezifische Konstanten a und b gekennzeichnet; es läßt sich aber zeigen (und auch das hat schon Van der Waals geleistet), daß man auch hier eine universelle Zustandsgleichung aufstellen kann. Nur muß man den Zustand nicht durch die wahren, sondern durch die reduzierten Werte von v, p, T charakterisieren, d. h. durch die Größen $\mathfrak{v}$, $\mathfrak{p}$, $\mathfrak{t}$, die besagen, welches Vielfache (oder welcher Bruchteil) die betreffende Größe von ihrem kritischen Werte ist; dann erhält man nämlich die neue und für alle Gase gemeinsame Zustandsgleichung:

$$\left(\mathfrak{p} + \frac{3}{\mathfrak{v}^2}\right) \cdot (3\mathfrak{v} - 1) = 8\,\mathfrak{t}.$$

Hieran hat dann Van der Waals die Theorie der übereinstimmenden (korrespondierenden) Zustände angeschlossen, d. h. der Zustände zweier oder mehrerer Stoffe, in denen ihre reduzierten Zustandsgrößen gleiche Werte haben; diese Theorie ist dann durch viele Erfahrungen teils genau, teils angenähert bestätigt worden und führt zu einer großen Vereinfachung in der Darstellung und Auffassung der Erscheinungen; es fallen z. B. die Dampfspannungskurven aller Stoffe tatsächlich zusammen (s. w. u.)

86. Flüssigkeiten. Wir kommen jetzt zu den Flüssigkeiten, und zwar auch hier wiederum zunächst zu den idealen. Darunter versteht man solche, welche einer Volumenbeanspruchung einen unendlich großen, einer Gestaltbeanspruchung aber gar keinen Widerstand entgegensetzen; von den beiden Moduln ist hier $k_1 = \infty$, $k_2 = 0$. Unter diesen Umständen nimmt hier die erste der speziellen Zustandsgleichungen die einfache Form $v = \text{const}$ an, und es bleibt im wesentlichen nur die Frage übrig, wie sich das Volumen (und entsprechend der Druck) mit der Temperatur ändert. Da zeigt sich nun, daß hier, in schroffem Gegensatz zu den Gasen, keine Einheitlichkeit besteht, daß jede Flüssigkeit sich anders verhält und einige von ihnen, vor allem das Wasser, sogar geradezu anomal. Von normalen Flüssigkeiten, die von Regnault (1842), Pierre (1845), Kopp (1847), Hirn (1867, oberhalb des normalen Siedepunktes) u. A. untersucht worden sind, haben viele eine nahezu gleichförmige Ausdehnung, aber eine jede von ihnen mit einem andern Ausdehnungskoeffizienten. Bei Quecksilber z. B. ist er zwischen 0^0 und 10^0 gleich 0,0001815, dagegen zwischen 0^0 und 300^0 gleich 0,0001858; bei andern Flüssigkeiten ist er bis zu zehnmal so groß. Die

Anomalie beim Wasser besteht darin, daß es sich zwischen 0° und 4° nicht ausdehnt, sondern zusammenzieht, bei 4° also ein Dichtemaximum besitzt, und daß, im Zusammenhange hiermit, die Ausdehnungskurve auch in ihrem übrigen Verlaufe weit davon entfernt ist eine gerade Linie zu sein. Das Dichtemaximum ist zuerst 1772 von DELUC erkannt, von RUMFORD (1805) und DESPRETZ (1836) genauer bestimmt worden; und die gesamte Ausdehnungskurve des Wassers ist immer sorgfältiger, zuletzt (1900) von der Reichsanstalt festgelegt worden.

Wenn schon bei den idealen Flüssigkeiten die Dinge so verwickelt liegen, so steigert sich das natürlich bei den wirklichen noch ganz beträchtlich. Diese unterscheiden sich nämlich von jenen erstens dadurch, daß sie kompressibel sind, und zweitens (worauf wir hier nicht näher eingehen können) durch die vorhandenen Spuren einer Gestaltselastizität (die in extremen Fällen, z. B. bei schweren Ölen oder Pech sogar bedeutend und für den Habitus der Erscheinungen entscheidend werden kann). Lange Zeit hindurch hielt man die tropfbaren Flüssigkeiten für inkompressibel, und erst 1666 stellte VOSS die Zusammendrückbarkeit des Quecksilbers, 1692 die Academia del Cimento die des Wassers fest, während der endgültige und exakte Beweis hierfür erst 1762 durch CANTON geliefert wurde. Das erste Meßinstrument zu diesem Zwecke, das Piezometer, wurde 1822 von OERSTEDT gebaut, von REGNAULT, JAMIN u. A. vervollkommnet; und die ersten wirklichen Messungen wurden 1827 von COLLADON und STURM ausgeführt; dann folgten GRASSI (1851), AMAGAT (1877), PAGLIANI (1884), RÖNTGEN (1886) und viele Andre. Die Kompressibilität ist bei allen Flüssigkeiten sehr klein, sie beträgt pro Atmosphäre Überdruck nur 48 (Wasser) bis 175 (Äther)milliontel des ursprünglichen Volumens; allerdings nimmt sie mit steigender Temperatur zwischen 0° und 100° auf das Anderthalb- bis Vierfache zu, nur bei Wasser, das sich auch hier anomal verhält, nimmt sie bis 50° ab und dann erst zu.

Unter diesen Umständen wird man sich nicht wundern zu hören, daß es kaum möglich ist, eine einigermaßen gut stimmende und zugleich theoretisch irgendwie sinnvolle Zustands-Gleichung aufzustellen; man mußte sich begnügen, empirische Formeln aufzustellen, für normale Flüssigkeiten etwa nach dem Schema einer Potenzreihe in Θ (WÜLLNER, WINKELMANN u. A.), für Wasser, wo diese Darstellung natürlich versagt, in komplizierterer Form (MENDELEJEW 1891, THIESEN u. A.). Auch hat man versucht, die Zustandsgleichung der wirklichen Gase auf den Bereich der Flüssigkeiten auszudehnen; aber die Formel von VAN DER WAALS versagt hier, und auch mit der von CLAUSIUS kommt man nicht zu einem wirklich befriedigenden Ergebnis. Und es ist auch nicht schwer, diesen Schwierigkeiten auf den Grund zu sehen. Die innere Konstitution der Flüssigkeiten ist eben offenbar keine einfache, ihre Teilchen befinden sich vermutlich in verschiedenen Zuständen der Anordnung, Dissoziation und Polymerisation usw.; und was gar das Wasser betrifft, so muß hier die innere Beschaffenheit zwischen 0° und 4° eine entscheidende Umwandlung erfahren.

87. Feste Körper; Elastizität. Von einheitlichen Körpern bleiben nun noch drittens die festen Körper übrig. Daß diese im Prinzip von kristallischer Beschaffenheit sind, haben wir schon erörtert; wir wollen uns jetzt der Einfachheit halber auf solche Stoffe beschränken, welche im landläufigen Sinne als isotrop angesehen werden können, also Gläser, Metalle, Kautschuk usw. Diese Körper sind nun nach dem Gesagten gekennzeichnet durch die beiden Moduln k_1 und k_2 oder auch durch irgend zwei andre, mit ihnen in eindeutiger Beziehung stehende Größen. Unter diesen letzteren sind am wichtigsten die beiden beim Längszug eines zylindrischen Körpers auftretenden Konstanten: Dehnungsmodul E und Elastizitätszahl (Verhältnis der linearen Querkontraktion zur Längsdilatation) μ; durch E und μ ist ein Stoff ebensogut charakterisiert wie durch k_1 und k_2, und praktisch noch bequemer (Näheres im speziellen Teil). Die Grundlage für die Definition von E ist schon 1660 geschaffen worden; das nach seinem Entdecker benannte HOOKEsche Gesetz besagt, daß die relative Dehnung mit dem Zuge oder umgekehrt die in dem Körper erzeugte Spannung mit der Dehnung proportional ist; und der Proportionalitätsfaktor in dieser letzteren Formulierung ist eben E (YOUNG 1807). Neuerdings hat sich gezeigt, daß das Gesetz auch für mäßige Beanspruchungen nicht immer genau und für einzelne Stoffe auch nicht annähernd gilt (THOMPSON 1891, Formeln von BACH 1895 und GRÜNEISEN 1906). Was andrerseits μ betrifft, so ist die Tatsache der Querkontraktion schon sehr lange bekannt gewesen; aber erst CAGNIARD LA TOUR hat (1827) eine Methode zu ihrer Bestimmung angegeben, und erst WERTHEIM (1849) hat solche Bestimmungen ausgeführt, denen dann weitere gefolgt sind, die genauesten, nach der CORNUschen Biegungsmethode (1869), von STRAUBEL (1899) ausgeführt. Während nun die Werte von E in sehr weiten Grenzen schwanken (Diamant schätzungsweise 100000, Kautschuk rund 0,5 kg*/qmm), ist μ grundsätzlich auf den Bereich zwischen 0 und 0,5, tatsächlich sogar auf den zwischen 0,1 und 0,5 beschränkt. Diese obere Grenze entspricht nämlich der Eigenschaft der Inkompressibilität, ist also für Flüssigkeiten und für solche feste Körper gültig, die sich in dieser Hinsicht ebenso verhalten (Paraffin, Kautschuk usw.); und wenn POISSON aus seiner Molekulartheorie der Elastizität (1814) den Schluß zog, μ müsse für alle festen Körper gleich 1/4 sein, so ist das durch die Beobachtung widerlegt worden, womit auch die Theorie hinfällig geworden ist; und auch neuere Theorien, namentlich die von VOIGT, haben das Problem nicht befriedigend gelöst. Dazu kommt nun als weitere Schwierigkeit das Eingreifen der Temperatur und der thermodynamischen Verhältnisse überhaupt; es ist zwischen isothermischen und adiabatischen Elastizitätsmoduln zu unterscheiden (VOIGT) und manches andere. Dadurch wird nun die Zustandsgleichung fester Körper ein fast unlösbares Problem. Ansätze dazu, aber fast sämtlich auf mehr oder weniger willkürlichen atomistischen Voraussetzungen beruhend, sind vielfach gemacht und von WEINSTEIN (1903) kritisch zusammengestellt worden; auch ist man seitdem in der gleichen Richtung weiter gegangen, alles das aber in so verwickelter und vorläufig noch nicht ganz geklärter Weise, daß wir hier nicht darauf eingehen können.

88. Elastische und magnetische Nachwirkung. Bei festen Körpern kommt nun aber noch eine weitere Komplikation hinzu, und das führt uns auf eine ganz allgemeine Frage, von der der jetzige Fall nur eines von vielen Beispielen ist. Der Zustand eines Systems hängt von den zur Zeit wirksamen Kräften ab; wenn sie sich ändern, ändert sich auch der Zustand; und wenn sie wieder die früheren Werte annehmen, kehrt auch das System in den alten Zustand zurück. Aber diese einfache und klare Feststellung hat den großen Fehler, daß sie zwar in den meisten Klassen von Naturerscheinungen richtig, in anderen aber nicht ganz richtig und in einzelnen geradezu falsch ist. Der Zustand eines Körpers kann nämlich, außer von den zur Zeit wirksamen Kräften auch noch von denen abhängen, die früher gewirkt haben; er kann, wie man das allgemein ausdrücken kann, von seiner Vorgeschichte abhängen. Die beiden Hauptgebiete, wo sich das zeigt, sind die Elastizität und der Magnetismus; aber auch in der Wärmelehre spielt es eine gewisse Rolle. Man nennt die Erscheinung Nachwirkung oder Hysteresis (wie wir zunächst unterschiedslos sagen wollen); man spricht also von elastischer, magnetischer, thermischer Nachwirkung oder Hysterese. Wenn man einen Körper einem wachsenden Zuge bis zu einem gewissen Maximum und dann wieder einem abnehmenden Zuge bis auf null unterwirft, so entsprechen auf dem Hin- und Rückwege denselben Werten des Zuges doch verschiedene Dehnungen, nämlich auf dem Rückwege größere als auf dem Hinwege; und am Schlusse ist die Dehnung nicht wieder null geworden, sondern hat einen endlichen Betrag. Bei einem zweiten Zyklus ändern sich die Werte wiederum, aber nach einigen Zyklen stellt sich ein Dauerprozeß heraus. Am genausten ist das bei zyklischer Magnetisierung eines Eisenkörpers untersucht worden (Fromme 1878, Auerbach 1881, Warburg 1881, Ewing 1885, M. Wien 1898 u. v. a.): und das typische graphische Bild der Erscheinung ist die Hysteresisschleife, wie sie in Abb. 66 dargestellt ist; Abszissen sind die Feldstärken, Ordinaten die Magnetisierungen, *OB* ist die Remanenz und *OC* die Koerzitivkraft, d. h. die negative Kraft, die man aufwenden muß, um den zurückgebliebenen Magnetismus zu zerstören; mutatis mutandis gilt das genau so für die elastische Hysteresis. Die allgemeine Bedeutung dieses Prozesses als einer Vergeudung von Energie, dargestellt durch die von der Schleife eingeschlossene Fläche, hat zuerst Warburg erkannt; und seitdem ist diese ganze Lehre von entscheidender Bedeutung auch für die elektrotechnische Praxis geworden, die

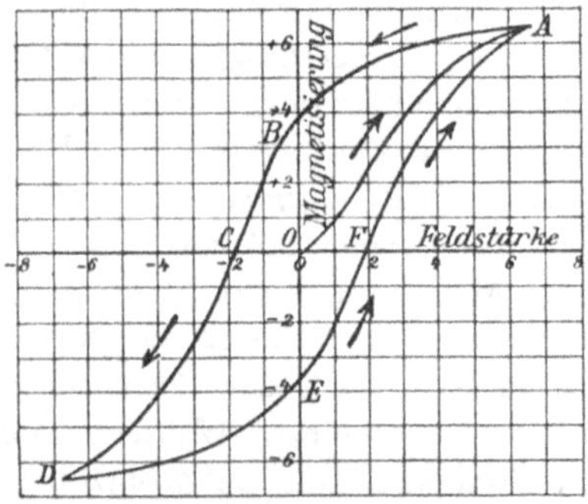

Abb. 66. Hysteresisschleife.

doch ein Interesse daran hat, jene Vergeudung auf ein Minimum zu beschränken, was ihr auch gelungen ist.

Mit der erörterten Erscheinung ist eine andre, obwohl sie häufig mit ihr verknüpft ist, nicht zu verwechseln, schon deshalb nicht, weil es sich bei dieser neuen Erscheinung um einen zeitlichen Vorgang handelt: der endgültige Zustand eines einer Beanspruchung unterworfenen Körpers tritt oft nicht sofort, sondern erst nach und nach ein; man kann das als Nachwirkungsveränderung bezeichnen. In diesem Sinne gibt es ebenfalls wieder hauptsächlich drei Fälle: elastische, thermische und magnetische Nachwirkung; sie sind sämtlich vielfach untersucht worden, so von FRANZ NEUMANN, AUERBACH, WARBURG (der auch zuerst eine reinliche Scheidung zwischen Nachwirkung und Hysterese vorgenommen hat) u. a.. Dabei handelt es sich zuweilen um rasch, in andern Fällen aber um sehr langsam verlaufende Erscheinungen, bis zu säkularen Prozeßen. Indessen kann hier nicht näher darauf eingegangen werden.

Endlich schließt sich noch eine dritte Erscheinung hier ungezwungen an: die dauernde oder permanente Veränderung der Körper infolge von zeitweiliger Beanspruchung: ein Verhalten, durch das eine geradezu entscheidende Zweiteilung der Körper herbeigeführt wird: in der Elastizität der Gegensatz zwischen vollkommen elastischen und unelastischen Körpern, jene restlos in den Anfangszustand zurückkehrend, diese dem neuen Zustand restlos und dauernd verfallen; in der Magnetik der Gegensatz zwischen ganz weichen Eisenkörpern, wie sie für zyklische Magnetisierung verwendet werden, und permanenten Stahlmagneten. Auf dem Gebiete der elastischen Vorgänge ist dann aber noch eine weitere Unterscheidung zu machen, je nachdem der betreffende Körper den neuen Zustand ganz allmählich annimmt oder aber der Beanspruchung, wenn sie zu groß wird, sich derart entgegenstemmt, daß eine Katastrophe eintritt: der Zusammenhang der Teile geht verloren, die Festigkeit hat ihre Grenze erreicht, es tritt Bruch oder Zerreißung oder ähnliches ein. Aber auch das kann hier nur eben erwähnt werden, und es muß genügen, diese beiden Klassen, zwischen denen es natürlich alle möglichen Übergänge gibt, die aber doch gerade in ihren extremen Typen von häufigem Vorkommen und großer Bedeutung sind, durch ihre Namen zu charakterisieren: die einen heißen geschmeidig oder plastisch, die andern spröde; und von AUERBACH u. A. sind Ansätze zu einer exakten Definition dieser Begriffe gemacht worden. Übrigens ist hinzuzufügen, daß ein bei gewöhnlicher Temperatur spröder Körper bei höherer Temperatur geschmeidig sein kann, wie z. B. das Glas, bei dem ja der ganze Herstellungsprozeß darauf hinauskommt.

89. Gesättigte Dämpfe. Bisher war von homogenen Systemen die Rede, d. h. von solchen, bei denen die Eigenschaften in der ganzen Ausdehnung des Systems die gleichen sind oder doch, um sogleich eine Erweiterung vorzunehmen, sich nur ganz allmählich ändern (wie etwa die Dichte oder der Druck der Luft in der Atmosphäre). Wir haben nunmehr Systeme zu betrachten, bei denen sich die Eigenschaften sprunghaft ändern, also im einfachsten Falle ein System, daß aus zwei verschiedenen Teilsystemen besteht. Dabei wollen wir zunächst den Fall erörtern, daß die beiden Teilsysteme verschiedenen Stoffen, aber demselben Aggregatzustande angehören, und den wichtigen Gegensatz feststellen, der hier auftritt: die beiden Teilsysteme können sich miteinander mischen, z. B. zwei Gase oder, wenn es Flüssigkeiten sind, Wasser und Alkohol, und sie formen sich dann zu einem neuen, homogenen Ganzen; allerdings wird der Prozeß bei Vermeidung aller Heftigkeit des Verfahrens, sich erst sehr allmählich vollziehen, und zwar auf dem Wege der Diffusion; auch wenn man den leichteren Stoff über dem schwereren anordnet, wird trotzdem eine Durchdringung erfolgen, bis die Dichte usw. überall die gleiche geworden ist. Es gibt aber Systeme, bei denen das nicht der Fall ist, und zwar erstens ganz allgemein die festen Körper, z. B. ein aus zwei Metallen zusammengelöteter Stab; dann aber auch gewisse Flüssigkeiten, die sich eben nicht mischen, z. B. Wasser und Quecksilber oder Wasser und Öl; sie bleiben getrennte Teilsysteme, und auch wenn man sie heftig schüttelt, kann man zwar eine beliebige Vermehrung der Grenzflächen, also z. B. eine Unzahl von Ölkügelchen in Wasser, niemals aber Homogenität erzielen.

Nehmen wir nun den andern und weitaus interessanteren Fall, daß die beiden Teilsysteme dem gleichen Stoff, aber verschiedenen Aggregatzuständen angehören; als Beispiel wählen wir Wasser und Wasserdampf. Hier haben wir es nun mit grundsätzlich veränderten Zustandsverhältnissen zu tun: während Wasser für sich und Wasserdampf für sich in jedem beliebigen Zustande dauernd existieren kann, der der einzigen bestehenden Zustandsgleichung genügt, während also hier zwei von den drei Zustandsgrößen Volumen, Druck und Temperatur willkürlich sind, kommt hier eine neue Beschränkung, eine neue Beziehung hinzu, und es bleibt nur eine einzige willkürliche Größe übrig. Welche von den dreien das ist, bleibt natürlich gleichgültig, man kann den Zustand in jeder möglichen Funktionalform darstellen. Am bezeichnendsten und deshalb am üblichsten ist die Beziehung zwischen Temperatur und Druck, also das Gesetz, welches ausdrückt, wie groß die innere Spannung bei einer gegebenen Temperatur sein muß. Wasser und Wasserdampf können bei einer bestimmten Temperatur nur dann miteinander im Gleichgewicht sein, wenn ein ganz bestimmter Druck herrscht, den man den Sättigungsdruck oder die Sättigungsspannung oder Maximalspannung oder schlechthin die Dampfspannung nennt; wird der Druck gesteigert, so geht Dampf in flüssiges Wasser über, wird er ermäßigt, so verdampft noch ein Teil des vorhandenen Wassers; und entsprechendes gilt bei willkürlicher Änderung der Temperatur. Die ersten Beobachtungen über die Spannung des Wasserdampfs hat schon Bétancourt (1792) angestellt, die ersten systematischen Magnus (1844) und Regnault (1847), dann folgen zahlreiche andre Experimentatoren, eine umfangreiche Zusammenstellung hat schließlich Wiebe (1894) geliefert. Die Kurven haben sämtlich (Abb. 67) eine sehr ähnliche Gestalt, indem sie anfangs langsam, allmählicher immer rascher ansteigen. Dagegen hat die Aufstellung einer allgemeinen Formel große Schwierigkeiten gemacht, und keine der unzähligen, die vorgeschlagen worden sind, hat sich durchaus bewährt, nämlich für alle Bereiche von Druck und Temperatur sowie für alle Dämpfe; und die meisten von ihnen haben einen durchaus empirischen Charakter und enthalten soviele Konstanten, daß nicht viel daraus zu entnehmen ist. Die erste einigermaßen brauchbare und von REGNAULT zur Darstellung seiner Messungen benutzte Formel ist die von BIOT (1844), die in der vereinfachten Form von BARTOLI (1889)

$$\log p = a + b \cdot 0{,}9932^{\Theta}$$

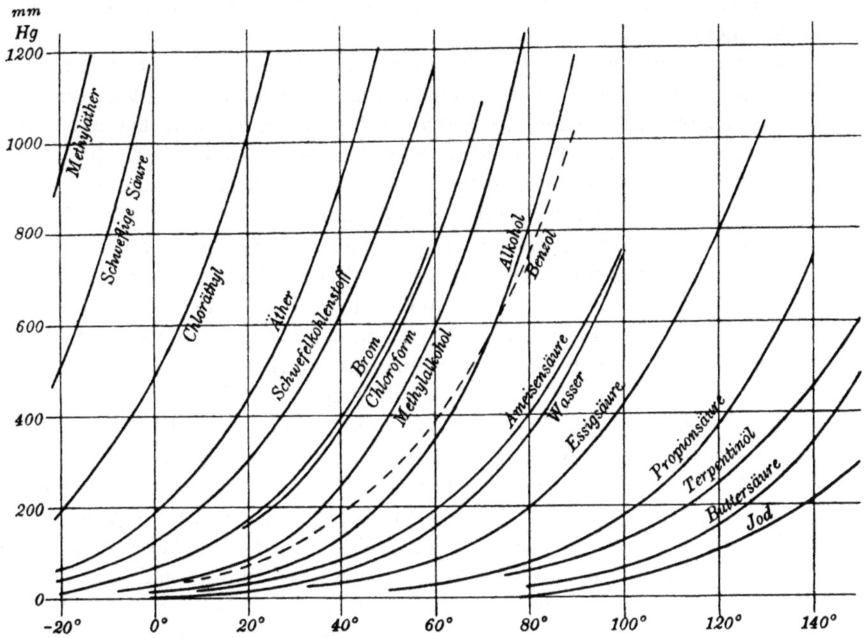

Abb. 67. Dampfspannungskurven.

lautet. Diejenige Formel aber, welche alle andern an Bedeutung überragt, ist die zuerst von KIRCHHOFF aufgestellte, aber erst durch RANKINE und DUPRÉ (1868) in Aufnahme gekommene und nach ihnen benannte Formel (T die absolute Temperatur)

$$\log p = A - (B/T) - C \cdot \log T,$$

die nicht bloß die Messungen in weitem Umfange gut darstellt, sondern auch den Vorzug hat, sich unter gewissen Voraussetzungen thermodynamisch begründen zu lassen; die Konstanten A, B, C hängen teils mit der Verdampfungswärme, teils mit den spezifischen Wärmen von Flüssigkeit und Dampf zusammen. Schließlich sei bemerkt, daß, wenn man in der graphischen Darstellung die Temperaturen durch die reduzierten Temperaturen, die Drucke, durch die reduzierten Drucke ersetzt, sämtliche Kurven im wesentlichen zusammenfallen (s. o.).

Statt zu sagen: die Spannkraft hängt von der Temperatur ab, kann man offenbar auch umgekehrt sagen: die Siedetemperatur hängt vom Druck ab; und damit erhält man eine Übersicht über die Siedepunkte der Flüssigkeiten bei verschiedenen Drucken; der für Atmosphärendruck gültige ist der normale Siedepunkt, für geringere Drucke liegt der Siedepunkt tiefer, für größere höher. Letzteres hat, wie schließlich kurz bemerkt sei, zu einem wichtigen (in der Hauptsache freilich wenig erfolgreichen) technischen Problem geführt: den Wirkungsgrad einer Dampfmaschine durch Überhitzung des Dampfes im Kessel (der dann entsprechenden Druck aushalten muß) nach Möglichkeit zu steigern.

Daß der Siedepunkt einer Flüssigkeit vom Druck abhängt, ist ein so grob sinnliches Phänomen, daß es seit alten Zeiten bekannt ist. Viel feinerer Art ist das ganz entsprechende Verhalten bei einem System, das aus fester und flüssiger Substanz besteht, also beim Schmelzprozeß. Auch hier entspricht jedem äußeren Druck eine bestimmte Schmelztemperatur, und jeder Temperatur ein bestimmter Schmelzdruck; nur muß eben hier der Druck sich schon recht gewaltig ändern, damit eine meßbare oder gar erhehliche Änderung des Schmelzpunktes eintrete. Daß das Wasser unter der Luftpumpe schon gefriert, wenn die Temperatur noch erheblich über dem Eispunkt liegt, hat zuerst LESLIE (1813) demonstriert; die Beobachtung der umgekehrten Erscheinung, also die Schmelzpunkterniedrigung durch erhöhten Druck, verdankt man JAMES THOMSON (1849); und MOUSSON (1858) hat dann den schönen Demonstrationsversuch angegeben, bei dem man einen starken Stahlzylinder mit Wasser füllt, ein Pfennigstück hineinlegt, das ganze zuschraubt, bis der Druck viele Atmosphären beträgt und es nun in eine Kältemischung, also auf eine Temperatur bringt, die mehrere Grade unter dem Eispunkt liegt: wenn man jetzt das Gefäß plötzlich umkehrt, hört man das Pfennigstück durch die Länge des Zylinders hindurchfallen, ein Beweis, daß der Inhalt flüssig ist; und wenn man schließlich aufschraubt, findet man zwar einen Eiszylinder vor, weil der Druck wieder normal geworden ist, das Pfennigstück aber liegt voran und nicht auf dem Grunde. Übrigens verhält sich, wie man sieht, das Wasser in dieser Hinsicht (wie in so vielen andern) anomal: Drucksteigerung bringt Erniedrigung, Druckermäßigung Erhöhung des Schmelzpunktes hervor; und diese Anomalie hat ihren Grund in einer andern, daß sich nämlich Wasser beim flüssigwerden zusammenzieht, beim erstarren ausdehnt. Fast alle Flüssigkeiten verhalten sich umgekehrt, also normal, wie das zuerst BUNSEN (1857) an Paraffin und Walrat gezeigt hat. Die Möglichkeit eines kritischen Punktes flüssig-fest hat zuerst POYNTING (1881) erörtert, und später haben TAMMANN, HEYDWEILLER u. A. diese Frage und im Zusammenhange damit die des maximalen Schmelzpunktes, des Nullwerdens der Volumenänderung mit steigendem Druck und ähnliche Fragen untersucht.

90. Phasenlehre. Indessen ist alles, was wir bisher ins Auge gefaßt haben, nur etwas sehr Spezielles. Ein System aus zwei Teilsystemen desselben Stoffes, oder ein System aus zwei verschiedenen Stoffen bestehend.

Die ganze Lehre aber wurde erst fruchtbar, als es gelang, sie auf einen breiten Boden zu stellen und unter ganz allgemeinen Gesichtspunkten zu behandeln. Da haben wir also zunächst die schon erwähnte zweifache Mannigfaltigkeit festzustellen: erstens die verschiedenen, räumlich getrennten Teilsysteme, und zwar nicht bloß in verschiedenen Aggregatzuständen, sondern auch in anderweitigen Modifikationen, z. B. Kristallisationsformen (rhombischer und monokliner Schwefel); und andrerseits die chemisch verschiedenen, aber nicht räumlich getrennten, sondern sich gegenseitig durchdringenden Stoffe, hier aber wiederum mit der wesentlichen Unterscheidung, ob einer dieser Stoffe seiner Menge nach durch einen andern bereits mitbestimmt ist, wie z. B. beim Wasser der Sauerstoff durch den Wasserstoff (chemische Verbindung), oder ob er in beliebiger, selbständiger Menge vorhanden sein kann, wie z. B. bei einer Lösung, wo die Menge des gelösten Stoffes im Vergleich mit der des Lösungsmittels willkürlich ist. Die Theorie dieser zusammengesetzten Systeme und eine sehr brauchbare Nomenklatur verdankt man dem Amerikaner Gibbs (1876); nach ihm nennt man die räumlich getrennten Teilsysteme die Phasen, die unräumlichen, sich gegenseitig durchdringenden Stoffe aber in der soeben erläuterten Beschränkung die unabhängigen Bestandteile; eine Lösung enthält mindestens zwei unabhängige Bestandteile, eine chemische Verbindung dagegen, so verwickelt auch ihre Formel sein mag, nur einen einzigen. Gibbs ist es nun auch gewesen (1878), der das Grundgesetz derartiger heterogener Systeme aufgestellt hat, die sogenannte Phasenregel: Die Anzahl der Phasen β kann die Anzahl der unabhängigen Bestandteile α höchstens um zwei übersteigen, in Formel:

$$\beta \lesseqgtr \alpha + 2.$$

Übersteigt jene diese gerade um zwei, gilt also in der Formel das Gleichheitszeichen, so ist das System in seinem physischen Zustande vollständig bestimmt, z. B. das System, das aus Eis, Wasser und Wasserdampf besteht; es kann nur bei einem ganz bestimmten Drucke und einer ganz bestimmten Temperatur existieren (Fundamentalzustand, dreifacher Punkt). Dagegen besitzt das System Wasser-Wasserdampf (zwei Phasen, ein unabhängiger Bestandteil) einen Freiheitsgrad von Zuständen, der Druck darf beliebig sein, nur muß dann einem bestimmten Drucke eine bestimmte Temperatur entsprechen; endlich kann das System Wasserdampf bei beliebigem Druck und beliebiger Temperatur existieren, hat also eine zweifache Mannigfaltigkeit. Die Phasenregel hat seit der Zeit ihrer Aufstellung sich als äußerst fruchtbar für die Gewinnung und Vertiefung unsres Verständnisses für die Natur und das Verhalten der heterogenen Systeme erwiesen, und noch immer wird in dieser Richtung fortgearbeitet. Es muß hier genügen, die Verhältnisse einer Substanz in ihren drei Aggregatzuständen anzuführen, und zwar in Form von zwei graphischen Darstellungen. Abb. 68 stellt den Druck als Funktion der Temperatur dar, die starken Linien sind die Schmelzdruckkurve (doppelt gezeichnet, nämlich für eine normale Substanz und für Wasser), die Dampfdruckkurve und die Sublimationsdruckkurve, oder, mit Vertauschung der Rollen von Abszisse und Ordinate (Zeichnung um 90 Grad gedreht), die erste stellt die Schmelztemperatur bei gegebenem Drucke, die zweite

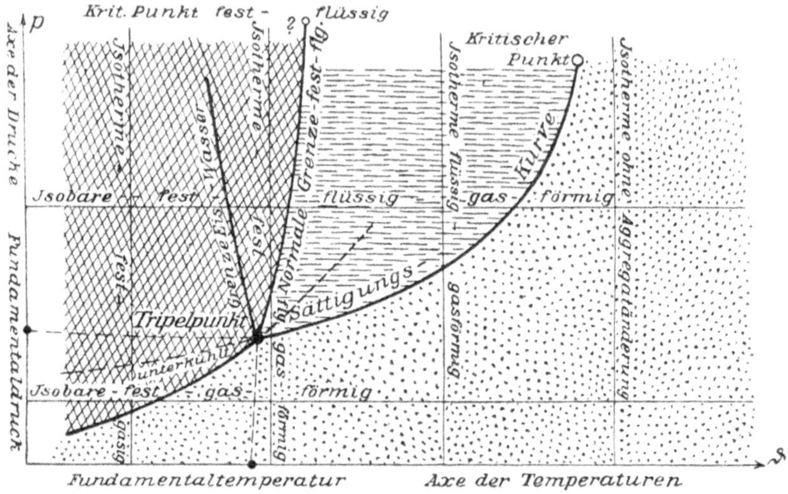

Abb. 68. Zustandsbereiche einer Substanz.

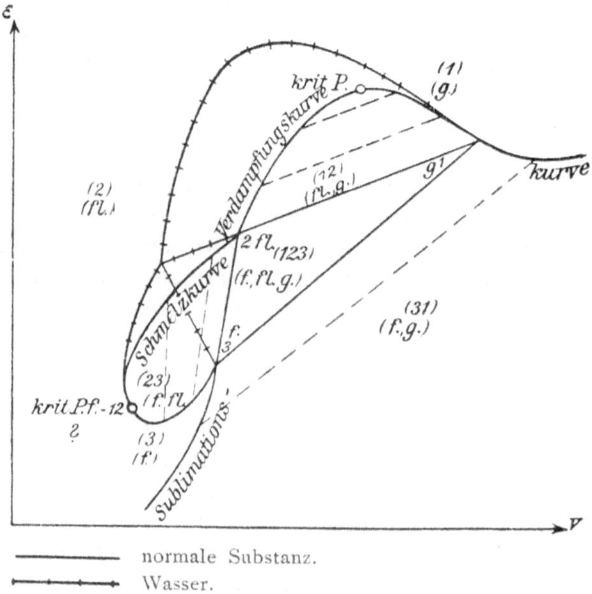

Abb. 69. Fundamentaldreieck und Umgebung.

ebenso die Siedetemperatur, die dritte die Sublimationstemperatur (Dampf über Eis) dar; nur ist die Schmelzdruckkurve in Wahrheit noch viel steiler, und die Abweichung der Sublimations- von der Dampfkurve ist viel geringer;

der Schnittpunkt der Kurven ist der dreifache Punkt; außerdem sind einige Isobaren und Isothermen eingetragen. In Abb. 69 andrerseits ist die spezifische Energie als Funktion des spezifischen Volumens dargestellt, man sieht das Fundamentaldreieck, in dessen Innern alle drei Phasen zusammen existieren können, oben ist das abgegrenzte Gebiet Wasser-Dampf, links das ebenfalls abgegrenzte Gebiet Eis-Wasser, auf der Grenzkurve des ersteren liegt der kritische Punkt, wo der flüssige Zustand unmerklich in den gasigen übergeht usw.

Übrigens liegen die Dinge bei näherer Untersuchung durchaus nicht so einfach, wie die obigen Diagramme sie erscheinen lassen, und zwar deshalb nicht, weil es zwar nur einen »Wasserdampf« und nur ein »Wasser«, dagegen mehrere verschiedene Modifikationen von »Eis« gibt. Bezeichnet man das gewöhnliche Eis als »Eis I«, so gibt es, wie TAMMANN (1900 ff.) gezeigt hat, ein »Eis II« und ein »Eis III«, die bei gewissen Werten der

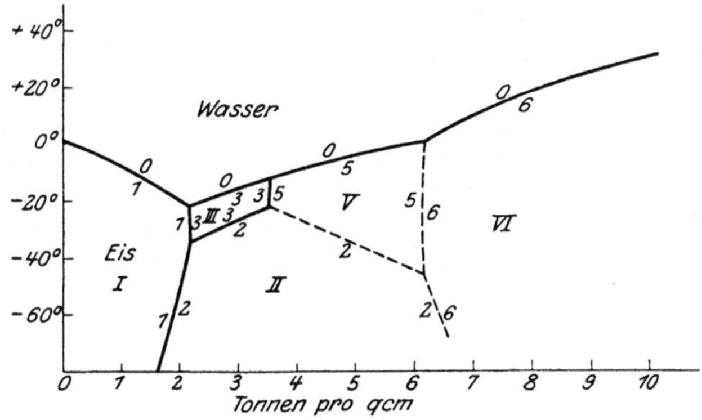

Abb. 70. Eis und Wasser.

Zustandsgrößen sich bilden und durch größere Dichte usw. auszeichnen; und später hat BRIDGEMAN (1912) noch zwei weitere Sorten, V und VI, hinzugefügt; mit Wasser ins Gleichgewicht können also vier Eissorten gelangen; und während I eine fallende, haben die andern steigende (also normale Schmelzkurven; man vergleiche das Schema der Abb. 70.

Wenn man bedenkt, wie reich hiernach schon die Ausbeute für die Zustandsmöglichkeiten eines einzigen und relativ einfachen Stoffes wie das Wasser ist, so wird man sich vorstellen können, welche Fülle von neuer Erkenntnis und Anschauung sich für die Gesamtheit der chemischen Elemente und Verbindungen, mit ihren Aggregatzuständen, Modifikationen, Heterotropien, Lösungs- und Dissoziationsverhältnissen usw. sich hier auftut. Es muß aber an dieser Andeutung genügen.

91. Temperatur. Am Schlusse dieses Abschnittes wollen wir einen Gegenstand nachholen, der mit einer gewissen Absicht bisher immer noch aufgeschoben wurde, obgleich es sich hier um einen Begriff handelt, mit dem wir, im Vertrauen auf die allgemeine Kenntnis desselben, fortwährend operiert haben: den Begriff der Temperatur.

Temperatur ist zunächst ein Gegenstand praktischen Übereinkommens, derart, daß man sich ohne Zweideutigkeit über Identität oder Verschiedenheit von Temperaturangaben verständigen kann. Zu diesem Zwecke setzt man irgendeinen Nullpunkt und irgendeinen andern Fixpunkt fest, teilt das Intervall zwischen ihnen in eine beliebig gewählte Anzahl von Graden und setzt diese Gradeinteilung jenseits der beiden Fixpunkte weiter fort. Das in der Wissenschaft übliche System ist die Celsius-Temperatur (Celsius 1742), ursprünglich etwas anders, seit langem aber so definiert, daß der Schmelzpunkt des Eises als 0, der Siedepunkt des Wassers als 100 bezeichnet wird: andre derartige Skalen (Réaumur 1731, Fahrenheit 1724) sind hierdurch mehr und mehr verdrängt worden. Was nun die Gradeinteilung betrifft, so ging diese von einer ganz speziellen Methode der Temperaturmessung aus, auf Grund der Tatsache, daß sich die Körper mit steigender Temperatur ausdehnen, und zwar einige von ihnen in besonders einfach gesetzmäßiger Weise, z. B. das Quecksilber. Hier wollen wir sogleich diejenigen Stoffe heranziehen, die sich von allen am einfachsten verhalten, die Gase. Ist das Volumen einer Gasmenge bei 0^0 C. gleich v_0, bei 100^0 C. gleich v_{100}, so setzt man $v_{100} = v_0 (1 + 100\alpha)$ und definiert eine Temperatur Θ durch die Formel $v_\Theta = v_0 (1 + \alpha\Theta)$, also $\Theta = (v_\Theta - v_0)/\alpha v_0$; das setzt man dann, nach dem bedenklichen Verfahren der Extrapolation, jenseits der Fixpunkte fort und kommt dann schließlich, nach unten hin, zu einem Punkte, wo $v_\Theta = 0$ wird, und zwar ist das, da für die normalen Gase $\alpha = 1/273$ ist, der Punkt $\Theta = -273$: man nennt ihn den absoluten Nullpunkt der Temperatur.

Nun ist aber die obige Formulierung nicht die einzig mögliche, man kann ihr eine andre gegenüberstellen, bei der man $v_\Theta = v_0 (1 + \beta)^\Theta$ setzt, bei der man also immer um einen Grad fortschreitet, nicht wenn sich das Nullvolumen um den Bruchteil α, sondern das augenblickliche Volumen um den Bruchteil β vergrößert hat, wenn man also, kurz gesagt, nicht in arithmetischer, sondern in geometrischer Reihe fortschreitet. Offenbar würde man dabei, wenn man denselben Bruchteil α nähme, zu einem viel höher gelegenen oberen Fixpunkte gelangen, muß also, damit der Fixpunkt der gleiche bleibe, mit einem kleineren Bruchteile β operieren, nämlich mit $1/320$ (statt $1/273$). Der Hauptunterschied aber ist der, daß man nach unten hin jetzt nicht mehr im endlichen, sondern erst im unendlichen zum absoluten Nullpunkt ($v = 0$) gelangt, daß dieser also jetzt nicht mehr die Bezeichnung -273, sondern die Bezeichnung $-\infty$ erhält; und das ist erkenntnistheoretisch höchst wichtig, weil es deutlich zeigt (was besonders viele Chemiker nicht sogleich einsehen wollen), daß der absolute Nullpunkt eine Grenze ist, der man sich zwar mit fortschreitender Kältemethodik immer mehr nähern, den man aber niemals erreichen kann (s. o. S. 17 beim Nernstschen Wärmetheorem). Die arithmetische Temperaturskala ist von Galilei (1613), die geometrische von Dalton (1802) aufgestellt worden, letztere aber aus äußeren Gründen niemals in wirklichen Gebrauch gekommen. Das Verhältnis der beiden Skalen ist schematisch in Abb. 71 dargestellt, und zwar in der Weise, daß die beiden praktischen Fixpunkte beiden Skalen gemeinsam sind.

Die Ableitung des absoluten Nullpunktes aus der gleichförmigen Volumenänderung der Gase ist natürlich an spezielle Voraussetzungen geknüpft, und es ist daher eine allgemeinere Fundierung dringend erforderlich. Eine solche ist, wie bereits früher (S. 14) erwähnt wurde, von W. THOMSON (später Lord KELVIN) im Jahre 1854 gegeben worden, und zwar auf Grund des zweiten Hauptsatzes der Thermodynamik. THOMSON zeigte zunächst,

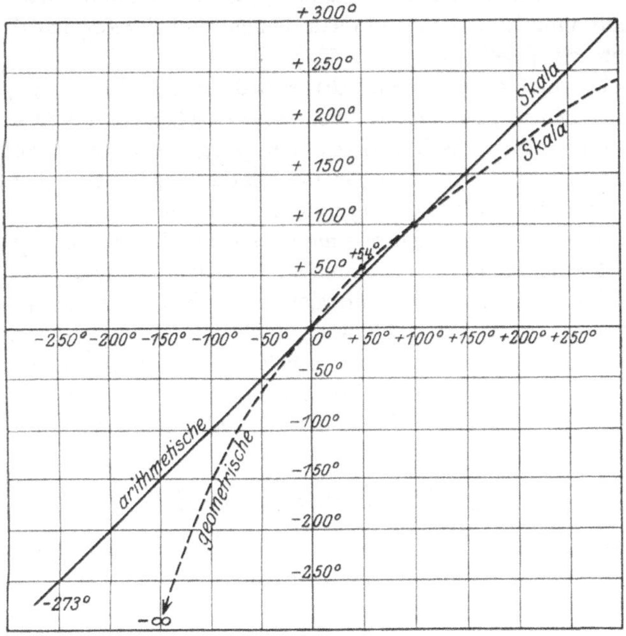

Abb. 71. Arithmetische und geometrische Temperaturskala.

daß der Zerstreuungsgrad einer umkehrbar wirkenden Maschine, also das Verhältnis der an den Kühler abgelieferten zu der dem Kessel entnommenen Wärme, lediglich eine Funktion der Celsiustemperaturen von Kühler und Kessel ist: $W_2/W_1 = F(\Theta_2, \Theta_1)$; er zeigte zweitens, daß diese Funktion zweier Variabeln sich auf das Verhältnis der Werte einer Funktion einer einzigen Variabeln für die beiden verschiedenen Argumente reduzieren läßt: $W_2/W_1 = F(\Theta_2)/F(\Theta_1)$; und diese Funktion bezeichnet er dann drittens als absolute thermodynamische Temperatur: $W_2/W_1 = T_2/T_1$; es läßt sich leicht zeigen, daß sie tatsächlich, abgesehen von der viel allgemeineren Begründung, mit der aus dem GAYLUSSACschen Gesetz abgeleiteten übereinstimmt. Übrigens ist auf diese Weise die Temperatur noch nicht vollständig, sondern nur im Verhältnis zu irgend einer andern definiert; es muß daher noch eine zweite Angabe hinzugefügt werden, etwa die, daß $T(\Theta = 100) - T(\Theta = 0) = 100$ sein, der Wert eines Celsiusgrades also beibehalten werden soll; um zu einer wirklich absoluten Definition zu gelangen, müßte man auch den Grad thermodynamisch definieren, und zwar am einfachsten so, daß das Arbeitsäquivalent der Wärme gleich eins wird, wozu man gelangt, wenn man den 42-millionten Teil des Celsiusgrades als absoluten Grad oder (entsprechend dem Verfahren bei den elektrischen Einheiten) den 42. Teil des Celsiusgrades als Megagrad festsetzt. Es leuchtet ein, daß die Temperatur im thermodynamischen Sinne nicht direkt bestimmbar ist; wohl aber kann jeder auf dem zweiten Hauptsatze beruhende einfache und umkehrbare Prozeß dazu dienen, und PLANCK hat dafür einige schöne Beispiele gegeben.

Dann aber gibt es noch eine dritte bedeutsame Möglichkeit, die Temperatur zu definieren, nämlich aus dem STEFANschen Strahlungsgesetz (s. o. S. 126), worüber theoretisch nichts weiter gesagt zu werden braucht. Praktisch aber, und ganz besonders für die Begründung einer äußerst exakten Methodik der Temperaturmessung, steht diese Definition an der Spitze, und das um so mehr, als die thermodynamische Definition eine praktisch brauchbare Methodik aus einleuchtenden Gründen überhaupt nicht zuläßt.

Während alle diese Definitionen sich an die Stetigkeitstheorie der Materie anschließen, kann man schließlich auch die Molekulartheorie in ihrer kinetischen Form herbeiziehen und erhält dann die Temperatur als den Ausdruck für die kinetische Energie der Schwirrbewegungen der Molekeln (s. o.); indessen kann hierauf an dieser Stelle nicht näher eingegangen werden.

X. Relativitätstheorie.

92. Raum, Zeit, Bewegung. Zum Schlusse des allgemeinen Teils unsrer Betrachtungen kehren wir gewissermaßen zum Ausgangspunkt zurück, um unsre Vorstellungen von Raum und Zeit, Materie und Energie wieder aufzunehmen und auf Grund der in der mechanischen und ätherischen Physik gemachten Erfahrungen zu revidieren. Das, was wir hier zu erörtern haben, steht seit nun bald zwei Jahrzehnten als Relativitätstheorie im Vordergrunde des Interesses, weil es sich hier um eine Umwälzung der Fundamente alles Naturerkennens handelt, und weil die Behauptungen, die hier aufgestellt werden, in ihren letzten Konsequenzen derart paradox sind, daß sie als Phantastereien abgetan werden müßten, wenn sich nicht herausstellte, daß sie uns in ungeahntem Maße und auf den verschiedensten Gebieten — Makrokosmos und Mikrokosmos, mechanische und ätherische Physik — in den Stand setzen, die Tatsachen von den ihnen bisher anhaftenden und anderweitig unlösbaren Widersprüchen zu befreien.

Zu unterscheiden ist vor allem zwischen der klassischen und der modernen Relativitätstheorie; betrachten wir zunächst die erstere! Ihre Entstehung fällt in das Zeitalter eines KOPERNIKUS, GALILEI und NEWTON, derart, daß der Erstgenannte eine zunächst unumgängliche Geistestat getan, die auf den Himmel weist, der Zweite, nach irdischen Geschehnissen gewandt, diese zuerst wissenschaftlich formulierte, der Letzte aber das allgemeine Fundament der Erkenntnis festlegte. Um was es sich hierbei handelt, ist der Vorgang der Bewegung, also die Grundlegung desjenigen Teiles physikalischer Wissenschaft, den man als Mechanik bezeichnet. Und das erste Spezialgebiet, auf dem sich eine Umwälzung, eben die durch KOPERNIKUS unternommene, vollzog, war die Mechanik des Himmels, genauer gesagt die Bewegung der Sonne, der Planeten und Monde. Durch ihn wurde der geozentrische Standpunkt durch den heliozentrischen, das ptolemäische Weltsystem (105) durch das kopernikanische (1530) ersetzt. Es ist aber nötig zu betonen, daß es ganz verkehrt ist zu sagen: KOPERNIKUS habe das bis dahin gültige, aber falsche System durch sein richtiges ersetzt; jedes ist richtig, das eine vom Erd-, das andre vom Sonnenstandpunkt, und der Vorzug des neueren ist erstens der, daß es die Bewegung der Weltkörper viel einfacher und einleuchtender darstellt, und zweitens der, daß es sich auf eine im kosmischen Sinne größere Höhe erhebt, indem es die mächtige Sonne, statt der winzigen Erde, zum Zentrum macht. Damit haben wir bereits das Gebiet der Relativierung aller Bewegung betreten: von der Erde aus gesehen beschreibt ein Planet eine komplizierte Schleifenbahn, von der Sonne aus dagegen einen einfachen Kreis oder, nach KEPLER (1609) eine einfache Ellipse; und da die Einfachheit der Darstellung der Erscheinungen eine Hauptaufgabe der Wissenschaft ist, so ist hiermit ein wirklicher Fortschritt erzielt.

Freilich ist auch die Sonne noch kein durchaus annehmbares »Bezugssystem« für die Bewegungen der Körper, da sie sich doch ihrerseits im Raume bewegen könnte (und wirklich bewegt); und deshalb hat sich schließlich NEWTON (1687) nur dadurch helfen können, daß er Raum und Zeit zwiefach definierte: einmal als absoluten Raum und absolute Zeit, und dann als relativen Raum und relative Zeit. Ein absolutes Bezugssystem brauchte er in erster Linie, um dem ersten Grundgesetz aller Bewegung einen klaren Sinn zu geben, dem Trägheitsgesetz oder Beharrungsprinzip (GALILEI 1608, DESCARTES 1644, NEWTON 1679). Dieses sagt aus (s. o. S. 9f.): Jeder Körper bleibt von selbst (d. h. ohne daß auf ihn eingewirkt wird) in demjenigen Zustande der Ruhe oder geradlinig-gleichförmiger Bewegung, in dem er sich einmal befindet. Denn nur für ein ruhendes Bezugssystem haben die Ausdrücke »geradlinig» und »gleichförmig« einen bestimmten Sinn. Aber es wurde ihm nicht klar, daß damit nichts erreicht wird, weil man von der Natur des absoluten Raumes und der absoluten Zeit keine irgendwie brauchbare Vorstellung hat. Man hat deshalb in neuerer Zeit auf die verschiedenste Weise (L. LANGE, »Inertialsysteme« 1886, C. NEUMANN, »Körper Alpha« 1870 u. A.) versucht, hier weiter zu kommen, aber ohne greifbaren Erfolg. Und wenn KANT das ungeheure Verdienst hat, mit seiner Auffassung von Raum und Zeit als Formen unserer (äußern bzw. innern) Anschauung das erlösende Wort gesprochen zu haben, so ist doch diese Auffassung für die exakte Naturwissenschaft in einem ganz andern Sinne fruchtbar geworden als sie ursprünglich gemeint war. Denn der springende Punkt ist doch der, ob diese Formen uns angeboren sind oder sich empirisch entwickeln; im ersten Falle sind es die einzig möglichen Formen. im andern sind es lediglich die durch unsere anschauliche Begabung vorgezeichneten. Und wenn auch KANT durchaus nicht etwa starr an dem aprioristischen Standpunkte festhielt, so war es doch erst HELMHOLTZ, der den empiristischen Standpunkt klar herausarbeitete und zeigte, daß der übliche Raum nur einer von vielen möglichen ist, und zwar in zwei getrennt zu betrachtenden Richtungen. Was den ersten Punkt angeht, so brauchen wir nur die Methode des Analogieschlusses vom Niederen auf das Höhere anzuwenden, um einzusehen, daß es, wie es verschiedene Flächen geben kann, z. B. die Ebene, die Kugelfläche, die pseudosphärische Fläche, die Eifläche usw., so auch verschiedene dreidimensionale Räume geben kann, nur daß wir für diese nicht wie für jene eine differenzierte Anschauung haben und deshalb unsern abstrakten Verstand zu Hilfe nehmen müssen; aber mit dessen Hilfe können wir wirklich alle angeführten Raumformen auch wirklich erfassen und in ihren Eigenschaften studieren; und es zeigt sich dann, daß unser wirklicher Raum zwar annähernd, aber doch nicht vollkommen »eben« ist, daß man also, in immer gleicher Richtung fortschreitend, schließlich wieder zum Ausgangspunkte zurückkehrt; mit andern Worten: der Raum ist endlich, aber unbegrenzt (wie unter den zweidimensionalen Gebilden die Kugelfläche). Und

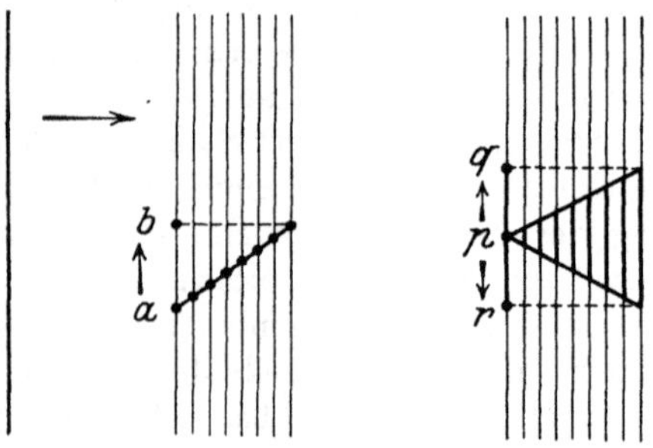

Abb. 72. Nach- und Nebeneinander.

noch fruchtbarer wird die Analogiemethode für das andre der beiden erwähnten Probleme: Ist denn wirklich nur der *drei*dimensionale Raum möglich? Schattenwesen, die in einer Ebene leben, kennen nur zwei Dimensionen; und wenn sich ihre ebene Welt, ohne daß sie hiervon etwas gewahr werden, durch unsere dreidimensionale Welt hindurchbewegt, wenn sie dabei etwa auf eine schräge Linie stößt, so fassen sie das so auf, daß sich ein Punkt (Abb. 72) mit der Zeit von a nach b bewegt; sie halten das für ein Nacheinander, was für uns mit höherer Anschauung Begabte ein Nebeneinander ist; und wenn die Ebene etwa auf ein Dreieck stößt, so haben sie die Erscheinung des Anwachsens eines Punktes p zu einer Linie qr. Daraus müssen wir verstandesmäßig schließen, daß das, was wir selbst als zeitlich erfassen, von einem höheren Standpunkte nichts anderes ist als eine vierte Raumdimension, daß also die drei Raumkoordinaten x, y, z und die Zeit t vier gleichberechtigte Mannigfaltigkeiten sind, wobei nur, vorläufig wenigstens, unklar bleibt, wie es möglich sein soll, eine Einheit herzustellen, weil wir Strecken in Zentimetern, Zeiten in Sekunden messen und nicht wissen, wie wir das eine in das andre umrechnen sollen.

93. Klassische Mechanik. Dies vorausgeschickt, können wir nun die Frage erörtern, was denn im Bereiche der Mechanik absoluten und was relativen Wesens ist, und wie diese Unterscheidung bei verändertem Bezugssystem standhält. Der Ort eines Punktes zunächst ist rein relativ, es gibt keinen absoluten Ort, es gibt nur einen Ort in bezug auf einen andern als Bezugspunkt; ändert man diesen, so ändert sich auch die Charakterisierung jenes. Und ebenso ist ein Zeitpunkt rein relativ, er erhält nur einen Sinn durch Bezug auf einen beliebig gewählten Nullpunkt der Zeit. Dagegen ist eine Strecke, z. B. $x_2 - x_1$, von absolutem Charakter, sie bleibt dieselbe, gleichviel auf welchen Nullpunkt man sie bezieht; denn es ist $(x_2 - a) - (x_1 - a)$ ebenso groß wie $(x_2 - b) - (x_1 - b)$, nämlich immer gleich $x_2 - x_1$. Und was hier für eine Strecke festgestellt wurde, gilt auch für die Geschwindigkeit einer Bewegung, die doch nichts andres ist als die in der Zeiteinheit zurückgelegte Strecke; nur daß hier die Voraussetzung hinzugefügt werden muß, daß jeder der beiden Bezugspunkte in Ruhe sei; für gegeneinander ruhende Bezugssysteme ist also die Geschwindigkeit von absolutem Charakter. Wenn aber der eine der beiden Bezugspunkte sich gegen den andern bewegt, und zwar geradlinig und gleichförmig, dann hört das auf, die Geschwindigkeit ist in jeder der beiden Bezugsformen eine andre, und zwar gemäß einem einleuchtenden und für das Folgende überaus wichtigen Prinzip: dem Additionsprinzip. Die Geschwindigkeit eines Punktes ist gleich seiner relativen Geschwindigkeit gegen den Bezugspunkt plus der Eigengeschwindigkeit dieses letzteren; oder: die relative Geschwindigkeit ist gleich der Differenz der Gesamtgeschwindigkeit und der Eigengeschwindigkeit des Bezugspunktes. Nimmt man die beiden andern Raumrichtungen (in denen sich nichts ändert) und die Zeit (die auch dieselbe bleibt) hinzu, so erhält man, wenn die beiden Bezugssysteme für $t = 0$ zusammenfallen, dann aber das eine gegen das andre in der x-Richtung mit der Geschwindigkeit v voraneilt, für die Koordinaten

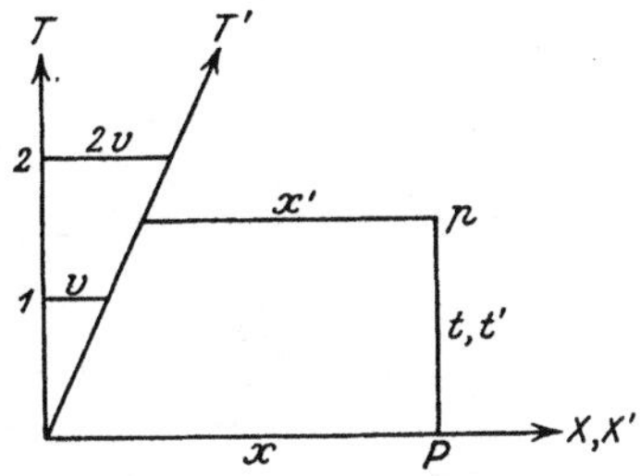

Abb. 73. GALILEI-Transformation in der x-t-Ebene.

$$x' = x - vt, \quad y' = y, \quad z' = z, \quad t' = t.$$

Diese Koordinatentransformation hat den Namen GALILEI-Transformation erhalten; alle durch eine solche auseinander hervorgehenden Bezugssysteme sind einander gleichwertig. Dies ist die exakte Formulierung des Relativitätsprinzips der klassischen Mechanik. Um die Transformation auch anschaulich darzustellen, muß man sich auf x und t beschränken und erhält dann die für sich selbst sprechende Abb. 73; wennn man sich mit perspektivischer Darstellung begnügt, kann man auch noch y hinzunehmen und erhält dann das Schema der Abb. 74. Geht man von den Koordinaten zu den Geschwindigkeiten V des bewegten Punktes über, so erhält man

$$V' = V - v,$$

womit das Additionsprinzip ausgedrückt ist. Geht man noch einen Schritt weiter, nämlich zu einem mit der Beschleunigung B bewegten Körper, so erhält man offenbar

$$B' = B,$$

d. h. die Beschleunigung behält auch beim Übergange von einem zu einem andern, gegen das erste gleichförmig geradlinig bewegte System ihren absoluten Charakter. Und das ist deshalb überaus wichtig, weil man in der klassischen Mechanik die Beschleunigungen auf Kräfte zurückführt und weil somit alle Kraftgesetze der Mechanik in allen möglichen GALILEI-Systemen unverändert gültig bleiben. Es ist dies vielleicht die bedeutsamste Kontrastierung der beiden Begriffe: Geschwindigkeit und Beschleunigung; erstere nimmt entsprechend zu oder ab mit der Geschwindigkeit des Bezugspunktes, letztere wird durch sie überhaupt nicht berührt. In einem fahrenden Eisenbahnzuge z. B., in dem man im Korridor nach vorn geht, hat man eine Geschwindigkeit gleich der Summe der Eigengeschwindigkeit und der Zuggeschwindigkeit; und wenn der Zug außerdem noch nach Westen fährt, kommt dazu noch die Geschwindigkeit, mit der die Erde nach Osten fortschreitet; ebenso im umgekehrten Falle die Differenz an Stelle der Summe. Dagegen bleibt die Beschleunigung und die ihr supponierte Kraft im Zuge genau dieselbe, mit andern Worten: alle Vorgänge, die durch Beschleunigungen bzw. Kräfte charakterisiert sind, spielen sich genau so wie im ruhenden Zimmer ab, z. B. Ballspiel, Pendelschwingungen oder dergleichen. Die Beschleunigung ist absolut, die Geschwindigkeit ist relativ; und beides läßt sich durch beliebig viele Beispiele veranschaulichen, etwa durch die Unsicherheit, die man beim Ausbleiben aller fremden Anhaltspunkte darüber empfindet, ob man selbst aus der Bahnhofshalle fährt oder ob das der Nachbarzug tut; oder, auf einer Brücke über einen Fluß, wo man, wenn man die Ufer nicht ansieht, den Eindruck hat, als ob die Brücke ein Fahrzeug wäre, das über das ruhende Wasser hinweggleitet. Wenn man annimmt, die Flugtechnik wäre so weit vervollkommnet, daß man mit der Erdgeschwindigkeit nach Westen fliegen kann, so ist man imstande, die Sonne, die bei der Abfahrt im Zenit stand, dauernd im Zenit zu behalten; man ist also heliozentrisch in Ruhe, obgleich der Motor fortwährend arbeiten muß, weil eben das Flugzeug trotz der Isoliertheit in der Luft doch dem System Erde angehört und ihre Bewegung nach Osten mitmacht, die nun durch Benzinkraft ausgeglichen werden muß.

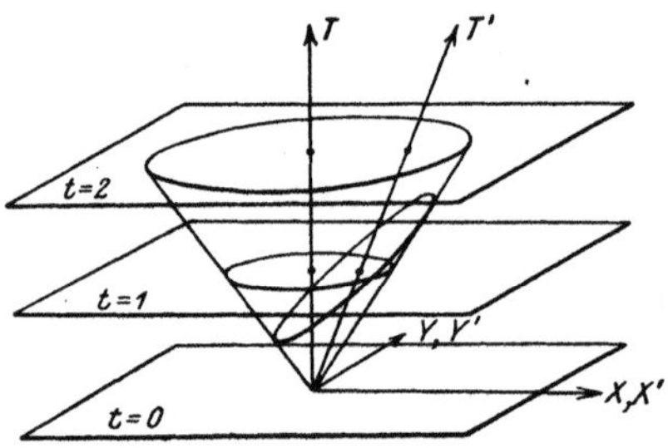

Abb. 74. GALILEI-Transformation im x-y-t-Raume.

94. Beschleunigte und rotierende Bewegung. Ganz anders gestalten sich die Verhältnisse, wenn die Bezugssysteme sich nicht geradlinig und gleichförmig, sondern krummlinig oder ungleichförmig oder beides zugleich gegeneinander bewegen; betrachten wir zunächst die gleichförmige Drehung! Da ist nun ein besonders charakteristisches Beispiel der FOUCAULTsche Pendelversuch (1851); bei Benutzung eines irdischen Bezugssystems erhält man eine ganz unverständliche Drehung der Schwingungsebene, bei Benutzung eines kosmischen dagegen eine Erhaltung der Schwingungsebene und zugleich den Nachweis der Achsendrehung der Erde; aber als neue Tatsache bleibt dann immer noch die bestehen, daß das Pendel, obgleich es auf der Erde (am einfachsten im Pole) verankert ist, trotzdem an ihrer Drehung nicht teilnimmt. Überhaupt ist die Frage der Stabilität eines kreiselnden Systems vielfach erörtert worden, insbesondere die Frage, ob denn nicht die Eigenschaft eines Kreisels, während der Kreiselung nicht umzufallen, sondern seine Achse in senkrechter Lage zu halten oder doch nur um einen gewissen Winkel gegen diese zu kippen, derart, daß die Achse einen Kegel beschreibt, ob das nicht doch ein charakteristischer Ausdruck absoluter Drehbewegung sein möchte; und der Einwand, daß dasselbe Ergebnis auch eintreten würde, wenn der Kreisel ruht, die Platte aber, auf der er ruht, rotiert, rettet zwar das Relativitätsprinzip, befriedigt aber wegen des inneren Zusammenhanges zwischen Kreisel und Platte schließlich doch nicht durchaus.

Andre derartige Erscheinungen sind die östliche Fallabweichung der Körper, schon von NEWTON (1679) gefordert, aber erst von GUGLIELMINI (1792) und BENZENBERG (1804) nachgewiesen, und die Einstellung des Kreisels in eine bestimmte Raumrichtung, wodurch er zum Kreiselkompaß wird (FOUCAULT 1852). Als kosmisches Bezugssystem ergibt sich dann dasjenige, dessen erste Achse senkrecht auf der LAPLACEschen unveränderlichen Ebene steht, dessen zweite der Radiusvektor nach dem Perihel einer Planetenbahn ist, dessen dritte auf beiden senkrecht steht; und es ist von SEELIGER (1906) gezeigt worden, daß dieses System einem Inertialsystem sehr nahe kommt, indem seine Drehung im Jahrhundert höchstens einige Bogensekunden betragen kann. Übrigens wird diese Festsetzung nicht allgemein anerkannt, insbesondere haben sich MACH (1901) und EINSTEIN (1916) in dieser Hinsicht für Skeptiker erklärt und lehnen es ab, auf diese Weise ein grundsätzlich absolutes Bezugssystem zu gewinnen.

Am bedenklichsten aber ist hier die Tatsache der Zentrifugalkraft; sie hat bekanntlich die Folge, daß sich die Oberfläche einer rotierenden Flüssigkeitsmasse parabolisch aushöhlt, und es erhebt sich sofort die Frage, ob das auch dann geschehen wird, wenn die Flüssigkeit ruht, ihre Umgebung, sei es nun die nähere oder eine beliebig entfernte, aber rotiert; nach dem Relativitätsprinzip müßte das bejaht werden, weil sich die Flüssigkeit relativ zur Umgebung dreht und weil es eben nur auf diese relative Bewegung ankommen soll. Mit einer Flüssigkeit läßt sich ein derartiger Versuch kaum anstellen; und auch ein entsprechendes, sehr geistvoll ersonnenes und realisiertes Experiment der Gebrüder FRIEDLÄNDER (1896) mit einer Drehwage, in deren Nähe ein mächtiges Schwungrad rotierte, ist völlig negativ ausgefallen.

Und dann andrerseits der Fall der zwar geradlinigen, aber beschleunigten oder verzögerten Bewegung, also z. B. das plötzliche Anfahren oder die plötzliche Bremsung eines Eisenbahnzuges. Hier wird die Tatsache hervorgehoben, daß in diesem Falle zwar innerhalb des Zuges infolge der Trägheitseigenschaft alles durcheinander fällt, auf der Erdoberfläche aber zu beiden Seiten des Zuges alles in Ordnung bleibt; und es wird daraus geschlossen, daß es sich hier um eine Auswirkung absoluter, nicht aber relativer Bewegung handelt (LENARD 1919). Der Einwand erledigt sich jedoch durch den Hinweis darauf, daß hier eine irrige Auffassung der gegeneinander bewegten Systeme vorliegt: nicht der Zug ist das eine System, die Erde das andre; der Eisenbahnzug ist vielmehr zu gleicher Zeit ein Teil des Systems Erde und ein innerhalb dieses Systems relativ bewegtes Eigensystem; und wenn man das bedenkt und die Gravitationskräfte zwischen Erde und Zug berücksichtigt, verliert der Einwand seine Beweiskraft. Aber so viel ist hiernach schon klar, daß gegeneinander beschleunigt bewegte Bezugssysteme nicht ohne weiteres gleichwertig sind, sondern daß hier etwas Neues hinzugefügt werden muß; und das ist der Ausgangspunkt der allgemeinen Relativitätstheorie, von der erst die Rede sein kann, nachdem die spezielle erledigt ist.

95. Optische Erscheinungen. Wir müssen nämlich jetzt unsern Gesichtskreis erweitern und zu den mechanischen Vorgängen nunmehr solche betrachten, die an sich zunächst nichts mit ponderablen Massen zu tun haben, für die man aber trotzdem, um sie nicht als in der Leere des Raumes schwebend hinnehmen zu müssen, einen Träger braucht: den Weltäther. Dieses hypothetische Agens, von dem ja bereits wiederholt die Rede war, ist schon in alten Zeiten (ARISTOTELES, — 335) eingeführt worden, hat dann zwei Jahrtausende geruht, bis es durch HUYGENS (1678) in einem modernen Sinne wieder zum Leben erweckt wurde. Und erst nach wiederum anderthalb Jahrhunderten hat dann FRESNEL (1821) auf dem Äther seine Wellentheorie des Lichts (s. o.) aufgebaut. Er hat dann sechzig Jahre nahezu unumschränkt geherrscht, bis er im Jahre 1881 durch MICHELSON den Todesstoß erhielt. Durch die Einführung dieses neuen Agens kommen wir von der Physik der Materie zur Physik des Äthers oder, wie wir aus dem angedeuteten Grunde vorsichtiger sagen wollen, von der mechanischen zur ätherischen Physik, letzteres Wort eben nur in dem Sinne verstanden, daß es sich hier nicht um Auswirkung ponderabler Materie als primäres Phänomen (sondern höchstens als sekundäre Komplikation) handelt. Die ätherische Physik umfaßt die Erscheinungen der Elektrizität, des Magnetismus und des Lichts (allgemeiner: Strahlung). Um einigermaßen historisch vorzugehen, wollen wir mit den optischen Erscheinungen beginnen und dann erst die elektrodynamischen anschließen, alle diese nur insoweit, als sie für unsere Absichten hauptsächlich in Betracht kommen.

Die wichtigsten optischen Erscheinungen, teils astronomischen, teils physikalischen Charakters, sind folgende.

1. Die Aberration des Lichts (BRADLEY 1728); jeder Fixstern beschreibt im Laufe eines Jahres scheinbar eine Kurve mit der großen Achse gleich 41″; für die in der Ekliptik gelegenen Sterne ist sie eine gerade Linie von dieser Länge, für die im Pol der Ekliptik gelegenen ein Kreis mit jenem Durchmesser, für alle andern eine entsprechende Ellipse. Die Erklärung ist für die Emissionstheorie des Lichts sehr einfach, nämlich durch die relative Bewegung der Erde gegen die Lichtquelle; nach der Undulationstheorie dagegen dürfte, wie eine einfache Betrachtung über die auftreffenden Wellen lehrt, ein Effekt überhaupt nicht eintreten; er kommt nur dadurch zustande, daß das, was man mit dem Auge sieht, nicht die ankommende Wellenfront, sondern das Ergebnis eines komplizierten Abbildungsprozesses im Beobachtungsinstrument ist (einschließlich des Auges selbst). Infolgedessen muß man die Brechung in den Linsen verfolgen und dabei eine Annahme über den Äther machen, und damit kommen wir zum ersten Male zu der Fragestellung: ruht der Äther in den Körpern oder nimmt er an ihrer Bewegung voll Teil oder nur zu einem gewissen Bruchteil? Die Aberration läßt sich nur darstellen, wenn man sich für die letzte dieser drei Möglichkeiten entscheidet und mit FRESNEL (1823) den Mitführungskoeffizienten

$$\varphi = \left(1 - \frac{1}{n^2}\right) v$$

(n der Brechungsquotient) setzt; in Luft ($n = 1$) bleibt also der Äther in Ruhe, in Wasser ($n = 1/3$) wird er mit $8/9$ mitgenommen usw. Damit stimmt es aber nicht überein, daß, wie AIRY (1851) gezeigt hat, die Aberration in Wasser genau die gleiche wie in der Luft ist.

2. Der DOPPLER-Effekt (DOPPLER 1842 ff.), auftretend sowohl bei Schall- wie bei Lichtwellen. Bei Schallwellen kann man ihn sehr leicht in der Form beobachten, daß der Pfiff einer vorbeifahrenden Lokomotive bei der Annäherung höher, bei der Entfernung tiefer als in der Ruhe erscheint; es ist dabei aber zunächst gleichgültig, ob die Lokomotive oder der Beobachter sich bewegt, es kommt nur auf die relative Bewegung beider gegeneinander an, und die Erklärung liegt einfach in dem Additionsprinzip. In der Optik tritt der Effekt am schönsten durch die Verschiebung der Spektrallinien zutage, nämlich bei Annäherung des Sterns an die Erde durch eine Verschiebung nach violett, bei Entfernung nach rot. Übrigens zeigt eine nähere rechnerische Betrachtung, daß es doch einen Unterschied für die Größe des Effekts bedingt, ob die Quelle oder der Beobachter sich bewegt; aber wenn man den Effekt selbst (obgleich er natürlich beim Licht sehr klein ist) als einen solchen erster Ordnung bezeichnet, so ist die Abweichung vom Relativitätsprinzip nur von der zweiten Ordnung. In dem einen Falle erhält man, wenn β das Verhältnis der Bewegungs- zur Lichtgeschwindigkeit ist, $1 - \beta$, im andern $1/(1 + \beta)$, und der Unterschied ist nur $1 - \beta^2$. Es sei gleich hier bemerkt, daß

diese Trennung von Effekten erster und zweiter Ordnung in der ganzen Relativitätstheorie von entscheidender Bedeutung ist. Schließlich ist anzuführen, daß es gelungen ist, auch bei irdischen Vorgängen den optischen DOPPLER-Effekt festzustellen, nämlich bei den Kanalstrahlen (STARK 1906) und sogar bei der Bewegung eines Spiegels relativ zur Erde (BELOPOLSKI 1895, GALITZIN 1907).

3. Die Idee von MAXWELL (1879). Infolge der Bewegung des ganzen Sonnensystems gegen den Weltäther müßte eine Verzögerung in der Verfinsterung eines Jupitertrabanten um einen Bruchteil einer Sekunde während eines Jahrhunderts eintreten; es ist aber bisher nicht gelungen, das durch Beobachtung festzustellen.

4. Der Versuch von ARAGO (1829). Durch die Lichtgeschwindigkeit wird auch die Brechung in den Fernrohrlinsen beeinflußt; vergleicht man zwei Sternbeobachtungen zu Zeiten, wo die Bewegung des Sterns gerade auf die Erde zu oder von ihr weg gerichtet ist (also mit einem Zwischenraum von einem halben Jahr), so muß man einen Unterschied von der ersten Größenordnung (2β) in der Lage des Brennpunktes finden; die Beobachtung fiel aber negativ aus. Durch die FRESNELsche Mitführungstheorie klärt sich das restlos auf.

5. Der Versuch von HOEK (1868), bei dem ein Lichtstrahl (mittelst einer halbdurchlässigen Glasplatte) teils direkt, teils auf dem Umwege durch eine Wassersäule und durch mehrfache Spiegelung in das Beobachtungsfernrohr gelangt, so daß die beiden Strahlen zur Interferenz kommen; und zwar wurde der Apparat so montiert, daß der Strahl durch das Wasser das eine Mal mit, das andre Mal gegen die Erdbewegung lief; trotzdem blieben die Interferenzen unverändert. Auch hier greift die Mitführungstheorie mit Erfolg ein, wenn nur angenommen wird, daß der Äther in allen Medien dieselbe Elastizität, aber verschiedene Dichten (gemäß dem Quadrat der Brechungsquotienten) hat.

Damit sind die wichtigsten astronomischen Methoden bis auf eine letzte, die wir uns noch aufsparen, erledigt; wir kommen nun zu den terrestrischen, bei denen eine Bewegung auf der Erde künstlich erzeugt wird.

6. FIZEAUscher Versuch (1851): Interferenz zwischen zwei Lichtstrahlen, die eine strömende Wassersäule einmal in der Strömungsrichtung, das andere Mal entgegengesetzt durchlaufen; das Ergebnis, das später durch MICHELSON (1886) und ZEEMAN (1914) bestätigt und von letzterem (1919) auch mit einem rasch bewegten Glaskörper wiederholt wurde, ist wieder im Einklang mit der Mitführungstheorie; freilich immer vorausgesetzt, daß das klassische Additionstheorem der Geschwindigkeiten gilt; und alle diese Versuche, ganz besonders der FIZEAUsche, wurden daher für eine glänzende Bestätigung der Äthertheorie gehalten.

7. Der Versuch von SAGNAC (1913): rotierende Kreisscheibe; von einer mitrotierenden Lichtquelle q (Abb. 75) geht der Strahl nach der halbdurchlässigen Platte p, teilt sich hier und durchläuft mittelst der Spiegel s

den Umfang in den beiden entgegengesetzten Richtungen, also mit bzw. gegen die Rotation; die beiden Strahlen ergeben dann auf der photographischen Platte *ph* ein gegen den Ruhezustand verschobenes Streifensystem, und die Formel wird durch die Beobachtung leidlich bestätigt.

8. Versuch von HARRES (1912): ganz ähnlich wie der vorige, nur läuft hier der Strahl durch einen Kranz von Glasprismen hindurch; die Theorie ist hier ziemlich verwickelt, und die experimentelle Anordnung noch nicht genügend gesichert, um aus dem Resultat unzweideutige Schlüsse ziehen zu können.

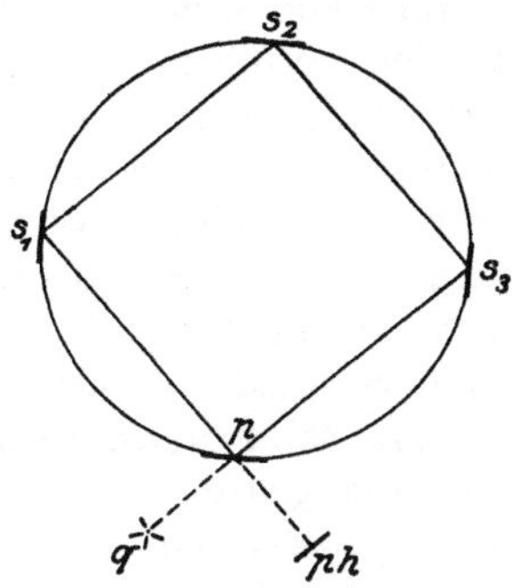

Abb. 75. SAGNAC-Effekt.

96. Elektrische Erscheinungen. Ganz kurz nur können wir an die optischen die elektrodynamischen Versuche anschließen. 1. Die von FARADAY (1831) entdeckten Induktionsströme im geschlossenen Kreise, der relativ gegen Magnete oder andre Stromkreise bewegt wird. Der Bewegungseffekt ist von der ersten Ordnung, also proportional mit β. — 2. Versuche von BLONDLOT (1901) und WILSON (1904) über die Bewegung eines Dielektrikums im Magnetfelde zwischen den leitend verbundenen Platten eines Kondensators; bei BLONDLOT, der mit Luft arbeitete, war das Ergebnis negativ, entsprechend dem Werte 1 ihrer Dielektrizitätskonstante; bei WILSON dagegen, der andre Dielektrika anwandte, positiv und ganz entsprechend dem FARADAY-Effekt. — 3. Der ROWLAND-Effekt (1875, angeregt durch HELMHOLTZ); bewegter Leiter (rotierende Metallscheibe) im elektrischen Felde; er wird im Felde geladen und nimmt diese Ladung bei seiner Bewegung mit; es zeigt sich, daß dieser »Konvektionsstrom« die entsprechende magnetische Wirkung ausübt wie ein Leitungsstrom; genauer bestätigt durch EICHENWALD (1903). — 4. Der RÖNTGEN-Effekt (1885): ganz entsprechend für bewegtes Dielektrikum, nur tritt hier »scheinbare« Ladung an die Stelle der »wahren«; ebenfalls von EICHENWALD (1903) genauer bestätigt durch Versuche, bei denen die Kondensatorplatten mitrotierten. Bei alledem zeigt sich, daß die HERTZsche Theorie versagt, weil es sich auch hier um eine nur teilweise Mitführung des Äthers handelt. — 5. Zahlreiche Versuche mit durchaus negativem Ergebnis: von TROUTON und NOBLE (1903) über das angebliche, mit β^2 proportionale Drehmoment eines geladenen Plattenkondensators infolge der Bewegung; von DES COUDRES (1889) über den Einfluß der Erdbewegung auf die Induktionserscheinungen und von TROUTON und RANKINE (1908) auf die Stromverteilung in einer WHEATSTONEschen Brücke, und manches andere.

Nach alledem muß man sagen, daß das Gesamtergebnis recht unbefriedigend ist, und das ganz besonders, weil man dem Äther recht widerspruchsvolle Eigenschaften beilegen muß. Einige von ihnen, die Imponderabilität oder, anders ausgedrückt, die über alle Vorstellung geringe Dichte sowie sein Verhalten als fester Körper, haben wir schon erwähnt; jetzt kommt sein Verhalten in bewegten Medien hinzu: die Annahme absoluter Ruhe führt ebenso zu Widersprüchen wie die vollständiger Mitbewegung; und die partielle Mitführungstheorie leistet zwar für eine ganze Reihe von Tatsachen Ausgezeichnetes, befriedigt aber trotzdem nicht, weil der Mitführungskoeffizient vom Brechungsquotienten abhängt, also in verschiedenen Medien verschieden sein muß; ja, sogar, da der Brechungsquotient auch von der Lichtart abhängt, auch in einem und demselben Medium für verschiedene Farben verschieden; der Äther müßte sich also für verschiedene Farben verschieden verhalten. War also die Stellung des Äthers schon vorher erschüttert, so erhielt sie doch erst den Todesstoß, als ein Experiment angestellt wurde, das auf Grund irgendeiner Äthertheorie überhaupt nicht verständlich wird; zu diesem Experiment müssen wir uns jetzt wenden.

97. Michelsonversuch; Lorentzkontraktion. Die Entscheidung über die ganze Frage liegt offenbar in der Feststellung der relativen Bewegung zwischen Körper und Äther. Wenn der Äther ruht oder auch nur hinter der Materie zurückbleibt, so muß sich ein Phänomen offenbaren ganz analog dem, das man im offenen Wagen als scheinbaren Gegenwind verspürt, also etwas, was man passend als Ätherwind bezeichnen kann. Natürlich kann hier nicht wie dort von einer direkten Feststellung die Rede sein, man muß nach physikalischen, speziell optischen Effekten suchen, die den betreffenden Schluß erlauben; und das können unter den obwaltenden Umständen nur, wie schon bei vielen der früheren Experimente, Interferenzerscheinungen, Verschiebungen von Interferenzstreifen sein. Dabei sieht man des weiteren leicht ein, daß es sich hier nicht um Effekte erster Ordnung handeln kann, da diese sich bei der Interferenzmethode wegen des notwendigen Hin- und Rückweges aufheben; wenn man z. B. einen Lichtstrahl in der Richtung der Erdbewegung aussendet, wobei er nach dem Additionsprinzip später als normal ans Ziel kommt, weil ihm das Ziel fortläuft, so wird das auf dem Rückwege zum Beobachtungsort durch eine entsprechende Verfrühung, weil ihm hier das Ziel entgegenkommt, wieder ausgeglichen. Man muß also in irgendeiner andern Weise verfahren; und durch solche Überlegungen ist schließlich der Amerikaner MICHELSON zu seinem berühmten Experiment gelangt (1881, in wesentlich verfeinerter Methodik von ihm mit MORLEY wiederholt 1887, dann von MORLEY und MILLER 1905).

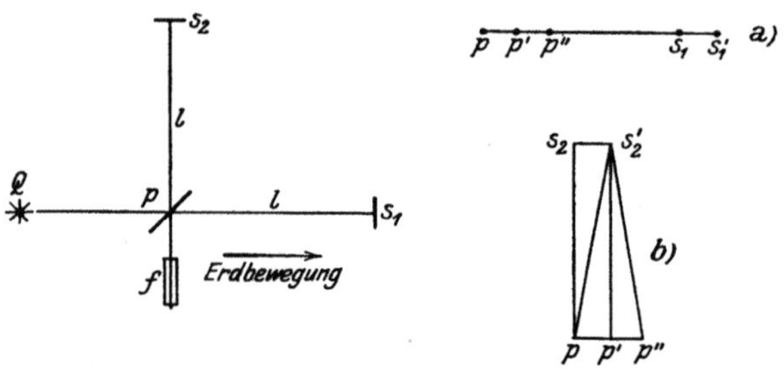

Abb. 76. MICHELSON-Versuch.

Von einer Lichtquelle Q (Abb. 76) läuft der Strahl nach der halbdurchlässigen Platte p, teilt sich hier in die beiden Strahlen a (in der Richtung der Erdbewegung) und *b* (senkrecht dazu), diese durchlaufen dann die Strecken bis zu den Spiegeln s_1 und s_2, kehren auf demselben Wege zurück und gelangen in das Fernrohr *f*; sind die beiden Strecken *a* und *b* genau gleich lang (*l*), so sieht man, solange alles ruht, gar nichts; da sich aber die Erde mit der Geschwindigkeit *v* (die ein kleiner Bruchteil der Lichtgeschwindigkeit *c* ist) bewegt, werden die beiden Lichtzeiten verändert, und zwar wird, wie durch einfache Überlegung (Abb. 76a) folgt:

$$t_a = l\left(\frac{1}{c+v} + \frac{1}{c-v}\right) = \frac{2lc}{c^2 - v^2} = \frac{2l}{c}\,\frac{1}{1-\beta^2};$$

dagegen, wie sich aus Abb. 76b ergibt:

$$t_b = \frac{2}{c}\sqrt{l^2 + v^2 t^2} = 2\sqrt{\frac{l^2}{c^2 - v^2}} = \frac{2l}{c}\sqrt{\frac{1}{1-\beta^2}}.$$

Vergleicht man diese beiden Werte, bildet ihre Differenz und vernachlässigt dabei Glieder von höherer als zweiter Ordnung, so erhält man:

$$t_a - t_b = \frac{l}{c}\beta^2.$$

Es müssen also jetzt Interferenzstreifen auftreten oder, wenn sie wegen nicht genauer Gleichheit der Strecken *a* und *b* ohnehin schon vorhanden waren, sich verschieben, und zwar, bei der Einrichtung und Empfindlichkeit des Apparats, um eine Strecke, deren hunderten Teil man noch hätte beobachten können. Das Ergebnis war aber negativ: es trat überhaupt keine Verschiebung auf. Die Lichtgeschwindigkeit wird also auch in Größen zweiter Ordnung durch die Erdbewegung nicht beeinflußt, es gibt keinen Ätherwind, und das Additionsprinzip verliert, wenigstens in der klassischen Form, für die Lichtgeschwindigkeit seine Gültigkeit, wenn man nicht annehmen will (was aber allem andern widerspricht), daß der Äther vollständig mitgenommen werde.

Dieses Ergebnis erregte begreiflicherweise ungeheures Aufsehen. Man suchte nach Erklärungen und stellte neue Hypothesen auf; eine solche, die sehr bald auftrat, aber erst später (1908) von Ritz ausgebildet wurde, betrachtete die Lichtgeschwindigkeit als abhängig von der Geschwindigkeit der Lichtquelle; aber das würde unsere ganze Formulierung der Undulationstheorie über den Haufen werfen, ohne doch endgültig zu befriedigen; und später hat Sitter (1913) direkt gezeigt, daß das, wenigstens für die Fixsterne, nicht richtig ist. Schon weit mehr diskutabel, wenn auch zunächst sehr paradox, war die Hypothese von Fitzgerald (1892), die dann der große holländische Theoretiker Lorentz sofort systematisch entwickelte. Lorentz sagte sich: da keine Interferenz auftritt, müssen die beiden Lichtwege gleich sein; und da sie an sich verschieden lang sind, müssen sie künstlich gleichgemacht werden. Nun ist der eine Lichtweg eine Strecke, die sich infolge der Erdbewegung parallel mit sich selbst verschiebt, und es ist nicht abzusehen, wodurch die Strecke geändert werden könnte; der andere Lichtweg aber ist eine Strecke, die in ihrer eigenen

Richtung fortschreitet, und so stellte er die Hypothese auf, daß sich eine Strecke oder, realer ausgedrückt, ein Körper, der sich gegen den Äther mit der Geschwindigkeit v bewegt, um den Bruchteil $(\sqrt{1-\beta^2})$ — denn dann werden beide Strecken, also auch beide Zeiten, gleich — verkürzt; seitdem nennt man diese hypothetische Erscheinung die LORENTZ-Kontraktion. Ein Maßstab wird also, wenn er in sich selbst fortschreitet, kürzer, eine Kugel plattet sich, je rascher sie sich bewegt, in der Bewegungsrichtung immer mehr ab und wird, wenn $v = c$ wird (Grenzfall) zu einer unendlich dünnen Scheibe. Natürlich ist diese Annahme vor der Hand so verblüffend, daß man nicht recht weiß, was man mit ihr anfangen soll; aber LORENTZ analysierte sie weiter und fand, daß sie zu einer elektrischen Theorie aller Erscheinungen der Physik der Materie führt, und daß man jene Kontraktion wirklich mit innern Kräften im Medium in einigermaßen plausiblen Zusammenhang bringen kann. Und als sich dann zeigte, daß die Annahme noch nicht restlos zum Relativitätsprinzip führte, fügte er noch die neue hinzu: daß man in einem gleichförmig bewegten System ein andres Zeitmaß, die »Ortszeit« anwenden müsse. Hiermit ist LORENTZ in der Tat der modernen Relativitätstheorie so nahe gekommen, daß man ihn als ihren Begründer ansehen müßte, wenn er sich nicht gescheut hätte, den letzten Schritt zu tun: die Eliminierung des Äthers, der doch jetzt gar keinen Sinn mehr hat, weil man auf keine Weise mehr irgendetwas über ihn und seinen Bewegungszustand aussagen kann. Aber was soll man an seine Stelle setzen? Die Antwort hierauf kann, wenn man nicht aus dem Regen in die Traufe kommen will, nur rein abstrakt sein: an die Stelle des Äthers tritt der Raum als solcher, aber natürlich nicht der begrifflich-philosophische, etwa nach Kant definierte, sondern der Raum, wie ihn eben die Naturforschung und das naturwissenschaftliche Weltbild braucht; und damit kommen wir zur neuen Lehre EINSTEINS (1905), zur modernen Relativitätstheorie.

98. Spezielle moderne Relativitätstheorie. Die moderne Relativitätstheorie knüpft unmittelbar an die LORENTZ-Kontraktion an, stellt sie aber auf eine neue Basis. Die Hypothese soll nicht mehr ein mathematischer Kunstgriff und eine physikalische Täuschung sein, sondern eine ganz natürliche Konsequenz einer neuen Raum-Zeit-Auffassung. Und diese Auffassung gipfelt darin, daß es keinen Raum für sich (ohne Zeit) und keine Zeit für sich (ohne Ort) gibt, daß es nur eine einheitliche Raum-Zeit-Welt gibt. Eine Strecke muß dann notwendig verschieden sein, je nachdem sie ruht oder sich bewegt, nämlich auf eine Art, bei der die beiden Endpunkte zu verschiedenen Zeiten an denselben Ort gelangen; und der Begriff »Gleichzeitigkeit« verliert seinen Sinn, wenn er auf Ereignisse an verschiedenen Orten ausgedehnt wird. An geeignet ausgedachten und zum Teil auch ausgeführten Versuchen mit Maßstäben und Uhren (E. COHN u. v. A.) kann man das nach allen Richtungen erläutern. Das Additionsprinzip in der klassischen Fassung wird ungültig, bestehen bleibt nur der oberste Grundsatz von der Konstanz der Lichtgeschwindigkeit und der Satz, daß alle

Naturerscheinungen die gleichen bleiben, auf welches von beliebig vielen, gegeneinander geradlinig-gleichförmig bewegten Systemen man sie bezieht. Damit wird aber auch die GALILEI-Transformation im allgemeinen unbrauchbar, sie ist durch eine neue, den aufgestellten Forderungen streng genügende, zu ersetzen. Diese neue Transformation hätte man EINSTEIN-Transformation nennen können, man hat sie aber zu Ehren seines großen Vorläufers LORENTZ-Transformation genannt. Sie lautet:

$$x' = \frac{x - vt}{\sqrt{1 - \left(\frac{v}{c}\right)^2}}, \quad y' = y, \quad z' = z, \quad t' = \frac{t - \frac{v}{c^2}x}{\sqrt{1 - \left(\frac{v}{c}\right)^2}}.$$

Wie man sieht, unterscheidet sich dieses System von dem klassischen in zwei Punkten: erstens hat x' zu dem alten Zähler einen neuen Nenner erhalten, und zweitens ist t' nicht mehr gleich t, es hat vielmehr ebenfalls einen Nenner und zwar denselben wie x' erhalten, außerdem aber ist im Zähler von der Zeit t eine von x abhängige Größe abgezogen. Für sehr kleines v kommt man natürlich auf die GALILEI-Transformation zurück, für etwas größeres, aber immer noch (im Verhältnis zu c) sehr kleines v wird wenigstens der Zähler von t' wieder gleich t, aber die beiden Nenner bleiben bestehen; aber selbst diese sind für die große Mehrzahl aller irdischen und selbst vieler astronomischer Bewegungen sehr wenig von eins verschieden, wie denn z. B. für die Bewegung der Erde auf ihrer Bahn um die Sonne $v/c = \beta = 1/10000$, also $\beta^2 = 10^{-8}$ ist; es kommt also der Unterschied zwischen der modernen und der klassischen Relativitätstheorie bei den allermeisten Vorgängen in der Natur überhaupt nicht in Frage, und bei den wenigen, wo das der Fall ist, bedarf es außerordentlich feiner Versuchsanordnung und Beobachtung, um die Differenz festzustellen.

99. Rechnerische und zeichnerische Ausgestaltung. Auf die rechnerische Entwickelung alles dessen, was in der LORENTZ-Transformation enthalten ist und für die zahlreichen Einzelbetrachtungen sich auswirkt, können wir uns hier nicht einlassen; die Rechnungen sind naturgemäß sehr verwickelt, und es ist daher wünschenswert, sie durch die zeichnerische Methode zu ersetzen; freilich müssen wir uns dabei, um mit der Papierebene auszukommen, auf die beiden Variablen x und t beschränken; aber ihnen gegenüber spielen ja y und z ohnehin eine untergeordnete Rolle. Gehen wir dabei von der GALILEI-Transformation aus, so haben wir für ein ruhendes Bezugssystem die rechtwinkligen Axen X und T und auf ihnen die Koordinaten x und t; für ein bewegtes dagegen das schiefwinklige X' und T', aber mit der Spezialisierung, daß die Achsen X und X' zusammenfallen und nur T und T' sich auseinanderspreizen (vgl. Abb. 73). Übrigens spielt das rechtwinklige System keine Rolle, da es doch eben keine absolute Ruhe gibt, es dient nur gewissermaßen als Ausgangspunkt. In der LORENTZ-Transformation fällt jene Einseitigkeit fort, hier spreizen sich beide Achsenpaare auseinander; und außerdem gibt es hier ein ausgezeichnetes, in seinem Sinne absolutes Achsenkreuz $\mathfrak{X}$, $\mathfrak{Y}$, bestimmt (Abb. 77) durch die graphische

Darstellung der beiden in der XT-Ebene laufenden Lichtstrahlen, in bezug auf die ein Punkt p die Koordinaten $\mathfrak{x}$, $\mathfrak{y}$ hat (Abb. 78); mit den bisherigen Koordinaten stehen sie in der eindeutigen Beziehung

$$\mathfrak{x} = x + ct = x' + ct', \quad \mathfrak{y} = x - ct = x' - ct'.$$

Das $\mathfrak{X}\mathfrak{Y}$-Achsensystem ist nicht, wie das $X'T'$-System beliebig gewählt, es ist sozusagen von Gottes Gnaden; und dann ist es von jeder Ungleichartigkeit frei, es ist nicht wie dort die eine Achse die Streckenachse, die andre die Zeitachse, jede von ihnen ist zugleich Strecken- und Zeitachse, und damit ist die höchste Vereinheitlichung von Raum und Zeit erreicht.

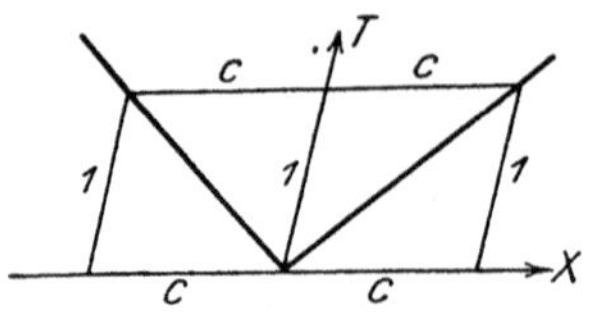

Abb. 77. Lichtachsen.

Durch Multiplikation ergibt sich unn weiter

$$P = \mathfrak{x}\mathfrak{y} = x^2 - c^2 t^2 = x'^2 - c^2 t'^2,$$

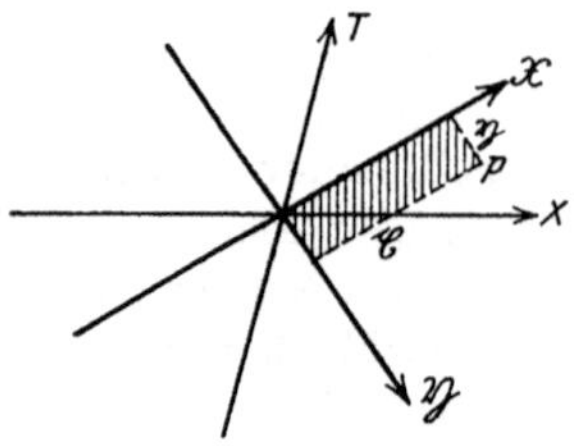

Abb. 78. Lichtkoordinaten.

und alle Punkte, denen der Wert $\mathfrak{x}\mathfrak{y}$ gemeinsam ist, liegen auf einer Hyperbel. Aus der vierfachen Schar so entstehender Hyperbelzweige heben sich diejenigen heraus, für die $P = \pm 1$ ist. Nach dem genialen, leider früh verstorbenen Mathematiker Minkowski, dem man die hier behandelte geometrische Darstellung der Lorentz-Transformation verdankt (1909), nennt man diese Kurven die Eichkurven; denn jetzt haben wir endlich das lang erstrebte Ziel erreicht, Strecken s und Zeiten t aufeinander umrechnen zu können nach der Formel

$$t = s/c \quad \text{oder umgekehrt} \quad s = ct,$$

also so, daß $3 \cdot 10^{10}$ cm $= 1$ sec ist. In der Abb. 79 sind die vier Eichkurvenzweige in die beiden Achsensysteme der $\mathfrak{X}\mathfrak{Y}$ und XT hineingezeichnet.

Aus den Gleichungen und zuweilen noch viel einfacher aus den Abbildungen läßt sich nun eine Fülle von Schlüssen ziehen,

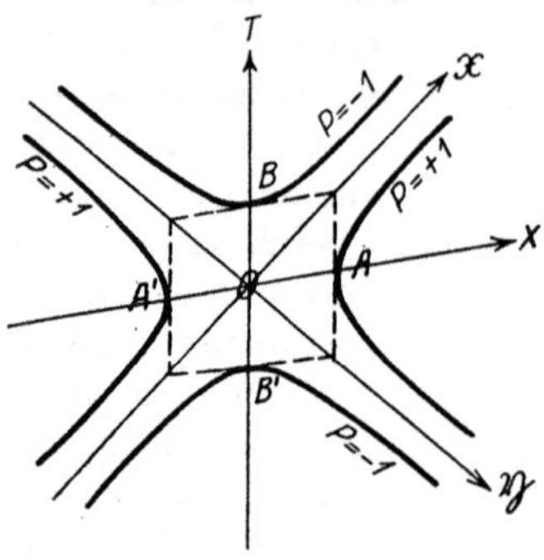

Abb. 79. Eichkurven.

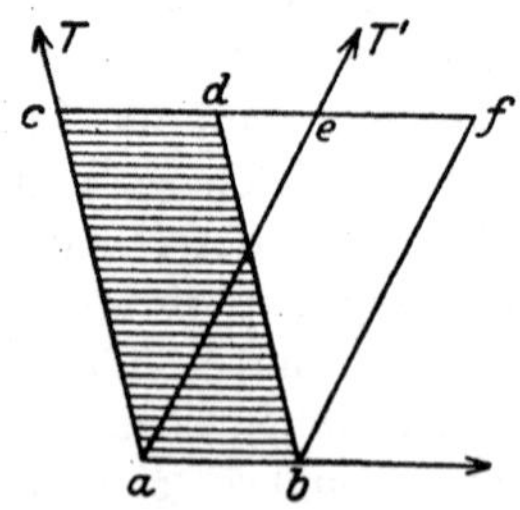

Abb. 80. Länge eines bewegten Stabes (klassisch).

von denen wir hier nur die beiden wichtigsten kurz berühren können: die Länge einer Strecke (eines Stabes) und die Dauer einer Zeit (Gang einer Uhr). In Abb. 80 (klassisches Koordinatensystem) ist ab ein Stab von der Länge 1, der im System S ruht, sodaß sein Anfangspunkt immer die Koordinate 0, sein Endpunkt immer die Koordinate 1 hat; das Raum-Zeit-Bild des Stabes ist also der Streifen $abcd$, und ebenso in bezug auf ein andres System S', in dem er nicht ruht, sondern fortschreitet, der Streifen $abef$; wie man sieht, ist der Stab in beiden Systemen gleich lang. Ganz anders im modernen Koordinatensystem (Abb. 81): hier hat der Stab im System S die Länge $ab = 1$ (nämlich bis zur Eichkurve), im System S' aber nur die Länge $ah < 1$ (denn erst ag ist gleich 1); und eine kleine Rechnung zeigt, daß $s' = s\sqrt{1 - \beta^2}$ ist, also gerade entsprechend der LORENTZ-Kontraktion, aber hier nicht als mathematische Fiktion oder physikalische Konsequenz verwickelter innerer Kräfte, sondern einfach als eine Folge des neuen Raum-Zeit-Systems, und zwar als eine, die man bildlich und kurz als »Zeitperspektive« bezeichnen kann; ein bewegter Stab sieht wegen der Zeitperspektive kürzer aus als der ruhende, gerade wie bei der räumlichen Perspektive ein ruhender Stab vom schiefen Standpunkte aus kürzer erscheint als vom senkrechten; und je »schiefer« uns der Zeitblick ist, d. h. je schneller sich der Stab bewegt, desto stärker verkürzt er sich. — Ganz entsprechend muß man für die Betrachtung der Zeit verfahren, nur daß man hier nicht an die rechts, sondern an die oben gelegene Eichkurve anknüpfen, also nicht T- bzw. T'-Streifen, sondern X- bzw. X'-Streifen betrachten muß. Und dann findet man, daß die Zeiteinheit des Systems S in S' verkürzt erscheint, daß also in dem bewegten System die Uhr langsamer geht als im ruhenden. In neuester Zeit (1920) hat LIESEGANG die geometrische Darstellung der Relativitätstheorie weiter entwickelt.

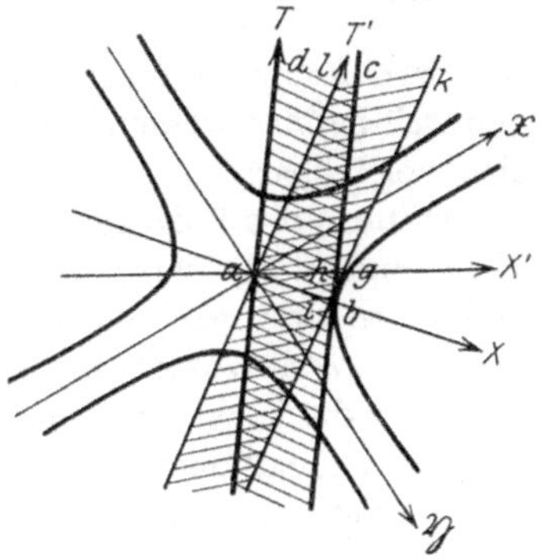

Abb. 81. Länge eines bewegten Stabes (relativistisch).

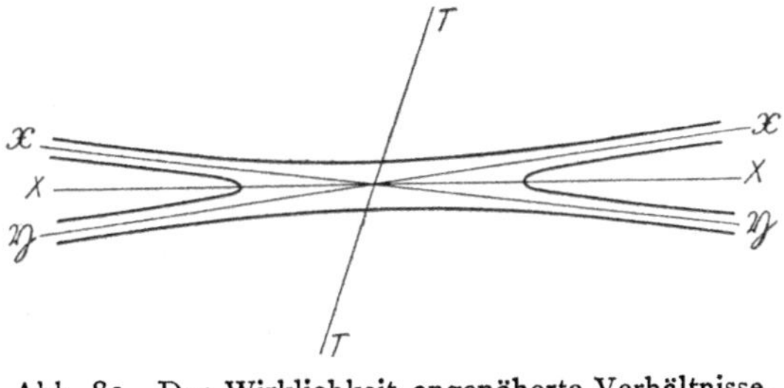

Abb. 82. Der Wirklichkeit angenäherte Verhältnisse.

Schließlich noch drei Bemerkungen, jede in ihrer Art von Bedeutung. Erstens ein Wort über die tatsächliche Bedeutung der Abb. 79: sie ist entworfen mit x und ct als Koordinaten. Wollte man sie mit x und t selbst, also in Zentimetern und Sekunden zeichnen, und nähme man auch nur an, daß etwa $c = 10$ wäre, so würden sich alle Ordinaten auf den zehnten Teil zusammenziehen, und man erhielte das Bild der Abb. 82; für $c = 100$ könnte man überbaupt keine Zeichnung mehr anfertigen, außer in sehr großem Maßstabe; und für $c = 3 \cdot 10^{10}$ (den wahren Wert) geht die Zeichnung völlig in die klassische über.

Zweitens die Bemerkung, daß man, indem man zur perspektivischen Zeichnung greift, die Abb. 74 durch Hinzufügen der y-Koordinate ergänzen kann, wodurch man statt der schrägen Graden dort Kegelflächen hier erhält, und zwar grundsätzlich verschiedener Anordnung beim klassischen und beim modernen System (WEYL 1916). Nimmt man endlich auch noch z hinzu, so erhält man statt der Hyperbeln den ein- und zweischaligen hyperbolischen Raum

$$x^2 + y^2 + z^2 - (ct)^2 = \mp 1,$$

also zwei Räume, die von dem Kegelraum $x^2 + y^2 + z^2 - (ct)^2 = 0$ asymptotisch berührt werden; alles das natürliche nur gedanklich, nicht anschaulich vorstellbar.

Drittens das Folgende. Wenn man bedenkt, daß die t-Achse nicht bloß einen andern Maßstab, sondern auch eine andre Richtung hat wie die x-Achse, so wird man es noch bezeichnender und erschöpfender finden, wenn man nicht ct als zweite (oder allgemein als vierte) Koordinate einführt, sondern ict, wo i die imaginäre Einheit ist (MINKOWSKI 1907). In der Tat führt das zu sehr bedeutsamen Formeln, auf die aber hier nicht eingegangen werden kann. Nur sei angeführt, daß die LORENTZ-Transformation sich hier darstellt als eine Drehung des Achsenkreuzes (in der Ebene der x und ict) um den durch die Gleichungen

$$\cos\varphi = \frac{1}{\sqrt{1-\beta^2}}, \quad \sin\varphi = \frac{i\beta}{\sqrt{1-\beta^2}}$$

definierten imaginären Winkel φ.

100. Allgemeine Relativitätstheorie. Zehn Jahre nach der ersten vollbrachte EINSTEIN seine zweite große Tat (1915), indem er die allgemeine Relativitätstheorie, der gegenüber die bisherige eine spezielle ist, aufstellte. Und auch hier müssen wir mit Betrachtungen viel älteren Datums beginnen, um die neue Theorie vorzubereiten; und zwar mit Betrachtungen teils mechanischen, teils ätherischen Charakters.

Wir waren damals bei der Feststellung verblieben, daß zwar gradlinig-gleichförmig bewegte Systeme miteinander gleichwertig sind, daß das aber für beschleunigt (bzw. verzögert) verschobene sowie für rotierende nicht ohne weiteres der Fall ist. Wenn von zwei durch ihre Gravitation im Raume schwebenden Flüssigkeitskugeln die eine sich abplattet, die andre aber nicht, so schloß man nach der alten Auffassung, daß die eine rotiert, die andre aber ruht. Nach der neuen Theorie ist das unzulässig, weil keine von beiden Kugeln absolut, sondern jede nur relativ gegen die andre rotiert. Man muß also schließen: wenn wirklich die beiden Kugeln das einzige im Raume Vorhandene sind, kann eine Ungleichheit wie die angenommene nicht eintreten; sie sind aber gar nicht das einzig Vorhandene, es ist außerdem, wenn auch in weiter Ferne, aber doch mit großen Massen ausgestattet, das Heer der Fixsterne vorhanden; und relativ zu diesem kann sehr wohl die eine Kugel ruhen, die andre rotieren; und dann wird die erstere nicht, wohl aber die letztere sich abplatten. Die Zentrifugalkraft ist also eine Folge der Einwirkung äußerer Massen, sie steht und fällt mit dem Gravitationsfelde, in dem sich die Bewegung abspielt. Zwei gegeneinander rotierende Bezugssysteme sind also miteinander gleichwertig, wenn man außerdem noch ein geeignetes Gravitationsfeld hinzufügt.

Und ganz ebenso bei der gradlinigen, aber beschleunigten oder verzögerten Bewegung: auch hier muß man, um beide Systeme gleichwertig zu machen, ein Gravitationsfeld einführen, und man muß es derartig wählen, daß einerseits die Erscheinungen richtig herauskommen, andrerseits aber auch die Fiktion irgendwie zu einer Realität wird. Schließlich, um der ganzen Frage auf den Grund zu gehen: das Trägheitsgesetz hat nicht mehr seine alte, in sich selbst geschlossene Bedeutung, die Trägheit der Körper hängt vielmehr direkt mit der Gravitation zusammen (s. w. u.); und so schließt sich der alte Dualismus von träger und schwerer Masse zu einer Einheit zusammen. Wenn man beobachtet, daß ein Körper beschleunigt fällt, hat das seinen Grund entweder darin, daß der Standpunkt beschleunigt nach oben geht oder, daß die Schwerkraft auf ihn nach unten wirkt; zwischen beiden läßt sich, bei Ausschluß aller sonstigen Anhaltspunkte (z. B. in einem geschlossenen Kasten, in dem man sitzt), auf keine Weise entscheiden. Und wenn alle Körper, so schwer sie auch sein mögen, gleichschnell fallen, so liegt das eben an der Gleichheit von schwerer und träger Masse. Das haben wir ja längst erkannt, aber es einfach hingenommen; jetzt wird es zu einem neuen Postulat oder Prinzip, dem EINSTEINschen Äquivalenzprinzip.

Damit kommen wir zu dem Problem von Masse und Energie. Und auch hier können wir Vorbereitendes feststellen schon auf Grund der speziellen Theorie; es muß genügen, hier die entscheidenden Schlüsse anzugeben. Beim Übergange von einem zu einem andern Inertialsystem ändern sich erstens die Beschleunigungskomponenten parallel und tranversal in verschiedener Weise, nämlich: $b'(p) = b(p) / (1 - \beta^2)$ und $b'(t) = b(t) / \sqrt{1 - \beta^2}$; zweitens die Kraftkomponenten, und zwar wird (auf Grund einer Betrachtung des XT-Koordinatensystems): $K'(p) = K(p)\sqrt{1 - \beta^2}$ und $K'(t) = K(t)$; drittens die Masse; denn auch diese erhält jetzt besondere Werte, je nachdem es sich um ruhende $m(0)$ oder bewegte und in letzterem Falle, je nachdem es sich um longitudinale oder transversale Masse handelt:

$$m(p) = m(0) / (\sqrt{1 - \beta^2})^3 \quad \text{und} \quad m(t) = m(0) / \sqrt{1 - \beta^2}.$$

Am interessantesten aber ist viertens die Beziehung zur Energie; denn jetzt sind wir so weit, den Dualismus zwischen Masse und Energie ebenso zu überbrücken, wie wir schon den zwischen Strecke und Zeit überbrückt haben. Das, was man hier leistet, kann man mit zwei verschiedenen Namen belegen; man kann entweder, und das ist unter dem Vortritt von EINSTEIN meist üblich geworden, von der Trägheit der Energie sprechen; oder umgekehrt, und das ist im Grunde vorzuziehen, man spricht von der energetischen

Natur der Masse. Die Beziehung zwischen Masse und Energie ist die Gleichung

$$E = c^2 m \quad \text{oder} \quad m = E / c^2;$$

EINSTEIN selbst hat die Formel mit Benutzung des Strahlungsdrucks (s. o.) bewiesen, man kann auch noch mehrere andre Wege einschlagen. Also wiederum tritt hier als Faktor die Lichtgeschwindigkeit auf, aber diesmal nicht, wie zwischen Strecke und Zeit, in der ersten, sondern in der zweiten Potenz; und daraus folgt, daß die Masse nicht nur überhaupt eine Art von Energie ist, sondern sogar die bei weitem konzentrierteste, die man sich vorstellen kann: ein Gramm Materie enthält in sich nicht weniger als $9 \cdot 10^{20}$ Erg oder 25 Millionen Kilowattstunden. Es kann kaum einem Zweifel unterliegen, daß dieser ungeheure Energiebetrag nicht in dem Körper als Ganzem, auch nicht in seinen Molekeln oder Atomen, sondern in dem Innern des Atoms selbst liegt, und daß sie bei einer Zertrümmerung des Atoms frei werden würde (eine schwache Vorstellung hiervon bekommt man bei der radioaktiven Strahlung).

Die allgemeine Relativitätstheorie zwingt aber noch zu weiteren Umwälzungen: die euklidische Geometrie versagt hier völlig. Die MINKOWSKIschen Raum-Zeit-Linien (Weltlinien) sind nicht mehr gerade, sondern gekrümmt, die Begriffe gerade und krumm werden überhaupt relativiert usw. Auch hier müssen wir uns mit einem Schlagworte begnügen, um diese neuen Verhältnisse zu charakterisieren: eine rotierende Scheibe z. B. erhält, obgleich sie an sich eben ist und auch bleibt, durch ihre Rotation »Zeitkrümmung«, es gelten auf ihr nicht mehr die euklidischen, sondern die GAUSSISCH-RIEMANNschen Gesetze. Alles das hat schon EINSTEIN in sehr scharfsinniger Weise entwickelt; aber noch weiter in Aufbau und Ausgestaltung ist der Mathematiker WEYL (1918 ff.) gegangen, der geradezu eine neue Raumlehre aufgestellt und glänzend durchgeführt hat; auch die Darstellung von LAUE (1921) ist hier hervorzuheben.

Und dann der Anschluß der Gravitationstheorie an die Relativitätstheorie. Auch hier haben EINSTEIN und WEYL (1917 ff.) bahnbrechend gewirkt. Der Raum ist mit Gravitation und Strahlung erfüllt, jene stellt das mechanische, diese das ätherische Prinzip dar; aber beide bestehen jetzt nicht mehr für sich, sondern nur im Zusammenhange miteinander, sie bilden eine wirkliche Einheit. Wie man sieht, lösen sich alle Dualismen auf: der zwischen Raum und Zeit, der zwischen Materie und Energie und jetzt der zwischen Gravitation und Strahlung.

101. Bestätigung durch die Erfahrung; Zusammenfassung. So geistvoll und wunderbar auch diese ganze Theorie sein mag, so verlangt man doch mit Recht irgendwelche Leistungen von ihr; sie soll Bekanntes begreiflich machen und neue Tatsachen vorhersagen. Nun, beides ist schon in der kurzen Zeit, seit die Theorie aufgetreten und ausgebaut ist, geschehen. Von der nunmehr einwandfreien Erklärung des negativen Ergebnisses beim MICHELSONschen Versuch, von den schlagenden Beweisen aus der Atomtheorie und ähnlichem wollen wir nicht nochmals reden; aber drei Proben, die die Theorie bestanden hat, müssen wir anführen.

Die erste betrifft gerade das, wovon wir zuletzt sprachen, die Gravitation. Das NEWTONsche Grundgesetz, das Jahrhunderte hindurch als exakt galt, hat jetzt nur noch angenäherte (wenn auch natürlich sehr nahezu exakte) Gültigkeit: es kann, wie wir schon erwähnten, nur annähernd gelten, weil es (im Gegensatze zu elektrodynamischen Gesetzen) die Geschwindigkeiten der Körper gar nicht enthält. Die EINSTEINsche Theorie weicht daher von der NEWTONschen ab und zwar, wenn auch im ganzen äußerst wenig, so doch desto merklicher, je näher sich die beiden gravitierenden Körper beieinander befinden. Unter den Planeten sind das Merkur und Sonne; und in der Tat liefert hier die Beobachtung eine Abweichung von der klassischen Theorie; auch wenn man alle übrigen Einflüsse in Rechnung zieht, bleibt eine unerklärliche Perihelbewegung der Merkurbahn von 43″ im Jahrhundert; und genau dieser Betrag ist es, den die Relativitätstheorie fordert.

Zweitens müssen sich die Lichtstrahlen (wie alle geraden Linien) im Gravitationsraume krümmen, und zwar desto stärker, je stärker an der betreffenden Stelle die Gravitation wirkt; allerdings wird die Krümmung der Lichtstrahlen wegen ihrer ungeheuren Geschwindigkeit außerordentlich klein sein; aber ganz nahe der Sonne ist sie doch vielleicht beobachtbar. Und bei der von englischen Astronomen am 29. Mai 1919 beobachteten totalen Sonnenfinsternis (nur bei einer solchen kann man ja Sterne in der Nähe der Sonne beobachten) ist die durch die Krümmung hervorgerufene Verschiebung tatsächlich festgestellt worden, und zwar in der geforderten Größenordnung; es unterliegt kaum einem Zweifel, daß spätere Sonnenfinsternisse dieses Ergebnis bestätigen und noch genauer festlegen werden.

Drittens endlich die sogenannte Rotverschiebung der Spektrallinien, die ihren Ursprung in Weltkörpern von großer Masse (Sonne oder Fixsterne) haben; sie ist notwendig, weil auf einem solchen Körper ein ungeheuer starkes Gravitationsfeld herrscht und deshalb der Gang der Zeit dort verlangsamt ist. Aber Lichtschwingungen haben doch den Charakter einer Uhr, sie müssen sich dort verlangsamen, und die entsprechende Spektrallinie muß sich ein wenig nach der Seite des Rot verschieben. Die Beobachtungen von GREBE und BACHEM in Bonn, die in den letzten Jahren durchgeführt wurden, haben diesen Effekt wirklich ergeben; und wenn es auch wünschenswert ist, daß er noch weiter gesichert und verfolgt wird, so ist doch auch das schon eine weitere Stütze für die Relativitätstheorie geworden.

Und damit und mit einer allgemeinen Zusammenfassung wollen wir den allgemeinen und vergleichenden Teil unserer Betrachtungen abschließen.

Von den allgemeinen Theorien, die wir skizziert haben, stehen vier mit Rücksicht auf ihre große Bedeutung in erster Reihe: Die Elektronentheorie, die Quantentheorie, die Kerntheorie und die Relativitätstheorie. Jede von ihnen hat ihren selbständigen Bereich, in dem sie gilt und sich als fruchtbar erweist. Aber jede von ihnen greift des weiteren über ihren Bereich hinaus, und schließlich durchdringen sich alle mehr oder weniger. Ihren schönsten Ausdruck findet diese Durchdringung in der von SOMMERFELD hervorgehobenen allgemeinen Gleichung, die sich durch denkbar größte Einfachheit auszeichnet und die Vertreter der vier Theorien in sich vereinigt. Sie lautet:

$$\alpha = \frac{2\pi e^2}{h c},$$

und hierin ist e (Elementarladung) der Repräsentant der Elektronentheorie, h (Wirkungsquantum) der der Quantentheorie, c (Lichtgeschwindigkeit) der der Relativitätstheorie und α (Umlaufsgeschwindigkeit des Wasserstoff-Elektrons im innersten Kreise als Bruchteil der Lichtgeschwindigkeit) der der Kerntheorie; die mathematisch-geometrische Analyse der Feinstruktur bringt dann noch den Faktor 2π hinein. Die Formel ist nicht nur im einzelnen äußerst fruchtbar, nämlich für die Ermittelung von α, h oder e (je nach Wunsch); vor allem aber gibt sie ein beredtes und glänzendes Zeugnis für die trotz aller Komplikation und Mannigfaltigkeit doch schließlich gewonnene Einheitlichkeit des modernen physikalischen Weltbildes.

Spezieller Teil.

I. Starre Körper.

1. Prinzipien der Mechanik. Es ist interessant zu verfolgen, wie sich die Grundlegung der allgemeinen Mechanik (und damit auch der speziellen sowie der Physik überhaupt) im Laufe der Jahrhunderte immer mehr von der philosophischen nach der mathematischen Seite bzw. Formulierung verschoben hat. Die von GALILEI und NEWTON geschaffenen Grundlagen ließen sich noch sehr wohl in Worte fassen, dann wird es immer schwerer, und vom 18. Jahrhundert ab ist die mathematische Formel vorherrschend. Hier muß es genügen, der Reihe nach die wichtigsten Prinzipien zusammenzustellen, freilich mit der Bemerkung, daß dieselben außerordentlich verschiedenen Charakters sind: teils Axiome bzw. Postulate, teils logische Sätze, teils methodologische und ökonomische, teils Erfahrungssätze, teils endlich versteckte Definitionen der in ihnen vorkommenden Begriffe; und in formaler Hinsicht sind es teils wortsprachliche, teils Differential-, teils Integral-, teils Variationsprinzipien.

a) Satz von der Erhaltung des Stoffes (EMPEDOKLES — 450); man vergleiche oben S. 10, auch wegen der weiteren Entwickelung und des Aufgehens des Prinzips im Energieprinzip. — b) Parallelogramm (allgemeiner: Polygon) der Kräfte; einfachster Fall schon bei ARISTOTELES, erste Formulierung durch STEVIN (1589), später zurückgeführt auf den Begriff der Kraft als »Ursache« der Beschleunigung und auf die Vorstellung von der Vektorsumme gerichteter Größen. Bei dieser Analyse zeigt sich, daß das Prinzip nur so lange gilt, als sich die beiden Kräfte nicht gegenseitig beeinflussen, man kann es daher auch als Unabhängigkeitsprinzip bezeichnen. — c) Prinzip der virtuellen Verrückungen oder Geschwindigkeiten oder Arbeit; Vorahnung durch UBALDI (1577), spezielle Formulierung durch STEVIN (1594), allgemeinere durch JOH. BERNOULLI (1717) und LAGRANGE, am allgemeinsten durch CORIOLIS (1834). Für das Gleichgewicht muß die Summe der virtuellen Arbeit (d. h. der Arbeit für alle zulässigen Verrückungen) verschwinden. Erweiterung auf einseitige Bedingungen (wodurch an die Stelle der Gleichung eine Ungleichung tritt) als FOURIERsches Prinzip (1807). — d) Trägheits- oder Beharrungsprinzip: Vorahnung durch GALILEI (1608), Formulierung als erstes Bewegungsgesetz durch NEWTON (1687), dann länger als 200 Jahre gültig (s. o. S. 9), bis es durch die Relativitätstheorie weiter analysiert und in ihren allgemeinen Vorstellungskreis eingefügt wurde. Jeder Körper verharrt »von selbst« in dem Zustande der Ruhe oder der geradlinig-gleichförmigen Bewegung, in dem er sich einmal befindet. NEWTON sagte statt »von selbst«: solange er nicht von äußeren Kräften beeinflußt wird; in dem Satze ist also allerlei enthalten, namentlich die Gradlinigkeit, die Gleichförmigkeit und der Begriff der (an- oder abwesenden) Kraft; er greift also schon in das Folgende über. — e) Kraftprinzip: Die Ursache einer Beschleunigung (nicht, wie man auch festsetzen könnte, einer Geschwindigkeit) heißt Kraft, und zwischen beiden besteht für einen und denselben Körper Gleichheit (causa aequat effectum) der Größe und Richtung nach; zweites NEWTONsches Bewegungsgesetz (GALILEI 1632, NEWTON 1687). Die Anschauung darüber, ob eine physikalische Kraft etwas Reales (wie die Muskelkraft) oder Formales ist, hat dann stark gewechselt; die letztere Auffassung am reinsten bei KIRCHHOFF (1876), wo die Kraft lediglich zur Vereinfachung der Formulierung von Geschehnissen eingeführt wird; HERTZ (1894) endlich versucht sie gänzlich zu eliminieren. — f) Wechselwirkungsprinzip oder Prinzip von der entgegengesetzten Gleichheit von Aktion und Reaktion (NEWTON 1687). Hierdurch werden die Begriffe Masse und Kraft endgültig, aber nur der eine durch den andern (oder umgekehrt) definiert: Massen zweier Körper sind die Faktoren, mit denen man die gleiche, auf sie wirkende Kraft dividieren muß, um die Beschleunigung zu erhalten; Masse ist also Bewegungswiderstand (genauer: Beschleunigungswiderstand) oder umgekehrt Kraftkapazität eines Körpers. Da es unklar bleibt, wann bei zwei Körpern, die man einzeln nacheinander der Beobachtung oder dem Versuch unterwirft, die gleiche Kraft wirkt, läßt man sie lieber bei einem und demselben Versuch aufeinander wirken und findet dann: die Beschleunigungen (oder bei Impulserscheinungen die Geschwindigkeiten), die sich zwei Körper gegenseitig erteilen, sind ihren Massen umgekehrt proportional; oder umgekehrt: die Massen, die man zwei aufeinander wirkenden Körpern beilegen muß, sind den Beschleunigungen, die man beobachtet, umgekehrt proportional; oder endlich: bei der Wechselwirkung sind Kraft und Gegenkraft entgegengesetzt gleich. Der letztere Ausspruch zeigt die durch Einführung der Kraft bewirkte Vereinfachung; und es sei bemerkt, daß ganz dasselbe für die Wärmemenge in ihrem Verhältnis zur Temperaturänderung zweier (z. B. miteinander gemischter) Körper gilt. Der Massenbegriff ist dann im Anschluß an das obige vielfach weiter analysiert worden, namentlich durch KIRCHHOFF (s. o.), der (1876) sie als LAGRANGEsche Multiplikatoren in den Bewegungsgleichungen definierte, durch MACH (1883), ANDRADE (1896) und HERTZ (s. o.). — g) Das D'ALEMBERTsche Prinzip (1743); es knüpft unmittelbar an das Prinzip der virtuellen Verrückungen an, macht aber den Schritt von der Statik zur Dynamik; am einfachsten läßt es sich in der ihm von HERTZ gegebenen Form aussprechen: der Zwang hat bei einem freien System keine in die Richtung der virtuellen Verrückungen fallende Komponente. Aus dem Prinzip ergeben sich ohne weiteres die LAGRANGEschen Bewegungsgleichungen (1788).

— h) Das Schwerpunktsprinzip (Definition des Schwerpunkts); von HUYGENS, NEWTON u. A. nach und nach formuliert; spezieller Fall: Satz von der Erhaltung des Schwerpunkts (als solcher zu den Erhaltungsprinzipien gehörig). — i) Flächensatz: erster empirischer Fall das zweite KEPLERsche Gesetz; allgemeine Formulierung von EULER und BERNOULLI (1746); Spezialsatz: Satz von der Erhaltung der Flächen (also wieder ein Erhaltungsprinzip). — k) Satz von der Erhaltung des Kraftflusses; geht man zum spezifischen Kraftfluß (pro Querschnittseinheit), also zu dem über, was man Kraftflußdichte nennen könnte, aber kurz »Kraft« nennt, so gelangt man zum Entfernungsgesetz der Kraft (s. o. S. 81). — l) Satz von der Erhaltung der Energie. Erstes Stadium: Satz von der Erhaltung der mechanischen Energie (Konstanz der Summe von aktueller und potentieller Energie, $U+V=\text{const}$), anfänglich (da das Potential negativ gerechnet wurde) als Konstanz der Differenz zwischen lebendiger Kraft und Potential formuliert (HUYGENS 1673, JOH. BERNOULLI 1693). In der rein mechanischen Fassung nur gültig für konservative Systeme (ohne Umwandlung von mechanischer Energie in andre), erst viel später zum allgemeinen Energieprinzip erweitert (ROB. MAYER 1840, HELMHOLTZ 1847, näheres S. 12). — m) Prinzip der kleinsten Wirkung, richtiger: der größten Wirkung mit kleinsten Mitteln. Es ist ursprünglich aus teleologischen Betrachtungen über die Weisheit der Natur hervorgegangen, von MAUPERTIUS (1740) und EULER (1744) in dieser Weise behandelt, aber erst von LAGRANGE auf exakte Basis gestellt worden; am einfachsten läßt es sich in der Form

$$\delta\int_{t_0}^{t_1} U\,dt = 0$$

schreiben, wo allerdings die Variation δ gewissen Bedingungen genügen muß. Später haben JAKOBI (1866), HELMHOLTZ (1887) und HÖLDER (1896) das Prinzip geklärt und in seiner Beziehung zu andern festgelegt; so ist es mit dem D'ALEMBERTschen Prinzip bis zu einem gewissen Grade äquivalent; und mutatis mutandis erhält man in der Optik den Satz vom ausgezeichneten Lichtwege. — n) HAMILTONsches Prinzip (1834), ebenfalls mit dem vorigen teilweise gleichwertig, insbesondere aber dem Energieprinzip insofern ergänzend zur Seite stehend, als hier nicht wie dort $U+V$, sondern $U-V$, der Überschuß der kinetischen über die potentielle Energie auftritt; in Formel:

$$\delta\int_{t_0}^{t_1}(U-V)\,dt = 0;$$

oder für das Integral selbst: es ist ein Minimum oder (in selteneren Fällen) ein Maximum; übrigens ist bei der Deutung zu unterscheiden zwischen holonomen und nichtholonomen Systemen, d. h. solchen, bei denen die Konfiguration durch Gleichungen endlichen Charakters beschränkt und solchen, wo das nicht der Fall ist (HERTZ 1894, zum Teil richtig gestellt durch HÖLDER 1896). Das Prinzip ist in neuerer Zeit nicht nur für die Mechanik im weitesten Sinne, sondern auch für die Elektrodynamik (HELMHOLTZ, KÖNIGSBERGER u. A.) sehr fruchtbar geworden. — o) Prinzip des kleinsten Zwanges (GAUSS 1829): Bei der unfreien Bewegung ist die Abweichung, genauer gesagt die Summe der Produkte der Massen in die Quadrate der Abweichungen von der freien Bewegung, in jedem Augenblicke ein Minimum. Das Prinzip ist in gewissen Fällen ebenfalls mit dem D'ALEMBERTschen äquivalent. — p) Das Grundgesetz von HERTZ (1894), nahe mit dem vorigen verwandt: jedes kräftefreie, aber beliebigen Bedingungen unterworfene System verharrt in seinem Zustande der Ruhe oder der gleichförmigen Bewegung in der »geradesten« (unter den obwaltenden Umständen möglichst geraden) Bahn; oder auch: ein freies System bewegt sich so, daß seine Beschleunigung stets die kleinste ist, die sich mit der augenblicklichen Lage, Geschwindigkeit und dem Zusammenhange des Systems verträgt (Verallgemeinerung des Trägheitssatzes).

2. Fall der Körper. Daß der freie Fall eine beschleunigte Bewegung ist, hat schon ARISTOTELES (— 365) erkannt, und zwei Jahrtausende später hat BENEDETTI (1585) die Vermutung ausgesprochen, daß alle Körper gleich schnell fallen; aber erst GALILEI hat (1590) durch seine Versuche vom schiefen Turm zu Pisa diese Vermutung bestätigt und die Fallgesetze (1604) im ganzen formuliert; er hat auch den Fall auf der schiefen Ebene beobachtet und hier ebenfalls eine gleichförmige Beschleunigung festgestellt (1596). Den Fall auf der Zykloide haben HUYGENS (1673) und LEIBNIZ (1696) theoretisch behandelt und gezeigt, daß die Zykloide einerseits eine Tautochrone, andrerseits die Brachistochrone ist; jenes besagt, daß die Fallzeit bis zum tiefsten Punkt die gleiche ist, in welchem Punkte auch der Fall beginnen möge; dieses besagt, daß von allen Fallwegen zwischen zwei gegebenen Punkten der auf der Zykloide die kürzeste Fallzeit hat.

Von den verschiedenen Fallapparaten ist der älteste der von ATWOOD 1784 (Vorläufer SCHOBER 1746), zugleich der interessanteste (S. 11); neuerdings sind dann besonders graphische Apparate gebaut worden, so der von MORIN (1850), bei dem eine horizontal schwingende Schreibfeder auf einem fallenden Brett schreibt (Abb. 83).

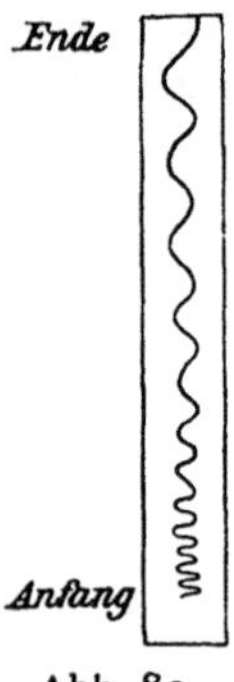

Abb. 83. Fallschreiber.

Die Fallgesetze gelten in der klassischen Form nur im leeren Raum; in einem Medium werden sie durch drei Umstände modifiziert: durch den hydrostatischen Auftrieb, durch den hydrodynamischen Widerstand und durch die Reibung. Der erste Umstand hat zur Folge, daß nur Körper, die spezifisch schwerer sind als das Medium, fallen, ebenso schwere schweben und leichtere sogar aufsteigen, während an den Gesetzen selbst sonst nichts geändert wird. Der hydrodynamische Widerstand hat, wenn man ihn proportional mit dem Quadrat der Geschwindigkeit, also gleich kv^2 setzt, zur Folge, daß die Geschwindigkeit zwar wächst, aber immer langsamer, und schließlich den Endwert $\sqrt{g/k}$ annimmt (von dem Auftrieb abgesehen). Die Reibung endlich ist erst von STOKES (1851) exakt behandelt worden; die Endformel für eine Kugel vom Radius a in einem

Medium von der Reibungskonstante η lautet, mit Hinzunahme des Auftriebsfaktors $(\varrho' - \varrho)$:

$$v = 2a^2 g \frac{\varrho' - \varrho}{9\eta}.$$

Mit abnehmendem Radius wird also die Geschwindigkeit quadratisch kleiner. Diese Formel ist neuerdings besonders wichtig geworden für die Untersuchung von Suspensionen, Emulsionen und kolloidalen Lösungen, weil man nach ihr aus der beobachteten Fallgeschwindigkeit den Kugelradius nach der Formel

$$a = 3\sqrt{\frac{\eta v}{2g(\varrho' - \varrho)}}$$

viel genauer als durch direkte Beobachtung feststellen kann (PERRIN 1913 u. A.).

Von besonderem Interesse ist schließlich die östliche Fallabweichung, aber davon ist schon die Rede gewesen (S. 179).

3. **Wurf; Ballistik.** Der senkrechte Wurf hat so einfache Gesetze, daß wir hier nicht darauf einzugehen brauchen. Was den schiefen Wurf betrifft, so hat hier die älteste wichtige Feststellung TARTAGLIA (1537) gemacht, nämlich die, daß (von Widerständen abgesehen) der Wurf unter 45 Grad nach oben die größte Wurfweite liefert. Dabei wußte er noch nichts über die Gestalt der Wurflinie; denn daß sie eine Parabel ist, hat erst GALILEI (1600) entdeckt. Aber auch das gilt nur für den leeren Raum; in einem widerstehenden Medium treten neue Bahnen auf, mit deren Form, bei beliebigem Widerstandsgesetz, sich zuerst JOH. BERNOULLI (1714) befaßt hat; seitdem hat man die Gestalt der wahren ballistischen Kurve immer besser kennen gelernt, ohne allerdings zu einer allgemein gültigen Formel zu gelangen. Man mußte vielmehr den ganzen Bahnbereich in Zonen zerlegen und für jede von ihnen ein besonderes Gesetz aufstellen; für mäßige Geschwindigkeit genügt das schon von NEWTON aufgestellte quadratische Widerstandsgesetz, für größere muß man eine kubische oder verwickeltere Abhängigkeit einführen, während für ganz große wieder das quadratische Gesetz, unter Umständen sogar eine weitere Abflauung eintritt (Abb. 84 mit v als Abszisse und der Widerstandsfunktion dividiert durch v^2 als Ordinate). Naturgemäß hat sich diese ganze Lehre unter dem Gesichtspunkt militärischer Interessen entwickelt; aber auch Physiker haben sich in hervorragendem Maße daran beteiligt; insbesondere sind hier MACH und SALCHER (Photogramme fliegender Geschosse 1887), CRANTZ und seine Schüler (von 1896 an), die Firma Krupp mit Sciacchi

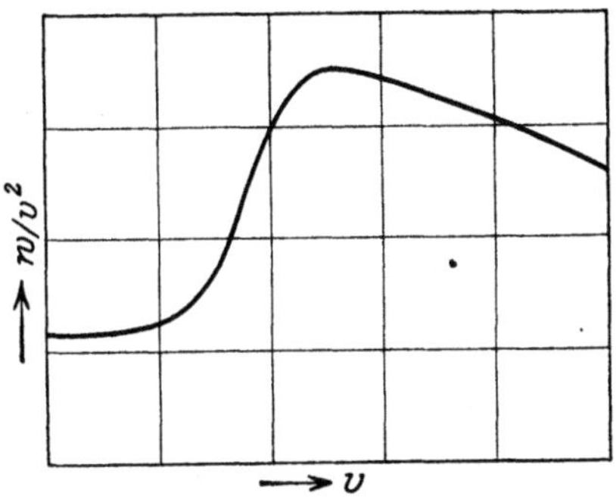

Abb. 84. Widerstandskurve.

(Versuch einer Zusammenfassung der Zonengesetze in eine einheitliche Formel, 1896) zu nennen. Eine vielfach benutzte Widerstandsformel lautet: $W = ar^2 \pi \delta v^2/l$, 206, wo δ das Gewicht von 1 cbm Luft, r der größte Querradius des Geschosses, v die Geschwindigkeit und a ein von der Geschoßform abhängiger Zahlenfaktor (zwischen 0,01 und 0,105) ist. Durch den Widerstand wird aus der symmetrischen Parabel eine unsymmetrische Kurve mit langsamem Anstieg und steilem Abfall (Abb. 85).

Der Luftwiderstand hat eine so beträchtliche Verminderung der Geschwindigkeit des Geschosses während der Bahn zur Folge, daß es ganz schlapp am Ziele anlangen würde, wenn man ihm nicht die für die Durchschneidung der Luft geeignetste Form gäbe; und das ist nicht die Kugelform, sondern die eines Zylinders mit kegel- oder paraboloidförmiger Spitze (und eventuell auch Hinterteil). Dieses Problem, das in ganz entsprechender Form auch bei der Lokomotive, dem Automobil und dem Lenkballon auftritt, ist in den letzten Jahrzehnten wesentlich gefördert worden, und man ist schließlich in der Hauptsache zu einer gut definierten Lösung gelangt (an deren Endgültigkeit auf allen genannten Gebieten freilich immer noch vielfach gezweifelt wird); insbesondere weiß man nunmehr, wie lang man den Körper im Vergleich zu seinem Querschnitt wählen muß (und zwar muß dieses Verhältnis recht beträchtlich sein), und wie man Vorder- und Hinterteil am besten gestaltet. Für das Geschoß aber tritt nun eine neue Schwierigkeit auf: es ist nicht mehr stabil, es läuft Gefahr, während des Laufs umzukippen. Um das zu beseitigen, hat man etwas ganz Neues ersonnen; man läßt das Geschoß nicht geradlinig die Achse des Geschützes durchlaufen, sondern gibt ihm durch zwangsläufige Nuten einen Drall, so daß es beim Austritt aus dem Rohr mit großer Geschwindigkeit um seine Achse rotiert; dadurch ist es gegen den Luftwiderstand ganz bedeutend gefestigt, und die Geschwindigkeitsabnahme ist auf einen kleinen Bruchteil herabgedrückt. Nur tritt eine unangenehme Nebenerscheinung auf, das Geschoß bleibt nicht in der Vertikalebene seiner Bahn, es erfolgt eine seitliche Abweichung im Sinne der Rotation; und da diese bei großer Anfangsgeschwindigkeit und entsprechend großer Schußweite sehr beträchtlich ist (bis zu mehr als 100 m), muß man sie, da sie sich auf keine Weise beheben läßt, rechnerisch in Betracht ziehen, d. h. man muß, auf Grund einer Tabelle der Seitenabweichung, statt des wirklichen, einen künstlichen Zielpunkt wählen, der nach der entgegengesetzten Seite abweicht. Übrigens kommt zu dieser Abweichung noch eine weitere hinzu infolge der Achsendrehung der Erde, und zwar (auf der nördlichen Halbkugel) vom Ausgangspunkt gesehen nach rechts. Unter Umständen hat die Erddrehung dann noch eine weitere Folge, nämlich beim Schuß nach Osten oder Westen eine Veränderung der Schußdauer und der Schußweite, und zwar wird beim Schuß nach Osten die Schußweite

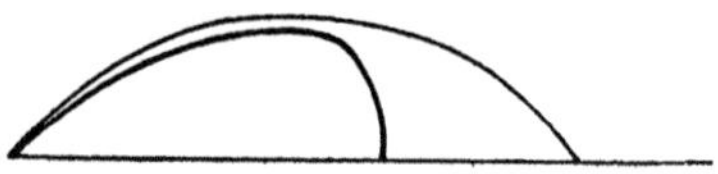

Abb. 85. Parabel und ballistische Kurve.

vergrößert oder verkleinert, je nachdem der Schußwinkel kleiner oder größer als 60 Grad ist (beim Schuß nach Westen umgekehrt); gegenüber der Drallwirkung tritt freilich dieses Moment in den Hintergrund.

4. **Pendel.** Dieser Apparat ist gewiß schon in sehr alten Zeiten bekannt gewesen und benutzt worden; aber die erste sichere Nachricht von seiner Verwendung zur Zeitmessung stammt von dem Araber Ibn Yunis (990). Von Europäern war dann Galilei der erste, der, einer freilich nicht zweifelsfreien Überlieferung zufolge, im Dom zu Pisa (1583) bei Pendelbeobachtungen die Tatsache des Isochronismus feststellte. Sicher dagegen ist, daß er 1596 das Gesetz der Schwingungsdauer verschieden langer Pendel entdeckte. Im Jahre 1670 fand dann Picard, daß eine Pendeluhr im Sommer langsamer geht als im Winter (Temperatureinfluß) und im nächsten Jahre Richer, daß das Sekundenpendel in Cayenne drei Linien kürzer ist als in Paris (Einfluß der Schwerkraft). Sehr erfolgreich befaßte sich dann Huygens mit dem Pendel; er löste das Problem des Mitschwingens beim zusammengesetzten Pendel und fand die für die Schwingungsdauer des physischen Pendels entscheidende Größe, die er freilich noch nicht als Trägheitsmoment bezeichnete (1673). Die Beseitigung des Temperatureinflusses durch das Kompensationspendel mit Hilfe von Quecksilber oder verschiedenen Metallen (Rostpendel) verdankt man Graham (1721) und Harrison (1725); die vollkommenste Lösung in Form des Nickelstahlpendels ist erst in neuester Zeit geliefert worden (Guillaume 1899, Riefler 1902). Von besonderer Bedeutung ist dann noch das Reversionspendel (Bohnenberger 1811) geworden, insofern es in dem Abstande der beiden Schneiden, auf denen es schwingen kann, unmittelbar die Länge des entsprechenden einfachen Pendels liefert; es ist von Bessel (1849) vervollkommnet worden, der übrigens auch sonst wertvolle Untersuchungen zum Pendel geliefert hat.

Im Laufe des 19. Jahrhunderts hat sich dann die Methodik der Pendelbeobachtungen, insbesondere für die Messung der Schwerkraft, der Lotschwankungen und Erdbeben kräftig entwickelt (Borda 1810, Darwin 1881, Sterneck 1888, Helmert, Wiechert, Hasemann u. a.). Dabei spielt außer dem bisher besprochenen Vertikalpendel auch das Horizontalpendel eine wichtige Rolle. Wenn man nämlich die Schwingungsebene des Pendels allmählich neigt (Machsches Pendel 1882), wird die Schwingungsdauer immer größer, und beim Horizontalpendel ist sie unendlich groß, d. h. es ist in jeder Lage im Gleichgewicht; wenn aber auch nur die leiseste Kippung der Achse erfolgt, setzt es sich in Bewegung und zeigt damit die Erdbewegung in außerordentlich feiner Weise an. Es ist von Hengler (1831) erfunden, von Perrot (1862) nach völliger Vergessenheit wiedererfunden, von Zöllner, Rebeur-Paschwitz, Hecker vervollkommnet worden und ist jetzt auf vielen seismischen Stationen tätig.

Endlich kommt noch die Dämpfung der Schwingungen in Frage. Sie führt zu einem theoretisch sehr interessanten Problem (O. E. Meyer 1871) und zugleich zu einer brauchbaren Methode zur Bestimmung der Reibung der umgebenden oder in der Höhlung des Pendels eingeschlossenen Flüssigkeit (Helmholtz u. Piotrowski 1860). Statt der mechanischen kann übrigens auch eine elektromagnetische Dämpfung auftreten, wie bei dem Waltenhofenschen Pendel (1880), dessen Körper ein Kupfersektor ist, der zwischen den Polen eines Elektromagneten hindurchgeht und, wenn dieser erregt wird, wie in einer äußerst zähen Flüssigkeit stehen bleibt.

In neuester Zeit ist die Frage der gekoppelten Schwingungen wegen der Analogie zwischen mechanischen und elektrischen Vorgängen von großer Bedeutung geworden. Aber davon ist schon im allgemeinen Teil (S. 57) die Rede gewesen, es darf daher auf die dortigen Bemerkungen und Abbildungen verwiesen werden.

Bisher war immer von einem speziellen Falle die Rede, nämlich dem in einer Ebene schwingenden Pendel. Dazu ist erstens zu bemerken, daß das Pendel in seiner Ebene, statt zu schwingen, auch rotieren kann (wenn der Anfangsimpuls einen gewissen Betrag überschreitet); und sowohl die Schwingungs- wie die Rotationsdauer ist schon im 18. Jahrhundert beobachtet worden, wobei sich zeigte, daß der Isochronismus nur in erster Annährung gilt, während für größere Amplituden die Periode in eine Reihe entwickelt werden muß, woraus man dann eine Tabelle zur Reduktion auf kleine Schwingungen ableiten kann.

Was dann das räumliche oder sphärische Pendel betrifft, so ist auch dessen Theorie schon von den Klassikern der Mechanik behandelt worden und hat im großen Ganzen folgendes ergeben. Das sphärische Pendel beschreibt eine Serie ungeschlossener, zuweilen ellipsenähnlicher, meist aber viel komplizierterer Kurven, deren tiefster Punkt stet sauf der unteren Halbkugel liegt (während der obere je nach den Umständen auf der oberen oder unteren liegen kann), und die sich mit ihrer großen Achse fortwährend in der Bewegungsrichtung drehen (Fehlerquelle beim Foucaultschen Pendelversuch); experimentell ist das mit allen Einzelheiten (mittels eines graphischen Pendels) von Czermak und Hiecke (1885) bestätigt worden. Übrigens gibt es einen überaus einfachen Spezialfall, das Kegelpendel, bei dem der Faden einen Kegel, der Körper einen horizontalen Kreis beschreibt, und zwar mit konstanter Geschwindigkeit, also das Paradoxon einer Fallbewegung ohne Fall und daher auch ohne Beschleunigung.

Eine sich an das Pendel anschließende Vorrichtung ist die bifilare Aufhängung (Snow Harris 1832, Theorie und Anwendung von Bessel, Gauss, F. Neumann, Heun u. a.); eine Theorie des Trifilarpendels verdankt man Adolf Schmidt (1899).

Von dem Foucaultchen Pendel ist schon im allgemeinen Teile die Rede gewesen (S. 179).

5. **Kreiselbewegung.** Verhältnismäßig spät hat die Theorie dieses Phänomens eingesetzt, nämlich mit Euler (1758), der das Problem rechnerisch analytisch, und mit Poinsot (1804 bis 1834), der es geometrisch-synthetisch behandelte; beide Methoden ergänzen sich in der schönsten Weise. Es ist dabei von einfachsten zu immer komplizierteren Fällen fort-

zuschreiten, und zwar von der Rotation um eine feste Achse (Schwungrad usw.), zum Kreisel mit einem festen Punkt, insbesondere wenn es der Schwerpunkt ist, wodurch die Schwerkraft wegfällt (kräftefreier Kreisel); und hier wiederum, je nachdem alle drei Hauptträgheitsmomente oder nur zwei einander gleich oder alle drei verschieden sind, vom Kugelkreisel

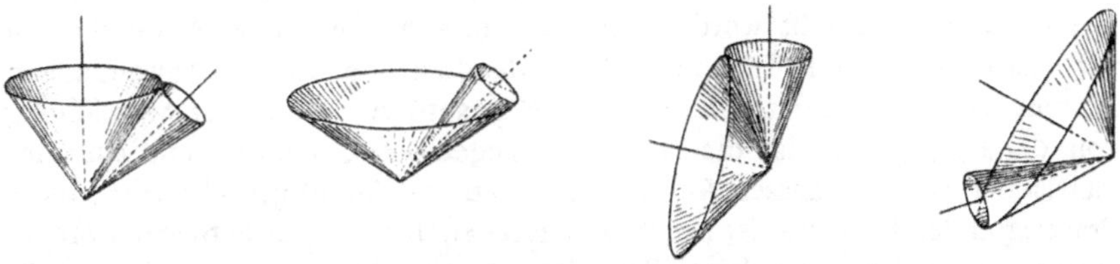

Abb. 86. Reguläre Präzession.

zum symmetrischen und asymmetrischen Kreisel; dann Hinzufügung der Schwerkraft und schließlich auch noch der Reibung. Es ergibt sich im wesentlichen, daß im einfachsten Falle die Drehungsachse ihre Richtung beibehält, im nächsteinfachen Falle, daß sie einen Kegel beschreibt (Präzes-

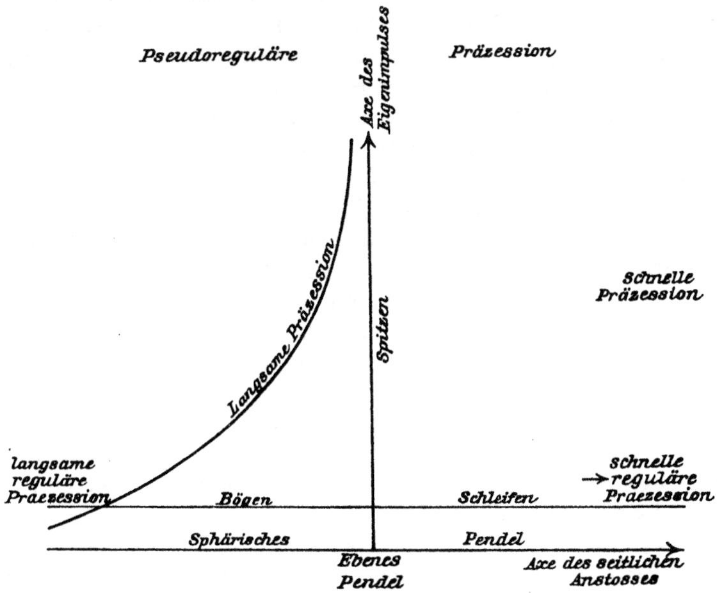

Abb. 87. Haupttypen der Kreiselbewegung.

sion) und im dritten, daß der Winkel dieses Kegels periodisch hin und her schwankt (Nutation); von der Präzession sind die beiden interessantesten Fälle die der regulären (Abb. 86) und der pseudoregulären Präzession; eine schematische Zusammenstellung der wichtigsten Bewegungstypen gibt (Abb 87). Alle diese Forderungen sind dann durch die Beobachtung mehr oder weniger bestätigt und im einzelnen studiert worden. Der älteste Apparat dieser Art ist der BOHNENBERGERsche Kreisel (1817), dann der von PLÜCKER und FESSEL (1854), und später viele andre Typen, von denen noch der graphische Kreisel genannt sei, bei dem man die Bahn eines Endpunkts der Achse auf Papier aufzeichnen kann. Die ganze Lehre ist dann in meisterhafter Weise von KLEIN und SOMMERFELD (1897 bis 1910) zusammengefaßt worden, und zwar einschließlich ihrer Anwendungen auf Astronomie und Technik. Von den astronomischen Anwendungen sei hier das Problem der Erde als Kreisel angeführt; infolge der Abweichung von der Kugelgestalt ist die Erde kein Kugelkreisel, sondern nur ein symmetrischer Kreisel, dessen Achse von Sonne und Mond gedreht wird; diese Präzession der Erdachse ist schon von HIPPARCH (— 134) entdeckt worden, später wurde dann errechnet, daß sich ein Umlauf in 26000 Jahren vollzieht; dazu kommt dann eine Nutation (BRADLEY 1747), die allerdings sehr klein (9″) ist und sich während einer Präzessionsperiode 14000 mal wiederholt. Was andrerseits die praktischen Anwendungen betrifft, so handelt es sich hier um die Idee, die Erhaltung der Achsenrichtung in zwei ganz verschiedenen Arten zu verwerten. Einmal zur Orientierung im Raume; der Gedanke, den Kreisel zum Nachweise der Achsendrehung der Erde zu benutzen, ist schon von ATKISON (1827) gefaßt, aber erst von FOUCAULT durch sein Gyroskop (1852) verwirklicht worden; die Rechnung zeigt, daß der Kreisel unter bestimmten Voraussetzungen die Tendenz hat, sich in die Richtung der Erdachse einzustellen. In neuester Zeit hat sich dann hieraus der Kreiselkompaß (zum Ersatz des auf eisernen Schiffen nur schwer brauchbaren magnetischen Kompasses) entwickelt, und zwar in seinen verschiedenen Formen von ANSCHÜTZ, FÖPPL, MARTIENSSEN u. a. Andrerseits kann auch die Tendenz des Kreisels, seine Richtung zu bewahren, praktisch benutzt werden; so zum Zwecke des Gradlaufs eines Torpedos und zur Abschwächung der Roll- und Stampfbewegungen eines Schiffs (Schiffskreisel von SCHLICK); jedoch ist zu bedenken, daß alsdann die Schiffswandungen viel stärker abgenutzt werden als wenn ihnen erlaubt wird, der Wellenbewegung nachzugeben.

6. Erddichte und Gravitationskonstante. Ein großes Kapitel der Mechanik, das wir hier nicht behandeln können, ist die gesamte Lehre von der allgemeinen Gravitation, also die Himmelsmechanik; und ebenso wenig die Lehre von der irdischen Schwere in ihrer örtlichen Mannigfaltigkeit; jenes gehört wesentlich in die Astronomie, diese in die Geophysik. Aber ein damit in nahem Zusammenhange stehendes besonderes Problem ist doch auch allgemein physikalisch so bedeutsam, daß wir es in Kürze betrachten müssen. Nach dem Gravitationsgesetz ist die Kraft auf der Erdoberfläche, wenn r der Erdradius, M die Erdmasse, m die Masse des andern Körpers und γ die Gravitationskonstante ist: $K = \gamma \cdot M\,m/r^2$ und folglich, wenn man beiderseits mit m dividiert, die Beschleunigung $g = \gamma \cdot M/r^2$; wenn man eine der beiden Größen γ und M experimentell bestimmt, so erhält man mit Benutzung der bekannten Werte von r und

g die andere. Zu diesem Zwecke muß man die Gravititationswirkung einer begrenzten Masse mit der des ganzen Erdkörpers vergleichen, und das kann auf folgende Arten (teils Beobachtung in der Natur, teils Experimente im Laboratorium) geschehen: 1. Lotabweichung am Fuße oder noch besser zu beiden Seiten eines Berges (ersonnen von BOUGUER 1749, ausgeführt in Schottland von MASKELYNE 1774; in den Alpen von PECHMANN 1864 u. a). — 2. Umkehrung in dem Sinne, daß an einem See beobachtet wird, der künstlich entleert werden kann (BERGET 1893). — 3. Methode der Torsionswage. An einem sehr leichten Faden ist ein horizontaler Stab mit zwei Kugeln b an den Enden aufgehängt; den Kugeln werden nach dem Schema der Abb. 88 schwere Bleikugeln MN nahe gebracht, und es wird die Ablenkung gemessen (CAVENDISH 1798); um das störende Umlegen der schweren Kugeln zu vermeiden, wurden sie von CORNU und BAILLE (1873) durch Schalen mit Quecksilber, das mit Hilfe von Röhren umgefüllt werden konnte, ersetzt; weitere Verbesserungen brachten BOYS (1889, Aufhängung an Quarzfaden), EÖTVÖS (1896) und BURGESS (1899); endlich hat KOHL (1901) den Apparat so handlich gemacht, daß man ihn zu Demonstrationen in einem größeren Hörsaale benutzen kann. — 4. Methode der Pendelschwingungen; Beobachtung der Schwingungsdauer einmal an der Erdoberfläche, ein zweites Mal in gewisser Tiefe unter ihr (STERNECK 1882). — 5. Methode der Pendeleinstellung ohne und mit einwirkenden Massen (WILSING 1885). — 6. Wägungsmethode, die vorzüglichste von allen, begründet von JOLLY (1881), verbessert von POYNTING (1891), auf die äußerste Vollkommenheit gebracht von RICHARZ und KRIGAR-MENZEL (1896); die Schalen einer großen Wage, und zwar eine obere und eine untere auf jeder Seite, werden hier durch riesige Bleiklötze, aus tausenden von Einzelklötzen aufgebaut, beeinflußt, und zwar teils von oben her, teils von unten her, sodaß sich bei leicht vorstellbarer Anordnung die Wirkung vervierfacht; nach jahrelangen Vorversuchen und äußerst sorgfältigen Endversuchen in den Kasematten von Spandau, wo einerseits das Bleimaterial zur Verfügung stand, andrerseits die größte Ruhe und Festigkeit herrschte, konnte man auf einen sehr zuverlässigen Wert rechnen. — 7. Messung der Krümmung einer Flüssigkeitsoberfläche, wenn ihr von oben her eine große Masse genähert wird (GERSCHUN 1899). — Das Hauptmittel aus allen Messungen, nach ihrer Zuverlässigkeit bewertet, ist

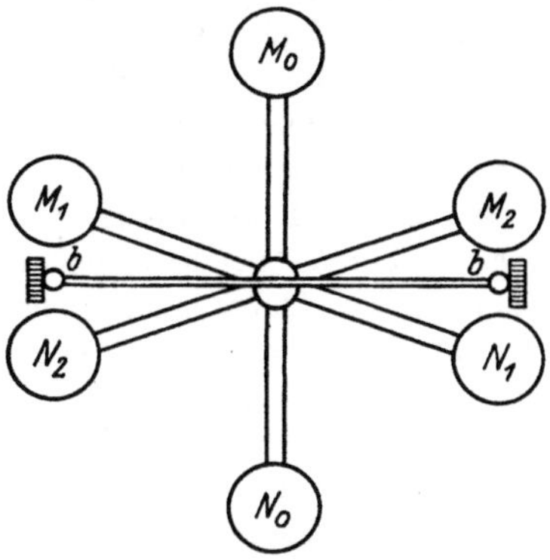

Abb. 88. Torsionswage für Schwere.

$$d = 5{,}519 \qquad \gamma = 6{,}68 \cdot 10^{-9};$$

es sei als historisch interessant erwähnt, daß schon NEWTON die mittlere Erddichte auf 5 bis 6, also ganz richtig geschätzt hat. Da die mittlere

Dichte der uns zugänglichen Erdschichten nur 2 bis 3 beträgt, muß man schließen, daß die Dichte nach dem Innern hin beträchtlich zunimmt. Was endlich die Gravitationskonstante betrifft, so sagt sie aus, daß zwei Gramm-Massen in 1 cm Abstand von einander eine Kraft von 66,8 milliardentel Dynen, oder zwei Tonnen-Massen in 1 m Abstand eine Kraft von 6,68 Dynen aufeinander ausüben. Setzt man $\gamma = 1$, so gelangt man zum Gaussischen oder Gravitationsmaß der Masse (s. o.). Aus neuester Zeit sei dann noch die Berechnung der kinetischen Energie der Achsendrehung der Erde erwähnt (SAUGER 1917); bei gleichförmiger Dichte würde man $262 \cdot 10^{26}$ kgm erhalten, bei einer von 10 (Mittelpunkt) bis 2,4 (Oberfläche) abgestuften erhält man $216 \cdot 10^{26}$ kgm.

II. Elastisch-feste Körper.

7. Elastizitätskonstanten. Ganz allmählich erst ist in die begriffliche Grundlegung des elastischen Verhaltens fester Körper Klarheit gekommen; es hat das seinen Grund in der hier vorliegenden großen Komplikation, und zwar auch schon für isotrope Körper, die wir zunächst betrachten. Die erste Frage ist die, durch welche Anzahl von Konstanten ein solcher Körper vollständig gekennzeichnet wird; und diese Frage läßt sich in einfacher und befriedigender Weise nur aus der Erwägung heraus beantworten, daß ein Körper zwei Merkmale hat: sein Volumen und seine Gestalt, und daß er demnach durch zwei Konstanten charakterisiert wird, den Volumenmodul k_1 und Gestaltmodul k_2, oder, wie man auch sagen kann, Kompressionsmodul und Deformationsmodul; jener ist das Verhältnis der auf reine Volumenänderung abzielenden Beanspruchung zu der erzeugten Volumenänderung (relativ genommen), dieser das Entsprechende für die Gestalt; während aber jene Definition ohne weiteres klar ist, muß man bei dieser hinzufügen, daß die Gestaltsänderung durch die Änderung gemessen werden soll, die ein in der Ebene der Beanspruchung liegender rechter Winkel erfährt. Diese beiden Moduln kommen zum unmittelbaren Ausdruck, wenn man einen Körper einem allseitig gleichen Druck unterwirft, bzw. wenn man ihn einer reinen Scherung aussetzt. Ein für die Praxis wichtiger Fall, dessen ckarakteristische Konstanten deshalb auch am meisten benutzt werden, ist der Längszug; er erzeugt eine Längsdehnung und zugleich eine Querkontraktion und wird daher durch den Dehnungsmodul E, häufig auch schlechthin Elastizitätsmodul genannt, und durch das Verhältnis der Querkontraktion zur Längsdilatation, kurz Elastizitätszahl μ genannt, gekennzeichnet. Zwischen k_1 und k_2 einerseits und E und μ andrerseits bestehen die einfachen Beziehungen

$$k_1 = \frac{E}{3(1-2\mu)}, \qquad k_2 = \frac{E}{2(1+\mu)}$$

oder umgekehrt:

$$E = \frac{9k_1k_2}{3k_1+k_2}, \qquad \mu = \frac{3k_1 - 2k_2}{2(3k_1+k_2)}.$$

Was μ betrifft, so kann man es übrigens noch einfacher mit dem Verhältnis $\varkappa$ des Gestaltmoduls zum Volumenmodul in Beziehung setzen und erhält dann:

$$\mu = \frac{3 - 2\varkappa}{2(3 + \varkappa)}, \qquad \varkappa = \frac{3}{2}\,\frac{1 - 2\mu}{1 + \mu}.$$

Nach der Molekulartheorie der Elastizität, die zuerst von POISSON (1814), dann von NAVIER (1824), dann nochmals von POISSON (1828, in verbesserter Form) ausgearbeitet worden ist, müßte für alle Stoffe μ gleich $1/4$ oder, was dasselbe ist, $\varkappa = 3/5$ sein; das hat sich aber nicht bestätigt, die Werte von μ schwanken von 0,1 bis nahe an 0,5 heran; und auch eine neuere Molekulartheorie von VOIGT (1887), die den Molekeln Polarität zuschreibt, hat nicht zu einem befriedigenden Ergebnis geführt (vgl. o. S. 163). Von wichtigen Moduln blieben dann noch zwei übrig: der Scherungs- oder Drillungsmodul, der aber, da es sich hier um eine reine Gestaltsänderung handelt, mit k_2 identisch ist; und der Biegungsmodul, der aber keine neue und überhaupt keine einfache Größe ist, da die Biegung, z. B. eines Balkens, sich aus einer Dehnung der oberen und einer Verkürzung der unteren Schichten, mit gleichzeitiger Querkonkavität bzw. Querkonvexität, zusammensetzt, also auf E und μ zurückführt (wegen der Ermittelung von μ auf diesem Wege s. o. S. 163).

8. Berührungsproblem und exakte Härtemessung. Wenn zwei Körper mit ihren gekrümmten Oberflächen (von denen die eine eben oder konvex sein muß, die andre auch konkav sein kann) aufeinander drücken, entsteht eine Druckfläche von bestimmter Gestalt und eine weitgehende innere Deformation der Körper. In der Technik hat diese Frage begreiflicherweise schon immer eine wichtige Rolle gespielt, aber man hat sich hier mit empirischen Formeln geholfen. Eine exakte Lösung des Problems hat erst HERTZ (1882) geliefert. Der einfachste Fall ist der zweier Kugeln, die sich ohne Druck punktförmig, unter Druck aber in einer von einer Kreislinie begrenzten Kugelschale (im einfachsten Falle einer Kreisebene) berühren, und der Radius dieser Druckfläche läßt sich durch die Krümmungsradien der beiden Kugeln und die Elastizitätskonstanten der beiden Materialien ausdrücken. Der nächst einfache Fall ist der zweier Zylinder, die sich im allgemeinen (bei gegeneinander gedrehter Lage der Achsen) in einer Ellipse berühren (bei Parallelismus in einer Geraden, bei senkrechter Kreuzung unter Umständen in einem Kreis). HERTZ hat die Spannung in der Druckfläche und zu beiden Seiten von ihr in das Innere der Körper hinein berechnet und zeichnerisch dargestellt; freilich ist dann von FUCHS (1913) dieses Bild in wesentlichen Punkten berichtigt worden; HUBER (1904) und FRIESENDORF (1905) haben das Problem dann theoretisch noch weiter verfolgt. Experimentell hat AUERBACH die Berührungsfläche für Kugeln (s. u.) und FÖPPL und SCHWERD (1897) für schräg gekreuzte Zylinder untersucht.

Eine wichtige Anwendung, nämlich auf den Begriff und die exakte Messung der Härte der Körper hat ebenfalls schon HERTZ angedeutet.

Die Härte ist zuerst von HAUY (1787) behandelt worden durch Aufstellung sog. Härtegrade, und MOHS (1825) hat dann hieraus eine Härteskala von zehn Stufen gebildet, anfangend mit dem Talk als weichstem und abschließend mit dem Diamant als härtestem Körper; natürlich ist damit über die wahren Zahlenwerte der Härte nicht das mindeste ausgesagt. Den ersten Härtemesser, das Sklerometer, beruhend auf der bekannten Ritzmethode, die heute noch zur raschen Orientierung vielfach benutzt wird, hat SEEBECK (1833) gebaut, und zwar in besonderen Formen für isotrope Körper und für Kristalle; FRANZ (1850), EXNER (1873), MÜLLER (1906) u. a. haben die Kristallhärte dann weiter verfolgt und graphisch dargestellt. Aber erst HERTZ hat gezeigt, daß die Ritzmethode für exakte Zwecke nicht brauchbar ist, und daß man zur statischen Beanspruchung zurückgreifen muß; nur darf man sie nicht in der rohen Form des Bohrens anwenden, man muß vielmehr den ganzen Prozeß in einwandfreier Weise definieren, und zwar derart, daß die Härte derjenige, auf die Flächeneinheit wirkende Druck sein soll, den eine kugelförmige Spitze auf eine ebene Oberfläche desselben Materials in dem Augenblicke ausübt, in dem ein Sprung eintritt. Daraufhin hat AUERBACH (1890) mit einem besonders konstruierten Apparat die Härte zahlreicher Stoffe gemessen und in absoluten Zahlen dargestellt, wobei sich allerdings zeigte, daß es auf die Krümmung der Kugelfläche noch in besonderer Weise ankommt. Dabei stellte sich nun heraus, daß in der Tat die Stufen der MOHSschen Härteskala außerordentlich ungleich sind, wie die folgenden Beispiele erkennen lassen (kg pro qmm):

Stoff	Gips	Kalkspat	Flußspat	Apatit	Feldspat	Quarz	Topas	Korund
Stufe	2	3	4	5	6	7	8	9
Zahl	14	96	106	237	258	305	525	1150

Übrigens paßt die obige Definition nur auf die eine der beiden möglichen Klassen von Körpern, auf spröde; bei geschmeidigen tritt ein Sprung überhaupt nicht auf, hier paßt sich das Material durch Nachgiebigkeit dem Drucke an, und als Härte ist hier der bei weiterer Drucksteigerung konstant bleibende Druck auf die Einheit der Druckfläche zu verstehen; auf diese Weise konnte AUERBACH (1894) auch für zahlreiche Metalle die absolute Härte ermitteln. Weitere Untersuchungen in dieser Richtung rühren von RYDBERG, MEYER, KESSLER u. a. her; endlich hat BRINELL (1900) daraufhin ein für die Praxis bequemes Härtemeßverfahren ausgearbeitet.

9. Elastischer Stoß. Von dem vorigen zu dem jetzigen Problem ist nur ein Schritt; denn Stoß ist Berührung im Zustande der Bewegung. In der Ausführung nimmt es freilich eine ganz andre Gestalt an und damit auch eine ganz andre historische Entwickelung. Denn, wonach man hier zunächst fragt, ist die Wirkung des Stoßes auf den Bewegungszustand der beiden Körper, also die Feststellung der beiden Größen v_1 und v_2 (Geschwindigkeiten nach dem Stoß) als Funktionen von m_1 und

m_2, c_1 und c_2 (Massen und Geschwindigkeiten vor dem Stoß); dabei sind die Geschwindigkeiten Vektoren, es kommt also auch auf die Richtungsänderung an, und es ist dann zwischen geradem und schiefem, zentrischem und exzentrischem Stoß zu unterscheiden. Die Aufgabe kann man zunächst lösen (oder zu lösen versuchen) auch ohne auf den eigentlichen Stoßvorgang einzugehen, nämlich dadurch, daß man den Zustand nachher mit dem Zustand vorher durch irgendwelche als gültig angenommene Prinzipe verknüpft. Als solche bieten sich dar: das Wechselwirkungsprinzip, der Satz von der Erhaltung der Bewegung des Schwerpunkts, der Satz von der Umkehr der relativen Bewegungen und das Prinzip von der Erhaltung der Energie; da diese Sätze sich teilweise decken, genügen sie nur eben, die Lösung zu bilden, und zwar eine Lösung, die nur für den vollkommen elastischen Stoß (ohne Zerstreuung von Energie) gilt; für den andern extremen Fall, den vollkommen unelastischen Stoß, bleibt nur der Schwerpunktssatz übrig, aber hier genügt er auch, weil die beiden Körper nach dem Stoß ihren Weg als ein einheitliches Ganze fortsetzen, also $v_1 = v_2$ ist. In diesem Falle und den Zwischenfällen kann man den Verlust an kinetischer Energie leicht berechnen.

Was nun die experimentelle Seite der Angelegenheit betrifft, so hat schon MARCUS MARCI (1637) einen bezüglichen Anlauf genommen; aber erst aus Anlaß einer englischen Preisaufgabe, an deren Lösung sich HUYGENS, WALLIS und WREN (1668) beteiligten, kam die Sache in Fluß, und 1677 baute MARIOTTE den ersten wissenschaftlichen Stoßapparat. Dann ruhte die Frage, bis CORIOLIS (1835) an der Hand des Billardspiels die Stoßgesetze im einzelnen studierte; in neuerer Zeit sind dann die Beobachtungsmethoden immer weiter verfeinert und deshalb auch immer genauere Ergebnisse erzielt worden. Leider stimmen die theoretischen Formeln mit ihnen nur in einzelnen, besonders einfachen Fällen überein, in andern nur annähernd und in manchen gar nicht.

Man ist daher zu einer exakten Theorie des Stoßes, bei der der eigentliche Stoßvorgang analysiert wird, übergegangen und hat dabei mit dem rechnerisch einfachsten Falle, dem zweier in der gleichen Richtung (oder entgegengesetzt) laufenden Zylinder begonnen; die beiden bezüglichen Theorien, die von FRANZ NEUMANN (1857) und die von ST. VENANT (1867) sind gleich elegant, besonders auch in der graphischen Darstellung der Bewegungs- und Druckgrößen während aller Phasen des Prozesses. Dabei ergab sich, daß nur in dem Falle zweier gleicher Zylinder (gleich lang und aus gleichem Material) jeder von ihnen nach dem Stoß als starrer Körper weiterläuft, bei ungleichen Stäben dagegen nur der kürzere, während der längere dauernd in den durch den Stoß angeregten Längsschwingungen verharrt, also sich periodisch verlängert und verkürzt (graphische Darstellung in Abb. 89). Was nun die Geschwindigkeiten nach dem Stoße betrifft, so stimmen diese auch nach der höheren Theorie mit den Beobachtungen nicht allgemein gut überein, und man muß zu besonderen Hypothesen, wie eine besondere Oberflächenschicht usw., seine Zuflucht nehmen (VOIGT u. a.). Nimmt man statt Zylinder Kugeln, so kommt die Frage der Stoßfläche hinzu, sie ist von HERTZ im Anschluß an das statische Problem (s. o.) untersucht worden; und an Elfenbeinkugeln, deren eine man vorher mit einer feinen Rußschicht bedeckt, kann man das auch experimentell feststellen, wobei sich dann noch weitere Einzelheiten ergeben. Am interessantesten ist schließlich die (in der elementaren Theorie ganz außer Betracht bleibende) Stoßdauer; aus den Theorien von NEUMANN, ST. VENANT und HERTZ ergeben sich für sie Formeln, in denen das Material, die Massen oder Dichten und die beiden Anfangsgeschwindigkeiten vorkommen; die Ausrechnung ergibt Werte in einem ungeheuren Bereiche, von Bruchteilen einer tausendstel Sekunde (für rasche und kleine Elfenbeinkugeln) bis zu Tagen und Wochen (für zwei Weltkörper). Übrigens liefert die Theorie im allgemeinen zwei verschiedene Werte, von denen der kleinere die eigentliche Stoßdauer (Berührung unter Druck), der größere die ganze Berührungsdauer (zuletzt ohne Druck) angibt (vgl. die Abbildung).

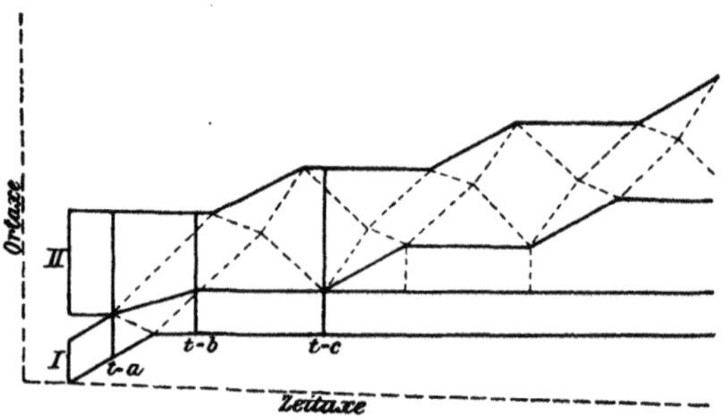

Abb. 89. Stoß zweier Stäbe.

Experimentell wird die Stoßzeit für Metalle am besten auf elektrischem Wege bestimmt, und zwar in der Weise, daß die beiden Körper an Metallfäden, die ihrerseits leitend miteinander und mit einer Stromquelle verbunden sind, aufgehängt werden, so daß während der Stoßdauer ein Strom geschlossen bleibt, der in einem eingeschalteten Galvanometer einen Ausschlag ergibt; dieser Ausschlag wird mit demjenigen verglichen, den ein mit seiner Spitze während eines bestimmten Teils seiner Bahn durch eine Quecksilberrinne streichendes Pendel an demselben Galvanometer erzeugt, ein Fall, in dem man aus den Pendelgesetzen die Dauer des Stromschlusses berechnen kann; die Ergebnisse bestätigen im allgemeinen die Theorie.

10. Druckverhältnisse und Gleichgewichtsfiguren pulverförmiger Massen. Das älteste hierher gehörige Problem ist das des Erddrucks, das wegen seiner großen praktischen Bedeutung im Bauwesen (Futtermauern usw.) schon frühzeitig behandelt worden ist. Es hat aber bisher einer allgemeinen und exakten Lösung dauernd widerstanden; man kann nur Grenzbestimmungen durchführen, die dann noch einen gewissen, oft sogar weiten Spielraum lassen. Begründet wurde die Theorie vom COULOMB (1776), auf andern Grundlagen weitergeführt von RANKINE (1857), KÖTTER (1883 ff.) und vielen anderen. KÖTTER gelang es auch, wenigstens zwei einfache Fälle exakt zu lösen, nämlich den Bodendruck in einem Spalt zwischen parallelen Wänden und in einem kreisförmigen Rohr, wobei sich schon sehr merkwürdige Verhältnisse herausstellen. Experimentell hat zuerst HAGEN (1833) die Gesetze des Sanddrucks studiert und dabei sehr paradoxe Einzelheiten festgestellt, die dann von andern teils bestätigt, teils ergänzt worden sind.

Noch schwieriger muß sich natürlich eine exakte Theorie der Gleichgewichtsfiguren pulverförmiger Massen auf gegebener Basis gestalten, da es sich hier um Figuren mit zahlreichen freien, teils ebenen, teils gekrümmten, in Kanten und Ecken aneinander stoßenden Flächen handelt. Es ist aber AUERBACH (1901) gelungen, die wichtigsten Formen als unmittelbare Konsequenzen aus einem einfachen Prinzip abzuleiten. Dieses Prinzip lautet: Die Böschung ist desto größer, je kleiner die Abrollgefahr der Körner ist; diese wiederum ist desto kleiner, je konvergenter, desto größer, je divergenter die Abrollbahnen sind; und das wiederum hängt von der Krümmung im Horizontalschnitt ab, derart, daß, wenn der Horizontalschnitt eine geradlinige Begrenzung hat (Normalfall), die Ab-

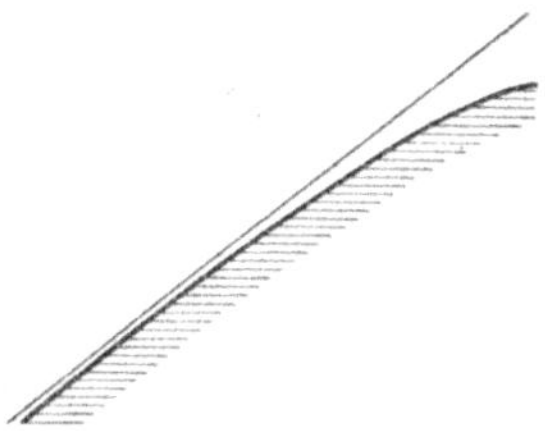

Abb. 90. Böschung.

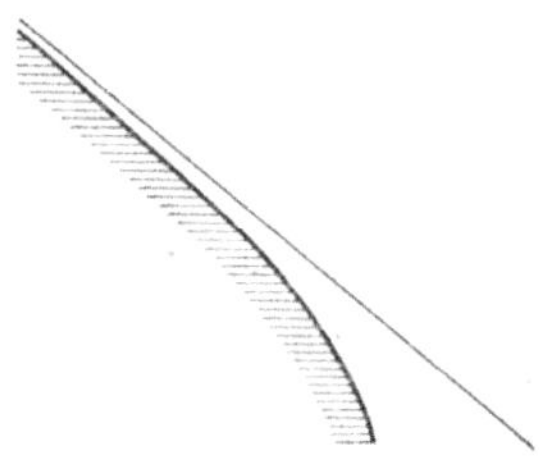

Abb. 91. Kraterböschung.

rollbahnen parallel, daß sie dagegen bei nach außen konkaver Krümmung konvergent, bei nach außen konvexer Krümmung divergent verlaufen. Über kreisförmiger Basis ergibt sich auf diese Weise in erster Annäherung ein Kegel, in zweiter aber, weil die konvexe Horizontalkrümmung von der Basis nach der Spitze hin immer größer wird, eine Leitlinie von nach oben abnehmender Böschung, also räumlich eine Art von Hyperboloidschale, und somit oben keine Spitze, sondern eine abgerundete Kuppe (Abb. 90); die Einzelheiten hängen von der Korngröße und Korngestalt, der Reibung der Körner untereinander usw. ab; insbesondere hat jedes Material seine charakteristische Normalböschung. Der umgekehrte Fall ist der eines Trichters oder Kraters, also der Figur auf unbegrenzter Basis mit Kreisloch in der Mitte; hier ist am oberen Rande die Böschung annähernd normal und nimmt dann nach unten hin immer mehr zu (Abb. 91); der Krater ist also unter gleichen Umständen steiler als der Berg. Über dem Quadrat bildet sich eine vierseitige Pyramide, aber die Kanten sind nicht scharf, sondern abgerundet; über der Ellipse bildet sich eine Figur mit einem gekrümmten Längsgrat, der sich an bestimmten Stellen verliert. Endlich sei noch die Figur über einem Fünfquadratenkreuz (Abb. 92) genannt; sie hat einen zentralen Gipfel, von dem vier abfallende Grate nach den horizontalen Seitengraten laufen, von denen dann wiederum abfallende Grate nach der Basis gehen, und die Gipfelhöhe verhält sich zur Grathöhe wie $\sqrt{2}:1$, weil der Gipfel das den Einzelquadraten entsprechende Diagonalenquadrat zur Basis hat, und weil dessen Seitenlänge im Verhältnis $\sqrt{2}:1$ größer ist.

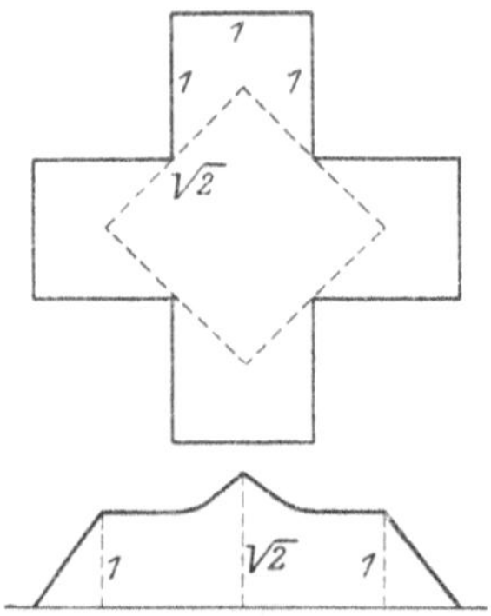

Abb. 92. Gleichgewichtsfigur über dem Kreuz.

11. Elastizität der Kristalle. Wenn oben festgestellt wurde, daß isotrope Stoffe durch zwei Elastizitätskonstanten gekennzeichnet sind, so gilt das für Kristalle natürlich nicht mehr. Hier ergibt sich die Zahl der Konstanten zunächst aus der Erwägung, daß es drei Normaldrucke und drei Tangentialdrucke gibt, und daß jeder von ihnen durch drei Normal- und drei Tangentialdeformationen ausdrückbar ist, im ganzen also 36 Konstanten; indessen vermindert sich diese Zahl sofort infolge des Umstandes, daß, wenn man diese sechs sechsgliedrigen Ausdrücke hinschreibt, die Koeffizienten in drei Gruppen zerfallen: die in der Diagonale (sechs), die man zweckmäßig als c_{11} bis c_{66} bezeichnet; die rechts davon stehenden (15), also c_{12} bis c_{56}, und die linksstehenden (wieder 15), also c_{21} bis c_{65}. Nun sind aber, da die elastischen Kräfte ein Potential haben, je ein Koeffizient der zweiten Gruppe und der entsprechende der dritten Gruppe einander gleich, also z. B. $c_{12} = c_{21}$; es bleiben somit nur 21 übrig, und das ist die Zahl der Elastizitätskonstanten eines durch keine besondere Symmetrieeigenschaft charakterisierten Kristalls. Bei vorhandenen Symmetrieeigenschaften geht die Zahl weiter herunter, und zwar, auf Grund einer einfachen, geometrisch-physikalischen Untersuchung, folgendermaßen:

triklin	monoklin	rhombisch	trigonal	quadratisch	hexagonal	regulär
21	13	9	6—7	6	5	3

Eine nähere Betrachtung lehrt indessen, daß es hier nicht genügt, die üblichen Kristallsysteme zugrunde zu legen, die ja ohnehin eine mehr äußerliche, konventionelle Bedeutung haben, sondern die eigentlichen Kristallklassen, wie sie sich aus dem Wesen der Symmetrie mit Rücksicht auf die Gesetze der rationalen Indizes usw. ergeben. Die Gesetze der Kristallformen wurden zuerst von Romé de l'Isle (1772) aufgestellt, dann folgte Hauy (1784), das Gesetz der rationalen Indizes gab Weiss (1804) an, aber erst Hessel (1829) wies nach, daß es nicht mehr und nicht weniger als 32 Kristallklassen geben könne, je nach der kombinierten Existenz eines Symmetriezentrums, einer oder mehrerer Symmetrieachsen und einer oder mehrerer Symmetrieebenen; und nun dauerte es wieder bis 1891, ehe SCHÖNFLIES auf exakt-mathematischem Wege das System der sämtlichen Symmetriemöglichkeiten (vgl. S. 18) aufstellte (mehr als 200), wobei dann schließlich ebenfalls die Zahl 32 als diejenige Auswahl resultiert, die realisierbar ist. Auf die nebenhergehenden Strukturtheorien (atomistische Theorien) ist schon früher (S. 23) die Rede gekommen, es braucht das also hier nicht wiederholt zu werden. Wie sich nun die Elastizitätseigenschaften für die einzelnen Klassen gestalten, das hat zuerst VOIGT gründlich untersucht, dem man überhaupt im Verein mit seinen Schülern fast den gesamten theoretischen und experimentellen Aufbau der Kristallelastizität verdankt (1876ff.); für zahlreiche Kristalle sind so die Daten zahlenmäßig, in graphischer Darstellung und durch Gipsmodelle festgelegt worden. Als Beispiel diene Abb. 93; in ihr sind für Steinsalz die Werte von $1/E$ in den verschiedenen Richtungen (Würfel-, Oktaeder-, Granatoeder-Richtung) durch Vektoren dargestellt, und deren Endpunkte sind dann zur Oberfläche eines Gipskörpers vereinigt; wie man sieht, weicht diese Fläche von der Kugel (isotrope Körper) stark ab, sie nähert sich mehr einem Würfel, aber mit abgerundeten Ecken und ausgehöhlten Seitenflächen. Statt eines räumlichen Modells kann man natürlich auch die Hauptschnitte flächenhaft zur Darstellung bringen; in Abb. 94 ist das für Baryt geschehen, und zwar für die Dehnung einerseits, für die Drillung andrerseits.

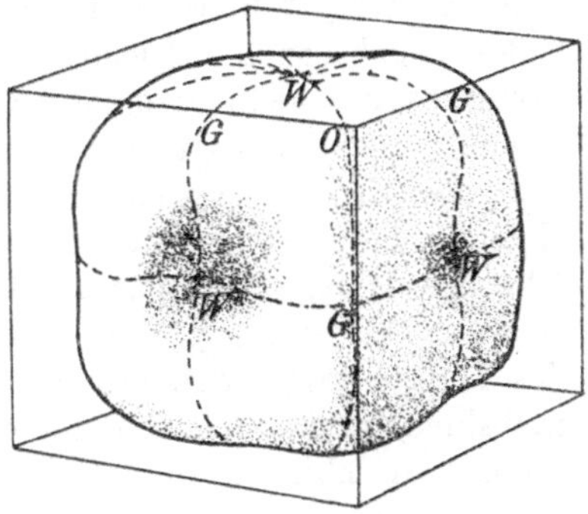

Abb. 93. Dehnungsfläche des Steinsalzes.

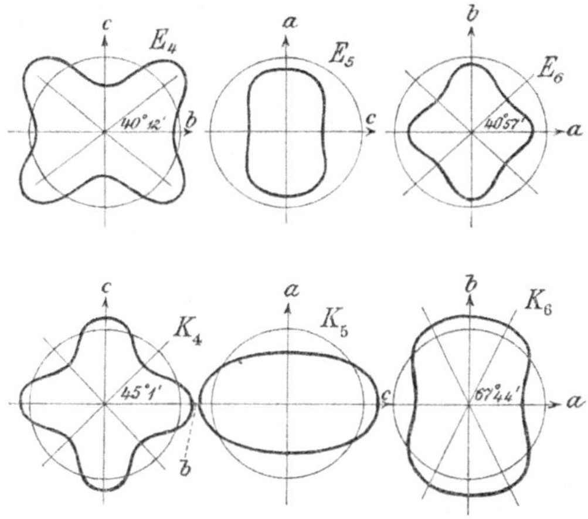

Abb. 94. Dehnung und Drillung des Baryts.

III. Flüssigkeiten und Gase.

12. Schwimmgleichgewicht. Aus der Hydro- und Aërostatik greifen wir das Kapitel des Gleichgewichts schwimmender Körper heraus. Mit dem Problem hat sich schon ARCHIMEDES im Altertum, dann STEVIN und

Huygens im 17. Jahrhundert befaßt; und es war seitdem allgemein bekannt, daß ein Körper, der spezifisch schwerer als das Medium ist, überhaupt nicht schwimmen kann, sondern zu Boden sinkt, daß ein gleich schwerer Körper in jeder Tiefe im Gleichgewicht ist (Unterseeboot, Luftballon), und daß ein leichterer Körper mit einem so großen Teil seines Volumens aus dem Medium emportaucht, daß das noch untertauchende Volumen sich zum ganzen wie das spezifische Gewicht des Körpers zu dem des Mediums verhält (Schiff, Floß). Insoweit ist also die Sache sehr einfach; indessen ist hiermit noch nichts ausgesagt über die Art des Gleichgewichts, ob es nämlich stabil oder labil ist. Diese Aufgabe wurde erst von Bouguer (1740) in Angriff genommen und durch die Einführung des Metazentrums (Schnittpunkt der Schwerlinie des Körpers mit der Auftriebslinie) gelöst, nämlich durch die Feststellung, daß das Gleichgewicht stabil oder labil ist, je nachdem der Schwerpunkt unter oder über dem Metazentrum liegt. Da aber ein Körper zwei horizontale Hauptschnitte hat, da er, anders gesagt, in der Längs- und in der Querrichtung kippen kann, und da sich bei jeder dieser Kippungen die Verhältnisse während ihres Wachsens ändern, genügt obige einfache Feststellung nicht, es muß vielmehr für jede von beiden eine ganze Kurve, die metazentrische Evolute, angegeben, und es müssen schließlich beide zu einer ganzen, räumlichen metazentrischen Fläche zusammengefügt werden. In besonders gründlicher und eleganter Weise ist dieses Problem von Duhem (1897 ff.) behandelt worden, und zwar auch für den Fall beweglichen Ballastes im Hohlraum des Körpers (Schiffes). Sehr viel verwickelter als in flüssigen Medien (Wasser) werden die Verhältnisse in gasförmigen (Luft), also in Anwendung auf Luftschiffe; und das ganz besonders dann, wenn vom statischen zum kinetischen Gleichgewicht, also zu dem des lenkbaren Luftschiffes oder gar des Flugzeugs übergegangen wird; hier müssen besondere Stabilitätsbedingungen erfüllt werden, etwa durch Anbringung von geeigneten Stabilisatoren und geeigneter Wahl der ganzen Formgebung; Fragen, mit denen sich besonders Prandtl, Kutta und viele andere theoretisch und experimentell befaßt haben (1910 ff.).

13. Gleichgewichtsfiguren gravitierender und rotierender Flüssigkeiten. Dieses Problem steht an der Grenze von Hydrostatik und Hydrodynamik; denn obgleich es sich um rotierende Bewegung handelt, kann es doch durch Hinzufügung des Zentrifugalgliedes in die Gleichungen zu einem statischen gemacht werden. Eine schwere Flüssigkeit in einem Gefäße folgt der Zentrifugalkraft in der Weise, daß sich ihre ursprünglich horizontale Oberfläche in ein Paraboloid mit dem Scheitel in der Mitte nach unten verwandelt, eine Erscheinung, die offenbar schon lange bekannt gewesen, schon in der vorklassischen Zeit behandelt und auch vielfach in der Praxis verwendet worden ist.

Gehen wir zu den in sich gravitierenden Flüssigkeitsmassen über, so ist im Ruhezustande die Gleichgewichtsfigur offenbar eine Kugel; aber infolge der Rotation wird daraus ein abgeplattetes Rotationsellipsoid:

MACLAURIN (1742) und CLAIRAULT (1743); letzterer hat auch schon die Anwendung auf die Erde gegeben, der dann später entsprechende Anwendungen auf die andern Planeten, mit meist sehr viel stärkerer Abplattung, gefolgt sind. Daß es auch ein dreiachsiges Ellipsoid geben kann, hat erst JACOBI (1834) gezeigt, nach dem es seitdem auch benannt wird; für kleine Drehgeschwindigkeit ist es ein um seine mittlere Querachse rotierender wurstartiger Körper, mit wachsender Drehgeschwindigkeit wird die horizontale Längsachse immer kleiner, die horizontale Querachse immer größer, und schließlich geht die Figur in die MACLAURINsche über. Sehr interessant war natürlich, im Hinblick auf die Ringe des Saturn, die Frage, ob auch ein Ring eine Gleichgewichtsfigur sein kann; MAXWELL hat gezeigt, daß das nicht der Fall ist, daß der Ring vielmehr dabei zerreißen muß; und neuere Beobachtungen mit stark auflösenden Fernrohren haben dann auch gezeigt, daß die Ringe des Saturn aus zahllosen Einzelkörpern bestehen. Dagegen hat MATTHIESSEN (1857) gefunden, daß es auch noch gewisse Hohl- und Vollzylinder gibt, die stabil sind. Unter allen diesen Figuren hat das JACOBIsche Ellipsoid das größte Aufsehen erregt, weil es eine Unsymmetrie darstellt, obgleich es sich doch um einen, an sich symmetrischen Vorgang, die Rotation um eine Achse handelt; aber es ist zu bedenken, daß die ganze Theorie nur den fertigen, stabilen Zustand behandelt, ohne Rücksicht auf die Genesis des Prozesses; man kann also für die Asymmetrie beliebige, einmal wirksam gewesene, zufällige Umstände ansehen. Und in der Tat ist das JACOBIsche Ellipsoid nicht der einzige Vertreter dieser Klasse geblieben; denn später hat POINCARÉ (1885 ff.) eine ganze Reihe von unsymmetrischen Figuren berechnet, von denen die einfachste birnförmig ist; SCHWARZSCHILD (1896 ff.) hat diese Untersuchung weitergeführt und vollkommener und eleganter dargestellt. Diese Körper bilden dann den Übergang zu einem ganz neuen, aber sich an das vorige anschließenden Problem: dem der Gleichgewichtsfiguren zweier gravitierender, und in großer Nähe rotierender Massen (DARWIN 1887, LOVE 1888 u. a.). Die typische, dabei sich einstellende Form ist die Eiform, und zwar mit den schmalen Hälften gegen einander gekehrt; bei zwei gleichen Massen natürlich auch gleiche Eier, bei ungleichen die größere mehr oder weniger ellipsoidisch, die kleinere um so stärker verzerrt; und bei einer gewissen Annäherungsgrenze fließen die beiden Körper zu einem hantelförmigen und schließlich birnförmigen Körper zusammen, womit der Anschluß an die POINCARÉschen Formen erreicht ist. Eine Masse, die weniger als $^1/_{30}$ der größeren beträgt, kann überhaupt nicht bestehen bleiben; und das regt wiederum zur Untersuchung der Planeten und ihrer Monde an, worauf aber hier nicht eingegangen werden kann. Schließlich sei bemerkt, daß man nun noch einen Schritt weiter gehen und die periodischen Formänderungen derartiger Gleichgewichtsfiguren studieren kann (DIRICHLET u. a.), was aber nicht mehr hierher gehört.

14. Wirbelbewegung. Die Aufgabe, die Bewegung eines Systems anzugeben, kommt darauf hinaus, die Geschwindigkeit an jedem Orte nach

Größe und Richtung, oder, was damit äquivalent ist, die Komponenten der Geschwindigkeit einzeln darzustellen. Diese Aufgabe wird nun wesentlich erleichtert, wenn diese Größen u, v, w die Eigenschaft haben, die Differentialquotienten einer und derselben Funktion φ nach x, y, z zu sein, wenn also, wie man sagt, ein Geschwindigkeitspotential existiert. Die Bedingung hierfür ist nun offenbar, daß die Gleichung $\partial v/\partial z - \partial w/\partial y = 0$ und die beiden entsprechenden gelten, daß also ein Flüssigkeitselement keine Drehung in irgendeiner der drei Richtungen erfährt. Man nennt solche Bewegungen Potentialbewegungen oder wirbelfreie Bewegungen, die andern aber, bei denen jene Drehungskomponenten von null verschieden, also gleich ξ, η, ζ sind, Wirbelbewegungen. Der erste, der sich mit ihnen (abgesehen von gelegentlichen Betrachtungen in der Zeit der klassischen Mechanik) befaßte, war CAUCHY (1827), der bereits den Satz fand: ein Teilchen, das einmal nicht rotiert, rotiert niemals (wohlverstanden, bei Systemen ohne innere Reibung); dann sind SVANBERG (1839) und STOKES (1845) zu nennen. Aber erst HELMHOLTZ (1858) gelang es, das Problem in rechnerisch und anschaulich höchst befriedigender Weise zu lösen. Die wichtigsten Sätze, außer dem schon genannten, sind folgende: 1. Zwei Teilchen, die einmal auf einer und derselben Wirbelachse liegen, tun das immer; indem man dies fortsetzt, erhält man den Begriff der Wirbellinie oder, um das Gebilde physikalischer auszugestalten, indem man von einem kleinen Ring von Teilchen ausgeht, den Begriff des Wirbelfadens. 2. Ein Wirbelfaden hat überall dasselbe Produkt aus Querschnitt und Wirbelgeschwindigkeit, also, wie man sagt, dieselbe Wirbelstärke. 3. Somit kann ein Wirbelfaden nur entweder in der Oberfläche der Flüssigkeit aufhören oder er läuft in sich zurück und ist ein Wirbelring. 4. Kein Wirbelring kann einen andern durchschneiden; sind also zwei Wirbelringe miteinander verkettet, so bleiben sie es immer.

Auf dem Boden der HELMHOLTZschen Grundlegung hat sich dann die Theorie äußerst kräftig weiter entwickelt, sowohl in allgemeiner Hinsicht wie in Anwendung auf spezielle Fälle; es sind hier u. a. LAMB, ROWLAND, FABRI und GRÖBLI zu nennen. Von den Spezialfällen sind die beiden typischen die der geradlinigen, miteinander parallelen Wirbelfäden und die der kreisförmigen Wirbelringe. Ein einzelner Wirbelfaden in der Flüssigkeit bleibt mit seiner Achse am Orte, es findet lediglich Wirbelung und, in der Umgebung, Rotation (Zirkulation) statt. Zwei parallele Wirbelfäden dagegen drehen sich um ihren Wirbelschwerpunkt, der bei gleichem Wirbelsinne zwischen ihnen, bei entgegengesetztem jenseits des stärkeren Fadens liegt; bei zwei gleich starken, entgegengesetzt wirbelnden Fäden liegt er also im unendlichen, d. h. die beiden Fäden schreiten senkrecht zu ihrer Ebene fort. Bei Wirbelringen findet dieses Fortschreiten schon statt, wenn nur ein einziger vorhanden ist; bei zwei aufeinander folgenden Ringen schreitet der nachfolgende schneller fort, dabei verengert er sich, während der vordere sich erweitert, jener schlüpft durch diesen hindurch, und dann wiederholt sich das Spiel umgekehrt von neuem. Zwei aufeinander zulaufende Ringe (oder ein auf eine feste Wand zulaufender) erweitern sich und zerfließen in die Medianebene (bzw. in die Wandfläche). Die wichtigste Anwendung ist die auf die Wirbelzylinder in der Atmosphäre, die Zyklonen, die über die Erde hinschreiten und in der Hauptsache das Wetter bedingen; eine interessante Theorie hierfür hat W. Wien (1896) ausgearbeitet; allerdings modifiziert sich in Gasen die Erscheinung wegen der Kompressibilität.

Experimente über Wirbel in Flüssigkeiten und Gasen haben zuerst Vettin (1857), Reusch (1860), Oberbeck (1877) und Tait (1877) angestellt; von letzterem rührt auch der allgemein übliche Demonstrationsapparat her, mit dem man die obigen Erscheinungen an Rauchringen gut beobachten kann. Sehr geeignet zur Erzeugung von Wirbelringen sind auch auspuffender Dampf, fallende Tropfen, platzende mit Rauch gefüllte Seifenblasen usw.

Auch bei festen Körpern ist eine entsprechende Unterscheidung zu machen; hier spielt indessen der statische Fall, d. h. der Gegensatz zwischen Potential- und Wirbeldeformationen die größere Rolle.

Mit der Wirbelbewegung in Flüssigkeiten hängt auch, wenn auch zunächst nur locker, eine andere Erscheinung zusammen, auf die schon von Boussinesq (1868) aufmerksam gemacht, die aber erst von Reynolds (1883) klar erkannt und durch schöne Gesetze festgelegt wurde, und die dann, besonders im Laufe des 20. Jahrhunderts sehr rege bearbeitet worden ist: die Erscheinung, daß die Strömung einer Flüssigkeit bis zu einer gewissen kritischen Geschwindigkeit einen bestimmten, sogenannten lamellaren Charakter hat, weil sich hier aufeinander folgende Lamellen der Flüssigkeit festhalten und verfolgen lassen; daß sie dagegen oberhalb dieses kritischen Punktes von ganz anderm Charakter, nämlich »turbulent« wird, wobei sich die Lamellen auflösen, Wirbelbildung eintritt usw. Trotz großen Scharfsinns zahlreicher Bearbeiter ist aber das Problem immer noch nicht befriedigend gelöst worden.

15. Luftschiffahrt. Dieses Thema kann hier nur in seinen großen Zügen skizziert werden. Die erste, aber nicht sichere Nachricht über einen Luftballon betrifft den Portugiesen Guzmao (1709); und erst 1782 wurde die Erfindung mit Erfolg gemacht, und zwar in der Form des Erhitzungsluftballons (Gebrüder Montgolfier); im Jahre darauf folgte dann der Wasserstoffballon von Charles, die erste größere Luftfahrt (Pilâtre de Rozier) und die Erfindung eines brauchbaren Fallschirms (Lenormand); statt des Wasserstoffs ist dann später vielfach das freilich sehr viel weniger leistungsfähige Leuchtgas benutzt worden. Die erste wissenschaftliche Luftfahrt, bei der bereits sehr interessante Beobachtungen angestellt wurden, unternahmen Biot und Gaylussac im Jahre 1804; erst 1860 knüpfte daran der Engländer Glaisher an, und zwar mit Fahrten bis zu großen Höhen; Assmann und Berson haben dann (1900 ff.) System in die wissenschaftlichen Luftfahrten gebracht und selbst sehr reiche und wertvolle Beiträge geliefert. Inzwischen war die Theorie und Praxis des Freiballons ausgearbeitet worden und steht seitdem in ihren Hauptzügen und mit allen Einzelheiten (Volumen, Steigkraft, Füllansatz, Ballast, Reißleine usw.) fest. Zu dem Freiballon kamen dann der Fesselballon und der unbemannte Ballon, sei es in der Form des Pilotballons zur Feststellung der Richtung und Stärke des Windes in verschiedenen Höhen, sei es des Registrierballons, nach dessen Niedergang man die in ihm untergebrachten Registrierapparate ablesen und daraus die mannigfachsten Schlüsse ziehen kann.

Das zweite, hierher gehörige Problem ist das des Lenkballons oder, wie man im Gegensatz zum statischen Ballon auch sagen kann, des dynamischen Ballons. Die Versuche, ein brauchbares Lenkluftschiff zu konstruieren, setzen kurz vor Abschluß des 19. Jahrhunderts ein, haben aber erst nach etwa zehnjährigen Bemühungen zu Erfolgen geführt; auf Angabe von Namen und Daten muß hier verzichtet werden; ausgewählt seien nur die Deutschen Graf ZEPPELIN, PARSEVAL, SIEMENS-SCHUCKERT und SCHÜTTE-LANZ. Man unterscheidet dabei zwischen unstarren, halbstarren und starren Luftschiffen, besser zwischen Prall- und Gerüstschiffen; eine wirkliche Bedeutung haben aber nur die letzteren, die also den Wasserschiffen ganz analog gebaut sind, erlangt. Ihre wichtigsten Teile sind, außer dem eigentlichen Körper mit Spanten, Schotten und Füllung, sowie den Gondeln, die Ballonetts zum Druckausgleich, Laufgewichte, Stabilisatoren, Höhen- und Seitensteuer; die günstigste Form ist ganz entsprechend der von andern, ein Medium mit Widerstand durchschneidenden Körpern (Schnelllokomotive, Schiff, Geschoß usw., s. o. S. 200). Selbst im Weltkriege haben übrigens diese Riesenluftschiffe mit ihrer Schwerfälligkeit und Selbstgefährdung keine entscheidende Rolle gespielt.

Alles bisherige bezieht sich auf Körper, die leichter als Luft sind; wir kommen jetzt zu den Apparaten, die schwerer als Luft sind, also zu den Flugzeugen. Eine statische, dem Freiballon entsprechende Lösung ist hier natürlich ausgeschlossen, es muß eine Kraft benutzt oder angewandt werden, um den Apparat in der Luft zu erhalten, und diese Kraft wird man dann so richten, daß sie zugleich eine Vorwärtsbewegung und Lenkung erlaubt. Dabei ist man naturgemäß von den in der Natur vorkommenden Fliegern, insbesondere von den Vögeln und Insekten, ausgegangen; und HELMHOLTZ (1873) hat das Ähnlichkeitsprinzip auf die Leistungsfähigkeit gleichgestalteter, aber verschieden großer Systeme angewandt; wenn er dabei zu dem Schluß gekommen ist, daß die Übertragung von Vogel auf Mensch unmögliche Verhältnisse liefert, so ist daran, wie später bemerkt worden ist, ein Rechenfehler schuld; immerhin bleibt bestehen, daß mit Steigerung der Dimensionen die Lösung immer schwieriger wird. Andrerseits hat man sich auch durch Studien über den altbekannten Drachen Anhaltspunkte verschafft, und gegenwärtig übersieht man die Problemstellung im ganzen sehr deutlich. Hiernach ist zu unterscheiden zwischen passivem und aktivem Flug. Zu ersterem gehört der Gleitflug, ohne Motor, in sanft absteigender Bahn, also zeitlich begrenzt; der Schwebeflug in gleichbleibender Höhe unter Benutzung aufsteigender Luftströmungen und andrer Momente, der Segelflug mit Hilfe des Windes und das noch nicht ganz aufgeklärte Kreisen; eine größere selbständige Bedeutung kommt diesem passiven Flug trotz auch neuerdings wieder eifrig betriebenen Versuchen (z. B. in der Rhön) nicht zu. Von den aktiven Flugarten haben sich die meisten, der dem Vogel abgelauschte Schwingenflug, der dem Wassersport entnommene Ruderflug und der Schaufelradflug als für atmosphärische Verhältnisse unmöglich oder doch unvorteilhaft erwiesen. Es bleibt also nur der Schraubenflug übrig, der sich, in Nachbildung des Schraubendampfers, aber in selbständiger Ausgestaltung immer rationeller entwickelt hat und zurzeit wohl auf einem Ruhepunkt angelangt ist. Den Motortyp verdankt dabei die Luftfahrt der kurz vorher ausgebildeten Automobiltechnik, bei der sich der Explosionsmotor als der brauchbarste erwies; nur muß hier natürlich in ganz besonderem Maße die Fähigkeit dieses Motors ausgenutzt werden, bei geringem Gewicht viel zu leisten (zeitweilig ist man darin sogar, auf Kosten der Sicherheit, zu weit gegangen). In der Bauart unterscheiden sich die zahlreichen Typen von Flugzeugen, von denen übrigens nur wenige als existenzfähig im Gebrauch geblieben sind, durch Anzahl, Lage und Form der Tragflächen und Steuervorrichtungen (Eindecker, Doppeldecker, Brückendecker usw.), sowie in vielen andern Einzelheiten. Über die hierher gehörigen theoretischen Fragen ist schon oben (S. 214) eine kurze Bemerkung gemacht worden. Auch hier ist es schwer, Namen und Daten anzugeben, da sich die ganze Technik nach und nach in den letzten dreißig Jahren entwickelt hat; hervorgehoben sei vor allem der Pionier der ganzen Technik, LILIENTHAL (1890), der auf einem seiner Gleitflüge verunglückte, der Maler BOECKLIN, den ein Zufall vor dem gleichen Schicksal bewahrte, und, als erfolgreicher, die Brüder WRIGHT, VOISIN, BLÉRIOT, RUMPLER, FARMAN und FOKKER.

16. Kapillarität. Dieses große und mannigfaltige Erscheinungsgebiet hat seinen Namen von einer ganz speziellen Erscheinung erhalten, vom Aufsteigen mancher Flüssigkeiten in engen Röhren (Haarröhrchen). Wenn man von dem Araber AL KAZINI (1130) und von LIONARDO DA VINCI (1500), die eine gewisse Ahnung gehabt zu haben scheinen, absieht, sind FABRI (1661) und BORELLI (1668) die ersten, die hierüber wissenschaftliche Untersuchungen angestellt haben; der letztere zeigte bereits, daß das Aufsteigen nichts mit dem Luftdruck zu tun hat. Einen Ansatz zu einer theoretischen Vorstellung (Anziehung durch die Wand) machte HAWKSBEE (1710), die Wechselwirkung der Teilchen führte aber erst CLAIRAUT (1743) als Ursache ein. Die erste Theorie der Kapillarenerscheinungen in erweitertem Sinne des Wortes verdankt man LAPLACE (1805); die Kohäsionskraft, auf welche die Erscheinungen zurückgeführt werden, wird als eine mit der Entfernung rasch (viel rascher als die Gravitation) abnehmende Kraft angesetzt, so daß man von einer, in Wahrheit sehr kleinen, Wirkungssphäre der Kapillarkräfte sprechen kann; alles beobachtbare spielt sich dabei in der Oberfläche und der ihr anliegenden Grenzschicht (Flüssigkeitshaut) ab. Die Theorie wurde dann von GAUSS (1828) auf breitere Grundlage gestellt, nämlich durch die

Forderung des Minimums der potentiellen Energie für den Gleichgewichtszustand. Die sich dabei einstellende charakteristische Konstante ist die Kapillarkonstante oder Oberflächenspannung (der Ausdruck für das Bestreben nach möglichster Kleinhaltung der Oberfläche); sie wird bestimmt durch die Gleichung $P = \alpha\ (1/r_1 + 1/r_2)$, wo die r die beiden Krümmungsradien sind (für Rotationsflächen also einfacher $P = 2\alpha/r$), während P der Druck ist. Thermodynamische Theorien haben Gibbs (1878) und van der Waals (1894) aufgestellt; die neueste Theorie endlich ist die von Bakker (1899), sie beruht auf der Vorstellung eines stetigen Überganges von der Flüssigkeit zu dem angrenzenden Dampf und erlaubt mit gutem Erfolg die maßgebenden Größen zu berechnen.

Was nun die experimentelle Seite der Frage angeht, so ist die Mannigfaltigkeit der Erscheinungen so groß, daß hier eine kurze Übersicht genügen muß. 1. Das Ansteigen (Wasser) bzw. Hinabsinken (Quecksilber) des Niveaus in engen Röhren, umgekehrt proportional mit dem Radius (für genauere Zwecke mit einer Korrektion wegen des Meniskus); bei Wasser überwiegt die Adhäsion am Glase, bei Quecksilber die innere Kohäsion. — 2. Randwinkel an der Grenze mit fester Wand; nur bei nichtbenetzenden Flüssigkeiten von 0 Grad abweichend; besonders eingehend untersucht von Quincke (1868 ff.), Volkmann (1879), Lohnstein (1891) u. a. — 3. Die kapil-

Abb 95. Stehende Tropfen.

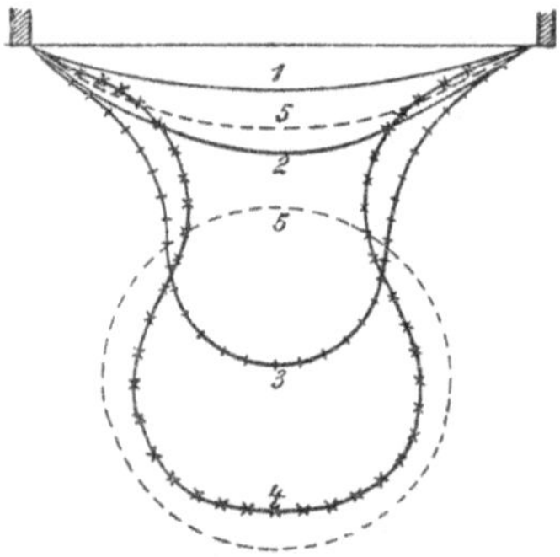

Abb. 96. Hängende Tropfen.

laren Gleichgewichtsformen kleiner Flüssigkeitsmassen, also eine Erscheinung im kleinen, entsprechend der oben (S. 214 f.) im großen auf Grund der Gravitationskräfte behandelten, aber in der Ausgestaltung sehr verschieden, so daß man mit Analogieschlüssen sehr vorsichtig sein muß. Im Ruhezustande bildet ein freischwebender Tropfen (Öl in Wasser-Alkohol-Gemisch, Plateau 1843) eine Kugel, bei der Rotation um seine Achse plattet er sich mehr und mehr ab und schleudert entweder Kugeln oder einen Ring ab, welcher letztere aber wieder sehr bald zu Kugeln zerreißt (s. o. S. 215). — 4. Stehende Tropfen (Quecksilber auf Glas), bei sehr kleiner Masse kugelförmig, bei größerer mehr und mehr abgeplattet, mit bestimmter Grenze für die Höhenausbildung (Abb. 95); Dimensionen und Gestalt exakt zu berechnen und daraus umgekehrt die Kapillarkonstante; ganz entsprechend Gasblasen in Flüssigkeit an der Unterseite der Platte. — 5. An ein Skelett angelehnte Flüssigkeitsmassen, z. B. zwischen zwei Drahtringen usw. (Katenoid, Nodoid, Unduloid). — 6. Hängende Tropfen $(1/r_1) + (1/r_2) = c$, wo r_1 und r_2 die Krümmungsradien im Horizontal-

und Vertikalschnitt sind); mit zunehmendem Druck der Reihe nach die Formen der Abb. 96 annehmend, bis Zerreißung (Phase 5) erfolgt. — 7. Flüssigkeitslamellen; am einfachsten die Seifenblasen, im freien Zustande kugelförmig, mit einfacher Beziehung zwischen Radius, Außen- und Innendruck und Kapillarkonstante; bei kritischem Überdruck zerplatzend. In Anlehnung an Skeletteile ergeben sich die PLATEAUschen Figuren, bei freier Aneinanderschließung zahlreicher Blasen die Blasengerüste (Bierflasche nach teilweisem Ausgusse).

Alle diese Erscheinungen sind statischen Charakters; ihnen stehen die kapillaren Bewegungserscheinungen gegenüber. — 8. Bewegung in konischen Röhren. — 9. Fallende Tropfen. — 10. Kapillarwellen (Kräuselwellen); sie stehen in Gegensatz zu den längeren Schwerewellen, können sich aber mit ihnen zu einer Gesamterscheinung kombinieren, und es ist alsdann die Fortpflanzungsgeschwindigkeit

$$v = \sqrt{\frac{g\lambda}{2\pi} + \frac{2\pi\alpha}{\varrho\lambda}}$$

(g die Schwere, λ die Wellenlänge, ϱ die Dichte und α die Oberflächenspannung); für ein bestimmtes λ wird v ein Minimum (MATTHIESSEN 1868); später von LOHNSTEIN zu Messungen benutzt. — 11. Anziehung und Abstoßung schwimmender Körper (Nähnadeln auf Quecksilber oder ein wenig zäh gemachtem Wasser). — 12. Anziehung und Abstoßung in Flüssigkeit schwingender oder pulsierender Kugeln oder andrer Körper (Versuche von BJERKNES 1863, sehr geeignet zu zahlreichen Demonstrationen); übrigens gehört dieses Phänomen mehr in die Hydrodynamik als hierher.

IV. Schall.

17. Tonhöhe und Tonleiter. Die Tonhöhe h hängt von der Schwingungszahl n ab, und zwar in der Weise, daß gleichen Schwingungszahlverhältnissen gleiche Differenzen der Tonhöhe entsprechen; man muß also eine logarithmische Funktion bilden: $h = a \log n + b$. Die beiden hier auftretenden willkürlichen Konstanten bestimmen sich dadurch, daß für $n = 16$ (geringste Frequenz, die schon einen hörbaren Ton erzeugt) $h = 0$ sein soll, sowie dadurch, daß, wenn sich n verdoppelt (Oktave), h um die Einheit wachsen soll; man erhält alsdann:

$$h = \frac{\log n - \log 16}{\log 2} = \frac{\log n}{\log 2} - 4,$$

oder in gemeinen Logarithmen $h = 3{,}33 \log n - 4$; jeder Ton ist jetzt durch seine Ganzen (Nummer der Oktave, in der er liegt) und seine Bruchstellen (Lage innerhalb der Oktave) charakterisiert. Der höchste noch hörbare Ton (im Mittel rund 16000 Schwingungen) ist dann durch die Zahl 10 gekennzeichnet, d. h. das Ohr umspannt zehn Oktaven; höhere Töne werden nur unter besonders günstigen Umständen noch wahrgenommen.

Um nun das Intervall einer Oktave weiter zu gliedern, kann man drei Wege einschlagen: a) die Quintenmethode, bei der man vom Grundton der Oktave zu seiner Quinte ($n : n' = 2 : 3$) übergeht, von dieser zur nächsten Quinte usw., wobei man, wenn der betreffende Ton aus der betrachteten Oktave herausfällt, so oft mit 2 dividiert, bis er hineinfällt; das Ergebnis ist die Pythagoräische Skala (— 550), die sehr lange in Geltung geblieben ist; ihre einfachste, diatonische Form, mit sieben Tönen in der Oktave, lautet:

c	*d*	*e*	*f*	*g*	*a*	*h*	*c'*
1	9/8	81/64	4/3	3/2	27/16	243/128	2.

b) Die Methode der einfachsten Zahlenverhältnisse, die zur »reinen Skala« führt (im Laufe des Mittelalters in Geltung gekommen):

c	*d*	*e*	*f*	*g*	*a*	*h*	*c'*
1	9/8	5/4	4/3	3/2	5/3	15/8	2

9/8 10/9 16/15 9/8 10/9 9/8 16/15;

sie unterscheidet sich von der pythagoräischen in drei Tönen (Terz, Sext, Septime), und zwar alle dreimal im Verhältnis von 80 : 81 (pythagoräisches Komma). Sie enthält, wie man sieht, nur drei verschiedene Stufen: große Ganztöne, kleine Ganztöne, Halbtöne; aber eben deshalb macht sie das Übergehen aus einer Tonart in eine andere bei Instrumenten mit festen Tönen (Flügel) unmöglich; denn schon die *d*-Leiter fängt nicht mit dem großen, sondern mit dem kleinen Ganzton an usw. Bei der chromatischen Gliederung wird das noch augenfälliger, hier hat man schon vier verschiedene Intervalle, also mehr statt weniger; und die Transposition ist nicht verbessert. Deshalb stellte sich das Bedürfnis nach einer geeigneteren, nämlich für alle Ausgangspunkte gleichen Tonleiter heraus, und das ist c) die temperierte chromatische Tonleiter, bestehend aus zwölf Halbtönen von sämtlich gleichen Stufen, also einfach gebildet nach dem Schema

$$\sqrt[12]{2},\ \left(\sqrt[12]{2}\right)^2,\ \left(\sqrt[12]{2}\right)^3 \ldots \left(\sqrt[12]{2}\right)^{11};$$

der Halbton entspricht hier dem Verhältnis 1,0594, der Ganzton 1,1225, letzterer liegt also zwischen dem kleinen und großen Ganzton (1,111 bzw. 1,125). Dieses System ist nun zwar sehr einfach und praktisch, aber natürlich ganz barbarisch, indem es die reinen Verhältnisse durch mehr oder weniger unreine ersetzt und die Mannigfaltigkeiten in eine Gleichförmigkeit überführt; nur die Gewohnheit hat uns dieses System nach und nach erträglich gemacht. Es gibt nun aber auch noch den entgegengesetzten Weg, nämlich d) die weiter durchgeführte reine Skala; nur muß man hier eine reichere Gliederung vornehmen. Helmholtz (1867) ließ sich ein Harmonium mit 24 Tönen in der Oktave bauen, dann kamen 36 stufige, das von Bosanquet (1875) enthält 53 und das von Eitz sogar 104 Stufen; ganz neuerdings hat dann Öttingen die

Vorzüge der beiden letztgenannten Instrumente in einem einzigen zu vereinigen gesucht. Diese Instrumente sind musikalisch natürlich kaum brauchbar, aber für wissenschaftliche Untersuchungen unschätzbar.

Im einzelnen ergeben sich nun freilich bei der Gliederung der Oktave große Schwierigkeiten, und es scheint, daß eine eindeutige Lösung nicht möglich ist; wenigstens hat die Diskussion hierüber, an der sich u. a. STUMPF, AUERBACH, WESENDONCK, SCHMIDT, WÄTZMANN, WÜRSCHMIDT und WALLOT beteiligt haben, noch nicht zum Ziele geführt (1915—1920).

Die Methode der Tonhöhenmessung ist zu mannigfaltig, als daß sie in Kürze wiedergegeben werden könnte. Dagegen sei noch kurz auf den, für Tonuntersuchungen sehr verwendbaren Tonvariator von STERN (1902) und den mit einer Reihe solcher Instrumente, im übrigen aber mit Zungen usw. ausgestatteten Universaltonapparat von EBBINGHAUS u. a. hingewiesen.

18. Tonstärke. Hier ist vor allen Dingen zu unterscheiden zwischen objektiver und subjektiver Tonstärke; jene bezieht sich auf den physikalischen Vorgang, den Tonreiz, diese auf die physiologische Tonempfindung. Beim objektiven Ton kommt es wiederum darauf an, ob es sich um einen momentanen Vorgang, wie beim Knall oder ganz kurzen Tönen, handelt, oder um eine Erscheinung von längerer Dauer; in jedem Falle ist für die Intensität maßgebend die Bewegungsgröße $b = mg$, wo m die Masse und g die Geschwindigkeit ist; in diesem die kinetische Energie $k = {}^1/_2\, mg^2$. Sieht man von dem Massenfaktor ab, so kommt es also darauf an, die Intensität J als Funktion der Geschwindigkeit g festzustellen; und dafür sind zahlreiche Methoden ausgearbeitet worden, alle freilich mit gewissen Mängeln behaftet und gewissen Bedenken unterliegend, die auch heute noch nicht völlig beseitigt sind. Die Fallmethode (SCHAFHÄUTL 1855, OBERBECK 1881, STARKE 1886, STEFANINI 1887) variiert die Fallgrößen (Masse und Fallhöhe) derart, daß in zwei Vergleichsfällen gleiche Stärke herauskommt. Die mikrophonische Methode wurde von OBERBECK und STERN (1891) benutzt. In sehr verschiedenen Formen ist die Druckmethode ausgearbeitet worden, die auf einer Theorie von Lord RAYLEIGH (1882) beruht (Maß der Schallstärke durch die maximale Druckänderung); hier sind namentlich die Methoden von M. WIEN (1889), DVOŘAK (1882 bis 1907) und ALTBERG (1903) zu nennen. Auch die Einstellungsmethode geht auf Lord RAYLEIGH insofern zurück, als er die Beobachtung machte, daß ein leichtes, um eine vertikale Achse drehbares Scheibchen sich bei der Einwirkung von Luftschwingungen in einem mit ihrer Intensität proportionalen Maße in die Querrichtung einzustellen strebt; die Ausarbeitung der Theorie verdankt man KÖNIG (1891), die Anwendung auf Messung der Tonstärke GRIMSEHL (Phonometer, 1880) und ZERNOV (1906ff.). Das allgemeine Ergebnis ist das, daß die Schallstärke durch keine der beiden obigen Formeln, sondern durch eine zwischen ihnen die Mitte haltenden

$$J = \varkappa g^{1+\varepsilon}$$

dargestellt wird, wo sowohl $\varkappa$ zwischen 1 und $^1/_2$ als auch ε zwischen

1 und 2 liegt, und zwar an einer Stelle, die von der mehr momentanen oder mehr dauernden Natur des Reizes abhängt.

Was dann die Tonempfindung E betrifft, so wird sie theoretisch mit der Reizstärke R durch das psychophysische Grundgesetz verknüpft, und zwar entweder in der Differentialform von WEBER (1831): $dE = c\,(dR/R)$ oder in der Integralform von FECHNER (1860) $E = c \cdot \log(R/R_0)$, wo R_0 die Integrationskonstante ist; in der Hauptsache ist also die Empfindung der Logarithmus des Reizes, sie fängt also überhaupt erst bei einem gewissen Schwellenwerte des Reizes an und steigt dann sehr viel langsamer als der Reiz, d. h. die Kontraste werden stark gemildert. Eine nähere Bearbeitung des Themas ergibt nun freilich viele Abweichungen hiervon und andre Schwierigkeiten; insbesondere ist die Frage nach der Empfindlichkeit des menschlichen Ohres für verschiedene Tonhöhen trotz der ausgezeichneten Arbeiten M. WIEN's (1889 bis 1904) noch nicht endgültig und restlos entschieden; das Maximum scheint bei etwa 1000 Schwingungen in der Sekunde zu liegen. Was endlich die minimale, noch hörbare Schallenergie betrifft, so ist dieselbe nach WIEN u. a. außerordentlich gering, sie beläuft sich auf kleine Bruchteile eines erg (das doch schon an sich eine sehr kleine Energieeinheit ist).

19. Feste Tonkörper. Von den drei Aggregatzuständen eignen sich nur zwei, der feste und der gasige, zu Tonschwingungen; und auf jedem der beiden Gebiete erhält man wiederum eine Mannigfaltigkeit von Tonkörpern je nach der Anzahl der wesentlich ausgebildeten Dimensionen. Während es aber in dieser Hinsicht bei Luftkörpern in der Hauptsache nur zwei Typen gibt, die zylindrischen (geradlinigen oder gebogenen) und die kubischen Pfeifen, kommt man bei den festen Tonkörpern auf eine größere Zahl von Typen: erstens, weil hier die geradlinige (ebene) oder gekrümmte Form von entscheidender Bedeutung ist, und zweitens, weil man zu unterscheiden hat zwischen Tonkörpern aus nachgibigem und solchen aus steifem Material; und so erhält man drei wesentlich lineare Typen: Saiten, Stäbe, Gabeln, und ganz entsprechend drei flächenhafte: Membranen, Platten, Glocken.

Die Töne von Saiten sind schon frühzeitig vielfach untersucht worden; namentlich kommen hier MERSENNE (1636) und SAUVEUR (1700, Partialtöne, Reiterchen, Schwebungen) in Betracht. Von dem Hauptproblem, das alsdann in der zweiten Hälfte des 18. Jahrhunderts und zu Anfang des 19. in Angriff genommen und glänzend gelöst wurde, nämlich von den verschiedenen Schwingungsformen einer Saite, ihrer Superposition und dem hiermit zusammenhängenden Klange ihrer Töne je nach der Erregungsart, ist schon im allgemeinen Teile im Zusammenhange mit dem Fourier-Problem (S. 46) die Rede gewesen. Ihren Abschluß fand diese Theorie durch die Arbeiten von STOKES (1849, Gesetz der Stärke der Partialtöne) und HELMHOLTZ (1860), dessen Schüler (s. o.) dann die experimentelle Durchführung übernahmen (KRIGAR-MENZEL und RAPS 1891, gestrichene und gezupfte Saiten, KAUFMANN 1895, geschlagene Saiten und KLINKERT 1898, elektromagnetisch erregte Saiten). Es bleibt also hier nur noch übrig, aus der reichen Fülle von besonderen Untersuchungen einiges hervorzuheben: den Einfluß der Steifigkeit (SAVART 1842, BRAUN 1872); die erzwungenen Fadenschwingungen (DUHAMEL 1843, MELDE 1859, OOSTING 1889); die durch eine Funkenstrecke erregten und erleuchteten Saitenschwingungen (VIOL 1901), den Einfluß des Stegs usw. (BARTON 1905) und die Monographie über Geigen- und Cellotöne (E. HERRMANN 1908).

Während bei den Saitentönen die Grundgleichung und damit auch das Grundgesetz sehr einfach ist, und die Schwierigkeiten mehr in den Bedingungen und Einzelheiten liegen, ist das bei den Stäben nur noch in dem einen der beiden hier möglichen Fälle erfüllt: bei den Längsschwingungen; hier seien die Arbeiten von KUNDT (1865), der dann darauf seine Methode zur Messung der Schallgeschwindigkeit (S. 71) gründete, sowie die neueren von DAVIS (1906, Longitudinaltöne einer geriebenen oder gestrichenen Saite) hervorgehoben. Für die Transversaltöne ist dagegen die Grundgleichung und dem entsprechend auch die Lösung sehr verwickelt (BERNOULLI 1751, EULER 1779, POISSON 1829). Namentlich sind hier die Obertöne nicht wie dort zum Grundtone harmonisch (weshalb diese Töne auch keine musikalische Bedeutung haben). Die eingehendste experimentelle Untersuchung haben die Töne und Knotenpunkte von Stäben durch STREHLKE (1833), SAVART (1837) und LIPPICH (1865) gefunden; auch sei auf das Kaleidophon von WHEATSTONE (1827) und das Universalkaleidophon von MELDE (1862) hingewiesen. Noch schwieriger ist die Behandlung dann, wenn der Querschnitt des Stabes als veränderlich angenommen wird (Lord RAYLEIGH 1876, KIRCHHOFF 1879). Den Stäben nahe stehn die Zungen, über die aus neuerer Zeit eine eingehende Arbeit von HARTMANN-KEMPFF (1903 ff.) vorliegt, in der nicht bloß die Tonhöhe, sondern auch die Dämpfung und die Resonanz behandelt wird. Übrigens gibt es dann noch einen dritten Schwingungstyp, die Torsionstöne eines Stabes, über die schon CHLADNI (1799), dann DE ST. VENANT (1856, theoretisch) und in neuster Zeit F. A. SCHULTZE (1804, experimentell) Untersuchungen angestellt haben.

Gehen wir jetzt von einem Stabe mit gerader zu einem solchen mit gekrümmter Achse über, so kommen wir zu einer Klasse von Körpern, deren wichtigster Vertreter die Stimmgabel ist; sie ist 1711 von SHORE erfunden worden und seitdem zwar ein wichtiges Hilfsmittel der Physik und der Musik, aber kein musikalisches Instrument, und zwar beides aus demselben Grunde, weil nämlich ihre Töne fast ganz obertonfrei sind und sich deshalb sehr gut zu wissenschaftlichen Tonuntersuchungen sowie zum Einstimmen von Instrumenten eignen, aber, weil ohne charakteristische Klangfarbe, musikalisch reizlos sind. Man hat Stimmgabeln von den allergrößten bis zu den winzigsten gebaut, auch solche, die mit Flüssigkeit gefüllt werden können (R. KÖNIG 1876); am wichtigsten ist aber die elektromagnetisch erregte (statt mit dem Hammer geschlagene oder mit dem Bogen gestrichene) Stimmgabel (HELMHOLTZ 1871), mit der sich viel eingehender und regelmäßiger arbeiten läßt. Eine irgendwie strenge Theorie der Gabeltöne aufzustellen, ist trotz vielfacher Bemühungen (BRESSE 1859, Lord RAYLEIGH 1868 ff.

LAMB 1888, MICHELL 1890, LOVE 1893 u. a.) bisher nicht gelungen. Man muß sich mit einer angenäherten Betrachtung der Wirkung einer allmählichen Zusammenbiegung eines geraden Stabes begnügen, wobei die Knoten in die Umbiegungsstellen hineinrücken (Abb. 97). Die Beobachtungen, die in großer Zahl vorliegen, betreffen zunächst die Abhängigkeit der Frequenz von Dicke und Länge der Zinken (MERCADIER 1873 ff.): $f = c \cdot d\,(l + \lambda)^2$, wo c und λ Konstanten sind; dann die Abhängigheit der Tonhöhe von der Temperatur (KAYSER 1879, KÖNIG 1880, PIERPAOLI 1888, WOODRUFF 1903) und vom Magnetismus (PIERPAOLI 1888, KIRSTEIN 1903); dann die Schwingungsformen, über die man früher vielfach irrige Vorstellungen hatte, und die erst von QUIX (1904) und STRUYCKEN (1907) richtig gestellt und im einzelnen untersucht worden sind. Ferner die Frage (die mit der vorigen natürlich eng zusammenhängt), was für Obertöne eine Stimmgabel hat oder, näher bezeichnet, ob sie außer ihren unharmonischen, sehr hohen Obertönen, die den gedachten Schwingungsformen entsprechen, auch noch harmonische, insbesondere die Oktave, enthält (die angeblich schon RÖBER 1831 beobachtet hat); die letztere Frage ist neuerdings zwar endgültig bejaht, aber zugleich gezeigt worden, daß es sich hier um einen Asymmetrieton handelt (LINDIG 1903). Endlich die hier besonders interessanten Dämpfungs- und Resonanz-Verhältnisse (POSKE 1874, WEAD 1883, STEFANINI 1890 und ganz besonders HARTMANN-KEMPFF 1903). Von Spezialproblemen seien noch das Heraufgehen der Tonhöhe beim Abklingen der Gabel (schon von LISSAJOUS 1870 beobachtet), das der stroboskopischen Erscheinungen (E. WAGNER 1906) und das der Untertöne oder Klirrtöne (AUERBACH 1876) erwähnt. Schließlich ist zu bemerken, daß auch andre gekrümmte Formen von Tonkörpern vielfach untersucht worden sind, so namentlich das Dreieck (in der Musik als Triangel in Gebrauch) und der Ring, der sich theoretisch noch am ehesten exakt erledigen läßt, und von den oben genannten Theoretikern auch meist ihren Rechnungen zugrunde gelegt worden ist.

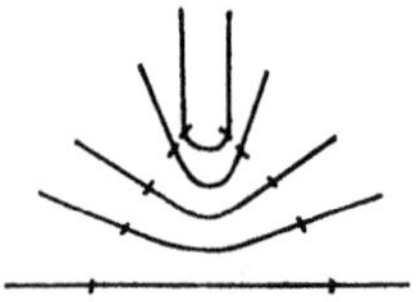

Abb. 97. Knoten eines Stabes und einer Gabel.

Den linearen stehen die flächenhaften Tonkörper gegenüber, also zunächst die Membranen. Ihre Grundgleichung ist von den hervorragendsten Mathematikern (EULER 1766, RICCATI 1786, POISSON 1829, BOURGET 1860, H. WEBER 1868, SCHWARZ 1885, POCKELS 1891, PICARD 1893, POINCARÉ 1894) behandelt worden, und zwar zunächst allgemein, dann aber für die einfachsten Formen (Quadrat und Rechteck, Kreis und Ellipse); beim Übergange von einer Form zur andern bedient man sich natürlich der Methode der konformen Abbildung in geeigneter Weise. Experimentell hat schon SAVART (1826) Beiträge geliefert, die eingehendsten Messungen der Töne und Knotenlinien rühren aber von ANTOLIK (1890) und von A. MÜLLER (1904) her. Eine Spezialität bilden die Schwingungen dünner Häutchen, die von TAYLOR, AUERBACH, WÄTZMANN (1906) u. a. studiert worden sind. Da die Membranen unharmonische Obertöne geben, sind sie musikalisch nur für grobe Effekte (Trommel, Pauke) verwendbar. Ganz besonders schwierig ist das Problem des Trommelfells im Ohre des Menschen, weil dieses keine Ebene darstellt, sondern durch den Zug des Hammers trichterförmig gestaltet wird; man kann daher nur ziemlich unbestimmte Gesichtspunkte aufstellen.

Wie die Stäbe zu den Saiten, so verhalten sich die Platten zu den Membranen; sie haben eigne Steifigkeit und können daher auch mit freiem Rande benutzt werden. Um so verwickelter ist aber ihre Grundgleichung, und eine allgemeine Lösung ist deshalb nicht gelungen; man muß sich mit Annäherungen oder der Auswahl geeigneter Formen begnügen, was aber für alle wichtigen Anwendungen vollkommen hinreicht. Die Theorie ist von Kirchhoff (1850) begründet und dann von Voigt (1893), Lauricella (1896) u. a. weiter entwickelt worden; dabei ist auch der Fall berücksichtigt worden, daß ein Teil des Randes fest, ein andrer frei ist (z. B. beim Quadrat je zwei Gegenseiten). Die experimentelle Arbeit auf diesem Gebiete wurde eröffnet durch die berühmten Klangfiguren Chladnis (1787), die seitdem das wichtigste Beobachtungsmittel geblieben sind. So haben Chladni selbst, Strehlke (1825 und 1872), Lord Rayleigh (1873), Tanaka (1887), Zeissig (1898), Antolik (1890 bis 1903) u. a. die Töne und Knotenlinien quadratischer, rechteckiger, kreisförmiger und andrer Platten festgestellt; Lissajous (1855) hat zuerst die Interferenz zwischen den verschiedenen Sektoren der Platte beobachtet, und Wheatstone (1833) hat das Superpositionsprinzip aufgestellt, nach dem man verwickeltere Klangfiguren aus einfacheren ableiten kann. Ein besonderes Kapitel bilden die Telophonplatten, deren Theorie und Praxis namentlich von M. Wien (1901 und 1905), Hartmann-Kempff (1902), Austin (1903), Wiersch (1905) und Lord Rayleigh (1908) ausgebildet worden ist. Endlich sei noch die Frage der Normalkörper in Plattenform erwähnt; schon Melde hat 1898 Stimmplatten als Ersatz für Stimmgabeln beschrieben, 1907 hat F. A. Schulze kleine Plättchen, die sehr hohe Töne geben, zur Prüfung der oberen Tongrenze angegeben, und neuerdings (1921) sind von Gerdien massive Tonkörper in verschiedenen Formen mit schönen reinen Tönen hergestellt worden, die sich für mancherlei Zwecke gut eignen dürften.

Die letzte Form, mit der wir es zu tun haben, sind die gekrümmten Platten, also, wie man sie allgemein benennen kann, die Glocken. Am einfachsten ist die Theorie begreiflicherweise für Zylinder (Lord Rayleigh 1877), aber auch für Halbkugeln und allgemein für Rotationskörper lassen sich gewisse Sätze aufstellen (Matthieu 1881, Maltézos 1894, Lord Rayleigh 1890, Love 1888); sobald man sich aber der üblichen Form von Glocken, namentlich der Kirchenglocken nähert, versagt die Theorie, und man muß sich an die im Laufe der Jahrhunderte gemachten Erfahrungen, die die Form bestimmt haben, halten. Überhaupt tritt bei Glocken die Schwierigkeit auf, daß die Richtung der Querschwingungen eine räumliche Mannigfaltigkeit aufweist, daß infolgedessen auch Longitudinalschwingungen hinzutreten, und daß im Zusammenhange hiermit bei selbst nur geringen

Asymmetrien oder Ungleichmäßigkeiten starke Schwebungen auftreten. Beobachtungen über die Töne und Schwingungsformen verdankt man u. a. CHLADNI (1802), MELDE (1860) und Lord RAYLEIGH (1892) für die Halbkugel, AUERBACH (1882) für zylindrische Gefäße (auch mit Wasser mehr oder weniger angefüllt) und BRYAN (1891, Schwebungen rotierender Glocken). Eine alte, schon 1675 von MOORHOFE gemachte und seitdem öfters studierte Beobachtung betrifft das Zerspringen von Gläsern und Glocken infolge von Tonerregung. Und eine letzte, auch historisch interessante Frage ist die nach dem besten Material für Glocken, wofür man seit langen Zeiten Bronze, in neuster Zeit aber, nicht ohne Erfolg, auch Stahl verwendet; einer Legende zufolge soll Silber den Ton von Glocken verbessern; das hat sich aber nicht bestätigt, und in der Tat hat man auch in alten Kirchenglocken, für die urkundlich Silber gespendet worden ist, keine Spur dieses Metalls gefunden, es scheint also andre Wege gegangen zu sein.

20. Offene Pfeifen; *Ausbreitungswiderstand.* Dieses Thema wählen wir deshalb aus, weil es wieder einmal zeigt, wie sich anscheinend ganz fern voneinander liegende Probleme doch als verwandt erweisen und sich darum gegenseitig befruchten. Bei einer gedackten Pfeife ist am Anblaseende ein Schwingungsbauch, am geschlossenen Ende ein Schwingungsknoten, die ganze Pfeifenlänge ist also im einfachsten Falle eine Viertelwelle, im nächsteinfachen drei Viertel, dann fünf Viertel usw., d. h. die Pfeife gibt nur die ungeradzahligen Partialtöne. Bei einer offenen Pfeife sind an beiden Enden Bäuche, also ist die Pfeifenlänge im einfachsten Falle eine halbe Welle, im nächsten eine ganze, im nächsten drei halbe usw., die Pfeife gibt also sämtliche Partialtöne; und als Grundton, mit der gedackten Pfeife verglichen, die höhere Oktave.

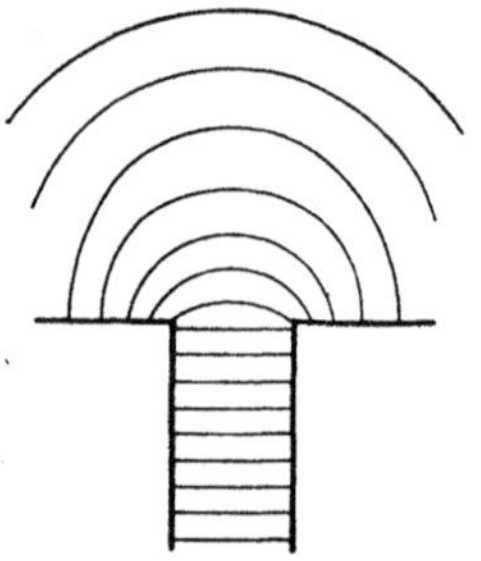

Abb. 98. Offene Pfeife.

Das ist nun aber nicht genau der Fall, und die Abweichung ist unter Umständen sehr erheblich; die Orgelbauer z. B. haben das schon frühzeitig erkannt und die Pfeifenlänge entsprechend korrigiert; die ersten exakten Messungen über die Längenkorrektion offener Pfeifen scheint HOPKINS (1833) ausgeführt zu haben. Auch theoretisch hat man den Widerspruch aufzuklären und eine mathematische Theorie aufzustellen versucht; aber weder EULER noch POISSON noch andre Theoretiker hatten in dieser Hinsicht Erfolg. Erst HELMHOLTZ (1859) ist die Lösung auf Grund einer Theorie gelungen, die von der Potentialtheorie und insbesondere von dem GREENschen Satze ausgeht, das Geschwindigkeitspotential im innern und äußern Raume durch verschiedene Gleichungen (ebene bzw. sphärische Wellen) darstellt und dann zwischen beiden eine Kontinuität herzustellen versucht. Im Grunde ist ja die Sache recht einfach (und das ist auch schon mehr oder weniger von den früheren Bearbeitern erkannt worden); die Wellen in der Pfeife sind erstens stehend und zweitens eben, die im freien Raume sind erstens fortschreitend und zweitens sphärisch; der Übergang erfolgt natürlich nicht plötzlich in der Ebene der Öffnung, sondern erst allmählich (Abb. 98), man muß zu der Pfeifenlänge ein Stück hinzufügen, um das zu berücksichtigen, und erhält so die Pfeifenkorrektion; nach der Theorie von HELMHOLTZ beträgt sie etwa zwei Fünftel des Durchmessers; zu ähnlichen Werten kommt Lord RAYLEIGH (1870) bei seiner etwas abweichenden Theorie. Der beste Beweis für die Richtigkeit dieser Erklärung liegt in der Tatsache, daß, wenn sich das Rohr am Ende trompetenförmig erweitert, keine Korrektion nötig ist, weil hier eben der Übergang in dem sich erweiternden Stücke erfolgt.

Das analoge elektrische Problem betrifft den Widerstand eines stabförmigen Leiters, der an seinem Ende in einen Leiter von größerem (oder gar von unendlich großem) Querschnitt übergeht; sind die beiden Querschnitte q und Q, die Längen l und L, so müßte der Gesamtwiderstand gleich $(l/q) + (L/Q)$ sein; er ist aber größer, und die Differenz bezeichnet man als Ausbreitungswiderstand. Er rührt offenbar daher, daß der größere Querschnitt nicht sofort von den Stromfäden voll ausgenutzt wird; also auch hier ein allmählicher Übergang der einen Strömungsart in die andere (Abb. 99). Man kann dann von diesem Falle auf den, wegen des Wellencharakters der Bewegung freilich komplizierteren akustischen Fall zurückgehen und auch hier von einem »akustischen Widerstande« eines Luftraumes sprechen; dieser Begriff hat sich denn auch über das vorliegende Problem hinaus vielfach als sehr nützlich erwiesen (vgl. oben S. 97).

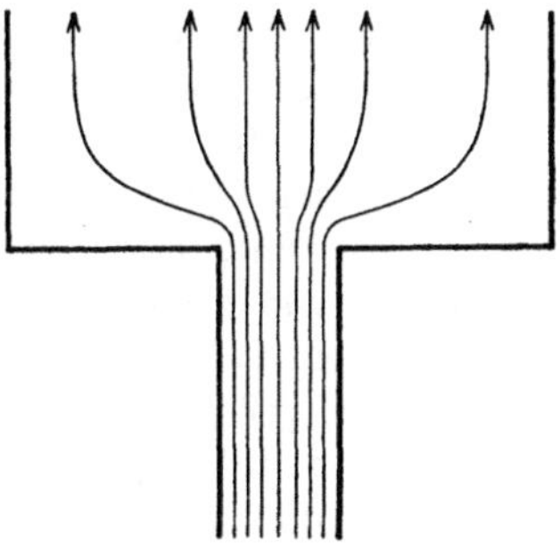
Abb. 99. Ausbreitungswiderstand.

20a. Hieb-, Lamellen-, Spalt- und Schneidentöne. So einfach die elementare Theorie der Lippenpfeifen ist, so unklar bleibt doch bei ihr der eigentliche Vorgang der Tonbildung; man erfährt darüber nur, daß sich hier zwei Faktoren kombinieren: die primäre Tonerregung an der Lippe (Schneide, Maul) und die Resonanztonbildung in der Pfeife selbst. Was aber eben jene primäre Tonerregung angeht, so bestehen hier sehr verschiedene Möglichkeiten, und erst die Arbeiten der neueren und neusten Zeit haben hierüber einiges Licht verbreitet. Dabei ging man von möglichst einfachen Versuchsanordnungen aus und studierte der Reihe nach die Hiebtöne, Lamellentöne, Spalttöne und Schneidentöne. Hierher gehören namentlich die Arbeiten von STROUHAL (1878), W. KOHLRAUSCH (1881), dann ganz besonders die von HENSEN (1900 ff.) und WACHSMUTH (1903 ff.), die sich mit ihren Vorstellungen von dem Tonbildungsmechanismus in einen gewissen Gegensatz zueinander stellten; dann FRIEDRICH (1902), WEERTH (1903) und WESENDONCK (1905); ganz neuerdings aber, mit erweiterter und vervollkommneter Methodik, die Arbeiten von W. KÖNIG (1912), GÖLLER (1912), KRÜGER (1914 ff.), Lord RAYLEIGH (1915), RIETH (1917) und SCHMIDTKE (1919). Dabei zeigte sich nun, daß es sich hier nicht bloß um Schwingungs-, sondern auch um Strömungs- und Wirbelvorgänge handelt, und KARMAN (1912) hat eine schöne Theorie derartiger Wirbel ausgearbeitet, aus der sich u. a. für die Hiebtöne eine bequeme Formel, im einfachsten Falle nämlich die Formel $nd/u = \text{const}$ ergibt, wo n die Frequenz, u die Strömungsgeschwindigkeit und d die Stabdicke ist. Diese Formel ist nun experimentell bestätigt und die Konstante (0,195) in guter Übereinstimmung gefunden worden. Man sieht aber aus diesen Andeutungen, für deren näheres Verständnis auf die Literatur verwiesen werden muß, wie verwickelt sich oft Erscheinungen, die allem Anscheine nach sehr einfach sind, in Wahrheit gestalten; und noch heute muß man sagen, daß die Anwendung der Theorie gerade auf die Töne von Lippenpfeifen noch nicht restlos erledigt ist.

21. Schwebungen, Kombinationstöne, Harmonie. Das letzte Thema, das wir aus unserem Gebiete herausgreifen, hat ein gleich hohes wissenschaftliches wie musikalisches Interesse. Der erste, der das Phänomen der Schwebungen, d. h. des periodischen Schwächer- und Stärkerwerdens eines Tones beobachtete, wissenschaftlich untersuchte und auch schon auf die Interferenzen zwischen den beiden, an dem Ton beteiligten Quellen (zwei Orgelpfeifen von verschiedener Höhe) zurückführte, war SAUVEUR (1702); erst ein Jahrhundert darauf (1800) sind diese Untersuchungen von YOUNG fortgesetzt und ausgedehnt worden. Systematische Theorien der Schwebungen mit allen ihren Einzelheiten haben besonders HELMHOLTZ (1861) und Lord KELVIN (1877) geliefert. Da Schwebungen immer dann auftreten, wenn zwei Töne von nahezu aber nicht völlig gleicher Frequenz erklingen, konnte SCHEIBLER (1833) hierauf eine Methode zur Gleichstimmung von Tonerregern gründen, die seitdem allgemein benutzt wird. Andre experimentelle Beiträge zu dieser Lehre rühren von SAVART, W. WEBER (1828), R. KÖNIG (1875) und BOSANQUET her; und neuerdings hat man die Schwebungen auch photographisch wiedergegeben, womit dann ihre objektive Existenz (die zuweilen zu Gunsten einer Entstehung im Ohre bezweifelt wurde) bewiesen ist.

Eine zunächst ganz unabhängig von der vorigen aufgetauchte Erscheinung sind die Kombinationstöne; sie wurden fast gleichzeitig, um die Mitte des 18. Jahrhunderts, in Deutschland von SORGE, in Frankreich von ROMIEU und in Italien von TARTINI beobachtet; darauf sind dann zahlreiche neuere und neuste Untersuchungen gefolgt. Dabei hat sich gezeigt, daß es mehrere Arten solcher Töne gibt, von denen die wichtigsten die Differenztöne sind; bei ihnen ist die Frequenz gleich der Differenz der Frequenzen der beiden primären Töne, also durch $n' - n$ darstellbar; aber auch die Typen $2n - n'$, $3n' - 2n$ usw. treten auf. Alle diese Töne kann man sich entstanden denken aus Schwebungen, die so rasch verlaufen, daß man ihre Periodik zu einem neuen Tone verschmilzt, man kann sie daher auch Schwebungstöne nennen. HELMHOLTZ (1855) fügte dann als Gegenstück die Summationstöne hinzu, die indessen sehr viel schwächer sind. HELMHOLTZ war es auch, der zeigte, daß die bisherige einfache Theorie nicht ausreicht, und er ergänzte sie deshalb durch die Intensitätstheorie, d. h. er nahm als Ursache das Auftreten quadratischer Glieder in den Schwingungsgleichungen an. Noch andre Theorien bzw. Typen sind die Asymmetrietöne, die Deformations-, Variations- und Unterbrechungstöne. Auch bei den Kombinationstönen hat sich die Diskussion über ihre objektive Existenz an der Hand von Versuchen und Gegenversuchen lange hingezogen; gegenwärtig ist sie im bejahenden Sinne entschieden (Lummer 1886, Rücker und Edser 1895, K. L. Schäfer 1900 ff., Wätzmann 1906 ff., u. a.); damit ist natürlich nicht gesagt, daß es nicht auch subjektive Kombinationstöne geben kann (Schaefer 1913 u. a.). Schließlich sei noch auf die allgemeine Theorie von Voigt (1890) hingewiesen.

Die wichtigste Beziehung der Schwebungen ist die zur musikalischen Harmonielehre. Wenn mehrere Töne gleichzeitig erklingen, so können drei Fälle eintreten: 1. Es treten einzeln hörbare Schwebungen auf, der Ton ist musikalisch überhaupt unbrauchbar. 2. Es treten Schwebungen auf, aber in so rascher Folge, daß man sie nicht einzeln wahrnimmt, sondern nur den unangenehmen Eindruck einer gewissen Rauhigkeit empfängt, das sind die musikalischen Dissonanzen. 3. Die Schwebungen fehlen ganz, dann entsteht ein rein positiver Gefühlswert, man hat es mit einer Konsonanz zu tun. Da nun der Fall 3 dann eintritt, wenn die beiden Einzelfrequenzen im einfachen Zahlenverhältnis stehen, ist hier zum ersten Male seit Jahrtausenden das Geheimnis der einfachen Zahlenverhältnisse gelöst und damit die Harmonielehre auf eine rein physikalische Basis gestellt (Helmholtz 1857). Übrigens zeigt eine nähere Untersuchung, daß es nicht genügt, sich auf die Grundtöne zu beschränken, es müssen auch die Schwebungen zwischen ihren Obertönen sowie die zwischen ihnen und den Kombinationstönen mit in Rechnung gezogen werden; dann aber erhält man ein ausgezeichnetes System der Verteilung der Konsonanzen und Dissonanzen. Natürlich kommen dann für die Gesamtbeurteilung der Harmonie noch andre Faktoren hinzu, und es bleibt daher, neben der Helmholtzschen Theorie, noch Raum genug für andre, mehr psychologische oder ästhetische Theorien, unter denen die von Stumpf (Verschmelzungstheorie 1898), Oettingen und Riemann hervorgehoben seien.

V. Wärme.

22. Temperaturmessung. Von der Definition der Temperatur ist schon im allgemeinen Teil (S. 171) gesprochen worden. Hier handelt es sich, im Anschlusse daran, um ihre Messung, also die Thermometrie. Dabei müssen wir uns aber auf eine kurze Übersicht beschränken. Die drei wichtigsten Methoden sind diejenigen, welche auf der thermischen Ausdehnung bzw. Spannungszunahme der Körper, auf der Thermoelektrizität und auf der thermischen Änderung des elektrischen Widerstandes beruhen. Dazu kommen dann noch in vereinzelten Fällen thermodynamische und Strahlungsmethoden.

Das Volumenthermometer in seinen drei Varianten als Metall-, Flüssigkeits- und Gasthermometer ist schon sehr alten Datums; die erste beglaubigte Nachricht betrifft ein Luftthermometer und rührt von GALILEI (1597) her. Aber erst im 19. Jahrhundert haben dann der Reihe nach REGNAULT (1840), JOLLY (1874) u. a. das Gasthermometer ausgearbeitet und die vergleichenden Grundlagen festgelegt, namentlich die Korrektion, die man je nach der Gasart an ihnen anbringen muß, um sie miteinander vergleichbar zu machen (Luft-, Stickstoff-, Wasserstoffthermometer, letzteres das vollkommenste von allen). Einige der hierher gehörigen Konstruktionen sind übrigens nicht Volumen-, sondern Spannungsthermometer. Was dann die Flüssigkeitsthermometer betrifft, so hat schon KIRCHER (1643) ein Quecksilberthermometer angegeben, in Aufnahme gekommen ist es aber erst durch FAHRENHEIT (1714); er war es dann auch, der (1724) die Skala (freilich eine jetzt kaum noch übliche) angegeben hat. Die 80-teilige Skala rührt von RÉAUMUR (1731), die 100-teilige von CELSIUS (1742) her, die dann von STRÖMER (1755) in die heutige Form (Fixpunkte 0 und 100) gebracht worden ist; übrigens sei bemerkt, daß schon lange vorher (1665) HOOKE und HUYGENS Fixpunkte vorgeschlagen hatten, und daß bereits AMONTONS (1703) den Siedepunkt einzuführen versucht hatte. Interessant ist, daß die Skala des Deutschen FAHRENHEIT besonders in England, die des Franzosen RÉAUMUR besonders in Deutschland und die des Schweden CELSIUS besonders in Frankreich Eingang gefunden hat. Die Genauigkeit des Thermometers ist nicht allzu groß und steht weit zurück hinter der Empfindlichkeit andrer physikalischer Meßinstrumente; ein Hauptgrund dafür liegt in dem Verhalten des Glases, in das die Flüssigkeit eingeschlossen ist, insbesondere in der Depression des Nullpunktes (elastische Nachwirkung), der sich mit der Zeit senkt (F. NEUMANN 1860, WILD 1874, PERNET 1881 u. a.); erst durch das von SCHOTT (1885) erfundene, nachwirkungsfreie Jenaer Thermometerglas ist diesem Übelstande abgeholfen worden. Sehr viel kommt auch auf die Eichung und anderweitige Prüfung der Skala an (Kalibrierungsmethoden von BESSEL und NEUMANN 1825, THIESSEN 1879). Eine andre Fehlerquelle ist in dem Aspirationsthermometer beseitigt (WELSH 1852, ASSMANN 1887).

Die wichtigsten Spezialitäten sind dann ferner: das Maximum- und Minimumthermometer (CAVENDISH 1757, RUMFORD 1794 u. v. a.); die Registrierthermometer oder Thermographen (der älteste scheint 1782 von SIX angegeben worden zu sein), meist mit Benutzung von festen Körpern (Metallen), während sonst die Metallthermometer keine Rolle spielen; und endlich die Thermometer einerseits für besonders hohe, andrerseits für besonders tiefe Temperaturen; jene heißen Pyrometer (s. u.), diese benutzen statt des Quecksilbers, das bald erstarrt, andre Flüssigkeiten, z. B. Toluol oder Petroläther (Alkohol hat sich als ungeeignet erwiesen) oder Gase.

Die thermoelektrische Temperaturmessung beruht auf dem Satze, daß der thermoelektrische Strom, der in einem rein metallischen Kreise entsteht, wenn zwischen den beiden, in ihm befindlichen Lötstellen verschiedener Metalle eine Temperaturdifferenz besteht, im einfachsten Falle mit dieser Temperaturdifferenz direkt proportional ist: Thermoelemente mit gleichförmigem Gange. Als älteste Thermoelemente kommen die von SEEBECK (1821) und NOBILI (1830) in Betracht; die größte Exaktheit und Empfindlichkeit ist erreicht bei den Elementen von LE CHATELIER, z. B. aus Platin als dem einen und einer Platin-Rhodiumlegierung als dem andern Metall bestehend und besonders für hohe Temperaturen geeignet; für weniger hohe Temperaturen auch solche aus Konstantan gegen Kupfer, Silber oder Eisen (besonders empfindlich das von RUBENS 1897); derartige Elemente werden von der Physikalisch-technischen Reichsanstalt mit einer Eichungstabelle versehen. Die ganze Methode ist am genauesten für kleine und mäßige Temperaturdifferenzen, dann aber auch der thermometrischen Methode weit überlegen.

Die dritte, bolometrische Methode beruht auf der Erscheinung, daß der elektrische Widerstand der Metalle sich mit der Temperatur in streng gesetzmäßiger Weise ändert. Die erste Idee zum Bolometer oder Widerstandsthermometer rührt von SVANBERG (1851) her; aber erst 1881 hat LANGLEY das Instrument für die Praxis nutzbar gemacht, und seitdem ist es vielfach verbessert worden. Je nach der Form des Widerstandskörpers unterscheidet man Linear- und Flächenbolometer; das empfindlichste Flächenbolometer ist 1892 von LUMMER und KURLBAUM konstruiert worden, weitere Vervollkommnung verdankt man RUBENS u. a. Das üblichste Material ist Platin, die meist benutzte Schaltung ist die Differentialschaltung, die in dem in den Kreis eingeschalteten Differentialgalvanometer zunächst keinen Ausschlag gibt, sondern erst dann, wenn die beiden Seiten verschiedene Temperaturen haben. Das Bolometer ist ganz besonders für Strahlungsmessungen geeignet und zeichnet sich durch große Empfindlichkeit und weiten Bereich der Anwendbarkeit aus.

Schließlich noch ein Wort über die Pyrometer zur Messung besonders hoher Temperaturen in Wissenschaft und Technik. Das älteste Pyrometer rührt von MUSCHENBROEK (1750) her; später haben dann besonders die Techniker die Führung übernommen, so WEDGEWOOD (1782). In neuerer und neuester Zeit sind dann bestimmte, mehr wissenschaftliche Typen herausgearbeitet worden, so das elektrische Pyrometer von SIEMENS (1869), sowie die optischen und Strahlungspyrometer von HOLBORN, KURLBAUM, WANNER u. a. (1901 ff.); als thermoelektrisches Pyrometer kann auch das Element von LE CHATELIER (s. o.) gelten.

23. Spezifische Wärme. Man versteht darunter das Verhältnis des Wärmeaufwandes zur erzeugten Temperatursteigerung; aber im einzelnen kann man diesem Begriffe sehr verschiedene Ausgestaltungen geben. Die übliche Definition legt die Masseneinheit, also das Gramm der zu erwärmenden Substanz zugrunde; man erhält sie aus der Wärmekapazität des ganzen Körpers, indem man mit seiner Masse dividiert; sie wird auf Wasser als Einheit bezogen, und diese Einheit heißt Kalorie oder Grammkalorie (im Gegensatz zu der in der Praxis noch häufig benutzten Kilogrammkalorie). Die spezifische Wärme eines Stoffes gibt also an, das Wievielfache oder welchen Bruchteil ein Gramm von ihm im Vergleich mit einem Gramm Wasser an Wärme verbraucht. Zur Umrechnung auf den Energieverbrauch in Erg braucht man dann nur noch mit dem Wärmeäquivalent zu multiplizieren. Eine andre Definition, die in manchen Hinsichten neues bietet, ist die spezifische Wärme der Volumeneinheit (statt der Masseneinheit), also des Kubikzentimeters; sie ergibt sich offenbar durch Multiplikation mit der Dichte. Bei einer dritten Definition bezieht man sich weder auf die Massen- noch auf die Volumeneinheit, sondern auf das Atom bzw. auf die Molekel; man erhält so durch Multiplikation mit der Atom- bzw. Molekularmasse die Atomwärme bzw. Molekularwärme. Um von der hypothetischen Natur dieser Definition loszukommen, modifiziert man sie derart, daß man sich auf ein Grammatom bzw. eine Grammmolekel, kurz Mol genannt, bezieht, d. h. auf soviel Gramm der Substanz wie ihr Atom- bzw. Molekulargewicht angibt. Die Einführung des Begriffs der spezifischen Wärme verdankt man Black (1761), dem dann bald ausführliche Untersuchungen von Wilke (1772) folgten.

Abgesehen hiervon gibt es aber hier noch eine andre Mannigfaltigkeit der Begriffsfassung, wobei wir uns am besten an die auf die Masseneinheit bezogene spezifische Wärme halten. Es macht nämlich einen Unterschied, unter welchen Bedingungen man dem Körper Wärme zuführt. Unter diesen sind drei von besonderer Wichtigkeit: 1. Die spezifische Wärme bei konstantem Volumen oder reine spezifische Wärme, c_v (rein, weil hier die gesamte zugeführte Energie zur Erhöhung der Temperatur verwandt wird). 2. Die spezifische Wärme bei konstantem Druck, c_p, also unter gleichzeitiger Ausdehnung und Drucküberwindung, so daß unter allen Umständen $c_p > c_v$ ist; wichtig sind besonders zwei Größen, nämlich das Verhältnis $\varkappa = c_p/c_v$, das zuerst bei Laplace (1816) auftritt, und die Differenz $\delta = c_p - c_v$: diese letztere ist bei Gasen, auf die Masseneinheit bezogen, mit der Dichte umgekehrt proportional, und folglich ist sie, auf die Volumeneinheit bezogen, für alle Gase von gleichem Wert, nämlich 0,069 (Extreme 0,064 und 0,071). 3. Für gesättigte Dämpfe gibt es aber noch eine dritte wichtige Art von spezifischer Wärme, bei der weder das Volumen noch der Druck konstant bleibt, sondern beide sich so ändern, daß der Dampf auch nach der Temperaturerhöhung noch eben gesättigt ist; man nennt dies die spezifische Wärme des gesättigten (und gesättigt bleibenden) Dampfes (noch besser wäre der Ausdruck »spezifische Wärme ohne Änderung des Aggregatzustandes«). Mit ihr hat sich zuerst Clausius (1850) näher befaßt, und er und Kirchhoff (1857) haben eine Theorie ausgearbeitet, aus der sich die Forderung ergibt, daß diese Größe c_s nicht bei allen Stoffen positiv, sondern bei einigen negativ sein muß, z. B. beim Wasser; und diese Forderung ist dann von Hirn (1862) experimentell bestätigt worden. Es ist das eine Tatsache, die ganz besonders für die Wetterkunde von entscheidender Bedeutung ist und hier in der, seit langen Zeiten allgemein bekannten, aber niemals richtig gewürdigten Erscheinung zutage tritt, daß, während bei normalen Stoffen Nebelbildung eintritt, wenn der Druck plötzlich gesteigert wird, beim Wasser gerade das Umgekehrte eintritt: bei fallendem Barometer wird das Wetter schlecht. In neuerer Zeit hat man dann auch Demonstrationsversuche mit einem mit der Luftpumpe in Verbindung stehenden Glasballon angegeben, der die Nebelbildung weithin sichtbar macht.

Zur Bestimmung der spezifischen Wärme sind überaus zahlreiche Methoden ersonnen und ausgearbeitet worden. Die älteste, für feste und flüssige Körper geeignete Methode ist die von TOBIAS MAYER (1796) vorgeschlagene, aber erst von DULONG und PETIT (1819) und REGNAULT (1840) angewandte Erkaltungsmethode; sie ist nicht besonders genau und daher nur noch von historischem Interesse. Am wichtigsten ist die Mischungsmethode (F. NEUMANN 1831, REGNAULT 1840 ff., PAPE 1863 u. v. a.); Modifikationen sind die Methoden von PFAUNDLER (1866) und das Luftkalorimeter von HESEHUS (1889). Eine dritte Methode ist die des Dampfkalorimeters, gleichzeitig von BUNSEN und JOLY (1887) erfunden; eine vierte die des Eiskalorimeters (Eisschmelzungsmethode), ersonnen von HERMANN (1831), aber erst bekannt geworden und verbreitet durch BUNSEN (1870), dem dann SCHULLER und WARTHA (1877) nachfolgten. Dann sind noch verschiedene Methoden benutzt worden, besonders die des elektrischen Stroms mit Benutzung des Gesetzes der JOULEschen Wärme (PFAUNDLER 1869, dann NERNST, LECHER u. a.). Schließlich seien noch als Spezialapparate das Kalorifer von ANDREWS und die kalorimetrische Bombe von BERTHELOT und MÜLLER erwähnt.

Eine besondere Stellung nehmen die Methoden für Gase ein; zwar können einige der angegebenen Methoden auch für sie benutzt werden; am wichtigsten sind aber hier ganz andre Anordnungen. Was man relativ leicht genau messen kann, ist hier c_p; und das ist auch meist geschehen. Dagegen ist c_v schwer zu bestimmen wegen der Notwendigkeit, das Gas in ein völlig geschlossenes Gefäß zu bringen, das dann an der Erwärmung teilnimmt und die Beobachtung trübt. Die Größe c_p ist zuerst von LAPLACE ermittelt worden; die grundlegende Arbeit ist aber die von DELAROCHE und BÉRARD (1813); auf sie folgen in weitem Abstande die eingehenden Messungen von REGNAULT (1862), E. WIEDEMANN (1876) u. a. Für c_v kommt die obige Methode von JOLY (Dampfkalorimeter), die Explosionsmethode von MALLARD und LE CHATELIER (1881), die elektrische Methode von EUCKEN (1912) in Betracht, jene für hohe, diese für tiefe Temperaturen. In den meisten Fällen aber wird man c_v lieber aus der Differenz δ oder dem Verhältnis $\varkappa$ der beiden spezifischen Wärmen berechnen.

Was nun die Methoden zur Bestimmung von $\varkappa$ angeht, so ist die älteste die der adiabatischen Volumenänderung (CLÉMENT und DÉSORMES 1819), die dann vielfach verbessert worden ist, aber auch heute noch nicht unbedingt zuverlässig ist; dann die Schwingungsmethode von ASSMANN (1852) und P. MÜLLER (1883); die adiabatische Methode von LUMMER und PRINGSHEIM (1898) und die Methode der Schallgeschwindigkeit mit

Rücksicht auf den Umstand, daß die Schallausbreitung ebenfalls adiabatisch erfolgt und in der LAPLACEschen Formel für die Schallgeschwindigkeit (s. o. S. 71) vorkommt. Andrerseits ist der Wert der Differenz δ der spezifischen Wärmen insofern leicht anzugeben, als diese Differenz die Volumenausdehnungsarbeit pro Grad darstellt, also gleich der Gaskonstante R, in Kalorien gemessen, ist, diese letztere Größe aber ohnehin bekannt ist. Damit schließt sich das System der Methodik auf diesem Gebiete in sehr schöner Weise und Vollkommenheit zusammen.

Von den Ergebnissen der Messungen sei zunächst die Tatsache hervorgehoben, daß das Wasser von allen Stoffen, mit Ausnahme des Wasserstoffs, die größte spezifische Wärme hat, und daß die Gase, auf die Masseneinheit bezogen, im Durchschnitt keine geringeren Werte aufweisen als die festen und flüssigen Stoffe. Ferner ist die spezifische Wärme von der Temperatur abhängig, und zwar im mittleren Temperaturbereich in meist sehr schwachem Maße (bei Wasser nur um einige tausentel); dagegen nimmt sie für hohe Temperaturen zuweilen stark zu, und ganz besonders nimmt sie in tiefen Temperaturen gewaltig ab (NERNST und seine Schüler, 1910 ff.), z. B. für Kupfer bei Annäherung an — 250 Grad auf vier Prozent des normalen Wertes. Eine befriedigende Erklärung dieses Verhaltens hat erst die Quantentheorie gebracht (EINSTEIN, NERNST und LINDEMANN, DEBYE u. a. 1911 ff.).

Für die Atomwärme ist ferner von grundlegender Bedeutung das Gesetz von DULONG und PETIT (1819): Die Atomwärme ist annähernd für alle Elemente die gleiche, und zwar gleich der ganzen Zahl 6 (Minimum 5,7 für Schwefel, Maximum 6,8 für Jod). Nur bei Kohle, Bor, Beryll und Silizium sind die Zahlen viel kleiner, am kleinsten bei Diamant mit 1,4; es ist aber von H. F. WEBER (1875) gezeigt worden, daß die spezifische Wärme gerade bei diesen Stoffen mit steigender Temperatur rasch zunimmt und schließlich sich ebenfalls dem Werte 6 nähert. Und was die tiefen Temperaturen betrifft, so fand DEWAR (1901) ebenfalls genau den Wert 6. Auf Grund einfacher molekulartheoretischer Erwägungen hat nun RICHARZ (1893) gezeigt, daß die Zahl 6 desto genauer gelten muß, erstens je größer das Atomgewicht und zweitens, je größer das Atomvolumen ist; von den sechs Kalorien kommen dann drei auf die kinetische und drei auf die potentielle Energie des Atoms, entsprechend den Freiheitsgraden der Bewegung und Spannung; und hiermit stimmt es, daß die obigen anomalen Elemente besonders kleines Atomgewicht und Atomvolumen haben (man vergleiche die Tafel des periodischen Systems der Elemente oben S. 26). Dazu kommt dann noch das Verhalten bei sehr tiefen Temperaturen, wo sich die Atomwärme der festen Stoffe mehr und mehr der Null nähert; und auch hier greift die Quantentheorie (NERNST, EINSTEIN u. a.) mit gutem Erfolge ein und stellt die Tatsachen beinahe restlos dar (Abb. 100).

Was endlich die Werte von $\varkappa$ betrifft, so zeigt für die Gase die kinetische Theorie, daß für einatomige Molekeln $\varkappa$ gleich $5/3$ sein muß, weil hier die gesamte Energie Schwirrungsenergie der Molekel als eines Ganzen ist; für mehratomige Gase sind mehrere Formeln der Reihe nach aufgestellt worden (MAXWELL 1875, BOLTZMANN 1877 usw.); am einfachsten und dabei im großen ganzen recht befriedigend ist die BOLTZMANNsche Formel $\varkappa = 1 + 2/f$, wo f die Zahl der Freiheitsgrade der Schwirrbewegung der zusammengesetzten Molekel ist; für einatomige Molekeln ist $f = 3$, für zweiatomige $f = 5$, also $\varkappa = 1{,}40$; für dreiatomige $f = 6$, also $\varkappa = 1{,}33$ usw. In der Tat haben die Beobachtungen dies vielfach genau oder annähernd bestätigt; insbesondere gilt das für die einatomigen Gase (Quecksilberdampf, KUNDT und WARBURG 1876) sowie für die zweiatomigen Gase (Luft, Sauerstoff, Wasserstoff, Stickstoff usw.).

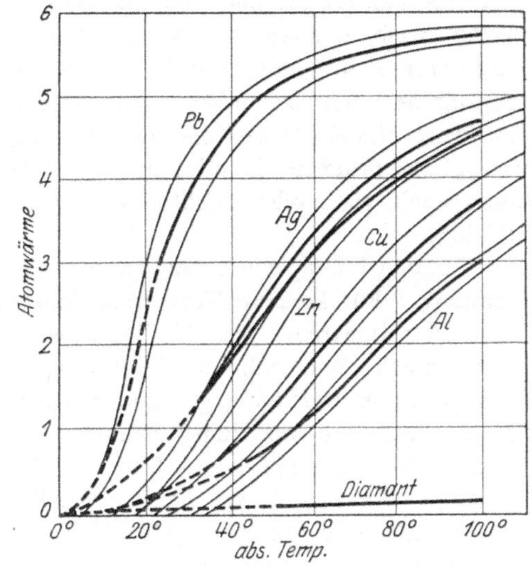

Abb. 100. Atomwärme (stark: beob., schwach: ber.).

24. Thermische Ausdehnung. Die Erscheinung, daß die Körper sich mit steigender Temperatur ausdehnen, ist schon seit alter Zeit bekannt; beruhen doch hierauf nicht nur die meisten Thermometer (s. o.), sondern auch manche andre Vorrichtungen, so das Kompensationspendel (G. GRAHAM 1715, KATER 1808 usw.); aber erst ziemlich spät hat man sich in exakter Weise mit dem Phänomen befaßt. Dabei ist zu unterscheiden zwischen verschiedenen Arten von Körpern (fest, flüssig, gasig, kristallisch).

Bei den festen Körpern bestimmt man gewöhnlich den linearen Ausdehnungskoeffizienten, d. h. den Koeffizienten α in der Formel $L = L_0(1 + \alpha\Theta)$, wo L_0 und L die Längen bei 0° und bei Θ° sind; er ist übrigens nicht für alle Stoffe konstant, sondern ändert sich selbst wieder mit der Temperatur, wenn auch meist schwach (HÄLLSTRÖM 1810). Die älteren Methoden beruhten meist auf der Übertragung der Längenänderung auf einen Hebel, dessen Ende dann an einer Skala abgelesen wurde; dann kam die Quecksilbermethode (Ausfluß von Quecksilber aus einem aus der betreffenden Substanz geformten Gefäß); die genaueste Methode aber ist die optische mit Hilfe des Dilatometers (FIZEAU 1864), bei der dem Stabende eine Glasplatte nahe gegenüber gestellt und die Interferenzerscheinung in der Luftschicht dazwischen verfolgt wird; die Methode ist dann von ABBE (1889) wesentlich verbessert worden. Die ersten Messungen rühren von LAVOISIER und LAPLACE (1781), weitere von DULONG und PETIT (1818), REGNAULT (1850), FIZEAU (1864), SCHOTT (1892, Jenaer Gläser), HOLBORN und GRÜNEISEN (1901) u. a. her. Mehrfach ist auch das Eis untersucht worden, zuerst von HEINRICH (1807, fehlerhaft), dann SCHUMACHER (1850) und PLÜCKER (1852); es verhält sich normal wie alle festen Stoffe, was wegen des Verhaltens des flüssigen Wassers (s. u.) einer besondern Erwähnung bedarf. Endlich ist hier noch die Einführung des Begriffs der thermischen Widerstandsfähigkeit (Unempfindlichkeit gegen Zerspringen beim Erwärmen) und ihre Messung durch WINKELMANN und SCHOTT (1894) zu erwähnen, die allerdings außer von dem Ausdehnungskoeffizienten auch noch von andern Faktoren (spezifische Wärme, Wärmeleitung usw.) abhängt.

Bei den Flüssigkeiten handelt es sich natürlich um die kubische Ausdehnung. Für kleinere Temperaturänderungen ist sie offenbar das Dreifache der linearen. Die Methodik ist hier aus naheliegenden Gründen sehr einfach, nur muß die gleichzeitige Ausdehnung des Gefäßes natürlich genau in Rechnung gezogen werden. Hervorgehoben seien hier aus der großen Zahl von Untersuchungen die von REGNAULT (1842), PIERRE (1845), KOPP (1847 ff.) und HIRN (1867, oberhalb des normalen Siedepunkts). VAN DER WAALS hat dann (1873) gezeigt, daß der auf kritische Daten reduzierte Ausdehnungskoeffizient für alle Flüssigkeiten der gleiche ist. Eine Sonderstellung nimmt das Wasser ein, indem es sich zwar von 4° an aufwärts ausdehnt (genaueste Messungen 1900 von der Physikalisch-technischen Reichsanstalt), zwischen 0° und 4° aber sich zusammenzieht, so daß es bei 4° seine größte Dichte hat (DELUC 1772, RUMFORD 1805, DESPRETZ 1832). Interessant ist die Feststellung, daß bei wäßrigen Lösungen zwar sowohl der Gefrierpunkt wie der Punkt des Dichtemaximums herabgedrückt wird, der letztere aber stärker als der erstere, so daß er schon bei mäßiger Konzentration der Lösung unter Umständen nicht mehr über, sondern unter dem Gefrierpunkt liegt.

Was dann die Gase betrifft, so können wir auf das im allgemeinen Teil (S. 153 f.) Gesagte uns berufen und uns mit der historischen Festlegung begnügen, daß das Gesetz der thermischen Ausdehnung idealer Gase 1802 von GAYLUSSAC aufgestellt, daß es dann der Reihe nach von RUDBERG (1837), REGNAULT (1841), MAGNUS (1842) und in besonders ausgedehnten Versuchsreihen von AMAGAT (1873 ff.) geprüft worden ist; daß sich dabei zwar in weitem Bereiche sehr annähernde Bestätigung des GAYLUSSACschen Gesetzes ergab, aber doch herausgestellt hat, daß die Abweichungen bei der Annäherung an den Verflüssigungspunkt immer größer werden, so daß man hier eine verwickeltere Formel aufstellen muß; und das ist von mehreren Seiten, am erfolgreichsten durch VAN DER WAALS (1881) geschehen.

Bisher war von isotropen Stoffen die Rede; wir wenden uns jetzt zu heterotropen, also in der Hauptsache zu den Kristallen. Hier zeigt sich nun, wie von vornherein zu erwarten, daß die thermische Ausdehnung, wenn man von regulären Kristallen absieht, nicht in allen Richtungen die gleiche, sondern in jeder eine andre ist, so daß sich bei der Erwärmung eine Kugel in eine andre Fläche, im einfachsten Falle in ein Ellipsoid verwandelt; es ist hier also notwendig und zugleich hinreichend, die drei Hauptausdehnungskoeffizienten (nach den Hauptachsen) anzugeben. Messungen dieser Art sind zuerst von Mitscherlich (1824ff.), dann von Pfaff (1858), Fizeau (1866) u. a. durchgeführt worden und haben unter anderm ergeben, daß es Kristalle gibt, die sich zwar in zwei Hauptrichtungen ausdehnen, in der dritten aber zusammenziehen. Entsprechend verhält sich auch der Kautschuk (Joule 1860, Bjerkén 1891), bei dem die lineare Ausdehnung negativ, die kubische aber trotzdem positiv ist.

25. Schmelzen und Verdampfen. Von den Aggregatzuständen ist schon im allgemeinen Teile vielfach die Rede gewesen, und es sind dort die großen Gesichtspunkte erörtert worden, die hier in Frage kommen. Aber einige wichtige Ergänzungen müssen hier doch noch gemacht werden. Daß ein Körper aus einem Aggregatzustande in einen andern übergehen kann, ist ja von jeher bekannt gewesen, wie schon das Beispiel des Wassers als Eis, flüssiges Wasser und Wasserdampf zeigt; und schon frühzeitig hat man auch erkannt, bei welchen Temperaturen diese Übergänge stattfinden: Schmelzpunkt und Siedepunkt; das Quecksilber ist z. B. schon 1759 von Braun zum Erstarren gebracht worden. Aber im einzelnen hat sich diese Erkenntnis erst ganz allmählich weiter entwickelt und vertieft; und es seien aus der Fülle des Materials hier einige Gegenstände herausgegriffen. Da ist zunächst die Frage, ob die Erstarrung einer Flüssigkeit und die Verflüssigung eines Gases ohne weiteres von statten geht, sobald die Temperatur den entscheidenden Wert angenommen hat; das ist nun nicht der Fall, es tritt vielmehr die Erscheinung der Unterkühlung auf (1721 von Fahrenheit beim Wasser entdeckt), d. h. eine Flüssigkeit bleibt auch unterhalb ihres Erstarrungspunkts noch flüssig, wenn sie vor jeder Erschütterung und jedem äußern Einfluß bewahrt bleibt; es genügt dann aber der leiseste Eingriff, z. B. ein winziger Anstoß oder das Hineinwerfen eines Körnchens in die Flüssigkeit, um die Erstarrung mit Plötzlichkeit nachzuholen. Und ganz entsprechend bei der Verflüssigung eines Gases; aber die Bedeutung dieser Erscheinung ist hier erst in neuerer Zeit voll gewürdigt worden, und als wichtigstes Beispiel im Haushalt der Natur kann dafür die Tatsache angeführt werden, daß in der Atmosphäre, auch wenn der Sättigungspunkt erreicht ist, Nebelbildung doch nur dann eintritt, wenn sich Kondensationskerne in der Luft befinden; und je zahlreicher sie sind, desto leichter und kräftiger tritt Nebelbildung ein (in der staubfreien Luft von Davos sehr selten, in dem an Kohle-, Kalk- und Salzteilchen reichen London sehr häufig).

Dann die Frage, ob und in welcher Weise die Lage des Schmelz- oder Siedepunkts mit der Natur des betreffenden Stoffes zusammenhängt. Hier ist der allgemeine Zusammenhang sehr verwickelt, und wir sind noch weit davon entfernt, uns ein Bild von diesen Verhältnissen machen zu können (obgleich das periodische System auch hier mancherlei Aufschlüsse gibt); aber einige Tatsachen sind sehr einfach und deutlich, z. B. die, daß eine Legierung leichter schmilzt als man nach den Schmelzpunkten ihrer Bestandteile erwarten müßte; durch systematische Verfolgung dieses Gedankens hat man mit der Zeit immer leichter schmelzbare Legierungen hergestellt (Rose 1772, Wood 1860 usw.).

Damit ist zugleich der Übergang zu der Frage gegeben, wie sich denn überhaupt in dieser Hinsicht einfache und zusammengesetzte Stoffe verhalten, und unter letzteren wiederum die chemisch nicht einheitlichen Körper; da zeigt sich nun, daß hier der Schmelzpunkt immer mehr an Schärfe verliert, daß sich der Schmelzprozeß allmählich vorbereitet; und das kommt am deutlichsten in dem Verhalten des Volumens zum Ausdruck, das nicht plötzlich den neuen Wert annimmt, sondern allmählich, so daß man von einer Schmelzkurve sprechen kann (Abb. 101); hier bietet sich ein reiches Feld für besondere Untersuchungen, und das Bild des Verhaltens der verschiedenen Typen von Stoffen, die man hier unterscheiden kann, ist überaus mannigfaltig und ist in weitgehendem Maße durch graphische Darstellung anschaulich gemacht worden; jedoch gehört das Nähere mehr in die physikalische Chemie. Und auch hier wieder ganz entsprechend bei der Verdampfung, die bei Mischflüssigkeiten nicht streng abgegrenzt, sondern nach und nach verläuft.

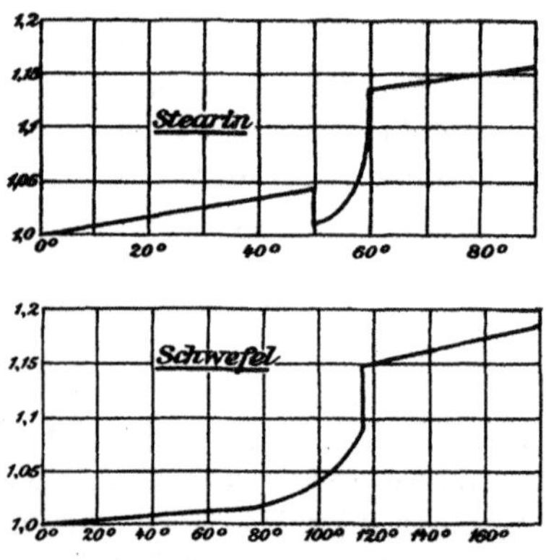

Abb. 101. Schmelzkurven.

Was nun die mit der Änderung des Aggregatzustandes verknüpfte Volumenänderung betrifft, so ist sie bei der Verdampfung stets, bei der Schmelzung in der großen Mehrzahl aller Fälle positiv; aber es gibt Ausnahmen, von denen das Wasser und das Wismut genannt seien; beide ziehen sich bei der Schmelzung zusammen, und beim Wasser hat das für Natur und Technik spezifische Folgen. Übrigens nimmt die Volumenänderung mit steigendem Drucke immer mehr ab, und zwar beim Schmelzen schließlich bis auf null (Tammann 1900). Damit hängt dann auch die Theorie des kritischen Zustandes (S. 159) zusammen, in dem überhaupt keine Volumenänderung mehr erfolgt. Die Frage, ob es auch für die Beziehung zwischen fest und flüssig einen kritischen Punkt gibt, ist von Ostwald, Poynting, Heydweiller u. a. bejaht worden; aber erst Tammann (1896 ff.) hat hier kritisch eingegriffen, eine vollständige Theorie entwickelt und experimentell bestätigt, z. B. durch den Nachweis der Existenz eines Maximalschmelzpunkts. Schließlich hängt mit der Volumenänderung auch die Abhängigkeit des Schmelzpunkts (oder Siedepunkts) vom Druck zusammen; aber davon ist schon im allgemeinen Teile die Rede gewesen.

Bei der Änderung des Aggregatzustandes bleibt unter normalen Versuchsbedingungen die Temperatur unverändert; Schmelzung und Verdampfung sind also isothermische Prozesse. Man nennt die hierbei verbrauchte Wärme, eben weil sie sich am Thermometer nicht äußert, latente Wärme und unterscheidet demgemäß zwischen Schmelzwärme und Verdampfungswärme (außerdem gibt es noch Sublimations-, Lösungs- und andre latente Wärmen); die umgekehrten, frei werdenden Wärmemengen kann man als Erstarrungs- bzw. Verflüssigungswärme bezeichnen. Sowohl die Schmelzwärme (1774) als auch die Verdampfungswärme (1799) ist zuerst wissenschaftlich von BLACK erfaßt und untersucht worden; mit steigender Temperatur nimmt die Schmelzwärme zu, z. B. für Wasser, wo sie bei 0^0 gleich 80 Kalorien ist, pro Grad um 0,63. Außerdem besteht eine Beziehung der Schmelzwärme zum Druckgradienten und zur Schmelztemperatur (s. o.), nämlich $S = T\ (\sigma - s) \cdot (dT/dp)$, wo s und σ die spezifischen Volumina von fester und flüssiger Substanz sind; da nun S und T positiv sind, müssen die beiden andern Faktoren dasselbe Vorzeichen haben, also entweder beide positiv sein, wie bei den meisten Stoffen, oder beide negativ wie bei Wasser (s. o.).

Was andrerseits die Verdampfungswärme betrifft, so ist sie zuerst von DESPRETZ (1823) gemessen worden, die eingehendsten Untersuchungen aber verdankt man REGNAULT (1845), der auch (1859) feststellte, daß sie mit steigender Temperatur abnimmt, und zwar meist gleichförmig, bei Wasser z. B., wo sie enorm hoch ist, von 536 bei 100^0 auf 468 bei 200^0, bei Kohlensäure von 56 bei 0^0 auf 3,7 bei 31^0; beim kritischen Punkte wird die Verdampfungswärme V geradezu null. Besonders interessant ist hier der Zusammenhang mit der spezifischen Wärme des gesättigten Dampfes; für ihn ergibt sich aus der Thermodynamik (KIRCHHOFF u. a.) $c_s = c(\text{fl.}) - (V/T)$; und das ergibt für Temperaturen bis zu 500^0 hinauf für Wasser ein negatives c_s (s. o. S. 234).

VI. Elektrizität und Magnetismus.

26. Tatsachen, Gesetze, Theorien. Wenn man die Geschichte der Elektrizität und des Magnetismus überblickt, macht man eigentümliche Wahrnehmungen. Zunächst die, daß die Tatsachen in einer Reihenfolge bekannt werden, die in der älteren Zeit mehr oder weniger vom Zufall bestimmt wird und erst nach und nach sich mehr folgerichtig und in bewußtem Zusammenhange vollzieht. Und das hängt wesentlich mit der gleichzeitigen Ausbildung der theoretischen Vorstellungen zusammen, die zunächst mehr von Fall zu Fall vorgetragen, dann aber in tieferen Zusammenhang gebracht und schließlich zu einer systematischen Theorie vereinigt werden. Dabei kann man die Geschichte der elektrischen Theorien unter dem Bilde einer einmal herumlaufenden Schraubenlinie im Raume erfassen, deren gegenwärtiger Endpunkt direkt über dem einstigen Anfangspunkte liegt. Sehr charakteristisch für die ganze geschichtliche

Entwicklung ist auch der Umstand, daß die ältere Periode auf dem isolierten Boden weltferner wissenschaftlicher Beobachtung und Gedankenbildung steht, weil es damals noch keinen Anlaß und keine Möglichkeit praktischer Anwendung gab; daß sich dann aber, freilich erst sehr spät, das Bild umkehrt, und die befruchtende Wechselwirkung zwischen Wissenschaft und Technik mehr und mehr in den Vordergrund tritt.

Von den Grundtatsachen sind einige schon im grauen Altertum bekannt gewesen, namentlich die magnetische und elektrische Anziehung und Abstoßung; von ARISTOTELES werden sie schon als längst bekannte Erscheinungen aufgeführt. Aber dabei ist es dann anderthalb Jahrtausende geblieben; aus dieser ganzen Zeit wäre nur die in China, bei den Arabern und schließlich auch im Abendlande verbreitete Kenntnis des Kompasses zu erwähnen. Die erste wissenschaftliche Feststellung scheint PEREGRINUS (1269) gemacht zu haben: die Gegensätzlichkeit der beiden Arten von Magnetpolen, von denen sich gleichnamige abstoßen, ungleichnamige anziehen. Aber wie langsam die Sache vorwärts ging, geht am besten daraus hervor, daß die entsprechende Gegensätzlichkeit der positiven und negativen Elektrizität erst nach wiederum einem halben Jahrtausend, nämlich 1734 von DUFAY klar erkannt worden ist; und das, obgleich inzwischen der Reihe nach HARTMANN (1540), GILBERT (1600) und KIRCHER (1630) die Lehre vom Magnetismus (einschließlich des Erdmagnetismus) bereits in einer für die damalige Zeit erstaunlichen Weise ausgearbeitet, und obgleich GUERICKE schon so etwas Ähnliches wie eine Elektrisiermaschine konstruiert hatte (1663). Handelte es sich bei dieser um das altbekannte Phänomen der Reibungselektrizität, so fand HAWKSBEE 1709 etwas ganz Neues: die elektrische Fernwirkung, also die Elektrisierung ohne unmittelbare Berührung und somit das, was wir jetzt Influenzelektrizität nennen.

Nunmehr aber schlug die Entwicklung ein wesentlich rascheres und schließlich geradezu verblüffend schnelles Tempo ein; man muß sich vergegenwärtigen, was zwischen 1740 und 1840 alles entdeckt worden ist, um einzusehen, daß es auch früher schon Perioden mächtigen wissenschaftlichen Aufschwungs gegeben hat. Im Jahre 1745 erfand KLEIST die Leidener Flasche, bald darauf (1746) beobachtete WINKLER ihre Entladung, und 1752 erkannte FRANKLIN die elektrische Natur des Blitzes. Im Jahre 1756 untersuchte ÄPINUS die freilich schon ein halbes Jahrhundert vorher von holländischen Juwelieren und einzelnen Physikern beobachtete Pyroelektrizität. Den Abschluß dieser Periode bildete COULOMB (1785) durch exakte Messungen elektrischer und magnetischer Fernwirkungen, die ihn dann zu seinem Grundgesetz führten (Vorläufer CAVENDISH 1771 für Elektrizität, TOBIAS MAYER 1760 für Magnetismus). Und schon im nächsten Jahre tat sich etwas Neues auf: die Kontaktelektrizität wurde von GALVANI (1786) entdeckt, aber erst von VOLTA (1792) als solche gedeutet, so daß man das Recht hat, sie als VOLTA-Effekt zu bezeichnen. Darauf setzte dann sofort in lebhaftem Fluß der

Bau und die Anwendung von voltaschen bzw. galvanischen Elementen ein. Die große Bedeutung dieser Entdeckung aber liegt nicht sowohl in dem Phänomen selbst, als darin, daß es nunmehr gelang, von der raschen Bewegung der Elektrizität, wie sie in den Flaschenentladungen auftrat, zu ruhigeren und andauernderen Prozessen überzugehen, die dann zu der Vorstellung des elektrischen Stromes führten und in dem OHMschen Grundgesetz (1827) gipfelten.

Historisch sind wir hierbei nun freilich zu rasch vorgegangen; denn gerade die Zeit um 1820 hatte der Elektrizitätslehre eine unglaubliche Fülle neuer Tatsachen beschert: 1820 entdeckte ÖRSTEDT die Ablenkung der Magnetnadel durch den elektrischen Strom, für die sofort AMPÈRE die Richtungsregel und BIOT und SAVART das quantitative Gesetz formulierten, während SCHWEIGGER und POGGENDORFF auch sogleich die praktische Nutzanwendung auf die Konstruktion des Galvanometers machten. In demselben Jahre fand ARAGO die Magnetisierung des Eisens durch den elektrischen Strom. Und schon im nächsten Jahre (1821) gesellten sich hierzu die beiden AMPÈREschen Entdeckungen: einerseits die Umkehrerscheinung der elektromagnetischen Ablenkung, d. h. die Ablenkung einer Stromschleife durch den Magneten; und andrerseits, als eine schöne und notwendige Ergänzung dieser Reihe von ponderomotorischen Wirkungen die Entdeckung der elektrodynamischen Wirkung, d. h. der Wirkung zweier Stromkreise aufeinander, wofür der Entdecker sofort auch das Grundgesetz formulierte. Gleichzeitig aber wurde die elektromagnetische Wirkung erweitert durch die Beobachtung der Ablenkung des Lichtbogens im Magnetfelde (DAVY) und der elektromagnetischen Rotation (FARADAY) als einer notwendigen Konsequenz der Ablenkung. Und, um dieses Jahr ganz außerordentlich ertragreich zu machen, kam dann noch die Entdeckung der Thermoströme durch SEEBECK, deren Umkehrerscheinungen, der PELTIER-Effekt und der THOMSON-Effekt, allerdings erst später (1834 bzw. 1854) hinzugefügt wurden. Man kann wohl sagen, daß die beiden Jahre 1820 und 1821 auch heute noch unerreicht geblieben sind in der Fülle von Entdeckungen, die den Horizont der elektrischen Wissenschaft in ungeahnter Weise erweitert haben.

Eine neue Ära brach dann 1831 herein, als FARADAY die Induktionsströme entdeckte, und zwar zunächst die gegenseitige Induktion, bald darauf (1835) aber auch die Selbstinduktion (Extrastrom); das ist also eine mit der elektrostatischen Influenz in Parallele stehende Fernwirkung. Und diese Entdeckung ist es, die man als den Ausgangspunkt der ganzen neuern Elektrizitätslehre ansehen kann; wenigstens, was ihre physikalisch-energetische Seite betrifft. Aber auch die andre Seite, die chemisch-atomistische, ließ nicht lange auf sich warten; denn im Jahre 1833 gab derselbe geniale Physiker der, freilich schon 1800 entdeckten Elektrolyse durch die Aufstellung seines Grundgesetzes exakte Gestaltung. Beide Entwicklungszweige nahmen dann einen großartigen Aufschwung; die Konstruktion von Induktorien gipfelte in dem Apparat von RUHMKORFF (1851);

die Elektrolyse andrerseits führte zur Erkenntnis des Phänomens und der Gesetze der Wanderung der Ionen (HITTORF 1853).

Auf die neuere tatsächliche Entwicklung braucht hier nicht eingegangen zu werden, weil sie in den allgemeinen Teil unsrer Darstellung eng verflochten ist. Und dasselbe gilt von den Theorien und ihrer Entwicklung. Nur einiges sei deshalb in Kürze teils wiederholt, teils neu hinzugefügt. Die älteste Theorie der elektrischen und magnetischen Erscheinungen war die der Fluida, und zwar die dualistische oder unitarische, je nachdem auf jedem dieser Gebiete zwei oder nur ein einziges Fluidum angenommen wurde. Die magnetischen Fluida traten aber in den Hintergrund, als man mit AMPÈRE die magnetischen Vorgänge auf elektrische Molekularströme zurückführte (1822); und diese Theorie hat dann in den verschiedensten Formen, bis zur Einführung der Ionen und schließlich der rotierenden Elektronen sich dauernd bewährt. Was aber die Elektrizität betrifft, so trat seit FARADAY und MAXWELL die Feldtheorie in den Vordergrund, und sie hat, wenn sie auch ihre Alleinherrschaft abgeben mußte, doch an Bedeutung kaum eingebüßt, auch nachdem sie Theorien wieder mehr materiellen Typs neben sich dulden mußte: die Ionen- und die Elektronentheorie; daß sich beide sehr gut miteinander vertragen, hat zuerst RICHARZ nachgewiesen, und heute ist es allgemein anerkannt und wird durch eingehende Ausgestaltung der kombinierten Theorie zur Genüge erhärtet. In neuester Zeit haben dann auch hier die Quantentheorie einerseits, die Relativitätstheorie andrerseits eingegriffen; aber davon und von andern Dingen, wie Magnetonen usw., ist bereits die Rede gewesen.

27. Elektrizitätsquellen. Die naturgemäße Gliederung der sehr großen Zahl von Elektrizitätsquellen der verschiedensten Art ergibt sich durch Betrachtung der Energieart, aus der die elektrische Energie gewonnen wird. Es kann das mechanische, chemische, magnetische, kalorische oder an sich bereits elektrische Energie sein; zum Teil greifen freilich diese Fälle ineinander über.

Was die Gewinnung elektrischer Energie aus mechanischer, also aus Bewegung betrifft, so kommen hier zwei ganz verschiedene Prozesse in Frage: die Reibung (einschließlich Stoß, Druck usw.) einerseits und die Bewegung im Magnetfelde andrerseits. Die Reibung liefert das, was man als Reibungselektrizität bezeichnet und stellt die älteste aller Methoden dar; schon im grauen Altertum hat man die Entstehung von Elektrizität durch Reibung von Bernstein und andern Körpern gekannt. Aber erst GUERICKE konstruierte einen, zunächst ganz unvollkommenen Apparat dieser Art (1663), bei dem eine rotierende Schwefelkugel mit der Hand gerieben wurde. Eine brauchbare Elektrisiermaschine kam erst durch die Hinzufügung eines »Konduktors« (BOSE 1744) zustande; und erst durch die im nächsten Jahre erfundene Leidener Flasche gelang es, die gewonnene Elektrizität aufzuspeichern und alsdann zu kräftigen Entladungen zu bringen. Die erste Elektrisiermaschine mit Glasscheiben baute PLANTA (1755), und in der

Folgezeit wurde sie immer mehr vervollkommnet, bis dann im 19. Jahrhundert die Entwicklung im wesentlichen abgeschlossen war. Nur zwei Entdeckungen sind aus dieser Zeit noch zu erwähnen: die von FARADAY (1842), daß bei der Reibung von Flüssigkeiten oder Gasen an festen Körpern ebenfalls Elektrizität entsteht, worauf dann ARMSTRONG (1845) die Dampfelektrisiermaschine konstruierte; und die Elektrizität der Wasserfälle, über die LENARD (1900 ff.) entscheidende Untersuchungen angestellt hat. Für den allgemeinen Gebrauch ist dann die Reibungsmaschine gegenüber der Influenzmaschine (s. u.) völlig in den Hintergrund getreten.

Eine ganz andre Art von Umwandlung mechanischer Energie in elektrische findet bei den magnetelektrischen Maschinen statt. Der erste, grundsätzlich brauchbare Typ war die Maschine von PIXII und DAL NEGRO (1832), eine wesentlich verbesserte rührt von STÖHRER (1843) her, und der wichtigste Fortschritt dieser ersten Periode betrifft den Zylinder- oder Doppel-T-Induktor von SIEMENS (1856). Aber erst in der zweiten Periode, die mit dem Ringanker von PACINOTTI (1860 bzw. 1864) sowie mit der entscheidenden Idee des Dynamoprinzips (SIEMENS 1867) einsetzt und in der Konstruktion der auf dieser Basis aufgebauten GRAMMEschen Maschine (1869) gipfelt, wurde der Anschluß an die technische Praxis erreicht und damit die moderne Elektrotechnik begründet. Denn während man bis dahin auf Stahlmagnete angewiesen war, die sich für große Betriebe als völlig ungeeignet erwiesen, konnte man jetzt mit weichen Eisenkörpern arbeiten, die vermöge gewisser Spuren von Magnetismus, die sie immer besitzen, den Prozeß einleiten, ohne daß hierzu wesentliche magnetische Energie erforderlich wäre; der Anfangsmagnetismus ist hier lediglich das auslösende Prinzip, die Energiequelle selbst ist rein mechanisch (rotatorisch). Daran schließt sich dann die dritte Periode, die der praktischen und ökonomischen Ausgestaltung der Dynamomaschine, wobei das Ringprinzip völlig aufgegeben und die Konfiguration von Feld und Anker (Stator und Rotor) in engstem Anschluß an die Forderungen der Theorie gestaltet wurde. Auf die dabei sich einstellenden verschiedenen Typen (Gleichstom-, Wechselstrom- und Drehstromgenerator) kann hier nicht eingegangen werden.

Zur Erzeugung elektrischer Energie aus chemischer dienen die voltaschen Säulen und die galvanischen Elemente (VOLTA 1799, Trogbatterie von CRUIKSHANK 1800). Das erste leidlich konstante galvanische Element baute DANIELL (1836), und STURGEON (1837) verbesserte es durch Amalgamierung des Zinks. Aus der großen Zahl von Elementen, die dann konstruiert wurden, seien die von GROVE (1839), die beiden von BUNSEN (Kohle mit Salpetersäure bzw. Chromsäure), LECLANCHÉ und MEIDINGER genannt. Spezialitäten stellen dar: die Trockenelemente (BEHRENS 1806, ZAMBONI 1813, BEETZ 1884, neuerdings als Taschenbatterie vielfach verwendet); die Amalgamketten, die Konzentrationsketten, die Hochspannungsbatterien (zuerst, mit Chlorsilber, 1868 von PINCUS und WARREN DE LA RUE) und die Gasketten (GROVE 1839). Nicht eigentlich hierher gehörig sind die Normalelemente, weil sie nicht zur Stromerzeugung, sondern zur Eichung und Kontrolle von Arbeitselementen dienen; es sei aber erwähnt, daß das erste Normalelement (vom DANIELL-Typ) 1864 von RAOULT angegeben worden ist, während die gegenwärtig am meisten üblichen von CLARK (1874), HELMHOLTZ (1882, mit Kalomel) und WESTON (1892, mit Kadmium) herrühren.

Übrigens haben sich die galvanischen Elemente, wie man weiß, zwar für Schwachstromtechnik und kleinen Betrieb, nicht aber für die großen Zwecke der Praxis bewährt, und zwar deshalb nicht, weil der in ihnen sich abspielende Prozeß kein umkehrbarer ist, das Element vielmehr durch den Gebrauch zerstört wird. In dieser Hinsicht weit überlegen sind ihnen (die man nunmehr als Primärelemente bezeichnen wird) die Sekundärelemente; der bahnbrechende Konstrukteur war hier RITTER (1803), die Anwendung von Bleiplatten erfolgte zuerst durch SINSTEDEN (1854); Erfindervorläufer ist PLANTÉ (1859), eigentlicher Erfinder des »Akkumulators« aber ist FAURE (1882); als vollkommenster Typ ist schließlich der Tudorsammler hervorzuheben. Außer dem Bleielement kommt hier nur noch das Eisenelement von EDISON (1905) in Betracht, aber auch dieses nur für gewisse Zwecke. Die Akkumulatoren liefern an sich keinen Strom, weil sie nicht, wie die Primärelemente, zwei chemisch verschiedene, sondern zwei gleichartige Elektroden (beide aus Blei) besitzen, sondern zu diesem Zwecke erst »formiert« werden müssen, wobei die eine der Bleiplatten sich oxydiert; und da das durch »Ladung« geschieht, d. h. mit Hilfe eines hindurchgeschickten elektrischen Stroms, so kann man im Zweifel darüber sein, ob diese Generatoren hierher gehören, d. h. mit chemischer Energie arbeiten, und nicht vielmehr in die Klasse derjenigen, die von vornherein elektrische Energie benutzen und sie nur in andre Formen, Lagen oder Anordnungen bringen; und zwar derart, daß sie bequem aufgespeichert werden kann (daher der Name Sammler oder Akkumulator). Jedenfalls spielen die Akkumulatoren nächst den Dynamomaschinen und zur Ergänzung dieser letzteren in der Technik die größte Rolle.

Sehr viel weniger, als man in der ersten Zeit ihrer Erfindung angenommen hatte, haben sich die mit kalorischer Energie arbeitenden Elektrizitätserzeuger eingeführt; sie kommen heutzutage kaum noch in Betracht. Es sei daher nur kurz erwähnt, daß die Pyroelektrizität (s. o.) überhaupt nur theoretisches Interesse hat, und daß die Thermosäulen auf Grund der ursprünglichen Konstruktion von NOBILI (1830) ihre technische Ausgestaltung durch NOÉ (1870), GÜLCHER (1889) u. a. erhalten haben.

Bleiben noch diejenigen Generatoren übrig, die schon vorhandene elektrische Energie in andern Zustand versetzen, in andre Kreise übertragen usw. Hierher gehört zunächst die Influenzelektrizität in ihren verschiedenen Formen; allerdings ist hier die Elektrizität nur das auslösende Agens, die treibende Energiequelle aber, wie bei den Reibungsmaschinen die Bewegung, so daß wir sie ebenso gut schon oben hätten erledigen können. Das erste Modell einer Influenzmaschine stammt von BELLI (1831), in Aufnahme gekommen sind aber erst die Typen von HOLTZ und TOEPLER (1865) und später die vielscheibigen Maschinen von WIMSHURST (1884), TOEPLER (1886) u. a. Dienen die Influenzmaschinen zur Gewinnung statischer bzw. sich rasch entladender Elektrizität, so spielen die entsprechende Rolle zur Gewinnung elektrischer Ströme die Induktorien, insbesondere das von RUHMKORFF (1851), das dann von FIZEAU (1853) durch Einschaltung des Kondensators vervollkommnet wurde und schließlich in allen denkbaren Formaten gebaut worden ist. In der Ausgestaltung für die Zwecke der Technik erhielt es dann den Namen Umformer oder Transformator (GAULARD und GIBBS 1880, BLATHY, DÉRY und ZIPERNOWSKI 1882) und bildet heute einen Hauptbestandteil großer elektrischer Anlagen. Alle diese Apparate, wissenschaftliche wie technische, haben den Schwerpunkt ihrer Wirksamkeit in der Umgestaltung der Spannung, insbesondere in der Erzeugung hoher Spannung aus niedriger oder normaler; und in dieser Hinsicht ist man, namentlich für die Zwecke der Fernübertragung elektrischer Energie, immer weiter gegangen. Daß schließlich auch die Akkumulatoren in gewissem Sinne hierher gehören, ist bereits bemerkt worden.

28. Strommessung. Ein ungeheuer reiches Arbeitsgebiet ist das der elektrischen Messungen. Es gibt da insbesondere Messungen von Elektrizitätsmengen (Ladungen), von Spannungen (Potentialdifferenzen), elektromotorischen Kräften, von Widerständen, Kapazitäten, Leitfähigkeiten, Stromstärken und integralen Strommengen, von gegenseitigen und Selbstinduktionen, Frequenz und Form von veränderlichen Strömen und elektrischen Schwingungen, und vieles andere. Wir müssen uns hier auf ein Beispiel beschränken und wählen dazu die Messung der Stromstärke.

Die Meßtechnik ist hier zum Teil allgemeinen Charakters, zum Teil aber verschiedenartig für Gleichstrom und Wechselstrom. Jede Wirkung des elektrischen Stroms kann dazu dienen, seine Stärke zu messen; jedoch kommen einige dieser Methoden praktisch nicht in Frage, z. B. die nächstliegende von allen, nämlich die kalorische Methode, mit Benutzung der von dem Strom in dem Leiter erzeugten Wärme; sie kommt deshalb nicht in Frage, weil kalorische Messungen weit unter der Genauigkeitsgrenze der übrigen Methoden liegen (JOULE 1867, DIETERICI 1888 u. a.). Wohl aber kommen sekundäre Folgen der Erwärmung in Betracht, und zwar besonders drei: Erstens die Verlängerung des Leiters infolge der Erwärmung, also die Ausdehnungsmethode. Die Ausdehnung wird durch Hebel und Zeiger vergrößert und auf einer empirisch geeichten Skala abgelesen. In die Praxis des Laboratoriums und der Technik sind diese Apparate unter dem Namen »Hitzdrahtgalvanometer« übergegangen (HANKEL 1848, CARDEW 1884, EBERT 1898, DUDDELL 1904, K. F. SCHMIDT 1905 u. a.). Zweitens die Widerstandsänderung infolge der Erwärmung, also die bolometrische Methode (PAALZOW und RUBENS 1889), die aber mehr für Widerstandsmessung in Frage kommt. Und drittens die thermoelektrische Methode aus der in der Lötstelle eines Thermoelementes auftretenden elektromotorischen Kraft (FEUSSNER 1897, SCHERING 1912 u. a.). Alle diese Apparate sind übrigens nicht besonders genau, erfordern häufige und sorgfältige Nachprüfung und kommen meist nur für Wechselströme in Frage; für diese hat sich dann eine besondere Instrumentalmethodik (Barretter) usw. herausgebildet.

Eine andre Wirkung des elektrischen Stroms, die sich zur Messung seiner Stärke eignet, ist die elektrolytische; ist doch hierdurch auch die absolute Stromeinheit, das Ampere, durch internationale Übereinkunft festgelegt worden. Elektrolytische Strommesser, die sämtlich direkt an das FARADAYsche Grundgesetz anknüpfen, heißen Voltameter; sie liefern unmittelbar die ganze, während einer bestimmten Zeit hindurchgeflossene Strommenge, also durch Division mit der Zeit die mittlere Stromstärke; ihre Genauigkeit hängt stark von der Wahl des zu zersetzenden Stoffes ab; nur mäßig ist sie bei dem Knallgasvoltameter, größer beim Kupfer- und Quecksilbervoltameter, am größten beim Silbervoltameter (DAVY 1802, POGGENDORFF 1839, BUNSEN 1854 u. v. a.). Zu unterscheiden ist dabei zwischen Volumen- und Gewichtsvoltametern, je nachdem man Volumen oder Gewicht des Endproduktes mißt; jene spielen bei Gasen, diese bei festen und flüssigen Produkten die Hauptrolle.

Unter den optischen Methoden kommt wesentlich diejenige auf Grund der magnetischen Drehung der Polarisationsebene des Lichts in Betracht, freilich nur für starke Ströme, dann aber auch sehr bequem und genau (DU BOIS, KÖPSEL u. a.); als Flüssigkeit dient am besten Schwefelkohlenstoff oder Wasser.

Alle diese Methoden treten indessen in den Hintergrund gegenüber denen, die auf der elektromagnetischen Fernwirkung des Stromes, also auf der Ablenkung der Magnetnadel beruhen. Die hierher gehörigen Apparate haben der Reihe nach die Namen Bussole, speziell Tangentenbussole, Multiplikator, Galvanometer, Amperemeter usw. erhalten. Der erste Multiplikator ist 1820 von SCHWEIGGER und POGGENDORFF konstruiert, 1821 durch HAUY (Astasierung der Nadel durch einen festen Richtmagneten) und 1834 durch NOBILI (astatisches Nadelpaar) vervollkommnet worden; die Idee des Differentialgalvanometers rührt von BECQUEREL (1826), die Einführung der Spiegelablesung von GAUSS und WEBER (1833) her; WEBER war es dann auch (1838), der die verschiedenen Beobachtungsmethoden (Ausschlags-, ballistische, Zurückwerfungsmethode usw.) ausgearbeitet hat, die sich dann für die verschiedenen Zwecke außerordentlich bewährt haben. Um dieselbe Zeit (1837) hat dann POUILLET die Tangentenbussole gebaut, die seitdem das Normalinstrument für wissenschaftliche Strommessung geworden ist, und die dann die Nachfolger in den verschiedensten Richtungen vervollkommnet haben, namentlich GAUGAIN (1854) und HELMHOLTZ (1866) im Sinne einer homogeneren Gestaltung des Magnetfeldes am Sitze der Nadel (Abb. 102); ähnliche Zwecke verfolgt auch der Tangentenmultiplikator von RIECKE (1878). Die vollkommensten Typen sind dann das Panzergalvanometer von DU BOIS und RUBENS (1895), die Instrumente von PASCHEN, Lord KELVIN, SIEMENS u. v. a. Bei allen diesen Instrumenten handelt es sich um die elektromagnetische Wirkung im engeren

Sinne; aber auch die umgekehrte Wirkung kann man zur Strommessung benutzen, d. h. die magnetelektrische, also die Ablenkung einer leichten Stromspule durch einen festen Magneten. Hierauf beruhen die von DEPREZ und DARSONVAL (1881) erfundenen und seitdem vielfach variierten Drehspulgalvanometer; sie haben insbesondere den Vorteil, durch äußere Störungen (elektrische Straßenbahnen usw.) nicht in gleichem Maße wie die elektromagnetischen beeinflußt zu werden. Schließlich sind dann die zahlreichen Typen technischer Strommesser (Lord KELVIN 1862, KOHLRAUSCH 1880 usw.) anzuführen, die übrigens nur zum Teil mit Ablenkung, zum andern aber mit Anziehung oder Abstoßung arbeiten, so die für rasche und annähernd exakte Messung sehr brauchbaren Federgalvanometer, die freilich von Zeit zu Zeit kontrolliert werden müssen.

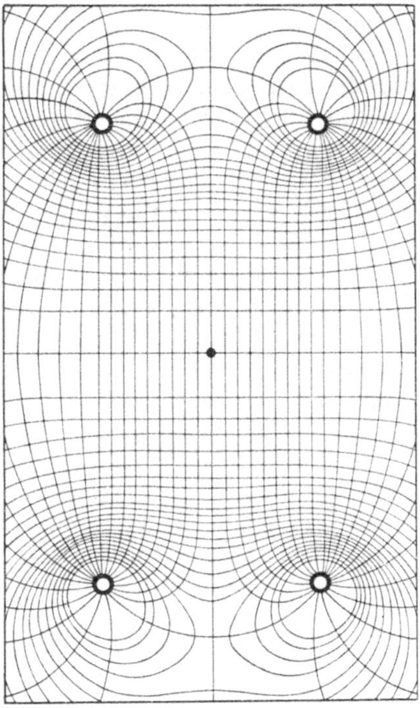

Abb. 102. Feld der HELMHOLTZschen Bussole.

Für Wechselströme kommen von den obigen Methoden offenbar nur einige in Frage; insbesondere ist das Galvanometer hier ungeeignet, da seine Nadel keine Ablenkung erfahren, sondern lediglich in ununterbrochenes Zittern geraten würde, und zwar in gleicher Weise bei den elektromagnetischen wie bei den magnetelektrischen Typen. An seine Stelle tritt hier das Elektrodynamometer, bei dem beide aufeinander wirkende Teile, der feststehende und der drehbare, vom Spulencharakter sind und durch einen und denselben Strom, eben den zu messenden, durchlaufen werden; das Drehungsmoment ist dann mit dem Quadrat der Stromstärke proportional, und deshalb entsteht eine dauernde Ablenkung, obgleich die Stromstärke selbst fortwährend das Zeichen wechselt. Es gibt vier verschiedene Anwendungsweisen, je nachdem mit dem Ablenkungs- oder dem Torsionsverfahren, und je nachdem mit unifilarer oder bifilarer Aufhängung gearbeitet wird; entsprechend weichen die vier Berechnungsformeln voneinander ab. Das Elektrodynamometer ist von WILHELM WEBER (1846) konstruiert worden, Vervollkommnungen in der einen oder andern Richtung verdankt man KOHLRAUSCH, SIEMENS u. a. Wenn die Ablenkung nicht direkt gemessen, sondern durch Eingreifen der Schwerkraft kompensiert wird, erhält man den Typus der elektrodynamischen Wage (Lord RAYLEIGH 1884, HELMHOLTZ und

Kahle 1896, Lord Kelvin u. a.). Bei dem Nadelelektrodynamometer (Bellati 1883, Giltay 1885) ist zwar nur der eine Körper eine Spule, der andre aber ein weiches Eisenstäbchen; die Wirkung ist aber trotzdem einseitig, weil sich mit der Stromrichtung auch die Magnetisierung des Stäbchens umkehrt.

Besonders geeignet für Wechselströme sind die Schwingungsapparate, beruhend auf der Messung der Schwingungen eines Eisenkörpers infolge der Einwirkung des Wechselstroms. Die erste Theorie und Praxis solcher Messungen rührt von Frölich (1889) her; der brauchbarste, hieran anknüpfende Apparat aber ist das optische Telephon von M. Wien (1891); es kann nach Belieben zur Messung von konstanten, langsam oder rasch veränderlichen Strömen verwandt werden. Während hier Membranschwingungen benutzt werden, sind es bei den Vibrationsgalvanometern (Rubens 1895) Torsionsschwingungen einer Metallsaite. Schließlich kann man die Apparatur derart vervollkommnen, daß man nicht bloß die Maximal- oder Effektivstärke, sondern den ganzen Verlauf des Wechselstroms aufgezeichnet erhält: Oszillographen, und zwar Nadel-, Schleifen- und Saitenoszillographen (Blondel, Duddell, Edelmann u. a.).

Schließlich gehört hierher in gewissem Sinne auch die große Klasse der namentlich für die Praxis wichtigen Stromzähler, die die gesamte, über einen bestimmten Zeitraum integrierte Stromstärke (oder Stromarbeit) abzulesen erlauben; sie sind auf die verschiedensten Prinzipien (elektromagnetisch, elektrodynamisch, induktiv, elektrochemisch, wie z. B. der Stia-Zähler von Hatfield) begründet und können hier nur eben erwähnt werden.

29. Dielektrizität. Daß die sogenannte elektrostatische Fernwirkung ihrer Stärke nach von der Natur des Zwischenmediums abhängt, ist schon in früheren Jahrhunderten (Muschenbroek, Wilcke, Cavendish u. a.) gelegentlich beobachtet worden. Aber erst Faraday (1837) hat diesen Einfluß systematisch untersucht, die Umkehrung hinzugefügt, daß das Medium selbst dadurch verändert wird, und als erster betont, daß daraufhin die Fernwirkungstheorie durch eine Schichtwirkungstheorie ersetzt werden müsse. Jedes isolierende Medium läßt sich hiernach durch eine Zahlenkonstante kennzeichnen, die Faraday als spezifische induktive Kapazität bezeichnete und die noch heute in England vielfach so genannt, in den meisten Ländern aber als Dielektrizitätskonstante bezeichnet wird; das Medium selbst heißt Dielektrikum. Später erst ist die Frage aufgeworfen, ob nicht auch Leiter außer ihrer Leitfähigkeit als zweite Materialkonstante eben eine Dielektrizitätskonstante haben; aber diese Frage ist viel schwerer zu behandeln und soll deshalb zurückgestellt werden.

Die älteste Theorie ist von Mossotti (1848) aufgestellt und später (1874) von Clausius weiter ausgeführt worden; hiernach besteht ein Isolator aus lauter kleinen Kugeln, in denen durch die elektrische Spannung eine Scheidung der Ladungen bewirkt wird; bei Kristallen muß man dann nach Lampa (1895) die Kugeln durch andre Formen ersetzen. Ähnlichen Charakters ist die Ionen- und Dipoltheorie von Helmholtz (1870), während bei der Modifikation, die ihr von DEBYE, SCHRÖDINGER und KROO (1912) gegeben worden ist, die Körperchen schon von vornherein polar gekennzeichnet sind und durch die Spannung nur gerichtet werden (Analogie mit der entsprechenden Theorie des Magnetismus). Inzwischen waren aber die älteren Theorien der Reihe nach abgelöst worden erstens durch die MAXWELLsche Feldtheorie und zweitens durch die Elektronentheorie, durch deren geeignete Kombination sich das wesentliche Tatsachenmaterial in ausgezeichneter und fast vollständiger Weise darstellen läßt.

Die Methoden zur Bestimmung der Dielektrizitätskonstante ε sind sehr zahlreich; die drei wichtigsten sind die Kapazitätsmethode ($C = \varepsilon C_0$), die Kraftmethode auf Grund des COULOMBschen Gesetzes ($K = (1/\varepsilon) \cdot (e_1 e_2)/r^2$) und die Wellenmethode, aus der Fortpflanzungsgeschwindigkeit elektrischer Wellen ($V = \varepsilon V_0$); je nachdem es sich um feste, flüssige oder gasige Stoffe handelt, müssen diese Methoden in verschiedener Weise ausgestaltet werden. Sie sind sämtlich erst von 1870 an durch BOLTZMANN, SILOW, QUINCKE, DRUDE, LECHER, RUBENS, ARONS, COHN, GORDON, WINKELMANN u. v. a. ausgearbeitet worden und liefern, wenigstens für eine große Anzahl von Stoffen, gut übereinstimmende Werte. Dabei zeigt sich eine grundlegende Beziehung vielfach erfüllt, die zuerst von MAXWELL aufgestellt worden ist und in der Neugestaltung unserer Vorstellungen von den elektrischen und optischen Erscheinungen eine führende Rolle gespielt hat: die Beziehung $\varepsilon = n^2$, wo n der optische Brechungsquotient ist. Es gibt indessen Stoffe, für die dies nur annähernd und noch andre, für die es überhaupt nicht erfüllt ist; für Wasser z. B. ergibt sich ein schreiender Widerspruch zwischen den Tatsachen und der Formel, da hier $n = 1{,}33$, dagegen $\varepsilon = 80$ ist. Man hat aber sehr bald eingesehen, daß man die Formel deshalb nicht aufzugeben braucht, daß es vielmehr genügt, sie zu vervollständigen, und zwar mit Rücksicht auf die Erwägung, daß sowohl ε wie n von der Wellenlänge, d. h. von der Frequenz der Schwingungen abhängt, und daß man daher keine Übereinstimmung erwarten darf, wenn man n für optische, ε dagegen für die viel kleineren elektrischen Frequenzen oder gar, wie bei den beiden ersten Methoden, für statische Ladungen ermittelt. Des weiteren hat dann MAXWELL und nach ihm BOLTZMANN gezeigt, daß die Abhängigkeit, die ε von der Frequenz aufweist, also die elektrische Dispersion, gerade wie die optische Dispersion in engem Zusammenhange mit der Absorption steht, wie sie durch den Absorptionskoeffizienten $\varkappa$ gekennzeichnet wird; dadurch gelangt man zu der verallgemeinerten Formel: $\varepsilon = n^2(1 - \varkappa^2)$. Aber auch diese Formel versagt vielfach gänzlich, und zwar wegen der Dispersionsanomalien, die teils innerhalb des elektrischen, teils innerhalb des optischen, teils zwischen beiden Bereichen auftreten; gerade das Wasser bietet dafür ein krasses Beispiel. Will man also sicher gehen, so muß man n nicht auf optischem Wege, sondern mit Benutzung elektrischer Wellen, d. h. durch Vergleichung der Fortpflanzungsgeschwindigkeit in Luft und dem betreffenden Medium (oder durch wirkliche Brechung beim Übergang vom einen zum andern) bestimmen, und dann erhält man, wie RIGHI und DRUDE gezeigt haben, in der Tat den gewünschten Wert $n = 9$. Was aber die Absorption betrifft, so ist sie ihrerseits wiederum nur ein veränderter Ausdruck für das, was man in der Elektrizitätslehre die Leitfähigkeit nennt; die ganze Schwierigkeit entsteht also schließlich dadurch, daß es sich häufig um Stoffe handelt, welche außer ihrer Dielektrizitätskonstante ε auch noch eine Leitfähigkeit λ besitzen, und daß bei ihnen sich die Wirkungen beider Eigenschaften in verwickelter Weise kombinieren. Für Wasser (und andre Substanzen) hat man dann in den letzten Jahrzehnten den Verlauf von ε und n mit veränderter Frequenz über den ganzen Bereich der chemischen, optischen, kalorischen und elektrischen Strahlen verfolgt und dabei außerordentlich verwickelte Kurven gefunden, die z. B. beim Wasser, entsprechend dem Auftreten von Absorptionsstreifen, zahlreiche Maxima und Minima aufweisen. — Außer der MAXWELLschen Grundbeziehung sind übrigens noch mehrere andre aufgestellt worden, so die von MOSSOTTI und CLAUSIUS; sie haben aber sämtlich teils beschränkte, teils überhaupt zweifelhafte Bedeutung.

Im einzelnen ist noch folgendes zu erwähnen. Die größte Dielektrizitätskonstante (wenn man von einer Einzelbestimmung für Jodblei absieht), nämlich 80, hat das Wasser, das sich also auch in dieser Hinsicht, wie in so vielen andern, ganz extrem verhält; dann kommen die verschiedenen Alkohole, die auch hier (wie sonst vielfach) eine gesetzmäßige Reihe bilden (Methylalkohol 33, Äthylalkohol 26, Propylalkohol 21, Amylalkohol 16); von festen Körpern interessieren besonders die Gläser, für die sich ε zwischen 5 und 10 bewegt, aber in neuester Zeit im Jenaer Glaswerk im Interesse gewisser technischer Anwendungen bis auf 15 hinaufgetrieben worden ist. Dagegen haben die allermeisten Stoffe Werte zwischen 2 und 4, und bei den Gasen weicht er durchweg nur sehr wenig (um einige tausentel bis zwei hundertel) von eins ab. Der Einfluß der Temperatur ist meist unbedeutend und nicht von einheitlicher Tendenz, indem bei den festen Körpern meist Zunahme, bei den Flüssigkeiten dagegen Abnahme erfolgt. Sehr beträchtlich wird diese Abnahme allerdings, wenn man zu sehr tiefen Temperaturen übergeht (FLEMING und DEWAR 1897); jedoch besteht über die Zuverlässigkeit der Zahlen noch mancher Zweifel. Bei Kristallen, über die zuerst BOLTZMANN (1870) genaue Versuche angestellt hat, treten der MAXWELLschen Theorie gemäß drei neue Größen, die Hauptdielektrizitätskonstanten, an die Stelle von ε; indessen sei bemerkt, daß sie für die meisten Kristalle nicht sehr erheblich voneinander abweichen.

Schließlich sei auf sehr interessante Anomalien hingewiesen, die teils in konstanten oder langsam veränderlichen, teils in Wechsel- oder Drehfeldern auftreten und ganz besonders in dem Phänomen des reversiblen oder des irreversiblen anomalen Stroms gipfeln. Es handelt sich hier um eine kaum übersehbare Fülle von Einzelbeobachtungen zum Teil schon älteren Datums; aber erst in neuerer und neuester Zeit ist, insbesondere von SCHWEIDLER, System in die Gesamtheit derselben gebracht worden (1902 ff.); bei ihm findet man auch eine Zusammenstellung der Literatur.

30. Stationäre elektrische Ströme. Nachdem man schon seit mehr als einem Jahrhundert zwischen Isolatoren und Leitern der Elektrizität unterschieden und in letzteren die Fortpflanzung einer Erregung beobachtet hatte, bedurfte es doch erst noch verschiedener Etappen, bis man zu dem Phänomen gelangte, daß man als elektrischen Strom bezeichnet (vgl. S. 97). Erst mit VOLTAscher Elektrizität sind die einfachen Vorbedingungen dazu gegeben, und erst durch eine scharfsinnige mathematische Analyse der Spannungsverhältnisse konnte man zu einer gesetzmäßigen Formulierung gelangen. Dies getan zu haben, ist das Verdienst von GEORG SIMON OHM (1827), und es wird dadurch nicht geschmälert, daß auch bei OHM noch unklare Gedanken mit unterlaufen, und das an sich richtige Ergebnis daher nur ein Produkt günstigen Zufalls ist; aber andrerseits legt dieser Sachverhalt es nahe, zugleich mit ihm auch schon KIRCHHOFF zu nennen, der (1848) die Grundlegung und Durchführung von allen Unklarheiten befreit und den Anschluß an die Elektrostatik und allgemeine Potentialtheorie gefunden hat (zwischen OHM und KIRCHHOFF ist etwa noch FECHNER, 1831, einzuschieben).

Von den drei Größen, um deren gesetzmäßige Beziehung zueinander es sich handelt, ist die eine, die elektromotorische Kraft, schon vor OHM als Spannung, Potentialdifferenz usw. bekannt gewesen; und die entscheidende Feststellung, die OHM hier machte, war der gleichförmige Abfall des Potentials vom Anfang bis zum Ende des Leiters, insoweit er überall geometrisch und physikalisch gleichartig ist; während an Stellen elektromotorischer Kräfte plötzliche Abfälle, an Stellen, wo verschiedenartige Leiter aneinander stoßen, Knicke der Kurve entstehen. Die beiden andern Größen aber mußten erst geformt werden, und zwar von Grund aus. Muß man doch bedenken, daß in dem nächstliegenden Falle, dem eines metallischen Leiters, die Vorstellung eines elektrischen Stroms zunächst völlig abstrakt war und es bis heute in gewissem Sinne geblieben ist, als ein vom Flüssigkeitsstrome hergenommenes Bild, dem aber hier zunächst keine Wirklichkeit entspricht (s. S. 98); denn ein Transport von Materie findet hier auch in langen Zeiten des Stromdurchgangs nicht statt (RIECKE 1901); und die etwaige feinere Strömung (Ionen, Elektronen usw.) mußte erst ganz allmählich ausgebaut werden (RIECKE, DRUDE u. a., s. o. S. 98). Bezeichnend in dieser Hinsicht ist es, daß der Ausdruck »elektrischer Strom« erst ziemlich spät auftritt, und noch ÖRSTEDT spricht von elektrischem »conflictus«. Auch der Begriff der Stromstärke ist nicht so klar, wie es scheinen möchte, besonders wenn man statt Stärke Intensität sagt, wie es gewöhnlich geschieht; denn das erweckt die falsche Vorstellung, als ob es sich hier um etwas Intensives, um den Intensitätsfaktor der Energie handle, während es gerade umgekehrt der Extensitätsfaktor ist (denn der Intensitätsfaktor ist ja die Spannung). Die dritte Größe endlich spielt offenbar die entsprechende Rolle wie in der Mechanik die Masse in der Gleichung $b = k/m$; und so erhält man das OHMsche Gesetz in der Form $i = e/w$ oder allgemeiner $i = \Sigma e / \Sigma w$. Indessen frägt es sich eben, und das ist der springende Punkt in OHMS Gedankengange, welche Bedeutung w hat, und wovon es abhängt; und insbesondere die Forderung, daß es jedenfalls nicht von e und i abhänge (sonst hätte das OHMsche Gesetz keinen positiven Sinn). OHM hat nun hier eine strenge Analyse durchgeführt und die Größe w aus drei Faktoren aufgebaut: Länge l, Querschnitt q und spezifisches Leitvermögen λ des linearen Leiters, nämlich $w = l/\lambda q$. Er bezeichnete diese Größe als reduzierte Länge des Leiters, und erst später hat sich dafür der Name Widerstand eingestellt, der dann rasch in Aufnahme gekommen ist — wieder in Analogie mit der Mechanik, wo ja die Masse ebenfalls Widerstand, nämlich gegen Beschleunigung, ist. Schließlich sei bemerkt, daß die absolute Maßfestsetzung der drei Größen des OHMschen Gesetzes (Volt, Ampère, Ohm) erst sehr viel später erfolgt ist.

Was nun die experimentelle Seite der ganzen Frage betrifft, so ist zweierlei zu unterscheiden, die Prüfung des geradlinigen Abfalls des Potentials und die Prüfung des OHMschen Gesetzes. Erstere ist schon 1801 von ERMANN und dann von vielen andern Beobachtern mit positivem Ergebnis durchgeführt worden; und dabei zeigt sich dann auch die Grenze, bis zu der die Gültigkeit des Satzes reicht, nämlich bis dahin, wo die Abgabe von Elektrizität nach außen im Vergleich mit der Gesamtbewegung einen merklichen Wert erreicht, wenn also entweder das Medium, in dem sich der Leiter befindet, nicht hinreichend isoliert (sehr feuchte Luft) oder der Leiter selbst zu den schlechteren Leitern gehört (feuchte Seidenschnur), oder wenn die Spannung besonders groß ist. Die beiden ersten Fälle hat namentlich GAUGAIN (1860) bei seinen Versuchen kombiniert und die Abweichungen vom geradlinigen Abfall des Potentials im Sinne einer Ausbuchtung nach unten (gerade wie bei der Wärmeleitung, s. S. 93) festgestellt; bei Hochspannungsströmen andrerseits spielt ja der Verlust nach außen in der modernen Technik eine große Rolle. — Die Prüfung des OHMschen Gesetzes selbst ist schon frühzeitig von POUILLET, BEETZ u. a. versucht, in besonders gründlicher Weise aber von einer Kommission der British Association (MAXWELL u. a. 1874) durchgeführt worden, und zwar nach verschiedenen, einander ergänzenden Methoden und mit dem Ergebnis, daß keine auch noch so kleine Abweichung gefunden wurde. Trotzdem gibt es Fälle, auf die das Gesetz nicht anwendbar ist, auch nicht annähernd; und zwar insbesondere die folgenden, die hier eben nur erwähnt werden können, weil sie außerhalb des Rahmens unsrer Betrachtung liegen: 1. Gewisse Halbleiter und anomale Leiter, in denen beim Stromdurchgang besondere Erscheinungen auftreten; 2. Wechselströme, bei denen die Mitwirkung von Kapazität und Selbstinduktion neue Verhältnisse schafft; 3. Gase, besonders verdünnte Gase, in denen mehrere Phasen zu unterscheiden sind, die nur zum Teil dem OHMschen Gesetze gehorchen. Im übrigen ist die Frage, welche Bedeutung alle denkbaren Abweichungen vom OHMschen Gesetz haben, und inwieweit sie als »wahre« oder als »scheinbare« Abweichungen zu bezeichnen seien, sehr gründlich von STARK (1901) und MARX (1903) erörtert und klargestellt worden.

Bisher war von einfachen, linearen Schließungen die Rede; ihnen stehen zunächst die zwar auch noch linearen, aber verzweigten Schließungen gegenüber. Für sie hat schon OHM einige Angaben gemacht, KIRCHHOFF (1847) hat dann die Aufgabe, die Stromstärken in den einzelnen Zweigen anzugeben, vollständig gelöst, und später sind dann seine Formeln in die allgemeinste, andrerseits aber auch in die praktisch bequemste Form gebracht worden (MAXWELL 1856, WASSMUTH 1896, AHRENS 1897, FEUSSNER 1902); neben der rechnerischen ist dann auch die graphische Methode ausgebildet worden. Ein interessantes und wichtiges Spezialproblem, das hierher gehört, ist das der Reihen- und Parallelschaltung von Leitern einerseits, von Stromerzeugern andrerseits; bei dem letzteren Problem kommt man zu dem Ergebnis, daß man durch beliebige Steigerung der Anzahl der Elemente (Primär-, Sekundärelemente, Maschinen usw.) doch die Stromstärke nur bis zu einer endlichen Grenze, und zwar einer recht mäßigen steigern kann, nämlich bei der Reihenschaltung bis zu $I = e/w$, wo e die elektromotorische Kraft und w der Widerstand eines einzelnen Stromerzeugers ist, und bei Parallelschaltung $I' = e/w_0$, wo w_0 der äußere Widerstand der Schließung ist; dagegen kann man bei Anwendung gemischter Schaltung der n-Elemente (n/k-Gruppen zu je k-Elementen) beliebig weit kommen gemäß der Formel $I = {}^1/_2 e\sqrt{n/(w \cdot w_0)}$ (AUERBACH 1887); und zugleich ist $k_{\max} = \sqrt{n(w/w_0)}$ (POGGENDORFF 1842); es muß also der innere Widerstand gleich dem äußern gemacht werden; freilich ist hierbei der Wirkungsgrad nur ein halb, während er bei der reinen Parallelschaltung am größten ist (WEINHOLD 1887).

Von großer Bedeutung für die Meßtechnik sind die Strombrücken: WHEATSTONE 1844, THOMSON 1862, FRÖLICH 1887 (letztere die allgemeinste), PAALZOW und RUBENS (1889) u. a. In der Praxis, besonders für die Verteilung elektrischer Kraft in verzweigten Netzen, Anordnung der Lampen dabei usw. hat sich dann eine äußerst mannigfaltige Schaltung herausgebildet (Reihen-, Parallel-, gemischte Schaltung, verzweigte Leitung, Speiseleitung, Drei- und Fünfleitersystem usw.).

Den linearen Leitern stehen die zwei- und dreidimensionalen gegenüber. Hier läßt sich das OHMsche Gesetz und alles, was sich an dieses anschließt, nur unter der Voraussetzung übertragen, daß zunächst der Begriff des Widerstandes allgemeiner und trotzdem eindeutig und frei von Unklarheiten gefaßt, und daß alsdann der Verlauf der Stromlinien und der auf ihnen senkrechten Niveaulinien bzw. Niveauflächen festgestellt wird; grundlegend hierfür wurden die Arbeiten von KIRCHHOFF (1845), SMAASEN (1846, Widerstand körperlicher Leiter), HELMHOLTZ (1853, Superpositionsprinzip) u. a. Dabei ergibt sich das die ganze Theorie überaus vereinfachende Resultat, daß man die einzelnen Stromlinien, obgleich sie doch unmittelbar nebeneinander liegen, doch als voneinander isoliert ansehen kann; mit andern Worten, nach der Verzweigung an der Eintrittsstelle findet keine weitere Verzweigung statt, und die einzige Wiedervereinigung erfolgt an der Austrittsstelle. Was insbesondere die Flächenströme betrifft, so ist ihre rechnerische Behandlung in weitem Umfange möglich geworden durch die Anwendung der Methode der komplexen Größen und der konformen Abbildung, sei es von Ebene zu Ebene, sei es zwischen krummen Flächen und Ebenen (erste Lösung von Boltzmann 1865); gegenwärtig kann man wohl, dank der Mitarbeit zahlreicher Theoretiker, so ziemlich alle wünschenswerten Fälle rechnerisch und zeichnerisch behandeln und alsdann durch experimentelle Prüfung mit einer leicht ersichtlichen Anordnung von Nebenelektroden und Stromanzeiger bestätigen. Bei körperlichen Strömen läßt sich eine ebenso elegante Theorie natürlich nicht entwickeln; aber auch hier hat man zahlreiche Fälle mit Benutzung geeigneter allgemeiner Sätze und Ideen (Maxwell, Kirchhoff, F. Neumann, Weber, Volterra u. a.) gelöst und insbesondere für viele praktisch wichtige Anordnungen den räumlichen Widerstand ermittelt, z. B. von galvanischen Elementen, Akkumulatoren und Telegraphenwiderständen (Erdleitungen usw.).

Schließlich sei noch auf zwei interessante Phänomene hingewiesen. Das eine ist die elektrochemische Sichtbarmachung der Stromverteilung in körperlichen Leitern in Gestalt der Nobilischen Ringe (1827 u. 1834, Theorie von Riemann 1855, Erweiterung der Versuche durch Guebhardt 1880 ff.). Das andre ist die Brechung der elektrischen Stromlinien beim Übergang von einem Medium in ein andres (Theorie von Kirchhoff 1845, Versuche von Quincke 1856); interessant ist, daß das konstante Verhältnis hier nicht, wie beim Licht, das der Sinus, sondern das der Tangenten ist, und daß somit der Fall der totalen Reflexion hier nicht eintreten kann.

31. Elektrothermik und Thermoelektrizität. Hierunter kann man die Gesamtheit der Wechselbeziehungen zwischen thermischen und elektrischen Vorgängen zusammenfassen, also einerseits die Wärmewirkungen der Elektrizität und andrerseits die elektrischen Wirkungen der Wärme. Die ältesten hierher gehörigen Beobachtungen scheinen die von Children (1815) zu sein, der schon elektrische Glüh- und Schmelzversuche in größerem Maßstabe anstellte und z. B. einen $8\frac{1}{2}$ Fuß langen und 0,11 Zoll dicken Platindraht bis zur Rotglut erhitzte; und bald darauf (1821) hat Davy auch schon vergleichende Untersuchungen über die Erwärmung verschiedener Metalle angestellt. Dann folgte eine Periode, wo man sich mehr den Wärmewirkungen bei der Entladung eines Kondensators zuwandte; hier ist als erster Beobachter Snow Harris (1826) und als gründlichster Peter Riess (1837) zu nennen; letzterer hat bereits die hauptsächlichsten Gesetzmäßigkeiten erkannt. Die eigentliche Stromwärme aber ist erst von Joule (1840) untersucht worden und heißt daher jetzt vielfach Joule-Effekt. Nach dem Jouleschen Gesetz ist die entwickelte Wärme erstens mit der Zeit des Stromdurchgangs proportional und zweitens eine Funktion von zwei beliebig gewählten unter den drei im OHMschen Gesetz vorkommenden Größen, also für die Zeiteinheit: $W = i^2w = e^2/w = ei$, also mit dem Widerstande bei gegebener Stromstärke direkt, bei gegebener elektromotorischer Kraft umgekehrt proportional. Bestätigung lieferten bald darauf E. BECQUEREL (1843), LENZ (1844) und BOTTO (1845); die genauesten Messungen aber hat v. QUINTUS ICILIUS (1857) durchgeführt. Noch in neuester Zeit hat dann LUMMER (1913) umfangreiche Messungen angestellt und u. a. die Temperatur des glühenden Platinfadens in Glühlampen bestimmt. Daß auch in Flüssigkeiten der JOULE-Effekt in ganz entsprechender Weise auftritt, hat zuerst JAHN (1885) nachgewiesen. Dagegen ist die Erwärmung der Gase beim Durchgange des elektrischen Stroms durch sie (sei es im normalen, sei es im verdünnten Zustande) so verwickelt, daß hier nur eben darauf hingewiesen werden kann.

In seiner berühmten Abhandlung über die Erhaltung der Kraft hat dann HELMHOLTZ (1847) gezeigt, daß alle die obigen Formeln nur dasselbe aussagen, nämlich die Erhaltung der Energie bei der Umwandlung von Elektrizität in Wärme, daß sie aus dem OHMschen Gesetze folgen, und daß man umgekehrt dieses letztere aus dem JOULEschen, mit Rücksicht auf das Energieprinzip, ableiten kann. Es sei gleich hier bemerkt, daß man später auch den zweiten Hauptsatz der Thermodynamik auf die elektrothermischen und thermoelektrischen Erscheinungen mit Erfolg angewandt hat, und daß man damit erst zu einem vollen Verständnis des ganzen Komplexes gelangt ist. Was insbesondere den JOULE-Effekt betrifft, so hat ihn zuerst CLAUSIUS (1852) theoretisch behandelt, andre sind ihm nachgefolgt, und DIETERICI (1888) hat auf Grund dieser Theorie und genauester Messungen der Stromwärme das Wärmeäquivalent bestimmt.

Die Stromwärme macht sich nicht bloß in dem Schließungsdraht, sondern auch in den erzeugenden galvanischen Elementen geltend; man kann diese Wärme, im Gegensatz zur äußern, als innere und das Verhältnis beider als elektrothermischen Wirkungsgrad bezeichnen; er bewegt sich meist zwischen 70 und 95 Prozent, und nur in einigen verwickelten Fällen steigt er auf über 100 Prozent, d. h. das Element selbst kühlt sich sogar ab; der Prozeß ist dann energetisch anomal und steht in einem besonderen, näher zu prüfenden Verhältnis zum zweiten Hauptsatz (F. BRAUN u. a.).

Bisher ist lediglich von der in dem Leiter erzeugten Wärme die Rede gewesen; eine zweite, daran sich unmittelbar anschließende Frage ist die nach der Temperatur, die er infolgedessen annimmt. Diese Frage ist deshalb nicht so einfach zu beantworten, weil es darauf ankommt, ob die Wärme vollständig in dem Leiter bleibt oder ob sie und bis zu welchem Grade sie ihm durch Abgabe nach außen wieder entzogen wird; im erstern Falle muß die Temperatur dauernd steigen, im letztern wird sie im allgemeinen einen stationären Wert annehmen, und für beide Fälle lassen sich interessante Gesetze aufstellen, die auch für die Praxis von großer Bedeutung sind und, je nachdem es sich um blanken oder umkleideten

Draht handelt, verschieden ausfallen. In der Starkstromtechnik endlich zwingt die Wärmeentwicklung zur Schaffung besonderer Kühlvorrichtungen, um Schädigungen zu vermeiden.

Wenn die Temperatur eine bestimmte Höhe erreicht, ist mit der Erwärmung Lichtaussendung verbunden, und das Thema gehört dann nicht mehr hierher, sondern in die Elektrooptik (s. u.).

Der JOULE-Effekt ist nicht der einzige, der in einer metallischen Schließung auftritt; ein zweiter ist der PELTIER-Effekt (1834), ein dritter der THOMSON-Effekt (1854). Der PELTIER-Effekt besteht darin, daß beim Durchgange des elektrischen Stroms durch eine Schließung, die verschiedene Metalle enthält, an ihren Lötstellen Erwärmung oder Abkühlung auftritt; und zwar, wenn nur zwei Lötstellen vorhanden sind (*a-b* und *b-a*), an der einen Erwärmung, an der andern Abkühlung. Während der JOULE-Effekt mit i^2 proportional, also stets positiv ist, ist der PELTIER-Effekt mit i selbst proportional, ändert also bei Stromumkehr sein Vorzeichen; der Proportionalitätsfaktor heißt PELTIER-Konstante und hat für verschiedene Metallpaare außerordentlich verschiedene Werte; auch besteht eine kräftige Abhängigkeit von der Temperatur, die sogar zum Nullwert und Zeichenwechsel führen kann. Genaue Messungen haben zuerst v. QUINTUS ICILIUS (1853), LE ROUX (1867) und EDLUND (1870) durchgeführt, denen dann BECK (1910), GOTTSTEIN (1914) u. a. folgten. Die bequemste Meßmethode, nämlich die Kompensation des PELTIER-Effekts durch den JOULE-Effekt, ist neuerdings von BARKER (1910) und CASWELL (1911) eingeführt worden. Die erste Theorie rührt auch hier von CLAUSIUS (1853) her.

Auch in einem einheitlich-homogenen Leiter, wenn sich nur in ihm die Temperatur von einem zum andern Ende ändert, wird durch einen Strom einseitige Wärme erzeugt: THOMSON-Effekt; er ist mit der Stromstärke und der Temperaturdifferenz der Enden proportional, wechselt also auch mit beiden das Vorzeichen; der Proportionalitätsfaktor ist sehr klein und die ganze Erscheinung daher nur durch feine Methodik nachweisbar oder gar demonstrierbar (HALL 1906, W. KÖNIG 1916); übrigens ist er schon 1885 von BRAUN und HAGA auch an flüssigen Metallen nachgewiesen worden.

Soweit die elektrothermischen Effekte. Die Umkehrerscheinung ist die Thermoelektrizität, also die bei Temperaturdifferenzen zwischen den verschiedenen Lötstellen in einer Schließung auftretende thermoelektromotorische Kraft, die dann einen thermoelektrischen Strom erzeugt (SEEBECK 1821); die bezüglichen Gesetze und Beziehungen sind der Reihe nach von SEEBECK selbst, von A. BECQUEREL (1826), AVENARIUS (1863) u. a. festgestellt worden. Die Richtung des Stroms ist entgegengesetzt der Richtung desjenigen galvanischen Stroms, der durch seinen PELTIER-Effekt die gegebene Temperaturdifferenz dem Sinne nach erzeugen würde (Wechselwirkungsprinzip, Erhaltung der Energie). Überhaupt stehen die beiden Erscheinungen im engsten Zusammenhang miteinander, und erst durch Aufstellung der allgemeinen thermodynamischen Theorie mit Zugrundelegung ihrer beiden Hauptsätze (CLAUSIUS, THOMSON 1853, BUDDE 1874, BOLTZMANN 1887, LORENTZ 1889, PLANCK 1889, LECHER 1906 usw.) ist das ganze System vereinheitlicht worden. Dabei zeigt sich auch, daß der THOMSON-Effekt eine notwendige Erscheinung ist, die immer dann auftritt, wenn die Stärke des Thermostroms von der Proportionalität mit der Temperaturdifferenz der Lötstellen abweicht. In diesem Sinne unterscheidet man zwischen Thermoelementen mit gleichförmigem und ungleichförmigem Gange; zur praktischen Benutzung eignen sich natürlich besonders die ersteren: $e = \alpha(\Theta_1 - \Theta_2)$. Der Proportionalitätsfaktor α ist auch hier für verschiedene Metallpaare ganz gewaltig verschieden, am größten für die Kombinationen von Blei, Selen, Tellus, Antimon und Wismut. Nun besteht zwischen der PELTIER-Wärme p und der thermoelektrischen Kraft e die Beziehung: $p = (T/j) \cdot (de/dT)$, wo j das Wärmeäquivalent ist; bei gleichförmigem Gang ist also p mit T proportional. Nebenbei sei bemerkt, daß auch eine Beziehung zwischen e und der VOLTAschen Kontaktspannung E besteht. Bei ungleichförmigem Gange kommt zu α noch ein zweiter Koeffizient β hinzu, es ist also: $e = \alpha(\Theta_1 - \Theta_2) + \beta(\Theta_1 - \Theta_2)^2$; ist β positiv, so steigt die Kurve immer schneller an; ist es negativ, dann immer langsamer bis zu einem Maximum, worauf dann Abfall erfolgt; einige solche Typen sind in Abb. 103 dargestellt.

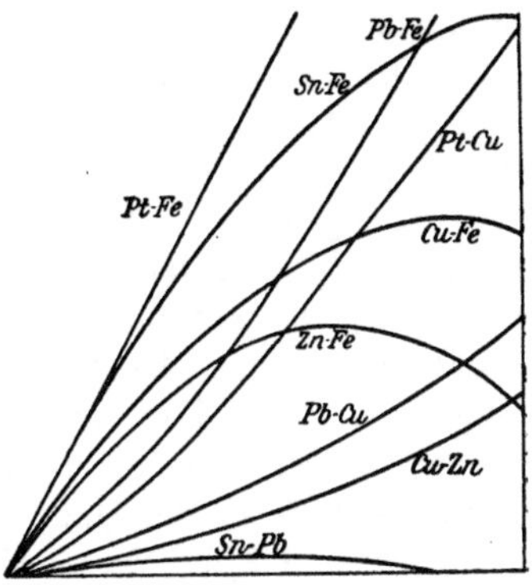

Abb. 103. Typen von Thermoelementen.

In der neuesten Zeit hat dann auch hier die Elektronentheorie eingegriffen (RIECKE 1898, DRUDE 1900, H. A. LORENTZ 1905, J. J. THOMSON 1908) und schließlich eine besondere Form angenommen, die der Elektronendampfdrucktheorie, die auf Grund der Feststellungen über die Elektronenemission erhitzter Leiter (DU FAY 1725, RICHARDSON 1901, s. u.) fast gleichzeitig von KRÜGER und BAEDEKER (1910) entwickelt worden ist und die Tatsachen im großen ganzen in ausgezeichneter Weise darstellt.

Übrigens ist mit obigem die Mannigfaltigkeit der Beziehungen zwischen Wärme und Elektrizität noch nicht erschöpft; es seien wenigstens noch zwei Erscheinungen angeführt: die Temperaturabhängigkeit des Leitvermögens (s. S. 99) und die thermische Veränderlichkeit der elektromotorischen Kraft eines galvanischen Elements (Theorie von HELMHOLTZ 1877, Messungen von CZAPSKI 1884).

32. Elektrooptik. Das ist nun ein ungeheuer reichhaltiges Kapitel, insofern es alle Lichtwirkungen der Elektrizität und alle elektrischen Wirkungen des Lichts in sich begreift. Es gehören dahin hauptsächlich: 1. Das elektrische Glühlicht. 2. Der elektrische Funke. 3. Der Lichtbogen. 4. Das Glimm-, Büschel- und Spitzenlicht. 5. Die Strahlen innerhalb und außerhalb der Entladungsräume (Kathoden-, Kanal-, Lenard-, Röntgenstrahlen usw.). 6. Der KERR-Effekt. 7. Der STARK-Effekt. 8. Die Glühelektrizität. 9. Die Flammenleitung. 10. Der lichtelektrische Effekt. 11. Der Photoeffekt. Von den Strahlen ist schon früher (S. 107) die Rede gewesen, sie gehören auch nicht so recht eigentlich hierher, weil sie an sich keine Lichterscheinung darstellen; und auch in betreff der übrigen Phänomene müssen wir uns auf eine kurze Übersicht beschränken.

1. Das elektrische Glühlicht geht von den bezüglichen Versuchen von J. MÜLLER (1849) und ZÖLLNER (1859) aus und hat zuerst eine praktisch brauchbare Form in der EDISONschen Glühlampe (1879) erhalten, der dann später die Nernstlampe (1889), die Auerlampe (1898) und neuerdings die Osram-, Nitrat- und andre Typen folgten. Über die Temperatur und den Wirkungsgrad dieser Lampen sind zahlreiche Untersuchungen angestellt worden, die eine immer ökonomischere Ausnutzung der Energie ermöglicht haben.

2. Der elektrische Funke ist wohl in physikalisch durchdachter Weise zuerst von HAWKSBEE (1706) beobachtet und behandelt worden; und im Jahre 1746 hat dann WINKLER seine Identität mit dem Blitz in der Natur nachgewiesen. Sehr eifrig hat sich BENJAMIN FRANKLIN mit dem Phänomen befaßt, insbesondere die Blitztafel oder FRANKLINsche Tafel konstruiert, wahrscheinlich (1750) den ersten Blitzableiter angegeben und (1752) durch seinen Drachenversuch die elektrische Natur des Blitzes endgültig festgestellt. Damit ist die erste Periode der Entwicklung auf diesem Gebiete im wesentlichen abgeschlossen. Die zweite setzt sehr viel später ein und betrifft in der Hauptsache wissenschaftliche Untersuchungen über die Eigenschaften und Verhältnisse des elektrischen Funkens. Sein Spektrum ist zuerst 1835 von WHEATSTONE beobachtet worden, auch die Methode des rotierenden Spiegels zur Funkenanalyse rührt von ihm her (1836), hat aber erst mit FEDDERSEN (1858) zur Entdeckung der oszillierenden Natur der Funkenentladung geführt. Das Funkenmikrometer verdankt seine erste Konstruktion RIESS (1850), und die ersten eingehenden Untersuchungen über die Beziehung zwischen Spannung und Funkenlänge hat Lord KELVIN (1860) geliefert. Daran schließen sich dann zahlreiche Versuche in gleicher Richtung an, unter denen die von BAILLE (1882), PASCHEN (1889) sowie von HATSCHEK und MACHE (1899, Druck im Funken), erwähnt seien. Die beiden wichtigsten Apparate, bei deren Entladung Funken auftreten, sind die Elektrisiermaschine und das Induktorium; und bei beiden kann man eine große Mannigfaltigkeit des Phänomens im Sinne der Erzielung zahlreicher kleiner oder weniger, aber kräftiger Funken herstellen durch Einschaltung von Kondensatoren, die die Ladung eine Zeitlang aufspeichern und damit das Potential steigern, ehe es zur Entladung kommt. Schließlich sind noch zwei Phänomene herauszuheben: die zuerst von ANTOLIK (1874) beschriebenen gleitenden Funken und die von MACH (1878) und dann von vielen andern untersuchten Funkenwellen.

3. Der elektrische Lichtbogen ist zuerst von DAVY (1808) beobachtet und studiert worden; derselbe Physiker stellte (1821) auch bereits die Ablenkung im Magnetfelde fest, wozu dann WALKER (1841) die dauernde Rotation hinzufügte. Und in demselben Jahre stellte DE LA RIVE sehr eingehende Untersuchungen über den Lichtbogen an. Später sind dann die einzelnen Eigenschaften des Lichtbogens nach allen Seiten erforscht worden, so von E. BECQUEREL (1863) die Temperatur, ein Kapitel, das dann in neuster Zeit weiter gefördert worden ist, insbesondere in der Richtung auf immer höhere Steigerung der Temperatur, bis es schließlich LUMMER (1914) gelang, Kohlenstoff zu schmelzen. Die Frage des Widerstands oder, wie man es in gewisser Hinsicht besser ausdrückt, der elektromotorischen Gegenkraft des Lichtbogens (40 V) ist zuerst von EDLUND (1867) in Angriff genommen worden und darf heute als im wesentlichen gelöst angesehen werden. Andre Beobachtungen betreffen die Spannung sowie die Unstetigkeiten im Lichtbogen (FRÖLICH 1883, LECHER 1888). Inzwischen war der Lichtbogen in der Form der Kohlebogenlampe auch in die Praxis eingetreten; das erste Modell (1844) rührt von FOUCAULT und DUBOSQ her, die erste öffentliche Anwendung erfolgte 1846 in Paris; aber erst nachdem FOUCAULT die Gasretortenkohle für die Elektroden empfohlen und v. HEFNER-ALTENECK die Differentialschaltung (1879) ausgearbeitet hatte, konnte die Einführung in großem Maßstabe erfolgen, und zwar teils als Gleichstrom-, teils als Wechselstrombogenlampe (JAMIN 1882). Neben der Kohlelampe kommt fast nur noch eine einzige andre in Betracht: die Quecksilberlampe, für die schon WAY (1865) als Vorläufer, aber erst ARONS (1892) als Erfinder anzusehen ist, worauf sie dann von HERÄUS in Hanau und SCHOTT in Jena praktisch geformt wurde, und zwar, im Hinblick auf die Forderung des Strahlendurchgangs, entweder mit Quarz oder mit geeignetem Glase als Einschlußmaterial; übrigens spielt die Quecksilberlampe nur auf gewissen Spezialgebieten eine Rolle. Nicht streng hierher gehörig, aber gleich mit erwähnt sei das elektrische Kapillarlicht (SCHOTT 1896). Aus neuester Zeit sind dann noch als besonders bedeutungsvoll die Arbeiten von STARK und LENARD über die Bogenstrahlung (1903) zu nennen, die dann zur Entdeckung der äußerst langwelligen Strahlung des *Hg*-Bogens (RUBENS und v. BAEYER 1911) geführt haben. Schließlich ist die besonders interessante Entdeckung von SIMON (1898), betreffend die sprechende und singende Bogenlampe hervorzuheben, die dann von DUDDELL u. a. weiter untersucht und vervollkommnet wurde und bei neueren physikalisch-technischen Methoden eine wichtige Rolle spielt.

4. Das Glimm-, Büschel- und Spitzenlicht ist, im Gegensatz zur Plötzlichkeit der Funkenentladung, eine mehr gleichmäßige und stille Form derselben. Schon HAWKSBEE (1707) hat das Glimmlicht im elektrodenlosen Gasraum beobachtet; aber erst FARADAY (1838) hat es in den Entladungsröhren eingehend studiert und seine Gliederung in die Einzelstufen klargestellt. Weitere Arbeiten rühren von PLÜCKER (1858),

HITTORF (1869, schraubenförmige Windung), HERTZ (1882, stetige und unstetige Glimmentladung), WARBURG (1887), WOOD (1896) und SKINNER (1899) her; im 20. Jahrhundert ist dann diese Lichterscheinung nach allen Richtungen hin von vielen Experimentatoren durchforscht worden. Eine große Rolle spielt dabei die Anwendung von Strömen, die zugleich hohe Spannung und hohe Frequenz besitzen, und die, wenn auch nicht zuerst, so doch in besonders sinnfälliger Anordnung von TESLA (1893) eingeführt worden sind und deshalb vielfach als TESLA-Ströme bezeichnet werden; bei ihnen tritt das Glimm-, Büschel- und Spitzenlicht in den mannigfachsten Gestaltungen auf. Übrigens kommt das Phänomen auch in der Natur selbst vielfach vor, und zwar einerseits bei besondern Blitzformen (Wetterleuchten, Flächenblitz usw.) sowie beim Elmsfeuer, andrerseits bei den Polarlichtern. Diese letzteren sind zwar schon 1561 von GESSNER beobachtet und schon 1714 von HALLEY in ihrer magnetischen (bzw. elektrischen Natur) erkannt worden, aber erst ÅNGSTRÖM (1867) hat ihre Natur, insbesondere ihr Spektrum näher erforscht, und erst POULSON (1894) hat die Hypothese aufgestellt, daß es sich hier um Kathodenstrahlerscheinungen handle. Aber auch dann hat es noch längere Zeit gedauert, bis durch die Zusammenarbeit des Theoretikers STÖRMER und des Beobachters und Experimentators BIRKELAND (1904 bis 1917) das Phänomen des Nordlichts beinahe restlos aufgeklärt wurde, so daß nur noch zweifelhaft bleibt, ob es sich um positive oder negative (Alpha- oder Betastrahlen), die von der Sonne ausgehen, handelt (s. S. 112).

6) Unter elektrooptischen Effekten im engeren Sinne versteht man die Änderungen der optischen Eigenschaften der Körper unter der Einwirkung eines elektrischen Feldes, also das Parallelgebiet zu den magnetooptischen Erscheinungen (s. u.). Dabei ist zu unterscheiden zwischen indirekten Wirkungen, namentlich solchen, die durch Elektrostriktion (mechanische Einflüsse) hervorgerufen werden, und direkten; sie treten aber vielfach kombiniert auf, und es ist nicht leicht gewesen, eine reinliche Scheidung zu erzwingen. Der erste direkte Effekt in diesem Sinne ist von KERR (1875) aufgefunden worden und heißt seitdem elektrooptischer KERR-Effekt: eine durch ein Induktorium elektrisierte Glasplatte erweist sich zwischen gekreuzten Nikols als doppelbrechend; man kann daher auch von elektrischer Doppelbrechung sprechen. Sie ist, außer von KERR selbst, von RÖNTGEN, BRONGERSMA und QUINCKE, TAUERN (1910) u. a. untersucht worden, und zwar nicht nur bei festen Körpern, sondern auch bei Flüssigkeiten und Gasen, schließlich auch in Kristallen (CURIE und RÖNTGEN). Die Theorie ist, auf Grund der Elektronentheorie, von DRUDE und VOIGT, und neuerdings auf teilweise andrer Grundlage, von LANGEVIN (1910) entwickelt worden.

7) Der STARK-Effekt. Eigentlich handelt es sich hier um zwei verschiedene Effekte: der eine ist eine besondere Art des aus der Akustik und Optik bekannten DOPPLER-Effekts (Änderung der Frequenz bei Bewegung der Quelle in der Beobachtungsrichtung), und zwar für rasch bewegte Kanal-

strahlteilchen; man kann ihn also als STARK-DOPPLER-Effekt bezeichnen (1908). Der andre, eigentliche STARK-Effekt ist das Analogon zu dem schon vorher entdeckten ZEEMAN-Effekt (S. 150 u. w. u.): er betrifft die Zerspaltung der Spektrallinien in einem elektrischen Felde, und zwar im einzelnen mit großer Mannigfaltigkeit der Erscheinungen sowie völlig abweichend von der magnetischen Zerspaltung (1913).

8) Im Jahre 1873 beobachtete GUTHRIE, daß negativ geladene Körper in Luft durch genäherte glühende Metalle entladen werden, während das bei positiv geladenen nicht der Fall ist. Diese Beobachtung bildet den Ausgangspunkt dessen, was man als Glühelektrizität bezeichnen kann, und wofür dann im Laufe der neueren und neuesten Zeit zahlreiche Einzelheiten festgestellt worden sind; insbesondere fanden ELSTER und GEITEL (1883 bis 1889) die positive oder negative Aufladung einer kalten Elektrode in der Nähe eines glühenden Körpers, je nachdem sich der Prozeß in Luft oder in Wasserstoff abspielt. Allgemein kann man sagen, daß Metalle und manche andre feste Körper, wenn sie bis oder nahe bis zu sichtbarer Glut erhitzt werden, trotz Isolierung ihre Ladung an das umgebende Medium verlieren, und zwar in verschiedenem Maße, je nach Temperatur, Druck usw. Von besonderer Wichtigkeit ist ferner, wie erwähnt, die Unipolarität der Erscheinung, d. h. der glühelektrische Strom ist verschieden stark, je nachdem der glühende Körper die Anode oder Kathode bildet. Hiernach läßt sich das Phänomen auf eine Ionen- bzw. Elektronenbildung zurückführen, je nachdem es sich um positive oder negative Ladung handelt, also ganz in Übereinstimmung mit den Verhältnissen bei den Gasentladungen; und auch quantitativ, namentlich hinsichtlich des Verhältnisses der Ladung zur Masse (S. 110) ergibt sich gute Übereinstimmung. Die Theorie ist zuerst von GIESE (1882) angedeutet und dann ganz besonders von RICHARDSON (1903 bis 1912) durchgeführt worden. Einige Widersprüche bedürfen freilich noch der Aufklärung. Eine Anwendung verdankt man WEHNELT (1904), nach ihm läßt sich die glühelektrische Elektronenemission an den Oxyden der Erdalkalimetalle zur Einleitung starker Ströme in Entladungsröhren verwenden.

9) Viel älteren Datums ist ein andres, hierher gehöriges Phänomen, die Flammenleitung. Schon GILBERT (1600) beobachtete, daß geladene Körper Flammen nicht anziehen, ja, daß sie auch andre Körper dann nicht anziehen, wenn eine Flamme dazwischen gestellt wird; und schon die Florentiner Akademie (1667) sowie GUERICKE (1672) erkannten, daß dies eine Folge der Eigenschaft der Flamme ist, die elektrische Ladung eines ihr genäherten Körpers zu vernichten. Statt »vernichten« muß man aber, wie sich bald darauf zeigte (WINKLER 1744), lieber sagen: »zerstreuen« oder »fortleiten«. Dann folgte ziemlich gleichzeitig (1787) die Feststellung von BENNETT und VOLTA, daß sich ein mit einer isolierten Flamme verbundenes Elektroskop in der Nähe eines geladenen Körpers ladet, und zwar nicht etwa entgegengesetzt (Influenzwirkung), sondern gleichsinnig; eine Feststellung, die dann zur Konstruktion des Flammen-

kollektors zur Erforschung der atmosphärischen Elektrizität führte. Daß die Erscheinung auch bei galvanischer Elektrizität auftritt, daß also eine Flamme wie ein Leiter wirkt, nur mit der Besonderheit einer Asymmetrie im Sinne besserer Fortleitung der positiven als der negativen Elektrizität (unipolare Flammenleitung), entdeckte 1802 ERMAN; und daran knüpften dann zahlreiche weitere Versuche an (E. BECQUEREL 1827, HANKEL 1850, HITTORF 1869, ELSTER und GEITEL 1889, GIESE 1882 ff.). Dabei setzte sich nach und nach die Auffassung der Erscheinung als eines durch gasförmige Bestandteile getragenen Konvektionsstromes durch, die dann durch die neuesten und bedeutsamsten Arbeiten auf dem ganzen Gebiete, die von MARX und LENARD (1900 bis 1914) im Sinne einer Elektronentheorie ausgearbeitet wurde. An diesen Andeutungen muß es hier genügen.

10) Im Jahre 1887 machte HERTZ gelegentlich seiner Arbeiten über die Ausbreitung der elektrischen Kraft die Wahrnehmung, daß die Funkenentladung durch ultraviolette Bestrahlung im allgemeinen befördert wird, und zwar kommt es (WIEDEMANN und EBERT 1888) hauptsächlich auf Bestrahlung der Kathode an, während Bestrahlung der Anode oder der Funkenstrecke selbst kaum von Einfluß ist; man bezeichnet die Erscheinung gewöhnlich als HERTZ-Effekt. Unmittelbar darauf fand HALLWACHS (1888), daß gewisse Körper unter dem Einfluß ultravioletter Bestrahlung ihre negative Ladung verlieren, und daß diese dem umgebenden Gase eine unipolare Leitfähigkeit, also die Fähigkeit verleiht, die positive Ladung eines Körpers zu neutralisieren; man nennt diese Erscheinung den HALLWACHS-Effekt. Bei genügender Stärke läßt er sich am besten beobachten in Form des lichtelektrischen Stromes zwischen einer belichteten Kathode und einer auf konstantem Potential erhaltenen Anode. Über die Eigenschaften dieses Stromes und die Einzelheiten des Effekts sind dann überaus zahlreiche Untersuchungen angestellt worden, und noch gegenwärtig hat sich das Interesse an dem Thema nicht vermindert, zumal immer noch starke Meinungsdifferenzen über die Natur der Erscheinung, ob direkten oder indirekten Charakters usw., bestehen. Als Träger der Ladung eignen sich blanke oder amalgamierte Zink-, Kalium- oder Natriumplatten; zur bequemen Benutzung sind besondere lichtelektrische Zellen gebaut worden. Die Theorie führt auch hier wieder auf Elektronenabgabe oder, wie man auch sagen kann, auf die Aussendung von Kathodenstrahlen, aber ohne besonderes elektrisches Feld.

11) Ein ganz andrer Photoeffekt (s. S. 99) ist der von W. SMITH (1873) entdeckte Einfluß der Belichtung auf das elektrische Leitvermögen des kristallinischen Selens; nach SIEMENS (1876) am besten erhältlich durch Erhitzen von amorphem Selen auf 100 Grad; eine zweite derartige Substanz ist der Antimonglanz (JÄGER 1907, HILDA v. MARTIN 1911). Beim Selen hat man den Effekt durch geeignete Methodik immer weiter verbessert, besonders auch in dem Sinne, daß er nachwirkungsfreier geworden ist (rasche Widerstandabnahme bei Belichtung und rasche Wiederzunahme bei Verdunkelung, Selenzellen nach BIDWELL u. a.). Das hat dann im Jahre 1907 KORN zur

Erfindung der Fernphotographie geführt, die er dann in Verbindung mit GLATZEL (1910 ff.) immer weiter vervollkommnet hat.

33. Magnetische Induktion. Es ist schon wiederholt gelegentlich darauf hingewiesen worden, wie unbeholfen und zum Teil in verkehrtem Gange sich die Lehre vom Magnetismus entwickelt hat. Die fertigen Magnete und ihre Eigenschaften und Kräfte sind viel früher behandelt worden als die Gesetzmäßigkeiten ihrer Entstehung, die permanenten Magnete eher als die an sich viel einfacheren und schließlich auch wichtigeren temporären; und von den verschiedenen Formen der Magnete sind zuerst gerade diejenigen untersucht worden, die sich schließlich, theoretisch und praktisch, als die wenigst bedeutsamen erwiesen haben. Das alles ist natürlich von unserm rückblickenden Standpunkte sehr leicht zu sagen; aber die einzelnen Mitarbeiter am Werke konnten eben diesen hohen Standpunkt nicht haben und nahmen das in Angriff, was sich ihnen aufdrängte und was sie am leichtesten übersehen konnten.

Um einen Eisenkörper magnetisch zu machen, hat man zuerst (schon im morgen- und abendländischen Mittelalter) die Methode des Streichens mit einem bereits vorhandenen Magneten geübt und diese dann in mannigfacher Weise (einfacher, doppelter Strich usw.) vervollkommnet (RHÄTICUS 1539, CANTON 1750 u. a.). Aber diese Methode hat den Fehler, daß sie keine exakte Beziehung zwischen Ursache und Wirkung aufzustellen erlaubt, weil das Streichen sich dynamisch oder energetisch nicht definieren läßt, und weil auch der erzielte Magnetismus nach den damaligen Grundlagen und Methoden der Messung nicht zugänglich war. Dazu kommt, daß auf diese Weise nur Dauermagnete erzielt werden, und das ist doch ein, vom Standpunkt der allgemeinen Erwägungen aus betrachtet, anomaler Fall; der normale ist offenbar der, daß ein Eisenkörper nur eben so lange magnetisch bleibt als die magnetisierende Kraft auf ihn wirkt, mit ihrem Aufhören aber auch seinerseits wieder unmagnetisch wird. Während man also in den früheren Zeiten immer Stahlkörper benutzte, bei denen dauernde Veränderung eintritt, muß man weiches Eisen benutzen, weil dieses die Eigenschaft »magnetischer Vollkommenheit« (in Analogie mit elastischer Vollkommenheit) besitzt. Alle diese Erwägungen führten dann, nach der Entdeckung ARAGOS (1820), daß das Eisen durch den spiralig herumgeführten Strom magnetisiert wird, zur Anwendung der elektrischen Magnetisierungsmethode; und diese ist dann, ohne daß es möglich wäre einzelne Namen von Forschern herauszuheben, im Laufe der Zeit immer mehr vervollkommnet worden. Der andre Grund, warum die älteren Beobachtungen jetzt ziemlich wertlos sind, liegt in der Wahl von Stäben als Versuchskörpern; erst nachdem die Theorie gezeigt hatte, daß diese Form unter sehr verwickelten Verhältnissen leidet, und daß andre Formen grundsätzlich und praktisch viel günstiger sind, hat man eine höhere Stufe des Experimentierens erreicht. Es ist daher angezeigt, hier zunächst von der Theorie und dann erst von den Beobachtungen zu sprechen.

Die älteste Theorie der magnetischen Induktion (wie man die Erscheinung fast allgemein nennt), rührt von Poisson (1824) her; sie enthält aber, wie alle Poissonschen Theorien, so viele Hypothesen, die sich großenteils dann nicht bewährt haben, daß sie längst nicht mehr brauchbar ist. Die wahre Theorie, soweit sie rein formalen Charakters ist, d. h. von atomistischen Hypothesen absieht, verdankt man Franz Neumann (1848), W. Thomson (1851), Kirchhoff (1854), Stefan (1874), Beltrami (1884 bis 1891) u. a. Abweichend und zum Teil von andern Vorstellungen ausgehend sind die Theorien von C. Neumann (1877), Leonhard Weber (Reihenentwicklung 1877), Duhem (1888, thermodynamisch) u. a. Dabei haben sich allmählich die allgemeinen Begriffe der magnetischen Kraft oder Feldstärke $\mathfrak{H}$, der Intensität $\mathfrak{J}$ der Magnetisierung, der Induktion $\mathfrak{B}$, der Suszeptibilität $\varkappa$ und der Permeabilität μ herausgebildet, mit den gegenseitigen Beziehungen

$$\mathfrak{J} = \varkappa\mathfrak{H}, \quad \mathfrak{B} = \mu\mathfrak{H} = \mathfrak{H} + 4\pi\mathfrak{J}, \quad \mu = 1 + 4\pi\varkappa,$$

also Beziehungen und Gesetze, die an sich sehr einfach sind und es auch für die meisten Stoffe bleiben, aber gerade für die interessantesten, nämlich die stark magnetisierbaren oder ferromagnetischen Stoffe dadurch sehr verwickelt werden, daß $\varkappa$ bzw. μ Funktionen von $\mathfrak{H}$ sind. Die Magnetisierungskurve ist daher keine ansteigende Gerade, sondern eine gekrümmte Linie, und zwar besteht sie aus einem geradlinig ansteigenden, einem rascher, einem wieder langsamer ansteigenden und einem horizontalen Schlußstück (Abb. 104); dieses letztere entspricht der Sättigung des Körpers mit Magnetismus. Aber diese Komplikation ist nicht die einzige; noch bedeutsamer ist eine zweite, weil sie zeigt, daß die Magnetisierung keine eindeutige Funktion der Kraft ist. Da hiervon schon früher (S. 164) die Rede gewesen ist, kann auf die dort beigegebene Hysteresisschleife verwiesen werden; nur sei noch hinzugefügt, daß die bei einem Zyklus vergeudete Energie im allgemeinen in Wärme verwandelt wird, und daß es die Aufgabe der Technik sein muß, diesen Verlust möglichst herabzuzudrücken und, soweit doch noch Erhitzung eintritt, durch besondere Kühlvorrichtungen zu beseitigen. Übrigens ist die Frage aufgeworfen und von Gans durch eingehende Arbeiten (1907 bis 1911) in bejahendem Sinne beantwortet worden, ob es denn nicht möglich ist, die Magnetisierung in einer reversiblen Weise vorzunehmen, und es sei gleich hier angefügt, daß es neuerdings gelungen ist, fast hysteresisfreies Eisen zu gewinnen, was natürlich für die Ökonomie der Praxis am günstigsten ist.

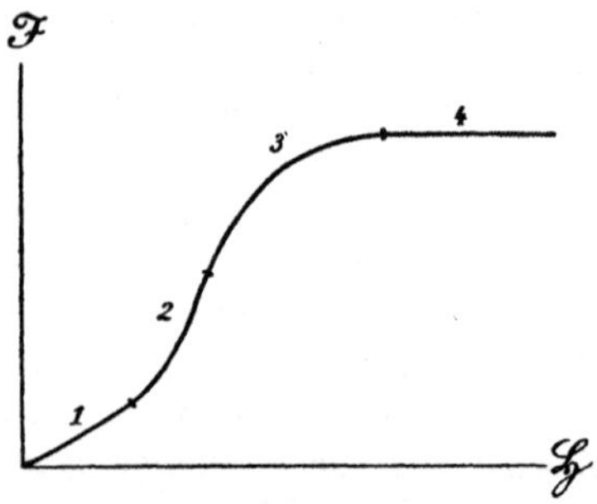

Abb. 104. Magnetisierungskurve.

Neben diesen allgemeinen Theorien gehen nun zahlreiche spezielle Untersuchungen einher. So die für die verschiedenen Körperformen, wie

Kugel und Ellipsoid (POISSON, THOMSON, NEUMANN, LIPSCHIZ 1857, RÖSSLER 1892, NAGAOKA 1896), Zylinder (KIRCHHOFF 1853), Rotationskörper (GROTRIAN 1907), Ring (KIRCHHOFF 1870, BOLTZMANN 1878, SCHÜTZ 1894, SAUTER 1897), geschlitzter Ring (DU BOIS 1892, WASSMUTH 1893). Ferner das interessante Phänomen der Schirmwirkung bei Hohlkörpern (STEFAN 1882, DU BOIS 1897 u. a.) und noch mancherlei anderes.

Der bisher betrachteten Stetigkeitstheorie steht die Molekulartheorie der Magnetisierung gegenüber. Ihre Geschichte wird, von Vorläufern abgesehen, mit der Scheidungshypothese (POISSON 1824) eröffnet, der dann die Drehungs- oder Einstellungshypothese von W. WEBER (1852) folgt. Sie macht wohl die Sättigung verständlich, nicht aber das stärkere Ansteigen im mittleren Teil und die Remanenz; MAXWELL (1874) und ganz besonders EWING (1890) haben in dieser Richtung die Molekulartheorie weiter entwickelt. Inzwischen aber hatte längst AMPÈRE (1822) die Theorie der Elementarströme oder Molekularströme aufgestellt, die sich der rein magnetischen gegenüber als weitaus überlegen erwies und neuerdings als eine Elektronentheorie des Magnetismus ausgebaut worden ist, und zwar namentlich von VOIGT (1901), G. A. SCHOTT (1908), J. J. THOMSON (1903), LANGEVIN (1904), WEISS (1907), GANS (1910 bis 1914); dabei werden auch die verschiedenen Stoffklassen und Temperaturverhältnisse gebührend berücksichtigt und insbesondere auf das CURIEsche Gesetz (1892 ff.) in seinen beiden Formen für stark- und schwachmagnetische Stoffe Rücksicht genommen. Schließlich ist in neuster Zeit eine gemischte thermodynamisch-kinetische Elektronentheorie (KROO 1913, HOLM 1915, GANS 1915, ASHWORTH 1916 usw.) in den Vordergrund getreten, hat aber trotz allen aufgewandten Scharfsinns noch nicht zu einer restlosen Klärung der Verhältnisse geführt.

Was nun den experimentellen Teil der Frage betrifft, so ist die Zahl der das Eisen behandelnden Arbeiten, insbesondere über die einzelnen Körperformen, so groß, daß hier auf die Angabe von Namen verzichtet werden muß; alle Fälle, insbesondere Ellipsoide, lange dünne Drähte, Stäbe und Ringe, sind nach den verschiedensten Richtungen hin erforscht worden; ganz besonders der geschlitzte Ring und die an ihn sich am besten anschließende Frage der Streuung der Kraftlinien in den äußeren Raum hinein; aber auch für dieses Phänomen hat sich die Entwicklung so stetig vollzogen, daß es verfehlt wäre, einzelne Autoren herauszuheben. Auch die aufeinander folgenden Stücke der Magnetisierungskurve, für schwache, mittlere und starke Kräfte, sind gründlich untersucht worden, insbesondere die »Anfangspermeabilität« (BAUER 1880, Lord RAYLEIGH 1887, GUMLICH und ROGOWSKI 1911 u. a.), der Gegensatz zwischen der »Nullkurve« und der »Kommutierungskurve« und die Frage der Maximalwerte der einzelnen entscheidenden Größen. Die Intensität der Magnetisierung $\mathfrak{J}$ ist schließlich bis zu 1850 absoluten Einheiten getrieben worden, und die Maximalwerte von $\varkappa$ bzw. μ betragen ungefähr 750 bzw. 9000, wohlverstanden nicht etwa für jenen äußersten Wert von $\mathfrak{J}$ (denn da sind beide Koeffizienten schon bis auf ganz kleine Werte herabgesunken), sondern für mittlere $\mathfrak{J}$; dagegen wächst die Induktion $\mathfrak{B}$ unbegrenzt mit der Feldstärke $\mathfrak{H}$, und es bezeichnet daher nur den augenblicklichen Stand der Technik und die Grenze des praktischen Bedürfnisses, wenn man angibt, daß Werte von $\mathfrak{B}$ bis zu 35000 erzielt worden sind. Zur Darstellung der Versuchsergebnisse durch Magnetisierungsformeln sind viele Anstrengungen gemacht worden, aber nur mit bescheidenem Erfolg; die älteste Formel von LENZ und JACOBI (1839): $\mathfrak{J} = a\mathfrak{H}$, stellt nur das erste Stück des Verlaufs dar, wesentlich brauchbarer ist die Formel von FRÖLICH $\mathfrak{J} = \mathfrak{H}/(a + b\mathfrak{H})$; aber auch sie läßt noch zu wünschen übrig, und bei weiterer Vervollkommnung werden die Formeln von unübersichtlicher Komplikation.

Dann sind die Fragen der Remanenz, der Koerzitivkraft und der Hysteresis zu nennen, insbesondere der Hysteresisarbeit, Hysteresiswärme (S. 164) und der Hysteresisverluste; für letztere hat STEINMETZ (1891) die Formel $V = \eta \cdot \mathfrak{B}^\beta$, wo β ungefähr gleich 1,6 ist, aufgestellt; die binomische Formel $V = a\mathfrak{B} + b\mathfrak{B}^2$ (J. J. THOMSON 1891, RICHTER 1910) stimmt aber wesentlich besser mit den Tatsachen. Die Magnetisierungswärme ist schon von JOULE (1843), später von CAZIN (1874), WARBURG (1881) u. a. gemessen worden. Endlich sei auf die Ercheinung der zeitlichen magnetischen Nachwirkung und ihrer räumlichen Fortpflanzung hingewiesen; für die letztere sei die neueste und eingehendste Arbeit von LYLE und BALDWIN (1906) hervorgehoben.

Ein besonderes Kapitel bildet die Magnetisierung in Wechselfedern, die von zahllosen Experimentatoren nach allen Richtungen studiert worden ist, also sowohl hinsichtlich des Verlaufs der Kurve als auch ganz besonders in Bezug auf Remanenz und Hysteresis (Wechselhysteresis und rotierende Hysteresis); die Verhältnisse liegen hier außerordentlich verwickelt, und die Abweichungen der einzelnen Fälle voneinander je nach der Frequenz der Wechsel usw. sind so unübersichtlich, daß ein Auszug unmöglich ist; es genüge daher anzuführen, daß durch die Arbeiten von M. WIEN (1898) eine gewisse Klärung herbeigeführt wurde, und daß die neuesten Arbeiten von STEINER (1911), HOLM, FASSBENDER und HUPKA (1914) weitere Fortschritte gezeitigt haben; bei dieser Gelegenheit sei schließlich auf die BRAUNsche Röhre hingewiesen, deren Anwendung zur Demonstration der Hysteresisschleifen zuerst von ÅNGSTRÖM (1899) angegeben worden ist.

Zum Schlusse sei auf die Konstitution fertiger Magnete noch kurz hingewiesen. Im Laufe der Zeit hat sich gezeigt, daß man hier gewisse einfache und zusammengesetzte Typen aufstellen kann, nämlich: 1. den einfachen oder gleichförmigen Faden, eine Aneinanderreihung von lauter gleichen Polpaaren in der Achsenrichtung; 2. den komplexen Faden, bei dem die einzelnen Polpaare verschiedene Stärke haben; 3. den solenoidalen Magneten, aus einem Bündel von Fäden gebildet; 4. die einfache Schale, aus einer flächenhaften Mannigfaltigkeit einfacher Polpaare gleicher Stärke bestehend; 5. die komplexe Schale, ganz entsprechend; 6. den lamellaren Magneten, aus Schichten von Schalen aufgebaut; 7. den allgemeinen Magneten. Dabei spielen gewisse Begriffe eine Rolle, die man als »ganzen«, »freien« und »wahren« Magnetismus bezeichnet, ohne daß indessen über ihre Bedeutung und gegenseitige Abgrenzung völlige Klarheit und Übereinstimmung bestände. Es zeigt sich ferner (in Bezug auf den ganzen Magnetismus), daß zwischen gleichförmiger und ungleichförmiger Magnetisierung zu unterscheiden ist; Formen, die durch ein gleichförmiges Feld auch gleichförmig magnetisiert werden, sind die Kugel, das Ellipsoid und der Ring. Der freie Magnetismus andrerseits läßt sich unter gewissen Voraussetzungen und in verschiedener Weise als Oberflächenbelegung charakterisieren (Poisson, Gauss u. a.), und in bestimmten Fällen treten dann die bekannten Pole auf, wobei auch wieder zwischen verschiedenen Begriffen (wahre Pole, äquivalente Pole usw.) zu unterscheiden ist. Alles das konnte hier nur angedeutet werden.

34. **Magnetische Messungen.** Hier handelt es sich um ein Kapitel von ungeheurer Reichhaltigkeit, und zwar aus dem doppelten Grunde, weil es auf die Messung sehr vieler Größen, wie Feldstärke, Gesamtmenge und Intensität der Magnetisierung, Suszeptibilität und Permeabilität, Remanenz, Hysteresis und vieles andre, ankommt, andrerseits aber sehr zahlreiche Methoden zur Anwendung gebracht werden können. Wir müssen uns daher mit einer kurzen Übersicht begnügen.

Der älteste, wahrhaft wissenschaftliche und noch heute an der Spitze stehende Apparat ist das Magnetometer von Gauss und Weber (1832); es dient dazu, aus den Ablenkungen einer an einem Faden aufgehängten Nadel entweder auf das magnetische Moment M des ablenkenden Eisenkörpers oder auf die Horizontalintensität $\mathfrak{H}$ des Erdmagnetismus zu schließen, wenn die andre dieser beiden Größen bekannt ist; beobachtet man auch noch die Schwingungen des ablenkenden, jetzt seinerseits aufgehängten Körpers, so kann man beide Größen einzeln ermitteln. Abänderungen und Vervollkommnungen des Instruments rühren von Lamont (1867), F. Kohlrausch (1871), Töpler (1883), du Bois (1902), Kohlrausch und Holborn (1903) u. a. her. Diesem Typus, den man als unifilar bezeichnen kann, steht das Bifilarmagnetometer, ebenfalls von Gauss (1837) sowie, in abweichender Form, von Wild (1880) gebaut, gegenüber. Sowohl zur Bestimmung von $\mathfrak{H}$ als auch zu der von M kann man auch die galvanometrische Methode benutzen (W. Weber 1846, F. Kohlrausch 1882, Tanakadaté 1889, Lehfeldt 1892, Simon und Madelung 1904). Alle diese Apparate kann man als Horizontalwagen bezeichnen und ihnen die eigentlichen Wagen mit vertikaler Drehungsebene (also horizontaler Achse) gegenüberstellen; die von Helmholtz (1883) ersonnene und von Köpsel (1887) durchgearbeitete magnetische Wage dient zur Bestimmung von M, die von Töpler (1883) zur Ermittlung von $\mathfrak{H}$. Im Anschluß an $\mathfrak{H}$ seien hier gleich noch die beiden andern charakteristischen Größen des Erdmagnetismus, Deklination und Inklination, erwähnt. Deklinatorien sind von Gambey (1800), Gauss (1836) und Lamont (1849) angegeben worden; sie dienen dazu, aus dem bekannten Meridian eines Ortes seine magnetische Deklination zu einer bestimmten

Zeit abzuleiten. Die umgekehrte Aufgabe hat bekanntlich der Kompaß, dieses für die Schiffahrt so überaus wichtige und deshalb auch, in seiner einfachsten Form, jedenfalls sehr alte Instrument; jedoch sind die Angaben über seine Benutzung in früheren Zeiten (11. bis 13. Jahrhundert) mit großer Vorsicht aufzunehmen; einen Kompaß mit Windrose und andern Beigaben scheint zuerst Flavio Gioja (1302) angegeben zu haben; Columbus hat ihn bereits als etwas Altbekanntes benutzt; in neuerer Zeit ist er dann immer weiter verbessert worden. Indessen ging seine Zuverlässigkeit seit der Erbauung eiserner Schiffe verloren, und dem konnte nur auf zweierlei Weise abgeholfen werden: einerseits durch besondere Einrichtungen, um den Einfluß der Eisenmassen der Schiffes auszuschalten bzw. zu kompensieren und somit brauchbare magnetische Schiffskompasse zu schaffen (Airy 1856, Lord Kelvin 1868), andrerseits auf ganz anderm Wege, nämlich (s. S. 204) mit Benutzung der Eigenschaft des Kreisels, Richtung zu weisen (Marinegyroskop von Lord Kelvin 1884, neuerdings Anschütz u. a.). Was andrerseits die Inklination betrifft, so dient hierzu zunächst das gewöhnliche Inklinatorium, in vollkommner Form z. B. von Wild (1891) gebaut; außerdem aber und zum Teil viel genauer die Methode des Erdinduktors (W. Weber 1853, Leonh. Weber 1885, Schering und Wild 1878, Wage von C. L. Weber 1888 usw.). Schließlich sei angeführt, daß es sich häufig nicht um die absolute Bestimmung der drei erdmagnetischen Größen handelt, sondern nur um ihre zeitliche oder örtliche Änderung; hierzu dienen die verschiedenen Variometer und Lokalinstrumente, die sich gegenüber den absoluten Meßapparaten durch Einfachheit und Handlichkeit auszeichnen und deshalb weite Verbreitung gefunden haben (F. Kohlrausch, Mascart, O. E. Meyer, Heydweiller u. v. a.).

Die beiden wichtigsten und umfangreichsten Kapitel sind dann die der Messung von Feldern, also magnetisierenden Kräften einerseits und Magnetisierung oder Induktion andrerseits, also von Ursache und Wirkung. Zu einem Teile gehen die beiden Methodiken einander parallel, zum größeren aber weit auseinander. Die Methoden der Feldmessung sind im wesentlichen die folgenden: 1. Die magnetometrische Methode (s. o.). — 2. Die elektrodynamische Methode, beruhend auf der verschiebenden oder drehenden Kraft des Feldes auf einen Stromleiter (geradliniger Draht, Kreis, Spule); unter den vielen Konstruktionen seien die von Stenger (1888, bifilar), Siegbahn (1911, Torsion) sowie von Cotton und Weiss (1900 und 1907, elektrodynamische Feldwage) hervorgehoben. — 3. Methode des hydrostatischen Drucks, eine Abart der vorigen Methode mit Benutzung eines flüssigen Leiters, nämlich Quecksilber (Leduc 1887, du Bois 1888). — 4. Die Induktionsmethode, beruhend auf der Induktion von Strömen in Spulen, die eintritt, sobald diese ihre Lage gegen das Feld ändern, bzw. wenn das Feld durch Erregung oder Änderung des Magnetismus verändert wird; die Methode ist in ihren primitivsten Formen schon recht alt, später aber besonders in der Richtung ausgebildet worden, daß man mittelst geeigneter Prüfspulen ganze Felder topographisch ausmessen kann (Hibbert

1892, GANS 1907, besondere »Etalons« von demselben 1909). Ferner seien die Differentialmethoden von PASCHEN und PRYM (1905 f.) und GEHRCKE und WOGAU (1906) erwähnt. Endlich gehört indirekt hierher auch die Dämpfungsmethode, bei der die Dämpfung der Schwingungen eines Leiters in einem kräftigen Felde beobachtet wird (GRAY 1883). — 5. Wismutmethode, beruhend auf der starken Widerstandszunahme des Wismuts im Magnetfelde (LEDUC 1886, LENARD 1888). — 6. Steighöhenmethode, beruhend auf der Beziehung zwischen Steighöhe von Flüssigkeiten und Feldstärke (DU BOIS 1888). — 7. Optische Methode, beruhend auf der magnetischen Drehung der Polarisationsebene des Lichts (Etalons aus Flintglas von DU BOIS 1894).

Entsprechend sei nun eine Übersicht der Methoden zur Messung der Intensität der Magnetisierung gegeben. 1. Die magnetometrische Methode, entsprechend der GAUSSschen, aber hier vom freien Felde auf den Ort der Magnetisierung $\mathfrak{J}$ oder Induktion $\mathfrak{B}$ übertragen (EWING, GRAY und ROSS, Kurvenprojektor von SEARLE usw.). — 2. Die elektrodynamische Methode (Kurvenprojektor von EWING 1892, KÖPSEL 1894, später vielfach vervollkommnet, KAUFMANN 1899, Hysteresismesser von EWING 1895). — 3. Methode der Induktionsströme oder ballistische Methode (wegen der Beobachtung an einem ballistischen Galvanometer), die beliebteste von allen; in der älteren Zeit in mehreren einfachen Formen ausgeführt, bis sich dann besondere Spezialmethoden ausbildeten, so die Schlußjochmethode von HOPKINSON (1885), die Isthmusmethode von EWING und LOW (1889) sowie Varianten für rasch wechselnde Magnetisierungen. — 4. Die Zugkraftmethode, nächst der vorigen die brauchbarste von allen, insbesondere in der Form der magnetischen Wage von DU BOIS (1892, neue Ausführung 1898 bis 1900). Während hier ein Laufgewicht benutzt wird, haben andre die Idee der Federwage verwirklicht (Permeameter von S. P. THOMPSON 1892). — 5. Optische Methode, beruhend auf dem magnetischen KERR-Effekt oder auf der Ablenkung der Kathodenstrahlen (BRAUNsche Röhre 1897, CORBINO 1903, MADELUNG 1905 u. a.).

In neuester Zeit hat sich eine besondere magnetische Meßpraxis für die Zwecke der Technik herausgebildet und zu einer Reihe von Normalmethoden geführt, von denen hier die folgenden genannt seien: die ballistische Methode der Physikalisch-Technischen Reichsanstalt (1900 ff.), die EPSTEINsche Methode zur Prüfung von Eisenblech (1911 ff.) die Methode von Siemens und Halske (LONKHUIZEN 1911), die Methode von GUMLICH und ROGOWSKI (1912), der magnetische Spannungsmesser von ROGOWSKI und STEINHAUS (1912) sowie der für die hier vorliegenden Zwecke besonders ausgestaltete Oszillograph (WEHNELT 1909, HAUSRATH 1909 u. a.).

35. **Panmagnetismus.** Während man in früherer Zeit annahm (und annehmen mußte), der Magnetismus sei eine Eigenschaft des Eisens oder einiger Stoffe, hat sich im 19. Jahrhundert, hauptsächlich dank den genialen Arbeiten FARADAYS, gezeigt, daß auch der Magnetismus, wie so viele andre, eine allgemeine Eigenschaft der Materie ist. Allerdings bleibt die inter-

essante Tatsache bestehen, daß es nur wenige Stoffe gibt, die dieser Erregung in stärkerem Maße fähig sind, während alle übrigen nur schwachen Magnetismus annehmen; man nennt jene nach du Bois (1892) ferromatisch, diese schwach magnetisch. Dafür zeigen aber die letzteren eine andre Mannigfaltigkeit, verschiedene Stoffe magnetisieren sich unter gleichen Umständen in entgegengesetztem Sinne, und so hat man zwischen paramagnetischen und diamagnetischen Stoffen zu unterscheiden, jene mit normaler, diese mit entgegengesetzter Magnetisierungsrichtung. In neuester Zeit hat man freilich einige Stoffe kennen gelernt, die nur sehr schwach ferromagnetisch, und gewisse andre, die sehr stark paramagnetisch sind; aber eine Kluft bleibt trotzdem noch bestehen, und die Tatsache der Ferromagnetika und die Frage, warum es gerade diese Stoffe und nicht andre sind, bleibt immer noch im wesentlichen schleierhaft.

Zu den ferromagnetischen Stoffen gehören zunächst die drei auch sonst miteinander verwandten Elemente Eisen, Nickel und Kobalt, und zwar ist ihre Magnetisierung etwa von der gleichen Größenordnung. Was das Eisen selbst betrifft, so sind alle seine Eigenschaften (Magnetisierung, Permeabilität, Remanenz, Koerzitivkraft und Hysteresis) in weiten Grenzen variabel, und erst nach und nach, zum Teil sogar erst in neuester Zeit, hat man erkannt, daß das mit seiner inneren Feinstruktur zusammenhängt. Insbesondere ist es erst im 20. Jahrhundert gelungen, wirklich reines Eisen herzustellen und magnetisch zu prüfen (Kreusler und Gumlich 1908), wobei sich überraschenderweise zeigte, daß es eine sehr mäßige Permeabilität und dabei eine starke Hysteresis, also Energievergeudung besitzt. Im Gegensatz hierzu hat elektrolytisches Eisen, das annähernd, aber nicht völlig rein ist, im geglühten Zustande eine ungewöhnlich hohe Permeabilität und eine extrem geringe Hysteresis (neuste Arbeiten von Gumlich 1909, Kaufmann und Meier 1911, Gans 1911, Yensen 1915). Nickel ist dem Eisen immerhin nicht unbeträchtlich unterlegen, Kobalt nimmt eine Mittelstellung ein, indem es für kleine Feldstärken dem Nickel, für größere aber dem Eisen nahe kommt.

Außer den drei Elementen kommen aber nun noch zahlreiche ihrer Legierungen und Verbindungen untereinander sowie mit andern Stoffen in Betracht. Am wichtigsten ist hier das als Stahl bekannte, mit Kohlenstoff versetzte Eisen; es ist weniger stark magnetisierbar als weiches Eisen, besitzt aber dafür eine viel größere Koerzitivkraft und Hysteresis, und zwar alles das in desto höherem Maße, je härter der Stahl ist; eine Mittelstellung nimmt gehärtetes Eisen ein; man vergleiche dazu die Abb. 105 (weiches Eisen ausgezogen, hartes Eisen gestrichelt, Stahl punktiert). Im übrigen sind die magnetischen Eigenschaften der verschiedenen Stahlsorten so verwickelt, daß hier darauf nicht eingegangen werden kann; nur sei bemerkt (und das hat sich schließlich auch erst im 20. Jahrhundert aufgeklärt), daß dieses Verhalten mit inneren Umwandlungen des Materials zusammenhängt, namentlich mit dem Umstande, daß es bei steigendem Kohlegehalt (bis zu 2 %) von reinem »Ferrit« zu einer Mischung mit »Perlit«, dann zu reinem Perlit und schließlich zu einer Mischung des letzteren mit »Zementit« übergeht; und alles das noch weiter variiert und kompliziert durch die Temperaturverhältnisse und die Vorgeschichte. Von den Legierungen des Eisens sind am interessantesten die mit Silizium, Aluminium und Mangan; am merkwürdigsten aber verhält sich Nickeleisen (HOPKINSON 1889, PAILLOT 1901 u. A.): bis zu 5 % Nickelgehalt nimmt die Magnetisierbarkeit zu, und zwar bis zu einem, dem Eisen noch überlegenem Maximum, so daß man hier ein für die Magnetisierungstechnik sehr wertvolles Material vor sich hat; dann sinkt die Permeabilität bis zu einem Nickelgehalt von 25 %, um dann wieder zu steigen; 25 %iger Nickelstahl ist also, weil er auf den Schiffskompaß nicht störend einwirkt, für den Schiffsbau von besonderer Bedeutung. Übrigens hat auch Manganstahl bestimmter Zusammensetzung die entsprechende Eigenschaft.

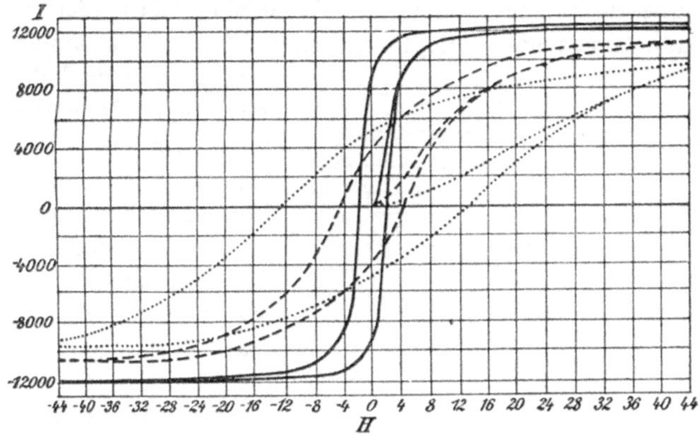

Abb. 105. Hysteresis-Schleifen von Eisen und Stahl.

Die auffallendste Klasse von ferromagnetischen Stoffen aber sind jedenfalls gewisse Bronzen, die HEUSLERschen Legierungen (HEUSLER, STARK und HAUPT 1903), und zwar deshalb, weil sie zeigen, daß der Magnetismus im allgemeinen keine additive, sondern eine konstitutive Eigenschaft der Materie ist; denn diese Legierungen bestehen aus lauter an sich nur ganz schwach magnetisierbaren Metallen, insbesondere aus der Dreiheit: Mangan-Aluminium-Kupfer, und sie kommen trotzdem an Stärke dem Eisen einigermaßen nahe. Um dieses seltsame Verhalten zu ergründen, sind zahlreiche Untersuchungen an ihnen angestellt worden, bei denen die in die Legierungen eintretenden Stoffe, die Feldstärke, die Temperatur und die mechanische oder thermische Vorbehandlung in weiten Grenzen variiert wurden, und es hat sich dabei zwar sehr viel Interessantes ergeben, insbesondere hinsichtlich der natürlichen und künstlichen »Alterungserscheinungen«; aber restlos ist das Phänomen doch noch nicht aufgeklärt worden. Aus der großen Zahl von Arbeiten seien hier die von TAKE (1905 ff.), GUMLICH (1905), ASTEROTH (1907 f.), HEUSLER und RICHARZ (1909 ff.), HILPERT und DIECKMANN (1911) und SEMM (1915) genannt.

Zum Schlusse dieses Abschnittes sei noch eine vergleichende Darstellung der Magnetisierungskurven einiger besonders wichtiger Stofftypen wiedergegeben (Abb. 106).

Den ferromagnetischen Stoffen stehen die para- und diamagnetischen gegenüber. Die formale Theorie ist hier sehr einfach, weil $\varkappa$ bzw. μ eine Konstante ist; man kann also die Verschiebung und Einstellung im Felde, sei es nun gleichförmig oder ungleichförmig, leicht berechnen (Lord KELVIN, BOLTZMANN u. a.). Was speziell den Diamagnetismus betrifft, so hat man eine Zeitlang ihn dadurch als selbständige Erscheinung zu beseitigen versucht, daß man ihn als differentiell auffaßte, d. h. man nahm an, diamagnetisch sei ein Stoff, der schwächer magnetisierbar ist als Luft oder selbst als das Vakuum (E. BECQUEREL 1850, BLONDLOT u. a.), diese Theorie hat sich aber nicht halten lassen, sie mußte der neueren Molekular- und Elektronentheorie weichen, welche die Tatsachen, insbesondere die Eigenart des Diamagnetismus sowie die thermischen Einflüsse in weitem Umfange wenigstens leidlich darstellt. Von besonderem Interesse ist in letzterer Hinsicht das CURIEsche Gesetz (1894) in seinen drei Formen für para-, dia- und ferromagnetische Stoffe: $T \cdot s = \text{const}$, $s = \text{const}$ und $s(T - t) = \text{const}$, wo s der spezifische Magnetismus, T die augenblickliche Temperatur und t die Umwandlungstemperatur ist, bei der der ferromagnetische Stoff seine innere Struktur plötzlich ändert. Übrigens sind auch hiermit nur allgemeine Richtlinien gegeben, die wahre Theorie (s. oben S. 267) gestaltet sich sehr verwickelt und bis jetzt wenig erfolgreich; es sei insbesondere nochmals auf die Theorien von LANGEVIN und WEISS (spontane Magnetisierung, molekulares Feld, Magnetonen) hingewiesen. Ganz neuerdings scheinen sich übrigens auch die Magnetonen im Zusammenhange mit der Quantentheorie gut in das Gesamtbild einzuordnen.

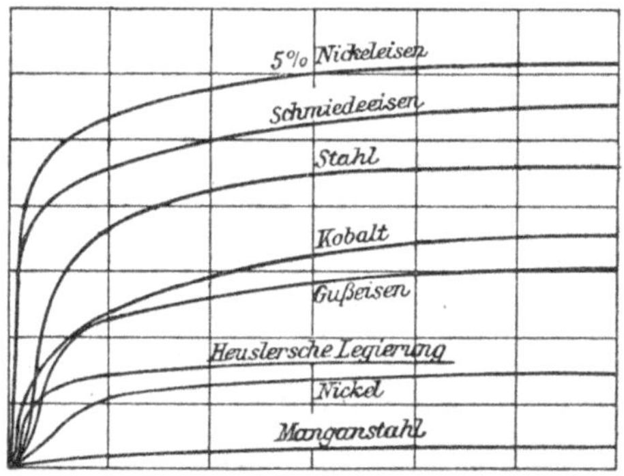

Abb. 106. Die wichtigsten Magnetisierungskurven.

Was nun die Beobachtung und das Experiment betrifft, so sind die diamagnetischen Stoffe wohl zuerst von BRUGMANS (1778) entdeckt und von A. BECQUEREL neu aufgefunden worden (1827); aber der eigentliche Begründer unserer Kenntnis von ihnen ist doch FARADAY (1845). Nach ihm haben dann zahlreiche Physiker Beobachtungen und Messungen angestellt, von denen hier BANCALARI und PLÜCKER (1846), BECQUEREL (1851), W. WEBER (1852), TYNDALL (1855) aus älterer Zeit genannt seien; die Messungen aus neuerer und neuester Zeit, die sich auf feste, flüssige und gasige Stoffe erstrecken, sind so zahlreich, daß unmöglich einzelnes herausgegriffen werden kann. Daran schließen sich ferner vielfältige Betrachtungen und Feststellungen über die chemischen und physikalischen Beziehungen an (Legierungen, Lösungen, Verbindungen) sowie die Frage der Molekular- bzw. Atomsuszeptibilität; wichtige Gesetze hierfür haben u. a. A. G. WIEDEMANN (1865) und KOENIGSBERGER (1898) aufgestellt. Endlich ist die Frage, ob denn für schwach magnetische Stoffe die Magnetisierung wirklich proportional mit der Feldstärke, die Suszeptibilität also eine Konstante ist, zwar im großen ganzen bejaht, es sind aber doch im einzelnen mancherlei Abweichungen festgestellt worden (neueste Arbeiten von HONDA 1910 und OWEN 1912) — Abweichungen, die sich allerdings meist auf sekundärem Wege (Eisengehalt usw.) erklären lassen; und ähnlich verhält es sich mit etwaigen Spuren von Remanenz und Koerzitivkraft (GRAY und ROSS 1909, BERNDT 1908 u. a.).

Eine Stellung für sich nehmen die Kristalle ein, sie führen zu dem interessanten Phänomen des Kristallmagnetismus. Die Theorie ist für schwach magnetische Kristalle verhältnismäßig einfach (W. THOMSON 1850), für ferromagnetische aber um so verwickelter (VOIGT 1900). Die Beobachtungen setzen mit PLÜCKER (1847) ein, dann folgen FARADAY und TYNDALL, und in neuerer und neuester Zeit zahlreiche andre; die ersten exakten und ausgiebigen Messungsreihen verdankt man VOIGT und KINOSHITA (1907). Das besonders interessante Kapitel der ferromagnetischen Kristalle (Magnetit und Pyrrhotit) ist fast ausschließlich in Zürich von WEISS und seinen Schülern bearbeitet worden (1896 bis 1910); und diese Arbeiten haben nicht nur zu einer Fülle von merkwürdigen Einzelheiten geführt, sie haben auch sehr wertvolle Fingerzeige für die allgemeine Theorie des Magnetismus geliefert, weil sich hier die Verhältnisse weit reiner gestalten als bei den »quasi-isotropen«, sogenannten isotropen Stoffen wie Eisen.

36. Elektromagnetismus. Hierunter begreift man sämtliche Beziehungen zwischen elektrischen und magnetischen Erscheinungen, also ein ungeheures Gebiet. Speziell kann man zwischen elektromagnetischen Erscheinungen, d. h. magnetischen Wirkungen der Elektrizität, und magnetelektrischen, d. h. elektrischen Wirkungen des Magnetismus, unterscheiden, und gewinnt dann zwei Erscheinungsgebiete, die in einem gewissen Verhältnis der Reziprozität zueinander stehen, die aber eben deshalb auch so nahe miteinander verwandt sind, daß eine Trennung vielfach unmöglich oder doch erwünscht ist. Eine andre Einteilung erhält man, indem man ponderomotorische Wirkungen einerseits und elektromotorische oder magnetomotorische andrerseits unterscheidet. Von den Grundtatsachen auf diesem Gebiete ist schon mehrfach die Rede gewesen; die Einzelheiten aber sind so überaus reichhaltig, daß hier eine kurze Übersicht über ihre Gesamtheit genügen muß.

Die Entdeckung der Ablenkung der Magnetnadel durch den elektrischen Strom hat im Laufe des verflossenen Jahrhunderts eine vollständige Systematik der betr. Erscheinungen zur Folge gehabt; dabei wurden geradlinige, Kreisströme und Stromspulen der verschiedensten Formen und Wickelungen in Betracht gezogen; das ist also das Gebiet der ponderomotorischen elektromagnetischen Erscheinungen. Die umgekehrte Wirkung ist die ponderomotorische magnetelektrische Wirkung, d. h. die Ablenkung eines Leiterkreises im magnetischen Felde; dabei besteht zwar im allgemeinen Reziprozität, die Ausgestaltung führt aber doch hier wegen der ganz andersartigen Topographie der Magnetfelder zu neuen Formulierungen, die von MAXWELL begründet und dann weiter durchgeführt wurden. Drittens folgt dann die magnetomotorische elektromagnetische Wirkung, d. h. die Magnetisierung des Eisens durch den elektrischen Strom; durch die Theorie der Molekularströme bzw. der rotierenden Elektronen wird sie auch ihrerseits auf ponderomotorische (innere) Wirkungen zurückgeführt. Das sich sinngemäß hier anschließende Gebiet der magnetelektrischen elektromotorischen Wirkung, also der durch Änderung des Magnetfeldes induzierten elektrischen Ströme, pflegt nicht hier, sondern selbständig im Rahmen der Induktionsströme überhaupt behandelt zu werden. Ein viertes Kapitel behandelt die Äquivalenz magnetischer und elektrischer Gebilde, die sich bis ins einzelne durchführen läßt, immer aber mit einer gewissen, durch die einfach- bzw. zweifach-zusammenhängende Natur des von den Gebilden (Magnet, elektrischer Kreis) eingenommenen Raumes bedingten Einschränkung. Ein fünftes Kapitel ist den elektromagnetischen und magnetelektrischen Rotations-, Schwingungs- und Unterbrechungsapparaten gewidmet, die teils für die Klärung der Theorie, teils für die experimentelle Praxis eine bedeutsame Rolle spielen und in den Elektromotoren schließlich auch in die Starkstromtechnik übergreifen. Das sechste und letzte Kapitel endlich ist eines, das wir hier wegen des Interesses, das es sowohl an und für sich als auch für die Entscheidung einer Prinzipienfrage darbietet, etwas eingehender besprechen wollen.

Bei der elektromagnetischen und magnetelektrischen Wirkung bleibt nämlich zweifelhaft, ob sie wirklich, wie es scheint, ponderomotorischen Wesens ist, d. h. ob z. B. im letzteren Falle das Magnetfeld den metallnen Leiter direkt in Bewegung setzt oder ob es nicht doch vielleicht eine Wirkung auf das elektrische Agens ist, der dann der Leiter selbst, der es beherbergt, nur notgedrungen folgen muß. Bei den linearen Leitern kann man das nicht entscheiden, wohl aber bei den flächenhaften, weil hier die Wirkung, wenn sie sich auf das elektrische Agens bezieht, sich darin zu äußern die Freiheit hat, daß die elektrischen Strom- und Niveaulinien sich in dem, an sich in Ruhe verbleibenden Leiter dislozieren. Der HALL-Effekt (HALL 1879) bejaht diese Frage und entscheidet somit im Sinne einer spezifisch elektrischen Wirkung. Schickt man durch eine Metallplatte (Abb. 107) einen Strom, so daß sich das gestrichelte System von Strom- und Niveaulinien ausbildet, darunter die stark hervorgehobene mittlere Querlinie, und unterwirft man jetzt die Platte einem magnetischen Querfelde (vor der Papierebene ein Nordpol, hinter ihr ein Südpol), so findet man durch ansetzen der zu einem Galvanoskop führenden Drähte an die Enden jener Querlinie, daß sie keine Niveaulinie mehr ist; das Galvanoskop liefert jetzt, während es vorher in der Nullage war, einen Ausschlag; und erst nachdem man den einen Absatzdraht nach links, den andern nach rechts verschoben hat, wird der Ausschlag wieder null, woraus folgt, daß sich die Niveaulinie aus der gestrichelten in die ausgezogene neue Lage gedreht hat. Die Drehung, also der HALL-Effekt, ist mit der Strom- und Feldstärke direkt, mit der Plattendicke umgekehrt proportional (deshalb hat man den Effekt erst finden können, als man außerordentlich dünne Platten wählte), und der Proportionalitätsfaktor R heißt Rotationskoeffizient oder Hallkonstante; sie ist für die meisten Stoffe klein, nur für Antimonetwas größer, für Wismut beträchtlich und für Tellur ganz enorm. Der HALL-Effekt ist dann von zahlreichen Physikern nach allen Richtungen studiert worden, und zwar auch in Gasen (und vielleicht auch in Flüssigkeiten); es seien hier insbesondere RIGHI (1883), v. ETTINGSHAUSEN und NERNST (1886), KUNDT (1893, Ferromagnetika, bei denen in der Formel die Feldstärke durch die Magnetisierung ersetzt werden muß), und VAN EVERDINGEN (1896, Wismut und seine kristallische Asymmetrie) genannt. Schließlich sei auf die Beobachtung des Effekts in Flammengasen hingewiesen (MARX 1900).

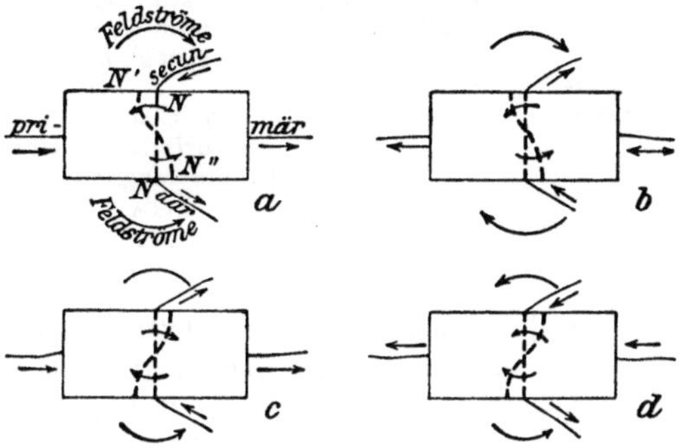

Abb. 107. HALL-Effekt.

Es hat sich nun sehr bald (NERNST 1887) herausgestellt, daß der HALL-Effekt nur einer von einer ganzen Gruppe von Effekten ist, die ein in sich geschlossenes System bilden. Und zwar ist der HALL-Effekt erstens ein galvanomagnetischer Potentialeffekt, d. h. Ursache und Wirkung sind elektrischer Natur, und zweitens ist er ein Quereffekt, d. h. das Magnetfeld steht quer zur Stromrichtung. Nun kann man sowohl der Ursache wie der Wirkung statt des elektrischen einen thermischen Charakter geben (Wärmestrom, Drehung der Isothermen), und außerdem kann man den Transversaleffekten entsprechende Longitudinaleffekte gegenüberstellen, und zwar hier zwei Arten: im Quer- und im Längsfelde; auf diese Weise erhält man das folgende Tableau (s. f. S., jedem Effekt ist eine Nummer sowie sein charakteristischer Koeffizient, also die für ihn an die Stelle der Hallkonstanten tretende Konstante in der üblichen Bezeichnung beigefügt).

Der Effekt Nr. 6, also die Änderung der elektrischen Leitfähigkeit oder des elektrischen Widerstandes im Magnetfelde, ist sogar schon vor dem Halleffekt bekannt gewesen (W. THOMSON 1856, BEETZ 1866, AUERBACH 1878 aus älterer, WILLIAMS 1902, ZAHN 1904, BLAKE 1907, BRENTANO 1915 u. a. aus neuerer Zeit). Auch hier treten bei Wismut besonders interessante Einzelheiten auf (LENARD 1890, LOWNDS 1902), und auf diesen

	thermisch-thermisch	elektrisch-elektrisch	thermisch-elektrisch	elektrisch-thermisch
Quer-effekte	1. Drehung der Isothermen durch Wärme-strom **S**	2. Drehung der Niveaulinien durch den elek-trischen Strom (Halleffekt) **R**	3. Thermo-magnetischer Quereffekt **Q**	4. Galvano-magnetischer Quereffekt **P**
Längs-effekte	5. Änderung der Wärme-leitfähigkeit **F**	6. Änderung der elektrischen Leitfähigkeit 9. Elektro-motorische Kraft der Magneti-sierung **G**	7. Thermo-magnetischer Längseffekt 10. Änderung der Thermo-elektrizität **L**	8. Galvano-magnetischer Längseffekt 11. Änderung des Peltiereffekts **M**

Fall ist dann sogar eine Meßmethode für Feldstärken gegründet worden. Von den weiteren Quereffekten (neben dem Halleffekt) seien hier noch die folgenden hervorgehoben: Der galvanomagnetische Temperatureffekt Nr. 4, von ETTINGSHAUSEN (1887) entdeckt und oft nach ihm benannt; der thermomagnetische Potentialeffekt Nr. 3, auch Nernsteffekt genannt (1886); der thermomagnetische Temperatureffekt oder Leduceffekt Nr. 1 (1887). Übrigens sind diese Effekte schon wesentlich schwächer als die beiden erstgenannten, und noch schwächer sind die andern Längseffekte, die z. T. ebenfalls zuerst von ETTINSHAUSEN und NERNST und dann noch vielfach studiert worden sind.

Was die Theorie der Erscheinungsgruppe betrifft, so wurde sie zuerst in rein formaler Weise entwickelt (LORENTZ 1883, BOLTZMANN 1886, GOLDHAMMER 1887, VOLTERRA 1915, HEURLINGER 1915 u. a.); dann folgten thermodynamische Theorien auf der von DUHEM geschaffenen Grundlage (BOLTZMANN, VOIGT, MOREAU u. a.); schließlich trat auch hier natürlich die Elektronentheorie auf den Plan (RIECKE 1898, DRUDE 1900, LORENTZ 1905, VAN EVERDINGEN 1898, GANS 1904, KÖNIGSBERGER 1913 u. v. a.). Diese letztere Theorie hat zwar viel erfreuliches geleistet und sie konnte in mancher Hinsicht über die formalen Theorien hinausgehen; aber es sind doch noch recht große Lücken übrig, namentlich hinsichtlich des Vorzeichens der Effekte, ihrer Intensitätsbeziehungen untereinander und in mancher andern Frage.

VII. Licht.

37. **Optische Abbildung.** Das Problem der Erzeugung ähnlicher Bilder von Gegenständen mit Hilfe der Lichtstrahlen, die, ursprünglich divergent, durch Spiegelung oder Brechung konvergent gemacht werden, also das Problem der Abbildung, bei der sich Punkte, Linien und Flächen

jeweilig genau entsprechen, hat eine sehr interessante Entwicklungsgeschichte hinter sich; und zwar eine Entwicklung von der speziellsten zu einer immer allgemeineren und schließlich so allgemeinen Fundierung, daß von optischen Grundlagen lediglich einige wenige Grundsätze der geometrischen Optik übrig bleiben, alles übrige aber rein formal-geometrischen Charakters und gänzlich unabhängig davon ist, durch was für optische Hilfsmittel, durch wie beschaffene und wie gelegene Spiegel und Linsen das Ziel erreicht wird. Die älteren Theorien waren ganz speziellen Charakters, so daß wir über sie hinweggehen können. Dann aber kam auch gleich ein entscheidender Schritt, nämlich die Einführung der charakteristischen Funktion (HAMILTON 1824), die dann viel später von BRUNS als Eikonal neu belebt und bearbeitet wurde (1895). Ohne die HAMILTONsche Arbeit zu kennen, hat GAUSS (1841) seine dioptrischen Untersuchungen durchgeführt; aber er ging insofern immer noch recht speziell zu Werke, als er von zentrierten Kugelflächen, von einem fadenförmigen axialen Strahlen- und Abbildungsraum sowie vom Brechungsgesetz ausging; im übrigen ließ er beliebig geformte und gelegene Linsen zu. Ein Jahrzehnt später hat MÖBIUS (1851) gezeigt, daß das Problem auf das der kollinearen Verwandtschaft, also auf reine Geometrie zurückkommt (weitere Ausführungen von LIPPICH 1871, HANKEL 1875 u. a.). Die erste allgemeine Theorie, ohne Rücksicht auf eine bestimmte Verwirklichungsart der Abbildung, hat MAXWELL (1856) gegeben in einer Abhandlung, die merkwürdigerweise fast völlig unbekannt geblieben war. Und so ist denn ABBE (1869 ff.), der von MAXWELLS Arbeit nichts wußte und deshalb selbständig vorging, der eigentliche Begründer der Lehre von der optischen Abbildung geworden; und er hat, wie man weiß, diese Theorie dann auch sofort in großem Maßstabe in die Praxis der optischen Technik umgesetzt. Die Ausgangsbeziehungen zwischen den Koordinaten xyz eines Objektpunktes und den Koordinaten $x'y'z'$ eines Bildpunktes müssen notwendig gebrochene lineare Funktionen sein, also

$$x' = \frac{a_1 x + b_1 y + c_1 z + d_1}{ax + by + cz + 1}, \quad y' = \frac{a_2 x + b_2 y + c_2 z + d_2}{ax + by + cz + 1},$$
$$z' = \frac{a_3 x + b_3 y + c_3 z + d_3}{ax + by + cz + 1}$$

lauten. Sie können aber ohne tatsächliche Einschränkung durch Wahl des Bezugssystems so vereinfacht werden, daß von den 15 Konstanten nur drei oder in dem meist vorkommenden Falle der peripheren Symmetrie um die x-Achse sogar nur zwei übrig bleiben, und zwar, wenn p und q diese neuen Konstanten bedeuten, die Formeln:

$$x' = \frac{p}{x}, \quad y' = \frac{p}{y}, \quad z' = q\frac{z}{x}.$$

Daraus ergeben sich dann die ausgezeichneten Stellen in Objektraum und Bildraum, wie die Brennebenen, Hauptebenen, Knotenebenen usw., wozu dann die verschiedenen Vergrößerungen (axiale, transversale, angulare) kommen. Ein weiteres grundlegendes Problem ist das der Abbildung endlicher Objekte durch weit geöffnete Büschel; es ist, wenn auch sachlich bedauerlich, doch als eine entscheidende Klärung zu bezeichnen, wenn sich herausgestellt hat: die Aufgabe ist unlösbar, weil die weiten Büschel und die ausgedehnten Objekte zwei verschiedene, miteinander unvereinbare Bedingungen erfüllen müssen: die Tangensbedingung und die Sinusbedingung, beide trigonometrische Funktionen von dem Öffnungswinkel zu nehmen. Der Tangentensatz ist schon von GAUSS und seinen Nachfolgern erkannt worden, der Sinussatz erst von ABBE (Beweis von ABBE 1873, HELMHOLTZ 1874, Verallgemeinerungen und Erweiterungen von THIESEN 1892, BRUNS 1895 und STRAUBEL 1902). Hieraus folgt, daß man sich darauf beschränken muß, entweder kleine Objekte durch weite Büschel oder ausgedehnte Objekte durch enge Büschel getreu abzubilden. Recht verwickelt ist auch die Aufstellung der verschiedenen Typen möglicher Abbildung: hier ist zu unterscheiden 1. zwischen kollektiver und dispansiver Abbildung; 2. zwischen rechtläufiger und rückläufiger Abbildung ($p < 0$ oder $p > 0$), von denen jedoch die letztere nicht ohne weiteres realisierbar ist, auch nicht durch Spiegelung (RUNGE); 3. zwischen rechtwendiger und rückwendiger Abbildung, nur auftretend bei radialer Asymmetrie und dadurch charakterisiert, daß die beiden q in der y- und z-Richtung gleiches oder entgegengesetztes Vorzeichen haben (EPPENSTEIN). Schließlich seien von den vielen Theoretikern, die sich noch in neuerer Zeit um die allgemeine Theorie verdient gemacht haben, wenigstens drei genannt: FINSTERWALDER (1891), GULSTRAND (1900) und WOLFKE (1912).

Die bei der optischen Abbildung auftretenden Abbildungsfehler sind sehr zahlreich; erst im Laufe des letzten Jahrhunderts und zum Teil erst in neuester Zeit hat man sie scharf definiert und dann durch geeignete optische Kombinationen mehr oder weniger beseitigen können; die wichtigsten sind die chromatische und die sphärische Aberration, der Astigmatismus, das Koma, die Verzeichnung und Zonenbildung, die Bildwölbung usw. Die rechnerische und konstruktive Kunst, den richtigen Weg zu finden, um aus diesem Gewirr von Fehlern ein Abbildungsoptimum zu erzielen, hat in den letzten Jahrzehnten erstaunliche Fortschritte gemacht, und heutzutage kann man sagen, daß auf allen Anwendungsgebieten (Brillen und Lupen, Mikroskop und Fernrohr, Projektion und Photographie) der optische Teil auf früher ungeahnter Höhe steht. Indessen war dieser Fortschritt noch an eine weitere Erkenntnis geknüpft, und auch diese verdankt man, obwohl ihr HELMHOLTZ sehr nahe gekommen war, doch in der Hauptsache ABBE (1870). Zur Begrenzung der Objekte sowohl wie der Büschel braucht man Blenden (doppelte Aufgabe derselben: Verbesserung der Abbildung und Erzwingung ebener Bilder auch von räumlichen Gegenständen); und man sollte meinen, die Abbildung müßte um so vollkommener werden, je enger die Blenden gestellt werden (wenn nur gleichzeitig für hinreichende Lichtstärke gesorgt wird). Diese Vermutung erwies sich aber als irrig, und ABBE erkannte, daß an der Verschlechterung der Abbildung bei zu starker Einengung der Blenden die Beugung des Lichts die Schuld trägt; er stellte deshalb eine Beugungstheorie der Abbildung (insbesondere der mikroskopischen) auf, und daraufhin konnten erst die Grundlagen für die Herstellung vollkommener Instrumente gewonnen werden; die betreffenden Rechnungen und Experimente waren bereits 1870 angestellt worden, sind aber in weiteren Kreisen erst 1891 bekannt geworden. Es hat sich hier eben wieder einmal gezeigt, daß eine noch so geschlossene und in sich anscheinend vollkommene Theorie wie die geometrische oder Strahlenoptik doch ihre Grenzen hat und, wo sie in Widerspruch mit der Erfahrung tritt, durch etwas neues, in unserm Falle die Wellentheorie des Lichts, ergänzt werden muß.

38. Optische Instrumente. Von dem Vorstehenden ausgehend und sich immer enger an die allgemeinen Grundlehren der Optik anschließend hat sich im Laufe der Jahrhunderte die Kunst, optische Instrumente zu bauen, entwickelt. Den Anfang machte naturgemäß die Brille, dieses einfachste und verbreitetste Instrument zur Korrektur und Unterstützung des Auges; und es ist interessant, festzustellen, daß hier die Erfindungs- und Verbesserungslust sich über zwei Jahrtausende erstreckt. Denn schon im Altertum scheinen Brillen gebaut und benutzt worden zu sein, und aus dem Mittelalter liegt wenigstens *eine* beglaubigte frühe Nachricht vor, nach der man in Alessandro de Spina und Salvino degli Armati (1285) die Erfinder der Brille zu sehen hat. Während alsdann noch mehrfach Verbesserungen vorgenommen wurden, hat das Brillenproblem, offenbar, weil man es als gelöst betrachtete, Jahrhunderte lang geruht, und erst in neuerer und neuester Zeit sind Erfindungen gemacht worden, die diesen Apparat auf eine sehr viel höhere Stufe der Vollkommenheit erheben; unter diesen stehen, unbeschadet andrer Konstruktionen (Periskopbrillen, Largongläser usw.) ohne Zweifel die Punktalbrillen (Gulstrand und v. Rohr, Carl Zeiss 1912) an der Spitze. Ähnlich verhält es sich mit der Lupe, die ebenfalls schon lange bekannt ist, aber erst im 19. Jahrhundert zu wirklich brauchbaren Typen gebracht worden ist. Der dritte, hier in Betracht kommende Apparat, der ebenfalls insofern einfach ist, als er nur aus einem einzigen optischen System besteht, ist das Projektions- und photographische Objektiv; es hat eine so reiche Geschichte, daß es hier genügen muß, einige Daten anzugeben: Wollaston (1812, Meniskus), Chevalier (1838, Landschaftslinse), Petzval (1840, Porträtobjektiv), Grubb (1857, Aplanat), Steinheil (1866, verbesserter Aplanat), Rudolph (1891, Anastigmat, später Protar genannt), Hoek (1892, Doppelanastigmat) und dann noch zahlreiche, zum Teil nicht unwesentliche Vervollkommnungen und Neuformungen, so beispielsweise bei Zeiss in Jena das Tessar, Magnar, Unar usw., wozu dann noch besondere Typen für Tele- und Mikrophotographie kommen. Was schließlich die Projektionsapparate betrifft, so sei hier nur der wesentliche Fortschritt erwähnt, der durch das Zeisssche Epidiaskop erzielt wurde, mit dem man durch einfache Umschaltung je nach Wunsch in durchfallendem oder reflektiertem Lichte an die Wand projizieren, also Diapositive oder gewöhnliche Papierbilder benutzen kann und zugleich eine bisher ungeahnte Schärfe und Lebendigkeit des projizierten Bildes erreicht.

Den bisher betrachteten Instrumenten stehen die aus Objektiv und Okular zusammengesetzten gegenüber, also Mikroskop oder Nahrohr und Teleskop oder Fernrohr. Sie sind ungefähr zu gleicher Zeit, nämlich um die Wende des 16. und 17. Jahrhunderts erfunden worden; aber während beim Mikroskop ziemlich klar liegt, daß JANSEN (1590) als Erfinder zu gelten hat, kommen für das Fernrohr mehrere Männer in Betracht, insbesondere LIPPERSHEY (1608, »holländisches Fernrohr«) GALILEI (1610, verbessertes holländisches oder GALILEIsches Fernrohr) und KEPLER (1611, astronomisches oder KEPLERsches Fernrohr). Der Unterschied der beiden Fernrohrtypen ist in der Hauptsache der folgende: das Objektiv wirkt zwar bei beiden sammelnd, liefert also im Prinzip ein reelles, umgekehrtes Bild; während dieses Bild aber beim KEPLERschen Fernrohr sich ungestört entwickelt, und dann durch das als Lupe wirkende Okular betrachtet wird, wird es beim GALILEIschen, ehe es zustande kommt, durch das Okular abgefangen und nochmals umgekehrt; die Folge ist die, daß das KEPLERsche Fernrohr umgekehrte, das GALILEIsche aufrechte Bilder liefert, und daß somit, besonders auch mit Rücksicht auf die sonstigen Unterschiede, das KEPLERsche Fernrohr vorzugsweise für astromomische, das GALILEIsche für terrestrische Zwecke (als Feldstecher usw.) in Betracht kommt.

Zwischen beiden Typen klafft aber insofern eine Lücke, als der eine sich nur für starke, der andre nur für sehr geringe Vergrößerungen eignet, während es für Vergrößerungen zwischen 3- und 15-fach an einem passenden Instrumente fehlt. Diese Lücke konnte nur dadurch ausgefüllt werden, daß man das KEPLERsche Fernrohr, um es auch für irdische Dinge brauchbar zu machen, mit einem bildaufrichtenden Linsensystem versah; und das hatte wiederum die unangenehme Folge, daß das Rohr sehr lang und damit das Instrument unhandlich wurde. Nun gibt es aber noch eine andre Methode der Bildaufrichtung, nämlich durch Spiegelung an Stelle der Brechung; und es läßt sich leicht einsehen, daß es hierzu einer viermaligen Spiegelung bedarf, wenn das Bild sowohl in vertikaler wie in horizontaler Richtung wieder wie das Objekt orientiert sein soll und wenn außerdem die unerläßliche Bedingung erfüllt wird, daß die Lichtstrahlen nicht in andre Richtung geraten, sondern, wenn auch vielleicht parallel mit sich verschoben, in unveränderter Richtung weitergehen. Außerdem eignen sich hierzu nicht hinterlegte Glasspiegel, sondern nur Prismen, durch deren Kathetenseiten die Strahlen senkrecht hindurchgehen, während sie an der Hypotenusenfläche innerlich reflektiert werden. Derartige Prismen hat zuerst PORRO (1854) konstruiert, sie waren aber technischer Schwierigkeiten halber unbrauchbar geblieben und völlig in Vergessenheit geraten, und erst ABBE und CZAPSKI (1893) haben sie neu erfunden und diesmal zu brauchbaren Prismenfeldstechern ausgearbeitet, die in Originalformen und vielen Nachahmungen dann die Welt erobert haben. In Abb. 108 ist der Gang der

Lichtstrahlen durch zwei derartige Prismenkombinationen perspektivisch dargestellt.

Außer dem bisher betrachteten dioptrischen Fernrohr kommt dann das katoptrische, also das Spiegelteleskop, in Betracht, bei dem die Objektiv- und Okularlinsen teilweise oder gänzlich durch Spiegel geeigneter Form ersetzt werden; die erste brauchbare Idee hierfür rührt von HUYGENS und GUERICKE (1661) her, das erste verwirklichte Instrument hat keinen geringeren als NEWTON zum Urheber; aber erst W. HERSCHEL (1785) hat das erste jener Riesenfernrohre gebaut, die dann in neuester Zeit in wesentlich vervollkommneter Konstruktion von ZEISS und andern Firmen hergestellt werden und mit denen auf den Sternwarten der Welt die Geheimnisse fernster Welten enthüllt werden.

Über das andre zweiteilige Instrument, das Mikroskop, müssen hier wenige Bemerkungen genügen. Fast drei Jahrhunderte lang hat man sich hier mit der Methode des Herumprobierens, um die beste Konstruktion der Linsen ausfindig zu machen, begnügt; und während beim Fernrohr

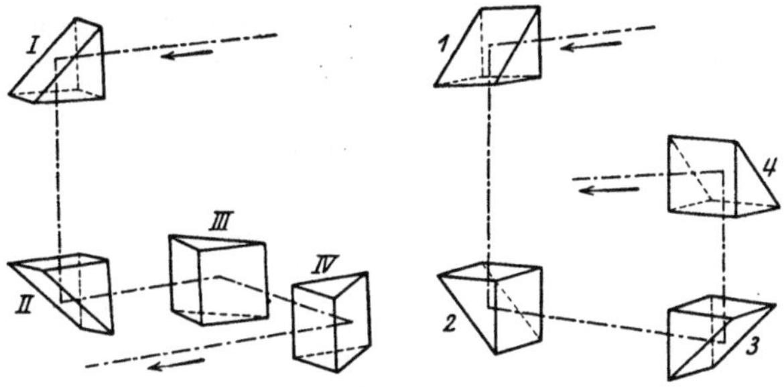

Abb. 108. PORRO-ABBEsche Prismen.

wenigstens zu Anfang des 19. Jahrhunderts durch FRAUNHOFER wissenschaftliche Grundlagen geschaffen waren, kam der wissenschaftliche Mikroskopbau erst viel später durch ABBE zu seinem Rechte, worüber schon in der allgemeinen Betrachtung das nötige gesagt worden ist. In neuester Zeit ist dann die Bildschärfe und die Leistungsfähigkeit des Apparats bis zum äußersten gesteigert worden; und durch die Erfindung des Ultramikroskops mit Dunkelfeldbeleuchtung (1900 ff., ZSIGMONDY und SIEDENTOPF) ist dann die Grenze in gewissem Sinne und für gewisse Zwecke noch erheblich weiter gesteckt worden.

39. Lichtmaße und Photometrie. Die Grundlage der Lichtmeßkunst bildet das System von Lichteinheiten, die, ihrerseits natürlich wieder auf der Basis der Grundgesetze der geometrischen Optik, wohldefiniert und praktisch reproduzierbar sein müssen. In dieser Hinsicht lagen die Verhältnisse noch vor wenigen Jahrzehnten recht trostlos, und noch heute darf man die Aufgabe nicht als restlos gelöst ansehen. Zunächst ist zwischen objektiven und subjektiven Größen zu unterscheiden; jene betreffen die Lichtreize, diese die Lichtempfindungen; und zwischen beiden besteht das psychophysische Grundgesetz (W. WEBER 1825, Differentialform, FECHNER 1856, Integralform): $dE = c \cdot dR/R$ bzw. $E = c \cdot \log R$; über die Grenzen der Giltigkeit dieser Gesetze gehen freilich die Meinungen noch weit auseinander. Was nun die objektiven Größen betrifft, so ist deren eine ganze Anzahl zu unterscheiden, die aber sämtlich miteinander in irgendeiner geometrischen Beziehung stehen: Lichtstärke I, Lichtstrom Φ, Lichtmenge Q, Beleuchtung E, Flächenhelligheit H, Glanz, Transparenz, Albedo usw. Als Einheit der Lichtstärke dienen, da eine streng energetische Festlegung noch nicht erzielt worden ist, gewisse Normallampen, und zwar die Amylazetatlampe oder Hefnerkerze (v. HEFNER-ALTENECK 1884), die Platineinheit (VIOLLE 1884, Abänderung von SIEMENS) und die weniger zuverlässige, aber bequeme und immer noch verbreitete deutsche Paraffin- oder Normalkerze. Für die andern Größen sind ebenfalls besondere Einheiten eingeführt worden, und zwar der obigen Reihe nach Lumen, Lumenstunde, Lux oder Meterkerze usw.; die betreffenden Reduktionsformeln sind:

$$\Phi = 4\pi I \text{ (ringsum)} \quad \text{bzw.} \quad \Phi = \omega I \text{ (im Kegelwinkel } \omega\text{)},$$

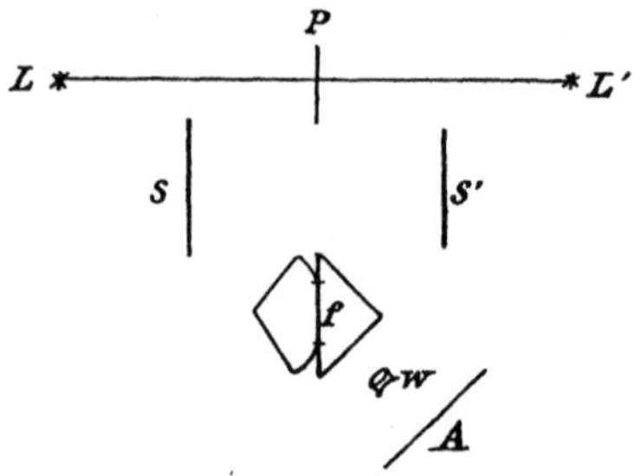

Abb. 109. LUMMERsches Photometer.

oder, wenn f die beleuchtete Fläche, r der Abstand und α die Schiefstellung ist: $\Phi = fI \cos \alpha/r^2$; ferner $Q = \Phi t$ (Zeitfaktor); $E = \Phi/f = I/r^2$; endlich $H = I/f$.

Dies vorausgeschickt, wird nun die Methodik der Photometrie verständlich. Für die meisten Verfahren bildet das LAMBERTsche Gesetz (1760) die Grundlage, und zwar besonders derjenige Teil desselben, der aussagt, daß die Stärke einer punktförmigen Lichtquelle abnimmt wie das Quadrat der Entfernung zunimmt; und da unser Auge unfähig ist, Lichtstärken zahlenmäßig zu vergleichen, dagegen sehr empfindlich für die Feststellung gleicher Helligkeit, spielen die Gleichheitsphotometer mit geeigneter Wahl der Entfernungen der beiden zu vergleichenden Lichtquellen die Hauptrolle. Das älteste wissenschaftliche Photometer rührt von BOUGUER (1760) her, dann folgen die von RITCHIE (1774) und RUMFORD (1794). Der Gipfel der Einfachheit wird dann erreicht mit dem Fettfleckphotometer von BUNSEN (1843); es leidet allerdings (und zwar für exakte Zwecke in hohem Maße) unter dem Umstande, daß der Fettfleck, d. h. eine durchsichtige Fläche mit undurchsichtiger Umgebung, sich nicht in irgendwie vollkommener Weise herstellen läßt. Das wurde erst anders, als LUMMFR und BRODHUN (1889) den natürlichen durch einen »optischen Fettfleck« ersetzten, d. h. durch zwei Prismen (Abb. 109), von denen das eine derart abgeschliffen ist, daß sich beide nur in der mittleren Fläche berühren, so daß hier Durchgang der Lichtstrahlen, in der Umgebung aber totale Reflexion erfolgt. Sowohl das BUNSENsche wie das LUMMERsche Photometer läßt sich übrigens, außer als Gleichheitsphotometer, auch als Kontrastphotometer verwenden, d. h. man reguliert die Entfernung der beiden Lichtquellen nicht auf gleiche Helligkeit der Mitte und der Umgebung, sondern auf gleichen Kontrast für die Ansicht von beiden Seiten, wofür das Auge eine noch etwas größere Empfindlichkeit besitzt (allerdings auch längere Übung beansprucht). Im Anschluß hieran sei auch noch das Biprismaphotometer von Martens (1899) genannt.

Andre Methoden und Apparate der Photometrie sind die folgenden: das Milchglasphotometer von L. Weber (1883); die Interferenzphotometer von Wild (1857) und Lummer, bei welch letzterem auf Verschwinden der Interferenzstreifen in einer dünnen, von beiden Quellen aus durchsetzten Luftschicht eingestellt wird; das Absorptionsphotometer, bei dem die stärkere Lichtquelle durch Einschalten von Blenden, Mattscheibe, Flüssigkeiten oder rotierenden Sektoren geschwächt wird; das Flimmerphotometer (Rood 1893), bei dem man in sehr rascher Folge immer nur die eine oder die andre Quelle wirksam werden läßt und so einstellt, daß die Schwankungen der Lichtstärke verschwinden; besonders gut durchgearbeitet mit dem Apparat von Lummer und Brodhun; die zahlreichen Polarisationsphotometer, insbesondere das von Wild (1887); hier werden durch Doppelbrechung im Kalkspat zwei Strahlen erzeugt, die miteinander interferieren. Alle diese Methoden lassen freilich in einwandfreier Weise nur die Vergleichung gleichfarbigen Lichtes zu; bei verschiedenfarbigen Lichtern treten Schwierigkeiten auf, die sich wohl großenteils, aber nicht vollständig überwinden lassen. In dieser Hinsicht scheint am leistungsfähigsten das neueste Stereophotometer von Pulfrich (1920) zu sein, das auf einem ganz eigenartigen Phänomen psychophysischen Charakters beruht, das aber noch in der endgültigen Ausarbeitung begriffen ist; Spezialitäten stellen ferner die Astrophotometer (ältestes von Zöllner 1861) und die Spektralphotometer dar (Govi 1860, Vierordt 1870, Glan 1877, A. König 1885 u. a.). Schließlich seien von Apparaten, die zur Messung andrer, obengenannter Größen dienen, die folgenden hervorgehoben: Photometer zur Bestimmung des Lichtflusses (Houston und Kenelly [1896]), das Photomesometer von Blondel (1896), desselben Autors Lumenmeter (1895) und das integrierende Photometer von Matthews (1902).

40. Reflexion und Brechung des Lichts. Von diesen beiden Erscheinungen ist schon einmal (S. 132) kurz die Rede gewesen; wir müssen sie jetzt noch etwas näher betrachten und dabei nicht bloß die Richtung der Strahlen, sondern auch die Amplitude bzw. Intensität des reflektierten und des gebrochenen Lichts ins Auge fassen. Da der historische Gang auf diesem Gebiete sehr kreuz und quer läuft, wollen wir uns nicht gar zu ängstlich an ihn halten. Schon im Altertum hat Euklid (— 305) das Spiegelungsgesetz aus Symmetriegründen zu begreifen versucht, und Heron (— 105) stellte schon für einen einfachen Fall den Satz vom kürzesten Lichtwege auf, der ihn dann ebenfalls zum Beweise des Reflexionsgesetzes führte. Unabhängig davon entwickelte sich später diese Lehre ganz besonders bei den Arabern, und Ibn al Haitam (1020) hat den reflektierten und den gebrochenen Strahl schon richtig in die Einfallsebene verlegt. Wie weit man in einzelnen Punkten schon frühzeitig gelangt ist, geht aus der Tatsache hervor, daß schon Roger Bacon (1267) die Bildung von Brennpunkten und die Erscheinung der sphärischen Aberration wissenschaftlich beschrieb. Das Phänomen der Totalreflexion und den dabei auftretenden Grenzwinkel hat zuerst, wie es scheint, Kepler (1611) beobachtet. Was andrerseits das Brechungsgesetz betrifft, so ist es fast gleichzeitig von Snellius (1626) und Descartes (1630) gefunden worden. Von letzterem (1647) rührt auch die Brechungs- und Reflexionstheorie des Regenbogens her; und Cavalieri hat in demselben Jahre eine Berechnung der Brennpunkte aller Arten von Linsen durchgeführt. Schließlich folgte die wissenschaftliche Begründung der beiden Erscheinungen durch die Emissionstheorie (Newton 1669) einerseits und durch die Undulationstheorie (Huygens 1677) andrerseits. Damit ist die erste Periode der Entwicklung zu Ende, und es folgt nun eine lange, im großen ganzen unfruchtbare Zeit; es kommen hier nur etwa die dioptrischen Untersuchungen Eulers (1770) in Betracht. Erst im Laufe des 19. Jahrhunderts hat sich dann die Lehre rasch entwickelt und zwar ganz besonders mit Rücksicht auf den Schwingungs-, also Polarisationszustand des auffallenden Lichts. Den Anfang machte Brewster (1815) mit seinem Gesetze, wonach beim Polarisationswinkel der gebrochene Strahl auf dem reflektierten senkrecht steht, sowie mit seiner Entdeckung der elliptischen Polarisation bei der Reflexion an Metallen. Und bald darauf setzt die allgemeine Theorie der Lichterscheinungen ein, und zwar in den beiden Hauptformen, wie sie ihr Fresnel (1821 ff.) einerseits und Fr. Neumann (1835 ff.) andrerseits gaben; Formen, die sich hauptsächlich dadurch unterscheiden, daß bei jener die Schwingungen senkrecht zur Polarisationsebene, bei dieser in ihr erfolgen. Aber dieser Gegensatz hat sich trotz vielfacher Bemühungen niemals entscheiden lassen und konnte auch, wie die dann an die Stelle der elastischen Theorie tretende elektromagnetische Theorie verständlich macht, nicht entschieden werden, weil in jeder der beiden Ebenen ein Vektor schwingt, in der einen der elektrische, in der andern der magnetische. Die Grundformeln sind übrigens von den speziellen Annahmen der Theorie unabhängig und lauten nach Fresnel (e und b Einfalls- und Brechungswinkel, E, R, B einfallende, reflektierte, gebrochene Amplitude, mit dem Index p oder s, je nach der Polarisation in der Einfallsebene oder senkrecht zu ihr):

$$R_p = -E_p \frac{\sin(e-b)}{\sin(e+b)}, \qquad R_s = E_s \frac{\operatorname{tg}(e-b)}{\operatorname{tg}(e+b)},$$

$$B_p = E_p \frac{2\sin b \cos e}{\sin(e+b)\cos(e-b)}, \qquad B_s = E_s \frac{2\sin b \cos e}{\sin(b+e)},$$

woraus sich dann alle Spezialfälle und zahlreiche bedeutsame Einzelgesetze ergeben. Freilich gelten die Formeln nur unter zwei Voraussetzungen:

daß die Medien isotrop und daß sie durchsichtig sind; für Kristalle und für Metalle müssen besondere Theorien entwickelt werden, jene mit Rücksicht auf die Verschiedenheit in verschiedenen Richtungen (s. S. 86), diese mit Rücksicht auf die Absorption des Lichts in den Metallen. Die Theorie der Reflexion und Brechung an Kristallen ist von FR. NEUMANN (1835) und ganz besonders von KIRCHHOFF (1876), die Reflexion an Metallen von CAUCHY (1837), MAC CULLAGH (1837), KETTELER (1875), VOIGT (1884) und DRUDE (1890) ausgearbeitet worden. Von den Erscheinungen bei Kristallen wird später die Rede sein; über die Metallreflexion aber ist hier noch einiges zu sagen. Der Grundgedanke dieser Lehre ist der, daß das Licht an der Oberfläche des Metalls nicht einfach reflektiert wird, sondern teilweise in es eindringt, wenn auch nur in seine obersten Schichten; und in der Tat hat KUNDT (1888) durch schöne Experimente an sehr dünnen prismatischen Metallschichten die Brechungsquotienten zahlreicher Metalle bestimmen können. Aber der Brechungsquotient n ist hier nicht die einzige charakteristische Größe, denn es treten noch andre spezifische Erscheinungen auf. Vor allem wird geradlinig polarisiertes Licht durch Reflexion zu elliptisch polarisiertem (s. o.), und zwar wird die Elliptizität für einen bestimmten Einfallswinkel, den Haupteinfallswinkel, $\overline{\varphi}$, am größten, nämlich, wenn $\varkappa$ der Absorptionskoeffizient ist, für denjenigen Winkel, welcher durch die Gleichung $\sin\overline{\varphi}\,\mathrm{tang}\,\overline{\varphi} = n\sqrt{1+\varkappa^2}$ bestimmt ist; die Richtung der Hauptachse der Schwingungsellipse heißt ihr Azimut, und insbesondere für den Haupteinfallswinkel ihr Hauptazimut $\overline{\psi}$; es gilt dafür die Beziehung $\mathrm{tang}\,2\overline{\psi} = \varkappa$. Endlich ist das Reflexionsvermögen (Verhältnis der reflektierten zur einfallenden Intensität):

$$R = \frac{n^2(1+\varkappa^2)+1-2n}{n^2(1+\varkappa^2)+1+2n}$$

(Metallglanz). Des weiteren werden die Erscheinungen modifiziert durch den Einfluß der Wellenlänge des Lichts, also durch die Dispersion; es ergibt sich dann »selektive Reflexion« (und im Zusammenhange damit farbiger Metallglanz).

Mit dem experimentellen Studium der Metallreflexion und der Bestimmung ihrer Konstanten haben sich viele Physiker befaßt, so JAMIN (1847), QUINCKE (1863 ff.), WERNICKE (1875), HENNIG (1887), DRUDE (1890), HAGEN und RUBENS (1900) u. a. Was andrerseits die Brechung betrifft, so haben die erwähnten KUNDTschen Beobachtungen das erstaunliche Ergebnis geliefert, daß für mehrere Metalle der Brechungsquotient n kleiner als eins ist, daß sie also »optisch« dünner als Luft ($n = 1$) sind; andrerseits geht n beim Diamanten bis zu 2,4 hinauf.

Die Spiegelung und Brechung ist vielfach praktisch benutzt worden, in erster Linie zum Bau optischer Instrumente (s. o.), dann aber auch für zahlreiche Meßinstrumente und Apparate andrer Art. Prismen bilden den optischen Hauptteil der meisten Brechungsapparate und Spektrometer, sowie einen wichtigen Bestandteil der neueren Feldstecher, Entfernungsmesser, Periskope usw. Linsen bilden die Grundlage aller eigentlich dioptrischen Instrumente. Was endlich die Spiegel im engeren Sinne betrifft, so ist ihr Anwendungsbereich sehr ausgedehnt; so zur Messung von Brechungsquotienten mit Hilfe der Totalreflexion (WOLLASTON 1802, Totalreflektometer von ABBE 1874 und von KOHLRAUSCH 1876, Kristallreflektometer von PULFRICH 1886 und von ABBE 1888). Ein unentbehrliches Hilfsmittel wissenschaftlicher Beobachtung ist ferner die Spiegelablesung bei der Messung von Winkeldrehungen und Einstellungen (POGGENDORF 1826) geworden. Der Winkelspiegel spielt in der Geschichte der Lehre von der Interferenz des Lichts eine entscheidende Rolle, hat aber auch für viele praktische Zwecke (Bildaufrichtung, Bildstabilisierung usw.) Bedeutung; noch eine Stufe höher steht dann der Eck- oder Tripelspiegel (CARL ZEISS), der jeden Strahl, aus welcher Richtung er auch kommen möge, in sich selbst zurückwirft. Ferner gehört hierher das Kaleidoskop (BREWSTER 1817), das neuerdings im Kaleidographen von PULFRICH (1917) eine sehr vervollkommnete Wiedergeburt erlebt hat und sich für Anwendungen im Kunstgewerbe vortrefflich eignet. Schließlich sei auf die Spezialapparate für medizinische Zwecke, wie den Augenspiegel (HELMHOLTZ 1851), den Kehlkopfspiegel usw. und die Ausgestaltung dieses Konstruktionsgebietes durch CARL ZEISS und andre Firmen hingewiesen.

41. Polarisation des Lichts. Von dem Phänomen der Polarisation einer transversalen Wellenbewegung ist schon im allgemeinen Teil (S. 116) und noch soeben im speziellen (S. 286 f.) die Rede gewesen; jetzt müssen wir die Erscheinung im Zusammenhange und mit ihren Einzelheiten betrachten. Ganz allgemein kann man unter Polarisation die Erscheinung verstehen, daß nicht alle, zur Fortpflanzungsrichtung der Welle senkrechten Querrichtungen gleichberechtigt, sondern gewisse Richtungen bevorzugt sind; je nach den näheren Umständen dieser Bevorzugung erhält man geradlinige, zirkuläre oder elliptische Polarisation. Die älteste Beobachtung und zwar die der Polarisation bei der Doppelbrechung des Lichts im Kalkspat, rührt von HUYGENS (1688) her. Damit war die eine der drei wesentlichen Entstehungsweisen der Polarisation festgelegt; aber es dauerte noch länger als ein Jahrhundert, bis auch die beiden andern entdeckt wurden, nämlich die bei der schiefen Reflexion, insbesondere bei einem bestimmten Winkel, dem Polarisationswinkel (MALUS 1808), sowie beim schiefen Durchgang durch Glasplatten (FRESNEL 1818). Als Polarisationsebene gilt beim Durchgange durch Kristalle der Hauptschnitt, bei der Reflexion an isotropen Medien die Einfallsebene, beim Durchgang durch solche die auf der Einfallsebene senkrechte Ebene durch den gebrochenen Strahl. FRESNEL hat dann die schon früher mitgeteilten Formeln (S. 286) für die Intensität der beiden Schwingungskomponenten parallel und senkrecht zur Einfallsebene entwickelt, und daraus haben dann teils schon er selbst, teils seine Nachfolger die wesentlichsten und mannigfaltigsten Schlüsse gezogen. 1. Bei der Reflexion unter dem Polarisationswinkel (bei Wasser 53°, bei Gläsern 54° bis 60°) erfolgt vollständige, bei der Reflexion unter einem andern

Winkel partielle Polarisation, und zwar ist der Polarisationswinkel gleich dem arctang des Brechungsquotienten n, der gebrochene Strahl steht also in diesem Falle auf dem reflektierten senkrecht (Brewster 1815, s. o.); und hieraus ergibt sich rückwärts die Konsequenz der vollständigen Polarisation (in der Formel auf S. 286 wird $e + b = \pi/2$, also $R_s = 0$, also alles Licht parallel polarisiert); 2. Dagegen erfolgt beim Durchgange niemals vollständige, sondern nur immer partielle Polarisation (in den Formeln kommt kein tang vor); durch den Kunstgriff wiederholten Durchgangs (Plattensatz) kann aber der Polarisationsgrad gesteigert werden gemäß der Formel für das Verhältnis der beiden Komponenten $v = B_p/B_s = 1/\sin 2\varphi = (1 + n^2)/2n$. Im übrigen seien aus dieser Periode der Entwicklung noch die Untersuchungen von Arago (1813) über die Polarisation des gebeugten Lichts, von Fresnel und Arago (1816) über die Interferenz des polarisierten Lichts, später erweitert und modifiziert durch Stefan (1872), Mach und Rosizky (1875) und Mach (1904); ferner von Brewster (1819) über die Abhängigkeit des Polarisationswinkels von der Orientierung der spiegelnden Fläche hervorgehoben.

An die Huygenssche Beobachtung wurde erst wieder angeknüpft, als es gelang, geeignete Kristalle in eine für die Beobachtung und nähere Untersuchung der Polarisation geeignete Form zu bringen. Bahnbrechend haben hier zwei Physiker gewirkt, nämlich Biot (1815) mit der Entdeckung, daß der Turmalin von den beiden, durch Doppelbrechung erzeugten Strahlen nur den außerordentlichen hindurchläßt, den ordentlichen aber absorbiert, so daß man den ersteren ungestört untersuchen kann; und Nicol (1828) mit der Konstruktion des nach ihm benannten, aus zwei mit Canadabalsam verkitteten, unter bestimmten Winkeln abgeschliffenen Teilen zusammengesetzten Prismas, das ebenfalls nur den außerordentlichen Strahl durch läßt, den ordentlichen aber an der Zwischenschicht total reflektiert (Abb. 110). Im Laufe der Zeit sind dann überaus zahlreiche derartige Kristallpräparate ersonnen und gebaut worden, die zum Teil gewisse Vorzüge gegenüber dem Nicolschen besitzen, dieses aber doch nicht völlig verdrängt haben (Rochon 1801, Wollaston 1820, Foucault 1857, Sénarmont 1857, Dove 1864, S. P. Thompson 1881, Glan 1881, Glazebrook 1883, Feussner 1884 u. a.); eine Übersicht findet man bei H. Schulz (1921).

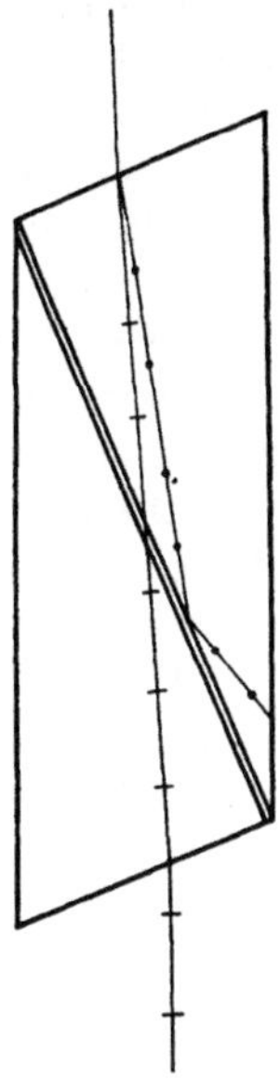

Abb. 110. Nicolsches Prisma.

Daran schließen wir gleich auch noch die zu Polarisationsuntersuchungen im Laufe der Zeit gebauten Apparate; den ersten Polarisationsapparat hat Nörrenberg (1833) gebaut; dann folgten das Stauroskop von Kobel (1855), die Halbschattenapparate (Jellet 1860, vollkommnere Form von Lippich 1882, neuester Typ von Lummer 1895), das Polaristrobometer von Wild (1865) und desselben Physikers Polarisationsphotometer (1887, s. S. 285).

Aus dem großen Reichtum verschiedenartiger Polarisationserscheinungen und Einzelheiten, die mit den genannten Hilfsmitteln gefunden worden sind, können hier nur einige erwähnt werden: die Polarisation des Himmelslichts (ARAGOsches Phänomen, neutrale Punkte von ARAGO, BABINET und BREWSTER, das ganze neu untersucht von KNOPF 1920) und die HAIDINGERschen Büschel (1844); sodann die Phasendifferenz zwischen den beiden Polarisationskomponenten, die im Falle der Totalreflexion auftritt und die Entstehung elliptisch polarisierten Lichts zur Folge hat (außer in den beiden Grenzfällen der eben einsetzenden Totalreflexion und des streifenden Eintritts); die Anomalien der Polarisation bei der Reflexion (CAUCHY und JAMIN 1850, Erklärung durch Oberflächenschichten L. LORENZ 1860, elektromagnetische Theorie von ALKEMADE 1883, elliptische Polarisation an Grenzflächen, DRUDE und K. SCHMIDT 1889); die Beziehung zur Fluoreszenz (LALLEMAND 1869), die elliptische Polarisation bei der Reflexion an Metallen und vieles andere. Von den besonderen Erscheinungen wird noch die Rede sein (s. Kristalloptik).

Ein sehr interessantes Kapitel bildet schließlich das Problem des »natürlichen«, d. h. unpolarisierten Lichts, und zwar deshalb, weil man es in sehr verschiedener Weise definieren kann, je nachdem man die periphere Symmetrie strenger oder loser, insbesondere im statistischen Sinne von Schwankungs- und Durchschnittstypen faßt. Die ersten in Formeln gefaßten Bedingungen für natürliches Licht hat VERDET (1865) aufgestellt; experimentelle und theoretische Beiträge der verschiedensten Art haben u. a. AIRY (1831), DOVE (1847), STOKES (1852), LIPPICH (1863) und RIGHI (1883) geliefert; und in neuester Zeit mündet dann dieses Problem in das der Quantentheorie von PLANCK (1901 ff.) ein, worauf hier nicht eingegangen werden kann.

42. **Interferenz des Lichts.** Von der Interferenz als universeller Erscheinung ist schon im allgemeinen Teile (S. 59) gesprochen worden; jetzt wollen wir die Anwendung auf das Licht machen. Es hat erstaunlich lange gedauert (und das wird nur durch die erforderliche Feinheit der experimentellen Hilfsmittel verständlich), bis die Interferenz des Lichts beobachtet worden ist: erst im Jahre 1801, also länger als ein Jahrhundert nach Aufstellung des HUYGENSschen Prinzips (S. 113), bei dem die Idee der Interferenz bereits die grundlegende Rolle spielt, ist das gelungen, und der Entdecker ist THOMAS YOUNG. Er hat auch unmittelbar danach (1802) die Anwendung auf die Theorie der seit langem bekannten NEWTONschen Ringe (s. u.) gemacht, und in dieser Richtung ist ihm dann FRESNEL (1815) mit der Erklärung der Farben dünner Blättchen (s. u.) gefolgt. FRESNEL ist es dann auch gewesen, der den für die ganze Lehre grundlegenden Spiegelversuch (1816) angestellt hat. Denn, um Interferenzen zu erzeugen, darf man, wie sich erst nach und nach herausgestellt hat, nicht zwei voneinander unabhängige Lichtquellen benutzen, weil diese infolge ihres wirren Schwingungszustandes als »inkohärent« anzusehen sind; man muß vielmehr zwei Bilder einer und derselben Lichtquelle anwenden, und diese »kohärenten« Licht-

quellen verschafft man sich entweder durch zwei, unter einem Winkel von nahezu 180 Grad aneinander stoßende Spiegel oder durch ein Biprisma (FRESNEL 1826) oder durch zwei Halblinsen (BILLET 1858); in der Abb. 111 ist L die Lichtquelle, S der Winkelspiegel (Knickung stark übertrieben) l_1 und l_2 sind die beiden Bilder von L, und in die beiden Wellenzüge sind die Maxima und Minima der Helligkeit, soweit sie auf einer Einstellinie liegen, eingezeichnet. Im ganzen Raume haben die Flächen gleicher Helligkeit die Gestalt von Rotationshyperboloiden mit den Quellen als Brennpunkten, die Hauptschnitte sind also teils Hyperbeln, teils Kreise. Bei Benutzung weißen (oder sonst zusammengesetzten) Lichts tritt zu den Helligkeitskontrasten eine bestimmte Farbenfolge (Interferenzdispersion). Auf einem Schirme im Abstande b von der Ebene der um a voneinander abstehenden fadenförmigen Quellen erhält man grade Interferenzstreifen von der Breite $d = (b/a) \cdot \lambda$, wo λ die Wellenlänge ist; für $a = 0{,}1$ cm und $b = 500$ cm wird $d = 5000\ \lambda$, also für gelbes Licht rund $d = 0{,}3$ cm, so daß man die Streifen mit bloßem Auge oder besser mit der Lupe beobachten und ausmessen kann. Zum näheren Studium sind dann noch zahlreiche andre Vorrichtungen erfunden worden: die geneigten Platten und Plattenkombinationen von BREWSTER (1817), FRESNELS »Dreispiegel«, der LLOYDsche Spiegel (1837), die Kristallplatten von SÉNARMONT (1840), die geneigten Platten von FIZEAU und JAMIN (1858), MICHELSONs nahezu rechtwinkliger Spiegel (1880) usw. Eine besondere Klasse von Vorrichtungen bilden die Kompensatoren zur Herstellung oder Aufhebung von Gangunterschieden usw. (BABINET 1839, JAMIN 1858 usw.).

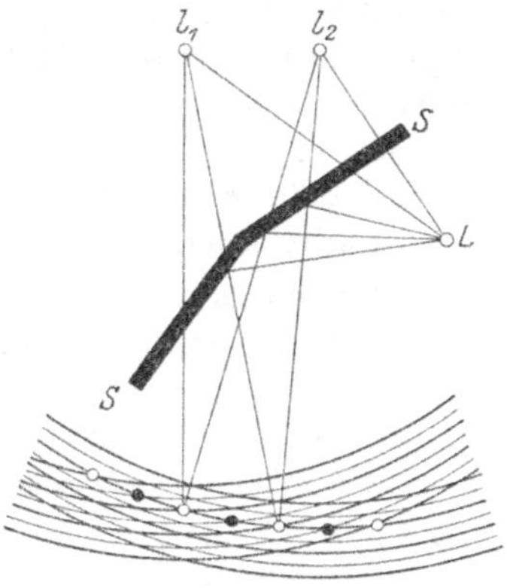

Abb. 111. FRESNELscher Spiegelversuch.

Daran schließen sich dann die eigentlichen, vollständigen Apparate sei es zur Ausmessung der Interferenzen an sich, insbesondere bei großen Gangunterschieden (wobei dann besonders verwickelte Verhältnisse eintreten, sei es zu andern Zwecken, z. B. Dichte- und Temperatur-schwankungs-bestimmungen; genannt seien der Interferenztialrefraktor von JAMIN (1856), das Interferometer von MICHELSON (1882), der Quarzkeilkompensator von MICHEL-LEVY (1883), der Vierplatten-Interferenzialrefraktor von ZEHNDER (1891), das Interferenzmikroskop von STIRKS (1893), das versilberte Interferometer von FABRY und PERROT (1897); und, für sich stehend, das Dilatometer von FIZEAU (1864) und seine Vervollkommnung durch ABBE (1889) sowie das Gasinterferometer von HABER (1909).

Die Zahl der besonderen Interferenzerscheinungen, die unter bestimmten Voraussetzungen eintreten, ist sehr groß. Erwähnt seien hier die schon von ARAGO (1816) beobachtete Interferenz polarisierten Lichts, die OHMschen Phänomene an abgerundeten Rändern (1840), die Untersuchungen von RIGHI (1883) über Interferenzen und Schwebungen, die TALBOTschen Streifen (1837), die auftreten, wenn man ein Spektrum betrachtet und dabei die halbe Pupille von der violetten Seite her mit einem Glasplättchen verdeckt; und endlich das Funkeln der Sterne, die sog. Szintillation (ARAGO 1847, K. EXNER 1882), die freilich nur indirekt hierher gehört.

Interferenzen treten auch an dünnen Schichten auf infolge der Reflexion der Strahlen an der Vorder- und Hinterfläche nach einmaliger oder mehrmaliger Durchsetzung der Schicht, wobei zu beachten ist, daß bei der Reflexion in einem optisch dichteren Medium eine Phasenverzögerung um eine halbe Wellenlänge eintritt. Dadurch erscheint eine planparallele Schicht in parallelem Licht je nach ihrer Dicke hell oder dunkel, und zwar immer umgekehrt im reflektierten wie im durchfallenden Licht; bei weißer Beleuchtung aber farbig (Farben dünner Blättchen, s. o. S. 290); das bekannteste Beispiel bilden die Seifenblasen. Diese Farben sind schon von NEWTON in ein gewisses System gebracht worden, und bilden auch neuerdings wieder wertvolles Material für die allgemeine Farbenlehre. Im divergenten Licht erhält man Kurven gleicher Neigung (HAIDINGER 1849, MASCART 1871). Wenn man endlich statt der Planplatte eine keilförmige nimmt, erhält man Kurven gleicher Dicke: FIZEAUsche Streifen (1861), NEWTONsche Ringe (1676) usw. Bei ersteren ist, wenn u der Keilwinkel und φ der Einfallswinkel ist, der Streifenabstand $b = \lambda/2\,(\text{tang}\,u\sqrt{n^2 - \sin^2\varphi})$, z. B. für Luft, senkrechten Einfall und mittleres Licht: $b = 0{,}102$ cm für $u = 1'$, $b = 6{,}12$ cm für $1''$; bei den NEWTONschen Ringen ist, wenn R der Radius des »Uhrglases« oder sonstigen Ringkeiles ist, an der Stelle vom Keilwinkel u bzw. der Schichdicke d der Ringradius $r = R \sin u = \sqrt{2\,dR}$, die Radien der hellen Ringe im reflektierten Licht verhalten sich wie $\sqrt{1}:\sqrt{3}:\sqrt{5}$, die der dunklen wie $\sqrt{0}:\sqrt{2}:\sqrt{4}$ usw. (im durchfallenden Licht umgekehrt). Eine interessante Beobachtung macht man bei Benutzung der Natriumdoppellinie: hier interferieren die beiden Lichtarten ihrerseits mit einander, und folglich sieht man zahlreiche Ringe, dann verschwinden sie, und noch weiter nach außen treten sie wieder auf. Andre Erscheinungen dieser Art sind die HERSCHELschen Streifen (1809) nahe der Grenze der Totalreflexion, die BREWSTER und JAMINschen Streifen sowie die CORNUschen Hyperbeln, die auftreten, wenn die beiden Hauptkrümmungen der Zwischenschicht entgegengesetztes Vorzeichen haben, z. B. zwischen einer ebenen Platte und einer durch Längs- und entgegengesetzte Querbiegung deformierten Platte (CORNU 1869, STRAUBEL 1899). Schließlich sei bemerkt, daß diese Erscheinungen ein wichtiges Prüfmittel für die Oberflächenform von Glasplatten und Linsen abgeben, und daß dafür besondere Apparate gebaut worden sind, die in den optischen Werkstätten eine große Rolle spielen.

Bisher ist wesentlich von Strahlen in gleicher Richtung die Rede gewesen; aber auch senkrecht zueinander laufende oder einander entgegenkommende Strahlen können miteinander interferieren. In ersterer Hinsicht sei an die verschiedenen Versuche von MICHELSON (1881 ff.) erinnert, die schließlich zur Neubegründung der Relativitätstheorie geführt haben (S. 184); in letzterem Falle kommt man zu stehenden Lichtwellen, worüber auch schon im allgemeinen Teile (S. 67) das nötige gesagt worden ist. Dasselbe gilt von der Rolle, die die Interferenz bei der Begründung der Undulationstheorie des Lichts (HUYGENSsches Prinzip, S. 113) gespielt hat.

43. Beugung des Lichts. Schon an zwei Stellen des allgemeinen Teils, nämlich bei der Grundlegung der Undulationstheorie (S. 46 u. 78) und bei der Entstehung der Spektren (S. 133) ist das Phänomen der Beugung erwähnt und auf seine Entdecker LEONARDO DA VINCI (1500) und GRIMALDI (1660) hingewiesen worden. Der letztere hat es schon näher beschrieben und als Diffraktion bezeichnet, ein Name, der noch heute häufig gebraucht wird. NEWTON, der besonders die Erscheinungen hinter einem Spalt bei verschiedener Breite desselben sowie bei Beleuchtung mit weißem oder einfarbigem Lichte beschrieb, spricht von Inflexion und erklärt sie durch gewisse, jetzt sehr gewaltsam anmutende Annahmen über die Kräfte auf die von der Quelle emittierten Lichtteilchen. Für die Undulationstheorie dagegen ist die Erklärung im Prinzip sehr einfach (s. o.), und FRESNEL, KIRCHHOFF, VOIGT u. a. haben dann die allgemeine Theorie in immer vollkommnerer Weise entwickelt.

Beugung, d. h. Ablenkung aus der bisherigen Richtung, entsteht immer dann, wenn Licht an Rändern vorbeigeht; der Rand kann einseitig sein (Schirm) oder zweiseitig (Spalt oder Nadel) oder allseitig (Loch oder Scheibchen); am vollkommensten und mannigfaltigsten wirken Serien von Spalten bzw. Nadeln, also Beugungsgitter, wie sie zuerst von FRAUNHOFER (1817), dann immer feiner und exakter und schließlich als feinste und wirksamste Konkavgitter von ROWLAND (1882) hergestellt worden sind; auch ist hier das Stufengitter von MICHELSON zu nennen. Die Wirkung ist zunächst eine Abweichung von der geometrischen Schattenbildung, die so weit gehen kann, daß z. B. im Schattenzentrum eines kleinen Kreisschirmes gerade die größte Helligkeit herrscht (DELISLE 1715). Außerdem aber, unter Mitwirkung der Interferenz, eine besondere Beugungsfigur, bestehend aus hellen und dunklen, im zusammengesetzten Licht auch verschiedenfarbigen Stellen. Wenn Objekt und Beugungsfigur vom beugenden Schirm weit entfernt sind, erhält man die »FRAUNHOFERschen Beugungserscheinungen« (1822), andernfalls die »FRESNELschen Beugungserscheinungen« (1823); jene werden mit dem Fernrohr, diese mit der Lupe beobachtet oder in entsprechender Weise objektiv dargestellt.

Die Haupttypen FRAUNHOFERscher Beugungserscheinungen sind die folgenden. Bei einem Spalt erhält man ein zentrales und symmetrisch zu beiden Seiten weitere Helligkeitsmaxima in irrationalen Abständen und mit rasch abnehmender Helligkeit; bei einem Rechteck erhält man eine sternartige Figur mit stärkerer Ausbildung in den Achsen als in den Diagonalen; die Beugungsfigur eines Punktes ist im einfachsten Falle ein Beugungsscheibchen mit es umgebenden Ringen; bei zwei Punkten können sich diese

Figuren teilweise überdecken und damit dem Auflösungsvermögen optischer Instrumente eine Grenze setzen (s. o. S. 283). Bei einem Streifengitter erhält man außer den bisherigen neue Minima, und es bleiben nur einzelne helle Stellen übrig, die man als Beugungsbilder des das Gitter beleuchtenden Lichtfadens betrachten kann; ihre Lage hängt jetzt nicht mehr, wie bei einem einzigen Spalt, von dessen Breite, sondern nur noch von dem Abstande zweier Nachbarstreifen ab, von der sog. Gitterkonstante. Im weiteren treten dann, je nach der Konfiguration, außerordentlich mannigfaltige Beugungsgebilde auf.

Was andrerseits die Fresnelschen Beugungserscheinungen betrifft, so gestalten sie sich im allgemeinen noch wesentlich verwickelter, und man mußte sich bis in die neueste Zeit hier mit einer angenäherten Theorie begnügen, die übrigens in gewissen einfachen Fällen durchaus befriedigendes leistet. Rechnerisch ist diese Theorie, außer von Fresnel selbst, von Knochenhauer (1837), Cauchy (1842) u. a. durchgeführt worden; am einfachsten und elegantesten ist aber die geometrisch-graphische Theorie und

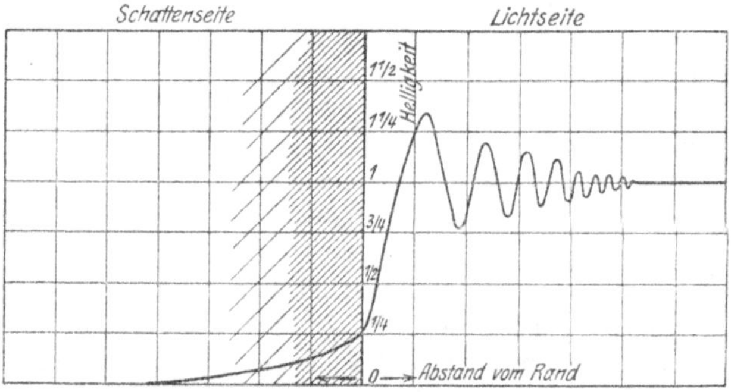

Abb. 112. Helligkeit zu beiden Seiten eines Schirmrandes.

Methode von Cornu (1874), die die Helligkeit an den verschiedenen Stellen durch den Abstand der Punkte einer Doppelspirale von ihrem Anfangspunkte darstellt; insbesondere liefert sie eine fast restlose Erklärung für die merkwürdige Tatsache, daß man in dem Falle eines gradlinigen Schirmrandes im geometrischen Schatten keine Maxima und Minima (sondern allmähliche Abnahme auf null, natürlich innerhalb einer sehr kurzen Strecke vom Schattenrande) erhält, wohl aber außerhalb des Schattens; die Helligkeitskurve hat also die in der Abb. 112 angedeutete Form. Durch eine feine Nadel erhält man dann Fransen sowohl innerhalb wie außerhalb des Schattens, und die mittelste Franse ist immer hell; entsprechend hinter einer kleinen Kreisscheibe.

Aus der großen Reihe experimenteller und theoretischer Arbeiten über beide Klassen von Beugungserscheinungen seien hier die folgenden erwähnt: Airy (1834) und Schwerd (1835), beide über Fraunhofersche Beugungserscheinungen bei kreisförmiger Öffnung, Gilbert (1863) und Lommel (1886), beide mit Formeln und Tafeln für die Fresnelschen Beugungserscheinungen, insbesondere bei kreisförmiger Öffnung, GOUY (1883) für eine Schirmkante, POINCARÉ (1892) und SOMMERFELD (1895): strenge Theorie für besondere Fälle sowie ganz allgemein; SCHWARZSCHILD (1902, Lösung des Spaltproblems durch ein Annäherungsverfahren), QUINCKE (1867, lamellare Beugungserscheinungen), STRAUBEL (1893, Beugung nichtsphärischer Wellen); ABBE (1870, Beugungstheorie der mikroskopischen Abbildung, s. o.), MICHELSON (1898, Glasplattenstaffeln); dann die Beugungstheorie des Regenbogens, die älteste von AIRY (1834), neuere von LARMOR (1888), MASCART (1893), PERNTER (1897), AICHI und TANAKADATE (1904) u. a. Auch die vielen andern Beugungserscheinungen in der Atmosphäre (Höfe, Mondringe, Nebelfarben usw.) sind vielfach experimentell und theoretisch behandelt worden. Ein besonderes Kapitel bildet die Zerstreuung des Lichts durch trübe Medien, d. h. durch ein System ungeheuer zahlreicher Partikelchen von der Größenordnung der Lichtwellen; hierfür hat zuerst Lord RAYLEIGH (1871 und 1881) eine Theorie entwickelt und sie dann auch auf die blaue Farbe und die Polarisation des Himmelslichts angewendet; in neuester Zeit mündet dann dieses Problem in das der Farbe und des sonstigen Zustandes der kolloidalen Lösungen ein (SIEDENTOPF und ZSIGMONDY 1903).

44. Kristalloptik. Von den Kristallen haben wir schon im allgemeinen Teile wiederholt gesprochen; nicht nur im Hinblick auf ihre Symmetrieverhältnisse (S. 18), sondern auch hinsichtlich ihres inneren Aufbaues (S. 23); und im speziellen Teile haben wir schon ihre Elastizitätsverhältnisse und anderes kurz berührt. Am interessantesten ist aber ihr optisches Verhalten; und auch hierfür sind die allgemeinen Grundanschauungen, nämlich das Verhalten der Kristalle bei der Ausbreitung von Lichtwellen in verschiedenen Richtungen (S. 86 ff.) bereits dargestellt worden. Jetzt handelt es sich um die Mannigfaltigkeit der hier auftretenden Phänomene.

Die Grunderscheinung und zugleich die älteste Feststellung ist die beim Eintritt in einen Kristall erfolgende Doppelbrechung; sie ist zuerst von BARTOLINUS (1669) und zwar am Kalkspat beobachtet worden. Daß sie bei einer bestimmten Gruppe, den regulären Kristallen, fehlt, hat DUFAY (1739) festgestellt; und HAUY (1801) hat diese Feststellung durch die andre ergänzt, daß die Erscheinung bei allen übrigen Kristallsystemen vorhanden ist. Bald darauf hat dann BREWSTER (1813) die Unterscheidung zwischen optisch einachsigen und zweiachsigen Kristallen gemacht; jene liefern einen ordentlichen und einen außerordentlichen Strahl, diese dagegen zwei außerordentliche Strahlen. Daß beim Kalkspat die beiden Strahlen verschiedenen Charakter haben, hat übrigens schon HUYGENS (1678) erkannt; dagegen ist die Ebenbürtigkeit der beiden Strahlen beim (zweiachsigen) Topas erst von FRESNEL (1821) nachgewiesen worden. Bei den einachsigen Kristallen gibt es hiernach einen ordentlichen und einen außerordentlichen Brechungsquotienten; sie sind übrigens nur für wenige Kristalle stark voneinander abweichend (Dioptas, Dolomit, Kalkspat, Salpeter, Kalomel, Rutil und Zinnober); außerdem weisen sie eine verschiedene Verteilung der Farbenzerstreuung über das Spektrum auf. Bei den zweiachsigen Kristallen kommt dann noch als weitere charakteristische Konstante der Winkel zwischen den beiden optischen Achsen hinzu, er bewegt sich in dem ganzen Bereich zwischen einigen wenigen und neunzig Graden; und die Brechungsquotienten, hier drei an Zahl, sind mehr oder weniger verschieden. Die beiden Strahlen erfahren vielfach eine verschieden starke Absorption, infolgedessen erscheint der Kristall in verschiedenen Richtungen verschieden gefärbt: Dichroismus (CORDIER 1809) und Pleochroismus (BREWSTER 1817). Wenn ferner ein Strahl auf eine senkrecht zu einer der optischen Achsen gelegene Fläche einer Planplatte senkrecht auffällt, entstehen nicht nur zwei gebrochene Strahlen, sondern, da die Ebene der beiden Strahlen unbestimmt bleibt, ein ganzer Strahlenkegel mit der entsprechenden Winkelöffnung, der dann nach dem Wiederaustritt auf einem Schirm als leuchtender Ring sichtbar wird; diese Erscheinung, die konische Refraktion, ist von HAMILTON (1832) aus der Theorie vorhergesagt und gleich darauf (1833) von LLOYD wirklich beobachtet worden.

Wenn hier immer von Kristallen gesprochen wird, so ist das insofern nicht erschöpfend, als es sich in Wahrheit um heterotrope Körper überhaupt handelt; und zu diesen gehören auch solche, welche, obgleich an sich isotrop, durch Druck- oder Temperaturdifferenzen heterotrop werden. Schon BREWSTER hat (1815) Doppelbrechung infolge mechanischer Spannung beobachtet; Messungen hierüber hat zuerst WERTHEIM (1852) ausgeführt; BIOT (1820) hat gefunden, daß in tönenden Stäben und Platten Doppelbrechung auftritt, und KUNDT (1864) hat ähnliche Beobachtungen angestellt. Theorien für die Doppelbrechung unter Druck und ungleicher Erwärmung haben namentlich F. NEUMANN (1841) und POCKELS (1889) aufgestellt. Bei Gläsern liefert diese akzidentelle Doppelbrechung ein ausgezeichnetes Mittel, um den Innern Zustand des Materials kennen zu lernen. Daß auch durch elektrische Spannungen Doppelbrechung hervorgerufen wird, bildet eine schöne Ergänzung dieses Erscheinungsgebiets, gehört aber im einzelnen nicht hierher.

Überaus mannigfaltig sind alsdann die Erscheinungen der Interferenz des polarisierten Lichts in Kristallen; sie sind deshalb hier noch mannigfaltiger als in isotropen Körpern, weil hier zur Wegdifferenz als weitere Ursache die Differenz der Fortpflanzungsgeschwindigkeiten der beiden Strahlen hinzukommt. Die von der Dicke der Schicht abhängigen Erscheinungen werden auch hier im parallelen, die von der Neigung abhängigen im konvergenten Licht beobachtet, beide aber in der Weise, daß die Kristallplatte zwischen den Polarisator und den Analysator, also z. B. zwischen zwei Nikols eingebracht wird. So liefert z. B. ein den Achsen parallel geschnittenes Gipsplättchen von der Dicke d im parallelen Licht eine Färbung gemäß der Formel $d/d_0 = 2/(n_1 - n_2)$, wo d_0 die Dicke einer dieselbe Farbe liefernden Luftschicht ist und die n die beiden Brechungsquotienten bedeuten; da $n_1 - n_2$ gleich 0,0092 ist, wirkt ein Gipsplättchen so stark wie eine 204mal so dünne Luftschicht. Bei Keilen erhält man Streifen, bei Linsen Ringe. Im konvergenten Licht treten dann die schönen Figuren von farbigen Kegelschnitten (einachsig) bzw. lemniskatenartige Kurven (zweiachsig) auf, durchsetzt von einem schwarzen oder weißen Achsenkreuz (oder durch Drehung aus ihm entstehende hyperbolische Kurven); jene heißen isochromatische, diese achromatische Linien. Schließlich sei bemerkt, daß die hier auftretenden Farben neben den Spektralfarben und den Farben dünner isotroper Blättchen das ausgezeichnetste Material für die Farbenlehre und die Kennzeichnung von Farben mit Hilfe der Kolorimeter oder Farbenmeser (neuestes Modell von ARONS 1912) abgeben.

Von den Einzeluntersuchungen über die Interferenzen in Kristallen seien hier noch die folgenden angeführt: von ARAGO und BIOT (1812), die als die eigentlichen Begründer dieses Beobachtungsgebiets anzusehen sind, wobei als dritter etwa noch BREWSTER (1813), der zuerst in konvergentem Lichte arbeitete, hinzuzufügen ist; dann SÉNARMONT (1840), BERTIN (1861, Flächen gleichen Gangunterschieds), LOMMEL (1883, Isogyren) u. a.; zur Theorie der Interferenzen sowie der Kristalloptik überhaupt sei als erster YOUNG (1814) hervorgehoben, dem dann besonders FR. NEUMANN (1834 ff.), PLÜCKER (1835, Einführung der Achsenfläche und der Strahlenfläche), MAC CULLAGH (1837) und, in allgemeinster Behandlung, KIRCHHOFF (1876) folgten. Schließlich, was Spezialerscheinungen betrifft: FRESNEL (1831, Doppelbrechung im Quarz in der Richtung der optischen Achse), DOVE (1847, Versuche mit rotierenden Nikols), PFAFF (1859, Quarz wird durch Querdruck zweiachsig), LIEBISCH (1885, Totalreflexion an Kristallen) und DRUDE und SCHMIDT (1889, elliptische Polarisation an natürlichen Kristallflächen).

Ein Kapitel für sich bilden die sogenannten aktiven Kristalle, d. h. solche, welche die Polarisationsebene des Lichts, das durch sie hindurchgeht, drehen; die Erscheinung, die auch als Rotationspolarisation bezeichnet wird, ist von ARAGO (1811) am Quarz, dann (1815) von BIOT am Terpentinöl als erster Flüssigkeit entdeckt worden und steht als »natürliche« Drehung der von FARADAY später (s. o.) entdeckten magnetischen gegenüber. Das Phänomen tritt naturgemäß nur auf in enantiomorphen Kristallen oder in Lösungen mit entsprechenden Elementen gelösten Stoffes; die typischen Repräsentanten sind für den ersten Fall Quarz, für den zweiten Zuckerlösung. Die Drehung ist mit der Schichtdicke, bei Lösungen außerdem mit der Konzentration proportional, der Zahlenfaktor heißt spezifische Drehung; auch hängt sie stark von der Farbe ab (Rotationsdispersion), und beträgt z. B. bei Quarz von 1 mm Dicke 16 Grad für rotes, dagegen 45 Grad für violettes Licht. Für Lösungen, namentlich Zuckerlösungen, ist die Drehung zu einer der empfindlichsten Untersuchungsmethoden geworden (Sacharimeter von SOLEIL 1874 u. v. a.). Die experimentellen Untersuchungen über die Drehung sind überaus zahlreich; erwähnt seien die von PASTEUR (1847, molekulare Asymmetrie drehender Flüssigkeiten bzw. fester gelöster Stoffe), VAN 'T HOFF (1875, Beziehung zur chemischen Konstitution), SORET und SARAZIN (1875, Messungen bei verschiedenen Temperaturen), LANDOLT (1879, umfassende Messungen, namentlich an organischen Substanzen), GUMLICH (1898, Quarz bei verschiedenen Temperaturen) und, in neuester

Zeit (von 1901 an) zahlreiche Spezialarbeiten von WALDEN, PATTERSON u. a. Die Theorie ist der Reihe nach von MAC CULLAGH (1838), CLEBSCH (1860), BOUSSINESQ (1868), BOLTZMANN (1874, Formel für die Dispersion), SOHNCKE (1874) und DRUDE (1892) ausgearbeitet worden. SOHNCKE hat dann (1886), zum Teil auf Anregung durch ABBE, auch die Veränderung untersucht, die das natürliche Licht erfährt.

Schließlich ist zu bemerken, daß in aktiven Kristallen die Interferenzerscheinungen des polarisierten Lichts mannigfache Veränderungen erfahren. Eine Quarzplatte gibt z. B. im konvergenten Licht eine farbige Mitte (die Arme des schwarzen Kreuzes setzen erst weiter außen ein); und wenn man eine links- und eine rechts-drehende Platte hintereinander in den Strahlengang bringt, entstehen die AIRYschen Spiralen (1834).

45. Photographie. Die Möglichkeit der Lichtbildkunst beruht auf der Empfindlichkeit gewisser Stoffe gegen Bestrahlung, durch die sie eine chemische Veränderung, insbesondere eine Reduktion von einer höheren in eine niedere Oxydationsstufe, eventuell sogar bis zum Metall herab, erfahren. Daß das Chlorsilber lichtempfindlich ist, hat schon FABRICIUS (1556) beobachtet; aber erst J. H. SCHULTZE (1728) hat, und auch nur gelegentlich, diese Beobachtung auf die verschiedenen Silberverbindungen ausgedehnt; bald darauf hat HELLOT (1737) Silbernitrat als sympathetische Tinte empfohlen. Die ersten Kopien von Schattenbildern auf Chlorsilberpapier hat BECCARIA (1757), später (1802) WEDGEWOOD solche auf Silbernitrat hergestellt. Daß die Wirkung im violetten Licht am stärksten, im roten am schwächsten ist, hat zuerst SCHEELE (1777) festgestellt, und SENNEBIER (1782) hat das Verhältnis beider Wirkungen sogar zahlenmäßig zu 80 : 1 bestimmt. Einen Schritt weiter ist dann RITTER (1801) gegangen, indem er zeigte, daß ultraviolette Strahlen, also solche, welche das Auge gar nicht mehr affizieren, chemisch noch stärker wirken. Dies die Vorgeschichte der Photographie. Als Vorläufer der eigentlichen Geschichte ist DAVY zu bezeichnen, der schon 1802 Lichtbilder in der Dunkelkammer herstellte und 1814 das Jodsilber entdeckte. Man kann nämlich sagen, daß die Geschichte der Photographie in die drei Perioden des Chlorsilbers (Vorgeschichte), des Jodsilbers (ältere Geschichte) und des Bromsilbers (neueste Geschichte) zerfällt. Die ältere Geschichte setzt 1816 mit NIÈPCE ein, der als erster dauerhafte und druckfähige Platten zustande brachte, aber sich zur Brauchbarmachung für die Praxis der Mithilfe DAGUERRES bedienen mußte und es nicht mehr erlebte, als dieser letztere dann (1837) allein zum Ziele kam, wobei ihm die Erfindung des ersten brauchbaren Fixativs, des unterschwefligsauren Natrons, durch HERSCHEL (1819) sehr zu statten kam. Immerhin haben Daguerrotypien den Mangel, daß sie Unika (und zwar positive) sind, also nicht kopiert werden können. In dieser Hinsicht ist die Talbotypie (TALBOT 1839), bei der zunächst ein Negativ entsteht, überlegen, und auch sonst hat sich erst nach DAGUERRE die Technik zu einer für die Praxis hinreichenden Vollkommenheit erhoben; dabei kommt namentlich der Ersatz des durch sein Korn störenden Papiers durch die Glasplatte (Niépce junior 1847), die Einführung der Gelatine (1850) und besonders die Erfindung des Kollodiumverfahrens durch Scott Archer (1851) in Betracht; außerdem die Erfindung geeigneter Entwickler, um den durch die Belichtung erst eingeleiteten Reduktionsprozeß fortzusetzen, deren Reihe die Pyrogallussäure (Russel 1862) eröffnet. Immerhin ist die Photographie mit Jodsilber ein »nasses« Verfahren; ihren neueren Aufschwung, besonders auch als Liebhaberkunst, konnte sie erst nehmen, nachdem das Jodsilber durch das (freilich schon 1826 von Balard entdeckte) Bromsilber ersetzt worden war, von dem ausgehend Maddox (1871) die Bromsilbergelatine-Emulsion erfand und auf ihr das seitdem allgemein geübte »Trockenverfahren« aufbaute. Dazu kommt dann noch die Reifung des Bromsilbers in der Wärme bei Gegenwart von Ammoniak (Monckhoven 1879). Inzwischen war die wissenschaftliche Grundlage der Photographie, also die Photochemie, durch die hervorragenden und ausgedehnten Untersuchungen von Bunsen und Roscoe (1857 ff.) festgelegt worden; und eine der Früchte dieser tieferen Einsicht war die Entdeckung der Sensibilisatoren, d. h. der Stoffe, die man beigeben muß, damit die Wirkung des blauen und violetten Lichts abgeschwächt, die des roten und gelben gesteigert werde (Vogel und Eder 1873); erst hierdurch erhält man »orthochromatische« Aufnahmen, d. h. solche, bei denen die Helligkeitswerte des Schwarzweißbildes annähernd denen des Objekts entsprechen; auf einfachere, aber weniger vollkommene Weise kann man dasselbe Ziel übrigens auch durch Zwischenschaltung von Farbgläsern, insbesondere von Gelbscheiben, erreichen. Schließlich kann man beide Methoden natürlich auch geeignet kombinieren. Im übrigen sei hier noch die Einführung des Blitz- (Magnesia-) Lichts durch Crookes (1859), die Erfindung der verschiedenen Zeit- und Momentverschlüsse, die Begründung der Momentphotographie durch Muybridge (1880), der Mikrophotographie durch Donné (1840) und die, wie man weiß, rapide Entwicklung der kinematographischen Photographie genannt, bei der dann der freilich schon lange neben die Platte getretene Film (Lumière 1890) sein Hauptanwendungsgebiet fand.

Die gewöhnliche Photographie liefert schwarzweiße Bilder; seit lange besteht daher der Wunsch, auch farbige Bilder zu gewinnen; und die Bemühungen hierum sind ebenso alt wie die schwarzweiß-photographischen. Indessen konnte die Angelegenheit trotz mancher geistvoller Ansätze nicht recht vorwärts kommen, weil die unerläßliche Vorbedingung, die Klärung der Begriffe fehlte; diese verdankt man erst der neueren Entwicklung der Farbenlehre einerseits und der grundlegenden Arbeit von Wiener (1890) andrerseits. In dieser letzteren wird durch historische und physikalische Analyse gezeigt, daß es drei mögliche Arten von Farbenphotographie gibt.

Die erste ist die Dreifarbenphotographie auf Grund der physiologischen Theorie des Farbensehens (Young 1807, Helmholtz, Hering usw.). Hiernach empfindet das Auge drei Grundfarben und setzt diese zu einer unbegrenzten Mannigfaltigkeit von Mischfarben zusammen; die Schwierigkeit liegt dann erst in der Kombination dieser physiologischen mit der physikalischen Farbenlehre, wonach es eine einfache, stetige Mannigfaltigkeit von Spektralfarben gibt, die sich dann unter bestimmten Umständen miteinander mischen (Farben dünner Blättchen, Kristallinterferenzen usw., s. o.). Der erste, der sich mit der Verwertung dieser Lehre für die Farbenphotographie, wenn auch zunächst nur rein theoretisch, befaßte, war MAXWELL (1861); als ihr eigentlicher Erfinder aber ist YVES (1881) anzusehen, dem dann JOLY (1894), LUMIÈRE (1903), MIETHE (1912) u. v. a. gefolgt sind; dabei sind zwei Klassen von Verfahren zu unterscheiden, je nachdem man die Vereinigung der drei Farben technisch vornimmt oder aber einzelne Farbenkörner der drei Typen verwendet und ihre Vereinigung dem Auge überläßt. Je besser man die Wahl der drei Grundfarben zu treffen verstanden hat, desto vollkommner hat diese Kunst sich gestaltet, und heutzutage steht sie auf einer gewissen Höhe der Vollendung, wenn es auch begreiflicherweise nicht möglich ist, die Farbentöne in der Wirklichkeit sämtlich exakt und wirksam wiederzugeben.

Die zweite Art von Farbenphotographie ist die Interferenzfarbenphotographie, beruhend auf der Herstellung von dünnen Oberflächenschichten, in denen die früher von uns betrachteten Interferenzfarben auftreten. Schon 1842 haben sich BECQUEREL und DRAPER in dieser Hinsicht bemüht; aber erst ein halbes Jahrhundert später (1891) hat LIPPMANN Erfolge erzielt, und die von ihm, NEUHAUSS, LEHMANN u. a. (1895 und 1905) hergestellten Photogramme des Sonnenspektrums, von Blumen, Schmetterlingen und dergleichen sind bis zu einem gewissen Grade der Objekttreue gediehen, leiden aber unter dem doppelten Übelstande, daß die Farbe an jeder Stelle von der Richtung, in der man betrachtet, abhängt, und daß die Farben mit der Zeit verblassen und schließlich verschwinden. Daß die Farben (und ebenso die Schwärzungen bei der gewöhnlichen Photographie) tatsächlich auf Interferenzen beruhen, wofür schon 1868 ZENKER eine gründliche Theorie entwickelt hatte (ZENKERsche Blättchen), hat NEUHAUSS (1898) mit Hilfe von Feinschnitten durch die empfindliche Schicht, in der man dann Interferenzstreifen feststellt, bewiesen.

Bleibt noch die dritte und im Prinzip vollkommenste Art: die Körperfarbenphotographie. Sie hängt, wie WIENER gezeigt hat, auf das engste mit einer der interessantesten Naturerscheinungen zusammen, mit der Farbenanpassung in der Natur (DARWIN u. a.) und beruht darauf, daß in einer bestimmten, z. B. grünen Beleuchtung alle in den Körperschichten sich bildenden chemischen Verbindungen sich rasch wieder zersetzen, bis eine solche von grüner Farbe entsteht, die dann beständig bleibt, weil doch das grüne Licht in sie nicht eindringt, sondern (wovon ja der Farbname herrührt) von ihr reflektiert wird; durch Beleuchtung mit einem Spektrum muß also in einem geeigneten chemischen Präparat ein aus Körperfarben zusammengesetztes Bild des Spektrums enstehen. Eine interessante, wenn auch nur lose hiermit zusammenhängende Beobachtung hat schon SEEBECK (1810, im Anhange zu GOETHES Geschichte der Farbenlehre) gemacht. Indessen ist es trotz allem bisher nicht gelungen, die Idee der Körperfarbenphotographie der praktischen Ausführung näher zu bringen.

Schließlich gehören hierher noch zahlreiche weitere Themen, so die Röntgenphotographie sowie die Vervielfältigung von Photogrammen durch photomechanische oder photochemische Prozesse; aber darauf kann hier nicht eingegangen werden.

46. Lumineszenz. Schon lange kannte man zwei merkwürdige optische Erscheinungen, die Fluoreszenz und die Phosphoreszenz (wenn auch nicht unter diesen Namen); schon zu Ende des 16. und dann besonders im 17. Jahrhundert wird wiederholt von ihnen berichtet. Aber es hat bis in die zweite Hälfte des 19. Jahrhunderts gedauert, ehe man die Erscheinungen richtig deuten und in die Gesamtheit eines umfassenderen Komplexes einordnen konnte; STOKES (1852), KIRCHHOFF (1859) und E. WIEDEMANN (1888) haben an dieser Klärung des Problems den Hauptanteil. Nach den Strahlungsgesetzen hängt Quantität und Qualität der Strahlung von der Temperatur des Körpers ab; aber außer dieser normalen »Temperaturstrahlung« gibt es noch eine andre, anomale, bei der die Temperatur sehr niedrig und trotzdem die Strahlung quantitativ und qualitativ sehr hochwertig ist. Diese Strahlung nennt man nach WIEDEMANN Lumineszenz; und nach WARBURG spricht man von dem Gegensatze zwischen »thermaktin« und »allaktin«. Die Lumineszenz ist also nicht die Folge von Erwärmung, sondern irgend einer andern Beeinflussung; und da es sehr viele solche geben kann, gibt es auch sehr viele (nach WIEDEMANN 14) Arten von Lumineszenz. Die wichtigsten von ihnen sind die folgenden: 1. Thermolumineszenz, als Folge schwacher (also thermaktin noch nicht wirksamer) Erwärmung, besonders bei Schwefelverbindungen gut zu beobachten. 2. Tribolumineszenz, durch Reibung (Zucker, im dunkeln gestoßen, leuchtet). 3. Kristallolumineszenz (durch Kristallisation). 4. Chemilumineszenz, durch chemische Prozesse; hierher gehört das Leuchten des Phosphors an der Luft infolge chemischer Umwandlung, das Leuchten faulenden Fleisches, das Leuchten der Johanniskäfer und das Meerleuchten. 5. Elektrolumineszenz, infolge elektrischer Ladung (besonders kräftig bei Kathodenstrahlen und im ganzen sehr mannigfaltig in den Erscheinungsformen). Alle diese Arten treten aber an Interesse zurück gegenüber 6. der Photolumineszenz, also dem Leuchten, und zwar dem nach Stärke und Art selbstständigen Leuchten eines Körpers infolge Bestrahlung mit Licht. Insoweit die Wirkung zugleich mit der Erregung aufhört, spricht man von Fluoreszenz; wenn sie auch noch nachwirkt, von Phosphoreszenz; jener Ausdruck vom Fluorit (Flußspat) entnommen, wo die Erscheinung zuerst beobachtet wurde, dieser vom Phosphor, der aber, weil es sich bei ihm um chemische Umwandlungen handelt (s. o.), nicht hierher gehört.

Schon NEWTON, BOYLE und GOETHE haben Beobachtungen gemacht, die in unser Gebiet gehören; aber die ersten wissenschaftlichen Untersuchungen, und zwar an Lösungen von schwefelsaurem Chinin, verdankt man J. HERSCHEL (1845) und BREWSTER (1846); bald darauf wurden Gläser (Uranglas usw.), Bariumplatinzyanür (neuerdings in der Röntgenologie so wichtig geworden), Petroleum und viele andre Stoffe untersucht. Die Farbe der Fluoreszenz ist außerordentlich mannigfaltig, so zeigt z. B. schwefelsaures Chinin (an sich farblos) im Tageslicht an der Oberfläche und bis in eine gewisse Tiefe hinein einen lebhaften himmelblauen Schein; Petroleum ist an sich gelblich, strahlt aber im Sonnenlicht nach allen Seiten violettbraunes Licht aus usw. Auch Gase, z. B. Joddampf, durch grüne Strahlen erregbar, können fluoreszieren (LOMMEL 1853). Die wissenschaftliche Erklärung des Phänomens verdankt man STOKES (1852 ff.); nach ihm handelt es sich um ein Selbstleuchten, das Licht ist unpolarisiert (auch wenn das erregende polarisiert ist), es besteht aus inkohärenten Schwingungen, ist also nicht interferenzfähig, und es ruft seinerseits nicht wieder Fluoreszenz hervor, wenn es auf einen andern, an sich fluoreszenzfähigen Körper fällt. Insbesondere aber rührt von jenem Forscher die STOKESsche Regel her; das Fluoreszenzlicht hat im Vergleich mit dem erregenden kleinere Frequenz, also größere Wellenlänge; daher seine ungeheure Bedeutung zur Sichtbarmachung von Strahlung, die jenseits der Empfindlichkeitsgrenze des Auges liegt. Übrigens haben neuere Untersuchungen (LOMMEL 1871, STENGER 1886, NICHOLS und MERRITT 1904) gezeigt, daß die STOKESsche Regel zwar sehr vielfach, aber nicht immer erfüllt ist; und auch in der allgemeineren Fassung der letztgenannten Forscher: das Maximum des Fluoreszenzbandes liegt gegenüber dem Maximum des erregenden Lichtes nach der Seite der größeren Wellenlänge verschoben — ist nicht ohne Ausnahmen. Die Methodik, die auch von STOKES weitgehend ausgebildet worden ist, ist sehr mannigfach; erwähnt sei hier die Methode der gekreuzten Prismen, die bei normaler Strahlung ein diagonales Spektrum liefern würden, hier aber außerdem noch ein besonderes Fluoreszenzspektrum aufweisen (Abb. 113). Im übrigen seien noch von wichtigen Arbeiten hier genannt die von LALLEMAND (1869) über die Beziehung zur Polarisation, R. MEYER (1898, Beziehung zur chemischen Konstitution), STARK und STEUBING (1908, Beziehung zur Lichtelektrizität), WIEDEMANN und SCHMIDT (1898) sowie R. W. WOOD (1905 bis 1911) über die Fluoreszenz von Dämpfen und endlich der von DRUDE und NERNST gelieferte Nachweis, daß für die Fluoreszenz (ebenso wie nach WIENER für die photographische Wirkung) der FRESNELsche Schwingungsvektor maßgebend ist, die Schwingungsebene also auf der Polarisationsebene senkrecht steht (freilich unter der Voraussetzung, daß der Schwingungsbauch die wirksame Stelle ist).

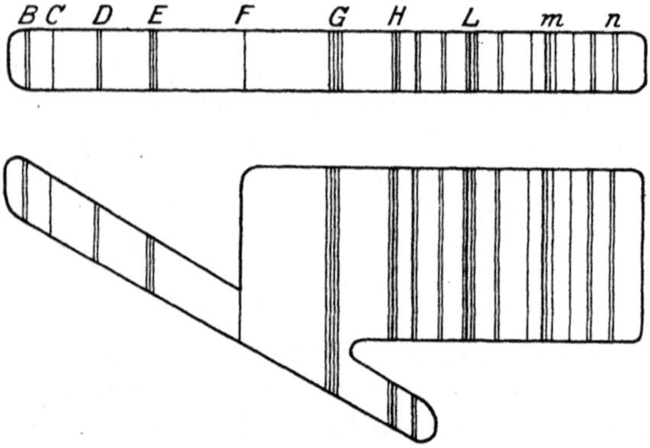

Abb. 113. Fluoreszenzspektrum.

Was andrerseits die Phosphoreszenz betrifft, so müssen wir in bezug auf ältere Nachrichten vorsichtig sein, weil hier meistens chemische Vorgänge (wie beim Phosphor selbst) mitspielen; und wenn die Arbeiten von HEINRICH (1811) zuweilen als grundlegend bezeichnet worden sind, so ist das stark auzuzweifeln. Der Begründer der Lehre ist vielmehr E. BECQUEREL (1839); und erst durch das von ihm erfundene Phosphoroskop (verbessert von ihm selbst 1859, vollkommenster Typ von LENARD 1892) ist eine wissenschaftliche Untersuchung möglich geworden, da die Erscheinung viel zu flüchtig ist, um mit dem Auge im rasch verdunkelten Raume verfolgt zu werden. Weitere Untersuchungen BECQUERELs (und seines Sohnes) erstrecken sich auf die ultrarote Strahlung (1842) und auf das ultrarote Phosphoreszenzspektrum mit hellen FRAUNHOFERschen Linien (1870) sowie auf das elektrische Nachleuchten der Gase (1859); auch sei auf die bedeutsamen Arbeiten von LOMMEL (1883 und 1890) hingewiesen. Erst jetzt konnte man feststellen, daß einerseits die Phosphoreszenz eine sehr verbreitete Erscheinung ist, daß aber andrerseits ganz reine Substanzen überhaupt keine Wirkung geben, daß es also auf Beimengungen, wenn auch oft in minimalen Mengen, ankommt. Vollständig geklärt wurde die Angelegenheit erst durch LENARD und KLATT (1889 ff.); nach ihnen entstehen die »Phosphore« durch zusammenschmelzen eines Metalls und eines schmelzbaren Zusatzes mit einem Erdalkalisilikat, und das Produkt ist als eine »feste Lösung« anzusprechen. Von dieser Basis aus konnten die Phosphoreszenzspektren zahlreicher Metalle und seltenen Erden eingehend untersucht und festgestellt werden, und zwar auch für verschiedene Temperatur (normale, hohe, tiefe); eine Probe gibt Abb. 114, in der die erregende Strahlungsintensität durch eine leere, die erregte durch eine schraffierte Fläche gekennzeichnet ist.

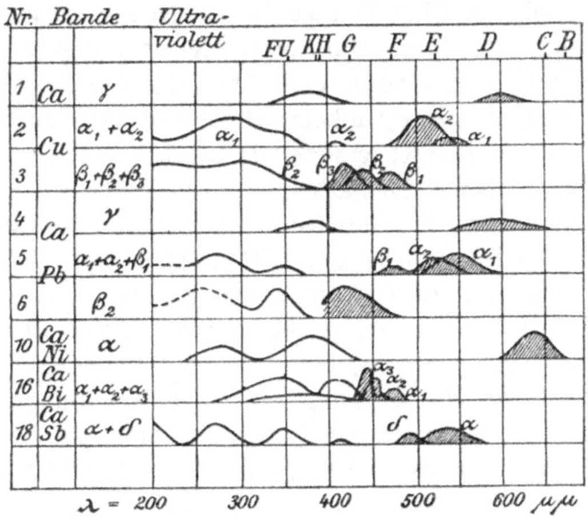

Abb. 114. Fluoreszenzspektren.

47. Farbenlehre. Als Schlußkapitel des Ganzen wählen wir die Farbenlehre. Mit Rücksicht auf die Mannigfaltigkeit und Schönheit des Phänomens der Farben und im Hinblick auf die Rolle, die sie in Natur und Kunst, Wissenschaft und Gewerbe spielen, ist es nicht zu verwundern, daß dieses Problem im Laufe der Jahrhunderte immer wieder aufs neue die großen Geister angezogen und beschäftigt hat; und ebenso begreiflich erscheint es, daß die Gedanken, von denen dabei ausgegangen und die Art, wie die Aufgabe angefaßt und gelöst wurde, außerordentlich weit auseinander gehen. Hat man doch, wenn man vollständig sein will (und das hat neuerdings OSTWALD in besonders eindringlicher Weise betont und reinlich geschieden) nicht weniger als sechs verschiedene Farbenlehren zu unterscheiden: die mathematische, physikalische, chemische, physiologische, psychologische und ästhetische Farbenlehre. Hier geht uns natürlich wesentlich die physikalische an, aber wenigstens die physiologische müssen wir zur Ergänzung noch heranziehen.

Der Begründer der physikalischen Farbenlehre ist, unbeschadet der Verdienste zahlreicher Vorläufer, NEWTON, der im Jahre 1667 das weiße Licht in die Farben des Spektrums zerlegte und diese wiederum zu weißem Licht zusammensetzte. Die so gewonnenen Farben sind reine oder einfache Spektralfarben, jedem einzelnen Farbton entspricht eine bestimmte Schwingungsfrequenz (oder die entsprechende Wellenlänge in Luft), und die Grenzen des Sehbereichs sind durch die Organisation des Auges bedingt, derart, daß man sie rund auf 400 bis 800 Billionen Schwingungen in der Sekunde ansetzen kann, also gerade eine Oktave umspannend (in Wahrheit und unter günstigen Umständen etwas mehr). Innerhalb dieses Bereichs vollzieht sich ein eigentümlicher Abänderungsprozess der Farben in der Weise, daß zwar von Farbton zum Nachbarfarbton Stetigkeit und größte Ähnlichkeit besteht, daß aber doch jeder folgende Farbton der Ausgangsfarbe immer unähnlicher wird, dann aber eine Umkehr erfolgt und die Schlußfarbe der Ausgangsfarbe wieder sehr ähnlich ist (gerade wie bei den Tönen die Oktave dem Grundton). Man kann daher die Farben in einen Kreis ordnen und erhält dann zugleich, als die Enden je eines Durchmessers, die sämtlichen Paare von Kontrast- oder Komplementärfarben, z. B. orange und zyan oder grün und purpur. Aber damit ist die Farbenmannigfaltigkeit nicht erschöpft, es kommen nunmehr zu den einfachen die Mischfarben hinzu, wie man sie z. B. immer da erhält, wo sich Spektren, teilweise gegeneinander verschoben, übereinander lagern, z. B. bei der Beugung, bei den Farben dünner Blättchen (die schon NEWTON in ein vollständiges System brachte) und bei den Interferenzen des polarisierten Lichts in Kristallen. Diese Mischfarben füllen sozusagen den weiten Raum aus zwischen den reinen Farben und dem reinen Weiß, das sämtliche Spektralfarben in richtiger Mischung enthält, sie sind als Teilmischungen zu bezeichnen. Man wird also zu dem äußern Ring der reinen Farben eine Reihe von innern Ringen mit Mischfarben von fortschreitender Weißlichkeit oder abnehmender Sättigung hinzufügen können, bis man dann im Zentrum das reine Weiß erreicht; ein einfaches Schema, mit nur einem Zwischenringe, gibt Abb. 115a. Aber auch jetzt ist die Mannifaltigkeit noch nicht erschöpft, man muß nunmehr auf der hier gegebenen Basis einen Kegel aufbauen, dessen Spitze schwarz bedeutet, und dessen einzelne Schnitte neue Serien ungesättigter Farben enthalten; ein solcher Schnitt ist in Abb. 115b beigefügt, die Mitte ist hier nicht mehr weiß, sondern ein bestimmtes Grau, wie denn überhaupt auf der Kegelachse das Weiß der Basis ganz allmählich durch alle Grautöne in das Schwarz der Spitze übergeht.

Insoweit wäre die Sache ziemlich einfach, wenn nun nicht durch die physiologische Farbenlehre etwas gans Neues hinzuträte. Auf Grund des gesamten Tatsachenmaterials muß nämlich unbedingt angenommen werden, daß die Netzhaut einige wenige Sehsubstanzen enthält, denen ebensoviele elementare Farbenempfindungen entsprechen. Die älteste und noch heute wichtigste Theorie, die von Young (1807) begründet und von Helmholtz (1867) entwickelte Dreifarbentheorie des Sehens nimmt an, daß es sich um drei Grundfarben handelt, und zwar erscheint es am passendsten, als diese drei Grundfarben ein gewisses Rot, Grün und Violett zu wählen; Augen mit diesen drei Grundempfindungen heißen trichromatisch, solche mit einem Defekt dichromatisch, solche ohne Farbenmannigfaltigkeit monochromatisch.

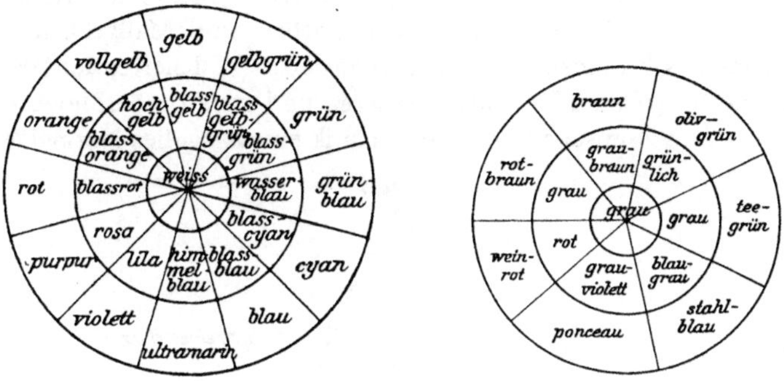

Abb. 115a. Abb. 115b.

Abb. 115a u. 115b. Farbenkegel.

Die Empfindlichkeitsbereiche und Stärken des Auges für die drei Grundfarben sind mehrfach, am genauesten von A. König und Dieterici (1892) untersucht worden, wovon Abb. 116 ein leicht verständliches Bild gibt. Die Physik hat dann ihrerseits diese Theorie in ihr Farbensystem hineinverarbei-

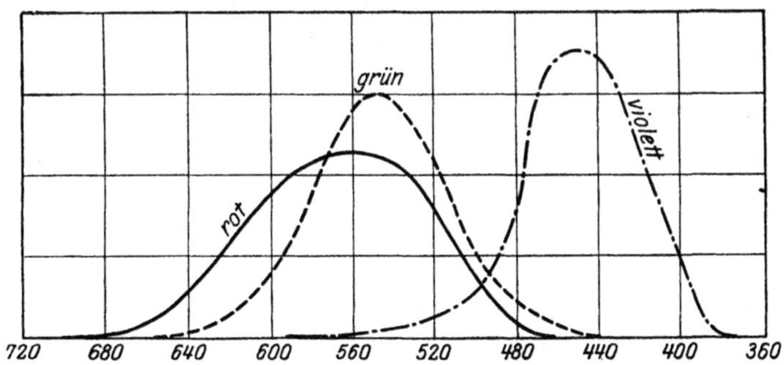

Abb. 116. Empfindlichkeit für die drei Grundfarben.

tet, und insbesondere hat Maxwell (1861) darauf die Grundzüge einer Dreifarbenmannigfaltigkeit und einer Dreifarbenphotographie entwickelt. Hiernach wird man den obigen Kreis jetzt durch ein Dreieck ersetzen und hat dann in den Ecken die drei Grundfarben, in den Kanten die aus zwei von ihnen und im Innern die aus allen drei gemischten Farben, derart, daß jedem Flächenpunkt ein bestimmtes Mischungsverhältnis der Grundfarben zukommt. Ganz besonders hat Lord Rayleigh (1886 ff.) diese Lehre ausgebaut und auf die verschiedenen Farbenphänomene angewandt; hier sei eine Kurve der Farben dünner Blättchen, in das Grunddreieck eingezeichnet, wiedergegeben (Abb. 117, die Zahlen im Innern sind die Blattdicken in μ). Eine andre, auf zwei Paaren von Gegenfarben aufgebaute Theorie rührt von HERING her.

In neuester Zeit ist das Problem zu ganz besonders regem Leben erwacht; aus der Fülle der in Betracht kommenden Arbeitskomplexe seien hier drei herausgegriffen. Erstens die Untersuchungen von ARONS (1910 ff.), der auf Grund der Interferenzfarben des polarisierten Lichts in Kristallen ein bestimmtes System der Zuordnung von Farben und Maßgrößen aufbaute und in seinem Chromoskop oder Farbenweiser realisierte, mittels dessen man jede Farbe vollständig charakterisieren und stets wiederfinden kann, so daß hiermit die Wissenschaft wie die Technik ein wertvolles Normalverfahren

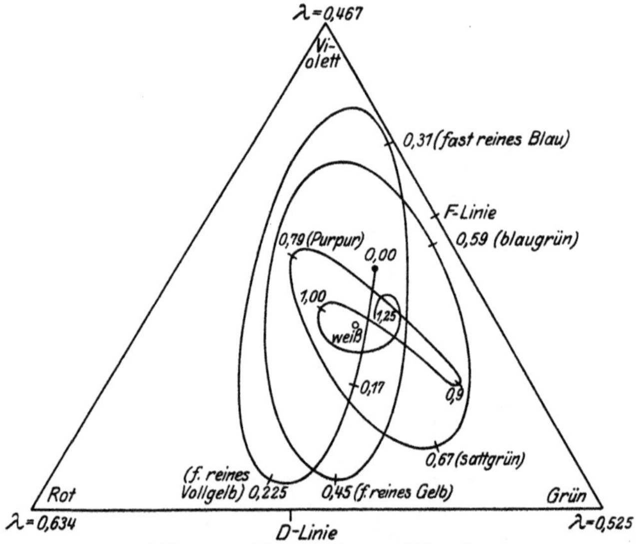

Abb. 117. **Farben dünner Blättchen.**

und Normalinstrument besitzt (vgl. o. S. 297). Zweitens die Arbeiten von Wiener Physikern (KOHLRAUSCH, SCHRÖDINGER u. a., 1915 ff.), insbesondere in der Richtung der exakt-mathematischen Festlegung der Farbenmannigfaltigkeiten, Farbenmetrik usw. — Studien, die sich leider auszugsweise nicht wiedergeben lassen. Drittens das weitschichtige Unternehmen von OSTWALD (1914 ff.), der mit besonderem Eifer die ganze Frage aufrollt und, teils in wissenschaftlicher, teils in allgemeinverständlicher Form behandelt. Er legt den Gegensatz zwischen physiologischen oder Sehfarben und chemischen oder Pigmentfarben sowie den Gegensatz zwischen unbezogenen und bezogenen Farben dar und charakterisiert eine Farbe durch drei Benennungen, nähmlich durch die der Wellenlänge entsprechende Nummer (0 bis 100 oder, vereinfacht, 24 Stufen von 0 bis 100), durch ihren Weißgehalt und durch ihren Schwarzgehalt, beides durch Buchstaben von *a* bis *p* (abgekürzt in 8 Stufen) gekennzeichnet.

Als Schema dient wieder das Dreieck, diesmal aber nur für eine bestimmte Farbe geltend, und mit dieser Vollfarbe (*v*), dem Weiß (*w*) und dem Schwarz (*s*) als Ecken: Abb. 118, die im übrigen für sich selbst spricht. Unklar und zweifelhaft bleibt, ob die Zusammensetzung aus *v*, *w*, *s* bei vollständigem Zyklus der reinen Spektralfarben erschöpfend sein soll, oder ob nicht noch Mischungen von Vollfarben hinzugezogen werden müssen. Jedenfalls kann man auf diese Weise eine ungeheure Mannigfaltigkeit von Farben mit beinahe unmerklichen Übergängen herstellen und daraus alsdann, soweit nicht die Technik der Pigmentfarben Lücken läßt, einen Farbenatlas herstellen (1917).

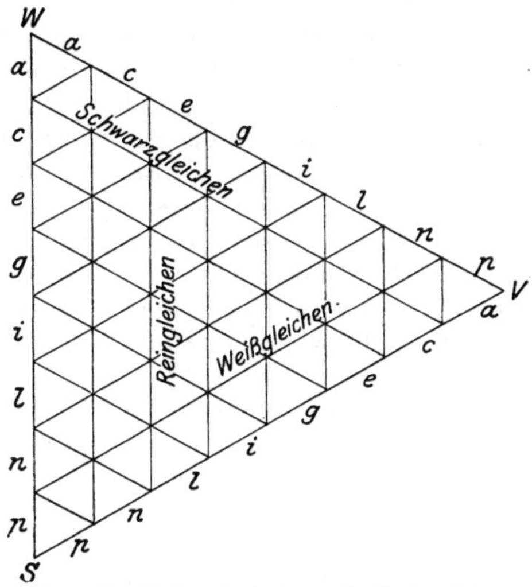

Abb. 118. Farbendreieck nach Ostwald.

Die vorstehende Übersicht darf nicht abgeschlossen werden, ohne des berühmtesten Mitarbeiters an der Farbenlehre, dem diese seine Leistung höher stand als seine andern, zu gedenken. Goethes Farbenlehre ist nur verständlich aus seiner Gesamtpersönlichkeit heraus, und deshalb wäre es ganz verkehrt, über sie kurzweg den Stab zu brechen. Freilich, Goethes Kampf gegen Newton ist für den Physiker gegenstandslos, und seine eigene Theorie, wonach Schwarz und Weiß die beiden Grundelemente sind, die Farben aber durch die Wirkung des trüben Mediums, durch das die Lichtstrahlen hindurchtreten, entstehen, läßt sich in keiner Weise physikalisch ausarbeiten oder rechtfertigen. Trotzdem aber hat seine Lehre, namentlich auch in der Richtung auf die Berücksichtigung des physiologischen und ästhetischen Moments, hohe Bedeutung und vielfach fruchtbar gewirkt; und in der Ostwaldschen Farbenlehre sind geradezu Anknüpfungspunkte an Goethe vorhanden. Übrigens hat Goethe auf diesem Boden zwei geistvolle Zeitgenossen gehabt, Outsider wie er: den Philosophen Schopenhauer (1816 und 1852) und den Maler Runge (1809), die ebenfalls Farbenlehren aufgestellt haben. Aber mit diesem kurzen Hinweise müssen wir unsere Betrachtungen abschließen.

Schlußbetrachtung.

Wir haben die Entwicklungsgeschichte der Physik an uns vorüberziehen sehen, zuerst (im allgemeinen Teile) in den großen Linien, dann (im speziellen Teile) in ausgewählten Seitenästen und feineren Verzweigungen. Das Bild, das wir dabei gewonnen haben, ist zwar groß und reich; aber gerade durch die Mannigfaltigkeit und Gegensätzlichkeit der verschiedenen Komplexe und Ideen verwirrend und beängstigend. Es entsteht die Frage, was aus alle dem für die Wissenschaft selbst und ihre Auswirkungen sich herausdestillieren wird, und welcher Zukunft die Physik hiermit entgegengeht. Da ist nun etwa folgendes festzustellen.

Erstens die ungeheure Bereicherung, die das Tatsachenmaterial im Laufe der Jahrhunderte, der letzten Jahrzehnte und der letzten Jahre erfahren hat, und von der noch kein Ende abzusehen ist. Allerdings handelt es sich schon seit längerer Zeit überwiegend um mikrokosmische Phänomene, um Erscheinungen, die das Auge ohne weiteres nicht wahrnimmt (von anderen Sinnen ganz zu schweigen), und die deshalb auch in das Gefüge des Makrokosmos nicht unmittelbar eingreifen. Man muß schon feinste Hilfsmittel anwenden, um sie aufzufinden oder gar in ihren Einzelheiten zu studieren. Dahin gehören der ZEEMAN- und der STARK-Effekt, die Krümmung der Lichtstrahlen und die Rotverschiebung, die Beugung der Röntgenstrahlen und vieles andere. Aber auch einzelne Phänomene größerer Dimension sind dem Schatten der Vergangenheit entrissen worden, und es ist nicht ausgeschlossen, daß noch neue Fundamentalerscheinungen auftauchen werden, die das Gesamtbild mehr oder weniger umgestalten können.

Sodann die Aufstellung der großen Gesetze des Naturgeschehens. Da bietet nun gerade die Strahlungslehre ein ausgezeichnetes Beispiel. Wenn man von dem schon länger als ein Jahrhundert bekannten LAMBERTschen Gesetz, das mehr geometrischen als physikalischen Charakter hat, absieht, läuft hier eine ununterbrochene Linie von KIRCHHOFF über STEFAN, BOLTZMANN, W. WIEN, LUMMER, JEANS und Lord RAYLEIGH bis zu PLANCK. Und am Ende dieser Linie offenbart sich uns das große Gesetz der Strahlung. Ein andres gewaltiges Beispiel für die fortschreitenden Gesetzmäßigkeiten in der Natur ist das System der MAXWELLschen Feldgleichungen, in dem eine ungeheure Menge elektromagnetischer und optischer Erscheinungen zusammengefaßt ist, und das auch heute noch, obwohl die Wissenschaft sich mehr in andern Bahnen fortentwickelt hat, von entscheidender Bedeutung ist.

Ein dritter Punkt betrifft die quantitative Festlegung der verschiedenen Grundtatsachen in der Form der für sie charakteristischen Konstanten, also derjenigen Konstanten, die man, im Gegensatz zu den individuellen Stoffkonstanten, als universelle Naturkonstanten bezeichnen kann. Diese Konstanten hat man in den letzten Jahrzehnten mit immer größerer Genauigkeit und Zuverlässigkeit ermittelt, und heutzutage haftet ihnen kein größerer wahrscheinlicher Fehler mehr an als ein Tausentel des Wertes oder noch weniger. Dahin gehört namentlich die Gravitationskonstante, das Arbeitsäquivalent der Wärme, die LOSCHMIDTsche bzw. AVOGADROsche Zahl, die Strahlungskonstante bzw. das Wirkungsquantum der Energie, das Elementarquantum der Elektrizität und die Lichtgeschwindigkeit. Wenn die individuellen Stoffkonstanten nicht ebenso genau bekannt sind, so liegt das meist nicht an der Unvollkommenheit der Meßmethoden, sondern daran, daß sich die Stoffe selbst vielfach nicht mit der wünschenswerten Exaktheit definieren lassen.

Das gilt insbesondere von den Metallen, von denen wir jetzt wissen, daß sie Konglomerate sind, die nur den Anschein der Homogenität und Isotropie erwecken, und deren Elastizität, Festigkeit, spezifische Wärme und Leitfähigkeit deshalb nur verhältnismäßig roh angegeben werden können.

Nun kommen wir viertens zu den Theorien. Da stehen sich nun mehrere, von denen jede universellen Charakters ist oder doch zu sein beansprucht, zunächst unvermittelt gegenüber: die Relativitätstheorie, die Feldtheorie, die Atomistik und die Quantentheorie. Aber die Brücke zwischen einigen von ihnen ist schon jetzt gesichert, und auch im übrigen ist ein zwangloses und fruchtbares Ineinandergreifen von ihnen zu erhoffen. Allerdings haben diese Theorien erkenntnistheoretisch zum Teil recht bedenkliches oder, um es vorsichtiger auszudrücken, etwas äußerlich Unbefriedigendes. Denn die Relativitätstheorie schafft, zumal nach der Beseitigung des Äthers, ein Weltbild von äußerster Abstraktion; und das in um so höherem Maße, als sie uns zwingt, in bezug auf alles, was über eine dreifache Mannigfaltigkeit hinausgeht (und das tut schon das Raum-Zeit-System) auf die Anschauung zu verzichten und mit dem reinen Intellekt zu arbeiten. Dafür erhält man aber ein Bild von so imponierender Einheitlichkeit und Geschlossenheit, daß man nicht zu weit geht mit der Behauptung, daß von hier eine neue Ära der Welterkenntnis datiert. Gerade umgekehrt liegt die Sache bei der Atomistik: hier sieht man den Mikrokosmos in allen seinen einzelnen Zügen, wenn auch vielfach noch mit verschwommenen Umrissen, auschaulich vor sich; und aus diesem Konfigurations- und Bewegungbilde folgt beinahe spielend die ganze große Mannigfaltigkeit der Erscheinungen, die der Stoff uns darbietet, insbesondere seiner Strahlungsphänomene. Was aber dabei verloren geht, das ist die Einfachheit des Bildes. Von den Molekeln und Atomen mußte man zu den Ionen, von diesen zu den Kernen, Kernladungen und Elektronen übergehen; und so erhält man ein Bild des Mikrokosmos, das zwar im schönsten Parallelismus zum Makrokosmos der Sternenwelt steht, aber doch eine äußerst weitgehende Komplikation der Grundbedingungen und Grundvorstellungen in sich schließt; und diese Komplikation wird sich voraussichtlich noch weiter steigern.

Bei dieser Sachlage steht es dann fünftens recht bedenklich mit der Systematik und Gliederung der Physik. Von den Einzelabschnitten früherer Zeiten kann nicht mehr die Rede sein, und auch die beiden Hauptgebiete, die Physik der Materie und die Physik des Äthers, schmelzen zusammen, nachdem die Materie zu einer Form der Energie, die Mechanik und insbesondere die Gravitation zu einer Domäne der Strahlungsphysik geworden und der Äther durch das reine Raum-Zeit-Weltbild abgelöst ist. Man muß sich mit diesem Scheitern der Systematik abfinden und darf hierin sogar die Erkenntnis eines besonders hohen Niveaus erblicken, das unsere Wissenschaft erreicht hat.

Schließlich als letztes die Stellung der Physik im Rahmen der Wissenschaften. Da ist es nun ein geradezu entscheidender Zug, daß die Physik sich den andern Wissenschaften immer gebieterischer aufdrängt, und das nicht zum Schaden, sondern zum höchsten Nutzen dieser Wissenschaften. So ist der Chemie in der Physikalischen Chemie ein ganz neuer Wissenszweig von unübersehbarer Ausdehnung erstanden, in seinem ganzen Habitus freilich viel mehr physikalisch als chemisch. Und wenn eine andre Wissenschaft, die Mineralogie, speziell Kristallographie, eine Zeitlang in Stagnation geraten war, so hat sie neuerdings von der Physik her, durch die Entdeckung der Erscheinungen, die Röntgenstrahlen beim Durchgange durch Kristalle darbieten, eine neue und noch lange nicht erlahmende Befruchtung erfahren. Die Biologie ihrerseits kann nicht umhin, die Lehre von der Energie und Entropie immer mehr in den Vordergrund zu rücken; und die Philosophie mag sich wehren, so stark sie kann, sie muß zu den Ideen der Relativitätstheorie, der Statistischen Mechanik und andrer moderner physikalischer Lehren Stellung nehmen und sie ihrerseits weiter verarbeiten. Von der Technik endlich braucht nicht viel gesagt zu werden; denn man weiß, daß der Einfluß der Physik auf sie in allen ihren Zweigen noch immer im wachsen ist, und zwar ganz ausgesprochenerweise neuerdings in dem Sinne, daß viel mehr Wert auf strenge und unabhängige Wissenschaftlichkeit als auf schablonenhafte physikotechnische Rutine Wert gelegt wird.

Und nach alledem ist anzunehmen und zu hoffen, daß die Physik ihre königliche Stellung im Reiche wissenschaftlicher Geistestätigkeit auch in Zukunft erweitern und befestigen werde.

1. Auswahl wichtiger Fortschritte, ihrer Urheber und ihrer Jahreszahlen.

Von den hier verzeichneten Fortschritten entfallen auf die einzelnen Perioden die folgenden Zahlen:

1500 bis 1520	1	1641 bis 1660	9	1781 bis 1800	15
1521 bis 1540	1	1661 bis 1680	15	1801 bis 1820	41
1541 bis 1560	2	1681 bis 1700	10	1821 bis 1840	66
1561 bis 1580	0	1701 bis 1720	4	1841 bis 1860	81
1581 bis 1600	7	1721 bis 1740	8	1861 bis 1880	101
1601 bis 1620	7	1741 bis 1760	18	1881 bis 1900	148
1621 bis 1640	3	1761 bis 1780	9	1901 bis 1921	79

Was die letzte Zahl betrifft, so ist indessen zu berücksichtigen, daß es für eine uns so unmittelbar nahestehende Zeit kaum möglich ist zu entscheiden, was historisch werden wird.

Ferner verteilen sich die Urheber der hier angegebenen Fortschritte in folgender Weise auf die verschiedenen Nationen:

Deutsche	288	Amerikaner	25
Engländer	134	Österreicher	24
Franzosen	112	Skandinavier	21
Italiener	32	Slaven	11
Niederländer u. Belgier	29	Andere	15

v. Chr.

450 Erhaltung des Stoffes . . . . EMPEDOKLES
420 Atomtheorie der Materie in exakter Form . . . . DEMOKRIT
365 Freier Fall als beschleunigte Bewegung . . . . ARISTOTELES
360 Hebelsatz in exakter Form . . . . ARISTOTELES
270 Spezielle Ausgestaltung des Hebelsatzes . . . . ARCHIMEDES
250 Auftrieb fester Körper in Flüssigkeiten . . . . ARCHIMEDES
105 Spezieller Fall des kürzesten Lichtweges . . . . HERON

n. Chr.

12 Wellentheorie des Schalls und Akustik der Gebäude . . VITRUV
290 Lehre vom Schwerpunkt (GÜLDINsche Regel) . . . . . PAPPUS
1267 Sphärische Aberration des Lichts . . . . R. BACON
1311 Camera obscura . . . . LEVI BEN GERSON
1493 Änderung der Deklination mit dem Orte . . . . COLUMBUS
1510 Anfänge einer Theorie der Wasserwellen . . . . LEONARDO DA VINCI
1530 Kopernikanisches Weltsystem . . . . KOPERNIKUS
1544 Inklination der Magnetnadel . . . . HARTMANN
1556 Schwärzung des Chlorsilbers durch Sonnenlicht . . . . FABRICIUS
1589 Parallelogramm der Kräfte . . . . STEVIN
1590 Alle Körper fallen gleich schnell . . . . GALILEI
Erfindung des Mikroskops . . . . JANSEN

1594	Prinzip der virtuellen Verrückungen (spez. Fälle)	STEVIN
1596	Schwingungsdauer verschieden langer Pendel	GALILEI
1597	Erfindung des Thermometers (Luftthermometer)	GALILEI
1600	Grundlegung der Lehre vom Magnetismus	GILBERT
	Die Wurflinie ist eine Parabel	GALILEI
1604	Gesetze des freien Falls	GALILEI
1608	Erste Erkenntnis des Trägheitsprinzips	GALILEI
	Erfindung des Fernrohrs	LIPPERSHEY
1609	Die beiden ersten KEPLERschen Gesetze	KEPLER
1610	GALILEIsches Fernrohr	GALILEI
1611	KEPLERsches Fernrohr	KEPLER
1613	Arithmetische Temperaturskala	GALILEI
1624	Grundlegung einer Atomistik	GASSEND
1626	Brechungsgesetz für das Licht	SNELLIUS
1636	Gesetze der Saitenschwingungen	MERSENNE
1643	Messung des Luftdrucks und seiner Schwankungen	TORRICELLI
1644	Gesetze des Ausflusses der Flüssigkeiten	TORRICELLI
1648	Prismatische Farbenzerstreuung	MARCUS MARCI
	Luftdruck auf Bergen und barometrische Höhenmessung	PASCAL
1650	Begründung der wissenschaftlichen Akustik	KIRCHER
1652?	Erfindung der Luftpumpe	GUERICKE
1660	BOYLEsches Gesetz für ideale Gase (MARIOTTE 1676)	BOYLE
	Beugung (Diffraktion) des Lichts (Vorläufer LEONARDO)	GRIMALDI
	Gesetz der elastischen Dehnung	HOOKE
1663	Erste Beschreibung der Farben dünner Blättchen	BOYLE
	Elektrisiermaschine einfachster Art	GUERICKE
1666	Zusammendrückbarkeit des Quecksilbers	VOSS
1667	Zusammensetzung des weißen Lichts aus den Farben	NEWTON
1668	Theorie und Gesetze des Stoßes	HUYGENS, WALLIS u. WREN
1669	Doppelbrechung des Kalkspats	BARTOLINUS
	Emissionstheorie des Lichts	NEWTON
	Konstanz der Flächenwinkel eines Kristalls	STENO
1673	Gesetz von der Erhaltung der lebendigen Kraft	HUYGENS
	Theorie des Mitschwingens	HUYGENS
	Fall auf der Zykloide	HUYGENS
1676	Farben dünner Blättchen und NEWTONsche Ringe	NEWTON
	Lichtgeschwindigkeit aus den Jupitermonden	RÖMER
1678	Undulationstheorie des Lichts (DESCARTES, HOOKE)	HUYGENS
	Einführung des Lichtäthers in die Physik	HUYGENS
1683	Allgemeines Gravitationsgesetz	NEWTON
1684	ATWOODsche Fallmaschine	ATWOOD
1686	Die lebendige Kraft maßgebend für die Arbeitsleistung	LEIBNIZ
1687	Wechselwirkungsprinzip und Axiome der Bewegung	NEWTON
	Gesetze der inneren Reibung	NEWTON
1688	Polarisation bei der Doppelbrechung	HUYGENS
1690	HUYGENSsches Prinzip der Wellenausbreitung	HUYGENS
1692	Zusammendrückbarkeit des Wassers	Academia del Cimento
1695	Erste Dampfmaschine	PAPIN
1700	Beobachtung der Schwebungen von Tönen	SAUVEUR
1701	Gesetz der Erkaltung der Körper	NEWTON
1706	Erste Beobachtungen über den elektrischen Funken	HAWKSBEE
1709	Elektrostatische Influenz	HAWKSBEE
1714	Erstes Quecksilberthermometer	FAHRENHEIT

1721	Unterkühlung des Wassers	Fahrenheit
1728	Aberration des Lichts der Fixsterne	Bradley
	Lichtempfindlichkeit der Silberverbindungen	J. H. Schulze
1734	Gegensatz zwischen positiver und negativer Elektrizität	Dufay
1738	Begründung der kinetischen Gastheorie	D. Bernoulli
	Erste Messung der Schallgeschwindigkeit	Cassini
1740	Einführung des Metazentrums	Bouguer
	Prinzip der kleinsten Wirkung	Maupertuis
1742	Hundertteiliges Thermometer	Celsius
	Gleichgewichtsellipsoid der Flüssigkeiten	Maclaurin
1743	Erste Theorie der Kapillarität	Clairaut
	Prinzip der verlorenen Kräfte	d'Alembert
1744	Entdeckung der Differenztöne	Sorge
1745	Leidener Flasche (erst später in Leiden)	Kleist
1746	Allgemeiner Flächensatz	Euler
	Identität des Funkens mit dem Blitz (Franklin 1752)	Winkler
1747	Lösung des Problems der Saitenschwingungen durch willkürliche Funktionen	d'Alembert
1748	Erste Beobachtung der Osmose	Nollet
1750	Erfindung des Blitzableiters	Franklin
1753	Trigonometrische Lösung der Saitenschwingungen	D. Bernoulli
1755	Theorie der Entstehung des Sonnensystems	Kant
1758	Grundlegung der Kreiseltheorie	Euler
1759	Atomistische Theorie der Materie	Boscovich
	Hydrodynamische Grundgleichungen	Euler
1760	Begründung der Photometrie und Lambertsches Gesetz	Lambert
1761	Einführung des Begriffs der spezifischen Wärme	Black
1766	Begründung der Störungstheorie der Himmelskörper	Lagrange u. Laplace
1772	Dichtemaximum des Wassers bei 4 Grad	Deluc
1774	Untersuchungen über Schmelzwärme	Black
	Versuch zur Bestimmung der mittleren Erddichte	Maskelyne
	Beobachtung der Kombinationstöne (vgl. 1744)	Tartini
1777	Lichtenbergsche Figuren	Lichtenberg
	Die violetten Strahlen photographisch am wirksamsten	Scheele
1778	Entdeckung der diamagnetischen Körper	Brugmans
1782	Laplacesche Gleichung für das Potential	Laplace
	Erfindung des Erhitzungsluftballons	Montgolfier
1783	Luftballon mit Wasserstoffüllung	Charles
1785	Grundgesetz der elektrischen und magnetischen Fernwirkung	Coulomb
	Spiegelteleskop	W. Herschel
1787	Töne von Platten und Membranen; Klangfiguren	Chladni
1788	Gefrierpunktserniedrigung von Lösungen	Blagden
	Grundgleichungen der Bewegung	Lagrange
1792	Grundversuche zur Kontaktelektrizität	Volta
1798	Erste exakte Bestimmung der Erddichte und Grav.-K.	Cavendish
1799	Untersuchungen über Verdampfungswärme	Black
	Voltasche Säule	Volta
1800	Elektrolyse des Wassers	Carlisle und Nicholson, Ritter
	Erstes Deklinatorium	Gambey
	Ultrarotes Spektrum (Thermometer)	Wollaston und Herschel
1801	Entdeckung der Interferenz des Lichts	Young
1802	Geometrische Temperaturskala	Dalton

1802	Silbervoltameter	Davy
	Unipolare Flammenleitung	Erman
	Ausdehnungs- und Spannungsgesetz der Gase	Gaylussac
	Galvanische Polarisation	Ritter u. Gauterau
	Totalreflexion des Lichts	Wollaston
1803	Freie Diffussion der Flüssigkeiten	Berthollet
	Chemische Molekulartheorie	Dalton
1804	Östliche Fallabweichung	Benzenberg
	Erste wissenschaftliche Luftfahrt	Gaylussac u. Biot
	Erste wissenschaftliche Theorie der Wasserwellen	Gerstner
	Geometrische Kreiseltheorie	Poinsot
1805	Erste Theorie der elektrolytischen Dissoziation	Grotthus
	Theorie der Kapillarität	Laplace
1807	Einführung des Begriffs der Energie	Young
	Dehnungsmodul elastischer Stoffe	Young
1808	Elektrischer Lichtbogen	Davy
	Polarisation des Lichts bei der Reflexion	Malus
1811	Drehung der Polarisationsebene des Lichts im Quarz	Arago
	Avogadrosches Gesetz der Gase	Avogadro
	Fouriersche Reihen und ihre Anwendung	Fourier
1813	Erste Abhandlung zur Potentialtheorie	Gauss
	Gefrieren des Wassers unter der Luftpumpe	Leslie
1814	Brechungsquotienten verschiedener Gläser	Fraunhofer
	Absorption der Gase durch feste Körper	Saussure
1815	Älteste Versuche über Stromwärme	Children
	Theorie der Interferenz und der dünnen Blättchen	Fresnel
1816	Fresnelscher Spiegelversuch	Fresnel
	Richtige Formel für die Schallgeschwindigkeit	Laplace
	Erste brauchbare photographische Platte	Nièpce
1817	Herstellung von Beugungsgittern	Fraunhofer
	Fraunhofersche Linien (Vorläufer Wollaston)	Fraunhofer
1819	Verhältnis der spezifischen Wärmen	Clément u. Désormes
	Gesetz der Atomwärmen	Dulong u. Petit
	Erste Beobachtung der Ionisierung von Gasen	Erman
	Zonentheorie des Huygensschen Prinzips und Wellentheorie des Lichts	Fresnel
1820	Ablenkung der Magnetnadel durch den elektrischen Strom	Oerstedt
	Magnetisierung des Eisens durch den elektrischen Strom	Arago
	Grundgesetz des Elektromagnetismus	Biot u. Savart
	Konstruktion des Galvanometers	Schweigger u. Poggendorff
1821	Ablenkung einer Stromschleife im Magnetfeld	Ampère
	Elektrodynamische Grundversuche und Grundgesetze	Ampère
	Ablenkung des Lichtbogens im Magnetfelde	Davy
	Elektromagnetische Rotationen	Faraday
	Formeln für die Reflexion und Brechung des Lichts	Fresnel
	Entdeckung der thermoelektrischen Ströme	Seebeck
1822	Molekularströme als Ursache des Magnetismus	Ampère
	Erste Beobachtung des kritischen Zustandes	Cagniard Latour
	Abschluß der Theorie der Wärmeleitung	Fourier
	Fraunhofersche Beugungserscheinungen	Fraunhofer
1823	Fresnelsche Beugungserscheinungen	Fresnel
1824	Entdeckung des Rotationsmagnetismus	Arago
	Carnotscher Kreisprozeß und Carnotsches Prinzip	Carnot
1825	Experimente über Wasserwellen	W. u. E. Weber

1826	Osmose und Endosmose	DUTROCHET
	Spiegelablesung	POGGENDORFF
1827	BROWNsche Molekularbewegung	BROWN
	Methode zur Bestimmung der Elastizitätszahl	CAGNIARD L.
	Erste Sätze über Wirbelbewegung	CAUCHY
	NOBILIsche Ringe	NOBILI
	Grundgesetz des elektrischen Stroms	OHM
1828	Prinzip des kleinsten Zwanges	GAUSS
	Energetische Theorie der Kapillarität	GAUSS
	GREENscher Satz und GREENsche Funktion	GREEN
	Polarisationsprisma	NICOL
1829	Dispersionsformel	CAUCHY
	Nachweis der 32 Symmetrieklassen der Kristalle	HESSEL
1830	Entdeckung der Kolloide und kolloidalen Lösungen	GRAHAM
1831	Entdeckung der Induktionsströme	FARADAY
	Horizontalpendel für die Erdbebenforschung	HENGLER
	Untersuchungen über strahlende Wärme	MELLONI
	Mischungsmethode für die spezifische Wärme	F. NEUMANN
1832	Magnetometer	GAUSS und WEBER
	bzw. 1833 Vorhersage und Beobachtung der konischen Refraktion	HAMILTON, LLOYD
	Erste magnetelektrische Maschine	PIXII und DAL NEGRO
	Bifilare Aufhängung	SNOW HARRIS
1833	Elektrolytisches Grundgesetz	FARADAY
	Begründung der Lehre vom Erdmagnetismus	GAUSS
	Ausströmung der Gase	GRAHAM
1834	HAMILTONsches Prinzip	HAMILTON
	JACOBIsches dreiaxiges Gleichgewichtsellipsoid	JACOBI
	Astatisches Nadelpaar	NOBILI
	AIRYsche Spiralen (Quarz)	AIRY
	PELTIER-Effekt	PELTIER
	Erste Messung der Fortpflanzungsgeschwindigkeit der Elektrizität	WHEATSTONE
1835	Entdeckung der Selbstinduktion (Extrastrom)	FARADAY
	Erste brauchbare Raumgittertheorie der Kristalle	FRANKENHEIM
	Neue Elastizitätstheorie des Lichts	F. NEUMANN
	Reflexion und Brechung des Lichts an Kristallen	F. NEUMANN
1836	Erstes leidlich konstantes galvanisches Element	DANIELL
	Physikalische Molekulartheorie	MOSSOTTI
	Untersuchung des Funkens mit dem rotierenden Spiegel	WHEATSTONE
1837	Beobachtung der Fluoreszenz	BREWSTER
	Photographie (Daguerrotypie)	DAGUERRE
	Theorie des elektromagnetischen Feldes	FARADAY
	Beobachtungen über Dielektrizität	FARADAY
	Einfluß des Lichts auf das Leitvermögen des Selens	KNOX
	Wärmewirkung bei der elektrischen Entladung	RIESS
1838	Erste wissenschaftliche Untersuchung der Phosphoreszenz	E. BECQUEREL
	Photographisches Landschaftsobjektiv	CHEVALIER
	Untersuchungen über das Glimmlicht	FARADAY
1839	Grundlegende Ideen über die Erhaltung der Kraft und das Arbeitsäquivalent der Wärme	R. MAYER
	Erfindung der kopierbaren Photographie	TALBOT
	Sätze über Wirbelbewegung	SVANBERG
1840	Stromwärme und ihre Gesetze	JOULE
	Photographisches Porträtobjektiv	PETZVAL

1841	Begründung der Lehre von der optischen Abbildung	Gauss
	Thermische Ausdehnung der Gase	Regnault
	Erste systematische Beobachtung der elastischen Nachwirkung	W. Weber
1842	Doppler-Effekt für Schall und Licht	Doppler
	ff. Messung des Arbeitsäquivalents der Wärme	Joule
	Gesetz der Strömung in Kapillaren	Poiseuille
1843	Fettfleckphotometer	Bunsen
	Der Vokalklang beruht auf der Stärke der Partialtöne	Ohm
	Plateausche Figuren	Plateau
	Der Vokalklang beruht auf dem Schwingungsverlauf	Seebeck
1844	Erste Bogenlampe	Foucault
	Wheatstonesche Brücke	Wheatstone
1845	Nachweis der meisten Körper als diamagnetisch	Faraday
	Magnetische Drehung der Polarisationsebene	Faraday
	Beobachtungen über Fluoreszenz	J. Herschel
	Verbreitung elektrischer Ströme in Flächen	Kirchhoff
1846	Elektrodynamisches Grundgesetz und Elektrodynamometer	W. Weber
1847	Beginn der sichtbaren Strahlung bei 525 Grad	Draper
	Dissoziation des Wasserstoffs	Grove
	Erhaltung der Kraft	Helmholtz
	Formeln für Stromverzweigungen	Kirchhoff
	Kristallmagnetismus	Plücker
	Messung der Spannkraft des Wasserdampfes	Regnault
1848	Kristallklassen und Raumgittertheorie	Bravais
	Erster Hitzdrahtstrommesser	Hankel
	Theorie der Dielektrizität (Ausführung: Clausius 1874)	Mossotti
	Theorie der magnetischen Induktion	F. Neumann
1849	Pendeluntersuchungen	Bessel
	Messung der Lichtgeschwindigkeit mit dem Zahnrad	Fizeau
	Erniedrigung des Erstarrungspunkts durch Druck	J. Thomson
1850	Zweiter Hauptsatz der Thermodynamik	Clausius
	Theorie der Schwingungen von Platten	Kirchhoff
	Funkenmikrometer	Riess
1851	Interferenzversuch mit strömendem Wasser	Fizeau
	Pendelversuch zum Nachweis der Achsendrehung der Erde	Foucault
	Zerstreuungs- und Wirkungsgrad bei Kreisprozessen	Kelvin
	Theorie der magnetischen Induktion	Kelvin
	Induktionsapparat	Ruhmkorff
	Fallgesetz für Kugeln im widerstehenden Medium	Stokes
1852	Gyroskop und Richtkraft	Foucault
	Fluoreszenz, insbesondere Stokessche Regel	Stokes
	Drehungs- und Richtungshypothese für Magnetismus	W. Weber
1853	Elektrische Ströme in räumlichen Leitern	Helmholtz
	Wanderung der Ionen bei der Elektrolyse	Hittorf
	Formeln für die Frequenz elektrischer Schwingungen	Kelvin
	Einführung der heutigen Definition der Energie	Rankine
	Erdinduktor	W. Weber
	Wärmeleitung in Stäben (stationär)	G. Wiedemann
1854	Messung der Lichtgeschwindigkeit mit dem rotierenden Spiegel in Luft und Wasser (kleiner)	Foucault
	Tangentenbussole mit gleichförmigem Feld	Gaugain
	Strömungsversuche und Energie der Gase	Joule und Kelvin
	Zweiter Hauptsatz und absolute Temperatur	Kelvin
	Thomson-Effekt	Kelvin

1854	Umkehrprismen	PORRO
1855	LISSAJOUSsche Kurven	LISSAJOUS
	Interferenz zwischen den Sektoren einer tönende Platte	LISSAJOUS
	Entdeckung der Summationstöne	HELMHOLTZ
	Fortpflanzung der Wärmewellen ins Erdinnere	QUETELET
	Dissoziations-Untersuchungen	ST. CLAIRE-DEVILLE
	Drillung und Biegung prismatischer Körper	ST. VENANT
	Erste Bestimmung der Tonstärke	SCHAAFHÄUTL
1856	Änderung des Widerstandes im Magnetfelde	KELVIN
	Grundlegung der modernen kinetischen Gastheorie	CLAUSIUS u. KRÖNIG
	Neue Theorie der optischen Abbildung	MAXWELL
	Interferenzen des Lichts und Farbenphotographie	ZENKER
1857	Ausströmungsgesetze der Gase	BUNSEN
	Quecksilberluftpumpe	GEISSLER
	Theorie und Synthese der Vokale	HELMHOLTZ
	Theorie der Konsonanz und Dissonanz	HELMHOLTZ
	Spezifische Wärme des gesättigten Dampfes	KIRCHHOFF
	Stoßtheorie, analytisch und geometrisch	ST. VENANT
1858	Photographischer Nachweis der oszillierenden Entladung	FEDDERSEN
	Wirbelbewegung der Flüssigkeiten	HELMHOLTZ
	Kathodenstrahlen und ihre magnetische Ablenkung	PLÜCKER
1859	Luftschwingungen in offenen Pfeifen	HELMHOLTZ
	Strahlungsgesetz und absolut schwarzer Körper	KIRCHHOFF
	Spektralanalyse	BUNSEN u. KIRCHHOFF
	Sekundärelemente (Akkumulatoren)	PLANTÉ
1860	Potentialabfall in schlechten Leitern	GAUGAIN
	Messung metallischer Leitfähigkeiten und ihrer Temperaturkoeffizienten	MATTHIESSEN
	Verteilung der Geschwindigkeiten unter die Molekeln	MAXWELL
	Brechungsquotient und Dielektrizitätskonstante (1872)	MAXWELL
	Ringanker für elektrische Maschinen	PACINOTTI
1861	FIZEAUsche Streifen	FIZEAU
	Gegensatz zwischen Kolloiden und Kristalloiden	GRAHAM
	Theorie der Schwebungen, Kombinationstöne und darauf gegründete Harmonietheorie	HELMHOLTZ
	Dreifarbentheorie und Dreifarben-Photographie	MAXWELL
1862	Entdeckung der anomalen Dispersion am Joddampf	LEROUX
	Veränderliche Wärmeströmung in Stäben und Ringen	F. NEUMANN
1863	Pulsationen von Kugeln in Flüssigkeiten	BJERKNES
	Resonanz und Dämpfung	HELMHOLTZ
1864	Gleichungen des elektromagnetischen Feldes	MAXWELL
	Dilatometer (Vervollkommnung durch ABBE 1889)	FIZEAU
	Erstes Normalelement	RAOULT
	Schlierenmethode	TOEPLER
1865	Entropie und Entropiesatz	CLAUSIUS
	Schraubenförmige Windung des Glimmlichts	HITTORF
	Elektrische Influenzmaschine	HOLZ und TOEPLER
	KUNDTsche Staubfiguren und Anwendungen	KUNDT
	Anzahl und Größe der Gasteilchen	LOSCHMIDT
1866	Tangentenbussole mit gleichförmigem Feld	HELMHOLTZ
	Interferenzrohr für Schall	QUINCKE
1867	Spektrum des Polarlichts	ANGSTRÖM
	Elektromotorische Gegenkraft des Lichtbogens	EDLUND
	Erstes Harmonium in reiner Stimmung	HELMHOLTZ
	Wirbelatomtheorie der Materie	KELVIN

1867	Stoßtheorie, analytisch und graphisch	F. Neumann
	Dynamoelektrisches Prinzip	Siemens
	Halbdurchlässige Membranen	Traube
1868	Theorie der freien Flüssigkeitsstrahlen	Helmholtz
	Schiffskompaß zum Ausgleich der Eisenmassen	Kelvin
	Schallfortpflanzung mit Reibung und Wärmeleitung	Kirchhoff
	Beste Formel für die Dampfspannung	Kirchhoff, Dupré und Rankine
1869	Kritischer Zustand der Gase	Andrews
	Aperiodische Bewegung	du Bois-Reymond
	Elektrizitätsleitung der Gase, Glimmlicht und Kathodenstrahlen	Hittorf
	Periodisches System der Elemente	L. Meyer u. Mendelejew
	Grammesche Maschine	Gramme
1870	Erste Bestimmungen von Dielektrizitätskonstanten	Boltzmann
	Eisschmelzungsmethode für die spezifische Wärme	Bunsen
	Gefrierpunktserniedrigung und Dampfdruckerniedrigung	Guldberg
	Elektromagnetische Stimmgabel	Helmholtz
	Natur unserer Raumvorstellung	Helmholtz
	Bromsilber-Photographie	Maddox
	Diffusion der Gase	Loschmidt
1871	Kinematik der Flüssigkeitsbewegungen	Beltrami
	Haidingersche und Mascartsche Streifen	Mascart
	Elektromagnetische Theorie des Lichts	Maxwell
1872	Voraussetzungslose Theorie der optischen Abbildung	Abbe
	Quadrant- und Schutzringelektrometer	Kelvin
	Manometrische Flammen zu akustischen Untersuchungen	R. Koenig
	Temperaturgesetz der metallischen Leitfähigkeit	L. Lorenz
1873	Sinussatz für die optische Abbildung	Abbe
	Ausgedehnte Messungsreihen an Gasen	Amagat
	Radiometer und Versuche damit	Crookes
	Glühelektrizität	Guthrie
	Trommelanker für Dynamomaschinen	v. Hefner-A.
	Kapillarelektrizität und Kapillarelektrometer	Lippmann
	Gesetze der Stimmgabeltöne	Mercadier
	Lichtempfindlichkeit des Selens	W. Smith
	Zustandsgleichung und übereinstimmende Zustände	van der Waals
	Orthochromatische Photographie	Eder und Vogel
	Normalelement	Clarke
1874	Erklärung der Fresnelschen Beugungserscheinungen durch die Cornusche Spirale	Cornu
1875	Theorie und Praxis der Gezeiten	Kelvin
	Doppelbrechung im elektrostatischen Felde	Kerr
	Forderung der einfachsten und vollständigsten Beschreibung	Kirchhoff
	Präzisierung des Huygensschen Prinzips	Kirchhoff
	Untersuchungen über Schwebungen	R. Koenig
	Unabhängige Beweglichkeit der Ionen	Kohlrausch
	Spezifische Wärme der anomalen Stoffe	H. F. Weber
1876	Erfindung des Telephons	Bell
	Gleichgewicht heterogener Systeme und Phasenlehre	Gibbs
	Magnetischer Kerr-Effekt	Kerr
	Neufundierung der Mechanik	Kirchhoff
	Verhältnis der spezifischen Wärmen des Hg-Dampfs	Kundt u. Warburg
	Theorie und Experimente zur Kristallelastizität	Voigt

1876	Elektromagnetische Wirkung der elektrischen Konvektion	Rowland
1877	Erfindung des Mikrophons	Berliner
	Theorie des Verhältnisses der spezifischen Wärmen	Boltzmann
	Die Entropie als Logarithmus der Wahrscheinlichkeit	Boltzmann
	Erfindung des Phonographen	Edison
	Konzentrationsketten und thermische Veränderlichkeit	Helmholtz
	Theorie der Lichtstrahlen und der Beugung	Kirchhoff
	Halbdurchlässige Membranen	Pfeffer
	Wechselwirkungstheorie der Resonanz	Rayleigh
1878	Homogene Immersion für Mikroskope	Abbe
	Aufstellung der Phasenregel	Gibbs
	Funkenwellen	Mach
1879	Elektrisches Glühlicht	Edison
	Entdeckung des Hall-Effekts	Hall
	Differential-Bogenlampe	v. Hefner-A.
	Elektrische Grenzschichten	Helmholtz
	Induktionswage	Hughes
	Methoden für die Leitfähigkeit der Elektrolyte	Kohlrausch
	Verdrängungsmethode für Dampfdichten	V. Meyer
	Strukturtheorie der Kristalle	Sohncke
	Stefansches Strahlungsgesetz	Stefan
1880	Neuentdeckung der Piezoelektrizität	Curie
	Transformator für Stromspannung	Gaulard u. Gibbs
	Deflexion der Kathodenstrahlen	Goldstein
	Messung der absoluten Wärmeleitfähigkeit	Kirchhoff u. Hansemann
	Plastizität fester Körper bei hohem Druck	Spring
	Aperiodisches elektromagnetisches Pendel	Waltenhofen
1881	Drehspul-Galvanometer	Deprez u. d'Arsonval
	Neuerfindung des Bolometers und Messungen damit	Langley
	Interferenzversuch mit senkrechten Lichtstrahlen	Michelson
	Name und Begriff des Elektrons	Stoney
	Magnetisierungsarbeit und Hysteresis	Warburg
	Wärme- und Elektrizitätsleitung der Metalle	H. F. Weber
	Dreifarben-Photographie	Yves
1882	Jenaer Gläser von abgestuften Eigenschaften	Schott u. Abbe
	Schraubentheorie der Mechanik	Ball
	Transformator für elektrische Ströme	Blathy, Déry und Zipernowski
	Einführung des Akkumulators in die Praxis	Faure
	Einführung des Begriffs der freien Energie	Helmholtz
	Theorie der Berührung und des Stoßes und Härtedefinition	Hertz
	Elektronentheorie der elektrischen und optischen Erscheinungen	H. A. Lorentz
	Gesetze der Schmelzpunktserniedrigung usw.	Raoult
	Feinstes Konkav-Beugungsgitter	Rowland
	Magnetische Schirmwirkung	Stefan
	Ausgeführte Theorie der Kristallelastizität	Voigt
	Stationäre und turbulente Flüssigkeitsbewegung	Reynolds
1883	Thermodynamisches Potential	Duhem
	Untersuchungen über Glühelektrizität	Elster u. Geitel
	Magnetische Wage	Helmholtz
1884	Theorie der elektrolytischen Dissoziation usw.	Arrhenius
	Theoretische Begründung des Stefanschen Gesetzes	Boltzmann
	Erster brauchbarer Hitzdraht-Strommesser	Cardew

1884	Erste Verwirklichung des schwarzen Körpers	Christiansen
	Amylazetatlampe	v. Hefner-A.
	Gesetze des osmotischen Drucks	van t' Hoff
	Marine-Gyroskop	Kelvin
	Magnetische Drehung der Polarisationsebene des Lichts im Eisen	Kundt
	Energiefluß und Wanderung der Energie	Poynting
	Zusammenfassung der Gesetze der Schmelzpunktserniedrigung und Siedepunktserhöhung	Raoult
	Elektrodynamische Wage	Rayleigh
	Erster Versuch der Messung des Verhältnisses von Ladung und Masse	Schuster
	Platineinheit für Lichtstärken	Violle
1885	Gesetzmäßigkeiten im Wasserstoffspektrum	Balmer
	Erste Aufzeichnung der Kurve eines Wechselstroms	Colley
	Schlußjochmethode	Hopkinson
	Gleichgewichtsfiguren rotierender Flüssigkeiten	Poincaré
	Röntgeneffekt (bewegtes Dielektrikum)	Röntgen
	Nachwirkungsfreies Thermometerglas	Schott
	Minimalflächen und Flüssigkeitslamellen	Schwarz
1886	Apochromatische Linsen für Fernrohr und Mikroskop	Abbe
	Theorie des thermodynamischen Potentials	Duhem
	Thermomagnetischer Effekt	Nernst und Ettingshausen
	Entdeckung der Kanalstrahlen	Goldstein
	Entdeckung der Lehre vom magnetischen Kreis	Hopkinson
	Druckverhältnisse beim Ausströmen von Gasen	Hugoniot
	Lichtgeschwindigkeit im strömenden Wasser	Michelson
	Weitere Effekte der Hallgruppe	Leduc u. A.
1887	Dissoziation und Elektrolyse	Arrhenius
	Dampfkalorimeter	Bunsen und Jolly
	Ultraviolettes Licht und Entladung	Hertz
	Elektrolytische Gesetze	Kohlrausch
	Schallfortpflanzung beim scharfen Schuß	Mach und Salcher
	Lichtwellen-Längeneinheit	Michelson
1888	Dielektrizitätskonstante des Wassers	Cohn und Arons
	Hallwachs-Effekt	Hallwachs
	Wellen und Strahlen elektrischer Kraft	Hertz
	Osmotische Theorie und Thermodynamik der galvanischen Kette	Nernst
	Verdünnungsgesetz elektrolytischer Lösungen	Ostwald
1889	Multiple Resonanz elektrischer Schwingungen	Sarasin u. Delarive
	Isthmusmethode für magnetische Messungen	Ewing
	ff. Schwingungsformen der Saiten	Krigar-Menzel, Raps, Kaufmann u. A.
	Flüssige Kristalle	Lehmann
	ff. Untersuchungen über Phosphoreszenz	Lenard und Klatt
	Prismenphotometer	Lummer und Brodhun
	Bolometrische Strommessung	Paalzow und Rubens
	ff. Untersuchungen über Tonstärke	M. Wien
1890	Absolute Härtemessung	Auerbach
	Gleichheit der trägen und der schweren Masse	Eötvös
	Molekulartheorie des Magnetismus	Ewing
	Theorie der Elektrodynamik	Hertz
	Nachweis des Strahlungsdrucks	Lebedew

1890	Neue Anordnung für die Hertzschen Wellen	Lecher
	Erste Versuche mit dem Gleitflieger	Lilienthal
	Nachweis stehender Lichtwellen durch Photographie	Wiener
	Untersuchungen über Farbenphotographie	Wiener
1891	Resonanz und Dämpfung elektrischer Schwingungen	Bjerknes
	Interferenzfarben-Photogramm des Spektrums	Lippmann
	Lorentz-Kontraktion	H. A. Lorentz
	Begründung der Energetik	Ostwald
	Theorie der Metallreflexion	Drude
	Protar (Anastigmat) für Photographie	Rudolph
	Kristallklassen und Raumgitter	Schönfliess
	Formel für die Hysteresis und Steinmetzsche Konstante	Steinmetz
	Abweichungen vom Hookeschen Gesetz	O. Thompson
	Optisches Telephon	M. Wien
	Lokalisierung der Energie	W. Wien
1892	Quecksilber-Bogenlampe	Arons
	Temperaturgesetz des Magnetismus	Curie
	Überführung der Kathodenstrahlen in die Atmosphäre	Lenard
	Elektronentheorie	Lorentz
	Kadmiumelement (Normalelement)	Weston
1893	Prismenfeldstecher	Abbe und Czapski
	Oszillograph	Blondel
	Retrograde Kondensation	Kuenen
	Begründung des Dulong-Petitschen Gesetzes	Richarz
	Versuche mit hochgespannten, hochfrequenten Strömen	Tesla
	Verschiebungsgesetz für die Strahlung	W. Wien
1894	Neue Darstellung der Mechanik	Hertz
	Widerstandsfähiges Geräteglas	Schott
1895	Panzergalvanometer	du Bois und Rubens
	Einführung des Eikonals in die optische Abbildung	Bruns
	Neue Gase und Vervollständigung des periodischen Systems	Ramsay u. Rayleigh
	Entdeckung und Eigenschaften der Röntgenstrahlen	Röntgen
	Faltenpunkt und Kurve von Dampfgemischen	van der Waals
	Hohlraum als vollkommen schwarzer Körper	W. Wien und Lummer
1896	Becquerel-Strahlen und Radioaktivität	H. Becquerel
	Messung der Geschwindigkeit der Elektrizität	Blondlot
	ff. Studien zur Ballistik	Crantz
	Erfindung der Funkentelegraphie	Marconi
	Untersuchungen über Schmelzung	Tammann
	ff. Studien über Kristallmagnetismus	Weiss u. A.
	Wechselwirkung gekoppelter Schwingungen	M. Wien
	Zeeman-Effekt	Zeeman
1897	Neue Darstellung der klassischen Mechanik	Boltzmann
	Braunsche Röhre	Braun
	Kälte-Laboratorien und Untersuchungen bei tiefen Temperaturen	Kammerlingh
	Zusammenfassende Theorie des Kreisels	Klein u. Sommerfeld
	Methode der Reststrahlen	Rubens und Nichols
	Feste Körper sind Kristalle	Tammann
1898	Induktions- und Kondensatorschaltung für Funkentelegraphie	Braun
	Entdeckung des Radiums und seiner Eigenschaften	Curie
	Nernstlicht und Nernstlampe	Nernst
	Nachweis stehender Wellen in der photographischen Schicht	Neuhauss

1898	Elektronentheorie der Metalle	Riecke
	Sprechende und singende Bogenlampe	Simon
	Temperatursprung in verdünnten Gasen	Smoluchowski
	Wechselhysteresis	M. Wien
	Natur der Kathoden- und Kanalstrahlen	W. Wien
1899	Ionisierung der atmosphärischen Luft	Elster und Geitel
	Stereokomparator	Pulfrich
	Abschluß der Messung der Erddichte und Gravitationskonstante	Richarz
	Elektrolytischer Stromunterbrecher	Wehnelt
1900	Magnetische Induktionswage	du Bois
	Härteprüfungsverfahren	Brinell
	Elektronentheorie der Metalle	Drude
	Geometrische Optik auf Grund der Flächentheorie	Gulstrand
	ff. Theorie des Sehens und der Brille	Gulstrand u. v. Rohr
	ff. Arbeiten und Diskussionen über Labialtöne	Hensen u. Wachsmuth
	Messung des Lichtdrucks (vgl. 1890)	Lebedew
	ff. Ausarbeitung der allgemeinen Strahlungsformel und der Quantentheorie	Planck
	Theorie der Flammenleitung	Lenard und Marx
	Thermische Ausdehnung des Wassers	Reichsanstalt
	Ballistische Methode f. magnetische Induktion	Reichsanstalt
	Objektiver Nachweis der Kombinationstöne	K. L. Schäfer
	ff. Studien über heterogene Systeme, bes. Eisarten	Tammann
1901	Gleichgewicht pulverförmiger Massen	Auerbach
	ff. Umwandlung der chemischen Elemente	Frau Curie, Rutherford, Soddy, Fajans u. A.
	Messung von e/m an Betastrahlen	Kaufmann
	Selbständige elektrische Strömung in Gasen	Stark
	ff. Ultramikroskop mit Dunkelfeldbeleuchtung	Zsigmondy u. Siedentopff
1902	Statistische Mechanik	Gibbs
	Resonanzversuche mit hochfrequenten Schwingungen	Seibt
1903	Töne, Schwingungsformen, Dämpfung und Resonanz von Zungen und Gabeln	Hartmann-Kempff
	Magnetische Legierungen unmagnetischer Metalle	Heusler
	ff. Theorie der Glühelektrizität	Richardson
	ff. Elektronenstrahlung glühender Körper	Wehnelt, Richardson, Langmuir, Haber und Just
1904	ff. Experimente und Theorie des Polarlichts	Birkeland u. Störmer
	Theorie des Magnetismus	Langevin
	Gleichungen des elektromagnetischen Feldes	Lorentz
	Schallschatten einer Kugel	Rayleigh
	Glühelektrische Ströme im Entladungsrohr	Wehnelt
1905	ff. Theorie der Elektrodynamik	Abraham
	Polarisation der Röntgenstrahlen	Barkla
	Theorie der Brownschen Molekularbewegung	Smoluchowski u. Einstein
	Spezielle Relativitätstheorie	Einstein
	Geschwindigkeit der Röntgenstrahlen	Marx
	Elektrisches Ventilrohr	Wehnelt
	ff. Untersuchungen über Fluoreszenz	Wood
1906	Doppler-Effekt bei Kanalstrahlen	Stark

1906	Stoßerregung durch Löschfunken für die Funkentelegraphie	M. WIEN
1907	Stromdurchgang durch Halbleiter	BÄDEKER
	ff. Entwickelung der Flugtechnik	—
	ff. Reversible Magnetisierung	GANS
	Fernphotographie	KORN
	ff. Theorie des Magnetismus und Einführung der Magnetonen	WEISS
	Elektrodynamische Wage	WEISS
1908	Geschwindigkeit der Anodenstrahlen	GEHRCKE u. REICHENHEIM
	Wärmetheorem für den Nullpunkt	NERNST
	ff. Ausbau des periodischen Systems der Elemente, Ordnungszahlen, Kernladungen usw.	RUTHERFORD, SOMMERFELD, BOHR
	Gleichrichter für Wechselströme	G. SCHULTZE
	ff. Konstruktion des Lenkballons	ZEPPELIN
1909	Geometrische Darstellung der Relativitätstheorie	MINKOWSKI
	ff. Untersuchungen über Kanalstrahlen	W. WIEN
	Verknüpfung der Elektronentheorie mit der Feldtheorie	RICHARZ
1910	Elektronendampfdrucktheorie der Thermoelektrizität	BÄDEKER
	ff. Ballistisch-photographische Versuche	CRANTZ
	ff. Theorie des Magnetismus	GANS
	ff. Messungen an schwach magnetischen Körpern	HONDA und OWEN
	Abschluß der Kreiseltheorie	KLEIN und SOMMERFELD
	Untersuchungen über Kanalstrahlen	KÖNIGSBERGER
	ff. Studien über Luftwiderstand auf Platten	KUTTA, PRANTL u. a.
	ff. Spezifische Wärme bei tiefen Temperaturen	NERNST u. a.
	ff. Studien über Atombau	RUTHERFORD
	Serienkonstante der Spektren	RYDBERG
	SAGNAC-Effekt (Variation von HARRES 1912)	SAGNAC
1911	Methode zur Prüfung von Eisenblechen	EPSTEIN
	Beugung der Röntgenstrahlen in Kristallen	LAUE
	ff. Anwendung der Quantentheorie auf die spezifische Wärme bei tiefen Temperaturen	EINSTEIN, NERNST u. A.
	Langwellige Strahlung des Hg-Bogens	RUBENS und v. BAEYER
1912	Magnetischer Spannungsmesser	ROGOWSKI und STEINHAUS
	K-, *L*- und *M*-Serien der Röntgenspektren	BARKLA und SIEGBAHN
	ff. Herausarbeitung der Isotopen und Plejaden	FAJANS und SODDY
	Elastische Nachwirkung und Hysteresis	WARBURG
	Photochemisches Äquivalenzgesetz	EINSTEIN
1913	ff. Atomtheorien und Atommodelle	BOHR
	Neue Begründung des Kristallmodells des Diamanten	BRAGG
	Messungen von Stromwärmen und Temperaturen	LUMMER
	Geschwindigkeit der Alphastrahlen	RUTHERFORD
	Elektrische Spaltung der Spektrallinien	STARK
1914	Krümmung der Lichtstrahlen beim Vorübergange an der Sonne	ENGL. EXPEDITION
	Theorie der Elektronenstrahlung	KOSSEL
	Schmelzung von Kohle im Lichtbogen	LUMMER
	ff. Neue Farbenlehre und Farbenatlas	OSTWALD
	Studien über Serien und Ordnungszahlen	MOSELEY
1915	Allgemeine Relativitätstheorie	EINSTEIN
	ff. Schwankungserscheinungen in der Physik	SMOLUCHOWSKI, FÜRTH, SCHWEIDLER, SCHRÖDINGER

1916	ff. Ausbau der Atomlehre mit Rücksicht auf die Relativitätstheorie	SOMMERFELD
	Neue Raumtheorie	WEYL
1917	Relativitätstheorie der Gravitation	EINSTEIN
1919	Studien über *H*-, *He*- und X_3-Kerne	RUTHERFORD
1920	Klarstellung der Isotopenlehre	ASTON
	Rotverschiebung gemäß der Relativitätstheorie	GREBE und BACHEM
	Brücke zwischen gewöhnlichen und Röntgenspektren	KOSSEL
	Ausgestaltung der geometrischen Darstellung der Relativitätstheorie	LIESEGANG
	Stereophotometer	PULFRICH
	Koppelungstheorie der Zungenpfeifen und Versuche	M. WIEN und VOGEL
1921	Neue Begründung des periodischen Systems	BOHR

2. Auswahl hervorragender verstorbener Physiker mit Geburts- und Todesjahr.

Von den hier verzeichneten Physikern haben gewirkt:

Vor Christus	5	Im 18. Jahrhundert	31
Von 0 bis 1500 n. Chr.	2	Im 19. Jahrhundert	219
Im 16. Jahrhundert	4	Im 20. Jahrhundert	10
Im 17. Jahrhundert	14		

Ferner gehören von ihnen die folgenden Zahlen den einzelnen Nationen an:

Deutsche	97	Österreicher	10
Franzosen	61	Niederländer und Belgier	10
Engländer	50	Schweizer	9
Italiener	19	Skandinavier	8
Slaven	12	Andere	11

— 560 bis 490	PYTHAGORAS
— 450 bis 362	DEMOKRIT
— 384 bis 322	ARISTOTELES
— 287 bis 212	ARCHIMEDES
— 130 bis 75	HERON
+ 970 bis 1038	ALHAZEN
1452 bis 1519	LIONARDO DA VINCI
1489 bis 1564	HARTMANN
1540 bis 1603	GILBERT
1548 bis 1620	STEVIN
1564 bis 1642	GALILEI
1571 bis 1630	KEPLER
1581 bis 1626	SNELLIUS
1596 bis 1650	DESCARTES
1601 bis 1680	KIRCHER
1602 bis 1686	GUERICKE
1608 bis 1647	TORRICELLI
1618 bis 1663	GRIMALDI
1620 bis 1682	MARIOTTE
1623 bis 1662	PASCAL
1627 bis 1691	BOYLE
1629 bis 1695	HUYGENS
1635 bis 1703	HOOKE
1642 bis 1726	NEWTON
1647 bis 1714	PAPIN
1683 bis 1757	RÉAUMUR
1688 bis 1742	'S GRAVESANDE
1692 bis 1761	MUSCHENBROEK
1692 bis 1770	TARTINI
1700 bis 1782	DANIEL BERNOULLI
1706 bis 1790	FRANKLIN
1707 bis 1783	EULER
1717 bis 1783	D'ALEMBERT
1718 bis 1772	CANTON
1728 bis 1799	BLACK
1728 bis 1777	LAMBERT
1731 bis 1810	CAVENDISH
1732 bis 1796	WILCKE
1733 bis 1799	BORDA
1733 bis 1804	PRIESTLEY
1736 bis 1806	COULOMB
1736 bis 1813	LAGRANGE
1736 bis 1819	WATT
1737 bis 1798	GALVANI

1743 bis 1794 Lavoisier
1744 bis 1799 Lichtenberg
1745 bis 1827 Volta
1746 bis 1823 Charles
1749 bis 1827 Laplace
1752 bis 1830 Tobias Mayer
1753 bis 1814 Rumford
1756 bis 1827 Chladni
1756 bis 1832 Gerstner
1765 bis 1831 Bohnenberger
1766 bis 1844 Dalton
1766 bis 1832 Leslie
1766 bis 1828 Wollaston
1768 bis 1830 Fourier
1770 bis 1831 Th. Seebeck
1773 bis 1852 Pfaff
1773 bis 1829 Young
1774 bis 1862 Biot
1775 bis 1836 Ampère
1775 bis 1812 Malus
1776 bis 1856 Avogadro
1776 bis 1810 Ritter
1777 bis 1859 Cagniard de la Tour
1777 bis 1855 Gauss
1777 bis 1851 Oersted
1778 bis 1829 Davy
1778 bis 1850 Gay-Lussac
1781 bis 1868 Brewster
1781 bis 1840 Poisson
1784 bis 1846 Bessel
1784 bis 1835 Nobili
1785 bis 1838 Dulong
1785 bis 1822 Grotthuss
1785 bis 1836 Navier
1785 bis 1845 Peltier
1786 bis 1853 Arago
1786 bis 1863 Amici
1787 bis 1826 Fraunhofer
1787 bis 1854 Ohm
1788 bis 1878 A. C. Becquerel
1788 bis 1827 Fresnel
1790 bis 1845 Daniell
1790 bis 1868 Pouillet
1791 bis 1867 Faraday
1791 bis 1848 Savart
1792 bis 1863 Despretz
1793 bis 1841 Green
1795 bis 1870 Lamé
1796 bis 1832 Carnot
1796 bis 1877 Poggendorff
1797 bis 1877 Gassiot
1797 bis 1878 Henry
1797 bis 1886 Saint Venant
1798 bis 1854 Melloni
1798 bis 1395 Franz Neumann

1799 bis 1864 Clapeyron
1799 bis 1869 Poiseuille
1800 bis 1881 Lloyd
1800 bis 1877 Talbot
1801 bis 1892 Airy
1801 bis 1887 Fechner
1801 bis 1883 Plateau
1801 bis 1868 Pluecker
1801 bis 1873 de la Rive
1802 bis 1870 Magnus
1802 bis 1875 Wheatstone
1803 bis 1853 Doppler
1803 bis 1879 Dove
1804 bis 1865 Lenz
1804 bis 1883 Riess
1804 bis 1891 Wilhelm Weber
1805 bis 1869 Graham
1805 bis 1849 Aug. Seebeck
1808 bis 1862 Sénarmont
1809 bis 1868 Forbes
1809 bis 1884 Jolly
1809 bis 1858 R. Kohlrausch
1809 bis 1847 Maccullagh
1810 bis 1878 Regnault
1811 bis 1863 Bravais
1811 bis 1880 Gaugain
1811 bis 1896 Grove
1811 bis 1868 Matteucci
1813 bis 1885 Andrews
1813 bis 1880 Favre
1814 bis 1874 A. J. Ångström
1814 bis 1899 Hankel
1814 bis 1978 Rob. Mayer
1815 bis 1890 Hirn
1815 bis 1867 Wertheim
1816 bis 1892 Siemens
1817 bis 1892 Kopp
1818 bis 1886 Jamin
1818 bis 1889 Joule
1819 bis 1888 Edlund
1819 bis 1902 Felici
1819 bis 1896 Fizeau
1819 bis 1868 Foucault
1819 bis 1903 Stokes
1820 bis 1891 E. Becquerel
1820 bis 1895 Knoblauch
1820 bis 1872 Rankine
1820 bis 1893 Tyndall
1821 bis 1894 Helmholtz
1821 bis 1895 Loschmidt
1822 bis 1886 Beetz
1822 bis 1888 Clausius
1822 bis 1879 Krönig
1822 bis 1880 Lissajous
1824 bis 1914 Hittorf

1824 bis 1908	Lord Kelvin
1824 bis 1887	Kirchhoff
1824 bis 1866	Verdet
1825 bis 1863	Beer
1826 bis 1866	Riemann
1826 bis 1911	Stoney
1826 bis 1899	G. Wiedemann
1828 bis 1914	v. Waltenhofen
1829 bis 1891	L. Lorenz
1830 bis 1906	L. Matthiessen
1831 bis 1910	Landolt
1831 bis 1906	Lorberg
1831 bis 1870	A. Matthiessen
1831 bis 1879	Maxwell
1831 bis 1901	Tait
1831 bis 1912	Bosscha
1832 bis 1905	Cailletet
1832 bis 1877	Cazin
1832 bis 1918	Feddersen
1832 bis 1919	Crookes
1832 bis 1901	R. Koenig
1833 bis 1872	Clebsch
1833 bis 1911	Hagenbach
1833 bis 1871	Jochmann
1834 bis 1909	O. E. Meyer
1834 bis 1889	Planté
1834 bis 1906	Langley
1835 bis 1900	Beltrami
1835 bis 1912	Mensbrugge
1835 bis 1893	Stefan
1835 bis 1908	Wüllner
1836 bis 1918	Blaserna
1836 bis 1900	Ketteler
1836 bis 1920	v. Oettingen
1836 bis 1912	Toepler
1836 bis 1920	Lockyer
1837 bis 1907	Bezold
1837 bis 1899	Lommel
1837 bis 1908	Mascart
1838 bis 1916	Mach
1838 bis 1921	Popper-Lynkeus
1838 bis 1921	V. v. Lang
1839 bis 1903	Gibbs
1839 bis 1921	v. Hann
1839 bis 1920	Pfaundler
1839 bis 1894	Kundt
1840 bis 1905	E. Abbe
1840 bis 1910	F. Kohlrausch
1840 bis 1905	Potier
1841 bis 1915	Amagat
1841 bis 1902	Cornu
1841 bis 1912	Pacinotti
1841 bis 1912	von der Mühll
1841 bis 1917	Weinhold
1841 bis 1912	Bosanquet
1842 bis 1921	Budde
1842 bis 1919	Lord Rayleigh
1842 bis 1911	Reynolds
1842 bis 1897	Sohncke
1843 bis 1917	Christiansen
1843 bis 1912	H. F. Weber
1844 bis 1920	Abney
1844 bis 1906	Boltzmann
1845 bis 1919	Hesehus
1845 bis 1915	Riecke
1845 bis 1923	Röntgen
1846 bis 1921	Lippmann
1846 bis 1904	Pictet
1846 bis 1915	Umow
1847 bis 1897	Ferraris
1847 bis 1920	Grotrian
1848 bis 1919	Bruns
1848 bis 1916	Dorn
1848 bis 1919	Eötvös
1848 bis 1901	Rowland
1848 bis 1910	Schiller
1848 bis 1911	Spring
1848 bis 1919	Leonh. Weber
1848 bis 1910	Winkelmann
1849 bis 1914	Borgman
1850 bis 1910	Pellat
1850 bis 1920	Perry
1850 bis 1922	Strouhal
1850 bis 1920	Righi
1850 bis 1919	Voigt
1851 bis 1918	Braun
1851 bis 1911	Chrystall
1851 bis 1914	Koláček
1851 bis 1916	S. P. Thompson
1852 bis 1909	H. Becquerel
1852 bis 1918	Moser
1852 bis 1911	van 't Hoff
1852 bis 1920	Wiebe
1853 bis 1901	Klemenčič
1853 bis 1905	Kahlbaum
1854 bis 1920	Elster
1854 bis 1913	Peirce
1854 bis 1912	H. Poincaré
1855 bis 1921	O. Lehmann
1855 bis 1908	Reiff
1856 bis 1907	Konowalow
1857 bis 1920	Ascoli
1857 bis 1894	Hertz
1857 bis 1910	K. Ångström
1859 bis 1906	Curie
1859 bis 1922	Hallwachs
1859 bis 1911	Sutherland
1859 bis 1917	E. Pringsheim
1859 bis 1919	Arons
1860 bis 1920	Richarz

1861 bis 1916 Duhem
1861 bis 1913 Ebert
1861 bis 1914 Grimsehl
1862 bis 1920 Galitzin, Fürst
1863 bis 1918 H. du Bois
1863 bis 1906 Drude
1864 bis 1909 Minkowski
1865 bis 1915 K. Feussner
1865 bis 1920 Raps
1865 bis 1922 Rubens
1866 bis 1912 Lebedew
1867 bis 1917 Birkeland
1867 bis 1910 Brunhes
1869 bis 1909 Ritz
1870 bis 1918 Simon
1872 bis 1917 Smoluchowski, Frh. v.
1873 bis 1916 Schwarzschild
1874 bis 1911 Bose
1874 bis 1915 Hasenöhrl
1875 bis 1914 Bidlingmaier
1875 bis 1914 Sieveking
1876 bis 1914 Reinganum
1876 bis 1923 Abraham
1877 bis 1914 Baedeker
1884 bls 1915 Moseley

Sachverzeichnis.

Abbildung 115. 278ff.
Abbildungsfehler 280.
Aberration des Lichts 181.
Ablenkung der Kanal- u. Kathodenstrahlen 38f. 109.
— des Lichtbogens 243.
— der Magnetnadel 243. 275.
Absolute Beweglichkeit 101.
Absolut schwarzer Körper 123f.
Absoluter Nullpunkt 172.
— Drehung 179.
— Zeit 175.
Absoluter Raum 175.
Absorption der Strahlung 123.
— des Schalls 90.
— und Leitung 252.
Absorptionskoeffizient für Schall 91.
Absorptionsspektrum 133f.
Achromatische Linien 297.
Additive Größen 96.
Additionsprinzip 177f. 182. 186.
Adiabatisch 15.
Ähnlichkeitsprinzip 218.
Äquivalentzahlen 25.
Äquivalentleitvermögen 100.
Äther 68. 78. 90. 116. 180. 183.
Äthertheorie 116.
Ätherphysik 180.
Ätherwind 184.
Aggregatzustände 17f. 21f. 239.
Airysche Spiralen 298.
Aktiniumreihe 139.
Aktive Kristalle 297ff.
Akzidentelle Doppelbrechung 296.
Aktuelle Energie 12.
Akkumulator 246.
Akustik der Gebäude 68. 116.
Akustischer Widerstand 97.
d'Alembertsches Prinzip 196.
Allaktin 122. 301.
Allgemeine Relativitätstheorie 190ff.
Alphastrahlen 38. 43. 109. 137f.
Ampère 248.
Amperesches Gesetz 83.
Amperemeter 248.
Amplitude 46.
Amylazetatlampe 284.
Ångström-Einheit 133.
Anion 100.
Anodenstrahlen 111.
Aperiodische Bewegung 55.
Aperiodische Instrumente 55.
Aragosches Phänomen 290.
Arbeit 6. 42.
Arbeitsäquivalent der Wärme 12. 257.
Archimedisches Prinzip 214.
Arithmetische Temperaturskala 172f.
Asymmetrietöne 226.
Astatisches Nadelpaar 248.
Astigmatismus 280.
Atom 19. 28. 137. 144f.
Atomkernzerlegung 147.
Atommodelle 140. 144f.
Atommechanik 140. 144.
Atomgewicht 25. 139. 148.
Atomistik 19.
Atomvolumen 25.
Atomwärme 334. 236.
Auflösungsvermögen 294.
Ausbreitungswiderstand 228f.
Ausdehnung durch die Wärme 237ff.
Ausdehnungskoeffizient 155. 161f. 237.
Ausstrahlung von Wärme und Elektrizität 94.
Außerordentlicher Strahl 295.
Avogadrosche Zahl 42.
Axendrehung der Erde 179
Axiome 10.

Ballistik 199f.
Ballistische Methode 271.
Balmersche Formel 135. 147.
Bäuche 66.
Bandenspektrum 134.
Becquerelstrahlen 109.
Beharrungsvermögen 9.
Beharrungsprinzip 175.
Beobachtung 3.
Beschleunigung 45. 178. 180.
— durch die Schwere 11. 41.
Beschreibung 4.
Berührung unter Druck 207.
Berührungselektrizität 242.
Beta-Strahlen 38. 43. 109.
Beugung der Röntgenstrahlen 23. 141.
— des Lichts 114. 133. 293ff.
Beugungsgitter 117. 293.
Beugungsscheibchen 293.
Beugungsspektrum 133.
Beugungstheorie der Abbildung 281.
Bewegung 45. 175.
Bezugssysteme 175.
Bifilare Aufhängung 202.
Bifilarmagnetometer 269.
Biot-Savartsches Gesetz 83. 243.
Biprisma 291.
Blackburnesches Pendel 54.
Blasengerüst 221.
Blenden 280.
Blitz 242. 260.
Blitzableiter 260.
Blitztafel 260.
Böschung 211.
Bogenlampe 261.
Bohrsche Atomtheorie 144.
Bolometer 118. 233. 247.
Boylesches Gesetz 71. 153f.

Boylesches Gesetz für Lösungen 30.
Brachistochrone 198.
Brandung 70.
Brechung des elektrischen Stroms 256.
— des Lichts 132. 285 ff.
Brechungsquotient 251.
— von Kristallen 296.
Brechungsspektrum 133.
Brennpunkt 133.
Brewsters Gesetz 286.
Brille 281.
Brownsche Bewegung 33.
Büschellicht 261 f.
Bussole 248.

Celsius-Skala 172.
C-G-S-System 11.
Charliere 217.
Chemie 2.
Chemische Strahlenwirkung 118 f.
Chladnische Klangfiguren 227.
Chromatische Aberration 280.
Chronographische Auflösung 47. 54.
Clausiussches Prinzip 15.
cm 8.
Cornusche Hyperbeln 292.
— Spiralen 294.
Coulombsches Gesetz 82. 242.
Crookessche Röhre 102.
Curiesches Gesetz 274.

Dämpfung 54 f. 57.
— bei Fourierschwingungen 55.
— der Pendelschwingungen 201 f.
— der Stimmgabel 55.
— und Resonanz 57.
Dämpfungsmethode 271.
Dämpfungsverhältnis 55.
Daguerrotypie 298.
Dampfdruckerniedrigung 29.
Dampfkalorimeter 235.
Dampfspannung 166.
Dampfspannungskurven 167. 170.
Daniellsches Element 245.
Deduktive Methode 4.
Deformationsmodul 206.
Dehnungsfläche 213.
Dehnungsmodul 163. 206.
Deklination 269.
Deltastrahlen 112.
Depression des Nullpunktes 232.
Dewarsche Gefäße 95.
Diamagnetismus 272. 274.
Diamantstruktur 23 f.
Dichroismus 296.
Dichtemaximum des Wassers 162.
Dielektrizität 250 ff.
Dielektrizitätskonstante 250. 252.
Differentialgleichungen 18.
Differenztöne 63. 230.
Differenz der spezifischen Wärmen 234.
Diffraktion 133. 293.
Dilatometer 237.
Diskontinuierliche flüssige Bewegung 106.
Diskontinuierliches Spektrum 134.
Dissipative Systeme 12. 54.
Dissonanz 62.
Dissoziation 30 f. 101.
Disperse Systeme 36.
Dispersion 133.
Divergenz 65.
Divergenzfreie Wellen 65.
D-Linie 134.
Doppelbrechung 288. 295 f.
Dopplereffekt 181. 262 f.
— bei Kanalstrahlen 182.
Drachen 218.
Drahtlose Telegraphie 59.
Drall 200.
Drehspulgalvanometer 249.
Drehung 179.
— der Polarisationsebene 149. 297.
Drehwaage 82.
Dreidimensionaler Raum 176.
Dreifacher Punkt 169.
Dreifarbenphotographie 299 f. 305.
Druck 18. 153.
Druckfläche 207.
Dulong-Petitsches Gesetz 236.
Dunkelfeldbeleuchtung 37.
Dunkle Wärmestrahlen 118.
Duplet 136.
Dupré-Rankinesche Formel 167.
Durchgang der Elektrizität durch Gase 38.
Dynamik 45.
Dynamisches Weltbild 11. 14.
Dynamomaschine 245.
Dyne 11 f.

Ebbe und Flut 50.
Ebener Raum 176.
Ebene Wellen 65. 81.
Eichkurven 188.
Einachsige Kristalle 295.
Einfachste Beschreibung 4. 175.
Einquantige Bahn 144.
Eisarten 171.
Ektropie 16.
Elastische Nachwirkung 164.
Elastischer Stoß 209.
Elastizität 163 f. 206 ff.
— der Kristalle 212 f.
Elastizitätsmodul 206.
— eines Gases 155 f.
Elastizitätskonstanten 206. 212.
Elastizitätstheorie des Lichts 116. 286.
Elastizitätszahl 163. 206.
Elektrische Dispersion 251.
— Ladung 37. 40.
— Relativeffekte 183.
— Schwingungen 51 f. 59.
— Strahlen 118.
— Wellen 67.
Elektrischer Kerreffekt 150.
— Konvektionsstrom 183.
— Strom 243. 253 f.
— Funke 260.
Elektrisches Grundgesetz 83.
Elektrisiermaschine 242. 244.
Elektrizität 241 ff.
— der Wasserfälle 245.
Elektrizitätsleitung 95 ff.
— der festen Körper 97 ff.
Elektrizitätsleitung der Flüssigkeiten 99 ff.
— — Gase 101 ff.
Elektrizitätsquellen 244 ff.
Elektrodynamik 243.
Elektrodynamisches Grundgesetz 83.
Elektrodynamische Wage 249.

Elektrodynamometer 249.
Elektrolyse 30f. 100f. 243.
Elektrolytische Dissoziation 31.
— Leitung 100f.
Elektromagnetische Rotation 243.
Elektromagnetisches Grundgesetz 83.
Elektromagnetische Lichttheorie 116. 286.
Elektromagnetismus 275f.
Elektromotorische Kraft 96. 253.
Elektronen 38. 42. 53. 106. 110. 140.
Elektronendampftheorie 259.
Elektronentheorie 97f. 151f. 244.
Elektrooptik 149. 259ff.
Elektrooptischer Kerreffekt 262.
Elektrostatisches Grundgesetz 82f.
Elektrostriktion 262.
Elektrothermik 256f.
Elektrothermischer Wirkungsgrad 257.
Elementarladung 42.
Elementarquantum 42.
Elemente 24f.
Elliptische Bahnen der Elektronen 146.
Elliptische Polarisation 286f. 290.
Emanation 138.
Emission 122.
Emissionsspektrum 133f.
Emissionstheorie 78. 89. 107. 286.
Empfänger 121.
Empfindungen 9.
Emulsionen 32. 36.
e/m 37f. 43. 109f. 151.
Enantiomorph 149. 297.
Endlichkeit des Raums 176.
Energetik 6. 13.
Energetisches Weltbild 11. 14.
Energie 6. 9. 11ff. 191f. 197.
Energetische Masse 191f.
Energiequanten 131.
Energievektor 85.
Energievergeudung 164.
Entfernungsgesetz 81ff. 85f. 197.
Entkoppelte Schwingungen 59.
Entladungsröhren 102.
Entropie 15f. 130.
Entropieprinzip 35f.
Entwickelung 16.
Erdbebenwellen 68. 70. 74f.
Erddichte 204f.
Erddruck 210f.
Erde als Kreisel 204.
Erdinduktor 270.
Erg 12.
Erhaltung der Energie 12. 197. 257.
— — Flächen 197.
— — Schwingungsebene 179.
— des Kraftflusses 197.
— — Schwerpunkts 197.
— des Stoffs 10. 195.
Erhaltungsprinzip 13. 15. 35f. 257.
Erkaltung 91f.
Erklärung 4.
Erster Hauptsatz 16. 35.
Erzwungene Schwingungen 56.
Experiment 4.
Experimentalphysik 3.
Extensität 16.
Explosionsmotor 219.
Explosionswellen 73.

Fadentelephon 91.
Fahrenheit-Skala 172.
Fallabweichung 179.
Fallapparate 11. 198.
Fall auf der schiefen Ebene 198.
Fallgesetze 198.
Fall im widerstehenden Mittel 198.
— in der Zykloide 198.
Fallschirm 217.
Faraday-Effekt 149.
Faradaysches Grundgesetz 248.
Farbe 46. 53.
Farbenanpassung 300.
Farben dünner Blättchen 292. 297. 306.
Farbenkegel 305.
Farbenlehre 303ff.
Farbenmetrik 297. 306.
Farbenphotographie 299f.
Farbenzerstreuung 133.
Faserstruktur 24.
Feldtheorie 84f. 244.
Fernphotographie 265.
Fernrohr 282.
Ferromagnetismus 266. 272.
Fesselballon 217.
Feste Körper 22. 163ff.
— Tonkörper 224.
Festigkeit 165.
Fettfleckphotometer 284.
Fixpunkte 172.
Fizeausche Streifen 292.
Fizeauscher Versuch 182.
Flächenmessung 8.
Flächensatz 197.
Flächenströme 255f.
Flammenkollektor 263f.
Flammenleitung 263.
Flammenrohr 67.
Flüssige Kristalle 22.
Flüssigkeiten 161. 213ff.
Flüssigkeitslamellen 221.
Flüssigkeitsstrahlen 106.
Flugzeug 218.
Fluidumstheorie 98. 244.
Fluoreszenz 108. 118f. 301f.
Fluoreszenzspektrum 303.
Fluoreszenzstrahlung 118.
Flutankündiger 51.
Flutschreiber 51.
Flutwelle 70.
Fortpflanzungsgeschwindigkeit der Elektrizität 79ff.
— des Lichts 117.
— des Schalls 71.
— der Wärmewellen 77. 93.
— der Wellen 71.
Fortschreitende Wellen 72.
Foucaultscher Pendelversuch 179.
Fouriersche Reihen 47f. 52. 71.
Fourier-Schwingungen 47. 55. 60.
Fouriersches Prinzip 195.
Fraunhofersche Beugungserscheinungen 293.
Fraunhofersche Linien 123. 134.
Freiballon 217f.
Freie Energie 16.
Freier Fall 198.

Freie Flüssigkeitsstrahlen 106.
— Schwingungen 56.
Freiheitsgrade 129f. 146. 169. 237.
Fresnelsche Beugungserscheinungen 293.
— Formeln 286.
— Gleichung 87.
Frequenz 46. 53.
— elektr. Schwingungen 52. 80.
— der Lichtschwingungen 117.
Fresnelsche Spiegel 291.
Fresnelsches Zonenprinzip 114.
Frontgeschwindigkeit 76.
Fundamentaldreieck 170f.
Fundamentalzustand 169.
Funke 260.
Funkeninduktor 80.
Funkenmikrometer 260.

Galilei-Transformation 177. 187.
Galvanische Elektrizität 242.
— Elemente 243. 245.
Galvanischer Strom 96.
Galvanometer 243. 248.
Gammastrahlen 109. 120.
Gase 18f. 153f. 213f.
Gaskonstante 154. 236.
Gastemperatur 173.
Gasthermometer 173. 232.
Gebundene Energie 16.
Gedackte Pfeife 228.
Gedämpfte Lissajous-Schw. 56.
Geißlersche Röhren 102.
Gekoppelte Pendel 58.
— Schwingungen 56ff.
— Sender 59.
Gefrierpunktserniedrigung 28. 30.
Geometrische Temperaturskala 172f.
Geophysik 2.
Geozentrischer Standpunkt 175.
Geruchsstrahlen 107.
Gesättigte Dämpfe 165ff.
— Lösungen 30.
Geschmeidigkeit 165.
Geschoßabweichung 200.
Geschwindigkeit 177.
— der Konvektionsstrahlen 112.
— — Röntgenstrahlen 120.
Geschwindigkeitspotential 216.
Gestaltmodul 206.
— der Flüssigkeiten 162.
— — Gase 156. 161. 163.
Gewicht 10.
Gewichtsänderung 10.
Gipsblättchen 296.
Gitterkonstante 294.
Gitterspektrum 133.
Glanzwinkel 142.
Gleichförmig 175.
Gleichgewichtsfiguren der Flüssigkeiten 214ff.
— der Pulver 210ff.
Gleichheit der trägen u. schweren Masse 10.
Gleichverteilung der Energie 129f.
Gleichzeitigkeit 186.
Gleitflug 218.
Gleitung 95.
Glimmlicht 103. 108. 261f.
Glimmstrom 103.
Glockentöne 227.
Glocke und Klöppel 58.
Glühelektrizität 263.
Glühlampe 260.
Glühlicht 260.
Glühstrahlen 112.
Goldsteinstrahlen 111.
Geradeste Bahn 198.
Geradlinige Bewegung 175.
Gramm 10.
Grammesche Maschine 245.
Grammgewicht 10.
Grammkalorie 12.
Grammasse 10.
Graphitstruktur 24.
Gravitation 10. 81f. 193.
Gravitationsfeld 191.
Gravitationskonstante 41. 82. 204ff.
Gravitationsgesetz 4. 81f. 204f.
Gravitationstheorie 192.
Gravitierende Masse 10.
Greenscher Satz 114.
Grenzbedingungen 18.
Grenzschichten 17.
Grundfarben 305.
Gruppengeschwindigkeit 77.
Gyroskop 204.

Härte 207f.
— v. Röntgenstrahlen 120.
Halbdurchlässige Membranen 29f.
Halbleiter 99.
Halbwertszeit 139.
Halleffekt 276ff.
Hallwachseffekt 264.
Hamiltonsches Prinzip 197.
Harmonie 231.
Harmonische Obertöne 49.
Harmonische Serien 136.
Harmonischer Analysator 51.
Harmonograph 54.
Hauptschnitte der Strahlenfläche 88.
Haupt- u. Nebenserien 136.
Hefnerkerze 284.
Heliozentrischer Standpunkt 175.
Heliummodell 145f.
Heliumstrahlen 124.
Hertzeffekt 264.
Hertzsche Versuche 80.
Heterogen 36. 166.
Heterotrop 18. 22. 296.
Heuslersche Legierungen 273.
Hiebtöne 229.
Hitzdraht-Galvanometer 247.
Hohlraumstrahlung 124.
Holonomes System 197.
Homogen 165.
Hookesches Gesetz 163.
Horizontalpendel 201.
Huygenssches Prinzip 113.
Hysteresis 164. 266. 268.
Hysteresisschleife 164.
Hysteresisverlust 268.
Hydrostatischer Widerstand 198.

Ideale Flüssigkeiten 161f.
— Gase 18. 153f.
Individuelle Konstanten 41.
Induktionsströme 243.
Induktorium 243. 247.
Induktive Methode 4.
Influenzelektrizität 242.
Influenzmaschine 246.
Inertialsysteme 175. 179.
Inklination 270.

Intensitätsfaktor der Energie 16.
Intensität der Magnetisierung 266.
Innere Reibung 95.
Interferenz 59 ff. 63.
— des polarisierten Lichts 296 f.
Interferenzfarbenphotographie 300.
Interferenz des Lichts 113. 184. 290 ff.
— — Schalls 62.
Interferenzrohr 62.
Interferometer 291.
Ionen 30 f. 42. 106. 110.
Ionenstoß 102.
Ionentheorie 97. 244.
Ionisierung 102.
Irreversibel 14.
Isentropisch 15.
Isobaren 155.
Isochoren 155.
Isokalorisch 156.
Isochromaten 297,
Isogyren 297.
Isothermen 154. 157.
Isothermischer Elastizitätsmodul 163.
Isotopen 139. 148.
Isotrop 22. 163.
Isthmusmethode 271.

Jacobisches Ellipsoid 215.
Joule-Effekt 256 f.
Joule-Thomsonsches Gesetz 156.

Kältelaboratrien 159.
Kaleidoskop 282.
Kalorie 12. 233.
Kalorimetrie 235.
Kanalstrahlen 38. 42. 108 f. 182.
Kapillardepression 220.
Kapillarität 219.
Kapillarkonstanten 220.
Kation 100.
Kausalität 5.
Kathodenstrahlen 38. 42. 108 f. 119.
Kelvingrad 125.
Keplersche Gesetze 197.
— (Atome) 144.
Kerne 39. 110. 140. 144.
Kernenergie 148.
Kernladung 140.
Kerntypen 148.
Kerreffekte 150. 262.
Kessel 14 f.
Kinematik 45.
Kinetik 45.
Kinetische Energie 12.
— Gastheorie 19. 24. 35. 43.
— Masse 39 f. 110.
— Temperaturdefinition 174.
— Theorie 19 ff. 95.
Kirchhoffsches Strahlungsgesetz 123 f. 134.
— Theorie der Lichtstrahlen 114.
— Verzweigungssätze 255.
Klang der Töne 48 f.
Klassische Mechanik 45.
— Relativitätstheorie 174 f. 177 f.
Kleinster Zwang 198.
Kleinste Wirkung 197.
Klirrtöne 226.
Knoten 66.
Körper Alpha 175.
Körperfarbenphotographie 300.
Körperströme 256.
Koerzitivkraft 164.
Kohärente Strahlen 290 f.
Kohäsion 219.
Kohlenstoffverbindungen 24.
Koinzidenzmethode 72.
Kolloidale Lösungen 37.
Kolloide 37.
Kombinationstöne 63. 230 f.
Kometentheorie 121.
Kompaß 242. 270.
Kompensationspendel 201.
Komplementärfarben 304.
Kompressibilität der Flüssigkeiten 162.
Kompressionsmodul 206.
Kondensationskerne 239.
Konfigurative Energie 12.
Konische Refraktion 296.
Konkavgitter 293.
Konservative Systeme 12.
Konsonanz 62. 231.
Konstantan 99.
Konstanten 41.
Konstanz der Lichtgeschwindigkeit 186.
— der Masse 10. 40.
Konvektion 89.
Konvektionsstrahlen 38. 106 f.
Konvektionstheorie des Lichts 78.
Konstitution der Gase 158.
— der Materie 17. 132.
Kontaktelektrizität 242.
Kontinuierliches Spektrum 134.
Kopernikanisches Weltbild 175.
Kopfwelle 73.
Koppelung von Systemen 57.
Korpuskularstrahlen 107.
Korrespondierende Zustände 161.
Kosmische Physik 2.
Kräuselwellen 70.
Kraft 5. 9. 45. 178. 196.
Kreisel 179. 202 ff.
— kompaß 179. 204. 270.
Kreisprozeß 14.
Kristalle 18. 238. 252.
Kristallelastizität 212 f.
Kristallmagnetismus 275.
Kristalloide 37.
Kristalloptik 86 f. 295 ff.
Kristallstruktur 23 f.
Kritische Dichte 159.
— Temperatur 159.
Kritischer Druck 159.
— Punkt 159.
Kritischer Punkt fest flüssig 168.
Kritischer Zustand 159. 240.
Kritisches Volumen 159.
Krümmung d. Lichtstrahlen 193.
K-Serie 142.
K_1-Strahlen 111.
Kühler 14 f.
Kugelwellen 65. 81.
Kundtsche Konstante 150.
Kundtsche Staubfiguren 67. 75.
Kurve d. Wechselstroms 52.
Kurzwellige Ätherstrahlen 118.

Ladung 37. 40. 144.
Längenmessung 8.
Längenkorrektion der Pfeifen 97. 228.

Längszug 163.
Lagrangesche Gleichungen 196.
Lambertsches Gesetz 86. 121. 284.
Langgeschoß 200.
Lamellentöne 218.
Langwellige Ätherstrahlen 117.
Larmorscher Satz 152.
Latente Wärme 241.
Legierungen 99. 240.
Leidener Flasche 52. 242. 244.
Leiter 1. u. 2. Klasse 96.
Leitung 89ff.
Leitverhältnis 94.
Lenardstrahlen 108. 112.
Lenkballon 218.
Leuchtende Wärmestrahlen 118.
Leuchttiere 122.
Lichtäther 68. 78. 120.
Lichtausbreitung 78.
Lichtaxen 188.
Lichtbogen 261.
Lichtdruck 120.
Lichtempfindlichkeit 298.
Lichtgeschwindigkeit 43. 78. 81. 117. 186.
Lichtfortpflanzung in Kristallen 86f.
Lichtmaße 283ff.
Lichtrose 86.
Lichtschwingungen 46. 52.
Lichtstärke 284.
Lichtstrahlen 117. 193.
Lichtheorien 78.
Lichtwelleneinheit 8.
Lindes Eismaschine 159.
Linienserien 135.
Linsen 287.
Lippenpfeifen 229.
Lissajoues - Schwingungen 53f. 60.
Löschfunken 59.
Lösungen 28ff.
Logarithmisches Dekrement 55.
Lokalisierung der Energie 13.
Longitudinale Welle 64.
Lorentz-Kontraktion 186.
— Transformation 187. 190.
Loschmidtsche Zahl 42.
Lotabweichung 205.
L-Serie 142.
Luftschiffahrt 217ff.
Lumineszenz 301ff.
— Strahlung 122.
Lupe 281.

Machsches Pendel 201.
Maclaurinsches Ellipsoid 214f.
Magnetelektrische Maschinen 245.
— Wirkung 276.
Magnetische Ablenkung des Lichtbogens 150.
Magnetische Drehung der Polaris.-Ebene 149.
— Induktion 265ff.
— Leitfähigkeit 104f.
— Messungen 269ff.
— Schale 268.
Magnetischer Faden 268.
— Kerrefekt 150.
— Kreis 104.
— Strom 104.
— Widerstand 104.
Magnetische Nachwirkung 164. 268.
— Schwingungen 52.
— Vollkommenheit 265.
— Wage 269. 271.
Magnetisches Grundgesetz 82f.
Magnetisierung 3. 265.
— durch d. Strom 243.
Magnetisierungsformel 268.
Magnetisierungskurve 266. 274.
Magnetisierungsmethoden 265.
Magnetisierungswärme 266. 268.
Magnetismus 241ff.
— d. Eisens 272.
— d. Nickelstahls 273.
— d. Stahls 272.
Magnetometer 269.
Magnetomotorische Kraft 104.
Magnetonen 39.
Magnetooptik 149.
Magnetpole 242.
Manometrische Flammen 67.
Mariottesches Gesetz 154.
Masse 10. 37. 191f. 196.
— d. Elektrons 43.
Materie 9.
Materielles Weltbild 9. 14.
Mathematik 5.
Maxwellsche Gleichungen 84f.
— Feldtheorie 84f.
— Kurve 43.
Maxwellsches Verteilungsgesetz 43.
Mechauik 45. 175. 195ff.
— d. Himmels 175.
Meereswellen 68.
Megagrad 174.
Membrantöne 226f.
Merkurbahn 193.
Metallische Leitung 98.
Metallpulver 99.
Metallreflexion 287.
Metazentrum 214.
Meteorologie 2.
Michelson-Versuch 184.
Mikroskop 282f.
Mischfarben 53. 304f.
Mitführung 89.
Mitführungskoeffizient 181. 183.
Mittelwert 21. 44.
Mittlerer Fehler 21.
Mol 42. 234.
Molekel 19. 28.
Molekulare Weglänge 42.
Molekulargeschwindigkeit 43. 74.
Molekulartheorie 19.
— der Elastizität 163.
Molekularwärme 234.
Montgolfiere 217.
M-Serie 142.

Nachwirkung 164.
Nachwirkungsveränderung 165.
Nach u. Nebeneinander 176.
Natriumlinie 133f.
Natürliches Licht 290.
Naturerscheinungen 4.
Naturwissenschaft 2.
Nebelbildung 235. 239.
Nebelstrahlen 111.
Negative Strahlen 109.
Nernstsches Wärmetheorem 17. 172.
Netzebenen 141.

Neutrale Strahlen 109.
Newtonsche Bewegungsgesetze 195f.
Newtonsche Ringe 292.
Newtonsches Gesetz 82f. 193.
Newtonsches Erkaltungsgesetz 91. 125.
Nicolsches Prisma 289.
Nordlicht 112. 262.
Normalelemente 245.
Normalmeter 8.
Nobilische Ringe 256.
N-Strahlen 147.
Nutation 203f.
Nutzarbeit 14.

Oberflächenspannung 220.
Oberflächenwellen 75f.
Obertöne 49.
Offene Pfeifen 228.
Ohmsches Gesetz 97. 102. 243. 253ff.
— — f. Magnetismus 105.
Optik bewegter Medien 180.
Optische Abbildung 115. 278ff.
— Axen 88. 295.
— Instrumente 281ff.
— Strommessung 248.
Optisches Telephon 250.
Ordentlicher Strahl 295.
Ordnungszahlen 27. 140. 142f.
Ort 177.
Orthochromatische Photographie 299.
Osmose 29f.
Osmotischer Druck 30.
Ostwaldsche Farbenlehre 306f.
O-Strahlen 147.
Oszillatoren 131.
Oszillierende Entladung 52.
Oszillograph 52.

Panmagnetismus 271ff.
Parallelogramm der Kräfte 195.
Parallelschaltung 255.
Paramagnetismus 272. 274.
Peltiereffekt 243. 258.
Pendel 201f.
Pendelschwingungen 46.
Perihelbewegung d. Merkur 193.
Periode 46.
Periodische Bewegung 46.
Periodisches System der Elemente 24ff. 142f. 148f.
Permanente Magnete 105. 165.
Pfeifen 228.
Phasengeschwindigkeit 76.
Phasenlehre 168ff.
Phasenregel 169.
Phosphoreszenz 301ff.
Phosphoroskop 303.
Photochemie 118. 299.
Photographie 298ff.
Photographisches Objektiv 281.
Photometrie 283ff.
Physik 1. 2.
— d. Materie 6.
— d. Äthers 6. 180.
Physikalische Chemie 2. 28.
Piezometer 162.
Plancksches Strahlungsgesetz 129ff.
Plastizität 165.
Plateausche Figuren 220f.
Plattensatz 289.
Plattentöne 227.
Plejade 139.
Pleochroismus 296.
Polarlicht 112. 262.
Polarisation d. Lichts 116. 286ff.
Polarisationsapparate 289.
— ebene 288.
— winkel 288.
Polpaar 83.
Polygon d. Kräfte 195.
Porrosche Prismen 282.
Positive Lichtsäule 103.
Positive Strahlen 109.
Potentialdifferenz 96.
Potentialgefälle 93.
Potentielle Energie 12.
Prinzip 10.
— d. kl. Wirkung 197.
— d. kl. Zwanges 198.
Präzession 203f.
Prinzipe d. Mechanik 195.
Prismatisches Spektrum 133.
Prismenfeldstecher 282.
Projektionsapparat 281.
Prüfspule 270.
Psychophysisches Grundgesetz 224. 284.
Ptolomäisches Weltbild 175.
Pulverförmige Massen 210ff.
Pyroelektrizität 242.
Pyrometer 127. 232f.
Pythagoräische Skala 222.

Quantentheorie 129ff. 144ff. 152. 236. 290.
Quantität 16.
Quarz 297f.
Quasiisotrop 22.
Quecksilberlicht 261.
Querkontraktion 206.
Quirl 65.
Quirlfreie Welle 65.

Radioaktivität 13. 27. 93. 108f. 112. 137ff.
Radiumstrahlen 102. 109. 112.
Raoultsches Gesetz 29.
Raum 7ff. 17. 45. 175. 186.
Raumgitter 23.
Raum-Maße. 7f.
Raum-Zeit-Gewichts-System 11.
Raum-Zeit-Masse-System 11.
Raum-Zeit-Welt 186.
Rayleighsches Strahlungsgesetz 129.
Reduzierte Länge e. Leiters 97. 254.
— Temperatur 161.
Reduzierter Druck 161.
Reduziertes Volumen 161.
Reflexion 132. 286.
Regenbogen 286. 295.
Reibung 198.
Reibungselektrizität 242. 244.
Reichweite 112. 137.
Relative Geschwindigkeit 177.
— Zeit 175.
Relativer Raum 175.
Relativistische Raumlehre 192.
Relativitätstheorie 6. 7. 11. 13. 40f. 45f. 146. 152. 174ff.
Remanenz 164.
Resonanz 56f. 123.
— b. elektr. Schwingungen 59.
— u. Dämpfung 57.

Reststrahlen 117.
Reversibel 14f.
Reversionspendel 201.
Ringanker 245.
Röntgeneffekt 183.
Röntgenserien 143.
Röntgenspektren 141 ff.
Röntgenstrahlen 5. 23 f. 102. 119. 141.
Rostpendel 201.
Rotation 179.
Rotationspolarisation 297.
Rotatoren 131.
Rotierende Flüssigkeit 214 f.
Rotglut 127.
Rotverschiebung 193.
Rowlandeffekt 183.
Rungesche Regel 151.
— Zahl 151.
Rückstromverfahren 159.
Rydberg-Ritzsche Zahl 136. 147.

Sacharimeter 149. 297.
Sättigung, magnetische 266.
Sättigungsdruck 166.
Sättigungsstrom 102.
Sagnaceffekt 182.
Saitenschwingungen 47.
Saitentöne 224.
Salzlösungen 29.
Sammler 246.
Saturnringe 215.
Schall 221 ff.
Schallausbreitung 115.
Schallkapazität 91.
Schalleitung 90 f.
Schallgeschwindigkeit 71. 75.
— beim scharfen Schuß 73.
— in Röhren 73.
Schallschatten 115.
Schallstärke 223.
Schallstrahlen 115.
Schallwellen 68.
Schatten 115.
Schattenhilder durch Röntgenstrahlen 119.
Schaumköpfe 70.
Scheidungshypothese 267.
Scherungsmodul 207.
Schiefe Ebene 198.
Schiffskompaß 270.
Schiffskreisel 204.
Schirmwirkung 267.
Schlierenmethode 67.
Schlußjochmethode 271.
Schmelzen 239.
Schmelzdruck 168 ff.
Schmelzkurve 240.
Schmelzpunkt 168. 239.
Schmelzwärme 241.
Schneidentöne 229.
Schwankungserscheinungen 44.
Schwarzer Körper 123 f.
Schwebungen 62. 230.
Schwellenwert 224.
Schwere 10.
Schwere Masse 10 f. 37.
Schwerewellen 70.
Schwerpunkt 197.
Schwerpunktsatz 197.
Schwimmgleichgewicht 213 f.
Schwingende Punktreihe 64.
Schwingungen 46 f.
— in Stromkreisen 52.
Schwingungszahlen d. Lichts 117.
Schwirrbewegung 20. 22. 32 f. 41.
Schwirrgeschwindigkeit 43.
Sehraum 7.
Seiches 51.
Seifenblasen 221.
Sekunde 8.
Sekundenpendel 201.
Selbständige Strömung 102 f.
Selbstinduktion 243.
Selektive Reflexion 287.
Seleneffekt 99. 264.
Semipermeable Membran 29 f.
Sender 121.
Sensibilisatoren 299.
Serien v. Spektrallinien 135. 151.
Siedepunkt 168. 239.
Siedepunktserhöhung 28. 30.
Signalgeschwindigkeit 77.
Signalmethode 72.
Singende Bogenlampe 261.
Sinussatz 280.
Sinusschwingungen 47.
Skalar 45.
Sklerometer 208.
Sommerfeldsche Gleichung 194.
Sonne 175.
Sonnenspektrum 134.
Sonnentag 8.
Spalttöne 229.
Spannung d. gesättigten Dampfes 166.
Spannung im Glimmstrom 104.
Spannungskoeffizient der Gase 155.
Spektralanalyse 124. 134.
Spektralfarben 304.
Spektrum 132 ff.
— d. Wasserstoffs 135.
Spekulative Physik 3.
Spezifische Energie d. Aggregatzustände 107 f.
— Ladung 42.
— Masse 41.
— Wärme 233 ff.
Spezif. Gewicht 41.
— Leitvermögen der Gase 103.
Spiegel 288.
Spiegelablesung 288.
Spiegelung 132.
Spiegelteleskop 283.
Sphärische Aberration 280.
Sphärischer Raum 176.
Sphärisches Pendel 202.
Sprödigkeit 165.
Stabtöne 220.
Starkeffekt 152. 262.
Starrer Körper 195 ff.
Statik 45.
Stationäre elektrische Ströme 253 f.
Statische Energie 12.
— Masse 40.
Statistische Mechanik 21.
— Methode 5.
— Physik 20 f. 44.
Staubfiguren 67.
Stefansches Gesetz 25 f. 174.
Stehende elektrische Wellen 80.
— Lichtwellen 68.
— Schallwellen 72.
— Schwingungen 64.
— Wellen 66. 80.
Steighöhe 220.
Steighöhenmethode 271.
Steinsalz 23.
Stereophotometer 285.
Sterntag 8.
Stetigkeit 17 f.
Stetigkeitstheorie 17 f.

Stiazähler 250.
Stimmgabel 225.
Stoff 5. 9. 13.
Stokessche Regel 118. 302.
Stokessches Fallgesetz 1. 8f.
Stoß 208f.
Stoßdauer 210.
Stoßerregung 59.
Stoßfläche 210.
Strahlen 105ff. 111.
Strahlenaxen 88.
Strahlenbüschel 115.
Strahlen elektrischer Kraft 118.
Strahlenfläche 87.
Strahlende Materie 108.
Strahlung 38. 68. 89f. 105ff. 146. 180.
Strahlungsdruck 120. 192.
Strahlungsgesetze 121.
Strahlungsskala 174.
Strahlungspektrum 132ff.
Strahlungstemperatur 127.
Strecke 177.
Streifenspektrum 134.
Streuung 105.
S_1-Strahlen 111.
Striktionsstrahlen 111.
Strombrücke 255.
Stommessung 247.
Stromstärke 253.
Stromverzweigung 255.
Stromwärme 256f.
Strukturchemie 24.
Struktur des Steinsalzes 23.
— der Diamanten 24.
Sublimationskurve 169f.
Summationstöne 63. 230.
Suspensionen 32. 36.
Symmetrieelemente 18.
System der Elemente 126.

Talbotsche Streifen 292.
Tangenssatz 280.
Tangentenbussole 248.
Tartinische Töne 63.
Tastraum 7.
Tautochrone 198.
Teleskop 282.
Temperatur 18. 153. 171ff.
Temperaturgefälle 93.
Temperaturgradient 93.
Temperaturkoeffizient d. metall. Leitung 98.
Temperaturschwankung 50.
Temperaturskala 222.
Temperaturmessung 231f.
Temperatursprung 95.
Temperaturstrahlung 122. 301.
Temperatur durchströmter Leiter 257.
Tensor 45.
Teslaströme 262.
Theoretische Physik 3.
Thermaktin 122. 301.
Thermische Ausdehnung 237f.
Thermische Ausdehnung d. Flüssigkeiten 161f.
— Widerstandsfähigkeit 238
Thermische Nachwirkung 164.
Thermodynamisches Potential 16.
— Temperaturskala 173.
Thermoelektrizität 256ff.
Thermoelemente 232f. 247. 259.
Thermometerglas 232.
Thermometrie 231f.
Thermosäule 246.
Thermoströme 243.
Thermosflasche 95.
Thomsoneffekt 243. 258f.
Thoriumreihe 139.
Töne 46.
Tonhöhe 46. 221.
Tonleiter 222.
Tonstärke 223f.
Tonvariator 223.
Torsionstöne 225.
Torsionswage 205.
Totalreflexion 286.
Totalreflektometer 288.
Träge Masse 9. 37. 41.
Trägheit 9. 175. 195. 198.
Trägheit der Energie 191.
Transformator 247.
Transversalwellen 64.
Trifilare Aufhängung 202.
Trigonometrische Reihe 47.
Tripelpunkt 169.
Tripelspiegel 288.
Triplet 136.
Trochoidenwelle 69.
Trockenverfahren 299.
Tropfen 107. 220f.
Trommelfell 227.
Trübe Medien 295.
Turbulenz 217.
Turmalin 289.

Übereinstimmende Zustände 161.
Überführungszahl 101.
Überhitzungsmaschine 168.
Uhrenversuche 186. 193.
Ultramikroskop 37. 283.
Ultrarote Strahlen 118.
Ultraviolette Bestrahlung 264. 298.
— Strahlen. 118f.
Umformer 247.
Umkehrbarer Prozeß 15.
Umwandlung der Elemente 138.
Unabhängige Bestandteile 169.
Unabhängigkeitsprinzip 195.
Undulationstheorie 46. 78. 286.
Undulationsstrahlen 106. 113. 119.
Unelastischer Stoß 209.
Unerreichbarkeit d. absoluten Nullpunkts 17. 172.
Unipolare Leitung 102.
Universelle Konstanten 41f 79. 131. 194.
Unselbständige Strömung 102.
Unterkühlung 239.
Untertöne 226.
Unterwassersignale 91.
Uranreihe 139.

Van der Waalsche Zustandsgleichung 160ff.
Variationskurve 44.
Verdetsches Gesetz 150.
Verdichtung u. Verdünnung 64.
Vektor 45.
Verdampfen 239.
Verdampfungswärme 241.
Verdünnte Lösungen 30.
Verdünnungsgesetz 100.
Verflüssigung d. Gase 158f.
Vergeudung von Energie 164.
Verhältnis d. spez. Wärmen 71f. 234.
Verhältnis von Ladung u. Masse 37f. 43. 109f. 151.

Verschiebungsgesetz 128.
Verteilungsgesetz 43.
Verteilung suspendierter Teilchen 34.
Vierdimensionale Welt 176. 186.
Vierter Aggregatzustand 108.
Virtuelle Verrückung 195.
Vokalklang 51.
Vollkommen schwarzer Körper 123f.
Vollkommene Elastizität 165.
Voltameter 248.
Voltascher Versuch 242.
Voltasche Säule 245.
Volumen 18. 153.
Volumenänderung beim Schmelzen 240.
Volumenmodul 156. 161. 163. 206.
Volumenthermometer 232.
Vorgeschichte 164.

Wärme 12. 14f. 231ff..
Wärmeäquivalent 12f. 257.
Wärmeausbreitung 48.
Wärmekapazität 233.
Wärmeleitung 92ff.
Wärmeschwingungen 50.
Wärmestrahlen 117.
Wärmewellen ins Erdinnere 77.
Wahrscheinlichkeit 16. 20f. 130.
Wahrscheinlichkeitsnachwirkung 44.
Waltenhofensches Pendel 55. 202.
Wanderung der Energie 13.
— d. Ionen 31. 101. 244.
Wasserstandskurven 51.
Wasserstoff-Atom 144f.
Wasserstoffion 42. 144f.
Wasserstoffmolekel 145.
Wasserwellen 69.
Webersches Grundgesetz 83.
Wechselstrom 249. 254.
Wechselhysteresis 268.
Wechselwirkungsprinzip 196.
Weglänge d. Molekeln 42.
Weißes Licht 133. 304.
Weißglut 127.
Wellenbewegung 63ff.
Wellenfläche 65.
— in Kristallen 87.
Wellengleichung 71.
Wellengeschwindigkeit 74f.
Wellenlänge elektr. Wellen 118.
— d. Röntgenstrahlen 120.
Wellenlehre 66.
Wellentheorie d. Lichtes 180.
Weltäther 68. 78. 180.
Weltbilder 9.
Wertigkeit 25.
Wheatstonesche Brücke 255.
Widerstand 97. 254ff.
Widerstandsänderung im Magnetfelde 277f.
Widerstandsthermometer 233.
Wiederkehrzeit 44.
Wiensches Verschiebungsgesetz 127f.
Winkelmessung 8.
Winkelspiegel 288.
Wirbelatome 21.
Wirbelbewegung 21. 215ff.
Wirkliche Gase 157.
Wirkungsgrad 14f. 168.
Wirkungsquantum 131. 144.
Wismuthmethode 271.
Wurf 199f.

X-Strahlen 119.
X_3-Kerne 148.

Zeemaneffekt 150ff.
Zeit 7ff. 17. 175.
Zeit als 4. Dimension 176.
Zeitmessung 8.
Zeitperspektive 189.
Zeitpunkt 177.
Zentimeter 8.
Zerfallsreihen 138f.
Zerlegung d. Spektrallinien im Magnetfelde 150ff.
Zentrifugalkraft 179.
Zerstreuung d. Energie 14ff.
Zerstreuungsgrad 14f.
Zerstreuungsprinzip 15. 35f.
Zone des Schweigens 132.
Zonenprinzip 114.
Zungen 225.
Zungenpfeifen 58.
Zustandsgleichung der Flüssigkeiten 162.
— idealer Gase 155.
Zustandsgrößen 153.
Zustandslehre 153ff.
Zustandsmodell eines Gases 156.
Zweiter Hauptsatz 16. 35f. 257f.
Zyklische Magnetisierung 52.
Zykloide 198.
Zyklon 217.
Zykloidenwelle 70.
Zylinderwelle 65. 81.

Namenverzeichnis.

Abbe 92. 115. 237. 279f. 282. 288. 295. 298.
Abt 75.
Abraham 40. 110.
Aepinus 242.
Ahrens 255.
Aichi 295.
Airy 82. 149. 181. 270. 290. 294. 295. 298.
d'Alembert 45. 47. 196.
Al Kazini 219.
Alkemade 290.
Allard 91.
Altberg 223.
Amagat 157. 162. 238.
Amontons 232.
Ampere 83. 243f.
Amsler 8.
Andrade 196.
Andrews 159. 235.
Ångström 122. 126. 133. 262. 268.
Anschütz 204. 270.
Antolik 226f. 260.
Arago 149. 182. 243. 265. 289ff. 297.
Archimedes 213.
Archytas 46.
Aristoteles 68. 116. 180. 195. 198. 242.
Armati 281.
Armstrong 245.
Arons 251. 261. 297. 306.
Arrhenius 30. 32. 97. 99ff. 102. 121.
Ashworth 267.
Assmann 217. 232. 235.
Asteroth 273.
Aston 140.
Atkinson 204.
Atwater 12.
Atwood 11. 198.
Auerbach 16. 49. 61. 99. 164f. 207f. 211. 223. 226. 228. 255. 277.
Auffinger 58.
Austin 227.
Avenarius 258.
Avogadro 42. 308.

Babinet 290f.
Bach 163.
Bachem 193.
Baedecker 99. 259.
Baeyer 261.
Baille 82. 205. 260.
Baily 82.
Bakker 220.
Balard 299.
Baldwin 268.
Balfour Stewart 123.
Balmer 135.
Bancalari 274.
Barker 258.
Barkla 141f.
Bartoli 126. 167.
Bartolinus 295.
Barton 225.
Bauer 267.
Bazin 286.
Beccaria 298.
Beck 258.
Becquerel, A., 258. 274. 300.
— E., 102. 248. 257. 261. 264. 274. 303.
— H., 109. 303.
Beetz 245. 254. 277.
Behrens 245.
Bellati 250.
Belli 246.
Belopolski 182.
Beltrami 266.
Benedetti 198.
Bennett 263.
Benzenberg 72. 179.
Berget 82. 205.
Bernard 235.
Berndt 275.
Bernouilli, D., 19. 47f. 58. 225.
Bernoulli, Joh., 195. 197. 199.
Berson 217.
Berthelot 235.
Bertin 297.
Berzelius 101.
Bessel 46. 201f. 232.
Bétancourt 166.
Bidwell 264.
Billet 291.
Bjerkén 239.
Bjerknes 59. 221.
Biot 83. 94. 149. 167. 217. 243. 289. 296f.
Birkeland 112. 262.
Black 234. 241.
Blagden 29.
Blake 277.
Blondel 250. 285.
Blondlot 79f. 102. 183. 274.
Böcklin 219.
Bohnenberger 201. 204.
Bohr 141. 144f. 148f. 152.
du Bois-Reymond 55.
du Bois, H., 104. 149. 248. 267. 269ff.
Boltzmann 15. 19. 21. 45. 95. 121. 126. 130. 150. 237. 251f. 256. 259. 267. 274. 278. 298. 308.
Borda 201.
Borelli 219.
Born 22. 149.
Bosanquet 104. 222. 230.
Boscovich 19. 133.
Bose 244.
Bosscha 72.
Botto 257.
Bouguer 82. 205. 214. 284.
Bourget 226.
Boussinesq 90. 149. 217. 298.
Boyle 30. 154. 301.
Boys 205.
Bradley 78. 181. 204.
Bragg 23. 141f.
Branly 102.

Braun, W., 54.
— F., 59. 225. 257f.
— 239.
Bravais 18. 23.
Bredig 100.
Brentano 277.
Bresse 225.
Brewster 118. 286. 288ff. 291f. 295ff. 301.
Bridgeman 171.
Brinell 208.
Brodhun 284f.
Brongsma 262.
Brown 32.
Brugmans 274.
Bruns 279f.
Bryan 228.
Budde 84. 101. 259.
Bunsen 73. 123. 134. 168. 235. 245. 248. 284. 299.

Cagniard de la Tour 159. 163.
Canton 162. 265.
Cardew 247.
Carlisle 31.
Carnot 14.
Cassini 72.
Cathwell 258.
Cauchy 216. 287. 290. 294.
Cavalieri 286.
Cavendish 82. 205. 232. 242. 250.
Cazin 268.
Celsius 172. 232.
Charles 217.
Chevalier 281.
Children 256.
Chladni 62. 68. 225. 227f.
Christiani 57.
Christiansen 124.
Christoffle 87.
Clairaut 48. 215. 219.
Clarke 246.
Clausius 14f. 19. 84. 95. 97f. 160. 162. 234. 250. 252. 257ff.
Clebsch 298.
Clément 235.
Cohn 186. 251.
Colladon 75. 162.
Colley 52.
Coppet 29.
Cordier 296.
Corbino 150. 271.
Coriolis 195. 209.
Cornu 82. 163. 205. 292. 294.
Cotton 270.
Coulomb 82. 101. 210. 242.
Crantz 73. 199.
Crookes 102. 108. 299.
Cruikshank 245.
Cumming 104.
Curie 102. 109. 138. 262. 274.
Czapski 259. 282.
Czermak 202.

Daguerre 298.
Dal Negro 245.
Dalton 19. 172.
Darsonval 249.
Darwin, Ch., 300.
— G., 201. 215.
Davis 25.
Davy 98. 243. 248. 256. 261. 298.
Debye 145. 236. 251.
Dechant 111.
Delisle 133. 293.
Delaroche 235.
Deluc 162. 238.
Demokrit 19.
Déry 247.
Desains 122.
Descartes 78. 132. 175. 286.
Descoudres 183.
Desormes 235.
Despretz 94. 162. 238. 241. 249.
Dewar 95. 98. 236. 252.
Dieckmann 273.
Diesselhorst 94. 98.
Dieterici 247. 257. 305.
Dirichlet 47. 215.
Dörsing 75.
Donné 299.
Doppler 181.
Dove 85. 289f. 297.
Draper 121f. 300.
Drude 52. 80. 97f. 114. 118. 149. 251ff. 259. 262. 278. 287. 290. 297f. 302.
Dubosq 261.
Dudell 52. 247. 250. 261.
Dufay 98. 242f. 248. 256. 259. 261. 295.
Duhamel 25.
Duhem 16. 214. 266. 278.
Duilliers 51.
Dulong 92. 235ff.
Dupré 167.
Dvořak 75. 223.

Ebert 247. 264.
Edelmann 250.
Eder 299.
Edison 246. 260.
Edlund 258. 261.
Edser 63. 231.
Ehrenfest 21.
Eichel 105.
Eichenwald 183.
Einstein 14. 33. 45. 112. 131. 179. 186. 190ff. 193. 236.
Eitz 222.
Ekama 54.
Elster 102. 263f.
Emden 105.
Empedokles 195.
Eötvös 11. 205.
Eppenstein 280.
Epstein 152. 271.
Erman 102. 254. 264.
Ettingshausen 277f.
Ettisch 24.
Eucken 235.
Euklid 285.
Euler 45ff. 104. 116. 197. 202. 225f. 228. 286.
Everdingen 277f.
Ewing 104. 164. 267. 271.
Exner, F., 208.
— K., 292.

Fabri 216. 219.
Fabricius 118. 298.
Fabry 291.
Fahrenheit 172. 232. 239.
Fajans 138f.
Faraday 97. 101. 149. 159. 183. 243ff. 248. 250. 261. 271. 274f. 297.
Fassbender 268.
Faure 246.
Fechner 224. 253. 284.
Feddersen 52. 118. 260.
Fedorow 23.
Feussner 247. 255. 289.
Finsterwalder 280.
Fitzgerald 184.
Fizeau 78. 182. 237ff. 247. 291f.
Fleming 98. 252.
Föppl 204. 207.
Fokker 219.

Forbes 78. 94.
Forel 51.
Foucault 78. 179. 204. 261. 289.
Fourier 47f. 52. 92ff. 195.
Frankenheim 23.
Franklin 242. 260.
Franz 94. 208.
Fraunhofer 117. 133f. 283. 293f.
Fresnel 70f. 87. 114. 116. 133. 180ff. 286. 288. 290f. 293ff. 297. 302.
Freundlich 37.
Friedländer 180.
Friedrich 23. 229.
Friesendorf 207.
Frölich 79. 250. 255. 261. 268.
Fromme 164.
Fuchs 207.
Fürth 44.

Gadolin 18.
Galilei 10. 45f. 172. 174f. 178. 195f. 198f. 201. 232. 282.
Gallitzin 75. 182.
Galvani 242.
Gambey 269.
Gans 105. 266f. 271f. 278.
Gassend 19.
Gassiot 102.
Gaugain 94. 248. 254.
Gaulard 247.
Gauss 14. 41. 83. 198. 202. 219. 248. 269. 279f.
Gaylussac 155. 173. 217. 238.
Gehrcke 111f. 148. 271.
Geissler 102.
Geitel 102. 263f.
Geitler 59.
Gerdien 227.
Gerschoun 205.
Gerstner 69.
Gessner 262.
Gibbs 21. 169. 220. 247.
Giese 102. 263f.
Gilbert 242. 263.
— 294.
Giltay 250.
Gioja 270.
Glaisher 217.
Glan 285. 289.
Glatzel 265.
Glazebrook 289.
Göller 229.
Goethe 300f. 307.
Goldhammer 126. 149. 278.
Goldstein 108f. 111.
Gordon 251.
Gottstein 258.
Gouy 33. 295.
Graetz 94.
Graham 37. 104. 201.
— G., 237.
Gramme 245.
Grassi 162.
Grassmann 49. 84.
Gray 271. 275.
Grebe 193.
Green 114. 228.
Grimaldi 133. 293.
Grimsehl 223.
Gröbli 216.
Grotrian 101. 267.
Grotthus 101.
Grove 245.
Grubb 281.
Grüneisen 163. 238.
Guebhard 256.
Guillaume 201.
Guillemin 79.
Guglielmi 179.
Gülcher 246.
Guericke 242. 244. 263. 283.
Guldberg 29.
Gulstrand 280f.
Gumlich 267. 271ff. 297.
Guthrie 263.
Guzmao 217.

Haber 112. 291.
Hadfielt 250.
Haga 258.
Hagen 211. 287.
Hagenbach 79.
Hahn 138.
Haidinger 290. 292.
Hall 120. 258. 276f.
Halley 262.
Hallström 237.
Hallwachs 264.
Hamilton 197. 279. 296.
Hammer 111f.
Hankel 247. 264. 279.
Hansemann 94.
Harres 183.
Harrison 201.
Hartmann 242.
— -Kempf 55. 225ff.
Hasemann 201.
Hatschek 260.
Haupt 273.
Hausrat 271.
Hauy 23. 208. 212. 248. 295.
Hawksbee 219. 242. 260f.
Hecker 201.
Hefner-Alteneck 261. 284.
Heinrich 238.
— 303.
Helmert 201.
Helmholtz 12. 16. 21. 49. 52. 57. 62f. 70. 73. 83. 90. 97. 106. 114. 175. 197. 202. 216. 218. 222. 224f. 228f. 230. 246. 248ff. 255. 257. 259. 269. 280. 288. 299. 305.
— R., 122.
Hengeler 201.
Hennig 287.
Hensen 229.
Heräus 261.
Hering 285. 299. 306.
Hermann 49f.
— 235.
Herrmann, E., 225.
Herschel 118. 283. 292. 298. 301.
Hertz 21. 45. 52. 59. 67. 80. 97. 105. 108. 118. 133. 196ff. 207f. 210. 262. 264.
Hesehus 235.
Hessel 18. 212.
Heun 202.
Heurlinger 278.
Heusler 273.
Heydweiller 10. 168. 240. 270.
Hibbert 270.
Hilpert 273.
Himstedt 54.
Hipparch 254.
Hirn 161. 234. 238.
Hirsch 79.
Hittorf 97. 101f. 104. 150. 244. 262. 264.
Hoegh 281.
Hoek 182.
Hölder 197.
van 't Hoff 30. 150. 297.
Holborn 127. 233. 238. 269.
Holm 267f.
Holtz 246.

Honda 275.
Hooke 46. 78. 163. 232.
Hoorweg 74.
Hopkins 228.
Hopkinson 104. 271. 273.
Houston 285.
Huber 207.
Hupka 268.
Huygens 46. 57. 78. 113. 116. 180. 197f. 201. 209. 214. 232. 283. 286. 288ff. 295.

Ibn Yunis 201.
Ibn al Haitam 286.
Ingenhous 94.

Jacobi 197. 215. 268.
Jahncke 129.
Jahn 257.
Jamin 162. 261. 287. 290f.
Jansen 282.
Jäger 13. 94. 98f. 264.
Jeans 121. 129. 308.
Jellet 289.
Jolly 205. 232.
Joly 235. 300.
Joule 12. 104. 156. 160. 239. 247. 256f. 268.
Journée 73.
Just 112.

Kahle 250.
Kamerling Onnes 98. 126. 126. 159.
Kant 7. 175. 186.
Karman 230.
Kater 237.
Kaufmann 40. 49. 108. 110f. 224. 271f.
Kayser 226.
Kelland 69.
Kelvin (W. Thomson) 14. 21. 51f. 61f. 70. 80. 93. 116. 156. 160. 173. 230. 248ff. 255. 258. 260. 266. 270. 274f. 277.
Kempten 104.
Kenelly 285.
Kepler 81. 144. 175. 197. 282. 286.
Kerr 150. 262.
Kessler 208.
Kinoshita 275.
Kircher 62. 68. 232. 242.
Kirchhoff 4. 21. 45. 73. 90. 94. 97. 107. 114. 121ff. 134. 167. 196. 225. 227. 234. 241. 253. 255f. 266. 287. 293. 297. 301. 308.
Kirstein 226.
Klatt 303.
Klein 204.
Kleist 242.
Klinkert 49. 224.
Knipping 23.
Knoblauch 117. 133.
Knochenhauer 294.
Knopf 290.
Kobel 289.
Koch 8. 73. 117.
König, A. 305.
König, Rud. 62. 67, 225f. 230.
König, W. 223. 229. 258.
Königsberger, J. 275. 278.
— L. 197.
Köpsel 248. 269. 271.
Kötter 210.
Kövesligethy 128.
Kohlrausch, F. 94. 97. 100f. 249.
Kohlrausch, W. 229.
— 306.
Kopernikus 174f.
Kopp 104. 161. 238.
Korn 99. 264.
Kreusler 272.
Krigar-Menzel 49. 82. 205. 224.
Krönig 19.
Kroo 251. 267.
Krüger 229.
Kundt 67. 72. 75. 80. 94. 125. 149f. 225. 237. 277. 287. 296.
Kurlbaum 124. 126f. 233.
Kutta 214.

Lagrange 45. 69. 76. 195ff.
Lallemand 290. 302.
Lamb 71. 74. 216. 226.
Lambert 86. 117. 121. 284. 308.
Lamont 269.
Landé 145.
Landolt 10. 297.
Lange 175.
Langevin 262. 267.
Langley 118. 233.
Langmuir 112.
Lampa 250.
Laplace 45. 68. 71. 156. 179. 219. 234ff. 237.
Larmor 114. 152. 295.
Laue 23. 119. 192.
Lauricella 227.
Lavoisier 237.
Lebedew 120f.
Lebel 150.
Le Bon 102.
Le Chatelier 233. 235.
Lecher 80. 235. 251. 259.
Leclanché 245.
Leduc 270f. 278.
Lehfeld 269.
Lehmann. H. 300.
— O. 22. 75.
Leibniz 198.
Lenard 102. 108. 112. 180. 245. 261. 264. 271. 277. 303.
Lenormand 217.
Lenz 100. 257. 268.
Leonardo da Vinci 46. 69. 133. 219. 293.
Le Roux 258.
Leslie 117. 168.
Liebisch 297.
Liesegang. 189.
Lilienthal 219.
Linde 159.
Lindemann 98.
Lindig 226.
Lippershey 282.
Lippich 225. 279. 289f.
Lippmann 300.
Lipschiz 267.
Lissajous 53ff. 62. 226f.
Lloyd 296.
Lobach 150.
Lohnstein 220f.
Lommel 294. 297. 302f.
Lonckhuyzen 271.
Lorentz 84. 94. 97. 149. 151. 185f. 259. 278.
Lorenz, L. 98. 290.
— R. 140.
— 58.
Loschmidt 19. 42. 308.
Lottermoser 37.
Low 271.
Lownds 277.
Lumière 299f.
Love 215. 226f.

Lucrez 19.
Lummer 63. 117. 124. 126. 128f. 231. 233. 235. 257. 261. 280. 285. 289. 308.
Lyle 268.
Lyman 136.

Macaluso 150.
MacCullagh 149. 287. 297f.
Mach 54. 73. 179. 196. 199. 201. 260. 289.
Mache 260.
Maclaurin 215.
Maddox 299.
Madelung 269. 271.
Magnus 94. 166. 238.
Mallard 235.
Maltézos 227.
Malus 116. 288.
Mandelstam 58.
Maraldi 72.
Marcus Marci 133. 209.
Mariotte 117. 154. 209.
Martens 285.
Martiensen 204.
Martin 99. 264.
Marx 120. 255. 264. 277.
Mascart 270. 292. 295.
Maskelyne 82. 205.
Matteucci 75. 102.
Mattnews 285.
Matthiessen. G. 98.
— L. 70. 215. 221.
Matthieu 227.
Maupertuis 197.
Maxwell 19. 35. 43. 74. 84. 95. 104f. 116. 120. 182. 215. 237. 244. 251. 254. 267. 276. 279. 300. 305. 308.
Mayer, Rob. 12. 13. 197.
— Tob. 82. 235. 242.
Meidinger 245.
Meier 272.
Meitner 138.
Melde 53f. 55. 225. 227f.
Melloni 117.
Mendelejew 25. 162.
Mercadier 226.
Merritt 302.
Mersenne 46. 72. 224.
Meyer, L. 25.
— O. E. 19. 201f. 270.
— R. 302.
Michell 226.
Michel-Lévy 291.
Michelson 8. 79. 117. 180. 182. 291. 293. 295.
Miethe 300.
Miller 184.
Minkowski 188. 190. 192.
Mitscherlich 239.
Möbius 279.
Mohs 208.
Monckhoven 299.
Montgolfier 217.
Moorhofe 228.
Moreau 278.
Morin 198.
Morley 184.
Moseley 141f.
Mosotti 19. 250. 252.
Mousson 168.
Müller, A. 226.
— J. 260.
— P. 235.
Muschenbroek 233. 250.
Muybridge 299.

Nagaoka 267.
Natterer 159.
Navier 207.
Nernst 17. 172. 235f. 277f. 302.
Neuhaus 68. 300.
Neumann, Fr. 70f. 94. 96. 116. 164. 202. 209f. 232. 235. 256. 266. 286f. 296f.
Neumann, C. 175. 266.
Newcomb 79.
Newton 4. 9. 10. 45. 71. 78. 81. 83. 91. 107. 116f. 125. 133. 174f. 179. 193. 195f. 199. 205. 283. 286. 290. 292. 301. 304. 307.
Nicchols 120. 302.
Nicholson 31.
Nicol 289.
Nièpce 298f.
Nobili 233. 246. 248. 256.
Noble 183.
Nörremberg 62. 289.
Oberbeck 58. 217. 223.
Oddone 75.
Oerstedt 162. 243. 253.
Oettingen 73. 222f. 231.
Ohm 49. 97. 243. 253ff. 257. 291f.
Ohmori 75.
Oosting 225.
Osén 149.
Ostwald 14. 100. 240. 303f. 306f.
Ostwald, Wo. 37.
Owen 275.

Paalzow 247. 255.
Pacinotti 245.
Pagliani 162.
Paillot 273.
Pape 235.
Parsefal 218.
Pasteur 297.
Paschen 117. 124. 126. 129. 136. 248. 260. 271.
Patterson 298.
Pauli 108.
Pechmann 205.
Péclet 94.
Peltier 243. 258.
Pernet 232.
Pernter 295.
Perrin 33. 199.
Perrot 201. 291.
Perrotin 79.
Petit 92. 235f. 238.
Petzval 281.
Pfaff 239. 297.
Pfaundler 235.
Pfeffer 30.
Picard 201. 226.
Pierpaoli 226.
Pilatre 217.
Pinkus 245.
Pixii 245.
Planck 14. 101. 107. 121. 126. 128ff. 174. 259. 290. 308.
Planta 244.
Plantamour 79.
Planté 246.
Plateau 220f.
Plücker 102. 108. 150. 204. 238. 261. 274f. 297.
Pockels 226. 296.
Poggendorff 243. 248. 255. 288.
Poincaré 215. 226. 295.
Poinsot 202.
Poisson 68. 163. 207. 225f. 228. 266f. 269.
Polanyi 24.
Popow 152.
Porro 282.
Poske 226.

Pouillet 161. 238. 248. 254.
Poulsen 262.
Poynting 13. 82. 85. 120. 168. 205. 240.
Prandtl 214.
Pringsheim 117. 124. 126. 128f. 235.
Provostaye 122.
Prym 271.
Prytz 8.
Ptolemäus 175.
Pulfrich 285. 288.
Pythagoras 222.

Quetelet 77.
Quincke 62. 72. 220. 251. 256. 262. 287. 295.
Quintus Icilius 257.
Quix 226.

Rankine 12. 69. 160. 167. 210.
Raps 49.
Raoult 29. 246.
Rau 145.
Rayleigh 57. 62. 68f. 71. 74. 76f. 90. 97. 115. 121. 129. 223. 225. 227ff. 249. 267. 295. 305. 308.
Réaumur 172. 232.
Rebeur-Paschwitz 75. 201.
Regnault 72. 157. 161f. 166f. 232. 235. 238. 241.
Reich 82.
Reichenheim 111f.
Reid 124.
Reusch 217.
Reynolds 76. 217.
Riccati 226.
Richardson 112. 259. 263.
Richarz 82. 97. 205. 236. 244. 273.
Richter 268.
Riecke 97f. 248. 253. 259. 278.
Riefler 201.
Riemann 231. 256.
Riess 256.
Rieth 220.
Righi 52. 54. 80. 102. 118. 150. 277. 290. 292.
Ritchie 284.
Ritter 31. 118. 246. 298.
Ritz 136. 185.
Rive, de la 102. 150. 261.
Rhäticus 265.
Rochon 289.
Röber 226.
Römer 78.
Röntgen 5. 102. 119. 149. 162. 262.
Rössler 267.
Rogowski 267. 271.
Roiti 74.
Romée de l'Isle 212.
Roscoe 299.
Rose 240.
Rositzky 289.
Ross 271. 275.
Rowland 183. 216. 293.
Rubens 67. 117f. 124. 133. 233. 248. 250f. 255. 287.
Rubner 12.
Rudberg 238.
Rudolph 281.
Rücker 63. 231.
Rüdorff 29.
Ruhmkorff 243. 247.
Rumford 162. 232. 238. 284.
Rumpler 219.
Runge 151.
— O. 307.
Russell 299.
Rutherford 102. 112. 138. 141. 144. 147.
Rydberg 136. 208.

Sagnac 182.
Saint Claire-Deville 31.
Saint John 124.
Saint Venant 209f. 225.
Salcher 73. 199.
Sarazin 297.
Sauger 206.
Sauter 267.
Sauveur 62. 224.
Savart 83. 225. 230. 243.
Schaafhäutl 223.
Schäfer, K. L. 61. 63. 85. 231.
Scheele 118. 298.
Scheibler 62.
— 230.
Schering 247. 270.
Schlick 204.
Schmauss 150.
Schmidt, Ad. 202. 223.
— G. C. 102. 302.
— K. F. 247. 290. 297.
Schmidtke 229.
Schönfliess 18. 23. 213.
Schopenhauer 307.
Schott, G. 267.
— O. 232. 238. 261.
Schrödinger 44. 251.
Schütte-Lanz 218.
Schütz 267.
Schuller 235.
Schulz, H. 289.
Schulze, F. A. 225. 227.
— J. H. 118. 298.
Schumacher 238.
Schuster 108.
Schwarz 226.
Schwarzschild 121. 152. 215. 295.
Schweidler 44. 252.
Schweigger 243. 248.
Schwerd 207.
Scott Archer 299.
Searle 271.
Secchi 21.
Seebeck 48f. 208. 233. 243. 258. 300.
Seeliger 111, 179.
Seibt 59.
Semm 273.
Sénarmont 289. 291. 297.
Sennebier 298.
Shore 225.
Siedentopf 37. 283. 295.
Siegbahn 142f. 270.
Siemens 99. 233. 245. 248f. 264. 284.
Siemens-Schuckert 218.
Silow 251.
Simon 261. 269.
Sinsteden 246.
Sissingh 150.
Sitter 185.
Skinner 262.
Smaasen 255.
Smekal 148.
Smith, W. 264.
Smith 99.
Smoluchowski 33. 44. 75. 95.
Snellius 132. 286.
Snow Harris 202. 256.
Soddy 138f.
Sohncke 23. 298.
Soleil 149. 297.
Sommerfeld 27. 141. 145f. 152. 193f. 204. 295.
Soret 297.
Sorge 63.
Spina 286.

Stark 102. 152. 182. 255. 261f. 302. 308.
Starke 223.
Stefan 94. 121. 125. 266f. 289. 308.
Stefanini 223. 226.
Steiner 268.
Steinhaus 271.
Steinheil 281.
Steinmetz 268.
Stenger 270. 302.
Sterneck 7. 82. 201. 205.
Steubing 302.
Stern 223.
Stevin 195. 213.
Stirks 291.
Stöhrer 245.
Straubel 163. 280. 292. 295.
Strehlke 225. 227.
Strömer 232.
Strouhal 54. 229.
Struyken 226.
Sturgeon 245.
Störmer 112,
Stokes 49. 69. 72. 90. 118. 150. 198. 216. 224. 290. 301f.
Stoney 38. 110.
Stumpf 223. 231.
Sturm 75. 162.
Svanberg 216. 233.

Tait 35. 61. 217. 275.
Take 273.
Talbot 292. 298.
Tammann 22. 101. 168. 171. 240.
Tanaka 227. 269. 295.
Tartaglia 199.
Tartini 63. 230.
Tauern 262.
Taylor 226.
Tesla 262.
Thiesen 72. 162. 280.
Thiessen 232.
Thomson, O. 163.
— Jam. 168.
— J. J. 102. 111. 141. 267f.
Thompson, S. P. 271. 289.
Tisley 54.
Titius 144.
Toepler 67. 246f. 269.
Traube 30.
Trouton 183.
Trowbridge 59.
Tyndall 133. 274.

Ubaldi 195.
Umow 85.

Van der Waals 160ff. 220 238.
Vautier 91.
Verdet 150. 290.
Vettin 217.
Vierordt 85. 285.
Viol 225.
Violle 91. 284.
Vitruv 68.
Vogel, E. 58.
— H. 299.
Voigt 23. 107. 114. 149. 152. 163. 207. 210. 213. 227. 231. 267. 275. 278. 287. 293.
Voisin 219.
Volkmann 220.
Volta 242. 245. 263.
Volterra 256.
Voss 162.

Wachsmuth 229.
Wätzmann 63. 223. 226. 231.
Wagner, E. 79. 142. 226.
Walker 150. 261.
Wallis 209.
Walden 298.
Wallot 223.
Waltenhofen 55. 202.
Wanner 127. 233.
Warburg 58. 94. 125. 164f. 237. 262. 268. 301.
Warren de la Rue 104. 245.
Wartha 235.
Wassmuth 255. 267.
Way 261.
Wead 226.
Weber, E. H. 69f.
— C. L. 270.
— H. F. 94. 128. 236.
— H. 226. 256.
— R. 105.
— L. 266. 270. 285.
— W. 69f. 83. 224. 230. 248f. 267. 269f. 274. 284.
Weerth 229.
Wedgewood 298.
Wehnelt 111f. 263. 271.
Weinhold 255.
Weinstein 163.
Weiss 39. 212.
— P. 267. 270. 275.
Weissenberg 24.
Wernicke 287.
Wertheim 163. 296.
Wesendonck 223. 229.
Weston 246.
Westphal 126.
Weyl 45. 190. 192.
Wheatstone 79. 91. 225. 227. 255. 260.
Wiebe 166.
Wiechert 75. 201.
Wiedemann, G. 94. 275.
— E. 122. 235. 264. 301.
Wien, M. 57ff. 85. 164. 223f. 227. 250. 268.
Wien, W. 13. 70. 109. 112. 121. 124. 128. 217. 308.
Wiener 33. 67. 80. 299f.
Wiersch 227.
Wilcke 234. 250.
Wild 232. 269f. 285. 289.
Williams 277.
Wilsing 82. 205.
Wilson 104. 183.
Wimshurst 247.
Winkelmann 94. 162. 238. 251.
Winkler 242. 260. 263.
Witte 7.
Wogau 271.
Wollaston 134. 281. 288f.
Wolff, W. 73.
— 23.
Wolfke 280.
Wood 240. 262. 302.
Woodruff 226.
Wren 209.
Wright 219.
Wüllner 29. 162.
Würschmidt 223.

Yensen 272.
Young 12. 62. 113. 117. 133. 163. 290. 297. 299. 305.
— 78.
Yves 300.

Zahn 277.
Zambiasi 54.
Zamboni 245.
Zeeman 150ff. 182. 308.
Zehnder 291.
Zeissig 227.
Zenker 300.
Zeppelin 218.
Zermelo 21.
Zernov 223.
Zöllner 201. 260. 285.
Zsigmondy 37. 283. 295.

GPSR Compliance

The European Union's (EU) General Product Safety Regulation (GPSR) is a set of rules that requires consumer products to be safe and our obligations to ensure this.

If you have any concerns about our products, you can contact us on ProductSafety@springernature.com

In case Publisher is established outside the EU, the EU authorized representative is:

Springer Nature Customer Service Center GmbH
Europaplatz 3
69115 Heidelberg, Germany

Batch number: 10682323

Printed by Printforce, the Netherlands